普通高等教育"十三五"规划教材

# AutoCAD 2018与计算机辅助设计
# 入门·进阶·实战

主　编　廖念禾

副主编　孙舫南　廖念一　王方舟　张洁

中国水利水电出版社
www.waterpub.com.cn
·北京·

## 内 容 提 要

本书全面、详尽地介绍了 Autodesk 的最新版本——AutoCAD 2018 中文版的主要功能。全书共计 13 章，主要内容涵盖：AutoCAD 基本概述；绘图基础、绘图辅助功能及参数化绘图基本功能和使用；图层、线型和线宽的设置与使用；二维图形绘制与编辑；文字标注、尺寸标注与表格功能的设置与使用；块、动态块、属性以及外部参照等功能的使用及注意事项；设计中心、工具选项板功能；三维绘图基础与三维观察；三维建模、三维编辑；动画、灯光、材质、贴图与渲染功能的使用；图形输出等功能。同时，本书列举了大量实例供读者练习和揣摩，这些实例个个精彩、例例实用，对读者领悟绘图方法与技巧，磨练绘图能力都有极大的帮助。

本书内容丰富、结构严谨，叙述深入浅出、循序渐进、条理清楚、示例众多，具有很强的实用性和可操作性。本书既适合初学者，也适合 AutoCAD 的进阶用户；既可作为各高等院校和培训机构的 AutoCAD、计算机辅助设计、计算辅助绘图等课程的教材，也可作为各类工程技术人员、广大图形制作爱好者的精品参考书和使用手册。

**图书在版编目（CIP）数据**

AutoCAD 2018与计算机辅助设计入门·进阶·实战 / 廖念禾主编. -- 北京 : 中国水利水电出版社, 2018.7(2025.1重印).
ISBN 978-7-5170-6623-1

Ⅰ. ①A… Ⅱ. ①廖… Ⅲ. ①AutoCAD软件 Ⅳ. ①TP391.72

中国版本图书馆CIP数据核字(2018)第149401号

| | |
|---|---|
| 书　　名 | 普通高等教育“十三五”规划教材<br>**AutoCAD 2018与计算机辅助设计入门·进阶·实战**<br>AutoCAD 2018 YU JISUANJI FUZHU SHEJI RUMEN·JINJIE·SHIZHAN |
| 作　　者 | 主　编　廖念禾<br>副主编　孙舫南　廖念一　王方舟　张洁 |
| 出版发行 | 中国水利水电出版社<br>（北京市海淀区玉渊潭南路1号D座 100038）<br>网址：www.waterpub.com.cn<br>E-mail：sales@waterpub.com.cn<br>电话：（010）68367658（营销中心） |
| 经　　售 | 北京科水图书销售中心（零售）<br>电话：（010）68545874、63202643<br>全国各地新华书店和相关出版物销售网点 |
| 排　　版 | 北京智博尚书文化传媒有限公司 |
| 印　　刷 | 三河市龙大印装有限公司 |
| 规　　格 | 185mm×260mm　16开本　25.5印张　635千字 |
| 版　　次 | 2018年7月第1版　2025年1月第3次印刷 |
| 印　　数 | 6001—6200册 |
| 定　　价 | 65.00元 |

# 前　言

*preface*

AutoCAD 是美国 Autodesk 公司开发的优秀计算机辅助设计软件，而 AutoCAD 2018 是该软件的最新版本。经过多年的推陈出新，该软件业已成为计算机辅助设计的经典软件，深受广大用户的欢迎。其应用范围遍及机械、建筑、水利、电子、航天、造船、服装、气象、纺织、园林、广告、石油化工、冶金、地质、室内外装饰等行业。

自作者前期编著的《AutoCAD 2006 中文版全接触》《AutoCAD 2008 中文版全接触》《AutoCAD 2014 入门·进阶·实战》《AutoCAD 与计算机辅助设计上机实训》等书籍出版以来，深受广大用户的喜爱与好评，并给书籍的出版提出了许多宝贵的意见和建议。应广大读者的建议和要求，作者此次精心策划编写了《AutoCAD 2018 与计算机辅助设计入门·进阶·实战》。本书在充分继承前面编写书籍精华的基础上对相关内容进行了进一步精炼和大量的更新。本书内容由浅入深，循序渐进，精挑细选了众多的实例，旨在训练读者在掌握理论知识的基础上，进一步积累对 AutoCAD 各种绘图命令、绘图方法的使用经验与绘图技巧。本书是作者多年教学与设计经验的总结和心血的结晶，也是作者充分吸收了广大用户的意见和建议编写而成，它凝结了作者多年的使用经验与技巧总结，具有很强的代表性、典型性、针对性和规范性。如果读者能够将本书与作者编写的《AutoCAD 与计算机辅助设计上机实训》结合使用，那更将如虎添翼，事半功倍。希望本书还能得到广大用户一如既往的厚爱。

**本书特点**

**➘ 系统性与全面性**

除了极少数的冷僻内容，本书几乎涵盖了 AutoCAD 的全部内容。这些内容不但包括 AutoCAD 的常用基础内容，而且还包括其他同类书籍中不常见的内容，如动态块的制作与使用、属性使用、外部参照的使用与编辑；网格建模与编辑；曲面建模与编辑；阳光与天光和灯具对象的使用；背景的添加与使用；高级渲染技术的使用 和调整；命名打印样式表的设置与使用；布局样板的制作和使用；注释性对象与图纸集的创建和使用等等。同时，本书在编写上注重知识的系统性和严密性，前后内容衔接紧密、逻辑性强，文字浅显易懂，易于理解。

**➘ 新颖性与实用性**

本书注重紧跟版本变化，实时反映最新技术，其内容由浅入深，循序渐进。书中大量实例多从工程设计的角度出发，着眼于解决工程实际中遇到的各种疑难问题，因而其实用性和可操作性更强。同时，编写上也注重精雕细刻、深入实际，因此，该书非常适合用户深入学习和理解关键知识点，以解决用户不易解决或容易犯错的问题。

**➘ 专业性与规范性**

本书从多专业、多行业（机械、建筑、电气、园林、室内设计等）的专业规范着手编写，完全遵循国家标准和行业规定，并严格按照工程设计要求向用户介绍如何利用AutoCAD进行规范的工程设计。这种严格、规范的编写风格渗透于该书的字里行间，向读者传达了一种一丝不苟的设计作风，以培养读者的设计师素质，因此，本书堪称广大工程设计人员的良师益友。

**➘ 案例精彩，切合实际**

经过作者的精心策划，本书的每一节均编有上机实训，以针对该节的重点内容进行练习。这些案例非常具有代表性、针对性、实用性和专业性，读者可边学习、边动手，以便更容易地掌握该节的重点、难点与使用技巧。而且，在每一章的最后，作者还编写有综合实训，这是对本章各重要知识点进行的一次大型综合练习，通过综合实训，读者更容易对本章的知识融会贯通。

**➘ 重点突出，风格独特**

本书详细介绍了各种命令的使用范围和注意事项，以便用户充分掌握每个命令的作用及使用特点。通过大量的“技巧”“注意”“提示”等醒目标记向用户介绍相关的经验、技巧、操作捷径、易犯的错误及注意事项，从而使用户设计绘图时能事半功倍，迅速晋升为高手。同时，该书的作者长期从事工程设计与计算机辅助设计的教学工作，有丰富的使用经验和体会。因此，与其他同类书籍相比，本书连贯性更好，逻辑性更强，实用性更突出。

**➘ 物超所值，资源丰富**

本书免费附赠了93个视频教学文件，共约20小时的视频内容。这些都是作者精挑细选，亲自制作的视频，其内容涵盖了AutoCAD所有的重点和难点，以及作者多年使用的经验积累与技巧，相当于作者手把手、面对面地教你怎样入门、怎样使用、怎样提高。因此，如果读者紧紧跟随视频进行学习，更容易上手，更容易体会，更容易掌握AutoCAD的各种命令与知识点，更容易从新手迅速晋升为高手。同时，该书还附赠了丰富多彩的素材文件，包括所有上机实训与综合实训的原始素材、操作过程与操作结果，以及页面设置、布局样板等设计中心样板资源。使用这些资源，更加便于读者学习、模仿和体会，更容易理解设计高手是怎样组织和保存自己的资源库的。

图书视频总码

**作者队伍**

本书由廖念禾（四川农业大学机电学院）任主编，孙舫南（四川雅安职业技术学院）、廖念一（四川美术学院）、张志亮（四川农业大学水利水电学院）、张洁（四川农业大学信息工程学院）任副主编。廖念一、王方舟（成都市天府新区规划设计研究院）负责统稿、修改、审稿；张志亮、张洁负责部分图形的绘制；兰艳（云南艺术学院）、况锐（成都大学）、李佐儒（四川大学计算机学院）、熊喜秋（重庆大学美术学院）、王淑慧（成都纺织高等专科学校）等老师在本书的资料收集和资源库建设中做了很多有益的工作。这些老师都是来自于一线的科研人员和一线教师，具有丰富的实践经验和教学经验，为本书的最终成稿和质量奠定了坚实的基础。在本书编写过程中参考了大量AutoCAD和计算机辅助设计的相关书籍和资料，在此，谨向这些书籍的著作者，以及为本书出版付出辛勤劳动的同志深表感谢！同时，全书得到了中国水利水电出版社相关领导的大力支持和宋俊娥老师的悉心指导，在此深表感谢。

**读者定位**

- 各级、各类本科、高职、中职院校师生
- AutoCAD 初学者
- AutoCAD 进阶的中、高级读者
- 各类工程设计、广告设计、园林设计、室内外装饰设计、服装设计的从业人员
- 广大相关科研工作人员
- 相关职业培训机构师生

**阅读指南**

本书在编写过程中使用了一些符号和常用术语。为了方便读者阅读，在此列出并说明：

- 单击、右击：单击表示单击鼠标左键；右击表示单击鼠标右键。
- |：表示上下级关系。如“文件”菜单|“新建”命令，表示“文件”菜单中的“新建”命令。在功能区中，“默认”选项卡|“修改”面板|“删除”，即代表“默认”选项卡中的“修改”面板中“删除”命令。
- 回车：指按 Enter 键、空格键或用鼠标右击。
- 关于字母大小写：输入命令时，AutoCAD 不区分英文字母的大小写，用户可以任意输入。
- 命令提示后括号中的内容，表示在操作中为用户给出的操作提示，如：

命令：line（调用直线命令）

指定第一点：（输入直线的起点）

**素材内容及使用**

学习本书时，可从中国水利水电出版社网站（http://www.waterpub.com.cn/softdown）下载与本书相配套的素材文件（包括上机实训与综合实训的案例文件以及图像文件）。

本书所有的上机实训文件、综合实训文件和图像文件，都收录在下载包“素材”文件夹中的“DWG”文件夹和“位图”文件夹中。读者在学习时可以调用和参考这些文件。

由于作者水平有限，编写中难免有不当之处，望广大读者提出宝贵意见和建议。电子邮箱：liaonianhe@126.com。

编者

2018 年 4 月

# 目 录

Contents

# 第 1 章
# AutoCAD 2018 概述

学习任何软件，首先从界面开始认识。本章主要介绍界面各个元素的作用、操作方法以及相关设置；同时介绍 AutoCAD 中命令和系统变量的使用方法、绘图环境设置、文档的相关操作。通过综合实训案例，系统介绍本章相关联的重要知识点的使用方法。

本章要点

◎ AutoCAD 2018 的工作界面

◎ AutoCAD 命令和系统变量的使用

◎ 文档的基本操作

## 1.1 AutoCAD 2018 概述

AutoCAD 是由美国 Autodesk 公司开发的计算机辅助设计软件。自 1982 年首次推出 AutoCAD 1.0 版以来，Autodesk 公司不断地更新、扩展和完善 AutoCAD 系列产品，深受广大用户的欢迎，应用范围也越来越广，已成为国内外主流的计算机辅助设计和绘图软件。尤其是在国内，几乎所有的高校、研究部门和企业都在使用该软件。

AutoCAD 具有易于掌握、使用方便、绘制精确的特点。它功能强大、应用面广、开放性好。因此，可作为二次开发的软件平台。同其他大型化、专业化的 CAD 设计软件相比，AutoCAD 对计算机系统的要求较低、价格便宜，具有很高的性价比。它能精确绘制与编辑二维图形和三维图形，具有强大的标注尺寸和文字、实体造型、渲染图形及打印出图等功能，已被广泛地用于机械、建筑、电子、航天、造船、服装、气象、纺织、园林、广告、石油化工、冶金、地质、轻工、室内外装饰、教育等行业。

AutoCAD 2018 中文版是 AutoCAD 系列软件中的最新版本，是 Autodesk 公司在继承原有版本特点的基础上推出的又一设计与开发利器，它秉承了 Autodesk 公司一贯为广大用户考虑的特点，具有方便性和高效性。相信该软件的使用，会对用户的工作起到巨大的推动作用。

## 1.2 AutoCAD 2018 对系统的要求

AutoCAD 2018 对系统的要求如表 1-1 和表 1-2 所示。

表 1-1 AutoCAD 2018 对计算机系统的要求

| 项目 | 系统要求 |
| --- | --- |
| 操作系统 | Microsoft Windows 7 SP1（32 位和 64 位）<br>Microsoft Windows 8.1 的更新 KB2919355（32 位和 64 位）<br>Microsoft Windows 10（仅限 64 位） |
| CPU | 32 位系统：1 GHz 或更快<br>64 位系统：1 GHz 或更快 |
| 内存 | 32 位系统：2 GB（建议使用 4 GB）<br>64 位系统：4 GB（建议使用 8 GB） |
| 显示器分辨率 | 常规显示：1360 × 768 (1920 × 1080 建议)，真彩色<br>高分辨率和 4K 显示：分辨率达 3840 × 2160 支持 Windows 10、64 位系统使用的显卡 |
| 显卡 | 使用 DirectX 9 以及与 DirectX 11 兼容的显卡 |
| 磁盘空间 | 安装 4.0GB |
| 浏览器 | Windows Internet Explorer 11 或更高版本 |
| 动画演示媒体播放器 | Adobe Flash Player v10 或更高版本 |
| .NET Framework | .NET Framework 版本 4.6 |

表 1-2 AutoCAD 2018 对用于大型数据集、点云和三维建模的其他要求

| 项目 | 要 求 |
| --- | --- |
| 内存 | 8GB 或更大 |
| 磁盘空间 | 6GB 可用硬盘空间（不包括安装所需的空间） |
| 显卡 | 1920 × 1080 或更高的真彩色视频显示适配器，128 MB VRAM 或更高版本，Pixel Shader 3.0 或更高版本，支持 Direct3D 的工作站级图形卡 |

## 1.3 AutoCAD 2018 的工作界面

扫一扫，看视频
※ 1 小时 18 分钟

AutoCAD 2018 的工作界面如图 1-1 所示，这是“二维草图与注释”工作空间。该界面包括标题栏、快速访问工具栏、菜单浏览器、信息中心、工作空间、功能区、绘图区、视图立方及指南针、十字光标、坐标系图标、命令行、状态栏等。下面将分别进行介绍。

### 1.3.1 标题栏

标题栏位于应用工作界面的最上方，在其上显示 AutoCAD 2018 程序的名称和当前图形文件的名称和保存路径。与 Windows 的基本操作一样，用户可以通过标题栏最右边的三个按钮将 AutoCAD 程序进行最小化、最大化或关闭操作。

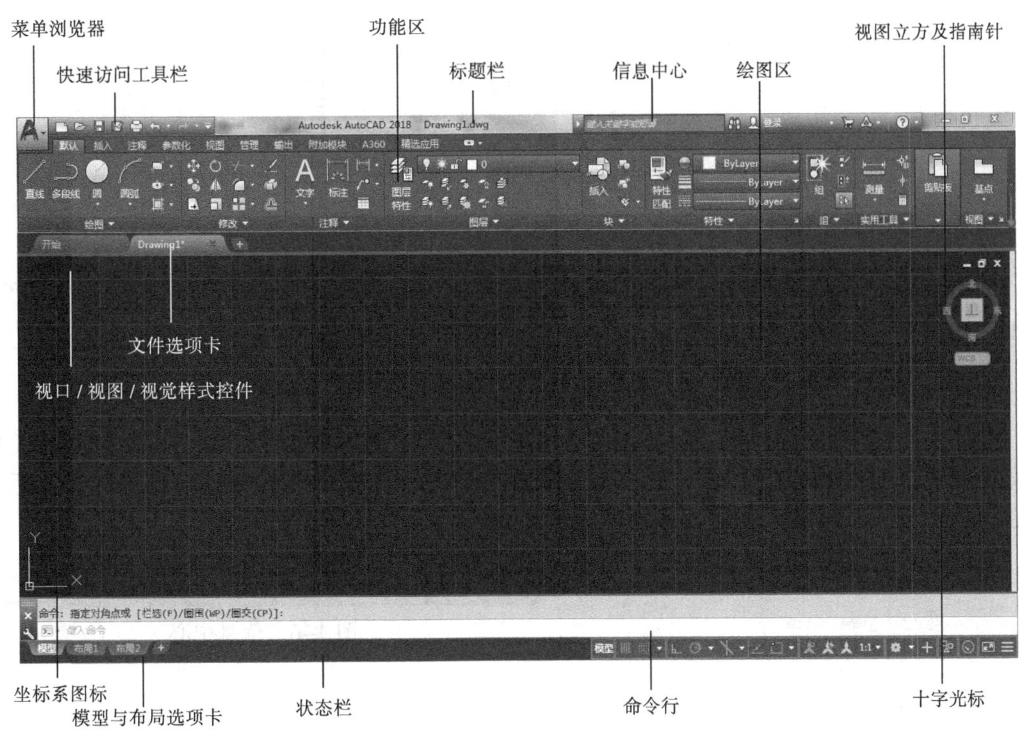


图 1-1 AutoCAD 2018 工作界面

## 1.3.2 快速访问工具栏

快速访问工具栏定义了一些经常使用的工具，如新建、打开、保存、另存为及打印等，单击相应按钮即可执行对应的操作，如图 1-2 所示。单击快速访问工具栏最右边的下拉按钮即可打开快速访问工具栏菜单，如图 1-3 所示。在该菜单中可以控制快速访问工具栏上显示哪些工具。要想显示或取消某个工具，在其选项上单击，即可将其添加到或移除出快速访问工具栏；在该菜单中还可以控制是否显示菜单栏，以方便用户在菜单中调用命令。

图 1-2 快速访问工具栏

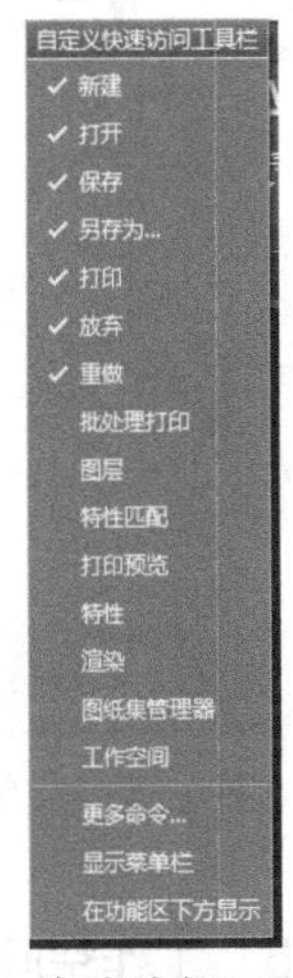


图 1-3 快速访问工具栏菜单

**技巧**

● 可以为快速访问工具栏添加命令，其方法是：在快速访问工具栏上右击，在弹出的快捷菜单中（如图 1-4 所示），或在快速访问工具栏菜单中（如图 1-3 所示）选择“自定义快速访问工具栏”选项，打开“自定义用户界面”对话框，从命令列表中直接将需要的命令拖到快速访问工具栏即可。

● 要使用一些复杂的命令，或不太常用的命令，需要通过菜单进行调用，因此需要在“快速访问工具栏菜单”中选中“显示菜单栏”命令。

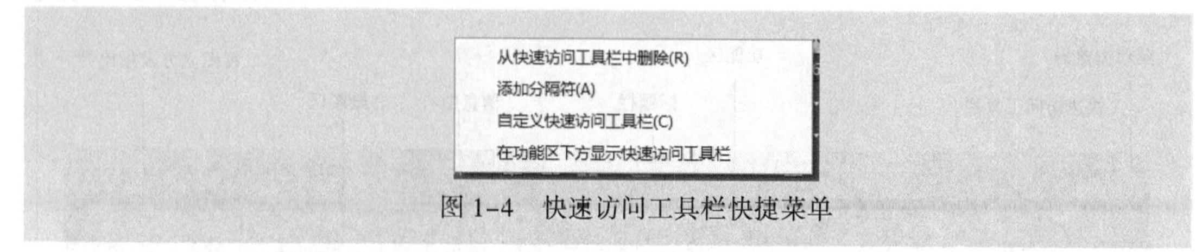


图 1-4 快速访问工具栏快捷菜单

### 1.3.3 菜单浏览器

单击工作界面左上角的“菜单浏览器”按钮，即可打开菜单浏览器，如图 1-5 所示，从中可以进行一些如“新建”“打开”“保存”等常用的操作。

### 1.3.4 信息中心

信息中心位于标题栏的右侧，如图 1-6 所示。其功能用于访问与 Autodesk 产品相关的信息，如产品更新信息、通告、Autodesk 网站等。在搜索框中输入要查找的内容，然后单击右边的“搜索”按钮，可以在联机帮助中快速查找相关信息。

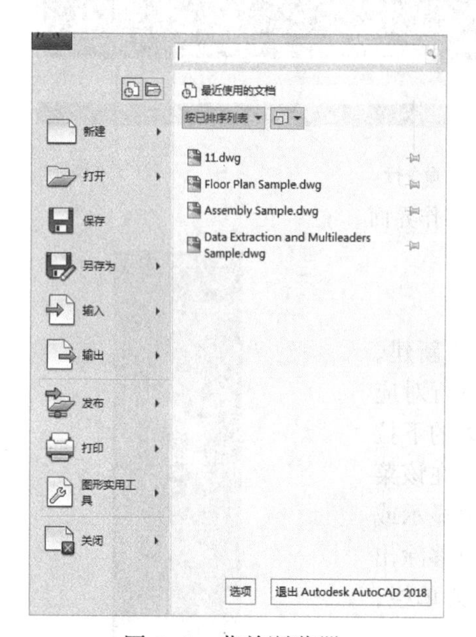


图 1-5 菜单浏览器

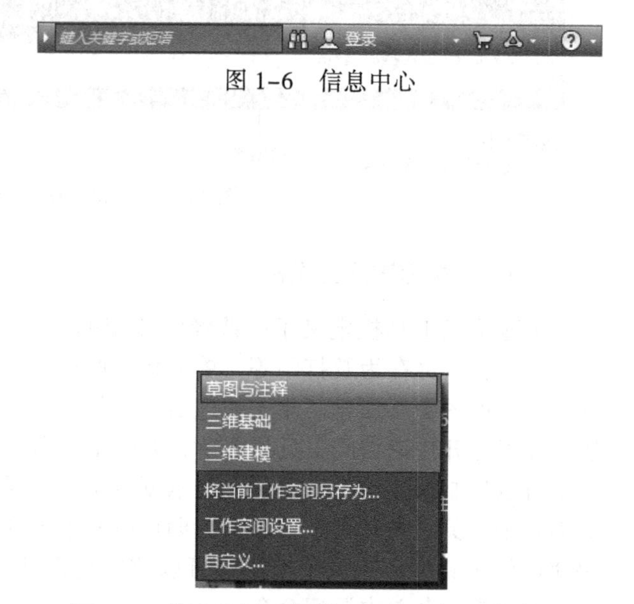


图 1-6 信息中心

图 1-7 快速访问工具栏“工作空间”菜单

### 1.3.5 工作空间

工作空间是用户在绘图时面向不同的绘图对象所使用的各种工具和功能面板的集合。选择“快速访问工具栏菜单” | “工作空间”选项，可将“工作空间”添加到快速访问工具栏，单击“工作空间”下拉按钮，可打开“工作空间”菜单，如图 1-7 所示；或单击状态栏上的“切换工作空间”按钮，也可打开类似的“工作空间”菜单。

AutoCAD 2018 默认的工作空间是“草图与注释”，主要用于二维图形的绘制和编辑；而“三维基础”和“三维建模”工作空间主要用于三维图形的绘制与编辑。

### 1.3.6 功能区

功能区显示与对应工作空间相关联的按钮和控件。功能区由若干选项卡组成，每个选项卡包含若干面板，每个面板又包含若干归组的命令按钮和工具。单击这些按钮，可以调用相应的命令，如图 1-8 所示；而单击面板上的下拉按钮，可以展开折叠区中被隐藏的命令按钮；单击功能区选项卡最右边的“最小化为面板”按钮，将循环控制功能区的显示方式；而在功能区面板上右击，在弹出的快捷菜单中可以控制显示哪些“功能区选项卡”和控制某选项卡上显示哪些“功能区面板”。

图 1-8　功能区

### 1.3.7　绘图区

绘图区是 AutoCAD 绘图的工作区域，该区域是无限大而没有边界的。在绘图区域内，用户可进行图形的绘制、编辑和显示等操作。绘图区的左上角是文件标签栏，每打开一个图形就对应一个标签，单击标签可快速切换到相应的图形。单击标签栏右侧的“+”按钮，可以快速新建图形。在标签栏空白处右击，在弹出的快捷菜单中还可以进行新建、打开、全部保存和全部关闭等操作。

单击绘图区左上角“视口 / 视图 / 视觉样式控件”[-][俯视][二维线框]中的第一个按钮，可更改视口配置或控制 ViewCube 等导航工具的显示；单击第二个按钮“俯视”，可在 6 个基本视图和几个等轴测视图之间切换；单击第三个按钮“二维线框”，可控制三维模型是以线框方式显示还是以其他视觉样式显示。

**技巧**

在绘图区或命令行右击（或选择“工具”菜单｜“选项”命令，或在命令行输入命令别名“op”），在弹出的快捷菜单中选择“选项”命令，打开“选项”对话框，如图 1-9 所示。在该对话框的“显示”选项卡｜“窗口元素”选项组中单击“颜色”按钮，打开“图形窗口颜色”对话框，如图 1-10 所示。在该对话框的“上下文”选项组中选择“二维模型空间”，在“界面元素”选项组中选择“统一背景”，在“颜色”选项组中选择需要的颜色，即可设置绘图区的颜色。

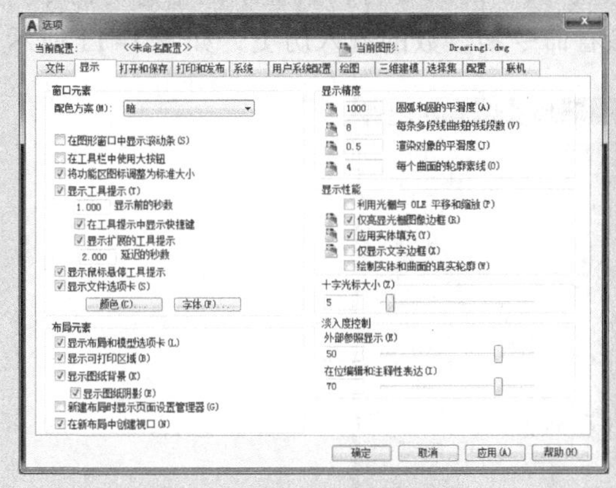

图 1-9　“选项”对话框

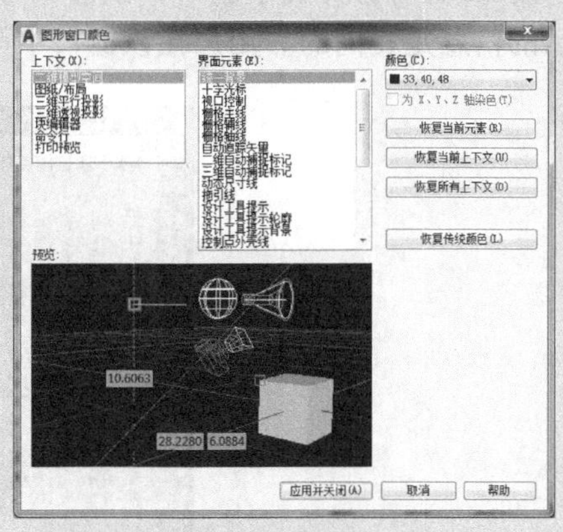

图 1-10　“图形窗口颜色”对话框

### 1.3.8 视图立方及指南针

视图立方（即 ViewCube）位于绘图区的右上角，是用于控制三维视图显示的导航工具，单击或拖动视图立方，用户可以在标准视图和等轴测视图间切换。视图立方的外围即是指南针，单击指南针上的基本方向文字可旋转模型，也可以单击并拖动指南针环以交互方式围绕轴心点旋转模型。

### 1.3.9 十字光标

十字光标为 AutoCAD 在绘图区域中显示的绘图光标，它主要用于绘制图形时指定点的位置和选取对象。当在状态栏“自定义”菜单中打开了“坐标”的显示时，光标中十字线交点的位置会实时地显示在状态栏上的坐标显示区中；光标中的小方框为拾取框，用于选择对象。

**技巧**

在“选项”对话框|“显示”选项卡|“十字光标大小”选项组中，可以调整光标十字线的长短；而在“选择集”选项卡|“拾取框”选项组中，可以调整光标拾取框的大小。

### 1.3.10 坐标系图标

默认情况下，坐标系图标位于绘图区左下角，系统默认的坐标系为世界坐标系（WCS 坐标系），该坐标系的坐标原点恒定不变，且在坐标原点处显示一个方框。如果变换了世界坐标系的坐标原点，或坐标轴方向，则成为用户坐标系（UCS 坐标系），该坐标系的显示特点是在坐标原点处没有方框。UCS 坐标系常用于绘制复杂图形或三维图形。

### 1.3.11 命令行与文本窗口

命令行是 AutoCAD 输入命令、参数，显示提示信息和出错信息的窗口。在绘图过程中，用户应密切注意命令行的提示。AutoCAD 2018 的命令行默认处于悬浮状态。用户可在命令行左端的横杠或竖杠上按下鼠标左键，将其拖动到屏幕的其他地方。不过，最常用的是将其放置在绘图区的下方。用户还可将鼠标指针放在命令行上边界拖动以调整命令行的行数。在命令行左边的叉号☒上单击，可以关闭命令行；在“自定义”按钮🔧上单击，可以进行“输入”和“透明度”设置等。

按 F2 键可打开文本窗口，该窗口可看作是扩大了的命令行，其显示的信息与命令行中显示的信息是相同的。用户在该窗口中可以参看命令和参数的输入历史，如图 1-11 所示。

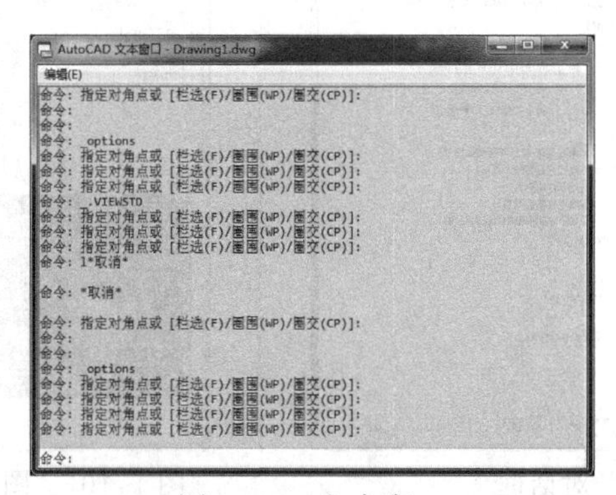


图 1-11 文本窗口

**技巧**

- 对于大多数的命令，3 行命令行足够显示命令的提示，而少于 3 行，则不能完全显示命令提示。因此，命令行最好不要少于 3 行。当然，行数太多将影响绘图区大小。
- 选择“工具”菜单 | “命令行”命令（或按 Ctrl+9 组合键），可以打开或关闭命令行。

### 1.3.12 状态栏

状态栏位于命令行的下面，包括各种功能按钮，如图 1–12 所示。

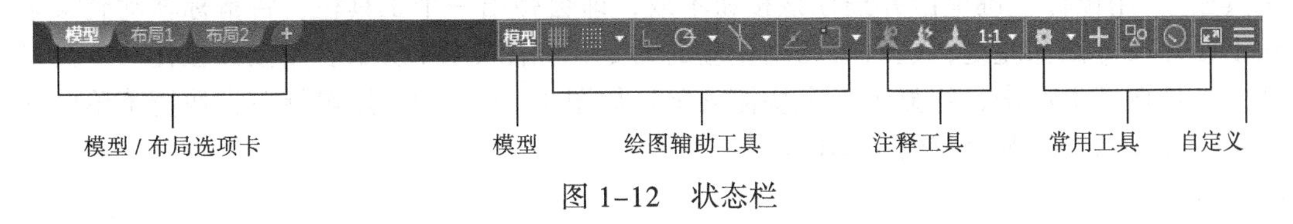


图 1–12 状态栏

1. 模型与布局选项卡

模型与布局选项卡用来控制模型空间（即绘图区窗口）和布局空间（即图纸空间）之间的切换。模型空间主要用于图形的绘制与编辑；图纸空间主要用于图纸的布局及打印出图。

2. 模型

模型按钮用于模型空间与图纸空间的切换。

3. 绘图辅助工具

绘图辅助工具是用户绘图时实现精确绘图与快速绘图的关键，其功能将在后面相关章节介绍。单击某个按钮，可以打开或关闭该按钮。

4. 注释工具

注释工具用于更改注释对象的注释比例，或者控制具有注释比例的注释性对象的显示等。

5. 常用工具

（1）切换工作空间：用于快速切换绘图时候的工作空间。

（2）注释监视器：打开或关闭注释监视器。当注释监视器处于启用状态时，将通过放置标记来标记所有非关联注释。

（3）隔离对象：在绘制复杂图形时，如果需要对图形中某部分暂时不用的对象进行显示或隐藏操作，可使用该按钮。单击该按钮，然后在图形中选择对象后并按回车键，即可执行操作。

（4）硬件加速：用于优化三维图形性能，以控制是否用硬件加速的方式以优化 AutoCAD 在系统中的运行。在该按钮上右击，在弹出的快捷菜单中可以进行相应设置。

（5）全屏显示（或按 Ctrl+0 组合键）：用于显示或隐藏功能区等界面元素。

6. 自定义

单击该按钮，将显示一个状态栏菜单，如图 1–13 所示。利用该菜单，用户可以根据绘图需要控制状态栏上某些工具的显示与隐藏。

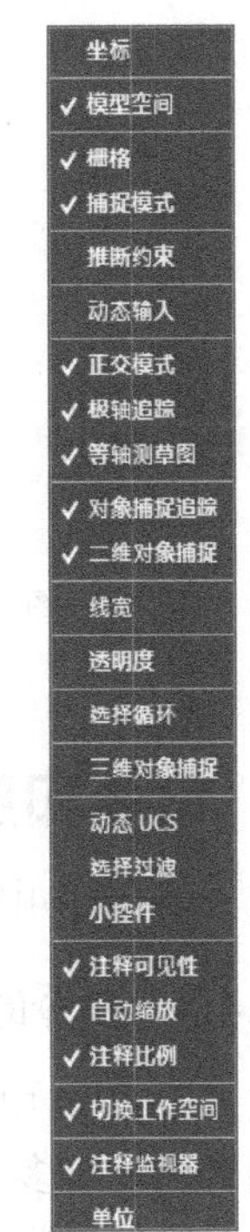


图 1–13 自定义菜单

### 1.3.13 工具栏

AutoCAD 2018 默认未显示工具栏，有些面板上未显示的工具，通过工具栏调用非常方便，用户在绘图的过程中，应根据绘图的需要调用一些工具栏，如“对象捕捉”工具栏。用户可以通过“工具”菜单｜“工具栏”子菜单调用需要的工具栏。当显示工具栏后，用户可以把鼠标指针放在工具栏左端（或上端）的两条横线或竖线上，将其拖动到屏幕任何位置或边上。如果将鼠标指针放在工具栏左端（或上端）的两条横线或竖线上稍微停顿，可以显示该工具栏的名称。

如果某个工具栏上的某工具按钮的右下角有一个下拉按钮标记，表明这是一个“弹出式工具栏”。用鼠标左键单击并按住该按钮不放，即会弹出一个工具栏，将鼠标移动到某个按钮上面并放开鼠标左键，这时将调用相应的命令，如图 1-14 所示。用鼠标在任一工具栏的任一工具按钮上右击，将显示一个快捷菜单，如图 1-15 所示，用鼠标单击快捷菜单中的某一项，可显示或隐藏对应的工具栏。

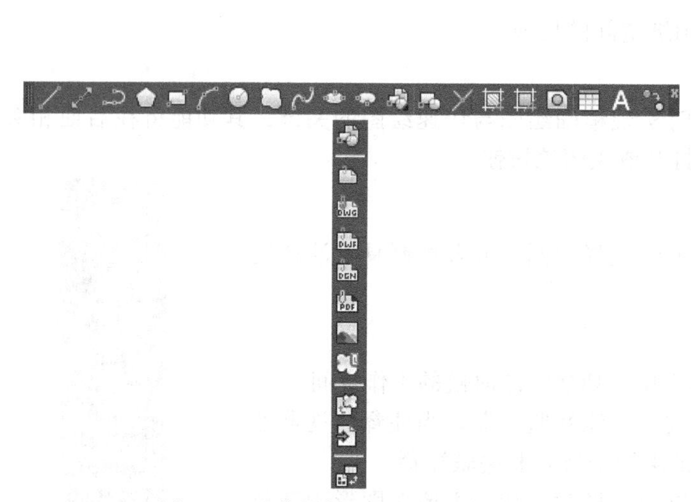

图 1-14 “弹出式”工具栏

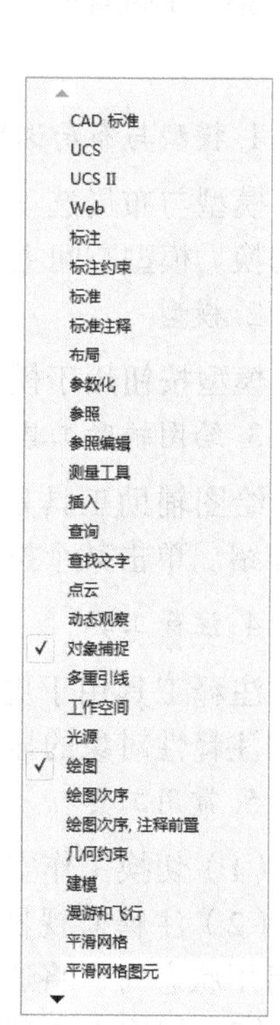


图 1-15 工具栏快捷菜单

## 1.4 命令和系统变量的使用

扫一扫，看视频

※ 9 分钟

在 AutoCAD 中，执行任何操作都需要调用相关的命令。

### 1.4.1 命令的使用

在 AutoCAD 中，执行任何操作都需要调用相关的命令，而同一命令的使用又往往有多种不同的方式。用户可用如下方式调用命令：

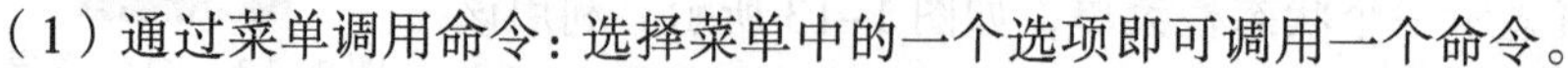

（1）通过菜单调用命令：选择菜单中的一个选项即可调用一个命令。

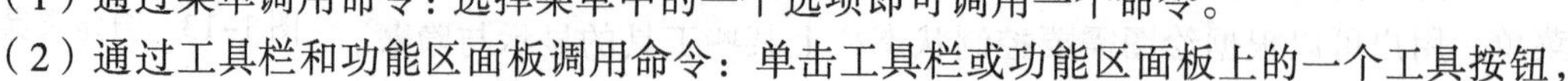

（2）通过工具栏和功能区面板调用命令：单击工具栏或功能区面板上的一个工具按钮，

也可调用一个命令。

（3）在命令行输入命令：用户可在命令行的“命令：”提示下，通过键盘在命令行输入一个命令。输入命令时，既可以输入命令的全名，也可以输入命令别名（又叫简捷命令）。AutoCAD 对于常用的命令，都给出了对应命令的命令别名。例如，在命令行输入矩形命令时，既可以输入 RECTANG，也可以输入该命令的命令别名 REC。命令输入时不区分大小写。

（4）通过快捷菜单调用命令：在不同的绘图状态和不同的区域，如在绘图区、工具栏、状态行、模型与布局选项卡等，单击鼠标右键都会显示一个快捷菜单。选择快捷菜单中的某个选项，即可调用某个命令和执行一定的操作。例如，在绘图区的空白处右击，从弹出的快捷菜单中选择“平移”命令。

（5）动态输入调用命令：在状态栏自定义菜单中选择“动态输入”选项，使“动态输入”工具显示在状态栏上，单击该按钮将其打开，这样，当用户输入的命令时，可以直接显示在光标旁的工具栏提示中，如图 1–16 所示。详细内容详见 2.6.10 节。

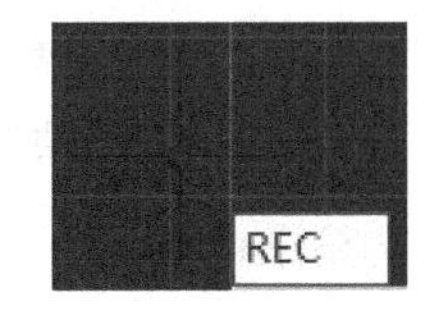

图 1–16 动态输入命令

（6）通过功能键或组合键调用命令：如按 Ctrl+Z 组合键，将调用“放弃”命令；按 F1 键，将打开“帮助”对话框。

## 1.4.2 命令的执行和操作

### 1. 执行命令

通过命令行或动态输入的方式输入命令后，需回车方能执行命令。回车后，将在命令行和光标旁的工具栏提示中显示该命令的相关提示或显示一个对话框。在 AutoCAD 中，回车通常可以使用三种方式：按 Enter 键；按空格键；鼠标右击。

### 2. 命令的参数输入

调用命令后或选择了命令中的某个选项后，往往要求输入一定的参数值。如点的坐标、距离值、角度值或比例值等。这时，用户可在命令行直接输入相应的参数值，如图 1–17 所示。如果动态输入功能是打开的，还可以在光标旁的工具栏提示中输入需要的参数值，如图 1–18 所示。输入参数后回车即可执行相应操作。

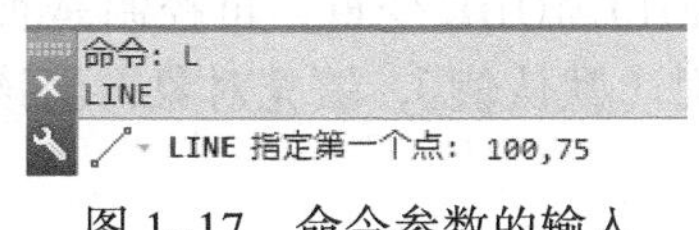

图 1–17 命令参数的输入

图 1–18 动态输入参数

### 3. 命令的选项选择

调用命令后，如果需要使用命令中的某个选项（通常显示在命令提示的“[ ]”中），可在提示下直接在命令行输入所需选项后“( )”中括起的数字或字符，如图 1–19 所示。而方括号外的选项可直接执行，或在提示下右击，从弹出的快捷菜单中选择一个选项，如图 1–20 所示。如果动态输入功能是打开的，可按键盘上的下箭头键查看光标旁工具栏提示中的这些选项，然后用方向键选择一个选项（选择后回车），或输入选项中的字母（输入后回车），或单击选择一个选项，如图 1–21 所示。对于“<>”中的选项，代表默认值，如果认可该值，可直接回车，否则输入新值。

图 1–19 命令选项的选择

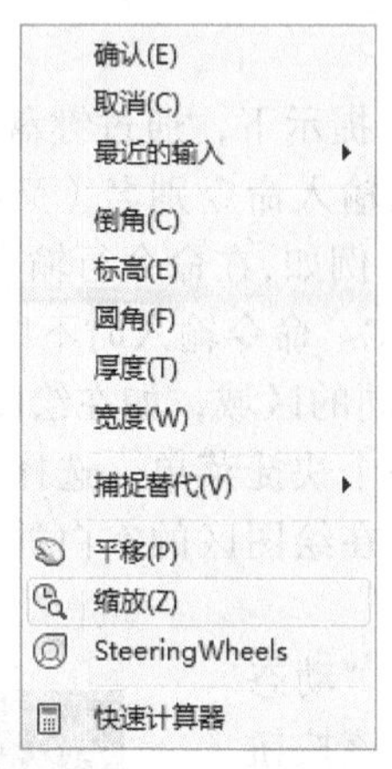


图 1-20 通过快捷菜单选择命令选项

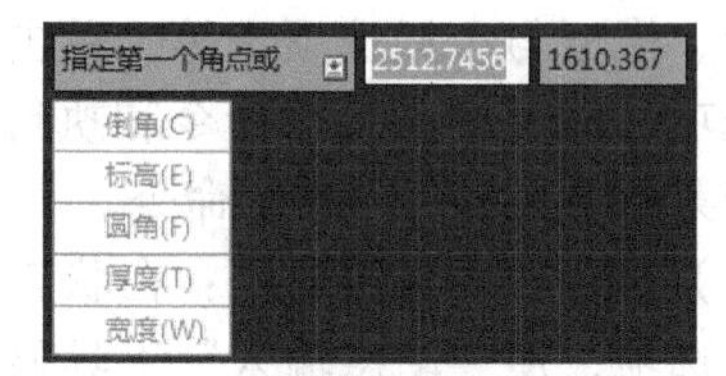


图 1-21 动态输入选择命令选项

4. 结束命令

在执行命令的过程中，如果要结束命令，可直接按 Enter 键、空格键或用鼠标在绘图区右击，从弹出的快捷菜单中选择“确认”选项。

5. 命令的重复使用

如果用户要重复使用刚使用过的命令，可采用如下方法进行：

（1）直接按 Enter 键、空格键或用鼠标在绘图区右击，从弹出的快捷菜单中选择“重复…”选项。

（2）在命令行右击，从弹出的快捷菜单中，选择“最近使用的命令”子菜单中的一个。

6. 命令的终止

在执行命令的过程中，用户可以随时按 Esc 键终止命令。

### 1.4.3 系统变量的设置

在 AutoCAD 中，系统变量用于控制某些命令的状态和工作方式，设置填充图案的默认比例，存储关于当前图形和程序配置的信息，打开或关闭模式，如“捕捉”“栅格”等。

系统变量的使用与命令的使用类似。用户可先在命令行或动态输入中输入系统变量的名称，按 Enter 键后输入变量的新值即可。例如 FILLMODE 变量，可控制是否填充图案和填充二维实体以及宽多段线。当该变量的值为 1 时（默认值），填充对象；当该变量的值为 0 时，不填充对象。其操作和提示如下：

命令：fillmode（输入系统变量的名称）

输入 FILLMODE 的新值 <1>：0（输入变量的新值）

当用户改变了系统变量的默认值（即初始值），使用后应立即改回原值。否则，对某些命令的使用将产生影响。

## 1.5 设置绘图环境

在绘图之前，首先应设置绘图的工作环境。

### 1.5.1 设置绘图单位

设置长度单位、角度单位和精度以及角度的测量方向等。用户在绘图之前，应设置符合本行业的长度、角度等图形单位与精度。

1. 调用方式

◆ 菜单：格式 | 单位。

◆ 命令行：UNITS、DDUNITS 或命令别名 UN。

2. 操作方法

调用命令后，将显示“图形单位”对话框，如图 1–22 所示。

3. 选项说明

（1）长度：用于设置长度单位的格式和精度，共有分数、工程、建筑、科学和小数等五种单位，用户可选择一种适合本行业的单位。系统的默认设置是“小数”，该项符合我国工程设计的使用。同时，用户还可在“精度”列表中选择一种合适的精度，系统的默认精度是“0.0000”，这里的设置会影响状态栏中坐标的显示精度。

（2）角度：设置角度的单位和精度，包括百分度、度 / 分 / 秒、弧度、勘测单位和十进制度数等五种单位。系统的默认设置是“十进制度数”，这也是最常用的一种角度单位。同样，用户应根据自己所处行业设置一种角度的显示精度，系统的默认设置是“0”。选中“顺时针”复选框，则测量角度的正方向为顺时针方向，反之，逆时针为正方向。

（3）插入时的缩放单位：控制插入到当前图形中的块和图形的测量单位。如果块或图形创建时使用的单位与当前图形该选项指定的单位不同，则在插入这些块或图形时，将对其按比例缩放。插入比例是源块或图形使用的单位与目标图形使用的单位之比。

（4）输出样例：用户在“图形单位”对话框中的设置样例会显示在这里。

（5）光源：控制当前图形中光源强度的测量单位。为创建和使用光度控制光源，必须从列表中指定非“常规”的单位。

（6）方向：单击该按钮，将显示“方向控制”对话框，如图 1–23 所示。在该对话框中，可以设置测量角度的基准方向，即 0 度角的方向。如果选择“其他”选项，则可以在输入框中输入一个角度,并以该角度所在的方向作为基准方向；如果单击“拾取角度”按钮，则在图形窗口中通过拾取两个点来确定测量角度的基准方向。

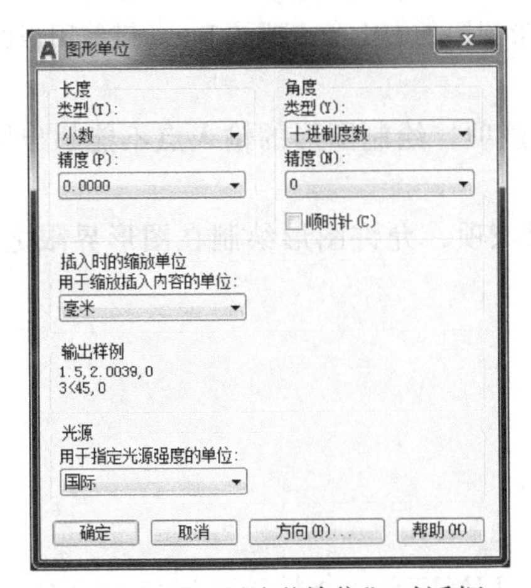


图 1–22 “图形单位”对话框

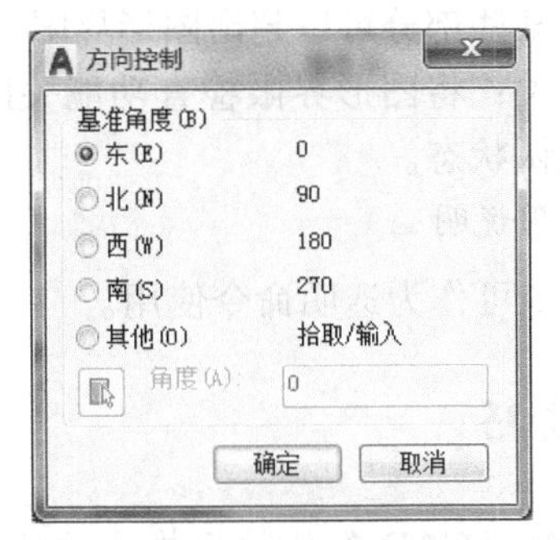


图 1–23 “方向控制”对话框

4. 说明

（1）该命令可以作为透明命令使用。有关透明命令的使用方法详见第 2 章。

（2）该命令有相应的命令行调用形式“-UNITS”（命令别名 -UN）。

（3）如果插入块时不按指定单位缩放，可选择“无单位”选项。这时源块或目标图形将使用“选项”对话框｜“用户系统配置”选项卡｜“源内容单位”和“目标图形单位”中的设置。

技巧

在 AutoCAD 中，许多命令都具有两种形式。一种是命令本身，另一种是在命令本身之前加了一个“-”符号。具有这种形式的命令，当调用命令本身时，将显示一个对话框，用户可以在对话框中进行操作；而调用带“-”符号的命令时，则不会显示对话框，用户只能在命令行进行操作。但往往这两种方式调用后的内容是一致的。

### 1.5.2 设置图形界限

图形界限是一个假想的矩形绘图区域，相当于手工绘图时的图纸大小。因此，设置图形界限就是为了规划绘图工作区和图纸边界。

1. 调用方式

◆ 菜单：格式｜图形界限。

◆ 命令行：LIMITS。

2. 操作方法

命令：（调用命令）

重新设置模型空间界限：

指定左下角点或 [ 开 (ON)/ 关 (OFF)] <0.0000,0.0000> :（指定图形界限的左下角点，或指定一个选项，或按 Enter 键使用默认的左下角点“0.0000，0.0000”）

3. 选项说明

（1）指定左下角点：指定栅格界限的左下角点。指定图形界限的左下角点后的操作和提示如下：

指定右上角点 <420.0000,297.0000> :（指定图形界限的右上角点或按 Enter 键使用当前点“420，297”）

（2）开：将图形界限检查功能打开。选用该项，绘制图形的输入点不能超出图形界限，但图形的某些部分可以超出图形界限。

（3）关：将图形界限检查功能关闭。选用该项，允许图形绘制在图形界限之外。这是系统的默认状态。

4. 使用说明

该命令可作为透明命令使用。

技巧

● AutoCAD 默认的栅格显示范围超出了 LIMITS 命令指定的区域。用户可在“草图设置”对话框中设置，使栅格的显示范围在 LIMITS 命令指定的区域内，设置完毕后，单击状态栏上的“栅格”按钮，即可看出图形界限的范围。详见 2.6.9。

- 默认情况下，AutoCAD 允许将图形绘制在图形界限外。不过，将图形绘制在图形界限内，可减少显示图形的缩放操作。

## 1.6 文档操作

由于这部分操作与其他程序类似（如 Word），因此下面主要介绍不同之处。

### 1.6.1 创建新图形文件

命令调用方式如下：

◆ 菜单：文件 | 新建。

◆ 命令行：NEW。

◆ 快速访问工具栏：新建。

◆ 组合键：Ctrl+N。

调用命令后将显示“选择样板”对话框，如图 1-24 所示。从中选择 acadiso3D.dwt 样板文件并打开，用于创建三维图形；如果选择 acadiso.dwt 样板文件，将用于创建二维图形，它们都是符合国际标准的样板文件。在“选择样板”对话框的“文件类型”下拉列表中，可以选择要创建的新图形类型。其中，.dwg 代表图形文件；.dwt 代表样板文件；.dws 代表 CAD 标准文件。

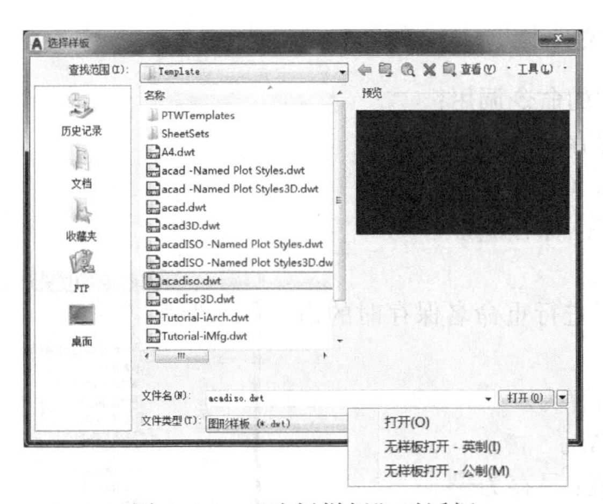


图 1-24　“选择样板”对话框

如要创建无样板的新图，单击“打开”按钮后的下拉按钮，从中选择“无样板打开 - 公制”选项即可。

### 1.6.2 打开图形文件

命令调用方式如下：

◆ 菜单：文件 | 打开。

◆ 命令行：OPEN。

◆ 快速访问工具栏：打开。

◆ 组合键：Ctrl+O。

调用命令后将显示“选择文件”对话框，如图 1-25 所示。在该对话框的“文件类型”下拉列表中，可以选择要打开的文件类型，其中，默认打开文件类型为 .dwg 图形文件。

选择一个图形文件后单击“打开”按钮后的下拉按钮，可以选择打开方式。其中“局部打开”是AutoCAD的特有打开方式，使用该项，可打开指定视图和指定图层上的图形对象，如图 1-26 所示。这样，提高了加载速度和系统运行效率。当对局部打开的图形文件进行了修改和编辑并保存了图形后，系统将自动对原来的图形文件进行更新。

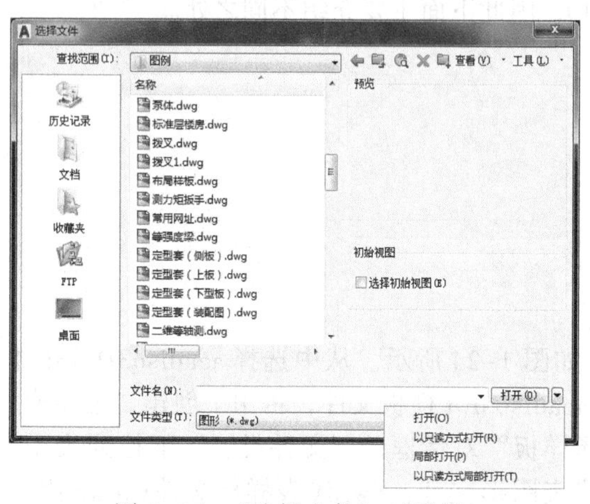

图 1-25 “选择文件”对话框

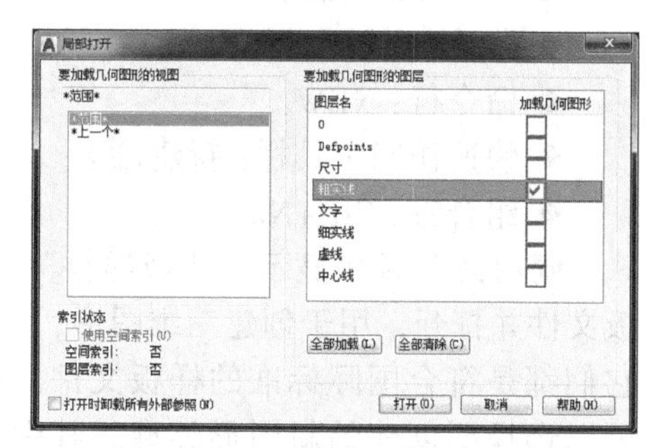

图 1-26 “局部打开”对话框

### 1.6.3 保存图形文件

对于新图形保存时的命令调用：

◆ 菜单：文件 | 保存。

◆ 命令行：SAVE、QSAVE。

◆ 快速访问工具栏：保存。

◆ 组合键：Ctrl+S。

对已保存过的图形进行重命名保存时的命令调用：

◆ 菜单：文件 | 另存为。

◆ 命令行：SAVEAS。

◆ 快速访问工具栏：另存为。

◆ 组合键：Ctrl+Shift+S。

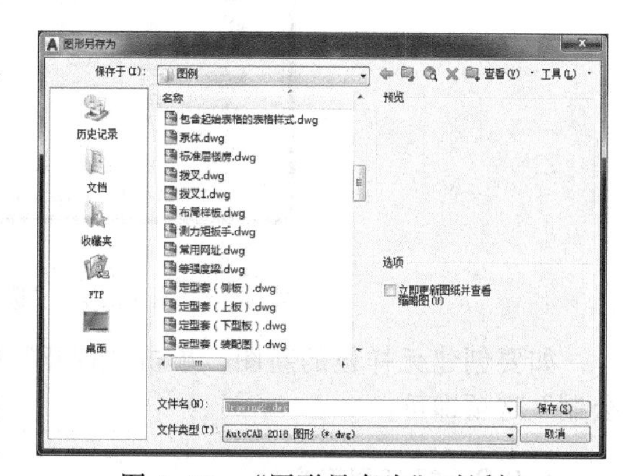

图 1-27 “图形另存为”对话框

调用命令后将显示“图形另存为”对话框，如图 1-27 所示。在该对话框的“文件类型”下拉列表中，可以选择需要保存的文件类型，或保存为早期版本的文件格式。其中 .dwg 为默认的 AutoCAD 图形文件格式；.dws 为 AutoCAD 的图形标准文件格式；.dxf 用于程序间进行数据交换的文件格式；.dwt 为 AutoCAD 图形样板文件格式。

### 1.6.4 清理图形文件

该命令用于清理图形中无用的图层、块、文字样式、标注样式等，以减少图形文件占用的磁盘空间。其命令的调用方式如下：

◆ 菜单：文件 | 绘图实用工具 | 清理。

◆ 命令行：PURGE 或命令别名 PU。

调用命令后将显示“清理”对话框，如图 1-28 所示。在该对话框中，带有“+”的选项，表示该选项中有未使用的项目可以清理，单击展开选项，即可选择需要清理的项目。用户也可以单击“全部清理”按钮，以清除所有不用的项目。

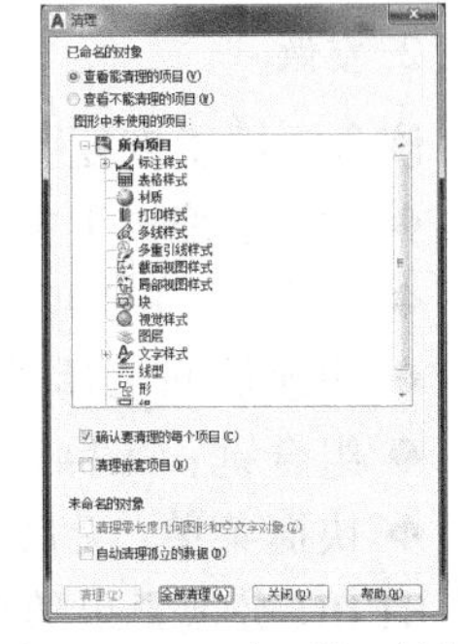

图 1-28 “清理”对话框

**技巧**

● 为了提高绘图效率，避免重复劳动，可把绘图设置的初始环境和以后绘图经常需要重复使用的内容保存为样板文件。在下次绘图前，可先打开样板文件，或利用设计中心调用样板文件中的内容，即可在此基础上开始绘图。使用样板文件，可以保证图形的统一、规范，且一次设置，可重复使用。用户应创建一套符合自己行业标准的样板文件。样板文件的内容一般包括图形界限、单位、图层、线型、线宽、颜色、比例、文字样式、标注样式、块、外部参照、多重引线样式、标题栏、图框等的设置。

● 自己创建的样板文件最好保存在 AutoCAD 的样板文件夹 Template 中，下次创建新图形时在“选择样板”对话框中可以直接选择使用。

● 在图形绘制完成后，应调用“清理”命令，为图形文件瘦身。

### 1.6.5 修复图形文件

如果图形损坏或系统崩溃后，可以通过该命令修复图形文件。其调用方式如下：

◆ 菜单：文件 | 绘图实用工具 | 图形修复管理器。

◆ 命令行：DRAWINGRECOVERY。

调用命令后将显示“图形修复管理器”选项板，如图 1-29 所示。在该选项板中，打开“备份文件”中的图形，然后进行重新保存，以进行修复。

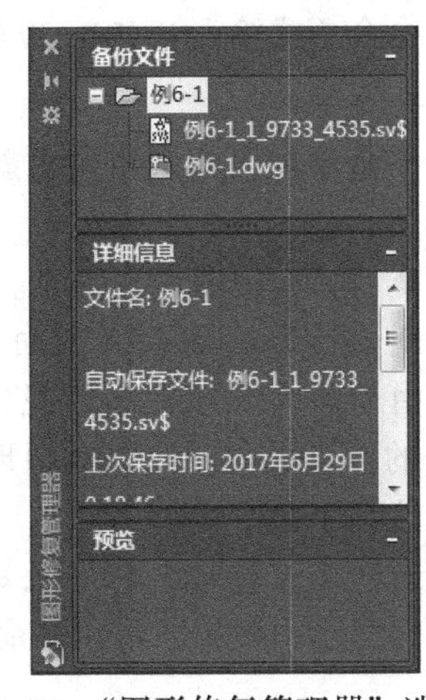


图 1-29 “图形修复管理器”选项板

### 1.6.6 放弃与重做

1. 放弃

在绘图过程中，难免会存在一些错误操作，使用该命令可放弃上一次的操作。其调用方式如下：

◆ 菜单：编辑 | 放弃。

◆ 命令行：U。

◆ 快速访问工具栏：放弃。

◆ 组合键：Ctrl+Z。

◆ 快捷菜单：无命令运行和无对象选定情况下，在绘图区右击，选择“放弃”选项。

该命令既可在调用某个命令的过程中使用，放弃某步骤的操作；也可以在某个命令调用结束后使用，放弃该命令使用的结果。该命令可以连续使用。

2. 重做

该命令用于恢复上一个 U 放弃的操作。其调用方式如下：

◆ 菜单：编辑 | 重做。
◆ 命令行：REDO。
◆ 快速访问工具栏：重做。
◆ 组合键：Ctrl+Y。
◆ 快捷菜单：无命令运行和无对象选定的情况下，在绘图区右击后选择“重做”选项。

REDO 必须紧跟随在 U 命令之后使用。同样，该命令也可以连续使用。

### 1.6.7 重画与重生成

当用户在进行图形绘制与编辑时，由于频繁操作，难免会在屏幕上留下一些残留光标点和屏幕垃圾。这些并不是图形对象的组成元素，它们实际上是不存在的，只是由于显示的问题，才在屏幕上看得见它们。因此，不能用删除命令将其删除。这些屏幕垃圾的存在，将妨碍用户对视图的观察与操作。用户可以通过下面的命令，清除这些屏幕垃圾。

1. 重画

该命令用于刷新当前视口中的显示，清除屏幕垃圾。其调用方式如下：

◆ 菜单：视图 | 重画。
◆ 命令行：REDRAW 或命令别名 R。

REDRAW 命令只能刷新当前视口，并且该命令可作为透明命令使用。而“视图”菜单 | “重画”命令（或输入 REDRAWALL 命令或命令别名 RA），可以同时刷新所有视口中的显示。

2. 重生成

该命令在当前视口中重新计算所有对象的屏幕坐标，然后重生成整个图形。其调用方式如下：

◆ 菜单：视图 | 重生成。
◆ 命令行：REGEN 或命令别名 RE。

由于该命令须在当前视口中重新计算所有对象的屏幕坐标后重生成整个图形，因此，系统的计算量大，故它对图形的刷新效果比 REDRAW 和 REDRAWALL 命令好，但刷新速度比这两个命令慢。

当使用“重画”命令无效，或者设置了线型，线宽，进行了实体区域填充等操作后，未实时显示出效果，可用该命令进行重生成操作，以更新显示。

### 1.6.8 多文档设计环境

利用多文档设计环境，可同时打开多个图形。并且，在保持各图形当前命令不中断的情况下，实现在多个图形之间的快速复制与粘贴。当打开了多个图形文件后，可选择“窗口”菜单中的各种排列方式，对打开的图形进行排列。用户的任何输入和操作，只对当前图形起作用。

在同时打开的多个图形文件之间进行快速复制和粘贴的方法如下：

（1）使用“带基点复制”命令：首先选择“窗口”菜单中的水平或垂直平铺，将打开的多个图形文件进行平铺排列，在要复制图形的绘图窗口中右击，从弹出的快捷菜单中选择“剪贴板” | “带基点复制”命令，用鼠标或键盘在图形中指定一个基点，选择要复制的对象，选择完毕后按 Enter 键结束选择，最后用鼠标单击需要粘贴的图形窗口，使其成为当

前图形，并在该窗口内右击，从弹出的快捷菜单中选择“剪贴板”|“粘贴”命令，用鼠标在图形中的合适位置单击，完成粘贴。

（2）使用左键拖拽的方法：将打开的多个图形文件进行水平或垂直平铺，在当前图形中用鼠标选择要复制的对象，并同时显示蓝色夹点。将鼠标移动到图形上按住左键不放（但不能放在蓝色的夹点上），将其拖动到另一幅图形即可。

（3）使用右键拖拽的方法：前面的操作步骤与左键拖拽的方法相同。显示夹点后将鼠标移动到图形上按住右键不放（但是不能放在蓝色的夹点上），将其拖动到另一幅图形中，并释放右键，从弹出的快捷菜单中选择“复制到此处”选项即可。

## 1.7 综合实训

扫一扫，看视频
※ 8 分钟

### 1.7.1 创建新绘图环境

在开始绘制一幅新图形时，应该首先创建一个符合要求的新的绘图环境，即布置相关的绘图界面，调用相关的绘图工具，设置相应的图形单位和精度，以及设置相应大小的图形界限。其操作步骤如下：

（1）单击快速访问工具栏上的“新建”按钮，打开“选择样板”对话框。

（2）如果绘制二维图形，则在该对话框中选择 acadiso.dwg 样板文件后打开；如果绘制三维图形，则在该对话框中选择 acadiso3D.dwg 样板文件后打开。

（3）在快速访问工具栏右边的下拉按钮上单击，在显示的菜单中选择“工作空间”选项，将“工作空间”添加到快速访问工具栏上。在“工作空间”下拉列表中选择“草图与注释”工作空间（默认工作空间），以布置相应的二维绘图工具；在该下拉列表中选择“三维基础”或“三维建模”工作空间，可以布置相应的三维绘图工具。

（4）选择“格式”菜单|“单位”命令，打开“图形单位”对话框，在该对话框中，根据所绘制图形的需要，选择合适的长度和角度的单位和精度，以及测量角度的基准方向。

（5）选择“格式”菜单|“图形界限”命令，根据所绘图形的大小，设置相应的图形界限大小。如设置 A3 图纸大小的图形界限，左下角点为（0,0），右上角点为（420,297）。

### 1.7.2 更改光标大小和修改绘图区背景颜色

用户在使用 AutoCAD 时，首先应该设置符合自己使用习惯的界面元素，其中光标大小和绘图区背景颜色就是首先需要设置的。通过这个实例，用户应逐渐熟悉和使用“选项”对话框。其设置方法如下：

（1）选择“工具”菜单|“选项”命令（命令别名 OP），打开“选项”对话框。

（2）在“显示”选项卡中单击“颜色”按钮，打开“图形窗口颜色”对话框。

（3）在该对话框的“上下文”列表中选择“二维模型空间”选项，在“界面元素”列表中选择“统一背景”选项，在“颜色”下拉列表中选择需要的颜色，然后单击“应用并关闭”按钮。

（4）在“显示”标签的“十字光标”大小选项组中，拖动滑块即可调整十字光标十字线的长短，如很多 AutoCAD 用户习惯将十字光标大小调整为 100。

（5）在“选择集”标签的“拾取框大小”选项组中，拖动滑块以调整拾取框的大小，AutoCAD 默认的偏小了些，可以调整得稍大一些。

（6）在“选项”对话框中单击“确定”按钮即可。

# 第 2 章
# 绘图基础与绘图辅助功能

通过 AutoCAD 提供的图形显示缩放和移动工具，用户在绘图时既能纵观全局，还可灵活地洞察局部细节；同时使用 AutoCAD 提供的各种绘图辅助工具，可极大地减少绘制辅助线的工作，使各种图形的精确与高效绘制变得轻而易举。本章主要介绍点与坐标的输入方式、视图缩放与平移、对象捕捉、追踪、动态输入等辅助绘图功能，以及参数化绘图和图形的查询功能等。

本章要点

◎ 点与坐标的输入方式
◎ 选择对象的基本方法
◎ 视图的显示控制
◎ 绘图辅助工具
◎ 参数化绘图

## 2.1　坐标系与坐标输入方式

在 AutoCAD 中精确绘制图形对象时，必须是以某一坐标系作为参照来精确确定某点的位置。AutoCAD 中的坐标系有世界坐标系（WCS 坐标系）和用户坐标系（UCS 坐标系）两种。

### 2.1.1　WCS 坐标系

WCS 坐标系是 AutoCAD 的默认坐标系。它的显示特点是在坐标轴相交处有一方框标记。该坐标系的 X 轴正向水平向右，Y 轴正向垂直向上，Z 轴正向垂直于 XY 平面向外。

WCS 坐标系是一种固定坐标系，默认情况下，它的坐标原点位于图形窗口的左下角。尽管可通过图形的显示操作来改变其坐标系原点的显示位置，但该坐标系原点的真实位置在绘图过程中仍保持不变，如图 2-1 所示。

### 2.1.2　UCS 坐标系

UCS 坐标系的显示特点是坐标轴相交处没有方框标记。

在绘制复杂图形或三维图形时，如果只使用 WCS 坐标系，用户可能会感到非常不方便。

基于此点考虑，AutoCAD 提供了 UCS 坐标系。实际上，当 WCS 坐标系的原点或各坐标轴的方向发生了变化，WCS 坐标系就转变成了 UCS 坐标系，如图 2-2 所示。在 UCS 坐标系中，X、Y、Z 三轴仍然保持相互垂直的状态。

图 2-1　WCS 坐标系　　　　图 2-2　UCS 坐标系

### 2.1.3　坐标的显示

AutoCAD 2018 默认情况下状态栏上未显示当前光标中心点的坐标，用户可单击状态栏最右边的“自定义”按钮，在显示的菜单中选择“坐标”选项，即可在状态栏上显示当前光标中心点的坐标。在坐标显示区单击鼠标或者右击，从显示的菜单中选择一个选项，可控制坐标的显示方式。

（1）绝对：实时显示相对于当前坐标系坐标原点的坐标。显示形式为“X，Y，Z”。

（2）相对：实时显示相对于上一点的坐标，仅当指定了一点后方能使用。显示形式为“距离 < 角度，Z 坐标”，表示随光标的移动实时显示光标中心点到上一点的距离，以及 X 轴与光标中心点与上一点之间连线的夹角和光标点的 Z 坐标值。

（3）地理：显示相对于指定给图形的地理坐标系的坐标。仅当图形文件包含地理位置数据时可用。

（4）特定：即静态显示方式。仅当指定一个新点时才更新坐标的显示。

### 2.1.4　点的输入及坐标的表示

扫一扫，看视频
※ 14 分钟

在 AutoCAD 中，任何图形都是由点组成的，点是图形对象最基本的元素。因此，要绘制图形对象，首先应从点的绘制开始。

1. 用鼠标输入点

当调用了一个绘图命令后，将鼠标移动到需绘制的位置上单击，即可指定点的位置。该方式常用于绘制草图，当结合对象捕捉使用时可精确绘制图形。

2. 按给定的距离输入点

此方式须在已输入了一点的情况下使用。当输入了第一点，并提示输入下一点时，将鼠标移动到需要输入下一点的方向上，然后直接输入该点与上一点的距离，并按 Enter 键即可。该方式常结合追踪功能和正交方式使用（这两个功能的介绍详见本章后面）。

3. 用捕捉方式输入点

利用对象捕捉功能绘制图形时，将鼠标移动到对象上，待出现需要的捕捉标记时单击，即可将点绘制在对象的特殊位置上，详细操作请参看本章后面。该方式是一种非常常用的精确绘制图形的方式。

4. 用键盘输入点及坐标表示法

通过键盘输入点的方法是 AutoCAD 实现精确绘图的最基本也是最常用的方式。在二维空间中，点坐标的输入方式如下：

（1）绝对坐标输入。绝对坐标输入的基准点为坐标系的坐标原点 (0,0,0)。

1）绝对直角坐标输入：输入格式为“X，Y”。即在“指定点：”的提示下，先输入点的

X 坐标值，然后在英文输入状态下输入逗号，最后输入点的 Y 坐标值，如“100，75”。

2）绝对极坐标输入：输入格式为“距离 < 角度”。即在“指定点：”的提示下，先输入点到极点（即坐标原点）的距离，再输入符号“<”，最后输入 X 轴正向与该点和坐标原点之间的连线的夹角，如“100<30”。

**技巧**

> 默认情况下，角度是以 X 轴正向为测量基准的（即 0 角度方向），测量角度的方向是：逆时针为正，顺时针为负。

（2）相对坐标输入。相对坐标输入的基准点为上一点。即在输入下一点时，始终是以上一输入点为基准点来确定下一点的位置。

1）相对直角坐标输入：输入格式为“@X，Y”。即在“指定点：”的提示下，先输入符号“@”，接着输入该点相对于上一点在 X 方向上的变化量，然后在英文输入状态下输入逗号，最后输入该点相对于上一点在 Y 方向上的变化量，如“@-60，100”。

2）相对极坐标输入：输入格式为“@ 距离 < 角度”。即在“指定点：”的提示下，先输入符号“@”，接着输入该点与上一点之间的距离，再输入符号“<”，最后输入 X 轴正向与该点和上一点之间连线的夹角，如“@100<60”。

绝对坐标输入和相对坐标输入都是相对于当前 WCS 或当前 UCS 坐标尔进行输入的。

## 2.2 常用的绘图命令

本节将介绍圆、直线和矩形这几个最常用的绘图命令。希望通过对这几个绘图命令的使用，用户能掌握 AutoCAD 命令使用的最基本方法。

### 2.2.1 直线

直线命令用于绘制单条线段或多条首尾相接的线段。可绘制二维直线段，也可绘制三维直线段。

1. 调用

◆ 菜单：绘图 | 直线。

◆ 命令行：LINE 或命令别名 L。

◆ 草图与注释空间：功能区 | 默认 | 绘图 | 直线。

2. 操作方法

命令：（调用命令）
指定第一点：（输入直线的起点）
指定下一点或 [ 放弃 (U)] :（输入直线的下一点，或输入“U”使用“放弃”选项）
指定下一点或 [ 放弃 (U)] :（输入直线的下一点，或输入“U”使用“放弃”选项）
指定下一点或 [ 闭合 (C)/ 放弃 (U)] :（输入直线的下一点或指定一个选项）
指定下一点或 [ 闭合 (C)/ 放弃 (U)] :（按 Enter 键结束命令，或继续绘制直线）

3. 选项说明

（1）放弃：用于放弃绘制的上一直线段。用户可连续使用该项。

（2）闭合：用于绘制首尾相连的封闭图形。

4. 说明

（1）如果命令结束后，再输入 U 并回车，将取消所绘制的全部直线段。

（2）用该命令一次连续绘制的多条直线段不是一个整体对象，而是每一段线段是一个独立的对象，用户可以分别对它们进行编辑操作。

（3）在输入直线的端点坐标时，既可以输入二维坐标（X，Y），也可以输入三维坐标（X，Y，Z）。如果输入二维坐标，系统将以当前的高度作为 Z 坐标值，默认状态下 Z 坐标为 0。

### 2.2.2 上机实训 1——绘制支板

扫一扫，看视频
※ 7 分钟

综合使用点的各种输入方式和各种坐标的输入方式，绘制如图 2–3 所示的支板图形。其操作和提示如下：

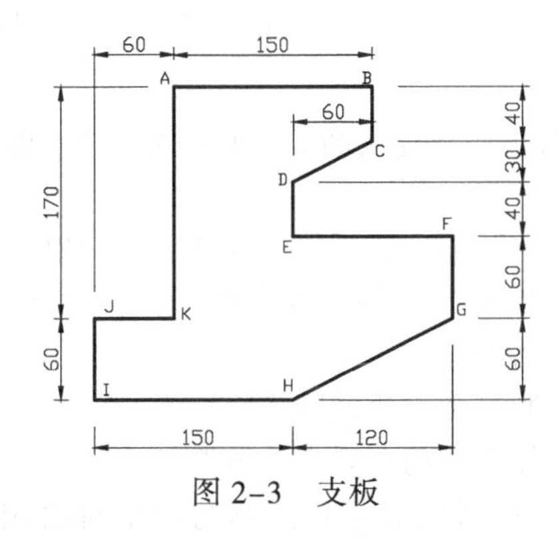


图 2–3 支板

命令：L（输入直线命令的命令别名）

指定下一点：(用鼠标直接在屏幕上某点单击输入 A 点)

指定下一点或 [ 放弃 (U)]：150（单击状态栏上“正交”按钮，打开“正交”方式，鼠标向右引出水平正交线，输入 150 后按回车键绘制 B 点）

指定下一点或 [ 放弃 (U)]：@0,–40（绘制 C 点）

指定下一点或 [ 闭合 (C)/ 放弃 (U)]：@–60,–30（绘制 D 点）

指定下一点或 [ 闭合 (C)/ 放弃 (U)]：@40<270（绘制 E 点）

指定下一点或 [ 闭合 (C)/ 放弃 (U)]：@120<0（绘制 F 点）

指定下一点或 [ 闭合 (C)/ 放弃 (U)]：@0,–60（绘制 G 点）

指定下一点或 [ 闭合 (C)/ 放弃 (U)]：@–120,–60（绘制 H 点）

指定下一点或 [ 闭合 (C)/ 放弃 (U)]：150（打开“正交”方式，然后鼠标向左引出水平正交线，输入 150 后按回车键绘制 I 点）

指定下一点或 [ 闭合 (C)/ 放弃 (U)]：@60<90（绘制 J 点）

指定下一点或 [ 闭合 (C)/ 放弃 (U)]：@60,0（绘制 K 点）

指定下一点或 [ 闭合 (C)/ 放弃 (U)]：c（选择“闭合”选项，按 Enter 键结束命令）

**技巧**

在进行“回车”操作时，“回车”次数不同所表示的含义也不同。第一次回车，表示结束当前命令；第二次回车，表示再次调用刚调用过的命令；第三次回车，表示使用刚使用过的命令并从上次绘制的最后一段线段的终点开始绘制新的线段。对于前两次回车，AutoCAD 的命令都有这个特点；而对第三次回车，AutoCAD 只有部分命令具有这个特点。

### 2.2.3 圆

可以使用多种指定的方式绘制圆。

1. 调用

◆ 菜单：绘图｜圆｜选择一个子命令，如图 2–4 所示。

◆ 命令行：CIRCLE 或命令别名 C。

◆ 草图与注释空间：功能区｜默认｜绘图｜圆。

圆心、半径(R)
圆心、直径(D)
两点(2)
三点(3)
相切、相切、半径(T)
相切、相切、相切(A)

图 2–4 “圆”子菜单

2. 操作方法

命令：(调用命令)

指定圆的圆心或 [ 三点 (3P)/ 两点 (2P)/ 切点、切点、半径 (T)] :(指定圆的圆心或指定一个选项)

3. 选项说明

(1) 指定圆的圆心(即圆心、半径或圆心、直径方式)：默认选项。用鼠标或键盘指定了圆心后的操作和提示如下：

指定圆的半径或 [ 直径 (D)] :(用鼠标或键盘指定圆的半径，或使用“直径”选项)

直接输入数据，则使用“圆心、半径”方式绘制圆。在上面的提示下，如果输入“D”，将使用“圆心、直径”方式绘制圆。

(2) 三点：通过指定圆上的三个点绘制圆。

(3) 两点：通过指定圆直径上的两个点来绘制圆。

(4) 相切、相切、半径：按指定的半径绘制与两个对象相切的圆，如图 2–5(a) 所示。选择该项后的操作和提示如下：

指定对象与圆的第一个切点：(用鼠标选择第一个相切的对象)

指定对象与圆的第二个切点：(用鼠标选择第二个相切的对象)

指定圆的半径 <89.8578> :(用鼠标或键盘输入圆的半径，或按 Enter 键使用默认值“89.8578”)

使用该选项时，系统总是在距拾取点最近的部位绘制相切的圆。拾取点的位置不同，绘制的结果有可能不同。

(5) 相切、相切、相切：用于绘制一个与三个对象都相切的圆。该项可通过菜单的方式进行调用(或用圆选项中的“3P”方式并结合“对象捕捉”工具栏｜“捕捉到切点”工具按钮进行操作)，如图 2–5(b) 所示。选择该项后的操作和提示如下：

命令：(选择“绘图”菜单｜“圆”｜“相切、相切、相切”命令)

指定圆上的第一个点：_tan 到(用鼠标选择第一个相切的对象)

指定圆上的第二个点：_tan 到(用鼠标选择第二个相切的对象)

指定圆上的第三个点：_tan 到(用鼠标选择第三个相切的对象)

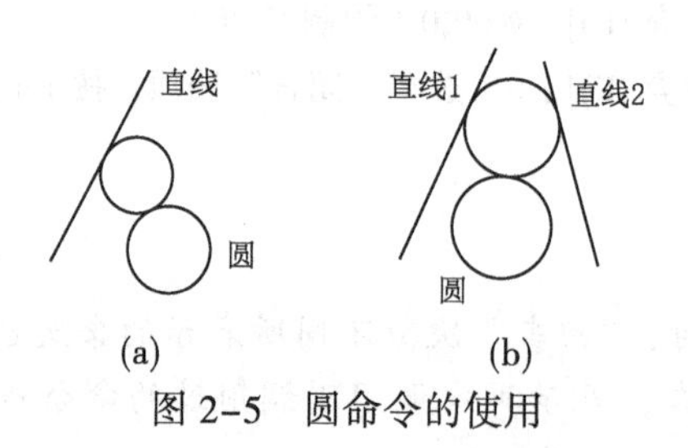


图 2–5 圆命令的使用

**技巧**

● 使用 AutoCAD 命令的过程中，经常会出现尖括号“<>”括起来的选项，这些选项是系统的默认选项或当前选项。如果尖括号中的是数值，则表示系统的自动测量值或默认值。要使用尖括号中的数值或选项，可直接按 Enter 键，而不用输入尖括号中的内容。

● 当用户要执行某个命令中的一个子命令时，只须输入该子命令中用“( )”括起的内容并按 Enter 键即可。如要执行 CIRCLE 命令中的“三点”方式，只须在“指定圆的圆心或 [ 三点 (3P)/ 两点 (2P)/ 相切、相切、半径 (T)]:”提示下输入“3P”并按 Enter 键即可。AutoCAD 的命令使用都有这个特点。

### 2.2.4 矩形

可以通过多种指定的方式来绘制矩形。

1. 调用

◆ 菜单：绘图 | 矩形。

◆ 命令行：RECTANG 或命令别名 REC。

◆ 草图与注释空间：功能区 | 默认 | 绘图 | 矩形。

2. 操作方法

命令：( 调用命令 )

指定第一个角点或 [ 倒角 (C)/ 标高 (E)/ 圆角 (F)/ 厚度 (T)/ 宽度 (W)] :( 用鼠标或键盘指定矩形的第一个角点或指定一个选项 )

3. 选项说明

( 1 ) 指定第一个角点：通过指定矩形的两个对角点来绘制矩形。当用鼠标或键盘指定了矩形第一个角点的坐标后的操作和提示如下：

指定另一个角点或 [ 面积 (A)/ 尺寸 (D)/ 旋转 (R)] :( 指定矩形的另一个角点或指定一个选项 )

各选项的操作和含义如下：

1 ) 指定另一个角点：用鼠标或键盘指定矩形另一个角点的坐标，即可以这两个角点作为矩形的对角点来绘制出矩形。

2 ) 面积：使用面积加长度或宽度的方式来创建矩形。

3 ) 尺寸：通过分别指定矩形的长和宽来绘制矩形。

4 ) 旋转：按指定的旋转角度来创建矩形，如图 2-6(a) 所示。

( 2 ) 倒角：分别指定两个倒角尺寸来绘制倒直角矩形，如图 2-6(b) 所示。

( 3 ) 标高：设置所绘制的矩形距 XY 平面的高度，即设置绘制的矩形在 Z 方向上的高度。默认情况下，绘制的矩形在 XY 平面上。该项一般用于三维图形的绘制。

( 4 ) 圆角：设置圆角半径来绘制带圆角的矩形，如图 2-6(c) 所示。

( 5 ) 厚度：设置一定的厚度来绘制带厚度的矩形。厚度是指矩形在 Z 方向上的高度，默认情况下，所绘制矩形的厚度为 0。该项一般用于三维图形的绘制，如图 2-6(d) 所示。

( 6 ) 宽度：设置一定的宽度来绘制具有一定线宽的矩形，如图 2-6(e) 所示。默认情况下，绘制的矩形线宽为 0。

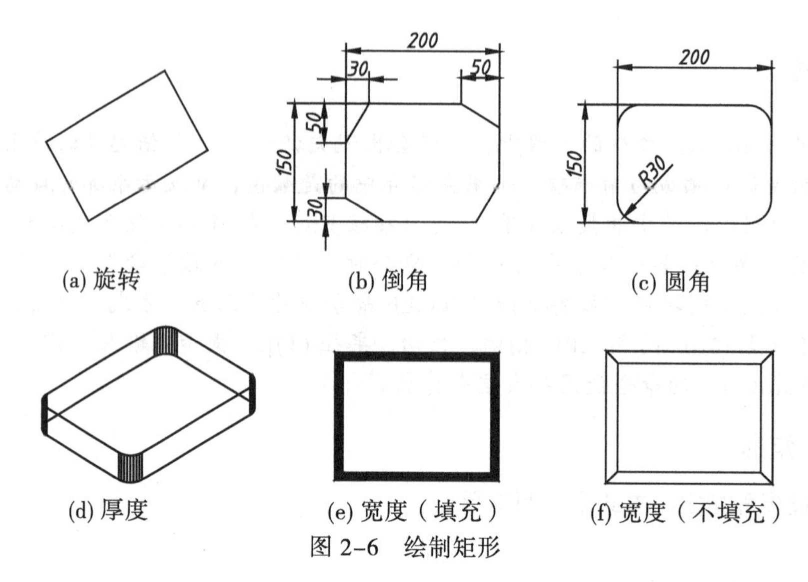


(a) 旋转　(b) 倒角　(c) 圆角

(d) 厚度　(e) 宽度（填充）　(f) 宽度（不填充）

图 2-6　绘制矩形

4. 系统变量

（1）FILLMODE 系统变量：控制实体区域的填充效果。当该变量的值为 1 时（默认值），实体区域进行填充，如图 2-6(e) 所示。当该变量的值为 0 时，则不进行填充，如图 2-6(f) 所示。

（2）命令 FILL：其作用与 FILLMODE 系统变量相同。该命令同样可控制图案填充（包含实体填充）、二维实体、宽多段线等对象是否进行填充。当该命令为“ON”状态时，实体进行填充；当为“OFF”状态时，则不进行填充。

技巧

- 用户在使用命令时应养成良好的习惯。即当改变了命令中某个选项的初始状态，如改变了矩形命令中“宽度（W）”“圆角（F）”等选项的初始值时，使用后应立即改回初始值。
- 同样，用户在使用系统变量时也应养成良好的习惯。当改变了系统变量的初始值并使用后，也应立即改回初始值。否则，将对某些命令的使用造成影响。

## 2.3　选择对象的基本方法

在 AutoCAD 中，选择对象的方法有许多。这里，先向用户介绍三种最基本的选择对象的方法，其余方法将在第 5 章再做介绍。默认情况下，在 AutoCAD 中选择对象时，既可以先选择对象再调用编辑命令，也可以先调用编辑命令再选择对象。

如果在输入编辑命令前选择对象，则选中的对象会变成虚线状态，且带有默认的蓝色小方框，即夹点；用户也可以在调用某个编辑命令后，在“选择对象：”的提示下选择对象（这是 AutoCAD 的正常操作方式）。这时，选中的对象成虚线状态，但不显示蓝色的夹点，如图 2-7 所示。选择对象时，一次可选择一个对象，也可以选择多个对象。

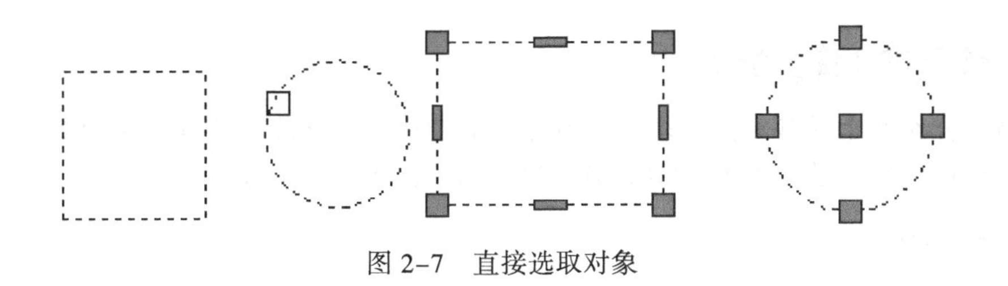

图 2-7 直接选取对象

### 2.3.1 直接选取

选择对象时，将鼠标的拾取框直接移动到对象上压住要选择的对象，单击鼠标左键即可将对象选中。

### 2.3.2 窗口方式选取（Window 方式或 W 方式）

用该方式选取对象时，首先将光标移动到图形对象的左边，单击鼠标左键指定窗口的第一个角点，然后将光标从左向右拖动出一个实线的矩形框，再单击鼠标左键指定窗口的第二个角点完成对象的选择。

用该方式选择对象时，只有全部位于实线矩形框内的对象才能被选中，而与实线框相交或位于实线框之外的对象都不会被选中，如图 2-8 所示。

### 2.3.3 交叉方式选取（Crossing 方式或 C 方式）

用该方式选择对象时，首先将光标移动到图形对象的右边，单击鼠标左键指定窗口的第一个角点，然后将光标从右向左拖动出一个虚线的矩形框，再单击鼠标左键指定窗口的第二个角点完成对象的选择。

用该方式选择对象时，位于该虚线窗口内或与该窗口相交的对象都会被选中；而位于窗口外的对象则不被选中，如图 2-9 所示。

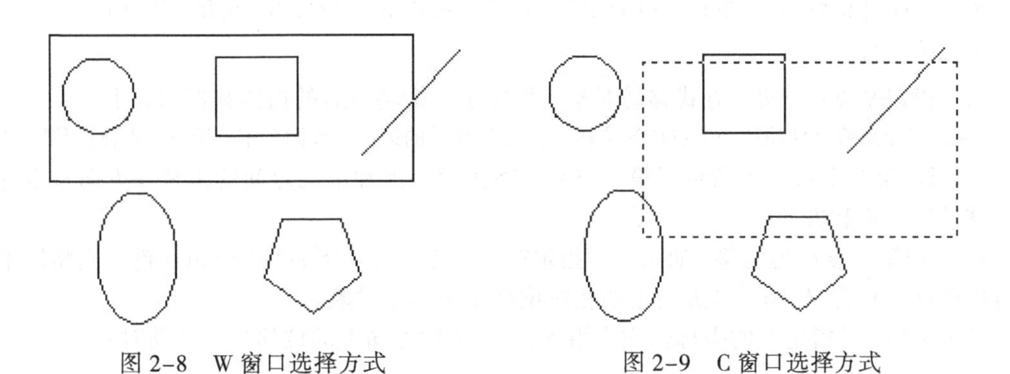

图 2-8 W 窗口选择方式　　图 2-9 C 窗口选择方式

技巧

后面还将介绍许多选择对象的方法，但这些方法都有一个共同的特点：如果鼠标拖动出来的选择框是实线状态，则选择的对象必须全部位于该窗口之内才能被选中；而当鼠标拖动出来的窗口或选择线为虚线状态，则与窗口相交或位于窗口之内的对象都会被选中。

## 2.4 常用的编辑命令

本节将介绍几个最基本的编辑与修改命令的使用，如删除、放弃、重做等。希望用户通过对它们的使用，了解 AutoCAD 编辑与修改命令使用的基本方法。

### 2.4.1 删除

该命令删除不用的或绘制错误的对象。其调用方法如下：

◆ 菜单：修改 | 删除。

◆ 命令行：ERASE 或命令别名 E。

◆ 草图与注释空间：功能区 | 默认 | 修改 | 删除。

◆ 快捷菜单：选择要删除的对象，用鼠标在绘图区右击，从弹出的快捷菜单中选择"删除"选项。

调用命令后，选择一个或多个要删除的对象，然后按 Enter 键即可删除选中的对象。

### 2.4.2 移动

该命令沿指定方向和距离移动对象。

1. 调用

◆ 菜单：修改 | 移动。

◆ 命令行：MOVE 或命令别名 M。

◆ 草图与注释空间：功能区 | 默认 | 修改 | 移动。

◆ 快捷菜单：选择要移动的对象后在绘图区右击，从弹出的快捷菜单中选择"移动"选项。

2. 操作方法

命令：（调用命令）

选择对象：（选择要进行移动的对象）

选择对象：（继续选择要移动的对象或按 Enter 键确认选择）

指定基点或 [ 位移 (D)] < 位移 > ：（指定位移的基点或按 Enter 键使用"位移"选项）

3. 选项说明

（1）指定基点：用两点方式移动对象。指定了一个基点后的操作和提示如下：

指定第二个点或 < 使用第一个点作为位移 > ：（指定位移的第二点或回车用"用第一点作位移"方式）

1）指定第二个点：当指定了第二点后，将由第一点和第二点间的距离和方向指定选定对象移动的距离和方向。

2）使用第一点作为位移：如果在"指定第二个点"提示下直接按 Enter 键，则将以第一个点的坐标值作为 X、Y、Z 方向上的相对位移量来移动对象。

（2）位移：以指定点的坐标值作为沿 X、Y、Z 轴方向上的位移量来移动对象。

**技巧**

● 指定基点时，既可以指定对象上的一个特征点，也可以指定图形中的任何一点。不过，最好将基点指定在对象的特征点上（如端点、圆心等），这样比较方便和常用。

● 移动对象时也可以使用直接输入距离的方式。即在"指定第二个点："的提示下，将鼠标向需要的方向拖动，直接输入一个距离值，即可按该距离移动对象。

## 2.5 视图的显示控制

扫一扫，看视频
※ 21 分钟

在绘制图形时，有时需要仔细观察图形的局部结构，以便于对图形局部进行绘制和编辑；而有时又需要观察图形的全貌，以便了解各图形要素的布局和整体结构。AutoCAD 提供了多种图形显示控制功能，可以在不改变图形实际尺寸与实际位置的情况下，对图形进行显示放大、缩小和平移等操作，这样相当于用放大镜来观察对象。

### 2.5.1 视图缩放

该命令用于对绘图区内的对象进行显示放大或缩小，但图形的实际尺寸及实际位置不变。

1. 调用

◆ 菜单：视图 | 缩放 | 选择一个子命令，如图 2-10 所示。

◆ 命令行：ZOOM 或命令别名 Z。

◆ 草图与注释空间：功能区 | 视图 | 导航 | 范围等，如图 2-11 所示（AutoCAD 2018 默认没有显示导航面板，可用鼠标在面板上右击，然后在弹出的快捷菜单中选择“显示面板” | “导航”选项来显示导航面板）。

◆ 导航工具栏：范围缩放如图 2-12 所示。导航工具栏位于绘图区的右边。

◆ 快捷菜单：没有选定对象时，在绘图区右击并在弹出的快捷菜单中选择“缩放”选项。

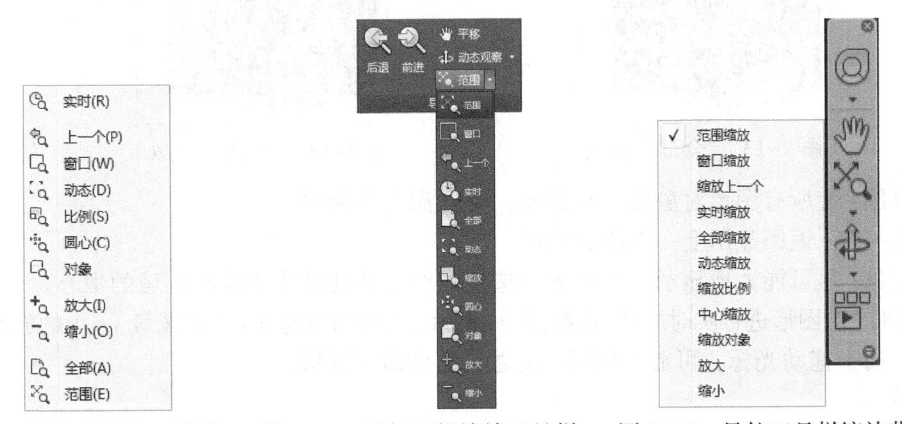


图 2-10 “缩放”子菜单　图 2-11 导航面板缩放工具栏　图 2-12 导航工具栏缩放菜单

2. 操作方法

用菜单、工具栏调用命令与使用命令行来调用命令的含义是相同的，只是形式不同。下面将用命令行的调用方式进行说明。

命令：zoom（调用命令）

指定窗口的角点，输入比例因子 (nX 或 nXP)，或者 [ 全部 (A)/ 中心 (C)/ 动态 (D)/ 范围 (E)/ 上一个 (P)/ 比例 (S)/ 窗口 (W)/ 对象 (O)] < 实时 > :（指定一个选项，或按 Enter 键使用默认选项“实时”）

3. 选项说明

（1）指定窗口的角点：即“窗口”选项，用鼠标或键盘在绘图区指定两个角点以确定一个矩形窗口，并将窗口中的图形放大。

（2）输入比例因子 (nX 或 nXP)：即“比例”选项，用指定的比例因子缩放显示。

1）直接输入一个数字：例如输入 2，表示相对于图形界限放大 2 倍。

2）输入一个数字加 X：例如输入 2X，表示相对于当前可见视图放大 2 倍。

3）输入一个数字加 XP：例如输入 2XP，表示相对于图纸空间单位放大 2 倍。该选项常在图纸空间中使用，以使布局的每个视口用不同的比例显示视图。

（3）全部：在绘图区中显示图形对象与图形界限之和的最大范围，如图 2-13 所示。

（4）中心：选择一个中心，以该中心缩放图形。选择该项后的操作和提示如下：

指定中心点：（指定一点作为缩放时的中心）

输入比例或高度 <648.4060>：（输入比例，或输入数字，或按 Enter 键使用当前值“648.4060”）

1）输入比例：输入视图缩放的比例。输入比例时，需在输入的数字后面加上 X 或 XP，含义与上面相同。

2）高度：输入一个高度值来确定视图的缩放比例。高度值较小时，视图被放大，反之被缩小。如果在提示下直接回车，将使用尖括号“< >”中的高度值进行缩放。

（5）动态：用视图框的方式缩放。操作方法：在平移视图框（中间有一个符号“×”）状态单击，以显示缩放视图框（右边有一个箭头“→”）。拖动光标调整缩放视图框的大小，然后单击，这时又将显示平移视图框，将平移视图框移动到需要进行缩放的位置，按 Enter 键即可将框内的视图最大化显示，如图 2-14 所示。

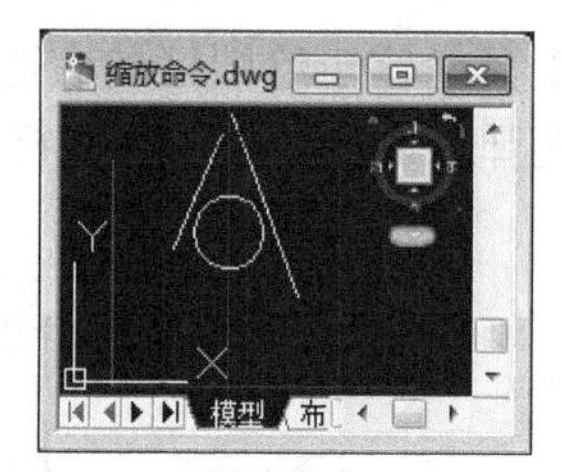

图 2-13 “全部”缩放

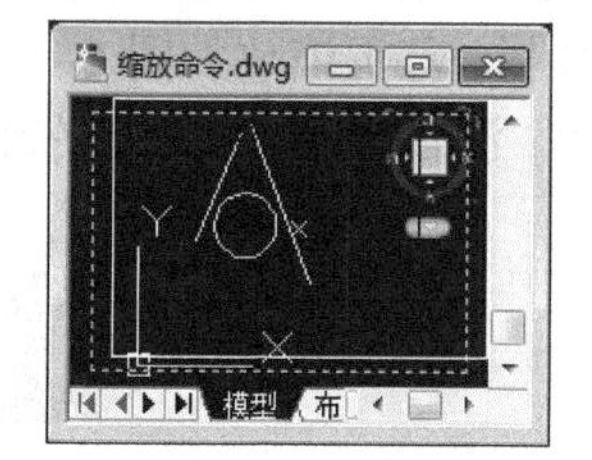

图 2-14 “动态”缩放

（6）范围：使所有图形对象最大化显示，并充满整个视口。

（7）上一个：返回显示上一个缩放视图。

（8）对象：尽可能大地显示一个或多个选定的对象并使其位于绘图区域的中心。

（9）实时：对图形进行实时缩放。选择该项，光标变为带有加号（+）和减号（-）的放大镜。按下左键，向上拖动光标，可放大图形；反之，则可缩小图形。

4. 说明

（1）ZOOM 命令可作为透明命令使用。

（2）显示全部图形最方便的方式是先输入 Z 后回车，再输入 A 后回车，但最大化显示图形却是使用“范围”选项。

**技巧**

当对圆、圆弧或椭圆等对象进行了显示缩放后，这些对象有可能变得不平滑。这时，可将“工具”菜单|“选项”|“显示”选项卡中的“圆弧或圆的平滑度”值设置得高一些，以改变这些对象的显示。设置后可用重生成命令 REGEN，重生成图形。

### 2.5.2 实时平移

由于屏幕大小的限制，在绘图过程中，有些图形可能位于绘图区以外。若想观察这些图形，可用该命令将处于绘图区之外的图形平移至当前显示区。使用该命令，不改变图形对象的实际位置和尺寸，只改变显示效果。

◆ 菜单：视图 | 平移 | 实时。

◆ 命令行：PAN 或命令别名 P。

◆ 草图与注释空间：功能区 | 视图 | 导航 | 平移。

◆ 导航工具栏：平移。

◆ 快捷菜单：在不选定任何对象的情况下，在绘图区域右击，在弹出的快捷菜单中选择“平移”选项。

调用命令后，鼠标光标将变为手形，这时，按住鼠标左键并移动鼠标即可将图形向同一方向移动，释放鼠标，平移将停止。任何时候要停止平移，按 Esc 键或按 Enter 键即可退出该命令。

该命令可作为透明命令使用，并具有相应的命令行操作形式“-PAN（命令别名 P）”。

转动鼠标的滚轮可对图形进行实时缩放；按住鼠标的滚轮不放，拖动鼠标也可以对视图进行实时平移。

### 2.5.3 上机实训 2——视图操作

打开“图形”文件 | dwg | Sample | CH02 |“上机实训 2.dwg”图形，进行如下视图操作。

（1）在命令行输入Z并按Enter键，然后输入A选择“全部”选项，缩放前后图形如图2-15和图 2-16 所示。

（2）转动鼠标滚轮，缩放视图，按下鼠标滚轮移动图形，结果如图 2-17 所示。

（3）在命令行输入 Z 并按 Enter 键，然后输入 E 选择“范围”选项，将图形最大化显示，结果如图 2-18 所示。

（4）用户还可以继续使用 ZOOM 命令中的其他选项进行练习。

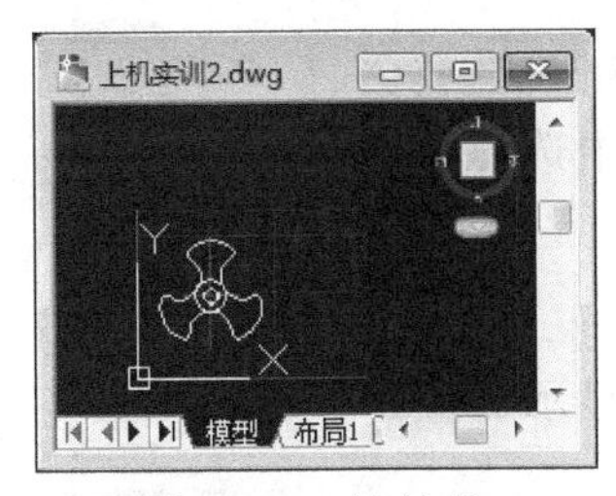


图 2-15 缩放前

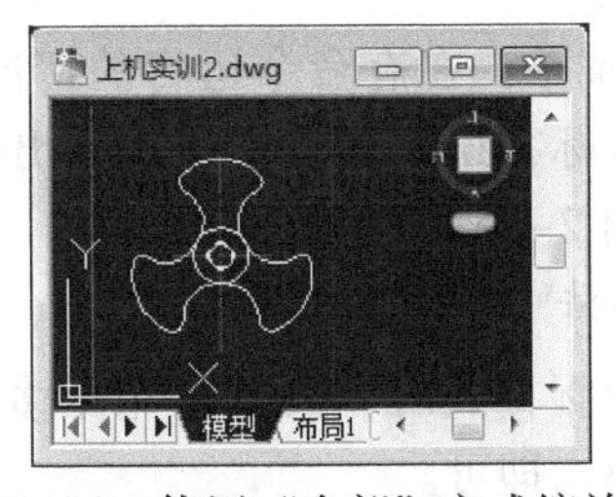


图 2-16 使用“全部”方式缩放后

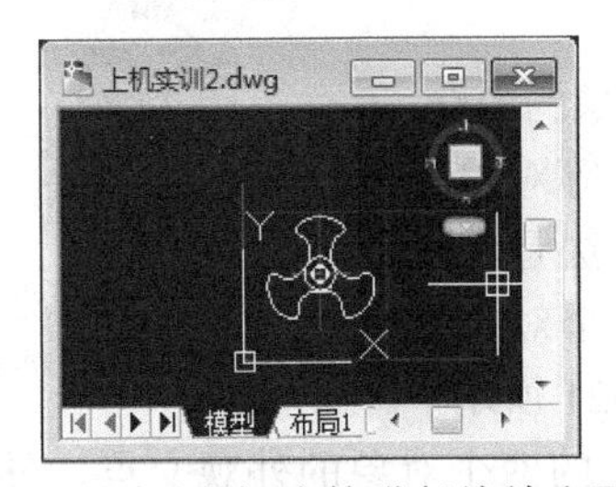


图 2-17 用鼠标滚轮进行缩放和平移

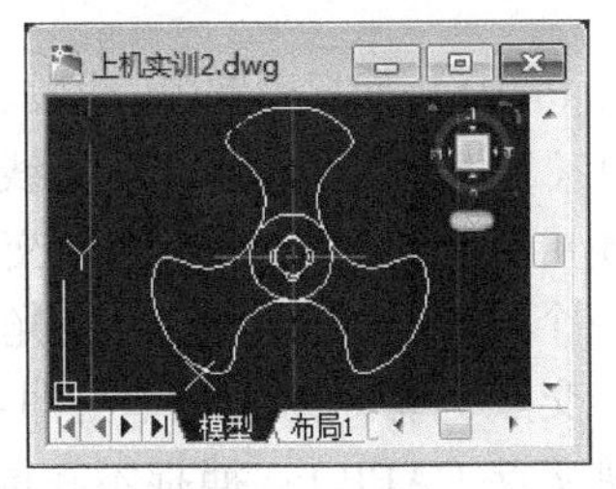


图 2-18 使用“范围”方式缩放后

## 2.6 绘图辅助工具

在 AutoCAD 中，使用各种辅助绘图工具，可大大减少绘制辅助线的工作，提高绘图效率，使各种图形的精确绘制轻而易举。

### 2.6.1 对象捕捉

扫一扫，看视频
※ 14 分钟

在绘图过程中，用户经常需要在对象上指定一些特殊点，如端点、中点、垂足等等。如果仅仅依靠用户的眼睛、经验和绘图的熟练程度来定位这些点，是难以做到精确的。利用对象捕捉功能，可以轻松将指定点准确地绘制在对象的确切位置上。对象捕捉包括临时对象捕捉和自动对象捕捉。当命令行有命令运行时，方可使用对象捕捉。

#### 2.6.1.1 临时对象捕捉

利用临时捕捉方式捕捉到对象上的特殊点。

1. 调用

◆ 工具条：选择“工具”菜单｜“工具栏”｜AutoCAD｜“对象捕捉”选项，可打开“对象捕捉”工具栏，如图 2-19 所示，选择某个按钮进行操作。

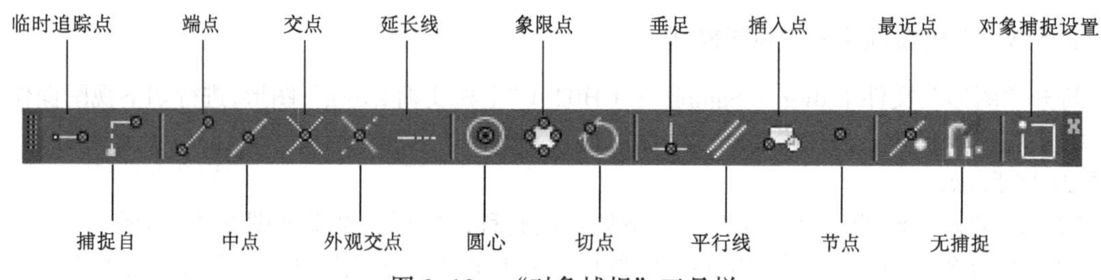


图 2-19 “对象捕捉”工具栏

◆ 命令行：输入捕捉类别的前三个字母（见操作方法括号中的字母）。

◆ 快捷菜单：在有命令运行的情况下，按住 Shift 键或 Ctrl 键，用鼠标在绘图区右击，从弹出的快捷菜单中选择某个选项，如图 2-20 所示。

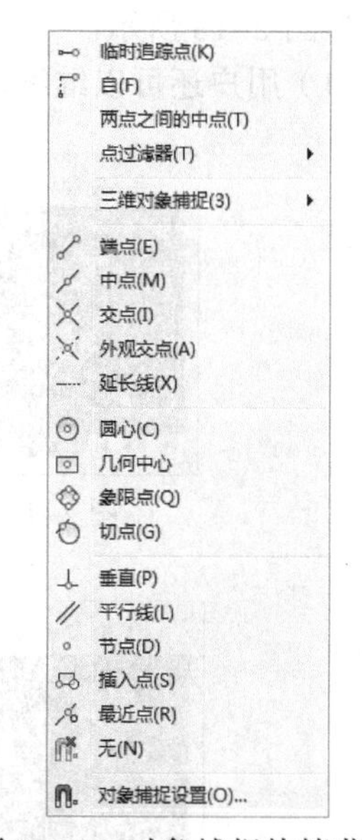


图 2-20 对象捕捉快捷菜单

2. 操作方法

使用各捕捉方式时，只须将光标移近对象，待显示对应捕捉标记后单击即可。

（1）端点（END）：捕捉到圆弧、线段、多段线等对象最近的端点。

（2）中点（MID）：捕捉到圆弧、线段、多段线等对象的中点。

（3）交点（INT）：捕捉到圆弧、线段、多段线等对象的交点。该项还可以捕捉到对象的延伸交点。操作方法是首先将光标在第一个对象上单击，然后将光标移近第二个对象附近，待出现“交点”捕捉标记时单击即可，如图 2-21 所示。

（4）外观交点（APP）：捕捉不在同一个平面上的两个对象的外观交点。外观交点指两个对象在三维空间不相交，但可能在当前视图中看起来相交的交点。实线与虚线的交点也属于外观交点，如图 2-22 所示。同样，该项也可以捕捉对象的延伸外观交点。

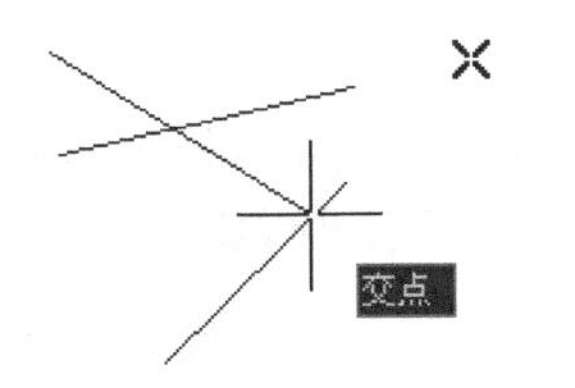


图 2-21 捕捉到延伸交点

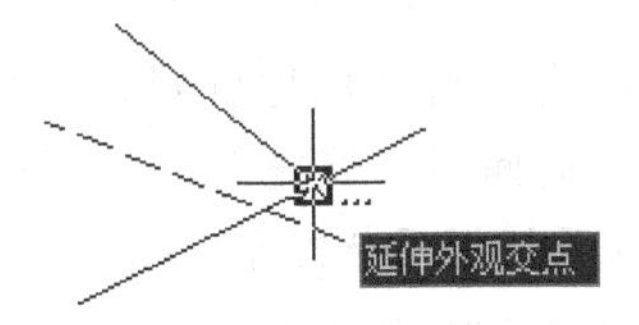


图 2-22 捕捉到外观交点

（5）延长线（EXT）：捕捉直线、圆弧等对象的延长线。操作时将光标移到对象端点上略作停留，端点上将显示一个加号“+”，这时沿延伸方向移动光标，将显示直线或圆弧的临时延长线，在延长线上某处单击或输入需要延长的距离即可指定点，如图 2-23 所示。

（6）圆心（CEN）：捕捉到圆弧、圆、椭圆或椭圆弧的圆心点。操作时，应将光标靠近或压在圆周上。

（7）象限点（QUA）：捕捉到圆弧、圆、椭圆或椭圆弧的象限点。象限点是圆周上 0°、180°、270° 和 360° 四个分点。

（8）切点（TAN）：捕捉到圆弧、圆、椭圆、椭圆弧或样条曲线的切点，该点与上一点的连线与圆、圆弧、椭圆、椭圆弧或样条曲线相切。

（9）垂足（PER）：捕捉对象上一点，该点与上一点或下一将绘制点的连线与对象垂直。

（10）平行线（PAR）：做某指定直线的平行线。操作时，先指定直线的第一点，将光标移到基准直线上略作停顿，待出现“平行”标记时，将光标向平行于基准直线的方向移动，直到出现对齐辅助虚线。同时，在基准直线上会出现一个平行标记，将光标沿辅助虚线移动到合适位置单击，或输入需要绘制的平行线的长度值即可，如图 2-24 所示。

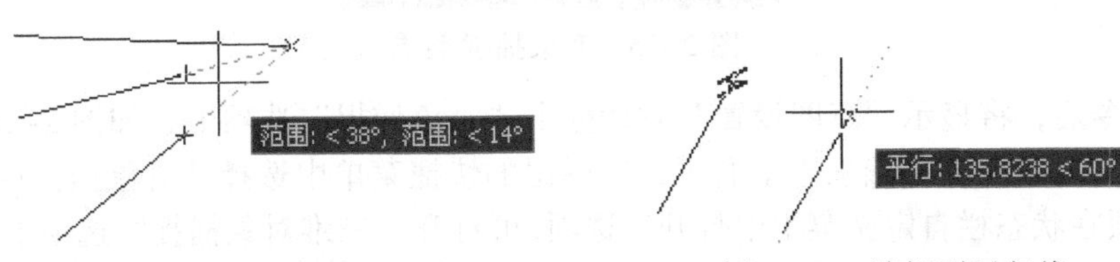


图 2-23 捕捉到延长线上交点　　图 2-24 捕捉到平行线

（11）插入点（INS）：捕捉插入到图形文件中的属性、块、图形或文字的插入点。

（12）节点（NOD）：捕捉到一个孤立的点对象，如点、标注定义点或标注文字起点。

（13）最近点（NEA）：捕捉到对象上距离光标中心最近的点。

（14）无捕捉（NON）：关闭对象捕捉模式。

**技巧**

- 以上捕捉命令是一种临时的捕捉方式。即调用一次只能使用一次，下次要使用时，还需再次调用。
- 以上的捕捉命令仅在当命令行有命令运行的状态下方能使用。

（15）临时追踪点（TT）：以一个临时参考点为基点，从基点沿水平或垂直方向追踪一定距离得到捕捉点。该方式需结合其他捕捉方式一起使用。

（16）捕捉自（FROM）：以某一参考点为基点，从基点偏移一定距离得到捕捉点。该方式常与其他对象捕捉方式一起使用，常用在据某个已知点精确确定下一绘制点位置的时候。

2.6.1.2　自动对象捕捉与三维对象捕捉

这种捕捉模式能自动捕捉到对象上预先设定的特殊点，并显示相应捕捉方式的标记和提示。要使用自动捕捉，首先需在“草图设置”对话框中相应进行设置。

1. 自动捕捉设置调用与打开

◆ 菜单：工具｜绘图设置｜“对象捕捉”选项卡。

◆ 命令行：OSNAP 或命令别名 OS；-OSNAP 或命令别名 -OS。

◆ 快捷菜单：在绘图区域中按住 Shift 键或 Ctrl 键右击，在弹出的快捷菜单中选择“对象捕捉设置”选项，或在状态栏上“对象捕捉”按钮上右击，然后在弹出的快捷菜单中选择“对象捕捉设置”。

◆ 状态栏：在状态栏上对象捕捉按钮右边的下拉按钮上单击，在显示的菜单中选择一项，如图 2-25 所示。

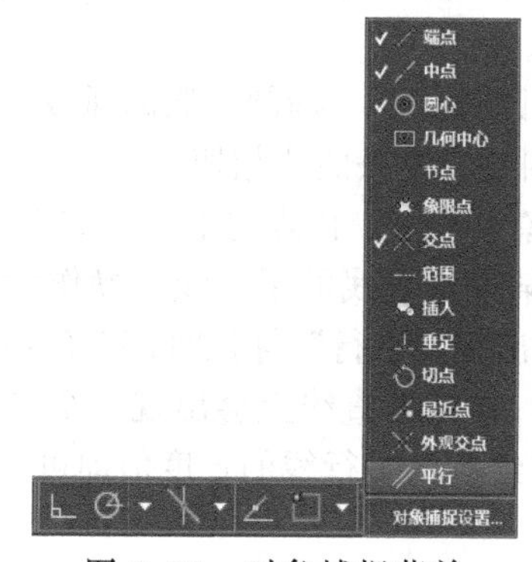


图 2-25　对象捕捉菜单

调用命令后，将显示“草图设置”对话框｜“对象捕捉”选项卡，如图 2-26 所示。在状态栏“三维对象捕捉”选项卡上右击，在弹出的快捷菜单中选择“对象捕捉设置”（默认没有显示，须在状态栏自定义菜单中打开）选项，可打开“三维对象捕捉”选项卡，如图 2-27 所示。其中，“点云”选项组是对象的三维激光扫描数据，可以插入到图形中使用。用户可以根据当前使用情况预先选择几个需要的捕捉方式。

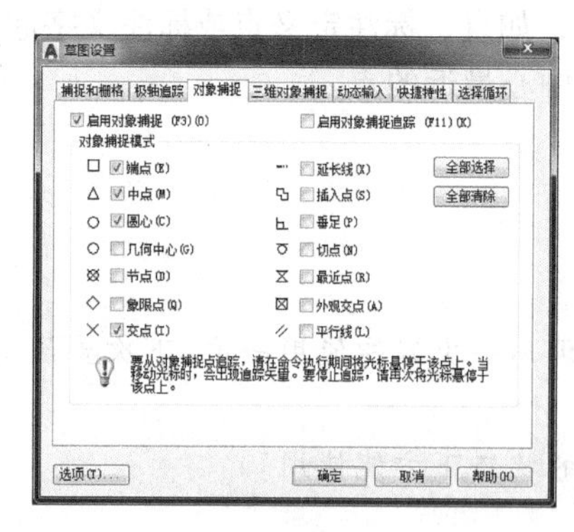


图 2-26　“对象捕捉”选项卡

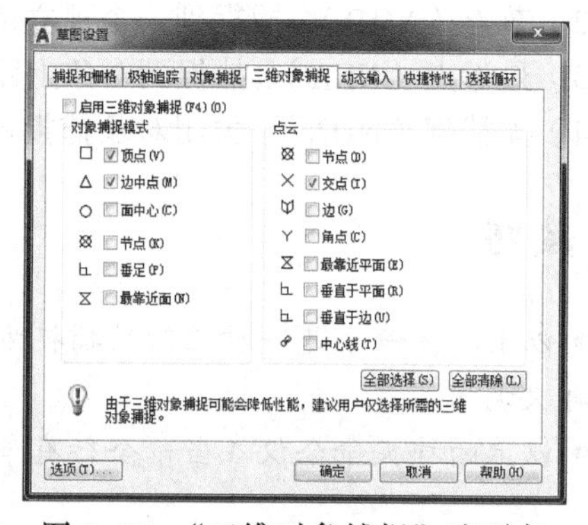


图 2-27　“三维对象捕捉”选项卡

要使用自动对象捕捉，还必须将其打开，用户可以使用如下方式打开：

◆ 在“对象捕捉”选项卡中选择“启用对象捕捉”。

◆ 在状态栏的“对象捕捉”按钮上单击。

◆ 按功能键 F3。

◆ 按组合键 Ctrl+F。

打开三维对象捕捉功能的方式为：

◆ 在状态栏的“3DOSANP”按钮上单击。

◆ 按功能键 F4。

2. 操作方法

当设置了对象捕捉模式并打开了对象捕捉功能后，捕捉时，只需将光标靠近对象移动，待显示所需的捕捉标记及提示时单击即可。

技巧

绘图时，应根据当前的绘图状态，预先设置一些需要的自动对象捕捉模式。在绘图时，如果需要的对象捕捉方式未设置，可以采用临时对象捕捉。这两种方式常结合使用。

### 2.6.2 上机实训 3——使用临时追踪点

不绘制辅助线，在一个矩形的正中位置作一个圆。其操作和提示如下：

命令：c（调用“圆”命令）

CIRCLE 指定圆的圆心或 [三点 (3P)/ 两点 (2P)/ 相切、相切、半径 (T)]：_tt（调用“临时追踪点”命令）

指定临时对象追踪点：_mid 于（调用“捕捉到中点”命令，并将光标移动到 AB 边单击，捕捉到 AB 边的中点）

指定圆的圆心或 [ 三点 (3P)/ 两点 (2P)/ 相切、相切、半径 (T)]：_tt 指定临时对象追踪点：（再次调用“临时追踪点”命令）

_mid 于（调用“捕捉到中点”命令，并将光标移动到 BD 边单击，捕捉到 BD 边的中点）

指定圆的圆心或 [ 三点 (3P)/ 两点 (2P)/ 相切、相切、半径 (T)]：（向矩形中间移动光标，当出现了两条对齐辅助虚线时，用鼠标左键单击，即可捕捉到圆的圆心在矩形的正中心点，如图 2-28 所示）

指定圆的半径或 [ 直径 (D)] <81.5287>：（用鼠标或键盘指定圆的半径，如图 2-29 所示）

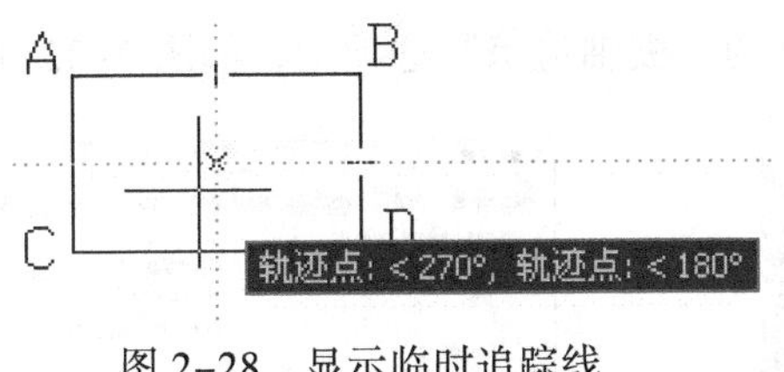

图 2-28 显示临时追踪线

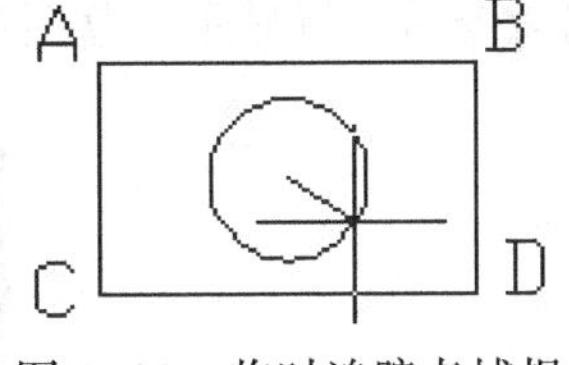

图 2-29 临时追踪点捕捉

### 2.6.3 上机实训 4——使用“捕捉自”命令

做一个圆，使该圆的圆心 C 与直线 AB 的端点 B 的 X 坐标相差 50，Y 坐标相差 30，如图 2-30 所示。其操作和提示如下：

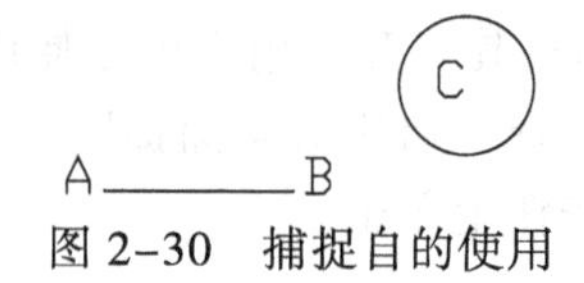


图 2-30　捕捉自的使用

命令：c（调用“圆”命令）

CIRCLE 指定圆的圆心或 [三点 (3P)/ 两点 (2P)/ 相切、相切、半径 (T)]：_from 基点：（调用“捕捉自”命令）

_endp 于 < 偏移 >：@50,30（调用“捕捉到端点”命令，用光标捕捉到 B 端点单击，然后输入相对于 B 点的坐标并按 Enter 键，确定圆心 C 的位置）

指定圆的半径或 [ 直径 (D)] <79.5615>：（输入圆的半径）

**技巧**

“临时追踪点”和“捕捉自”命令不能单独使用，需结合其他捕捉命令一起使用。

### 2.6.4　自动追踪

使用自动追踪功能，既可以绘制成指定角度的对象，也可以绘制与已绘好的对象有某种特定关系的对象。自动追踪包括极轴追踪和对象捕捉追踪。使用追踪功能时，系统会显示对齐辅助线来帮助用户精确地确定对象的位置。

扫一扫，看视频

※ 22 分钟

#### 2.6.4.1　极轴追踪

极轴追踪用于绘制成指定角度的对象，或与上一线段成指定夹角的线段。要使用极轴追踪，首先需进行极轴追踪的设置。除了与自动对象捕捉相同的调用方法外，还有如下调用方式：

1. “极轴追踪”设置的调用

◆ 命令行：DSETTINGS 或命令别名 DS、SE。

◆ 快捷菜单：在状态栏上“极轴”按钮上右击，在弹出的快捷菜单中选择“正在追踪设置”选项。

◆ 状态栏：在状态栏上“极轴追踪”按钮右边的下拉按钮上单击，在显示的菜单中选择一项，如图 2-31 所示。

调用命令后，将显示“草图设置”对话框的“极轴追踪”选项卡，如图 2-32 所示。

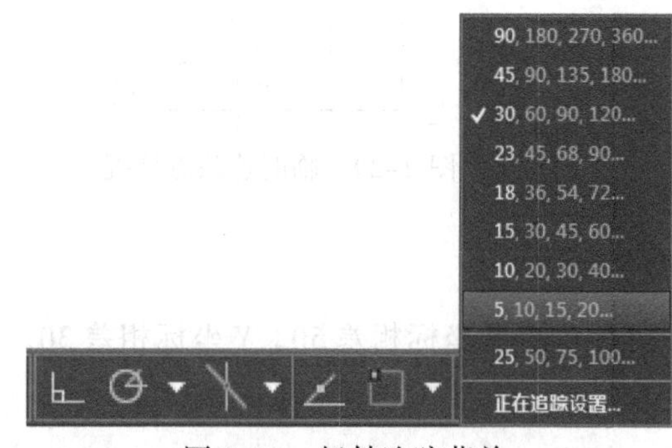


图 2-31　极轴追踪菜单

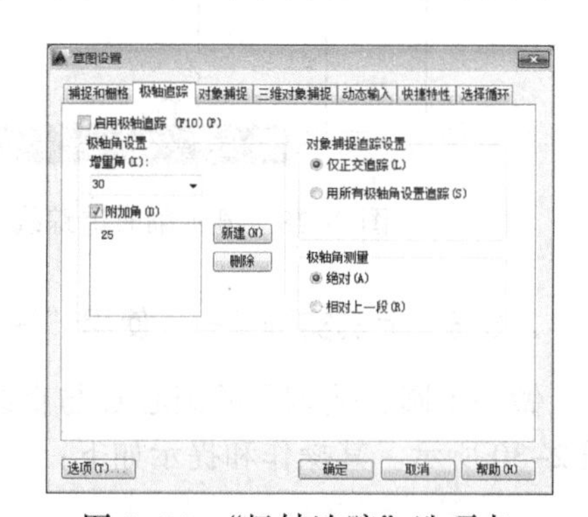


图 2-32　“极轴追踪”选项卡

2. “极轴追踪”选项卡中各选项说明

（1）“极轴角设置”选项组：设置极轴追踪使用的角度。

1）增量角：选择一增量角度后，追踪时，当光标出现在该设置角度的整数倍位置上时将显示对齐辅助虚线和提示，如图 2-33 所示。其中，前面的数字表示光标所在点与上一点的距离；而后面的角度表示线段与 X 轴正向的夹角。

2）附加角：选择该复选框并单击“新建”按钮，设置一个系统未预先设置的一个角度，如 25° 。在进行极轴追踪时，只有当光标出现在 25° 位置时，才显示对齐辅助虚线和提示。

（2）“极轴角测量”选项组：设置测量极轴追踪对齐角度的基准。

1）绝对：以当前坐标系为基准，显示极轴追踪角度，如图 2-34 所示。

图 2-33　设置增量角进行极轴追踪　　　图 2-34　绝对极轴追踪

2）相对上一段：显示将要绘制的直线与上一绘制直线间的夹角，如图 2-35 所示。

图 2-35　相对极轴追踪

3. 极轴追踪功能的打开

◆ 单击状态栏上的“极轴”按钮。

◆ 按功能键 F10。

◆ 在“草图设置”对话框｜“极轴追踪”选项卡中，选择“启用极轴追踪”复选框。

2.6.4.2　对象捕捉追踪

对象捕捉追踪用于相对于图形中的某个已知点来确定下一点的位置。

1. 对象捕捉追踪设置

可在“极轴追踪”选项卡｜“对象捕捉追踪设置”选项组设置，如图 2-32 所示。

（1）仅正交追踪：相对于已获得的对象捕捉点（基点）作水平或垂直方向上追踪，如图 2-36 所示。

（2）用所有极轴角设置追踪：选择该项，将允许光标相对于已获得的对象捕捉点沿极轴追踪里设置的角度进行追踪，如图 2-37 所示。

图 2-36　正交追踪

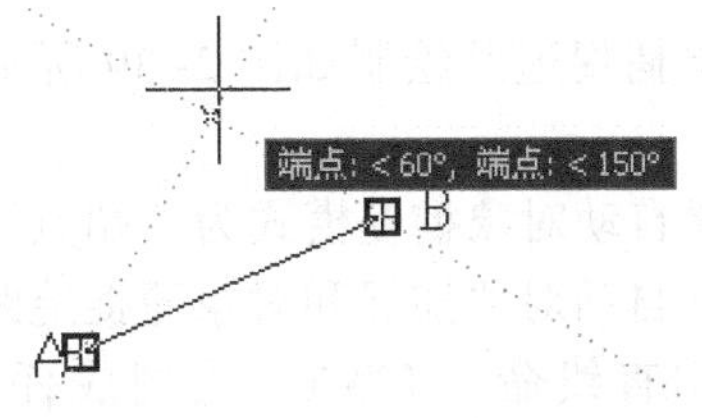


图 2-37　用所有极轴角设置追踪

2. 对象捕捉追踪功能的打开或关闭

◆ 单击状态栏上的“对象追踪”按钮。

◆ 按功能键 F11。

◆ 在“草图设置”对话框｜“对象捕捉”选项卡中选择“启用对象捕捉追踪”复选框。

3. 说明

（1）对象捕捉追踪必须与对象捕捉联合使用。同时，在使用对象捕捉追踪之前，必须先打开对象捕捉功能。

（2）极轴追踪处于关闭状态，不会影响对象捕捉追踪的使用。但对象捕捉追踪同样可以使用极轴追踪中设置的极轴角进行追踪。

● 使用极轴追踪或对象捕捉追踪时，当显示了对齐辅助虚线后，输入需要的距离，即可绘制沿指定方向具有指定长度的线段。

● 绘图时，可输入一个极轴替代角来临时代替原来设置的极轴追踪角进行追踪。其操作方法为首先调用某个绘图命令，在“指定点：”的提示下输入“< 角度”，然后按 Enter 键即可。使用极轴替代角时，不一定打开“极轴追踪”功能。

### 2.6.5 上机实训 5——使用极轴替代角

使用极轴替代角绘制直线。操作和提示如下：

（1）调用直线命令，然后在绘图区指定一点。

（2）在“指定下一点：”的提示下，在命令行输入“<41”并按 Enter 键。

（3）沿追踪方向移动光标并指定直线的第二点，按 Enter 键结束命令。

### 2.6.6 上机实训 6——绘制圆

在倾斜矩形的中心绘制一个圆。其操作和提示如下：

（1）设置自动对象捕捉模式为“中点”和“垂足”方式，并打开自动对象捕捉和对象捕捉追踪功能。

（2）调用圆命令 CIRCLE，将光标在 DC 边的中点引一下，再将光标在 AD 边的中点引一下，然后将光标向矩形的中心部分拖动，当在 DC 和 AD 边中点处显示垂足标记时单击，确定圆心位置，如图 2-38 所示。

（3）指定圆的半径，然后按 Enter 键结束命令。

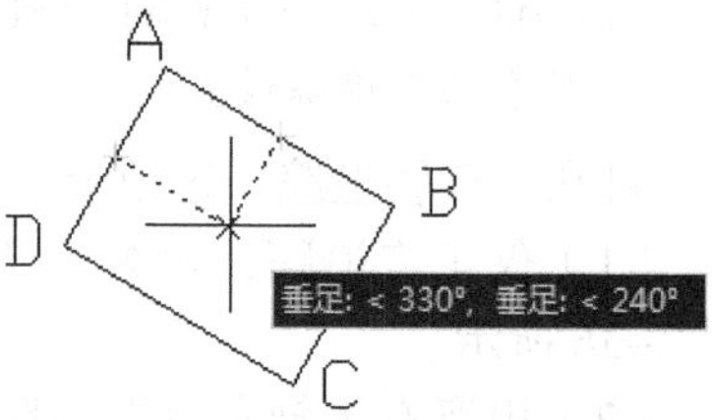

图 2-38 过矩形中心绘制圆

### 2.6.7 上机实训 7——绘制山墙

使用对象捕捉追踪绘制如图 2-39 所示的图形。其操作和提示如下：

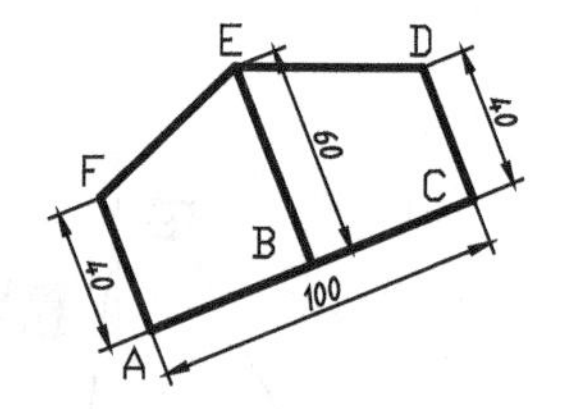


图 2-39 绘制山墙

（1）设置自动对象捕捉模式为“端点”“中点”和“垂足”方式，并打开自动对象捕捉和对象捕捉追踪功能。

（2）调用直线命令 LINE，绘制成任意倾斜角度且长为 100 的直线 AC。

（3）调用直线命令 LINE，并用鼠标捕捉到 A 点单击，将光标向左上拖动，待 A 点处出现垂足标记以及出现追踪辅助虚线时，输入 AF 线段的长度 40，并按 Enter 键绘制出 AF 线段。

（4）用同样的方法绘制出 BE、CD 段。

（5）调用直线命令，绘制 EF、ED 线段。

### 2.6.8 上机实训 8——进行三维追踪

沿 Z 轴方向进行追踪，在长方体底面中心的正上方 70 处绘制一个圆，其操作和提示如下：

（1）设置自动对象捕捉模式为“中点”和“垂足”方式，并打开自动对象捕捉和对象捕捉追踪功能。

（2）调用圆命令 CIRCLE，在命令行输入“临时追踪点”命令 tt 并按 Enter 键，并将光标分别在 AB、AD 边的中点引一下，将光标向底面的中心拖动，待 AB、AD 边同时出现垂足标记和追踪辅助虚线时，用鼠标在追踪线的交点处单击，以确定底面的中心点为基点，如图 2-40 所示。

（3）将光标沿 Z 方向拖动，待显示 Z 方向的追踪辅助虚线时，在命令行输入圆心距底面中心点的高度值 70，确定圆心位置，如图 2-41 所示。

（4）输入圆的半径并按 Enter 键结束命令。

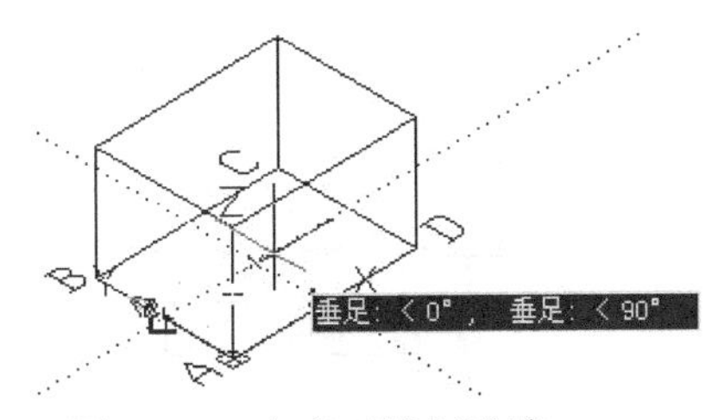

图 2-40 在底面进行追踪

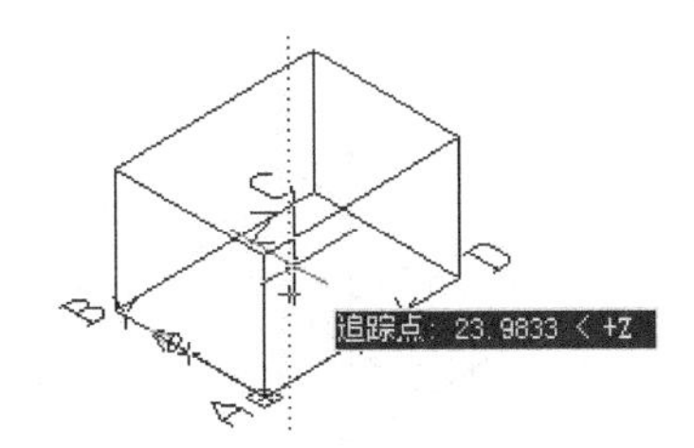

图 2-41 沿 Z 方向进行追踪

### 2.6.9 栅格与捕捉

扫一扫，看视频
※ 9 分钟

使用栅格绘图，类似于使用坐标纸进行绘图。在图形输出时，栅格不会被打印。捕捉具有定位光标点的功能，使用时，光标只能按一定的间距和方向进行移动。栅格与捕捉功能常常结合在一起使用。栅格和捕捉功能常用于快速、精确地绘制具有一定规律的图形对象，或用于绘制对象的尺寸能够刚好为所设置捕捉间距的整数倍的情况。要使用栅格和捕捉功能，首先应在“草图设置”对话框中进行设置。下面主要介绍和对象捕捉等不一样的调用方式。

◆ 快捷菜单：在状态栏上“栅格”或“捕捉”按钮上右击，在弹出的快捷菜单中选择“网格设置”或“捕捉设置”选项。

调用命令后，将显示“草图设置”对话框的“捕捉和栅格”选项卡，如图 2-42 所示。

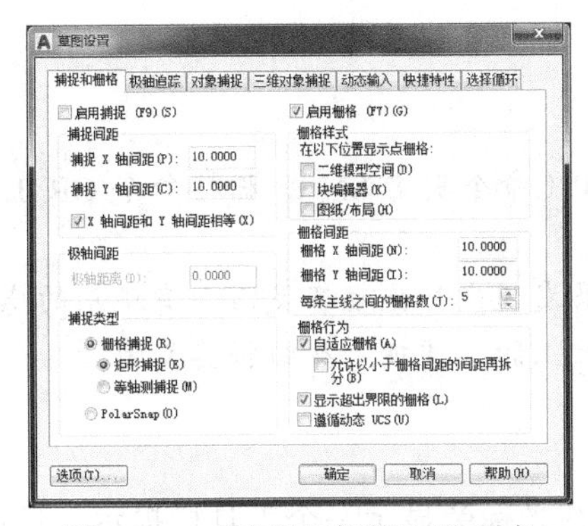

图 2-42 “捕捉和栅格”选项卡

1. “捕捉和栅格”选项卡说明

（1）“捕捉间距”选项组：设置 X 轴和 Y 轴方向的捕捉间距，以限制光标在 X 和 Y 方向上的移动间隔。

（2）“极轴间距”选项组：用于控制极轴捕捉的增量距离。

（3）“捕捉类型”选项组：选择“栅格捕捉”中的“矩形捕捉”单选按钮，则光标将捕捉矩形栅格上的点。如果选择“等轴测捕捉”单选按钮，则光标将捕捉等轴测栅格上的点，该项常用于绘制等轴测视图，如图 2-43 所示。而 PolarSnap（极轴捕捉）选项需与“极轴追踪”结合使用，当选择了“极轴捕捉”，则光标按“极轴间距”中设置的距离沿极轴追踪中所设置的角度进行捕捉，如图 2-44 所示。

（4）“栅格样式”选项组：控制是否在“二维模型空间”、“块编辑器”或“图纸 / 布局”中显示点形式的栅格。如选择“二维模型空间”选项，则在绘图区显示点阵形式的栅格，如图 2-44 所示。

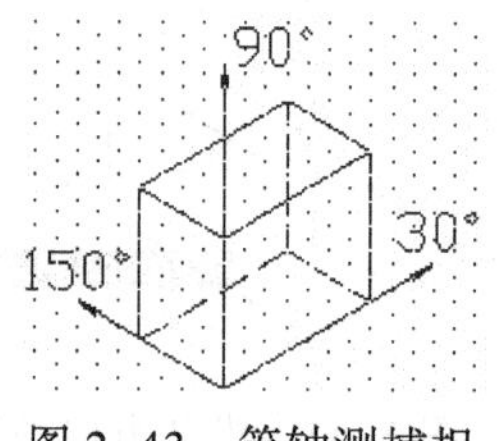

图 2-43　等轴测捕捉

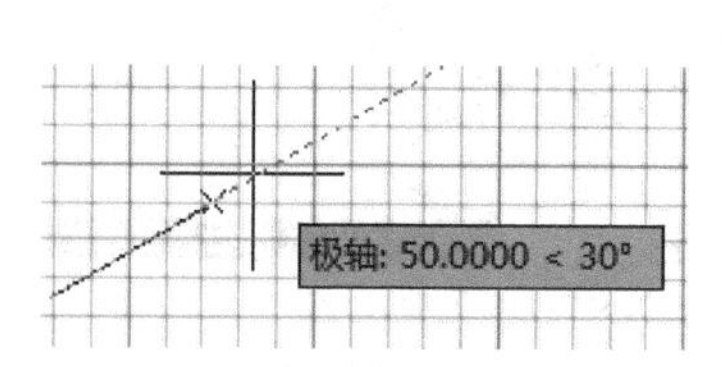

图 2-44　极轴捕捉

（5）“栅格间距”选项组：设置栅格在 X、Y 方向上的显示间距。而“每条主线之间的栅格数”选项用于设置线栅格显示形式时主栅格线之间的等分数。

（6）“栅格行为”选项组：选择“自适应栅格”复选框，当缩小视图到一定程度时，将自动加宽栅格的显示间距；选择“允许以小于栅格间距的间距再拆分”复选框，当放大视图到一定程度时，将自动增加栅格以减少栅格的显示间距；选择“显示超出界限的栅格”复选框，栅格的显示范围将超出命令 LIMITS 所指定的区域而布满整个视口；选择“遵循动态 UCS”复选框，将更改栅格平面以跟随动态 UCS 的 XY 平面，该项常用于沿特定的角度方向绘图。

2. 捕捉与栅格功能的打开

要使用捕捉与栅格功能，首先必须将它们打开，其打开方式除了与前面“对象捕捉”、“极轴追踪”等功能类似的打开方式外，还可以使用如下方式：

◆ 打开栅格功能：F7 键或 Ctrl+G 组合键。

◆ 打开捕捉功能：F9 键或 Ctrl+B 组合键。

技巧

● 使用捕捉命令 SNAP（命令别名 SN），栅格命令 GRID，可以通过命令行的方式设置栅格与捕捉。

● 在绘图过程中，如果发现光标拖动不灵活，有跳跃的感觉，这主要是“捕捉”功能打开所致，可单击状态栏上的“捕捉”按钮将其关闭。

### 2.6.10　动态输入

使用动态输入功能，将在光标旁显示一个工具栏提示，且该提示会随着光标的移动而动态更新。此时，用户可以在工具栏提示中输入坐标值或选择一个选项。动态输入可完全替代命令行的作用，如图 2-45 所示。使用动态输入，第一点的坐标始终是绝对坐标。

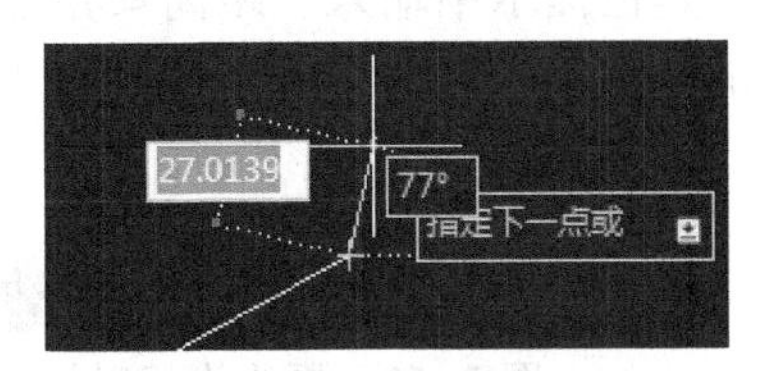


图 2-45　动态输入

扫一扫，看视频
※ 29 分钟

1. 打开和关闭动态输入

◆ 单击状态栏上的“动态输入”按钮（动态输入默认没有显示，需在状态栏自定义菜单中打开）。

◆ 按 F12 键可打开或关闭动态输入。

2. 动态输入设置

动态输入设置可在“草图设置”对话框中进行。其调用方式除与“极轴追踪”、“栅格”和“捕捉”等方式相同外，还可在状态栏上的“动态输入”按钮上右击，在弹出的快捷菜单中选择“动态输入设置”选项。调用命令后，将打开“动态输入”设置选项卡，如图 2-46 所示。

3. 指针输入

选择“启用指针输入”复选框，将打开指针输入功能。如果同时打开指针输入和标注输入，则标注输入在可用时将取代指针输入。单击“设置”按钮，打开“指针输入设置”对话框，如图 2-47 所示。各选项组说明如下：

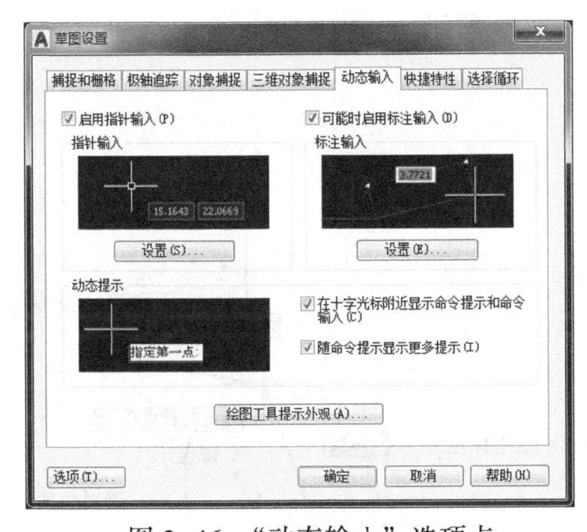


图 2-46　“动态输入”选项卡

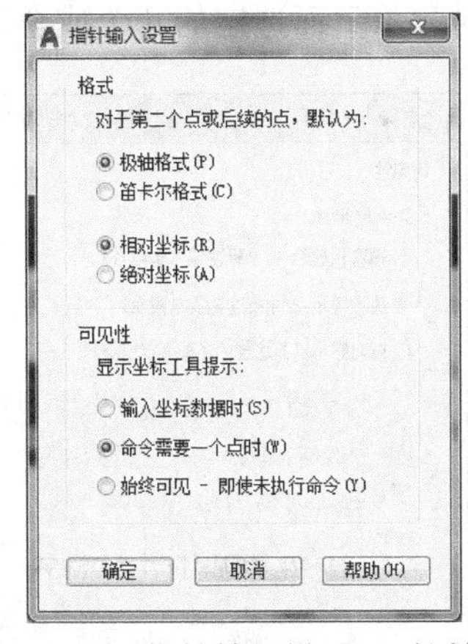


图 2-47　“指针输入设置”对话框

（1）“格式”选项组：控制打开指针输入时显示在工具栏提示中的坐标格式。

默认是“极轴格式”加“相对坐标”格式，即光标旁按相对极坐标格式显示第二个点或下一个点的工具栏提示，如图 2-48 所示。在此格式下，如果想使用笛卡尔格式（即直角坐标格式），只需按直角坐标格式输入即可，即在光标旁工具栏提示中输入“X，Y”；如果此时想使用绝对坐标，则需先输入“#”号，如图 2-49 为绝对直角坐标输入方式。

图 2-48　相对极坐标格式输入

图 2-49　更改为绝对直角坐标格式输入

如果选择的是“笛卡尔格式”加“绝对坐标”格式，即光标旁按绝对直角坐标格式显示第二个点或下一个点的工具栏提示，如图 2–50 所示。在此格式下，如果想使用极轴格式，只需按极轴格式输入即可，即在光标旁工具栏提示中输入“距离<角度”。如果此时想使用相对坐标，则需在光标旁工具栏提示中的坐标值前输入“@”号。图 2–51 为相对极坐标输入方式。其余依此类推。

图 2–50 绝对直角坐标格式输入

图 2–51 更改为相对极坐标格式输入

（2）“可见性”选项组：控制打开指针输入时何时显示工具栏提示。如果选择“输入坐标数据时”单选按钮，当开始输入坐标数据时才显示工具栏提示；如果选择“命令需要一个点时”单选按钮，只要命令提示输入点就会显示工具栏提示；如果选择“始终可见—即使未执行命令”单选按钮，则始终显示工具栏提示。

4. 标注输入

标注输入可用于 ARC、CIRCLE、ELLIPSE、LINE 和 PLINE 等命令。在“动态输入”选项卡中选择“可能时启用标注输入”复选框将打开标注输入功能，即当命令提示输入第二个点时，光标旁工具栏提示将显示一个距离与角度。单击“设置”按钮，打开“标注输入的设置”对话框，如图 2–52 所示。该对话框的“可见性”选项组，用于控制在拉伸夹点的过程中将显示哪一个工具栏提示。各选项的设置如下：

（1）每次仅显示 1 个标注输入字段：使用夹点编辑拉伸对象时，只显示长度变化。

（2）每次显示 2 个标注输入字段：使用夹点编辑拉伸对象时，同时显示长度和角度变化。

（3）同时显示以下这些标注输入字段：使用夹点编辑拉伸对象时，根据对象的不同，将同时显示下面选定的几个或全部标注，如图 2–53 所示。

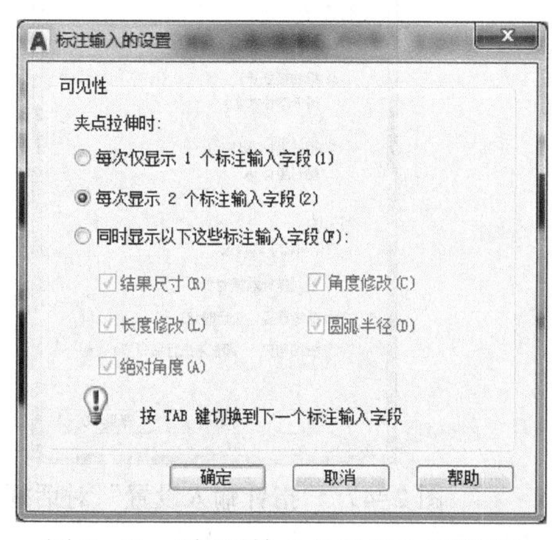


图 2–52 “标注输入的设置”对话框

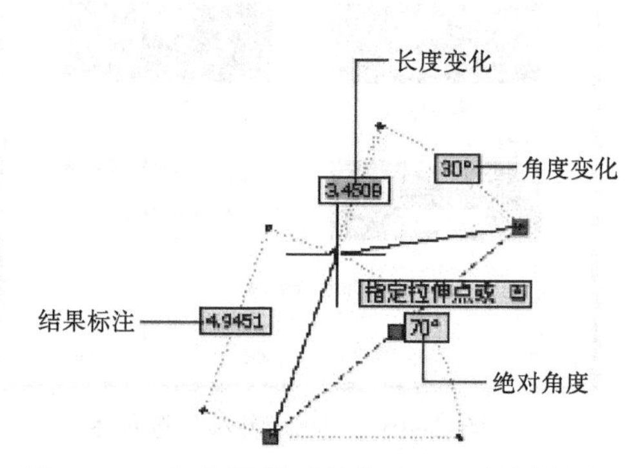


图 2–53 夹点编辑时标注输入工具栏提示

5. 动态提示

在“动态输入”选项卡的“动态提示”选项组中，可以控制动态输入时在光标旁工具栏提示的显示，以及设置工具栏提示的外观。

6. 动态输入方法

（1）使用动态输入在指定点时，第一个点的坐标始终是绝对坐标，第二个点和后续点的工具栏提示与指针输入和标注输入中的设置有关，详见上面的介绍。

（2）用户可以使用以下方法之一来输入坐标值或选择选项：

◆ 如果默认格式是相对极坐标，要使用相对坐标则“@”号不需输入，可输入距上一点的距离并按 Tab 键，再输入角度值并按 Enter 键；要输入直角坐标，可输入 X 坐标值和逗号“,”，然后输入 Y 坐标值并按 Enter 键，如“45，66”；如果需要输入绝对坐标，可在值前加上前缀“#”号。

◆ 如果默认格式是绝对直角坐标，要使用绝对坐标则“#”号不需输入，可输入 X 坐标值然后按 Tab 键，接着输入 Y 坐标值并按 Enter 键；要输入极坐标，可输入距上一点的距离，然后输入“<”号，接着输入角度值并按 Enter 键，如“65<30”；如果需要输入相对坐标，可在值前加上前缀“@”号。

◆ 对于标注输入，要输入值，可按 Tab 键移动到需要修改的选项，然后输入距离或角度。

◆ 如果提示后有一个下箭头，可按键盘上的“↓”键打开菜单，用光标选择一个选项或输入选项后的字母，或用“↓”键来选择需要的选项。

7. 说明

（1）进行动态输入时，按 Esc 键可放弃最近执行的操作。

（2）将光标悬停在对象的夹点上，工具栏提示将显示原始标注的距离和角度。单击并移动夹点时，长度和角度值将动态更新。

### 2.6.11 正交

在绘图时使用“正交”模式，系统将限制光标只能沿 X 或 Y 或 Z 方向移动，这样，用户绘制水平或垂直方向的线段将会非常方便。用户不要仅依据自己的眼睛和经验来绘制水平或铅垂线，这会使绘图质量和速度非常差。打开正交的方法如下：

◆ 命令行：ORTHO。

◆ 状态栏：在“正交”按钮上单击。

◆ 功能键和组合键：功能键 F8；组合键 Ctrl+L。

**技巧**

- 正交功能常结合直接输入距离方式使用。使用时，首先拖动光标引出需要方向的正交线，再输入需要的距离值并按 Enter 键即可。
- “正交”方式只限制光标的输入，而不能限制键盘和对象捕捉的输入。

### 2.6.12 快捷特性

使用“快捷特性”能够快速查看和修改对象的特性。在状态栏上的“快捷特性”按钮上单击（默认没有显示，须在状态栏自定义菜单中打开），可打开快捷特性。在该按钮上右击，在弹出的快捷菜单中选择“快捷特性设置”选项，可打开“草图设置”对话框的“快捷特性”选项卡，用户在其中可以进行一些相应设置，如图 2-54 所示。

图 2-55 为选择一个圆对象后的“快捷特性”选项板，在该选项板中，只要是没有变成灰色的选项，都是可以修改的选项。例如，在该选项板中的“半径”选项中单击，输入值 50 并按 Enter 键，可修改圆的半径为 50。其余依此类推。

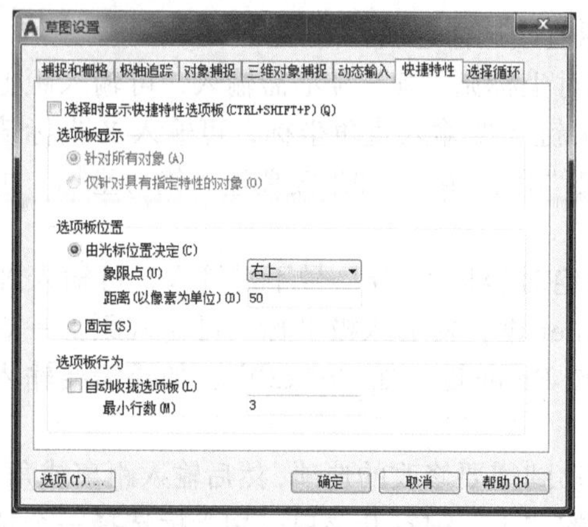

图 2-54 “快捷特性”选项卡

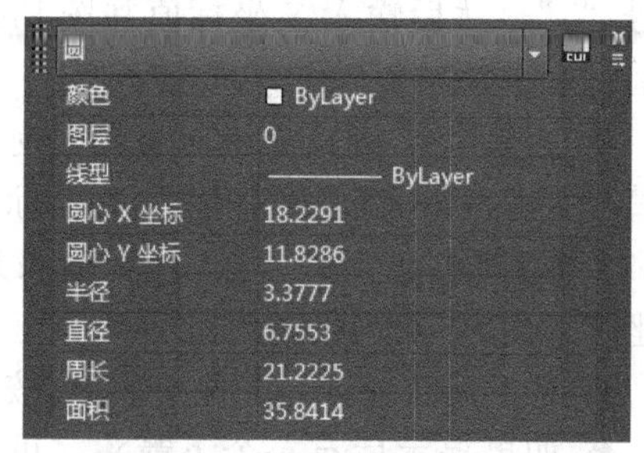

图 2-55 “快捷特性”选项板

## 2.7 参数化图形

参数化绘图就是给图形对象添加约束来设计图形，用于控制草图中的图形对象。对象约束包括几何约束和尺寸约束。使用约束可以很方便地修改图形，并保持对象间的关系不变。使用约束时，用户首先应在设计中应用几何约束以确定对象的形状，然后应用标注约束以确定对象的大小。对象在应用了约束后，通常可以使用夹点模式、标准编辑命令、“特性”选项板、参数管理器等方式修改约束。

参数化图形的相关命令，可在“参数”菜单（见图2-56）或功能区的“参数化”选项卡（见图 2-57）中调用。

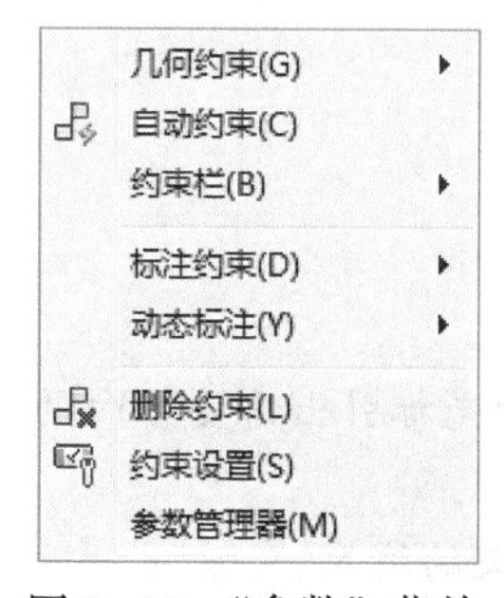

图 2-56 “参数”菜单

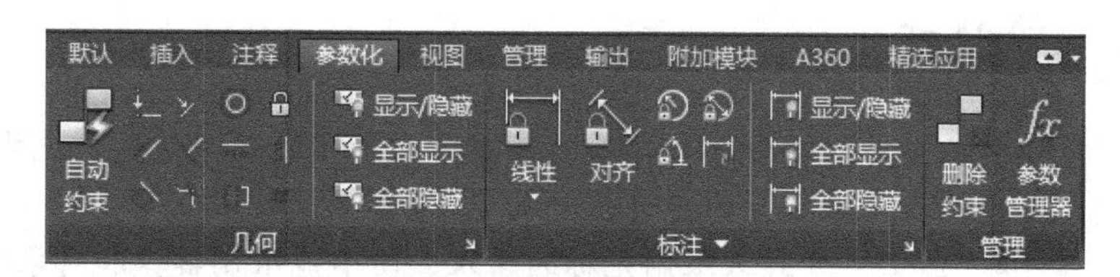

图 2-57 “参数化”选项卡

### 2.7.1 几何约束

几何约束用于控制图形中对象之间或对象上的点之间的关系。如某圆和某直线间保持固定的距离，两直线保持平行或垂直，几个圆或圆弧保持同心，几个圆具有相同的半径等等。给图形创建了几何约束后，对某个对象的修改，关联的对象会发生相应的变化。

几何约束类型如表 2-1 所示。而给对象添加几何约束很简单，其步骤如下：

（1）使用“参数”菜单 | “几何约束”；或“参数化”选项卡 | “几何”面板中的几何约束按钮。

（2）选择要约束的对象，并按 Enter 键。

表 2-1 几何约束类型

| 约束类型 | 图标 | 功能 |
| --- | --- | --- |
| 重合 | | 约束两个点使其重合，或约束一个点使其位于对象或对象延长线部分的任意位置 |
| 共线 | | 约束两条直线，使其位于同一无限长的线上 |
| 同心 | | 约束选定的圆、圆弧或椭圆，使其具有相同的圆心 |
| 固定 | | 约束一个点或一条直线，使其固定在相对于世界坐标系的特定位置和方向上 |
| 平行 | | 约束两条直线，使其具有相同的角度 |
| 垂直 | | 约束两条直线或多段线线段，使其夹角始终保持在 90° |
| 水平 | | 约束一条直线或一对点，使其与当前 UCS 的 X 轴平行 |
| 竖直 | | 约束一条直线或一对点，使其与当前 UCS 的 Y 轴平行 |
| 相切 | | 约束两条曲线，使其彼此相切或其延长线彼此相切 |
| 平滑 | | 约束一条样条曲线，使其与其他样条曲线、直线、圆弧或多段线彼此相连并保持 G2 连续性 |
| 对称 | | 约束对象上的两条曲线或两个点，使其与选定直线为对称轴彼此对称 |
| 相等 | | 约束两条线段使其具有相同的长度，或约束圆弧或圆使其具有相同的半径值 |

控制约束栏的显示，可使用“约束设置”对话框的“几何”选项卡，其调用方式如下：

◆ 菜单：参数 | 约束设置。

◆ 命令行：CONSTRAINTSETTINGS。

◆ 草图与注释空间：功能区 | 参数化 | 几何 | 约束设置 | 几何按钮。

◆ 快捷菜单：状态栏上“推断约束”按钮上右击（默认未显示，须在状态栏自定义菜单中打开），然后在弹出的快捷菜单中选择“推断约束设置”选项。

调用命令后将显示“几何”选项卡，如图 2-58 所示，其中各选项的说明如下：

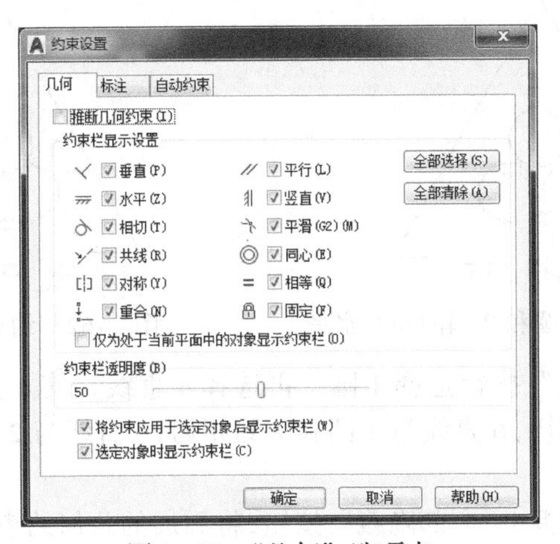


图 2-58 “几何”选项卡

（1）“约束栏显示设置”选项组：控制图形编辑器中是否为对象显示约束栏或约束点标记。用户可以选择需要的约束类型，或全部选择，或全部清除，或选择其中的某几项。

（2）“仅为处于当前平面中的对象显示约束栏”复选框：仅为当前平面上受几何约束的对象显示约束栏。

（3）“将约束应用于选定对象后显示约束栏”复选框：手动应用约束后或使用 AUTOCONSTRAIN 命令时显示相关约束栏。

（4）“选定对象时临时显示约束栏”复选框：临时显示选定对象的约束栏。

### 2.7.2 上机实训 9——绘制三角形内的相切圆

扫一扫，看视频
※6分钟

打开“图形”文件夹 | dwg | Sample | CH02 |“上机实训 9”图形，如图 2-59 所示，在三角形内绘制 3 个彼此相切的圆，并且与三角形相切。其操作和提示如下：

（1）单击“参数化”选项卡 | “几何”面板 | “相等”按钮，先选择 2 圆，再选择 1 圆；再次单击“相等”按钮，选择 2 圆，再选择 3 圆，使 3 个圆的直径相等，结果如图 2-60 所示。

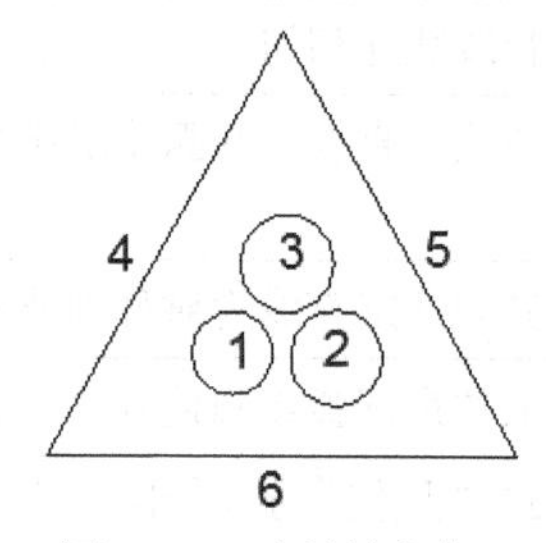


图 2-59 原始图形

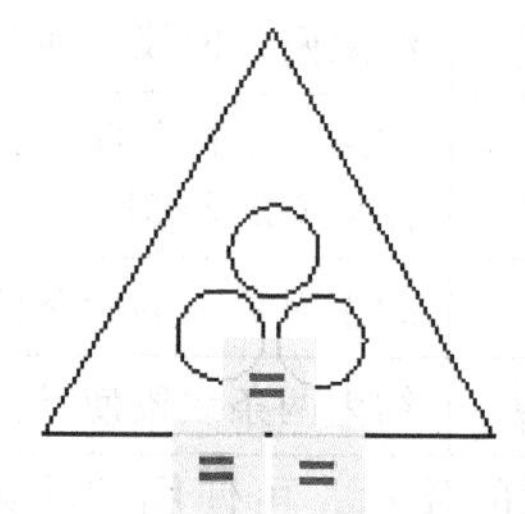

图 2-60 约束 3 个圆直径相等

（2）单击“几何”面板 | “水平”按钮，使用命令提示中的“两点”选项，捕捉到 1 圆和 2 圆的圆心，将两圆圆心的连线设置为水平状态，如图 2-61 所示。

（3）单击“几何”面板 | “相切”按钮，先选择 1 圆和 2 圆，使其相切，然后用同样的方法使 3 圆与 1 圆相切，3 圆与 2 圆相切，如图 2-62 所示。

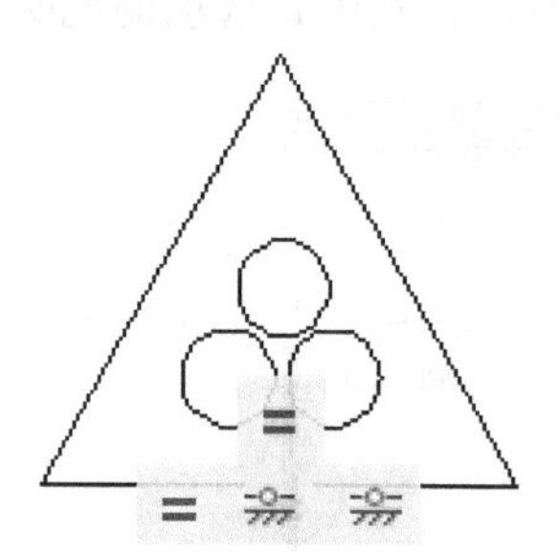

图 2-61 约束 1 圆和 2 圆的圆心水平

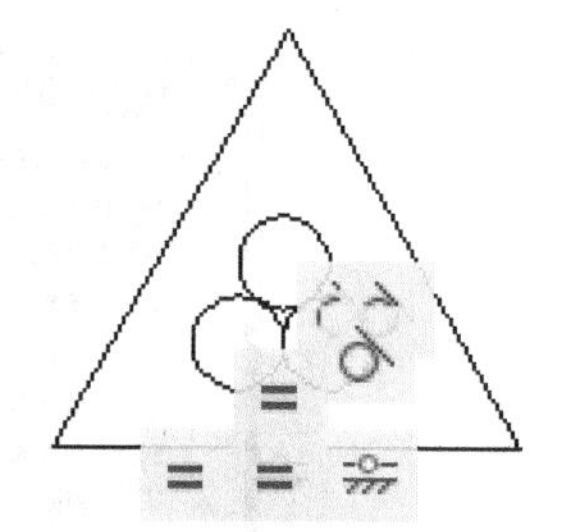

图 2-62 约束 3 个圆相切

（4）再次单击“相切”按钮选择 1 圆，再选择 4 直线，使 4 直线与 1 圆相切；用同样方法约束 4 直线与 3 圆相切，6 直线与 1 圆和 2 圆相切，5 直线与 2 圆和 3 圆相切，如图 2-63 所示。

（5）单击“几何”面板 |“全部隐藏”按钮，将添加的几何约束全部隐藏，结果如图 2-64 所示。

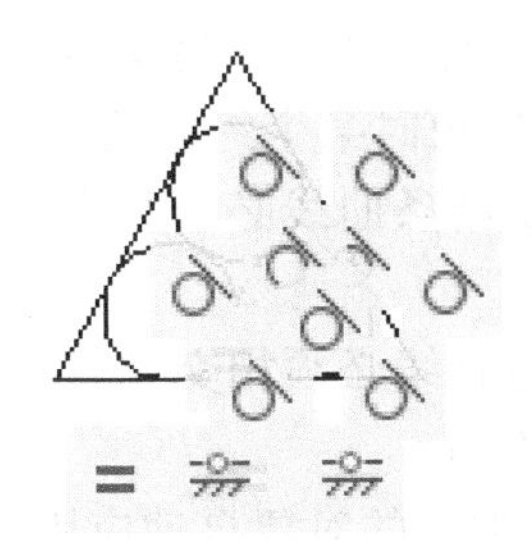

图 2-63 约束直线和圆相切

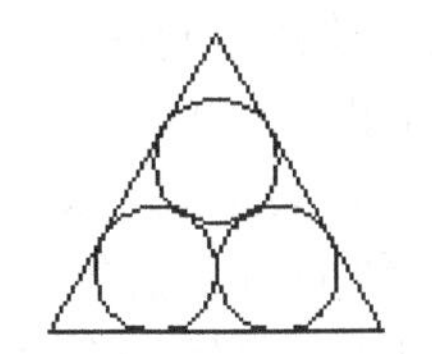

图 2-64 隐藏约束

**技巧**

● 使用约束时，两个对象的选择顺序非常重要。通常，第二个选择对象会根据第一个选择对象进行调整。

● 使用约束时，最好为重要的几何特征应用固定约束，以锁定点或对象的位置。这样，用户在修改图形时，就不用重新定位图形了。

### 2.7.3 推断几何约束

打开“推断约束”，用户可以在创建和编辑几何对象时自动应用几何约束，在创建几何图形时指定的对象捕捉将用于推断几何约束。但推断约束只在对象符合约束条件时才会应用。推断约束不支持这些对象捕捉：交点、外观交点、延长线和象限点；无法推断这些约束：固定、平滑、对称、同心、等于和共线。

启用推断约束的方法如下：

（1）单击状态栏上的“推断约束”按钮；

（2）在“约束设置”对话框的“几何”选项卡中选择“推断几何约束”复选框。

启用推断约束后，在应用直线、多段线、矩形、移动、复制、拉伸、倒角和圆角命令时会自动应用推断几何约束，如图 2-65 所示。

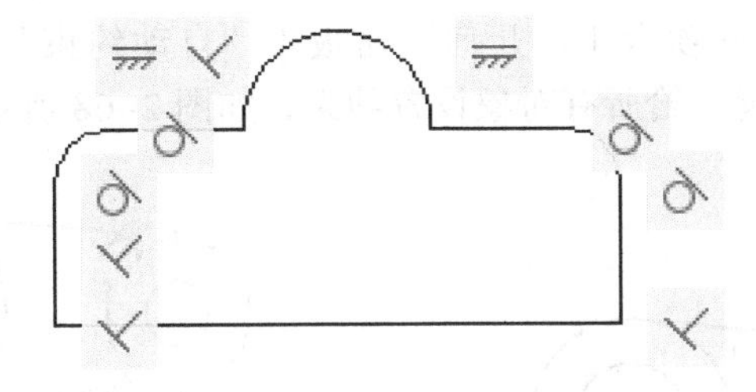

图 2-65 推断几何约束

### 2.7.4 自动约束

要将几何约束快速地应用于选定的对象或图形中的所有对象，可以使用自动约束。选择“参数”菜单 | “自动约束”命令，或单击“参数化”选项卡 | “几何”面板 | “自动约束”按钮。

如图 2-66 所示，“约束设置”对话框的“自动约束”选项卡，用于控制应用于选择集的约束以及使用自动约束时约束的应用顺序。其中主要选项的含义如下：

（1）约束列表：可以单击选择需要应用的约束，也可清除。在列表中选择一个约束，单击“上移”或“下移”按钮，可以更改在应用自动约束时某个约束的优先级。

（2）“相切对象必须共用同一交点”复选框：指定两条曲线必须共用一个点（在距离公差内指定）以便应用相切约束。

（3）“垂直对象必须共用同一交点”复选框：指定直线必须相交或者一条直线的端点必须与另一条直线或直线的端点重合（在距离公差内指定）。

（4）“公差”选项组：设定一个公差值以对公差范围内的对象自动应用相关约束。

（5）“重置”按钮：将自动约束设置重置为默认值。

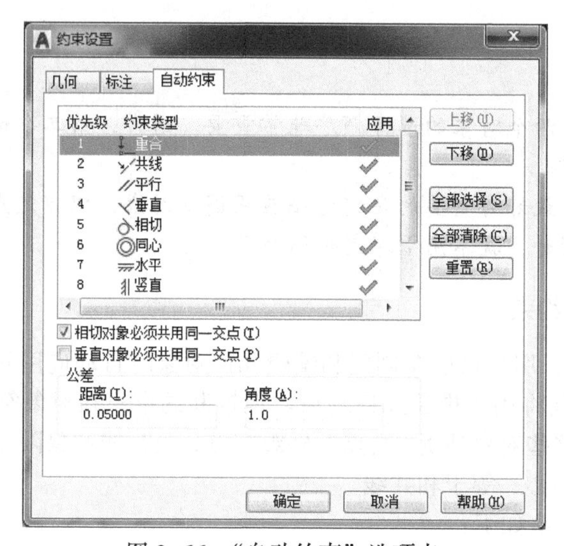


图 2-66 “自动约束”选项卡

## 2.7.5 上机实训 10——使用自动约束

扫一扫，看视频
※ 2 分钟

打开“图形”文件夹 | dwg | Sample | CH02 | “上机实训 10”图形，如图 2-67 所示，为图形设置自动约束。其操作和提示如下：

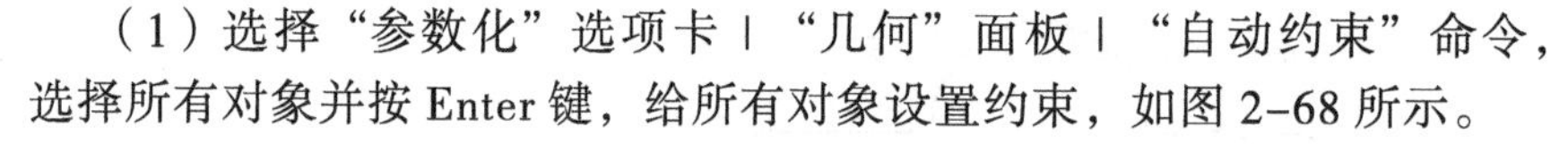

（1）选择“参数化”选项卡 | “几何”面板 | “自动约束”命令，选择所有对象并按 Enter 键，给所有对象设置约束，如图 2-68 所示。

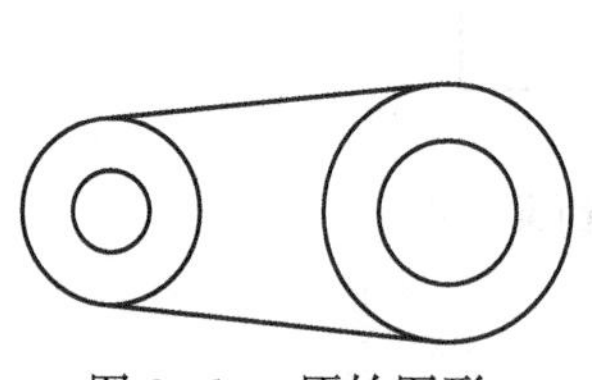

图 2-67 原始图形

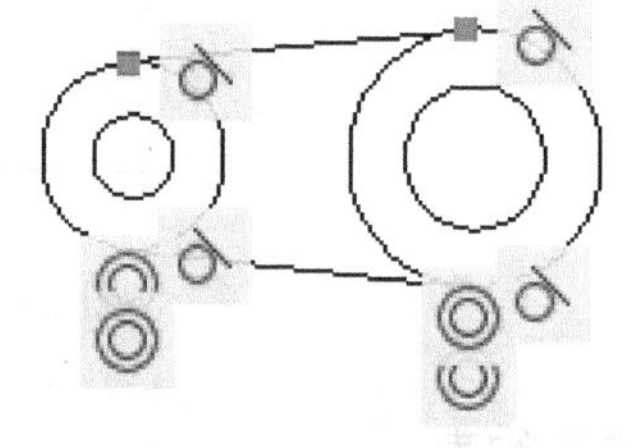

图 2-68 设置约束

（2）选择“几何”面板 | “全部隐藏”命令，将添加的几何约束全部隐藏。

（3）选择右边中间的小圆并显示蓝色的夹点，将光标移到中间的夹点上并单击，如图 2-69 所示，向右拖动到合适位置上单击，以修改对象的尺寸。

（4）按 Esc 键退出，结果如图 2-70 所示。

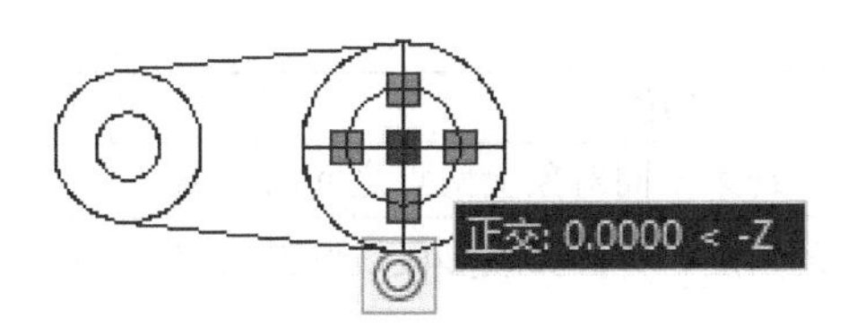


图 2-69 用夹点修改对象

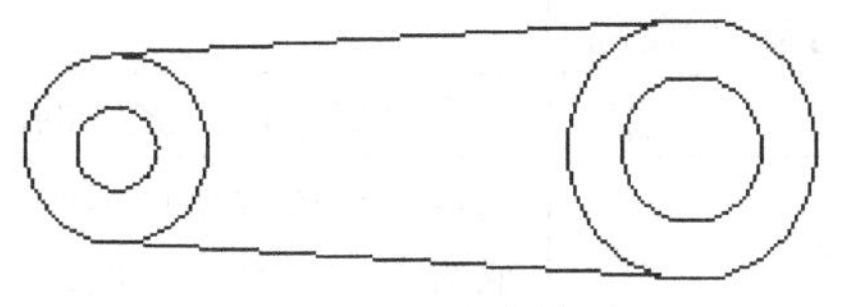

图 2-70 约束结果

### 2.7.6 标注约束

标注约束用于控制图形对象的大小和比例，如直线的长度、圆的半径、两圆圆心之间的距离等。创建标注约束的方法与标注尺寸的方法类似。不过，在创建标注约束时，当指定了尺寸线的位置后，可以输入值或指定“名称 = 值”的表达式。

单击“参数化”选项卡 | “标注”面板中“标注”旁的下拉按钮，从中可以选择应用的标注约束模式。默认情况下，创建的标注约束为动态约束，它非常适合于绘制参数化图形和进行设计，但打印图形时不会显示约束。如果希望控制动态约束的标注样式，或者需要打印标注约束时，可以选择动态约束后右击，在弹出的快捷菜单中选择“特性”选项，打开“特性”选项板，如图 2-71 所示，从中可将动态约束更改为注释性约束。

如图 2-72 所示，“约束设置”对话框的“标注”选项卡，用于控制约束栏上的标注约束设置。其中，“标注名称格式”选项为应用标注约束时显示的文字指定格式；“为注释性约束显示锁定图标”复选框用于针对已应用注释性约束的对象显示锁定图标；“为选定对象显示隐藏的动态约束”复选框为选定对象显示隐藏的动态约束。

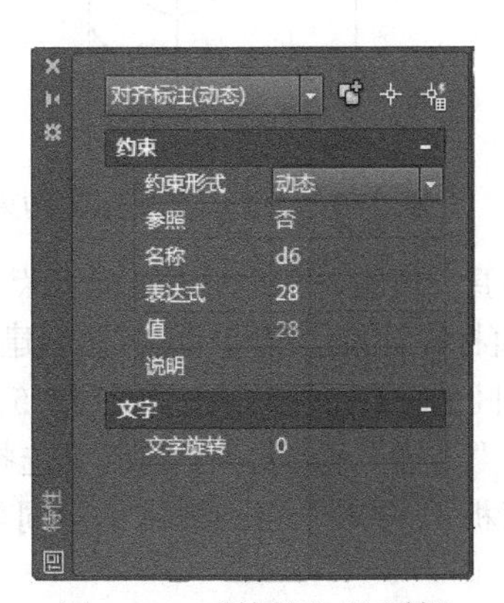


图 2-71 “特性”选项板

图 2-72 “标注”选项卡

使用“参数”菜单 | “标注约束”，或“参数化”选项卡 | “标注”面板中的标注约束按钮来创建标注约束。标注约束类型如表 2-2 所示。

**表 2-2 标注约束**

| 标注约束 | 图标 | 功能 |
| --- | --- | --- |
| 线性 | | 约束两点之间的水平或垂直距离 |
| 水平 | | 约束对象上两点之间或不同对象上两点之间 X 方向的距离 |
| 垂直 | | 约束对象上两点之间或不同对象上两点之间 Y 方向的距离 |

续表

| 标注约束 | 图标 | 功能 |
|---|---|---|
| 对齐 | | 约束对象上两点之间的距离，或约束不同对象上两点之间的距离 |
| 角度 | | 约束直线段或多段线线段之间的角度，有圆弧或多段线圆弧扫掠得到的角度，或对象上三个点之间的角度 |
| 半径 | | 约束圆或圆弧的半径 |
| 直径 | | 约束圆或圆弧的直径 |
| 转换 | | 将标注转化为标注约束 |

### 2.7.7 上机实训 11——创建动态标注约束

扫一扫，看视频

※ 6分钟

打开“图形”文件夹 | dwg | Sample | CH02 | “上机实训 11”图形，如图 2-73 所示，为图形创建标注约束，其操作和提示如下：

（1）单击“参数化”选项卡 | “标注”面板的下拉按钮，从中选择“动态约束模式”，设置创建的标注约束为动态标注约束。

（2）单击“参数化”选项卡 | “标注”面板 | “水平”按钮，在提示下选择垂直中心线的上端点和 D 点，指定尺寸线的位置。此时，可输入值和表达式，按 Enter 键接收默认值创建出水平标注约束；用同样方法创建 A 点和 C 点之间的水平标注约束，如图 2-74 所示。

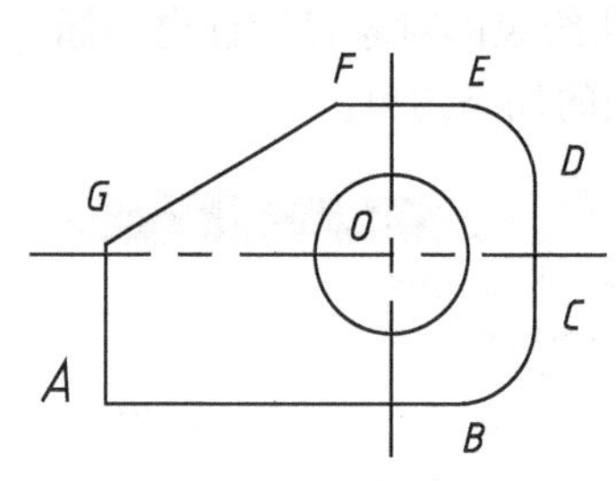


图 2-73 原始图形

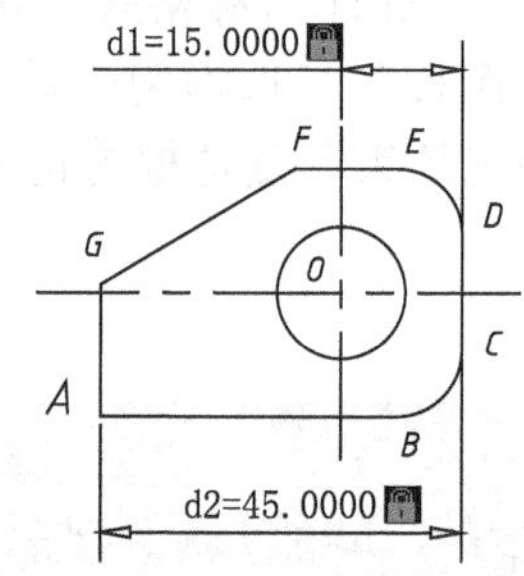


图 2-74 创建水平标注约束

（3）单击“参数化”选项卡 | “标注”面板 | “垂直”按钮，在提示下选择 G 点和 A 点，接着指定尺寸线的位置，按 Enter 键接收默认值创建出垂直标注约束；用同样的方法创建水平中心线右端点和 B 点之间的垂直标注约束，以及 E 点和 B 点之间的垂直标注约束，如图 2-75 所示。

（4）单击“参数化”选项卡 | “标注”面板 | “直径”按钮，在提示下选择圆，并按 Enter 键接收默认值创建出直径标注约束；选择该面板上的“半径”按钮，用同样的方法创建出两个半径标注约束，如图 2-76 所示。

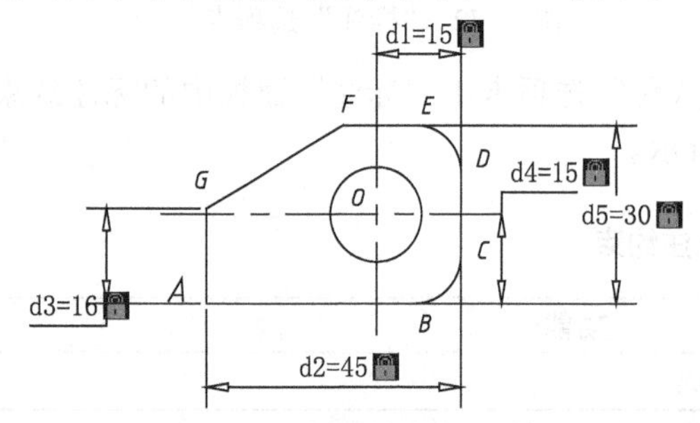


图 2-75 创建垂直标注约束

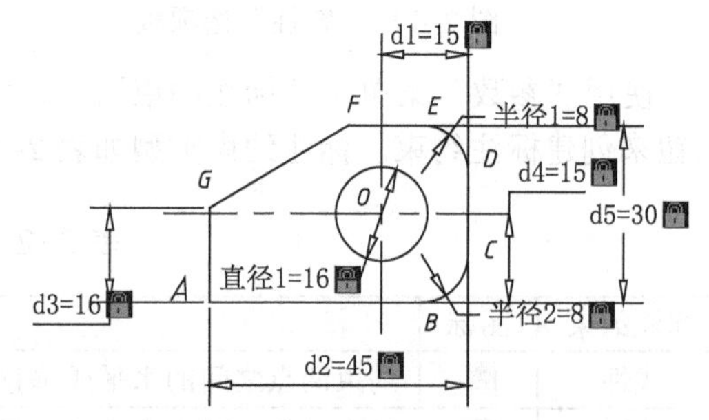


图 2-76 创建直径、半径标注约束

（5）单击“参数化”选项卡 | “标注”面板 | “对齐”按钮，在提示下直接按 Enter 键

选择“对象”选项，选择 FG 段线段，在指定尺寸线位置后按 Enter 键接收默认值创建出对齐标注约束，如图 2-77 所示。

（6）单击“参数化”选项卡 | “标注”面板 | “角度”按钮，在提示水平中心线和 FG 直线之间，在指定尺寸线位置后按 Enter 键接收默认值创建出角度标注约束，如图 2-78 所示。

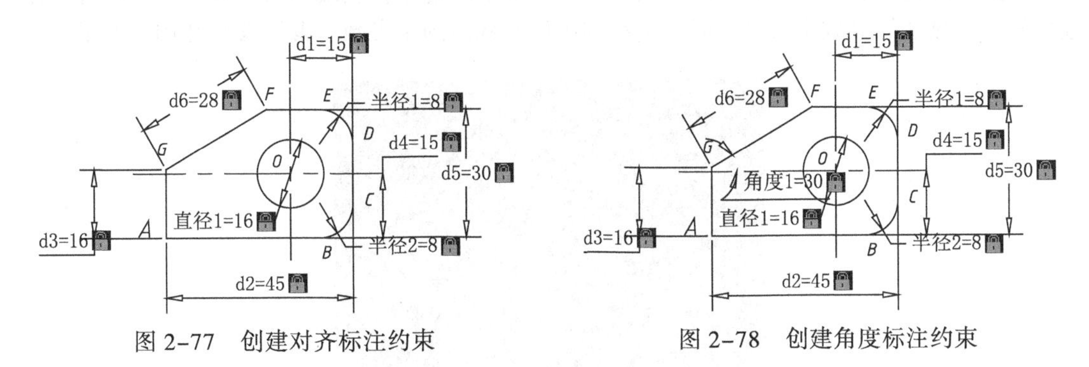


图 2-77　创建对齐标注约束　　　　图 2-78　创建角度标注约束

### 2.7.8　上机实训 12——将尺寸标注转换为标注约束

使图形成为参数化图形的一个便捷方式是将图形的尺寸标注转化为标注约束。并且，通过修改标注约束，还可以快捷地驱动图形。

打开“图形”文件夹 | dwg | Sample | CH02 |“上机实训 12”图形，如图 2-79 所示，将图形的尺寸标注转化为标注约束。其操作和提示如下：

（1）单击“参数化”选项卡 | “几何”面板 | “全部显示”按钮，以全部显示图形中的几何约束。

（2）单击“参数化”选项卡 | “标注”面板 | “转换”按钮，选择图形中的三个尺寸，并按 Enter 键，将这些尺寸全部转换为标注约束，如图 2-80 所示。

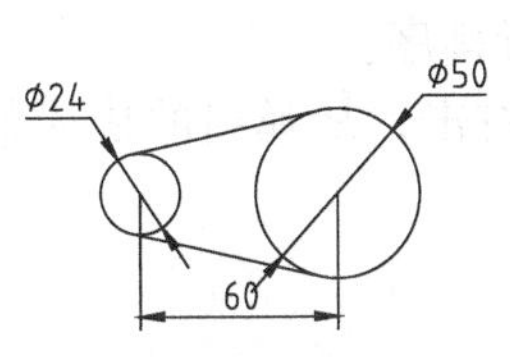


图 2-79　原始图形

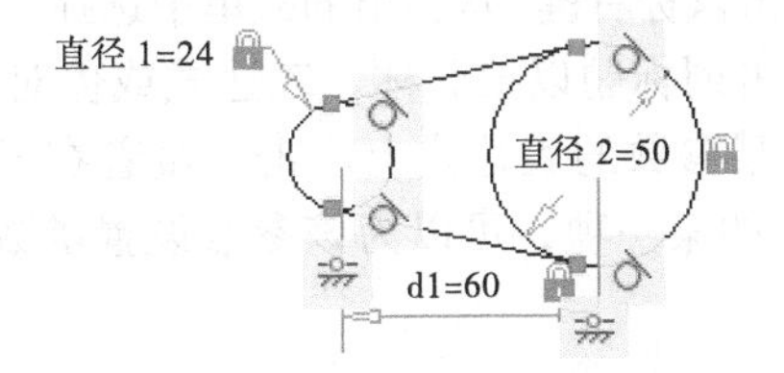


图 2-80　尺寸标注转换为标注约束

（3）双击“d1=60”的标注约束，在文本框中输入 80 并按 Enter 键，则将按新的标注约束驱动图形，如图 2-81 所示。

（4）单击“参数化”选项卡 | “几何”面板 | “全部隐藏”按钮，将几何约束全部隐藏；单击“参数化”选项卡 | “标注”面板 | “全部隐藏”按钮，将标注约束全部隐藏，如图 2-82 所示。

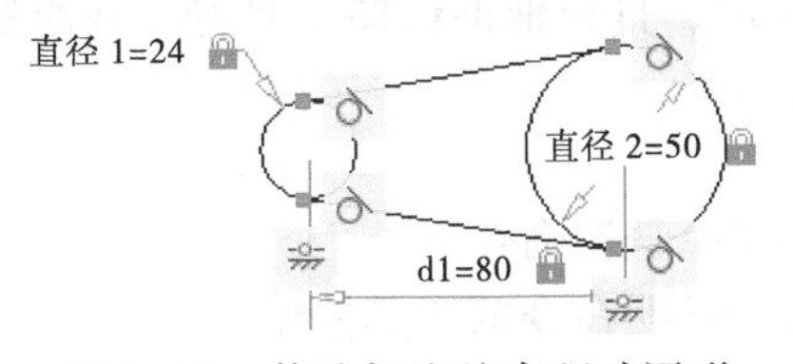


图 2-81　修改标注约束驱动图形

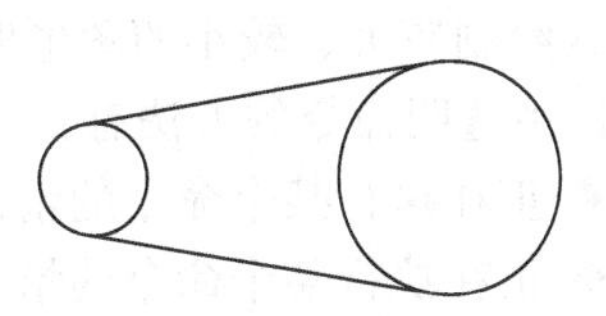

图 2-82　结果

### 2.7.9 使用参数管理器

AutoCAD 的参数管理器用于创建、编辑、重命名、编组和删除参数。选择“参数”菜单 | “参数管理器”命令，或单击“参数化”选项卡 | “管理”面板 | “参数管理器”按钮，将打开“参数管理器”选项板，如图 2-83 所示。在图形中或者是在块编辑器中打开“参数管理器”选项板，所显示的参数化信息不同，它将列出所有标注约束参数、参照参数和用户变量。

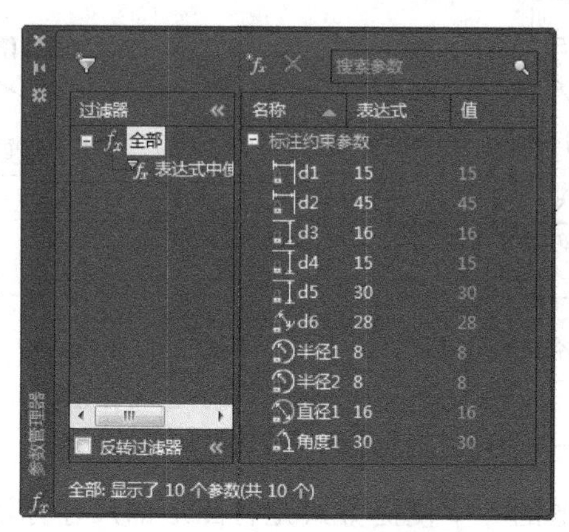


图 2-83 “参数管理器”选项板

在图形中打开“参数管理器”选项板，用户可创建和修改标注约束名称和表达式以及删除参数等。单击左上角的三个按钮，用户还可以“创建新参数组”、“创建新的用户参数”、“删除选定参数”。单击左边的“展开参数过滤器树”，则参数管理器将显示参数过滤器。

在参数管理器中可进行如下操作：

◆ 单击标注约束参数的名称以亮显图形中的约束。

◆ 双击参数名称或表达式可以进行编辑。

◆ 单击鼠标右键，从弹出的菜单中选择“删除”选项，可以删除标注约束参数或用户变量。

◆ 单击列标题以按名称、表达式或值对参数的列表进行排序。

◆ 在某参数的表达式上双击，接着在显示的变量框中右击，从弹出的快捷菜单中选择“表达式”的某一项，可以为该参数设置函数。

## 2.8 透明命令

### 2.8.1 透明命令

正常情况下，用户使用完一个命令才能调用其他的命令。但是，有一种命令允许在不退出当前命令操作的情况下，使用另外一些命令。AutoCAD 把这样的命令叫做透明命令。

透明命令经常用于更改图形设置、调整屏幕显示、打开辅助绘图工具等。在绘制复杂图形或绘制较大、较小的图形时，也经常使用透明命令。

调用透明命令的方法有：

◆ 正在执行某个命令的情况下，选择菜单中的某个透明命令。

◆ 正在执行某个命令的情况下，单击面板上某个透明命令的工具按钮。

◆ 正在执行某个命令的情况下，在命令行输入带单引号的某个透明命令的英文字符或命令别名，即“' 命令字符”，如“' SNAP”。

调用透明命令后，系统将用双尖括号“>>”置于命令前，以显示透明命令提示。完成透明命令后，系统自动恢复执行原命令。

常用透明命令：捕捉（SNAP）、栅格（GRID）、正交（ORTHO）、帮助（HELP）、计算（CAL）、对象捕捉（OSNAP）、显示缩放（ZOOM）、平移（PAN）、重画（REDRAW）和图层（LAYER）等。

### 2.8.2 上机实训 13——使用透明命令

过三个小圆 A、B、C 的圆心做一个三角形，如图 2-84 所示。其操作和提示如下：

（1）设置“自动对象捕捉”模式为“圆心”方式，并打开状态栏上的“对象捕捉”按钮。

（2）调用直线命令 LINE 绘制直线。

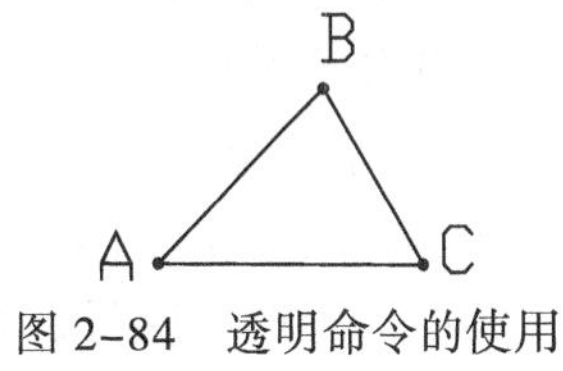

图 2-84 透明命令的使用

命令：l（输入直线命令的命令别名并按 Enter 键）

LINE 指定第一点：'z（调用透明命令“ZOOM”）

>> 指定窗口的角点，输入比例因子 (nX 或 nXP)，或者 [ 全部 (A)/ 中心 (C)/ 动态 (D)/ 范围 (E)/ 上一个 (P)/ 比例 (S)/ 窗口 (W)/ 对象 (O)] < 实时 >：（用窗口方式放大 A 圆，指定窗口的第一点）

>> 指定对角点：（指定窗口的第二点，则矩形窗口中的 A 圆被放大）

正在恢复执行 LINE 命令。

指定第一点：（用光标捕捉到 A 圆的圆心）

指定下一点或 [ 放弃 (U)] ：'z（调用透明命令“ZOOM”）

>> 指定窗口的角点，输入比例因子 (nX 或 nXP)，或者 [ 全部 (A)/ 中心 (C)/ 动态 (D)/ 范围 (E)/ 上一个 (P)/ 比例 (S)/ 窗口 (W)/ 对象 (O)] < 实时 >：a（用“全部”方式显示整个图形）

正在恢复执行 LINE 命令。

（3）在不结束直线命令操作的情况下，用同样方式过圆心 B 和 C 做出直线，最后用直线命令中的“C”选项封闭直线。

## 2.9 查询图形信息

绘图时，经常需要查询一些图形对象的信息，如点的坐标、两点的距离、图形面积、绘图状态、绘图时间以及图形的数据库信息等。查询可通过“工具”菜单 | “查询”子菜单，或“功能区” | “默认”选项卡 | “实用工具”面板以及各查询命令进行查询。查询结果可通过文本窗口或命令行进行查看。由于这些命令较简单，因此，本节只选择几个命令进行介绍。

### 2.9.1 查询距离

用于查询两点之间的距离，这两点连线在 XY 平面中的投影与 X 轴的夹角和这两点连线与 XY 平面的倾角等。其调用方式如下：

◆ 菜单：工具 | 查询 | 距离。

◆ 命令行：DIST 或命令别名 DI。

◆ 草图与注释空间：功能区 | 默认 | 实用工具 | 距离。

调用命令后的操作和提示如下：

命令：（调用命令）

指定第一点：（选择查询的第一点）

指定第二个点或 [ 多个点 (M)] ：（选择查询的第二点，或输入“M”选择多个点选项）

在绘图区指定一点，接着再指定另外一点，即可查询这两点的距离。而使用“多个点”选项，可通过几个点来查询它们的总距离。该命令还可以作为透明命令使用。

### 2.9.2 查询面积

用于查询图形的面积和周长，也可对查询的面积进行加、减运算。

1. 调用

◆ 菜单：工具 | 查询 | 面积。

◆ 命令行：AREA 或命令别名 AA。

◆ 草图与注释空间：功能区 | 默认 | 实用工具 | 面积。

2. 操作及说明

命令：（调用命令）

指定第一个角点或 [ 对象 (O)/ 增加面积 (A)/ 减少面积 (S)] < 对象 (O)> ：

其中，各选项说明如下：

（1）指定第一个角点：依次指定几个点，系统将计算由指定点所定义的面积和周长。

（2）对象：计算选定对象的面积和周长。

（3）增加面积：计算各个指定区域和对象的面积、周长，也计算所有指定区域和对象的总面积。

（4）减少面积：从总面积中减去指定面积。使用该选项时，先按“加”模式计算出某些指定区域或对象的面积之和，然后进入“减”模式，选择要减去的区域或对象的面积。

注意

使用指定点方式查询非封闭图形的面积和周长时，AutoCAD 假设从最后一点到第一点绘制了一条直线，然后计算所围区域的面积，计算周长时该直线的长度也会计算在内。而如果使用“对象”方式查询，则所得周长的值不包括该直线的长度。

### 2.9.3 列表查询

用于为选定对象显示特性数据。该命令很有用，查询很方便。其调用方式如下：

◆ 菜单：工具 | 查询 | 列表。

◆ 命令行：LIST 或命令别名 LS。

调用命令后，选择要查询的对象并按 Enter 键，即可在文本框中显示所查对象的信息。图 2-85 为查询圆的信息。

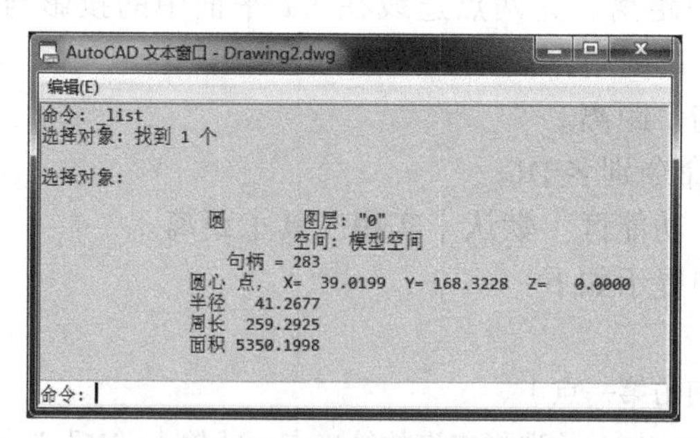


图 2-85 列表查询圆信息

### 2.9.4 上机实训 14——查询组合图形面积

查询支板的总面积，即查询 A 部分与 B 部分的面积之和再减去 C 部分的面积，如图 2-86 所示。其操作和提示如下：

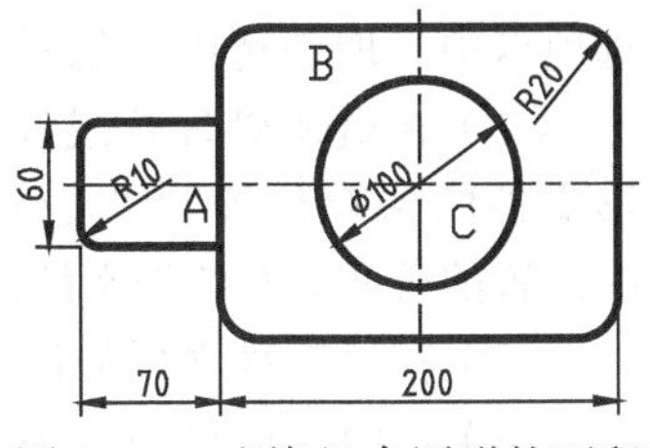


图 2-86 查询组合图形的面积

（1）在命令行输入面积命令的命令别名 AA，并按 Enter 键。

（2）在“指定第一个角点：”输入 A，表示选择“增加面积”选项，然后在“指定第一个角点：”输入“O”选择“对象”方式，并在图形中选择图形 A，这时命令行显示图形 A 的面积和周长以及总面积：区域 = 4157.0796，长度 = 191.4159，总面积 = 4157.0796。

（3）继续选择图形 B，这时命令行显示 B 图形的面积和周长以及 A、B 图形的总面积为：区域 = 29656.6371，周长 = 665.6637，总面积 = 33813.7167。

（4）按 Enter 键退出“加”模式，并返回上一级提示。

（5）在“指定第一个角点：”的提示下输入“S”，选择“减少面积”选项，然后在“指定第一个角点：”提示下输入“O”选择“对象”选项，并在图形中选择圆 C，这时命令行显示 C 图形的面积和周长以及减去 C 图形面积后的总面积：区域 = 7853.9816，圆周长 = 314.1593，总面积 = 25959.7351。

（6）按 Enter 键退出“减”模式，再次按 Enter 键结束命令。

**技巧**

面积和周长的查询精度可用“格式”菜单｜“单位”命令进行设置。

## 2.10 综合实训

扫一扫，看视频
※ 28 分钟

### 2.10.1 自动保存设置和图形文件恢复

1. 自动保存的设置

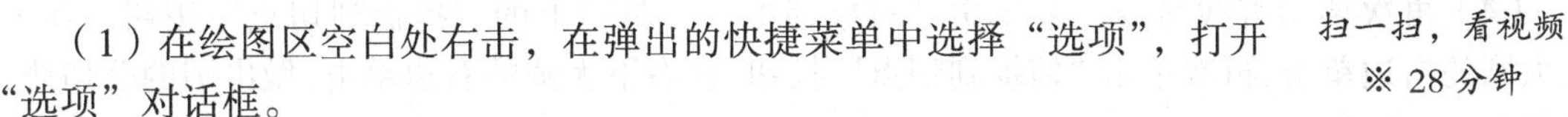

（1）在绘图区空白处右击，在弹出的快捷菜单中选择“选项”，打开“选项”对话框。

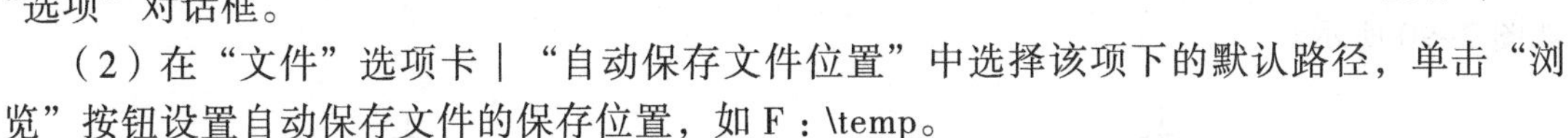

（2）在“文件”选项卡｜“自动保存文件位置”中选择该项下的默认路径，单击“浏览”按钮设置自动保存文件的保存位置，如 F：\temp。

（3）用同样的方法，在“文件”选项卡｜“临时图形文件位置”中，设置临时图形文件的保存位置。

（4）在“选项”对话框｜“打开和保存”选项卡｜“文件安全措施”组件中，选中“自动保存”复选框，设置“保存间格分钟数”为 10 ~ 15 分钟，并选中“每次保存时均创建备份副本”选项。

（5）单击“确定”按钮，完成自动保存设置。

2. 系统崩溃后图形文件的恢复

主要是利用扩展名为 .sv$ 的自动保存文件，扩展名为 .bak 的备份文件和默认扩展名为 .ac$ 的临时文件进行恢复。其操作如下：

（1）在资源管理器或计算机中，选择“工具”菜单｜“文件夹选项”命令（或者“组织”

菜单｜“文件夹和搜索选项”命令)，打开“文件夹选项”对话框，在该对话框的“查看”选项卡中，取消选中“隐藏已知文件类型的扩展名”复选框。

（2）在资源管理器或计算机中找到这三种文件的保存位置——自动保存文件和临时图形文件的保存位置为“文件”选项卡中的“自动保存文件位置”和“临时图形文件位置”中设置的位置；而备份文件的保存位置与原图形文件的保存位置相同。

（3）在这三种文件的保存位置中，将它们的扩展名改为 .dwg，注意不要有重名文件。

（4）这时，即可用 AutoCAD 打开这三种文件恢复的图形文件，将其另存即可。

### 2.10.2 绘制三角板

绘制如图 2-87 所示的三角板。操作和提示如下：

（1）在状态栏上的“对象捕捉”按钮上右击，在弹出的快捷菜单中选择“对象捕捉设置”选项，打开“草图设置”对话框的“对象捕捉”选项卡，在其中选择“圆心”“交点”捕捉模式，然后单击“确定”按钮。

（2）在命令行输入直线命令的命令别名 L，并按 Enter 键，然后在绘图区绘制中心线，如图 2-88 所示。

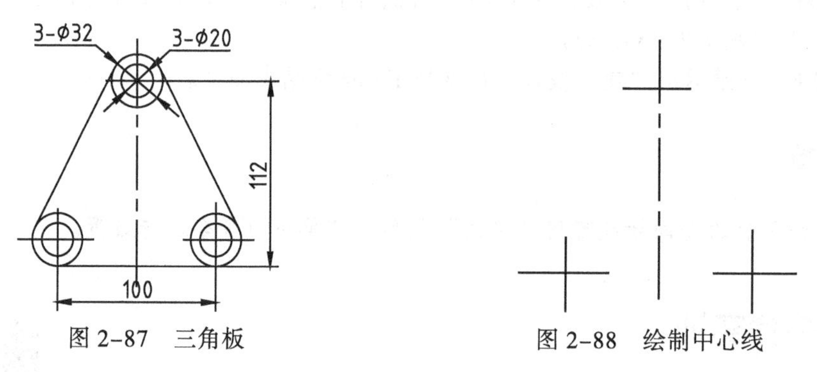


图 2-87　三角板　　图 2-88　绘制中心线

（3）在命令行输入圆命令的命令别名 C，并按 Enter 键，然后捕捉到各中心线的交点分别绘制几个圆，如图 2-89 所示。

（4）再次调用直线命令，并单击“对象捕捉”工具栏上的“捕捉到切点”按钮，在上面大圆的右边单击，再次单击“捕捉到切点”按钮，在右下大圆的右边单击，做出圆的公切线，如图 2-90 所示。

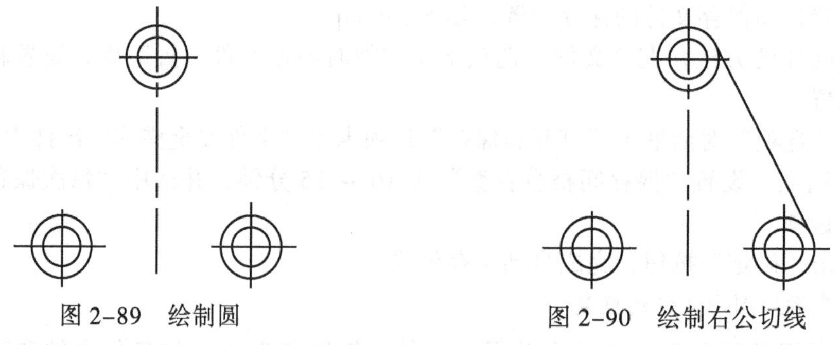

图 2-89　绘制圆　　图 2-90　绘制右公切线

（5）用同样方法做出另外两条公切线。

# 第 3 章
# 设置图层

利用 AutoCAD 的图层功能，可以很容易地对复杂图形进行组织、控制和管理。绘图时，用户应合理地规划图层，将不同的对象放置在不同的图层中，这样可以灵活地控制对象的显示和打印。熟练使用图层，可使图形信息更清晰，便于观察，修改图形和控制打印。本章主要介绍图层、颜色、线型、线宽的作用和设置，以及图层特性管理器的使用。

本章要点

◎ 设置图层特性
◎ 控制图层状态
◎ 图层特性管理器的使用
◎ 设置对象的颜色、线型、线宽特性

## 3.1 图层概述

### 3.1.1 概念

为了有效地组织和管理图形，AutoCAD 设计了图层这个强大功能。利用图层功能，用户可以很方便地对图形进行绘制和管理，可将不同的图形对象放置于不同的图层中，也可以给不同的对象设置不同的线型、颜色和线宽。有了这些属性，用户既可以很方便地区分不同的图形对象，也可以控制不同对象的显示和打印等。

图层相当于一张张大小的透明图纸，用户可在每一张透明图纸上分别绘制不同的图形对象，最后将这一张张透明的图纸整齐地叠放在一起，即可形成一幅完整的图形，如图 3-1 所示。

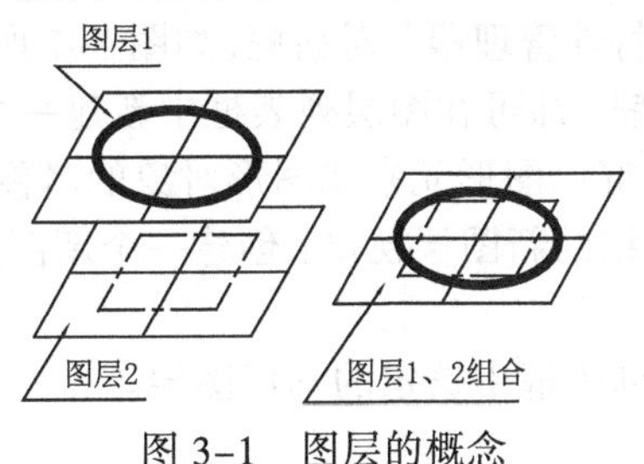


图 3-1　图层的概念

在 AutoCAD 中，每个图层还应设置不同的线型、线宽和颜色，这些就是“图层特性”。用户在绘图时，可以在某图层上绘制某些图形对象，且这些对象的线型、线宽和颜色等特性使用该层的图层特性，即所谓的 ByLayer（随层）特性，这是绘图时最常采用的方式。

### 3.1.2 图层的作用

用户在绘图时，可以创建任意数量的图层。而绘制与编辑图形，只能在当前图层上进行，并且每个图层都应有一个名称，系统的默认图层是“0”层。图层的作用如下：

（1）可以给图层分别指定不同的名称，以便对各种图形对象进行分类管理。

（2）给不同的图层设置不同的颜色、线型和线宽，以便区分不同的图形对象和要素。

（3）关闭暂时不用的图层，可控制绘图区的图形显示，使显示的图形对象减少，图形更清晰。

（4）可对某个图层进行冻结、锁定等操作，以控制该层的图形对象是否显示，是否参与系统运算和是否能进行编辑操作。

（5）可对图形对象进行打印控制操作，以控制某个图层上的对象是否进行打印。

（6）可只打开某个图层上的对象，对该图层上的图形对象进行修改与编辑操作，当保存后，系统会自动更新原始图形。

### 3.1.3 图层的设置原则

用户在绘图之前就应规划好图层的组织结构。绘图时，将不同的对象放置于不同的图层中。其设置原则通常如下：

（1）按外观特征和使用属性设置图层：如绘制机械类图形常设置粗实线、细实线、中心线、虚线、文字和尺寸等图层。

（2）按对象类型设置图层：如绘制建筑类图形常设置墙体、阳台、门窗和玻璃等图层。

## 3.2 设置与管理图层

### 3.2.1 图层特性管理器

图层特性管理器用于图层的控制与管理。可以新建、删除和重命名图层，设置图层特性或添加说明。

1. 调用

◆ 菜单：格式｜图层。

◆ 命令行：LAYER 或命令别名 LA。

◆ 草图与注释空间：功能区｜默认｜图层｜图层特性。

2. 操作及说明

调用命令后将显示“图层特性管理器”对话框，如图 3-2 所示。其中，常用按钮说明如下：

（1）新建图层：单击该按钮，即可在图层列表框中新建一个图层，用户可以对其重命名。图层名可使用中文名称，且最好以图形元素或图形对象的名称来命名图层。

（2）在所有视口中都被冻结的新图层视口：创建一个新图层，在所有现有布局视口中将其冻结。

（3）删除图层：用于删除列表框中选定的不用图层。

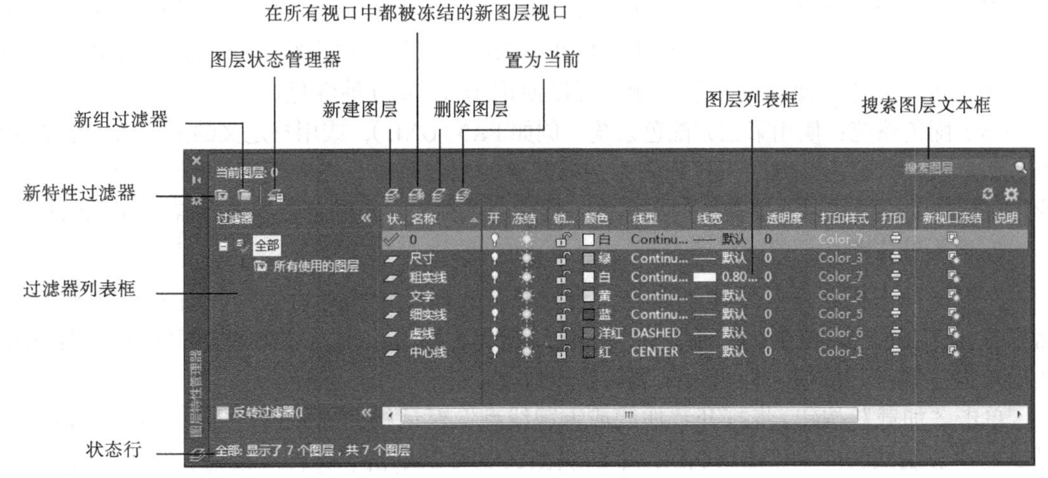


图 3-2　“图层特性管理器”对话框

（4）置为当前：将选定的图层设置为当前图层。用户只能在当前图层上绘制图形，且所绘制的图形对象的属性将继承当前图层的属性。

（5）刷新：用于刷新图层列表中的信息。

（6）设置：用于设置“新图层通知”“图层隔离设置”等内容。

**技巧**

- 0 层是一个特殊图层，主要用于图块的颜色控制。
- 不能删除参照的图层、0 层、DEFPOINTS 层、当前图层、依赖外部参照的图层、包含对象的图层。

### 3.2.2　设置图层特性

图层列表框显示图层、图层过滤器及其特性和说明。如果在左边的树状图中选定了某一个图层过滤器，该列表框将显示该图层过滤器中的图层。其中，图层特性包括：

1. 设置图层颜色

在图层列表框某层的颜色图标上单击，将打开“选择颜色”对话框，该对话框包括三个选项卡，如图 3-3、图 3-4 和图 3-5 所示。用户可根据这三个选项卡为图层指定颜色。

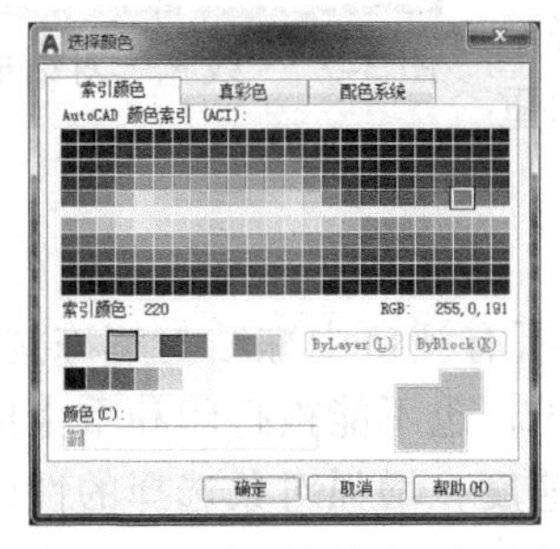

图 3-3　“索引颜色”选项卡

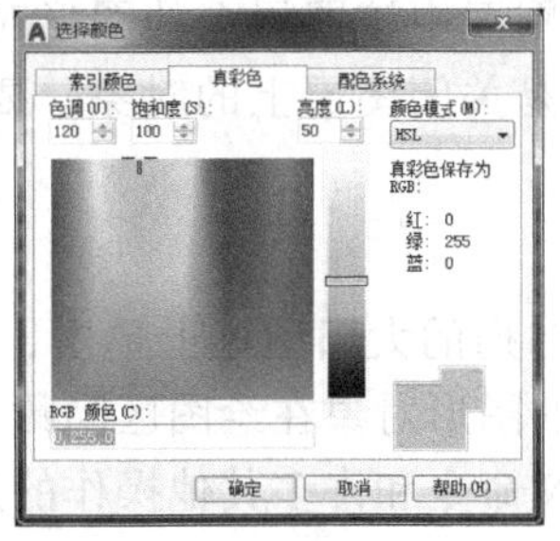

图 3-4　“真彩色”选项卡

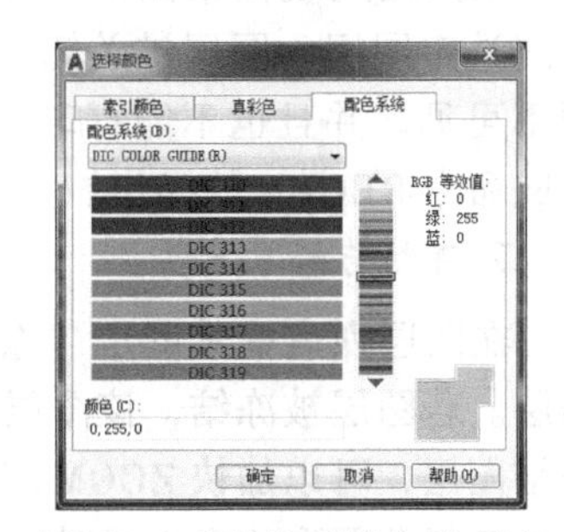

图 3-5　“配色系统”选项卡

（1）索引颜色：使用颜色索引为图层指定颜色。该选项卡中共有 255 种索引 (ACI) 颜色，用户可在“颜色”文本框中输入一个 ACI 颜色编号数字，或直接用鼠标选择一种颜色。在图层对话框中打开“选择颜色”对话框时，ByLayer（随层）和 ByBlock（随块）按钮不可用。

（2）真彩色：使用色调、饱和度和亮度（HSL）颜色模式或红、绿、蓝（RGB）颜色模式为图层指定颜色。使用真彩色功能，可以使用 1600 多万种颜色。

（3）配色系统：使用第三方配色系统（例如 PANTONE），或用户定义的配色系统来指定颜色。用户可在“配色系统”下拉列表中选择需要的配色系统，在中间的色条中单击上下箭头，或用鼠标拖动小滑块以选择需要的主色区，然后用鼠标在左边的色带中选择需要的颜色即可。

2. 设置图层线型

在图层列表框某层的线型列单击，将打开“选择线型”对话框，如图 3-6 所示。该对话框显示当前图形中已加载的线型，默认线型是 Continuous。在列表框中选择一种线型，然后单击“确定”按钮，即可为某图层指定线型。

单击“加载”按钮，将打开“加载或重载线型”对话框，如图 3-7 所示。在该对话框中，可以选择公制线型库 ACADISO.LIN 中的线型；也可以单击“文件”按钮，从中选择英制线型库 ACAD.LIN 或自定义的线型库中的线型。

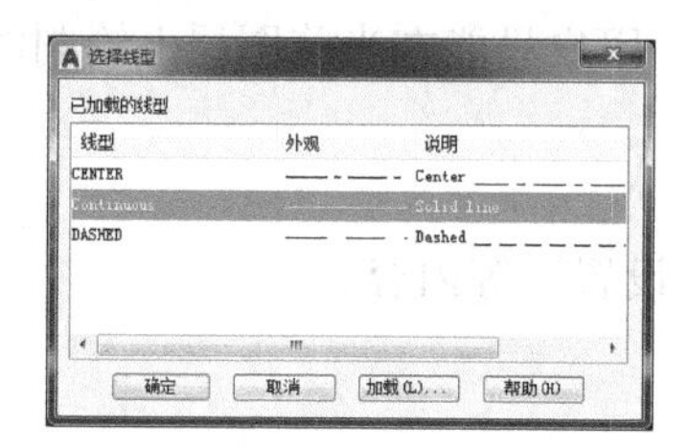

图 3-6 “选择线型”对话框

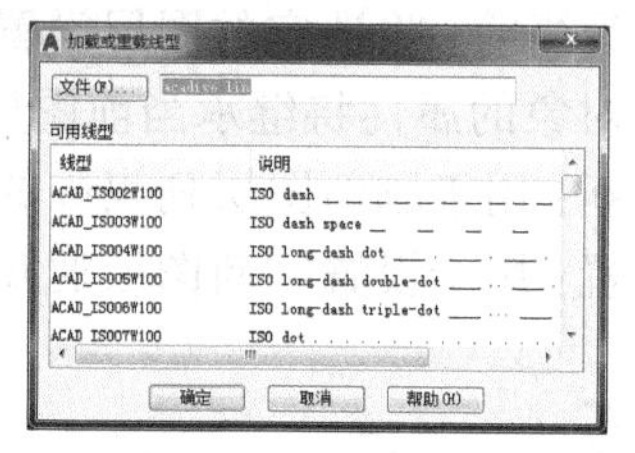

图 3-7 “加载或重载线型”对话框

3. 设置图层线宽

在图层列表框某层的线宽列单击，将打开“线宽”对话框，如图 3-8 所示。从中可为图层设置一种线宽。绘制工程图形时，根据图形的大小和复杂程度，粗线的宽度常取为 0.5 ~ 1.0mm，细线宽度取为粗线宽度的 1/3 左右。

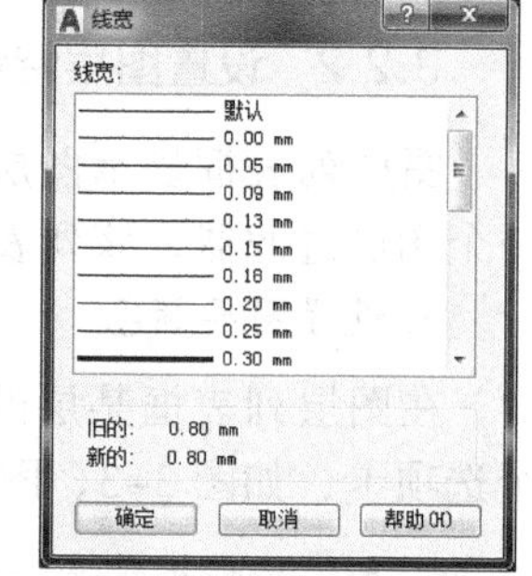

图 3-8 “线宽”对话框

### 3.2.3 控制图层状态

使用图层状态可以有效地绘制与编辑图形。图层状态包括打开与关闭图层、冻结与解冻图层、锁定与解锁图层等。

1. 打开与关闭图层

在图层列表框某图层“开”列的灯泡图标上单击，可打开与关闭选定图层。图层被关闭，绘图区中该图层上的图形对象将隐藏不可见，并且也不能打印，但是关闭图层上的对象，要参加重生成命令 REGEN 的操作。

2. 冻结与解冻图层

在图层列表框某图层“冻结”列的太阳图标上单击，可在所有视口中冻结与解冻选定图层。若图层被冻结，该图层上的图形对象在绘图区隐藏不可见，也不能被打印和重生成。冻结图层，可以加快 ZOOM、PAN 命令和许多其他操作的运行速度，增强对象选择的性能，并减少复杂图形的重生成时间。

3. 锁定与解锁图层

在图层列表框某图层“锁定”列的锁图标上单击，可锁定与解锁选定图层。锁定的图层只能绘图但不能进行编辑操作。该功能在编辑重叠在一起的图形对象时非常有用。

- 当前图层不能被冻结，但可以关闭和锁定。
- 冻结图层上的对象不参加系统运算，即不参加重生成、消隐、渲染和打印等操作。而关闭图层上的对象要参加系统运算。因此，在复杂图形中，冻结暂时不需要的图层，可加快系统操作速度。

### 3.2.4 管理图层

在图层列表框中，还有一些其他的选项用于对图层进行管理。

（1）状态：显示图层和过滤器的状态。如果某图层的状态图标为深色，表示已用于绘制了对象，反之则未绘制对象。

（2）名称：用于显示图层或过滤器的名称。0图层是新建一幅图形时自动创建的图层。可使用间隔较长的两次单击或按F2键来输入新名称。

（3）透明度：控制所有对象在选定图层上的可见性。对单个对象应用透明度时，对象的透明度特性将替代图层的透明度设置。

（4）打印样式：设置指定图层的打印样式。如果正在使用颜色相关打印样式，则不能修改图层的打印样式。须在使用命名相关打印样式时，才能修改图层的打印样式。

（5）打印：控制选定图层是否打印。如果关闭了某一个图层的打印，该图层上的对象仍会在绘图区中显示出来，但打印输出时，不会打印该图层上的对象。

（6）新视口冻结：在新布局视口中冻结选定图层。

（7）视口冻结（仅“布局”选项卡上可用）：在当前布局视口中冻结选定的图层。可以在当前视口中冻结或解冻图层，而不影响其他视口中的图层可见性。

（8）视口颜色、视口线型、视口线宽、视口透明度、视口打印样式（仅“布局”选项卡上可用）：设定与活动布局视口上的选定图层关联的这些选项的替代。

单击“工具”菜单|“选项”命令|“打印和发布”选项卡|“打印样式表设置”按钮，将显示“打印样式表设置”对话框。在该对话框中，用户可选择“使用命名相关打印样式”，这样，在创建无样板的新图形时即可使用命名相关打印样式。

### 3.2.5 过滤器

在图层特性管理器的左边是过滤器列表框，用于显示图形中图层和过滤器的层次结构列表。顶层节点“全部”，显示了图形中的所有图层。在过滤器列表框的树状图中选定一个图层过滤器后，在右边的图层列表框中将显示符合过滤条件的图层。而选中“反转过滤器”复选框，图层列表框中将显示不符合指定过滤器过滤条件的图层。

#### 1. 新特性过滤器

用于创建符合特定条件的图层过滤器，将不需要的图层过滤掉，同时将符合设置过滤条件的图层显示在该过滤器的“图层列表框”之中。

单击图层特性管理器的“新建特性过滤器”按钮，将显示“图层过滤器特性”对话框，如图 3-9 所示。当在该对话框的“过滤器名称”中指定了过滤器的名称，在“过滤器定义”中设置了过滤器的过滤条件，则在下面的“过滤器预览”中将显示符合条件的图层，不符合条件的图层将被过滤掉。

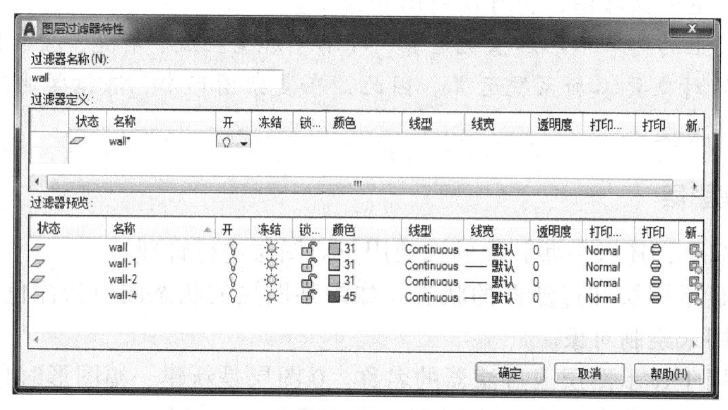


图 3-9 “图层过滤器特性”对话框

2. 新组过滤器

单击图层特性管理器的“新建组过滤器”按钮，将创建符合用户需要的图层过滤器，该过滤器中的图层并不需要符合特定的过滤条件。

技巧

使用过滤器的目的是当图形很复杂，图层很多时，可以从中找出近段时间经常使用的图层，以方便绘图时进行图层切换，节约查找图层的时间。

### 3.2.6 上机实训 1——创建新特性过滤器

扫一扫，看视频
※ 7 分钟

打开“图形”文件夹 | dwg | Sample | CH03 | “上机实训 1.dwg”图形，设置一个 WALL 过滤器，用于过滤图 3-10 所示“图层特性管理器”中的图层。这些图层已绘制了图形对象。过滤条件是：状态为“正在使用”；图层名称为 WALL*，即图层名称中含有 WALL 字符；开 / 关状态处于“开”。其操作和提示如下：

（1）调用 LAYER 命令，打开“图层特性管理器”对话框。

（2）在该对话框中单击“新建特性过滤器”按钮，打开“图层过滤器特性”对话框。

（3）在“过滤器名称”文本框中，输入 WALL 过滤器名称。

（4）在“过滤器定义”列表框中，单击第一行的“状态”列，选择“正在使用”图标。

（5）在“过滤器定义”列表框中，单击第一行的“名称”列，在其中输入过滤图层的名称 WALL*。

（6）在“过滤器定义”列表框中，单击第一行的“开”列，选择“开”图标。设置完毕，在“过滤器预览”列表框中将显示符合条件的图层，如图 3-9 所示。

（7）单击“确定”按钮，关闭“图层过滤器特性”对话框。

（8）这时，在“图层特性管理器”对话框的图层过滤器列表框中将显示 WALL 过滤器。选择该过滤器，则在右边的图层列表框中，将显示符合该过滤器过滤条件的图层，如图 3-11 所示。

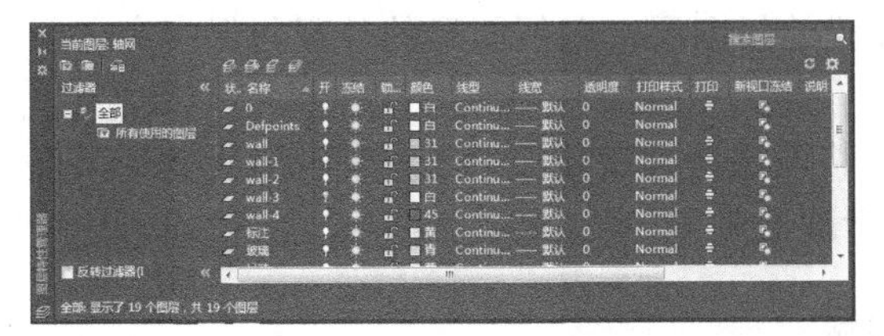
图 3-10 用 WALL 过滤器过滤前的图层列表

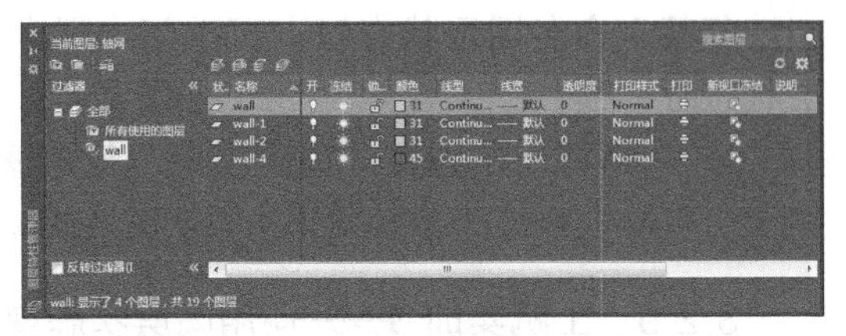
图 3-11 WALL 过滤器的图层

### 3.2.7 上机实训 2——创建新组过滤器

打开“图形”文件夹 | dwg | Sample | CH03 | “上机实训 1.dwg”图形，创建一个名称为“组过滤器 1”的过滤器，该过滤器中包括 WALL、“玻璃”“窗户”“护栏”图层。其操作和提示如下：

（1）打开图形，并打开“图层特性管理器”对话框。

（2）在“图层特性管理器”对话框中单击“新建组过滤器”按钮，这时将在过滤器列表框中添加一个名为“组过滤器 1”的组过滤器，用户也可以对该默认名称重命名。

（3）单击过滤器列表框中的“全部”选项，在右边的图层列表框中将显示所有的图层。

（4）在图层列表框中的 WALL 图层上按下鼠标左键，并将其拖动到左边的“组过滤器 1”上然后释放左键，将该图层添加到“组过滤器 1”中。

（5）用同样方法将其他图层添加到“组过滤器 1”中，结果如图 3-12 所示。

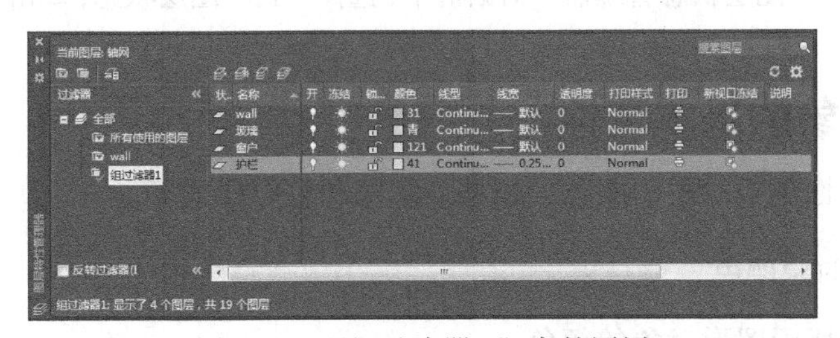
图 3-12 “组过滤器 1”中的图层

### 3.2.8 图层状态管理器

图层状态管理器用于保存、恢复和管理图层的状态和特性。在绘图过程中，经常需要在不同的图层状态和特性下面绘制图形。当图层较多时，如果频繁地进行设置，会影响绘图效率。使用此功能，可将绘图过程中一些常用的图层状态设置保存起来，在需要时可进行切换和恢复。单击该按钮，将显示“图层状态管理器”对话框，如图 3-13 所示。由于该对话框的内容较简单，因此下面介绍主要选项。

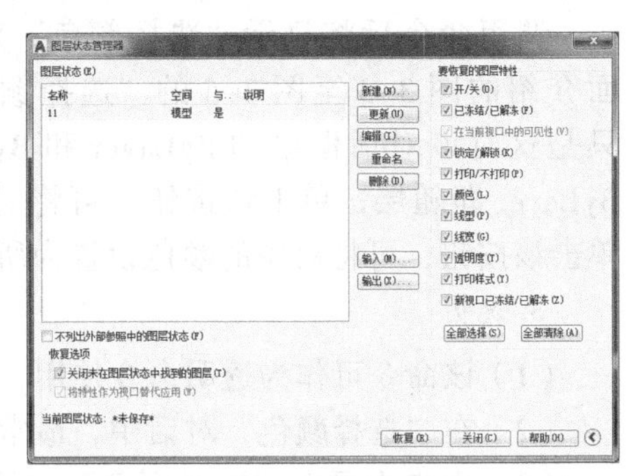
图 3-13 “图层状态管理器”对话框

（1）“输入”按钮：用于将保存到硬盘上的图层状态（扩展名为 .LAS）文件加载到当前图形中。

（2）“输出”按钮：用于将选定的命名图层状态保存到硬盘中。

（3）“不列出外部参照中的图层状态”复选框：控制是否显示外部参照中的图层状态。

（4）“关闭未在图层状态中找到的图层”复选框：

在恢复某个命名图层状态时，可关闭未保存设置的新图层，以便图形的外观与保存命名图层状态时一致。

（5）“将特性作为视口替代应用”复选框：将图层特性替代应用于当前视口。此选项仅用于当布局视口处于活动状态并访问图层状态管理器时。

### 3.2.9　上机实训 3——使用图层状态管理器

打开“图形”文件夹 | dwg | Sample | CH03 | “上机实训 1.dwg”图形，进行保存和恢复图层的开、冻结和颜色状态。

（1）打开图形，并调用 LAYER 命令，打开“图层特性管理器”对话框。

（2）在图层列表框中设置一些图层的“开 / 关”、“冻结 / 解冻”和“颜色”这三项状态和特性。

（3）在“图层特性管理器”对话框中，单击“图层状态管理器”按钮，打开“图层状态管理器”对话框。在该对话框中单击“新建”按钮，打开“要保存的新图层状态”对话框。

（4）在“要保存的新图层状态”对话框中，输入“新图层状态名”为“11”。用户既可以添加说明，也可不添加说明。单击“确定”按钮，返回“图层状态管理器”对话框。

（5）在“图层状态管理器”对话框的“要恢复的图层特性”组件中，选中“开 / 关”、“冻结 / 解冻”和“颜色”这三项的复选框。单击“关闭”按钮，返回“图层特性管理器”对话框。

（6）当用户在绘图的过程中改变了某些图层的状态和特性设置时，如想恢复到原来保存的“11”图层状态，可在“图层状态管理器”对话框中，选择“11”图层状态，单击“恢复”按钮即可。

## 3.3　设置对象的基本特性

扫一扫，看视频
※ 17 分钟

对象的基本特性包括对象的颜色、线型、线宽和打印样式等。

### 3.3.1　设置对象颜色

可以设置当前所画图形对象的颜色。

1. 调用

◆ 菜单：格式 | 颜色。

◆ 命令行：COLOR 或命令别名 COL。

◆ 草图与注释空间：功能区 | 默认 | 特性 | 对象颜色，如图 3-14 所示。

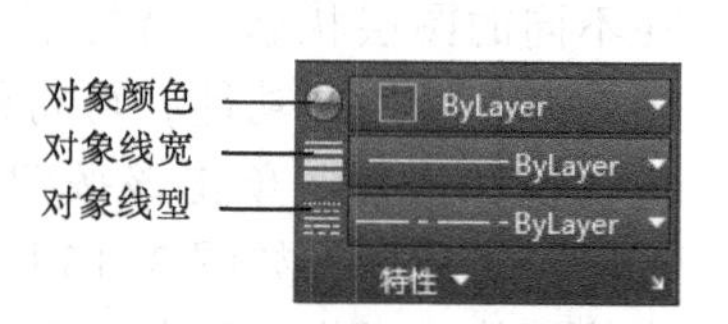


图 3-14　“特性”面板

2. 操作方法

调用命令后将显示“选择颜色”对话框。该对话框与前面介绍的图 3-3 至图 3-5 的“选择颜色”对话框基本一致，只是这时该对话框中的 ByLayer 和 ByBlock 按钮变为可用。ByLayer 即随层，单击该按钮，可将对象的颜色设置为所属图层的颜色；ByBlock 即随块，单击该按钮，可将对象的颜色设置为所属图块插入到图形中时的颜色。

3. 说明

（1）该命令可作为透明命令使用，并具有相应的命令行操作形式 -COLOR。

（2）在“选择颜色”对话中，最常用的方式是选择 ByLayer（随层）为当前颜色。

（3）用户也可在“选择颜色”对话框中，设置某种颜色为当前对象的颜色，但是，这里选择的颜色并不能改变所属图层原来设置的颜色。

（4）当用户在“选择颜色”对话框中将其他颜色设置为当前颜色时，通常将按设置的颜色显示和打印对象，而不受对象所在图层颜色的影响。

### 3.3.2 设置对象线型

可以加载和设置当前所画对象的线型。

1. 调用

◆ 菜单：格式 | 线型。

◆ 命令行：LINETYPE 或命令别名 LT。

◆ 草图与注释空间：功能区 | 默认 | 特性 | “线型”下拉列表 | 其他。

2. 操作及说明

调用命令后将显示“线型管理器”对话框，如图 3-15 所示。该对话框类似于“图层特性管理器”对话框，其中，有些部件的功能也相同。因此，下面主要介绍不同的功能。

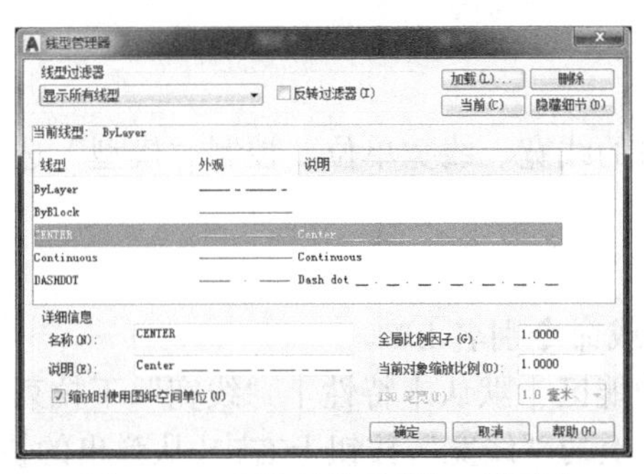

图 3-15 “线型管理器”对话框

（1）线型过滤器：确定在线型列表框中显示哪些线型，作用类似于图层过滤器。

（2）线型列表框：显示当前图形中符合过滤条件的已加载的线型。其中：

1）Continuous：连续的实线。

2）ByLayer：随层，选择该项，则当前图形对象的线型将使用其所属图层的线型。

3）ByBlock：随块，选择该项，对象将采用 Continuous 线型，直到将其定义到块。以后当该块插入到图形中时，图形对象的线型将使用其所属块插入到图形中时的线型。

（3）加载：用于加载当前图形中未加载的线型。单击该按钮，将显示“加载或重载线型”对话框，从中可以选择需要的线型加载，如图 3-7 所示。

（4）显示细节 / 隐藏细节：单击该按钮，“详细信息”选项组。其中：

1）全局比例因子（命令 LTSCALE，命令别名 LTS）：设置所有线型的全局缩放比例因子。该比例因子对所有非连续线型起作用。它可控制非连续线型的线段长短、点的大小、线段的间隔等。修改该比例因子，将对所有已绘制的线型和将要绘制的线型起作用。

2）当前对象缩放比例：设置新创建对象的线型比例。最终的缩放比例，将是全局比例因子与该对象缩放比例因子的乘积。它同样用于控制非连续线型的线段长短、点的大小、线段的间隔尺寸等。修改该比例因子，只对设置后绘制的线型起作用。

3）缩放时使用图纸空间单位：选择该项，将按相同的比例在图纸空间和模型空间缩放线型。当使用多个视口时，该选项很有用。

4）ISO 笔宽：该项只有在某个 ISO 非连续线型被设置为当前线型时才可被激活。若选择一个 ISO 线型比例，则最终的比例是全局缩放比例因子与该对象缩放比例因子的乘积。

3. 说明

（1）该命令可作为透明命令使用，并具有相应的命令行操作形式“-LINETYPE（命令别名 -LT）”。

（2）用户可在“线型管理器”对话框中，设置某种线型为当前对象的线型。但是，这里选择的线型并不能改变该图层原来设置的线型。

（3）在“线型管理器”中，最常用的方式是选择 ByLayer 为当前线型。

当用户在“线型管理器”对话框中将其他线型设置为当前线型时，通常将按设置的线型显示和打印对象，而不受对象所在图层线型的影响。

**技巧**

用户在绘图的过程中，由于图形的比例和显示关系，可能会使绘制的非连续线型看上去像连续线型。这时，可以通过修改“全局比例因子”来控制非连续线型的显示。

### 3.3.3 设置对象线宽

可以设置当前所画对象的线宽、线宽单位、控制“模型”选项卡上线宽的显示等。

1. 调用

◆ 菜单：格式 | 线宽。

◆ 命令行：LWEIGHT 或命令别名 LW。

◆ 草图与注释空间：功能区 | 默认 | 特性 | “线宽”下拉列表 | 线宽设置。

◆ 快捷菜单：在状态栏上的“线宽”按钮上右击，从弹出的快捷菜单中选择“线宽设置”选项。

2. 操作及说明

调用命令后，将显示“线宽设置”对话框，如图 3-16 所示。其中：

（1）线宽：该列表框列出了当前图形中所有可用的线宽，用户可根据需要选择。其中：

1）ByLayer：随层，选择该项，图形对象的线宽将使用其所属图层的线宽。

2）ByBlock：随块，选择该项，图形对象的线宽将使用其所属块插入到图形中时的线宽。

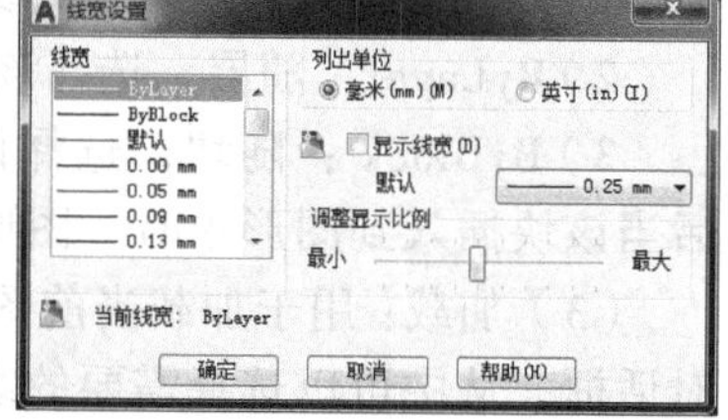


图 3-16 “线宽设置”对话框

（2）列出单位：用于指定线宽的单位，默认是“毫米”。

（3）显示线宽：选择该项，或在状态栏的“线宽”按钮上单击，系统将在图形中显示线宽；反之，则不显示。

（4）默认：设置默认线宽的线宽值，用户可在下拉列表框中选择一个最常用的值。

（5）调整显示比例：控制“模型”选项卡上线宽的显示比例，用户可以拖动滑块进行设置。该项设置不影响线的实际宽度和打印。

3. 说明

（1）该命令可作为透明命令使用，并具有相应的命令行操作形式 -LWEIGHT。

（2）在“线宽设置”对话框中，最常用的是选择 ByLayer 为当前线宽。

（3）用户可在“线宽设置”对话框中设置某种线宽为当前对象的线宽。但是，这里选择的线宽并不能改变该图层原来设置的线宽。

（4）当用户在“线宽设置”对话框中将其他线宽设置为当前线宽时，通常将按设置的线宽显示和打印对象，而不受对象所在图层线宽的影响。

● 如在绘图区选择了某个对象，则“特性”面板各下拉列表框中将显示该对象的颜色、线型、线宽和打印样式等特性。在各下拉列表中选择某个另外的颜色、线型、线宽和打印样式，则可以修改该对象的这些特性。修改后按 Esc 键退出。

● 最常用的方式是将对象的颜色、线型、线宽和打印样式的当前设置都选择为 ByLayer。

● 设置值为 0 的线宽，将以指定打印设备上可打印的最细线进行打印，在模型空间中则以一个像素的宽度显示。

● 当前图形须使用命名打印样式，在“打印”下拉列表框中才可用。

## 3.4 图层面板

当用户设置好图层后，在绘图的过程中根据图形对象的不同，可以使用“图层”面板上的各个工具进行切换，如图 3–17 所示。下面主要介绍前面未介绍的工具：

（1）图层下拉列表框：在该下拉列表中，用鼠标选择某个图层即可将该图层设置为当前图层；用鼠标单击“开 / 关”“在所有视口中冻结 / 解冻”和“锁定 / 解锁”图标，可分别进行打开或关闭图层、在所有视口中冻结或解冻图层以及对图层进行锁定或解锁等操作，如图 3–18 所示。

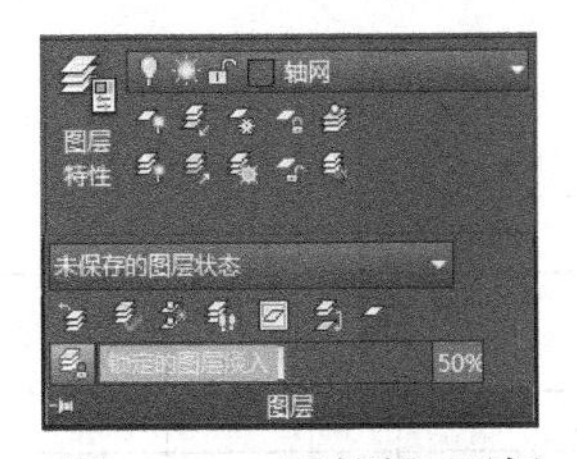

图 3–17 “图层”面板

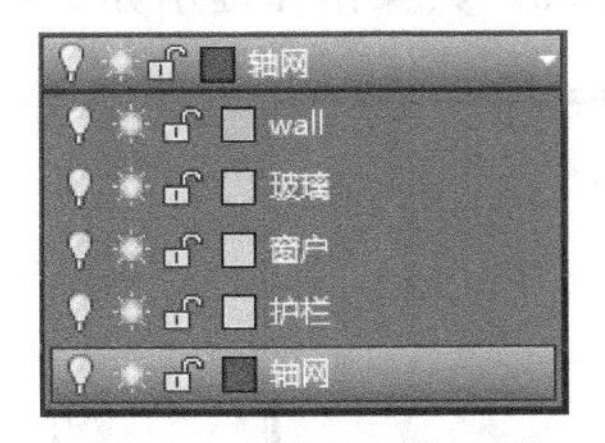

图 3–18 图层下拉列表

（2）关：关闭选定对象的图层以使该对象不可见。

（3）隔离：隐藏或锁定除选定对象的图层之外的所有图层。即除选定对象所在图层之外的所有图层均将关闭。保持可见且未锁定的图层叫隔离。

（4）冻结：冻结选定对象的图层，使该图层上的对象不可见，也不参加显示和重生成操作。

（5）锁定：锁定选定对象的图层。

（6）置为当前：单击该按钮后选择某个对象，即可将该对象的图层设置为当前图层。

（7）打开所有图层：将之前关闭的所有图层打开，使其这些图层上的对象可见。

（8）取消隔离：恢复使用隔离命令隐藏或锁定的所有图层。

（9）解冻所有图层：解冻之前冻结的所有图层，在这些图层上的所有对象也将可见。

（10）解锁：解锁选定对象的图层。

（11）匹配图层：将选定对象的图层更改为与目标图层相匹配。

（12）图层状态下拉列表：新建或管理图层状态。

（13）上一个：单击该按钮，可放弃刚对图层所做的修改，恢复到修改前的状态。

（14）更改为当前图层：将选定对象的图层特性更改为当前图层。

（15）将对象复制到新图层：将一个或多个对象复制到其他图层。

（16）图层漫游：显示选定图层上的对象，并隐藏所有其他图层上的对象。

（17）冻结当前视口以外的所有视口：冻结除当前视口外的其他所有布局视口中的选定图层。

（18）合并：将选定图层合并为一个目标图层，从而将以前的图层从图形中删除。

（19）删除：删除图层上的所有对象并清理图层。同时，还可更改使用要删除的图层的块定义，还会将该图层上的对象从所有块定义中删除并重新定义受影响的块。

（20）锁定的图层淡入：启用或禁止应用于锁定图层的淡入效果。

如果用户在绘图区选择了某个对象，图层列表框将显示该对象所属的图层。如果用户选择了某个对象后，在图层下拉列表中选择一个另外的图层，则可以修改该对象所属的图层，修改后按 Esc 键退出。

## 3.5 综合实训

扫一扫，看视频
※ 31 分钟

创建如图 3-19 所示的 A4 样板图，其中标题栏如图 3-20 所示。A4 图框外框的尺寸为 210mm × 297mm，内外框之间的距离，左边为 25mm，另外三边为 5mm。其操作和提示如下：

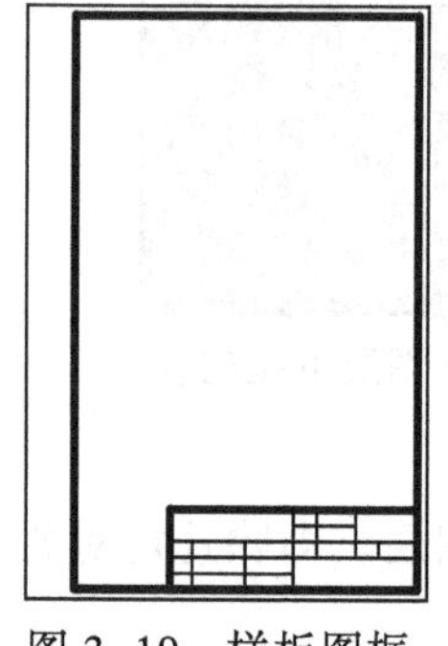

图 3-19　样板图框

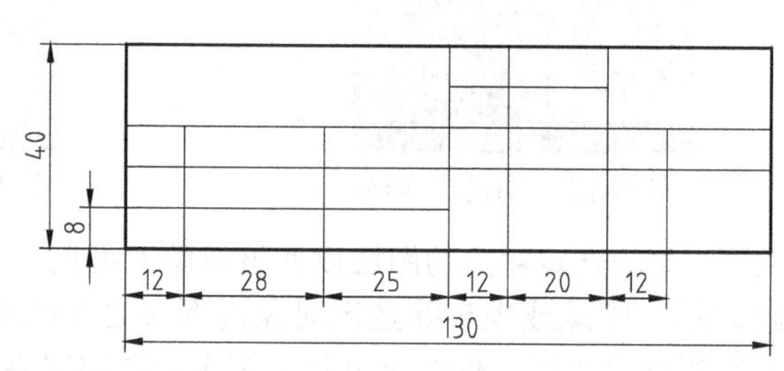


图 3-20　标题栏

（1）单击“新建”按钮，新建一幅图形。

（2）选择“格式”菜单 | “图层”命令，打开“图层管理器”对话框。在该对话框中单击“新建图层”按钮，然后设置该图层的名称为“粗实线”，“线宽”为 0.8mm，其余项为默认值。

（3）用同样方法创建“细实线”“中心线”“虚线”“文字”和“尺寸”等图层。创建时各图层间颜色要区分开；线型除“中心线”层用 Center 线型，“虚线”层用 Dashed 线型外，其余图层都用 Continuous 线型；“线宽”各图层都用“默认”线宽。

（4）在“图层”面板的“图层”下拉列表中选择“细实线”图层，将其设置为当前图层。单击“绘图”面板 | “矩形”按钮，在绘图区任意一点单击，指定矩形的左下角点。在“指定另一个角点：”的提示下输入“@210，297”，并按 Enter 键绘制出外框。

（5）在命令行输入 ZOOM 命令的别名 Z，并按 Enter 键，输入 E 选择“范围”选项并按 Enter 键，将图形最大化。

（6）将“粗实线”层设置为当前层。再次调用“矩形”命令，并捕捉到外框的左下角点单击，在“指定另一个角点：”提示下输入“@180，287”，按 Enter 键绘制出内框，结果如图 3-21 所示。

（7）在命令行输入移动命令的别名 M，并按 Enter 键，在“选择对象：”的提示下用鼠标单击内框将其选择。在“指定基点：”的提示下用鼠标捕捉到内框左下角点，然后在“指定第二个点：”的提示下输入“@25，5”，并按 Enter 键，将内框移动到合适位置，如图 3-22 所示。

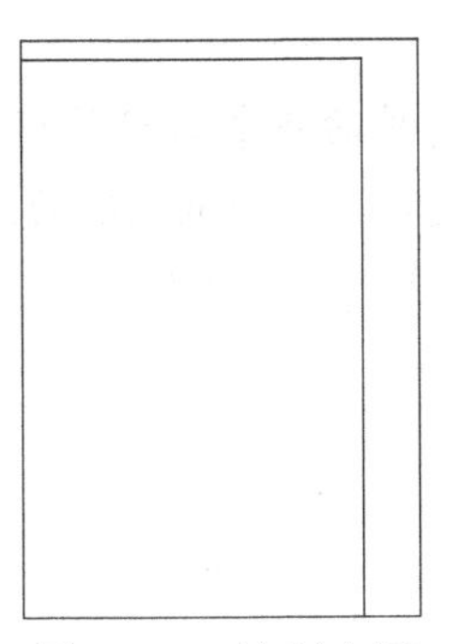
图 3-21　绘制内框

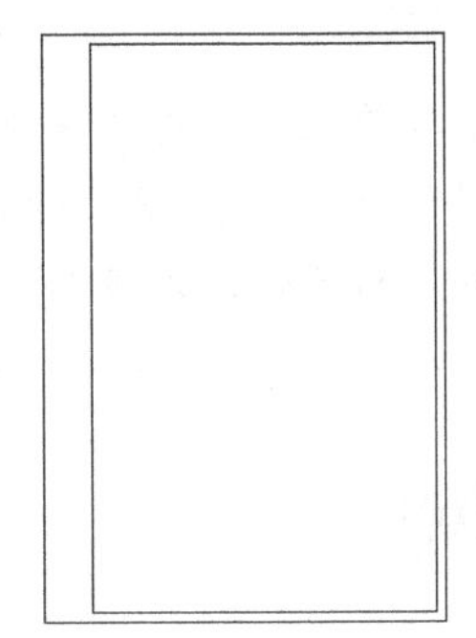
图 3-22　移动内框位置

（8）再次调用矩形命令，在“指定第一个角点：”的提示下用鼠标捕捉到内框的右下角点单击，接着在“指定另一个角点：”的提示下输入“@-130，40”并按 Enter 键绘制出标题栏的外框，如图 3-23 所示。

（9）将“细实线”图层设置为当前图层。在命令行输入直线命令的命令别名 L 并按 Enter 键，在“指定第一个点：”的提示下，单击“对象捕捉”工具栏上的“捕捉自”按钮，再单击该工具栏上的“捕捉到交点”按钮，然后用鼠标捕捉到标题栏的左下角点单击，并在“偏移：”的提示下输入“@12，0”并按 Enter 键确定直线的第一点。接着在“指定下一点：”的提示下在命令行输入“@0，24”，并按 Enter 键绘制出一段线段，结果如图 3-24 所示。

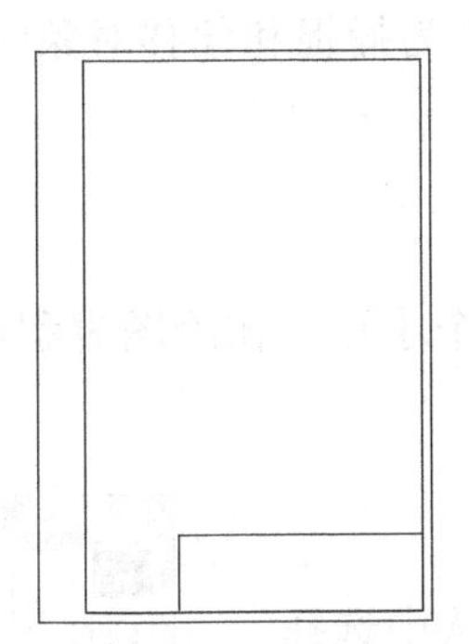
图 3-23　绘制标题栏外框

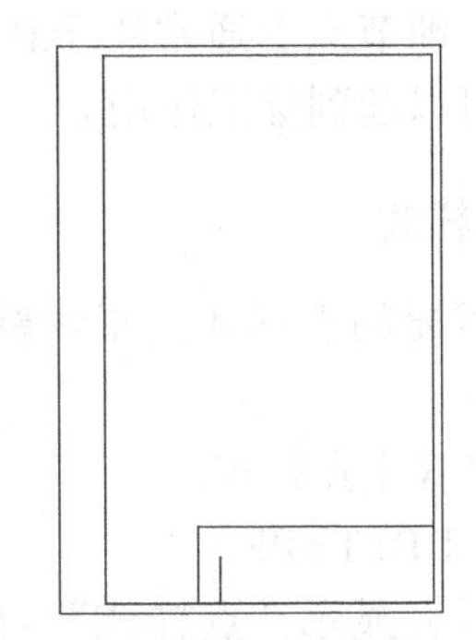
图 3-24　绘制标题栏中的一条线段

（10）用同样方法绘制出标题栏中的其他直线段，结果如图 3-19 所示。

（11）单击“保存”按钮，在弹出的“图形另存为”对话框的“文件类型”中选择 .dwt 文件类型，然后设置保存路径和文件名称后单击“保存”按钮将图形保存为样板文件。

# 第 4 章 绘制二维图形

任何复杂二维图形，都是由点、线、圆、圆弧等简单的基本二维图形组成。因此，熟练掌握各种绘图命令并用于绘制二维基本图形既是学习 AutoCAD 的基础，又是绘制各种复杂图形的关键。本章将详细介绍各种二维绘图命令的使用。

**本章要点**

◎ 绘制点
◎ 绘制圆弧类对象
◎ 绘制多线、多段线、样条曲线等复杂对象
◎ 面域与布尔运算
◎ 图案填充

## 4.1 绘制点

单个的点（即节点）通常用于在图形绘制过程中作为捕捉和偏移对象时的参考点或辅助点，同时也可以起到标记作用。

### 4.1.1 点样式

可以设置需要的点样式。系统默认的点样式是一个小点，在绘图过程中不便于观察。其调用方式如下：

◆ 菜单：格式 | 点样式。
◆ 命令行：DDPTYPE。

调用命令后将显示“点样式”对话框，用户可以从中选择一种需要的点样式，单击“确定”按钮即可，如图 4-1 所示。

在该对话框中，选择“相对于屏幕设置大小”单选按钮，将按屏幕尺寸的百分比设定点的显示大小。当进行视图缩放时，点的显示大小并不改变；而选择“按绝对单位设置大小”单选按钮，则按“点大小”文本框中指定的实际单位设定点显示的大小。在进行视图缩放时，显示的点大小随之改变。

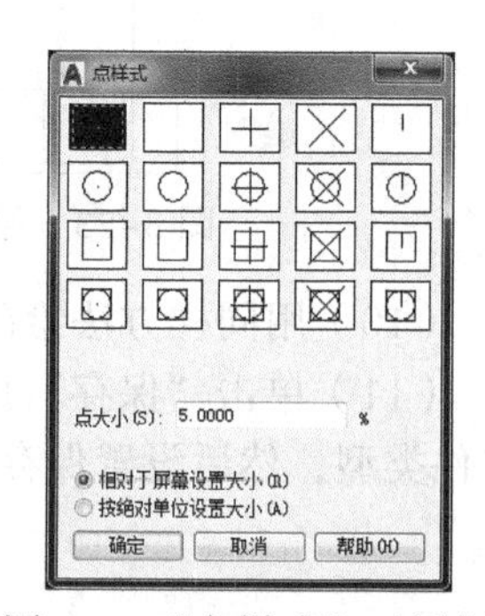


图 4-1 “点样式”对话框

### 4.1.2 绘制单点或多点

可以绘制一个单点，或一次连续地绘制多个点。其调用方式如下：

◆ 菜单：绘图 | 点 | 单点或多点。

◆ 命令行：POINT 或命令别名 PO。

◆ 草图与注释空间：功能区 | 默认 | 绘图 | 多点。

调用命令后，即可在绘图区绘制一个点，或连续地绘制多个点。

### 4.1.3 定数等分点

可以按给定数目等分指定的对象，并在等分点处放置点标记或块对象。

1. 调用

◆ 菜单：绘图 | 点 | 定数等分。

◆ 命令行：DIVIDE 或命令别名 DIV。

◆ 草图与注释空间：功能区 | 默认 | 绘图 | 定数等分。

2. 操作及说明

命令：（调用命令）

选择要定数等分的对象：（在绘图区选择需要进行等分的对象）

输入线段数目或 [ 块（B）]：（指定等分数目，或输入 B 使用块选项）

调用命令后，如果用户输入一个数字，即可按给定的数目等分对象，如图 4-2 所示；如果使用“块”选项，即可在等分点处插入块对象，而且还可以指定插入的块是否自动旋转到与对象对齐。“块”方式常用于对绘制的路径等图形进行等分，并在等分点处插入树木等图形对象。

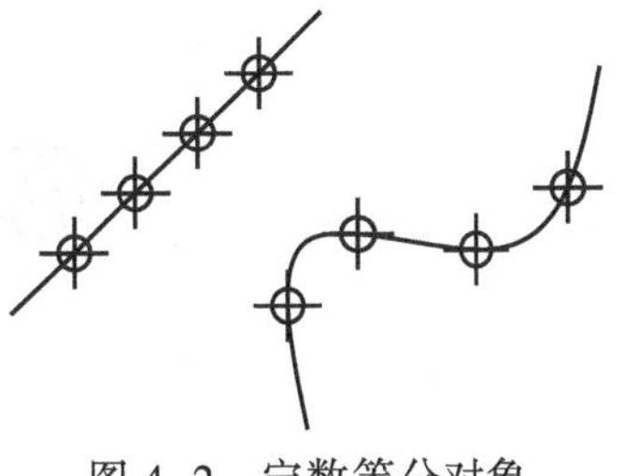

图 4-2 定数等分对象

### 4.1.4 定距等分点

可以按给定的距离等分指定的对象，并在等分点处放置点标记或块对象，如图 4-3 所示。

1. 调用

◆ 菜单：绘图 | 点 | 定距等分。

◆ 命令行：MEASURE 或命令别名 ME。

◆ 草图与注释空间：功能区 | 默认 | 绘图 | 定距等分。

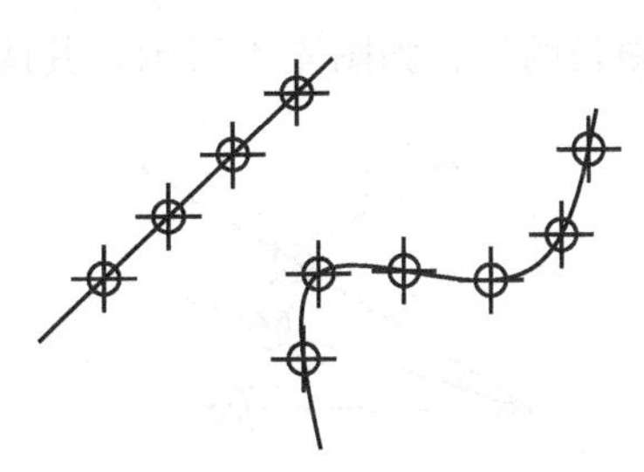

图 4-3 定距等分对象

2. 操作及说明

命令：（调用命令）

选择要定距等分的对象：（在绘图区选择要进行等分的对象）

指定线段长度或［块（B）］:（指定一个选项）

调用命令后，如果选择“指定线段长度”选项，可指定一个长度，然后按该长度等分对象；如果选择“块”选项，可将对象按给定的距离进行等分，并在等分点处插入块对象，同样也可以指定插入的块是否自动旋转到与对象对齐。

在进行定距等分时，选取的对象类型不同，则等分时的起点不同。如对于直线或非闭合的多段线，等分的起点是距选取点最近的端点。在进行定距等分时，如果对象的总长不是指定长度的整数倍，那么最后那段的距离将不等于指定长度。

### 4.1.5 上机实训 1——在等分点上插入块

扫一扫，看视频
※ 5 分钟

打开“图形”文件夹 | dwg | Sample | CH04 | “上机实训 1.dwg”图形。该图形中已经创建了一个名称为 a 的图块，并绘制了一条曲线。要求将该曲线 5 等分，并在等分点上插入 a 图块，结果如图 4-4 所示。其操作和提示如下：

命令：div（输入定数等分命令的别名，并按 Enter 键）
选择要定数等分的对象：（用鼠标选择样条曲线）
输入线段数目或［块（B）］：b（输入 b，选择“块”选项）
输入要插入的块名：a（输入块的名称 a）
是否对齐块和对象？［是（Y）/ 否（N）］<Y>：（直接按 Enter 键选择“是”选项）
输入线段数目：5（输入等分数目 5，并回车结束命令）

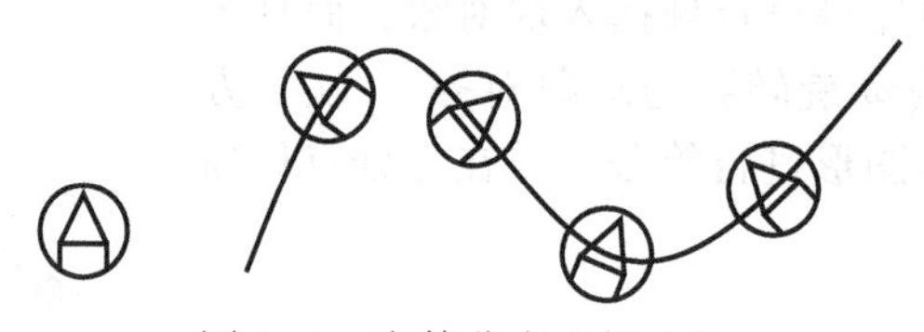

图 4-4 在等分点上插入块

## 4.2 绘制无限长线

无限长的线包括射线和构造线，它们常用作绘图时的辅助线。

### 4.2.1 射线

射线命令用于绘制单向无限长的线，如图 4-5 所示。其调用方式如下：

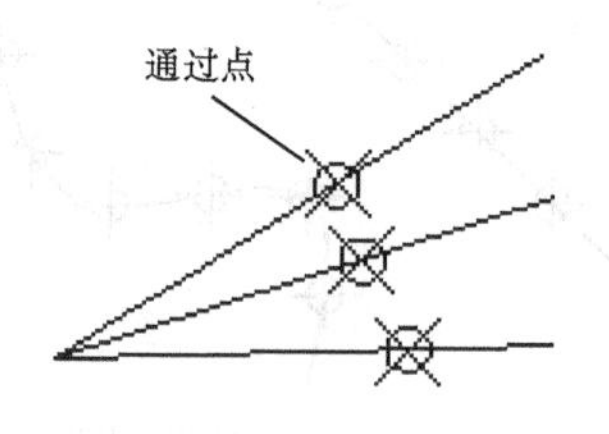


图 4-5 射线

◆ 菜单：绘图 | 射线。
◆ 命令行：RAY。

◆ 草图与注释空间：功能区｜默认｜绘图｜射线。

调用命令后，在绘图区指定起点和通过点，即可绘制出射线。可连续指定通过点绘制多条射线。

### 4.2.2 构造线

构造线又叫参照线，用于创建双向无限长的直线，如图 4-6 所示。

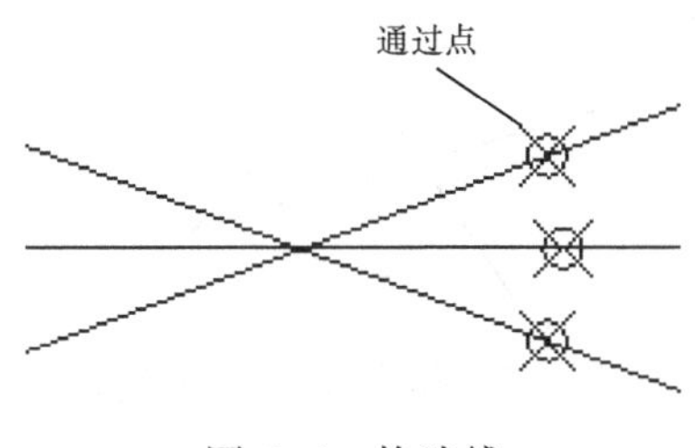


图 4-6 构造线

1. 调用

◆ 菜单：绘图｜构造线。

◆ 命令行：XLINE 或命令别名 XL。

◆ 草图与注释空间：功能区｜默认｜绘图｜构造线。

2. 操作及说明

命令：(调用命令)

指定点或 [水平（H）/ 垂直（V）/ 角度（A）/ 二等分（B）/ 偏移（O）]：(指定一点或指定一个选项)

其中，各选项的说明如下：

（1）指定点：指定第一点为起点，第二点为通过点即可绘制出一条构造线。用户可以继续指定通过点来绘制多条构造线，直到按 Enter 键或按 Esc 键结束命令。

（2）水平：创建一条通过指定点的水平构造线。

（3）垂直：创建一条通过指定点的垂直构造线。

（4）角度：输入一个角度，创建具有指定角度的构造线；或者使用“参照”选项，绘制与某条直线成一定角度的构造线。

（5）二等分：用于做一个角的角平分线。

（6）偏移：指定一个距离，做某条线的等距平行线；或者做某条线的等距平行线，并且要通过指定点。

射线和构造线通常作为绘图的辅助线。因此，最好将它们放置在一个单独的图层，在绘图输出时将其关闭或冻结，以控制其不进行打印。

### 4.2.3 上机实训 2——做角平分线

打开“图形”文件夹 | dwg | Sample | CH04 | “上机实训 2.dwg”图形，做角 A 的角平分线，其操作和提示如下：

命令：XL（输入构造线命令的别名 XL，并按 Enter 键）

指定点或 [ 水平（H）/ 垂直（V）/ 角度（A）/ 二等分（B）/ 偏移（O）]：b（输入 B 选择“二等分选项，并按 Enter 键）

指定角的顶点：（用鼠标捕捉到顶点 A）

指定角的起点：（用鼠标捕捉到顶点 B）

指定角的端点：（用鼠标捕捉到顶点 C）

指定角的端点：（按 Enter 键结束命令，结果如图 4–7 所示）

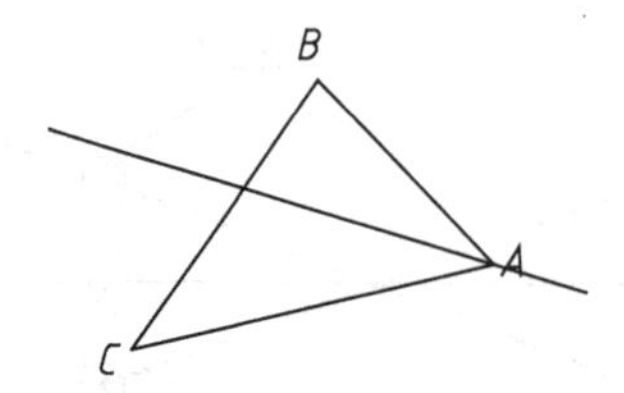


图 4–7　作角 A 的角平分线

## 4.3　绘制圆弧

在绘图过程中，经常需要绘制圆、圆弧、椭圆、椭圆弧和圆环这类圆弧类图形。

### 4.3.1　圆弧

AutoCAD 提供 11 种方式绘制圆弧。

1. 调用

◆ 菜单：绘图 | 圆弧子菜单，如图 4–8 所示。

◆ 命令行：ARC 或命令别名 A。

◆ 草图与注释空间：功能区 | 默认 | 绘图 | 圆弧。

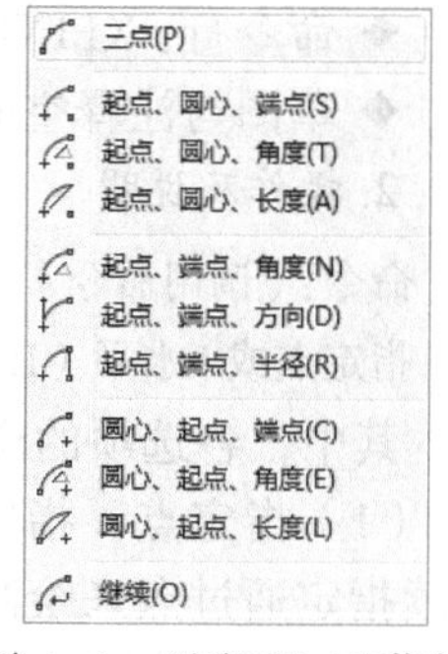


图 4–8　“圆弧”子菜单

2. 操作方法

用户可以通过命令行操作来绘制圆弧，也可以使用圆弧子菜单进行绘制。这两种操作方式的内容是一致的，不过，使用子菜单调用命令比较方便。各种绘制结果如图 4–9 所示。

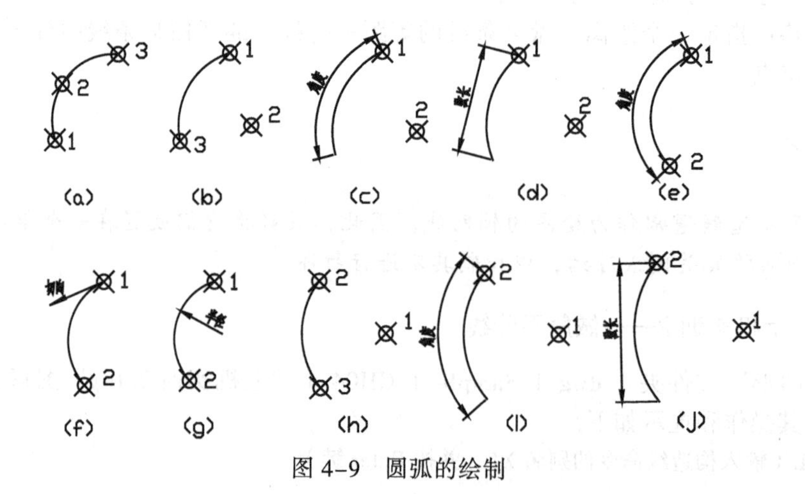


图 4–9　圆弧的绘制

3. 选项说明

（1）三点：分别指定圆弧的起点、第二点和圆弧的终点来绘制圆弧，如图 4–9(a) 所示。

（2）起点、圆心、端点：分别指定圆弧的起点、圆心和终点来绘制圆弧，如图 4–9(b) 图所示。

（3）起点、圆心、角度：分别指定圆弧的起点、圆心和圆弧所对应的圆心角来绘制圆弧，如图 4–9(c) 所示。

（4）起点、圆心、长度：分别指定圆弧的起点、圆心和弦长来绘制圆弧，如图 4–9(d) 所示。

（5）起点、端点、角度：分别指定圆弧的起点、终点和圆弧所对应的圆心角来绘制圆弧，如图 4–9(e) 所示。

（6）起点、端点、方向：分别指定圆弧的起点、终点和圆弧起点处的切线方向来绘制圆弧，如图 4–9(f) 所示。

（7）起点、端点、半径：分别指定圆弧的起点、终点和半径来绘制圆弧，如图 4–9(g) 所示。

（8）圆心、起点、端点：分别指定圆弧的圆心、起点和终点来绘制圆弧，如图 4–9(h) 所示。

（9）圆心、起点、角度：分别指定圆弧的圆心、起点和圆弧所对应的圆心角来绘制圆弧，如图 4–9(i) 所示。

（10）圆心、起点、长度：分别指定圆弧的圆心、起点和弦长来绘制圆弧，如图 4–9(j) 所示。

（11）继续：选择该项，系统将以最后一次绘制的线段或圆弧的端点作为将要绘制的圆弧的起点，开始绘制圆弧。

**技巧**

● 系统默认绘制圆弧的方向为逆时针方向。当用户在指定圆弧角度时，若输入的角度值为正，则按逆时针方向绘制圆弧；若输入的角度为负，则按顺时针方向绘制圆弧。

● 调用命令 ARC 后，在“指定圆弧的起点：”的提示下，如果直接按 Enter 键，则最后绘制线段的端点会作为将绘制的圆弧的起点，并且所绘制的圆弧将与上一线段相切。其他命令，如直线命令 LINE 情况类似。

### 4.3.2 椭圆和椭圆弧

绘制的椭圆弧总是按逆时针方向的。AutoCAD 将椭圆第一条轴的起点作为绘制椭圆弧时所有角度的测量基准点，并按逆时针方向进行绘制。

1. 调用

◆ 菜单：绘图｜“椭圆”子菜单，如图 4–10 所示。

◆ 命令行：ELLIPSE 或命令别名 EL。

◆ 草图与注释空间：功能区｜默认｜绘图｜“圆心”或“轴、端点”或“圆弧”。

2. 操作方法

命令：（调用命令）

指定椭圆的轴端点或 [圆弧（A）/中心点（C）]：（指定椭圆第一条轴上的一个端点或指定一个选项）

3. 选项说明

（1）指定椭圆的轴端点：指定椭圆一条轴的两个端点绘制椭圆。当指定了椭圆第一条轴的一个端点 1 后的操作及提示如下：

指定轴的另一个端点：（指定椭圆第一条轴上的另一个端点 2 点，从而确定椭圆的第一条轴）

指定另一条半轴长度或 [ 旋转（R）]：（指定椭圆另一条轴的半长，或输入 R 使用“旋转”选项）

1）指定另一条半轴的长度：输入一个数字作为另一条半轴的长度；或用鼠标指定该半轴的长度，如图 4–11 所示。

2）旋转：通过绕第一条轴旋转圆的方式来创建椭圆。

（2）中心点：通过指定椭圆的中心点来创建椭圆。操作方法类似于上面选项。

（3）圆弧：用于创建椭圆弧。选择该项，首先将创建一个椭圆，然后在该椭圆的基础上创建椭圆弧，如图 4–12 所示。选择该项后的操作及提示如下：

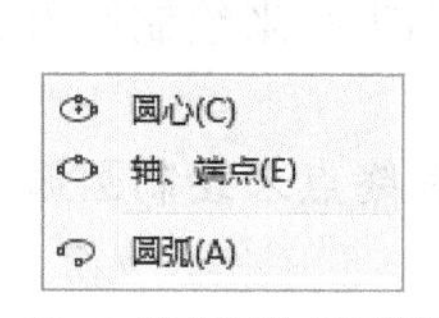


图 4–10 “椭圆”子菜单

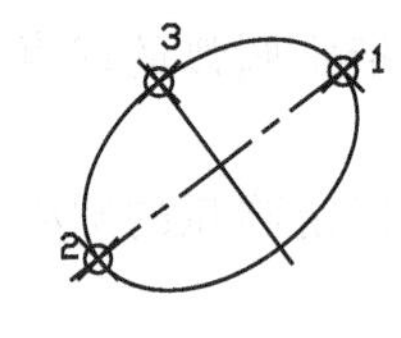


图 4–11 绘制椭圆

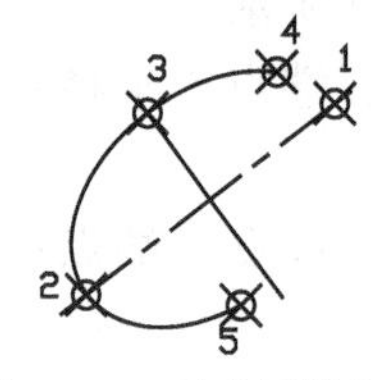


图 4–12 绘制椭圆弧

指定椭圆弧的轴端点或 [ 中心点（C）]：（指定椭圆第一条轴上的一个端点 1 点，或使用“中心点”方式绘制椭圆）

指定轴的另一个端点：（指定椭圆第一条轴上的另一个端点 2 点）

指定另一条半轴长度或 [ 旋转（R）]：（指定椭圆另一条轴的半长，或使用“旋转”选项）

指定起点角度或 [参数（P）]：（指定第一条轴的起点 1 点与椭圆弧起点 4 点之间的夹角或使用“参数”选项）

1）指定起始角度：指定第一条轴的起点与椭圆弧起点之间的夹角来绘制椭圆弧，接着再指定第一条轴的起点与椭圆弧终点之间的夹角来绘制椭圆弧；或使用“包含角度”选项指定椭圆弧所对应的圆心角来绘制椭圆弧。

2）参数：通过矢量参数方程 $p(u) = c + a^* \cos(u) + b^* \sin(u)$ 来创建椭圆弧。其中 c 是椭圆的中心点；a 和 b 分别是椭圆的长轴和短轴的长度；u 为 X 轴正向与光标和椭圆中心点连线的夹角。

### 4.3.3 圆环

绘制填充或不填充的圆和圆环的调用方法，操作及说明如下：

1. 调用

◆ 菜单：绘图｜圆环。

◆ 命令行：DONUT 或命令别名 DO。

◆ 草图与注释空间：功能区｜默认｜绘图｜圆环。

2. 操作及说明

命令：（调用命令）

指定圆环的内径 <0.5000>：（指定圆环的内径，或按 Enter 键使用当前值 0.5）

指定圆环的外径 <1.0000>：（指定圆环的外径，或按 Enter 键使用当前值 1.0）

指定圆环的中心点或 <退出>:（用鼠标或键盘指定圆环的中心点）

绘制圆环时，如果指定的圆环内径为零，则圆环成为实心圆。而命令 FILL 或系统变量 FILLMODE，可控制圆环是否进行填充，如图 4–13 所示。

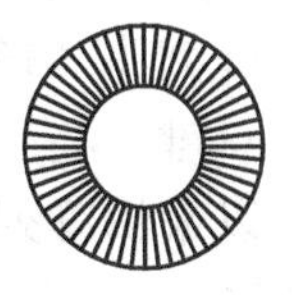

图 4–13 绘制圆环

### 4.3.4 上机实训 3——绘制电感

扫一扫，看视频
※ 5 分钟

绘制如图 4–14 所示的电感符号。其操作和提示如下：

（1）选择“绘图”面板 | 圆弧 |“起点、端点、角度”选项，在“指定圆弧的起点：”的提示下用鼠标在绘图区单击一点作为圆弧的起点；接着在“指定圆弧的端点：”的提示下，在命令行输入“@-10，0”并按 Enter 键，确定圆弧的端点；最后在“指定包含角：”的提示下输入“180”然后按 Enter 键，绘制出一段圆弧。

（2）用同样方法绘制出其他几个圆弧。

（3）调用直线命令 LINE，绘制出两端的直线段。

（4）在命令行输入“圆环”命令的命令别名 DO 并按 Enter 键，指定圆弧的内径为“0”，指定圆环的外径为“4”，然后用鼠标捕捉到两端直线的端点单击，绘制出节点，结果如图 4–14 所示。

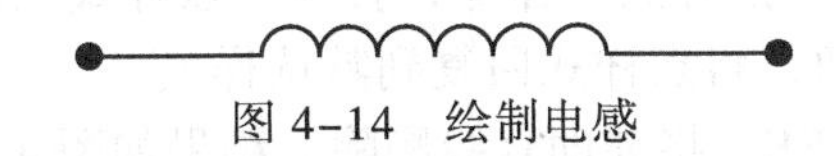

图 4–14 绘制电感

### 4.3.5 上机实训 4——绘制铣刀齿形

扫一扫，看视频
※ 9 分钟

绘制如图 4–15 所示的铣刀齿形。其操作和提示如下：

（1）将中心线图层设置为当前图。调用直线命令 LINE 绘制水平与垂直中心线。

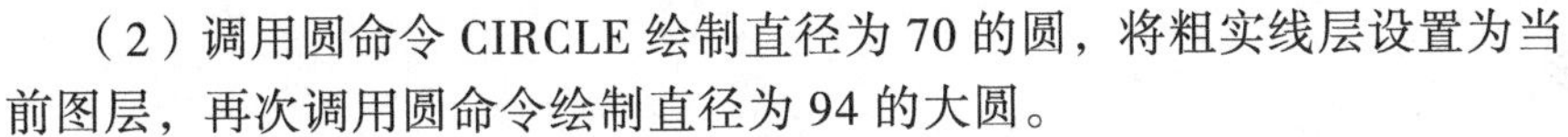

（2）调用圆命令 CIRCLE 绘制直径为 70 的圆，将粗实线层设置为当前图层，再次调用圆命令绘制直径为 94 的大圆。

（3）调用直线命令 LINE，在垂直中心线的右边 10 个单位的地方绘制一条垂直辅助线，与直径 94 的大圆交于点 A，如图 4–16 所示。

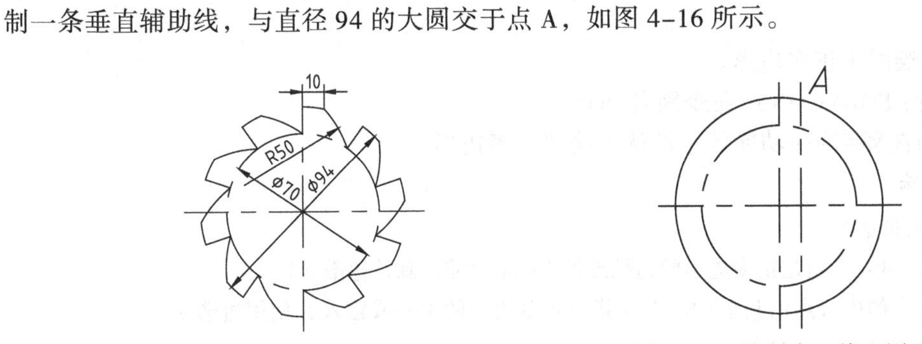
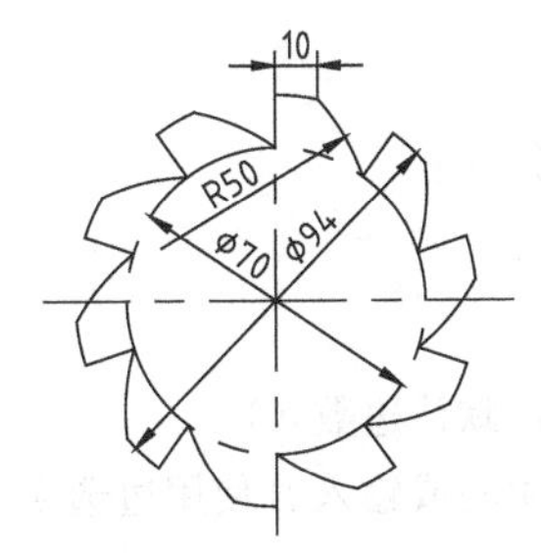


图 4–15 铣刀齿

图 4–16 绘制中心线和圆

（4）调用定数等分点命令 DIVIDE，将直径为 70 的圆等分为 20 份。

（5）选择“绘图”面板｜圆弧｜“起点、端点、半径”选项，捕捉到 B 点单击，再捕捉到 A 点单击，接着输入圆弧的半径 50，绘制出刀齿的圆弧。

（6）调用直线命令 LINE，捕捉到 C、D 两点绘制一条直线，结果如图 4-17 所示。

（7）选择“修改”面板｜阵列｜“环形阵列”命令，在“选择对象：”的提示下选择 AB 圆弧和 CD 直线，并按 Enter 键；在“指定阵列的中心点……：”的提示下，用鼠标捕捉到圆的圆心；在“选择夹点以编辑阵列……：”的提示下输入 I 按 Enter 键选择“项目”选项；在“输入阵列中的项目数……：”的提示下，输入阵列数 10，并按 Enter 键；最后，“在选择夹点以编辑阵列……：”的提示下，按 Enter 键结束命令，结果如图 4-18 所示。

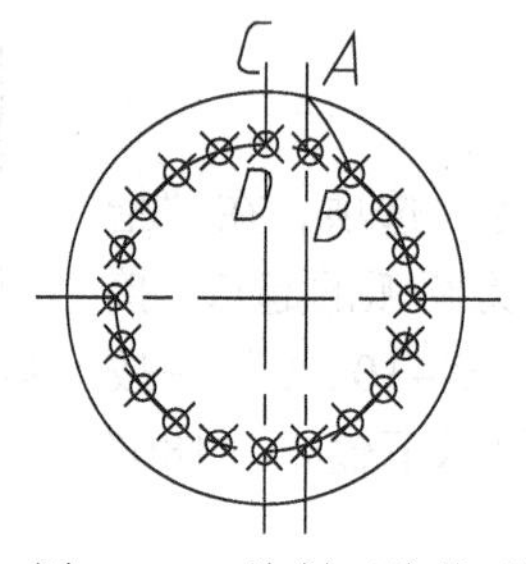

图 4-17　绘制刀齿齿形

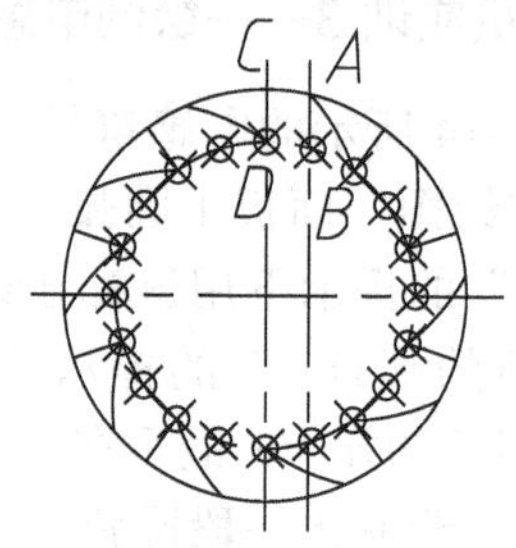

图 4-18　阵列出各刀齿

（8）选择“修改”菜单｜“修剪”命令，在“选择对象：”的提示下选择各阵列出来的直线和圆弧，然后按 Enter 键；接着在“选择要修剪的对象……：”提示下选择各刀齿之间的圆弧，将其修剪掉。

（9）选择“格式”菜单｜“点样式”命令，打开“点样式”对话框，从中选择默认的小点点样式，单击“确定”按钮，将点样式回复到默认样式。

（10）调用删除命令 ERASE，将辅助直线删除，结果如图 4-15 所示。

## 4.4　多段线和实体区域填充

矩形、多边形、多段线命令一次绘制的对象都是一个整体，都属于多段线类型。而实体区域填充可对多边形围成的区域进行填充。

### 4.4.1　多边形

绘制边数范围为 3 ~ 1 024 的正多边形。

1. 调用

◆ 菜单：绘图｜正多边形。

◆ 命令行：POLYGON 或命令别名 POL。

◆ 草图与注释空间：功能区｜默认｜绘图｜多边形。

2. 操作方法

命令：（调用命令）

输入侧面数 <4>：（指定正多边形的边数或按 Enter 键使用默认边数 4）

指定正多边形的中心点或 [ 边（E）]：（指定正多边形的中心或输入 E 使用边选项）

3. 选项说明

（1）指定正多边形的中心点：指定一点，作为假想圆的圆心。其操作及提示如下：

输入选项[内接于圆（I）/外切于圆（C）]<I>：（指定一个选项或按Enter键使用默认选项I）

1）内接于圆：指定假想圆的半径，所绘制的正多边形的所有顶点都在此圆周上，如图4–19所示。

2）外切于圆：指定假想圆的半径，该半径等于正多边形中心点到各边中点的距离，即正多边形与该圆相外切，如图4–20所示。

（2）边：通过指定一条边的两个端点来绘制正多边形，如图4–21所示。

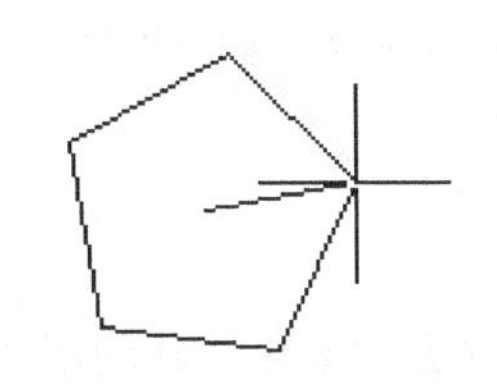

图4–19 “内接于圆”方式

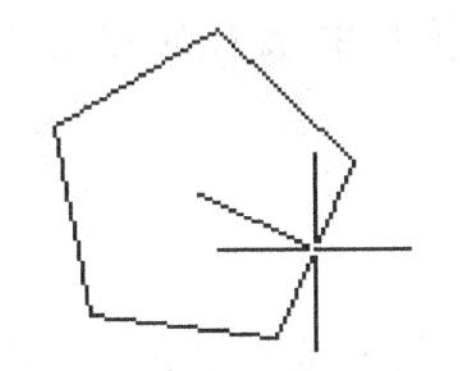

图4–20 “外切于圆”方式

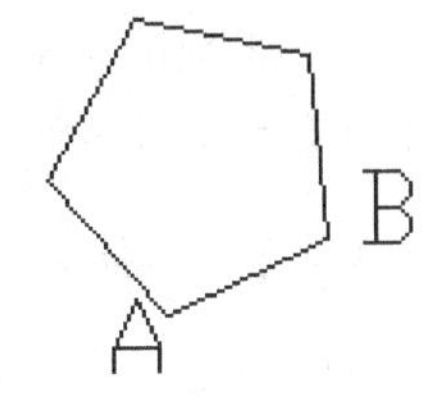


图4–21 “边”方式

### 4.4.2 多段线

多段线命令用于绘制由多段等宽或不等宽的直线段或圆弧段组成的二维多段线。多段线是一个整体，可以作为一个对象统一进行编辑。

1. 调用

◆ 菜单：绘图|多段线。

◆ 命令行：PLINE或命令别名PL。

◆ 草图与注释空间：功能区|默认|绘图|多段线。

2. 操作方法

命令：（调用命令）

指定起点：（指定多段线的起点）

当前线宽为0.0000（提示当前线的宽度为0）

指定下一点或[圆弧（A）/半宽（H）/长度（L）/放弃（U）/宽度（W）]：（指定下一点或指定一个选项）

指定下一点或[圆弧（A）/闭合（C）/半宽（H）/长度（L）/放弃（U）/宽度（W）]：（继续指定下一点或指定一个选项）

3. 选项说明

（1）指定下一点：用鼠标或键盘指定下一点的位置，从而绘制出一段直线段。

（2）圆弧：用于绘制圆弧段多段线。选择该项后的操作和提示如下：

指定圆弧的端点或[角度（A）/圆心（CE）/闭合（CL）/方向（D）/半宽（H）/直线（L）/半径（R）/第二个点（S）/放弃（U）/宽度（W）]：（指定圆弧的端点或指定一个选项）

其中，“半宽”“宽度”选项类似于主提示中的含义；“方向”选项指通过指定圆弧线段在起点处的切线方向来绘制圆弧；“直线”选项用于退出绘制圆弧模式，而返回上一级绘制直线段模式；其余选项类似于圆弧命令。

（3）闭合：将多段线的首末两点用直线段连接而闭合多段线。

（4）半宽：指定要绘制的直线段起点和终点线宽的一半宽度来绘制直线段多段线。

（5）长度：沿前一线段的方向延伸指定长度的直线段。

（6）放弃：删除最近一次添加到多段线中的直线段。

（7）宽度：类似于“半宽”选项，即通过设置要绘制的多段线起点与终点线的宽度来绘制直线段多段线。

● 多段线命令 PLINE 与三维图形绘制密切相关。闭合的多段线可以直接用拉伸命令 EXTRUDE 将其拉伸成三维实体。

● 将 Microsoft Excel 或记事本中录入的坐标数据复制到多段线命令 PLINE 中，可自动绘制出所需的多段线。

### 4.4.3 实体区域填充

可以创建三角形或四边形的填充区域。填充时，可以对所填充区域进行着色。其调用如下：

◆ 命令行：SOLID 或命令别名 SO。

调用命令后，依次指定图形上的 3 个点并按 Enter 键，可填充一个三角形区域，如图 4-22(a) 所示；调用命令后，连续指定图形上的 4 个点并按 Enter 键，可填充两个三角形区域或四边形区域，如图 4-22(b) 和 (c) 所示，拾取点的顺序不同，填充结果不一样。

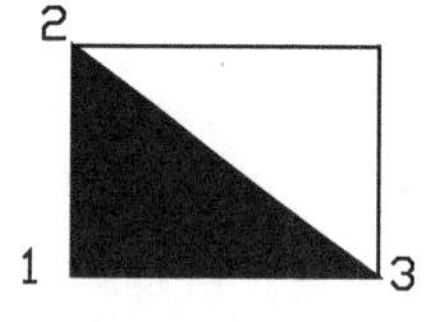


(a) 填充一个三角形区域

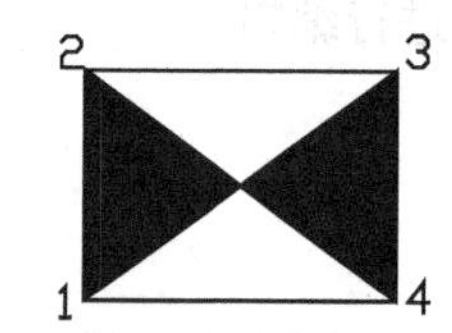


(b) 填充两个三角形区域

(c) 填充四边形区域

图 4-22 实体区域填充

在用户指定了 4 个点后，系统将自动进行填充。然后以本次填充的第三点、第四点作为下一循环填充的第一点和第二点，接着提示指定第三点和第四点。如此不断重复。

命令 FILL 或系统变量 FILLMODE 可控制区域是否进行填充。

### 4.4.4 上机实训 5——绘制旋转符号

绘制如图 4-23 所示的旋转符号。其操作和提示如下：

扫一扫，看视频
※ 3 分钟

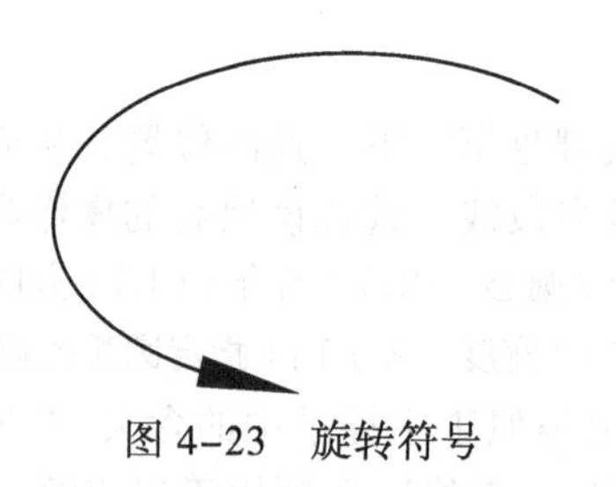

图 4-23 旋转符号

命令：_ellipse（调用椭圆命令）

指定椭圆的轴端点或 [ 圆弧（A）/ 中心点（C）] ：_a

指定椭圆弧的轴端点或 [ 中心点（C）] :（用鼠标在绘图区任意点单击，指定椭圆一条轴的第一个端点）

指定轴的另一个端点:90（单击状态栏上的“正交”按钮，打开正交方式。将鼠标向左引出正交线，然后输入 90 并按 Enter 键）

指定另一条半轴长度或 [ 旋转（R）] : 25（输入另一条半轴的长度并按 Enter 键）

指定起点角度或 [ 参数（P）] : 30（指定椭圆弧起点的角度并按 Enter 键）

指定端点角度或 [ 参数（P）/ 包含角度（I）] : 250（指定椭圆弧端点的角度并按 Enter 键）

命令: PL（输入多段线命令的命令别名 PL 并按 Enter 键）

指定起点:（用鼠标捕捉到椭圆弧的起点）

当前线宽为 0.0000

指定下一点或 [ 圆弧（A）/ 半宽（H）/ 长度（L）/ 放弃（U）/ 宽度（W）] :W（输入 W 选择“宽度”选项，并按 Enter 键）

指定起点宽度 <0.0000> :（直接按 Enter 键使用默认起点宽度 0）

指定端点宽度 <0.0000> : 4（指定端点宽度 4，并按 Enter 键）

指定下一点或 [ 圆弧（A）/ 半宽（H）/ 长度（L）/ 放弃（U）/ 宽度（W）] :（移动鼠标，在椭圆弧的合适位置单击）

指定下一点或 [ 圆弧（A）/ 闭合（C）/ 半宽（H）/ 长度（L）/ 放弃（U）/ 宽度（W）] :（按 Enter 键结束命令）

### 4.4.5 上机实训 6——绘制五角星

扫一扫，看视频

※ 4 分钟

绘制如图 4-24 所示的五角星。其操作和提示如下：

（1）单击“绘图”面板 |“多边形”按钮，在“输入侧面数 <4> :”的提示下输入 5 并按 Enter 键；在“指定正多边形的中心点……:”的提示下用鼠标在绘图区任意点单击，确定正方形的中心；在“输入选项……:”的提示下，输入“I”并按 Enter 键，选择“内接于圆”选项；在“指定圆的半径:”的提示下，输入 25 并按 Enter 键，绘制出正五边形。

（2）选择“绘图”面板 | 圆 |“三点”命令，捕捉到正五边形的三个顶点绘制出辅助圆，结果如图 4-25 所示。

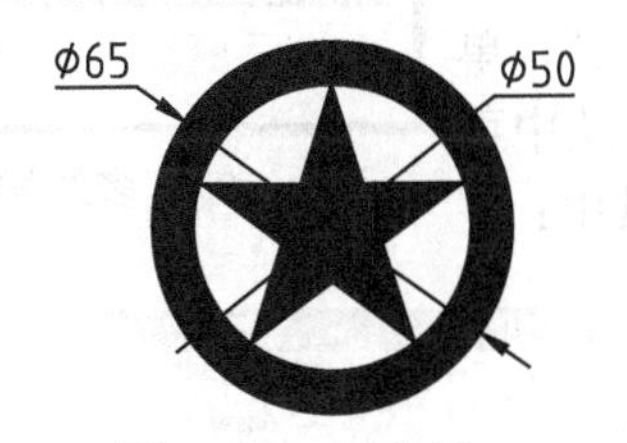


图 4-24 五角星

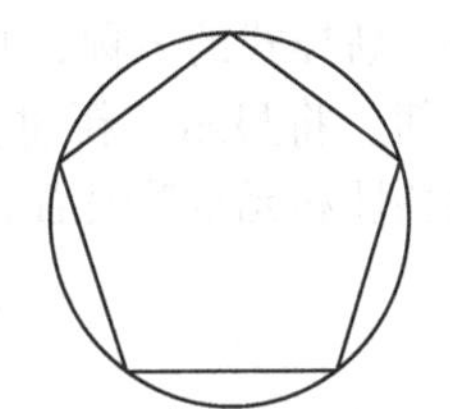

图 4-25 绘制正五边形和辅助圆

（3）在命令行输入圆环命令的别名 DO 并按 Enter 键，指定圆环的内径和外径分别为 50、65，接着在“指定圆环的中心点:”提示下用鼠标捕捉到辅助圆的圆心，按 Enter 键绘制出圆环，结果如图 4-26 所示。

（4）调用直线命令 LINE 并连接多边形的各顶点做五角星。然后调用删除命令 ERASE 将多边形删除。

（5）在命令行输入实体区域填充命令的别名 SO，并按 Enter 键，捕捉到五角星的三个角点单击，然后按 Enter 键填充出一个三角形区域，结果如图 4-27 所示。用同样方法填充其他区域完成图形绘制。

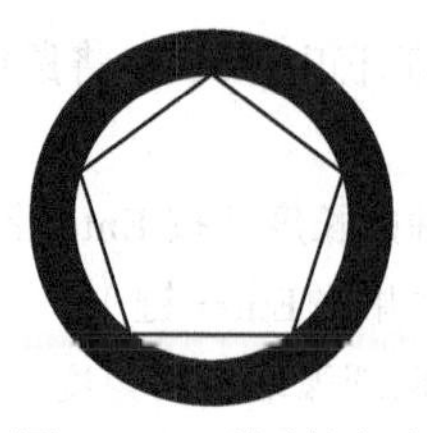

图 4-26　绘制圆环

图 4-27　填充三角形

## 4.5　复杂曲线

在 AutoCAD 中，复杂曲线包括多线、多段线和样条曲线。多段线前面已经介绍，这里主要介绍多线和样条曲线。

### 4.5.1　设置多线样式

多线是由多条平行的直线段组成的一个整体对象。常用于绘制电子线路、建筑类的墙线和道路等。要绘制多线，首先须设置多线样式。AutoCAD 最多可以定义 16 条平行线。

1. 调用

◆ 菜单：格式 | 多线样式。

◆ 命令行：MLSTYLE。

2. 操作及说明

调用命令后，将显示“多线样式”对话框，如图 4-28 所示。在该对话框中，用户可以对某个多线样式进行修改、重命名、删除等操作。其余选项的说明如下：

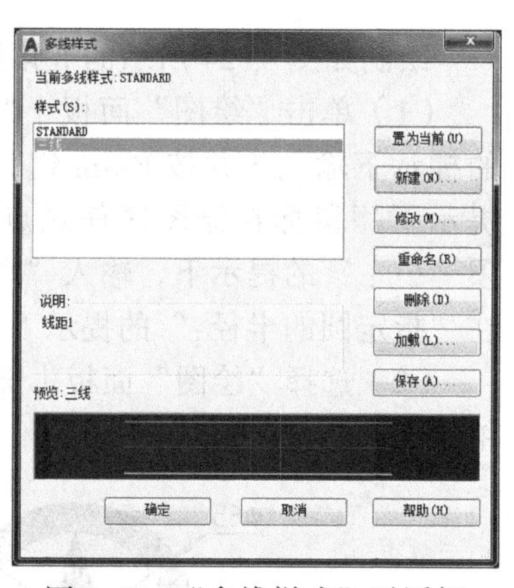


图 4-28　“多线样式”对话框

（1）置为当前：在“样式”列表框中选择一个样式，单击该按钮可将其设置为当前样式。用户只能用当前样式绘制多线，系统默认的多线样式是 STANDARD。

（2）新建：用于创建新的多线样式。单击该按钮，将显示“创建新的多线样式”对话框，如图 4-29 所示。在其文本框中输入一个新样式的名称，并选择一个“基础样式”，单击“继续”按钮，将显示“新建多线样式”对话框，从中可进行新样式的特性和元素等设置，如图 4-30 所示。其中：

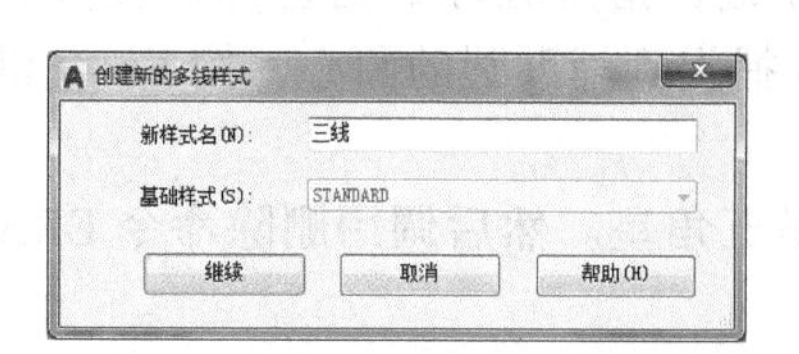


图 4-29　“创建新的多线样式”对话框

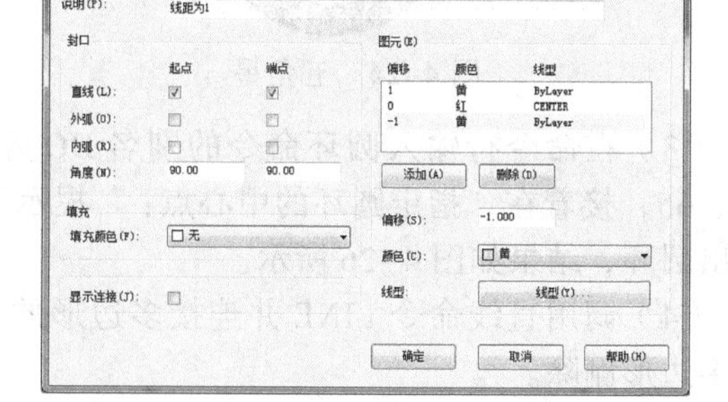


图 4-30　“新建多线样式”对话框

1）说明：为定义的多线样式添加说明。

2）封口：控制多线起点和端点的封口形式，如图 4-31 所示。

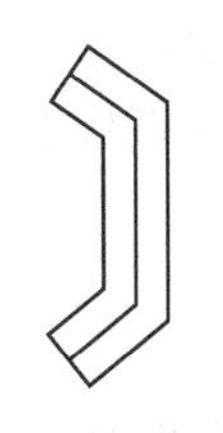
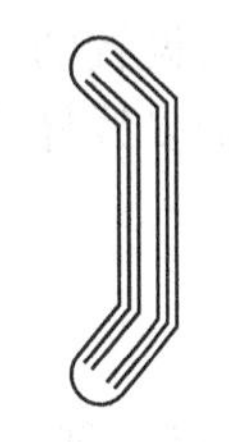
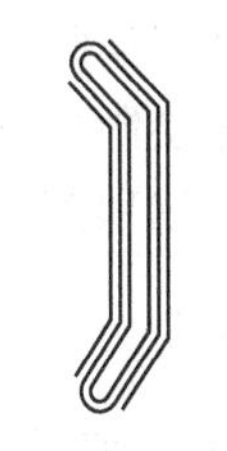

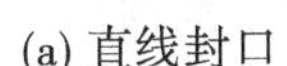
(a) 直线封口　　(b) 外弧封口　　(c) 内弧封口

图 4-31　多线封口形式

3）填充：控制是否对多线的背景进行颜色填充。

4）显示连接：选择该复选框，则绘制的多线在转折处将显示出连接线。

5）图元：设置新的和现有多线样式的元素特性。其中：

◆ 添加：单击该按钮，可向多线样式中添加新多线。

◆ 偏移：为多线样式中的每个元素指定相对于多线中线的偏移量。

◆ 颜色：设置多线样式中直线的颜色。

◆ 线型：设置多线样式中直线的线型。

（3）加载：从硬盘中保存的多线库文件中加载已定义的多线样式。

（4）保存：将多线样式保存到硬盘上的多线库（扩展名 .MLN）文件中。用户保存的多线样式可用于其他图形的绘制。

### 4.5.2 绘制多线

可以用已设置好的多线样式绘制多线。

1. 调用

◆ 菜单：绘图 | 多线。

◆ 命令行：MLINE 或命令别名 ML。

2. 操作及说明

命令：（调用命令）

当前设置：对正 = 上，比例 = 20.00，样式 = STANDARD

指定起点或 [ 对正（J）/ 比例（S）/ 样式（ST）]：（指定多线的起点或指定一个选项）

调用命令后，将显示当前的设置及选项。其中：

（1）指定起点：用鼠标或键盘输入多线的各点即可绘制多线。

（2）对正：确定绘制多线的对正方式。选择该项后的操作及提示如下：

输入对正类型 [上（T）/ 无（Z）/ 下（B）] <上>：（指定一个选项或按 Enter 键使用当前选项“上”）

其中：“上”选项是指从左向右绘制多线时，最上面那条多线跟随光标移动，反之，则最下面那条多线跟随光标移动，如图 4-32 所示；“无”选项在绘制多线时，多线的中线跟随光标移动，如图 4-33 所示；“下”选项作用刚好与“上”选项相反，如图 4-34 所示。

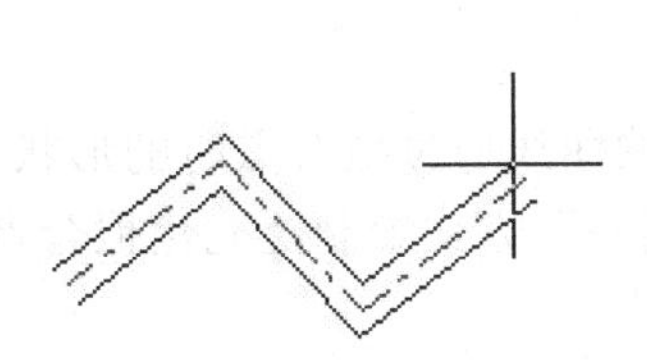
图 4-32　“上”对正方式

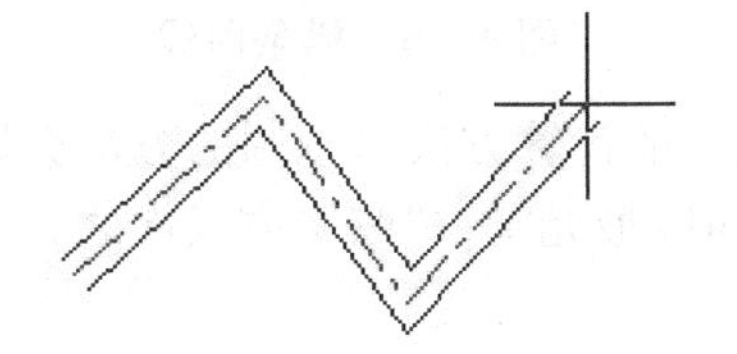
图 4-33　“无”对正方式

图 4-34　“下”对正方式

（3）比例：控制所绘制的多线宽度与设置的多线宽度之比值。

（4）样式：指定绘制多线时所使用的多线样式。用户可以直接输入已经设置的多线样式名称，或使用“?”选项查询。

### 4.5.3 样条曲线

样条曲线命令可以通过一系列指定点，创建在一定误差范围内的光滑曲线。样条曲线使用拟合点或控制点进行定义。默认情况下，拟合点与样条曲线重合，而控制点定义控制框。该命令常用于绘制汽车和飞机的外形、气象上的等压线和等温线、野外测量的等高线或地形线以及数学中的各种曲线等。

1. 调用

◆ 菜单：绘图｜样条曲线｜拟合点或控制点。

◆ 命令行：SPLINE 或命令别名 SPL。

◆ 草图与注释空间：功能区｜默认｜绘图｜样条曲线拟合、样条曲线控制点。

2. 操作方法

命令：SPLINE（调用命令）

当前设置：方式 = 拟合　节点 = 弦

指定第一个点或 [方式（M）/ 节点（K）/ 对象（O）]:（指定第一个点或选择一个选项）

输入下一个点或 [起点切向（T）/ 公差（L）]:（指定下一个点或选择一个选项）

输入下一个点或 [端点相切（T）/ 公差（L）/ 放弃（U）]:（指定下一个点或选择一个选项）

输入下一个点或 [端点相切（T）/公差（L）/放弃（U）/闭合（C）]:（指定下一个点或选择一个选项）

3. 选项说明

（1）指定第一个点：指定的样条曲线的第一点创建样条曲线。

（2）输入下一个点：通过连续地指定下一个点来绘制通过多个点的样条曲线。

（3）起点切向、端点切向：用于指定样条曲线第一点和最后一点的切线方向。它们分别控制样条曲线在起点、终点附近的曲线形状。

（4）闭合：用于绘制闭合的样条曲线，此时只需指定一个切线方向即可。

（5）方式：控制是用拟合点方式还是用控制点方式绘制样条曲线，如图 4-35 所示。

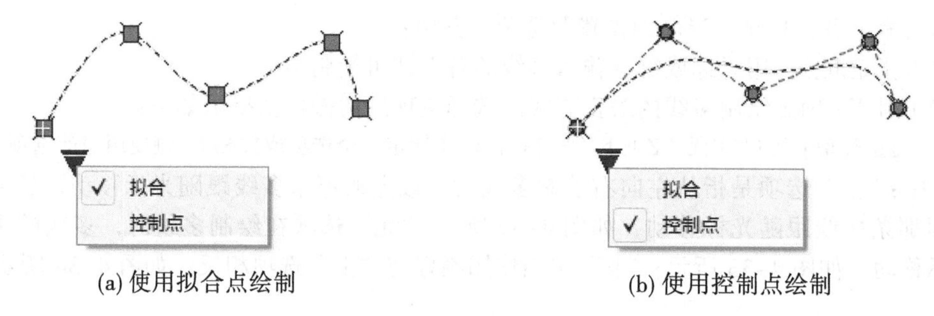


(a) 使用拟合点绘制　　(b) 使用控制点绘制

图 4-35　样条曲线

（6）节点：指定节点参数化的计算方法。不同的方法会影响曲线通过拟合点时的形状。其中，“平方根”方式绘制的曲线最光滑，“弦”方式次之，“同一”方式绘制泛光化拟合点的曲线。

（7）对象：用于将二维或三维的二次或三次样条拟合多段线（即经过编辑多段线命令

PEDIT 中的“样条曲线”选项编辑转化过来的多段线）转换成等效的样条曲线。

（8）公差：指定样条曲线与指定拟合点之间的偏移距离。公差值 0 要求生成的样条曲线直接通过拟合点，如图 4-36 所示。

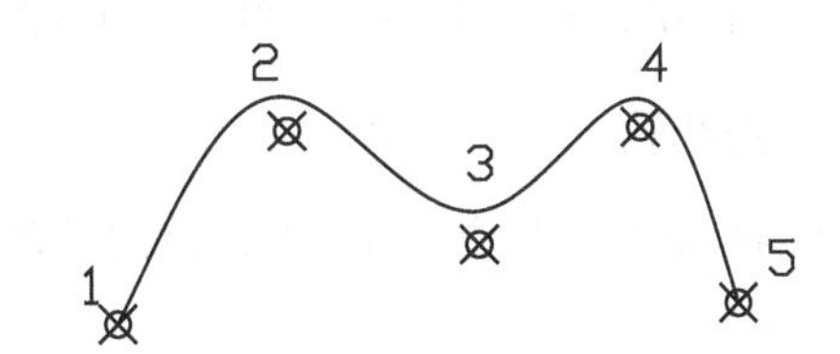


图 4-36 指定“拟合公差”绘制样条曲线

样条曲线绘制完成后，选择样条曲线，通过左下角的三角形夹点，可更改样条曲线为拟合点方式还是控制点方式。通过使用圆形、方形夹点可修改选定的样条曲线，如图 4-35 所示。

技巧

● 系统变量 DELOBJ 控制样条拟合多段线转化为样条曲线后，是否删除原来的样条拟合多段线。当该变量的值为 3（默认值）时，转化后要删除原来的样条拟合多段线；而当该变量的值为 0 时，则不删除。

● 要将多段线转化为样条曲线需经过如下两个步骤：首先用编辑多段线命令 PEDIT 中的“样条曲线”选项，将多段线转化成样条拟合多段线；然后，用样条曲线命令 SPLINE 中的“对象”选项，即可将样条拟合多段线转化为样条曲线。

● 将 Microsoft Excel 或记事本中录入的坐标数据复制到样条曲线命令 SPLINE 中，可自动绘制出所需的样条曲线。

### 4.5.4 上机实训 7——设置建筑多线样式

创建一个绘制建筑平面图用的“三线”多线样式。其中，线距为 1 个单位；中线为 Center 线型，颜色为红色；外面两条线的线型为 Continuous，颜色为黄色；多线的两端均用直线封口。其操作和提示如下：

（1）选择“格式”菜单 |“多线样式”命令，打开“多线样式”对话框。

（2）在“多线样式”对话框中单击“新建”按钮，打开“创建新的多线样式”对话框。在该对话框的“新样式名”文本框中输入名称“三线”，单击“继续”按钮，打开“新建多线样式”对话框。

（3）在“新建多线样式”对话框的“说明”文本框中输入“线距为 1”。

（4）在“封口”组件中选择“直线”封口为“起点”和“端点”。

（5）在“元素”组件的列表框中选择偏移值0.5的多线元素，在“偏移”文本框中输入“1”，将其偏移值修改为 1。用同样的方法，将偏移值 -0.5 的多线元素的偏移值修改为 -1。

（6）单击“添加”按钮，添加出一个偏移值为 0 的多线。

（7）在“元素”列表框中，选择偏距为“0”的直线元素，在“颜色”下拉列表中选择红色，将其颜色设置为红色。单击“线型”按钮，在弹出的“选择线型”对话框中再单击“加载”按钮，从弹出的“加载与重载线型”对话框中选择 Center 线型。单击“确定”按钮，返回“选择线型”对话框。在该对话框中选择该线型，单击“确定”按钮，即可将偏距为“0”的直线元素的线型设置为 Center 线型。

（8）用同样的方法，可设置偏距分别为“1”和“-1”的两个多线元素的颜色和线型。设置完后的“新建多线样式”对话框如图 4-30 所示。

（9）在“新建多线样式”对话框中单击“确定”按钮,返回“多线样式”对话框。在“多线样式”对话框中单击“保存”按钮，将设置的“三线”样式命名保存。

### 4.5.5 上机实训 8——绘制凸轮

扫一扫，看视频
※ 7 分钟

使用多段线命令 PLINE 和样条曲线命令 SPLINE，绘制凸轮的外轮廓曲线。

（1）将凸轮外轮廓曲线上各点的位置编号、X 坐标值、Y 坐标值等录入到 Excel 中的“点的位置”列、“X 坐标值”列和“Y 坐标值”列。录入时，应按点的绘图顺序依次录入，且分为 PLINE 命令中使用的坐标值和 SPLINE 命令中使用的坐标值两部分，如图 4-37 所示。

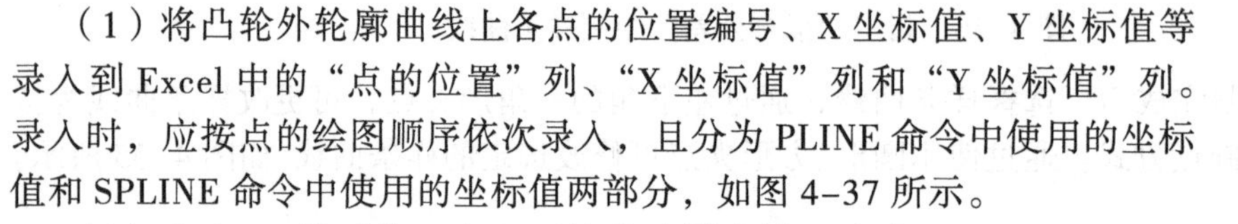

（2）选中 E3 单元格，在上面的公式栏中输入公式“=C3&”,”&D3”。这样，E3 单元格中的坐标数据将自动生成。

（3）选择 E3 单元格，并将光标放在该单元格的右下角，待出现十字标记时按下鼠标左键并向下拖动到 E25 单元格，这样，E 列中的各坐标值将自动生成。然后，删除 E4、E5、E8 单元格中的多余内容。

（4）由于绘制 R35 这段圆弧需使用多段线命令 PLINE 中的圆弧选项 a 下的第二点方式 s，因此，在 Excel 中的 PLINE 命令部分的 F 列，按命令的执行顺序在 F4 中输入 a，在 F5 中输入 s。

B15 fx 7

| | A | B | C | D | E | F | G |
|---|---|---|---|---|---|---|---|
| 1 | | 点的位置 | X坐标值 | Y坐标值 | 坐标 | 命令中的选项 | 命令输入 |
| 2 | PLINE命令 | | | | | | |
| 3 | | 17 | 322.3366 | 135.8269 | 322.3366,135.8269 | | 322.3366,135.8269 |
| 4 | | | | | | a | a |
| 5 | | | | | | s | s |
| 6 | | 18 | 287.3366 | 100.8269 | 287.3366,100.8269 | | 287.3366,100.8269 |
| 7 | | 1 | 252.3366 | 135.8269 | 252.3366,135.8269 | | 252.3366,135.8269 |
| 8 | SPLINE命令 | | | | | | |
| 9 | | 1 | 252.3366 | 135.8269 | 252.3366,135.8269 | | 252.3366,135.8269 |
| 10 | | 2 | 253.1249 | 146.1855 | 253.1249,146.1855 | | 253.1249,146.1855 |
| 11 | | 3 | 254.1616 | 154.8177 | 254.1616,154.8177 | | 254.1616,154.8177 |
| 12 | | 4 | 256.5806 | 162.4141 | 256.5806,162.4141 | | 256.5806,162.4141 |
| 13 | | 5 | 259.3452 | 170.3557 | 259.3452,170.3557 | | 259.3452,170.3557 |
| 14 | | 6 | 265.2199 | 182.4408 | 265.2199,182.4408 | | 265.2199,182.4408 |
| 15 | | 7 | 271.7858 | 190.0371 | 271.7858,190.0371 | | 271.7858,190.0371 |
| 16 | | 8 | 278.6973 | 194.1806 | 278.6973,194.1806 | | 278.6973,194.1806 |
| 17 | | 9 | 287.3366 | 195.9657 | 287.3366,195.9657 | | 287.3366,195.9657 |
| 18 | | 10 | 295.976 | 194.1806 | 295.976,194.1806 | | 295.976,194.1806 |
| 19 | | 11 | 302.8874 | 190.0371 | 302.8874,190.0371 | | 302.8874,190.0371 |
| 20 | | 12 | 309.4533 | 182.4408 | 309.4533,182.4408 | | 309.4533,182.4408 |
| 21 | | 13 | 315.3281 | 170.3557 | 315.3281,170.3557 | | 315.3281,170.3557 |
| 22 | | 14 | 318.0927 | 162.4141 | 318.0927,162.4141 | | 318.0927,162.4141 |
| 23 | | 15 | 320.5117 | 154.8177 | 320.5117,154.8177 | | 320.5117,154.8177 |
| 24 | | 16 | 321.5484 | 146.1855 | 321.5484,146.1855 | | 321.5484,146.1855 |
| 25 | | 17 | 322.3366 | 135.8269 | 322.3366,135.8269 | | 322.3366,135.8269 |

图 4-37 凸轮外轮廓曲线上各点的数据图

（5）G 列的内容等于 E 列加 F 列。因此，选择 G3 单元格，然后，在公式输入栏中输入公式“=E3&F3”，G3 单元格中的数值将自动生成。用上面的相同方法，可生成该列其他单元格中的数值。

（6）选择 G3 ~ G7 单元格中的数据后右击鼠标，从弹出的快捷菜单中选择“复制”选项，将这部分数据复制到粘贴板。

（7）转到 AutoCAD 中，调用多段线命令 PLINE，在“指定起点：”的提示下，在命令行右击,从弹出的快捷菜单中选择“粘贴”命令,将自动绘制出过 17、18 和 1 这三点的圆弧。在“指定圆弧的端点:”的提示下,按 Enter 键结束多段线的绘制。

(8)回到 Excel 中,选择 G9 ~ G25 单元格中的数据,然后进行复制。

(9)转到 AutoCAD 中,调用样条曲线命令 SPLINE,在“指定第一点:”的提示下,在命令行右击,从快捷菜单中选择“粘贴”命令,将自动绘制出 1 ~ 17 点这段样条曲线。

(10)在“指定下一点:”的提示下按 Enter 键,绘制出凸轮曲线,结果如图 4-38 所示。

(11)也可以将各点的坐标数据录入到写字板中,然后从写字板中复制到 AutoCAD 中绘制曲线。在写字板中录入数据时需注意,每输入一个点的坐标后都要按 Enter 键,如图 4-39 所示。用户可自行尝试。

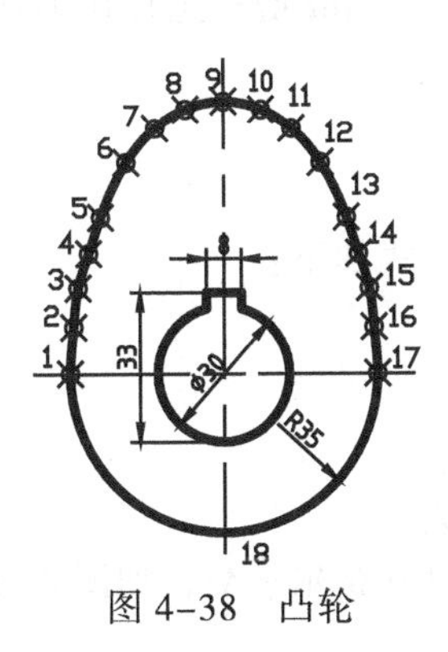


图 4-38 凸轮

图 4-39 写字板中的坐标数据

## 4.6 面域与布尔运算

面域是由封闭图形构成的一个平面区域,是一个面对象。它不仅包括封闭的边界,还包括封闭边界内部的平面区域,相当于一张没有厚度的薄纸。而通过布尔运算可以创建组合面域,以得到较复杂的图形。

### 4.6.1 面域

使用面域命令可以将包含封闭区域的对象转换为面域对象。其调用如下:

◆ 菜单:绘图 | 面域。

◆ 命令行:REGION 或命令别名 REG。

◆ 草图与注释空间:功能区 | 默认 | 绘图 | 面域。

调用命令后选择要创建面域的对象,然后按 Enter 键即可创建面域。

创建面域时图形必须封闭方能创建面域。用户可以对面域进行填充和着色,也可以对面域进行布尔运算,还可以对面域进行拉伸和旋转来创建三维实体。

### 4.6.2 布尔并运算

可以将两个或两个以上面域合并为一个面域,其边界自动修剪,其调用方式如下:

◆ 菜单:修改 | 实体编辑 | 并集。

◆ 命令行:UNION 或命令别名 UNI。

◆ 三维基础空间:功能区 | 默认 | 编辑 | 并集。

◆ 三维建模空间:功能区 | 常用 | 实体编辑 | 并集。

调用命令后，选择已经创建了面域的对象，即可对其布尔求并，如图 4-40(b) 所示。

### 4.6.3 布尔差运算

可以从一些面域中减去另外一些面域而得到一个新的面域，其边界自动修剪。其调用方式如下：

◆ 菜单：修改 | 实体编辑 | 差集。
◆ 命令行：SUBTRACT 或命令别名 SU。
◆ 三维基础空间：功能区 | 默认 | 编辑 | 差集。
◆ 三维建模空间：功能区 | 常用 | 实体编辑 | 差集。

调用命令后，首先选择作为被减数的面域，然后按 Enter 键；选择作为减数的面域，再按 Enter 键，如图 4-40(c) 所示。

### 4.6.4 布尔交运算

可以求两个或两个以上面域的公共部分。其调用方式如下：

◆ 菜单：修改 | 实体编辑 | 交集。
◆ 命令行：INTERSECT 或命令别名 IN。
◆ 三维基础空间：功能区 | 默认 | 编辑 | 交集。
◆ 三维建模空间：功能区 | 常用 | 实体编辑 | 交集。

调用命令后，选择已经创建了面域的对象，即可对其布尔求交，如图 4-40(d) 所示。

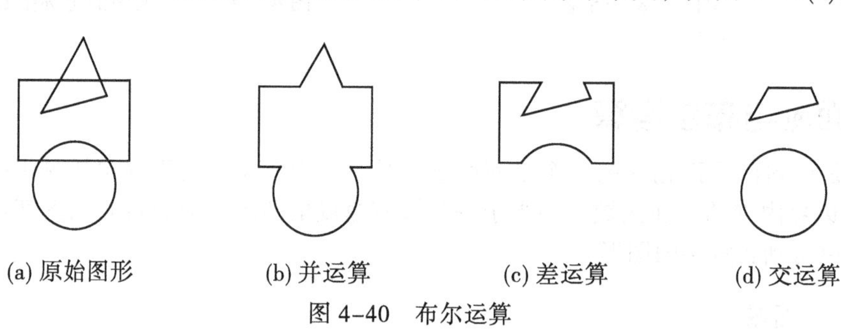

(a) 原始图形　(b) 并运算　(c) 差运算　(d) 交运算

图 4-40　布尔运算

**技巧**

- 必须先将封闭图形转换为面域，才能进行布尔运算。
- 可以对两个不相交的面域进行布尔并运算、差运算和交运算。
- 布尔运算同样可以用于三维实体的操作。

### 4.6.5 上机实训 9——绘制扳手

绘制如图 4-41 所示的扳手。其操作和提示如下：

扫一扫，看视频
※ 7 分钟

（1）调用直线命令 LINE 绘制各中心线。再调用圆命令 CIRCLE 绘制左边半径为 30 的圆。

（2）单击“绘图”面板 | “矩形”工具按钮，在“指定第一个角点……：”的提示下，单击“对象捕捉”工具栏 | “捕捉自”按钮，捕捉到左边圆的圆心，接着输入“@0，-15”并按 Enter 键，确定矩形的

第一个角点；在“指定另一个角点……：”的提示下输入“@120，30”并按 Enter 键绘制出矩形，结果如图 4-42 所示。

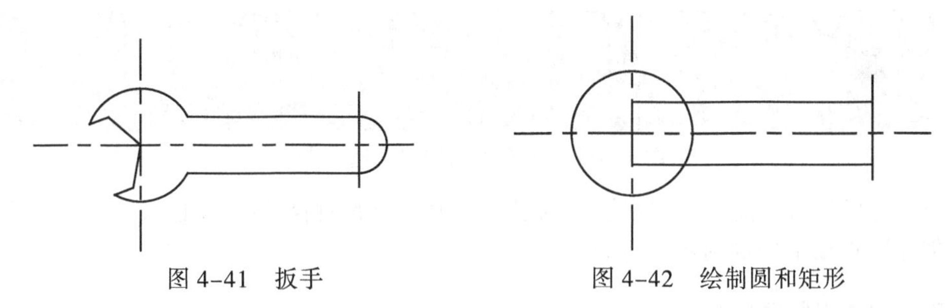

图 4-41 扳手　　图 4-42 绘制圆和矩形

（3）单击“绘图”面板｜“多边形”工具按钮，指定多边形的边数为 6，在“指定正多边形的中心点：”提示下，单击“对象捕捉”工具栏｜“捕捉自”按钮，然后捕捉到左边圆的圆心，输入“@23<200”并按 Enter 键，确定多边形的中心点位置；在“输入选项：”提示下输入 I，选择“内接于圆”选项，在“指定圆的半径：”的提示下用鼠标捕捉到左边圆的圆心，绘制出正六边形。

（4）选择“绘图”面板｜“圆弧”｜“起点、圆心、端点”选项，捕捉到矩形右边下、中、上三点绘制出圆弧，如图 4-43 所示。

（5）选择“绘图”面板｜“面域”命令，在选择对象的提示下，框选所有对象并按 Enter 键。

（6）在命令行输入“并集”命令的别名 UNI 然后按 Enter 键，选择左边的圆和右边的带圆弧的矩形并按 Enter 键，结果如图 4-44 所示。再输入“差集”命令的别名 SU 并按 Enter 键，选择左边的圆，按 Enter 键，再选择正六边形，再按 Enter 键，结果如图 4-41 所示。

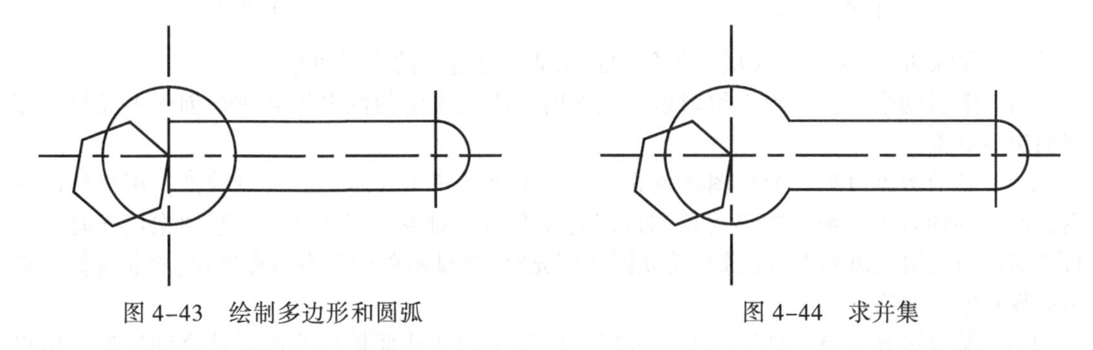

图 4-43 绘制多边形和圆弧　　图 4-44 求并集

## 4.7 图案填充和渐变色

使用图案填充，可在某一指定区域内绘制一些图案，以表达一定的特征含义。例如，机械行业用于绘制剖面线，以表达零件的内部结构和使用的材料；建筑行业可用来表现结构的断面情况、建筑表面的装饰纹理和颜色；园林行业可用来绘制路径、草坪图案等。

调用图案填充的方法如下：

◆ 菜单：绘图｜图案填充或渐变色。

◆ 命令行：HATCH、BHATCH 或命令别名 H、BH、-H。

◆ 草图与注释空间：功能区｜默认｜绘图｜图案填充或渐变色。

调用命令后，在功能区将自动显示“图案填充创建”选项卡，如图 4-45 所示。用户可在该选项卡上选择需要的图案，设置图案的角度、比例等特性，即可进行图案填充。同时，调用命令后，命令行将显示如下提示：

拾取内部点或[选择对象（S）/放弃（U）/设置（T）]：

图 4-45 “图案填充创建”选项卡

命令行的操作与功能区“图案填充创建”选项卡中的内容类似，因此，下面主要以“图案填充创建”选项卡中的内容进行介绍。

### 4.7.1 “边界”选项组

“边界”选项组用于选择图案填充时与边界有关的工具。其中：

（1）拾取点：单击该按钮，可在需要填充的一个或多个区域内部指定一点，AutoCAD 将自动确定图案填充的边界，如图 4-46 所示。

（2）选择：单击该按钮，可选择一些封闭对象作为图案填充的边界进行填充，如图 4-47 所示。

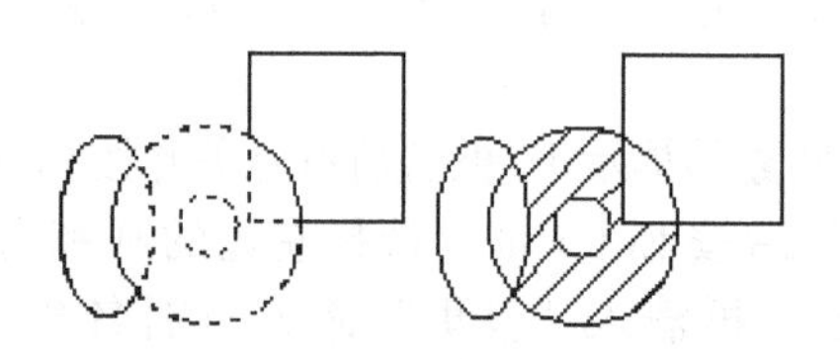

图 4-46 用“拾取点”方式在圆内单击一点填充

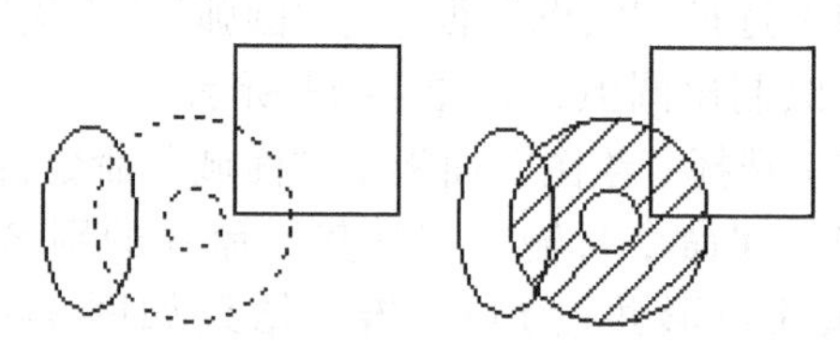

图 4-47 用“选择对象”方式选择两圆填充

（3）删除边界：从已定义的边界集中删除某个已定义的边界对象。

（4）重新创建边界：用于编辑填充图案时，围绕选定的图案填充重新创建多段线或面域的边界对象。

（5）显示边界对象：编辑图案填充时，单击该按钮可显示边界夹点控件，用户可以使用这些控件通过夹点编辑边界对象和选定的图案填充对象。当选择非关联图案填充时，将自动显示图案填充边界夹点；选择关联图案填充时，会显示单个图案填充夹点，除非选择“显示边界对象”选项。

（6）保留边界对象：创建图案填充时，创建多段线或面域作为图案填充的边界。用户可以选择“保留边界—多段线”或“保留边界—面域”以将边界转换为多段线或面域，也可以选择“不保留边界”选项，可不创建独立的图案填充边界对象。

（7）选择新边界集：当用“拾取点”定义边界时系统要分析计算的对象集。默认情况下，AutoCAD 将分析“当前视口”中所有可见对象，并由它们来定义边界集。当对象很多、图形很复杂时，使用这种方式分析所有对象来定义边界集会非常耗时。因此，对于复杂图形，用户可以单击“选择新边界集”按钮，然后返回绘图区指定一个区域，这时系统将只分析该区域现有集合中的对象来定义边界集，从而加快系统的计算速度。

### 4.7.2 “图案”选项组

“图案”选项组用于选择需要的填充图案，用户可以在下拉列表中选择。其中，选择 SOLID 图案，可以给指定的区域填充颜色，所需要的颜色可以在“特性”面板中选择，如

图 4-48 所示。

### 4.7.3 “特性”选项组

“特性”选项组用于选择填充图案的类型，设置角度、比例等填充参数等，如图 4-49 所示。

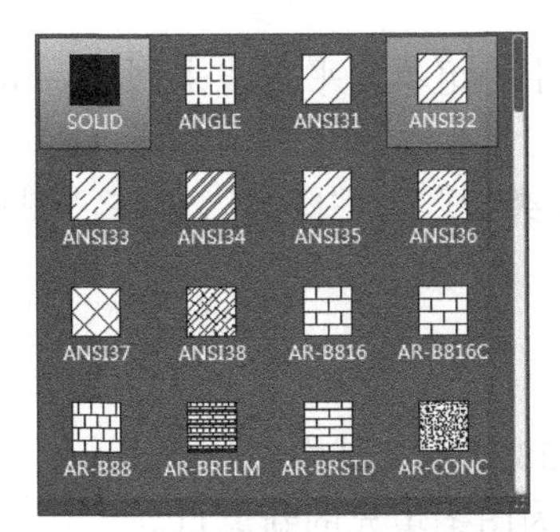


图 4-48 “图案”选项组

图 4-49 “特性”选项组

（1）图案：设置填充图案的类型。其中，“实体”选项为用指定的单色进行填充，如图 4-50 所示；“渐变色”选项用于使用渐变色进行填充，使其具有一种光效果的外观，如图 4-51 所示；“图案”选项为使用预定义的图案进行填充；“用户定义”为使用一组平行线图案进行填充。

图 4-50 实体填充

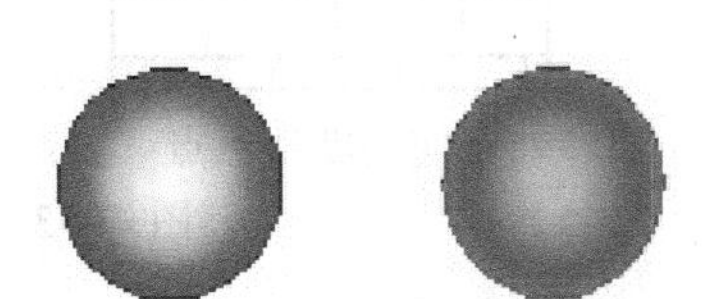

图 4-51 单色和双色渐变色填充

（2）填充图案颜色或渐变色 1：替代实体填充和填充图案的当前颜色，或指定两种渐变色中的第一种。

（3）背景色和渐变色 2：指定填充图案背景的颜色或指定第二种渐变色。

（4）图案填充透明度：设定新图案填充对象的透明度级别，替代默认对象透明度。

（5）图案填充角度：指定渐变色和图案填充对象的角度，如图 4-52 所示。

（6）填充图案比例：设定填充图案放大或缩小的比例，如图 4-52 所示。

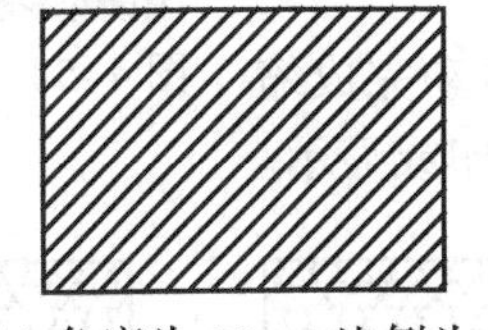

(a) 角度为 0°，比例为 4

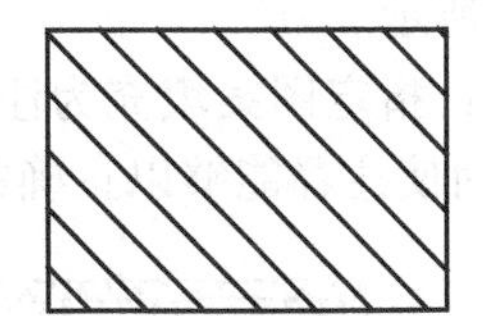

(b) 角度为 90°，比例为 10

图 4-52 控制填充图案的角度和比例

（7）图案填充间距：设置用户定义图案中平行线之间的间距。

（8）渐变明暗：当“图案填充类型”设定为“渐变色”时，此选项指定用于单色渐变填充的明色（与白色混合的选定颜色）或暗色（与黑色混合的选定颜色）。

（9）图层：为图案填充指定一个图层以替代当前使用的图层。选择“使用当前值”可使用当前图层。

（10）相对图纸空间：仅用于布局。用于相对于图纸空间单位缩放填充图案。使用此选项，可很容易地做到以适合于布局的比例显示填充图案。

（11）双向：仅“用户定义”时可用。选择该项，可以用一组单向平行线来创建一组相互垂直的网状线。

（12）ISO：用于缩放 ISO 预定义图案。仅在“图案填充类型”为“图案”，并在“图案”面板中选择一种 ISO 图案时，此选项才可用。

### 4.7.4 “原点”选项组

“原点”选项组用于控制填充图案的起始位置，如图 4-53 所示。其中：

（1）设定原点：单击该按钮，可在绘图区中指定一点作为图案填充的新原点。

（2）使用当前原点：使用当前 UCS 坐标系的原点作为图案填充的原点。

（3）左下、右下、左上、右上、正中：使用填充图案边界的左下、右下、左上、右上或正中作为图案填充的新原点。

（4）存储为默认原点：将指定的图案填充的原点存储为后续图案填充的新默认原点。

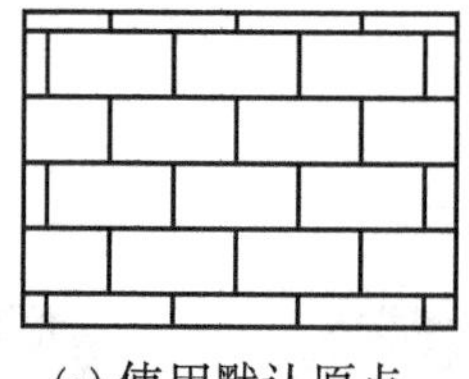

(a) 使用默认原点

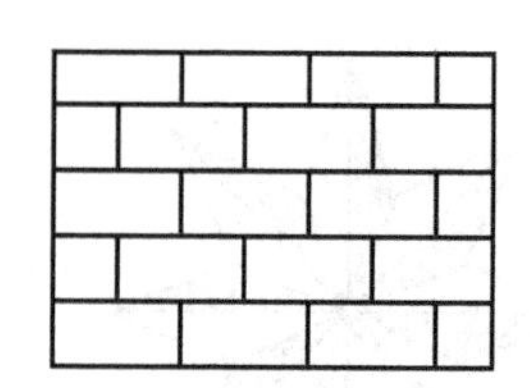

(b) 指定左下角为原点

图 4-53 指定图案填充的原点

### 4.7.5 “选项”选项组

“选项”选项组用于控制常用的图案填充或填充选项如图 4-54 所示。

图 4-54 “选项”选项组

（1）关联：控制图案填充或填充与边界是否关联。单击该按钮，可创建与填充边界具有关联性或非关联性的图案填充或渐变填充。对于关联图案填充，当修改填充边界时，图案填充或渐变填充将随之发生相应改变；反之，非关联图案填充则不会，如图 4-55 和图 4-56 所示。

（2）注释性：指定图案填充为注释性。此特性会自动完成缩放注释过程，从而使注释能够以正确的大小在图纸上打印或显示。

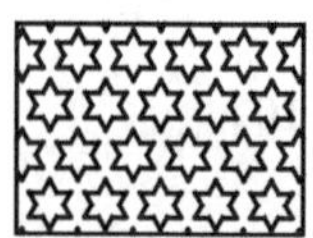

图 4-55 “关联”填充

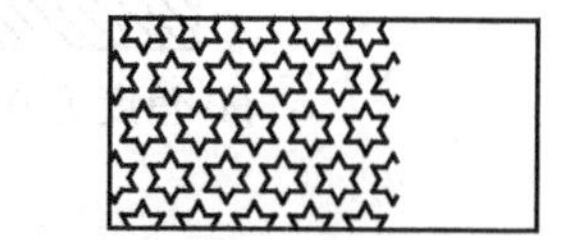

图 4-56 “非关联”填充

（3）特性匹配：可用图形中某个选定的图案填充，或填充特性来对指定的区域进行图案填充或填充。在填充时，可选择图案填充原点是“使用当前原点”还是“用源图案填充原点”进行填充。

（4）允许的间隙：设定将对象用作图案填充边界时可以忽略的最大间隙。默认值为 0，即边界必须封闭才能填充。可以设置为 0 ~ 5000 之间的值，如图 4-57 所示。

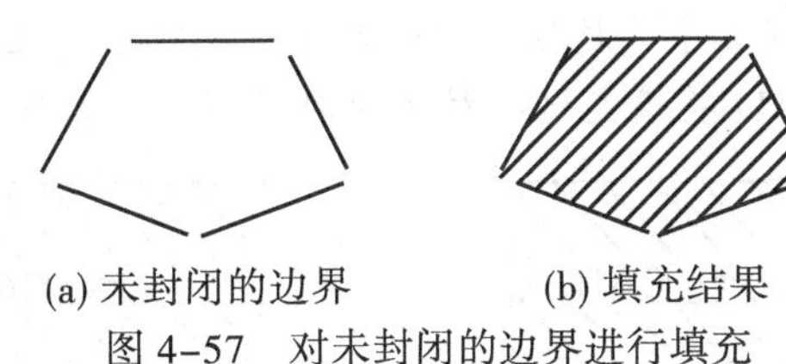

(a) 未封闭的边界　　(b) 填充结果

图 4-57　对未封闭的边界进行填充

（5）创建独立的图案填充：控制当指定了几个独立的闭合边界时，是创建一个整体的图案填充对象，还是创建多个各自独立的图案填充对象。

（6）外部孤岛检测：控制检测最外一个封闭区域内是否还存在封闭区域，以及怎样由外向内填充。其中，“普通”方式，将从外部边界向内填充，填充时遇奇数封闭区域填充，而遇偶数封闭区域则不填充，如图 4-58(a) 所示；“外部”方式，将从外部边界向内填充，且只填充最外面的一个封闭区域，如图 4-58(b) 所示；“忽略”方式，将忽略所有内部对象进行图案填充，如图 4-58(c) 所示。

(a) 普通方式

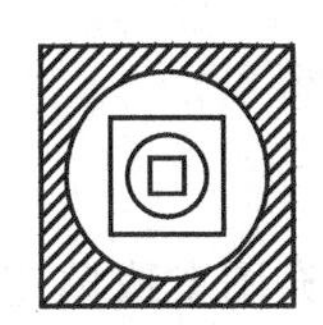

(b) 外部方式

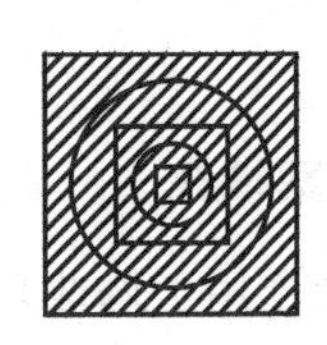

(c) 忽略方式

图 4-58　孤岛检测

（7）绘图次序：控制图案填充或填充是放于其他对象前还是放于其他对象后。

（8）图案填充设置：单击“选项”选项组右下角的该按钮，将打开“图案填充和渐变色”对话框，如图 4-59 所示。该对话框各选项的含义和使用类似于“图案填充创建”选项卡。

图 4-59　“图案填充和渐变色”对话框

技巧

● 对于复杂和大型的图形，使用“选择新边界集”重定义边界集可以使AutoCAD检查的对象数目减少，从而使生成边界的速度加快。另外，要在图形的不同区域使用不同的填充图案，也常使用“新建”按钮来重定义边界集。

● 如果图案填充线遇到文字、属性、形或实体填充对象，且这些对象被选定为边界集的一部分，那么AutoCAD将填充这些对象的周围部分，如图4–60所示。

(a) 选择文本作为边界

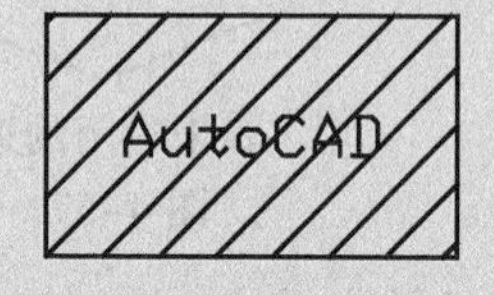


(b) 未选择文本作为边界

图 4–60 有文本对象的图案填充

● 使用命令FILL和系统变量FILLMODE，可控制图案填充的可见性。当命令FILL为ON状态（FILLMODE为1状态）时，将显示图案填充；而当FILL为OFF状态（FILLMODE为0状态）时，则不显示图案填充。设置后用命令REGER重生成显示。

● 要创建无边界的图案填充，可以先绘制一个封闭的辅助边界，在填充了图案后，再将该辅助边界删除得到。也可以使用命令别名 –H，然后选择“绘图边界”选项中的“否”选项来创建。

### 4.7.6 编辑图案填充

编辑图案填充命令用于修改现有填充图案或填充的特征。

1. 调用

◆ 菜单：修改 | 对象 | 图案填充。

◆ 命令行：HATCHEDIT或命令别名HE。

◆ 快捷菜单：选择要编辑的图案填充对象后右击，从弹出的快捷菜单中选择“图案填充编辑”选项。

◆ 草图与注释空间：功能区 | 默认 | 修改 | 编辑图案填充。

2. 操作方法

调用命令后，选择要编辑的图案填充对象后，将显示“图案填充编辑”对话框。该对话框的内容与操作与图4–59“图案填充和渐变色”对话框基本相同，只是该对话框中“重新创建边界”按钮和“显示边界对象”按钮现在可用。

如果用户直接用鼠标单击已有的填充图案，则功能区将显示“图案填充编辑器”选项卡，该选项卡与图4–45的“图案填充创建”选项卡类似，用户可以在各面板选择需要的选项进行修改。

技巧

用户还可以使用“特性”选项板编辑图案填充。详见后面相关章节。

## 4.8 综合实训

扫一扫，看视频
※ 18 分钟

绘制如图 4-61 所示的轴承座图形。其操作和提示如下：

（1）设置粗实线、细实线、中心线、虚线、尺寸、文字等图层，设置方法参考“3.5 综合实训”。

（2）将“中心线”图层设置为当前图层，调用直线命令 LINE 绘制各中心线。再将“粗实线”图层设置为当前图层，调用圆命令 CIRCLE 绘制 ϕ25、ϕ42 的圆，结果如图 4-62 所示。

（3）调用直线命令 LINE，绘制各处直线，结果如图 4-63 所示。

（4）调用样条曲线命令 SPLINE，绘制局部剖的分隔线。

（5）选择“绘图”面板｜“图案填充”命令，功能区显示“图案填充创建”选项卡。在“图案”选项组中选择“ANSI31”图案，在“边界”选项组中单击“拾取点”按钮，在要填充区域拾取一点，然后在“特性”选项组设置合适的“比例”值，如果满意，按 Enter 键完成填充。

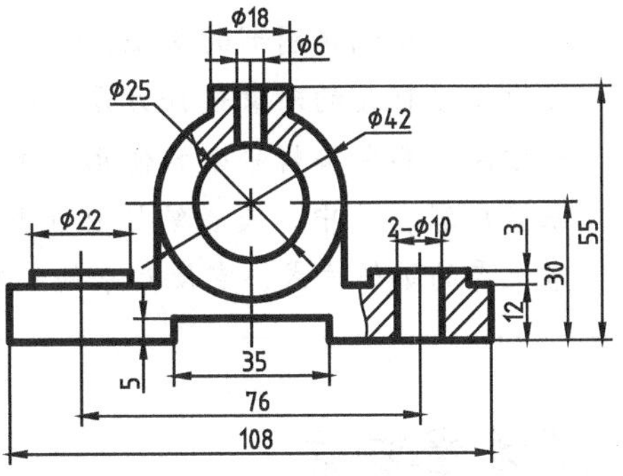


图 4-61 轴承座

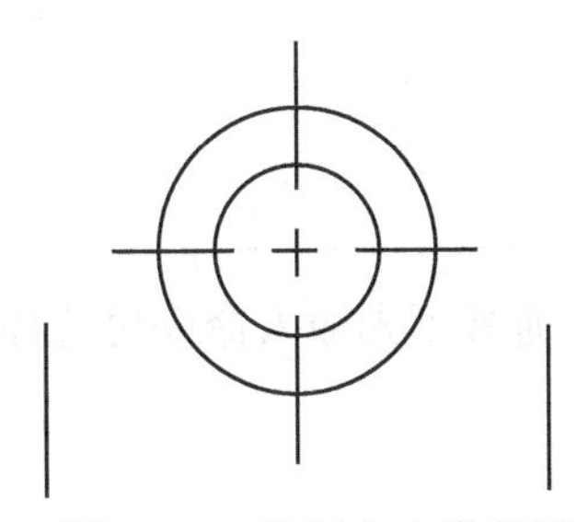

图 4-62 绘制中心线和圆

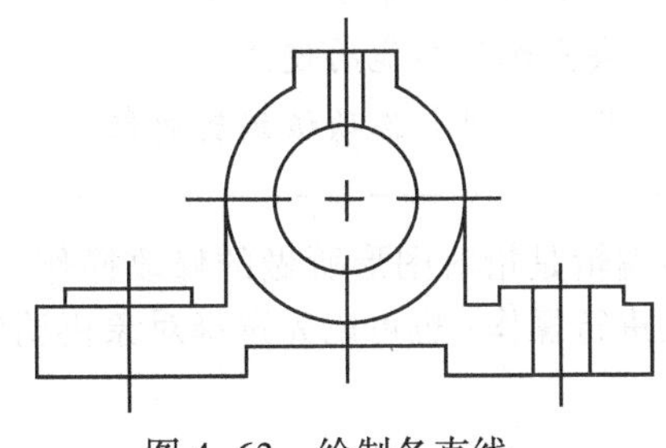

图 4-63 绘制各直线

# 第 5 章 编辑二维图形

## 本章导读

选择是编辑图形的基础，修改是完善图形和提高绘图效率的重要手段。AutoCAD 提供了多样化的对象选择方法和丰富的图形编辑命令。本章将详细介绍选择对象的各种方法、各种编辑命令的使用、夹点编辑功能的操作以及利用对象特性修改和编辑对象等内容。其中，夹点编辑功能和“特性”选项板编辑和修改对象，是 AutoCAD 非常优秀的编辑方式，它使对象的编辑和修改变得非常轻松和方便。

## 本章要点

◎ 偏移与阵列命令的使用
◎ 拉伸命令的使用
◎ 修剪与打断命令的使用
◎ 夹点编辑功能的使用
◎ 用“特性”选项板编辑对象

图形编辑是指对图形所做的修改操作。编辑图形时，通常可先输入命令再选择对要编辑的对象进行操作；也可以先选择对象再调用命令。

## 5.1 选择对象

在绘图过程中，经常需要对已经绘制的图形进行修改与编辑操作。要编辑图形，首先必须选择要编辑的对象，AutoCAD 把选中的一个或多个对象的集合叫做选择集。

当用户选择了对象后，AutoCAD 将用虚线的方式亮显所选择的对象，以区别于未被选择的对象。在第 2 章中，已经向用户介绍了三种最基本的选择对象的方法。下面，还将继续介绍另外的选择对象方法。

### 5.1.1 构造选择集

下面向用户介绍的选择对象方法是在命令行出现“选择对象：”的提示下进行的。即当命令行出现“选择对象：”的提示，用户可直接输入代表下面介绍的各种选择方法的字母，然后回车，即可进行对象的选择；也可以使用命令 SELECT 中的选项进行选择。当采用输入命令 SELECT 的方式时，其操作及提示如下：

命令：SELECT

选择对象：?（输入问号“?”）

*无效选择*

需要点或窗口(W)/上一个(L)/窗交(C)/框(BOX)/全部(ALL)/栏选(F)/圈围(WP)/圈交(CP)/编组(G)/添加(A)/删除(R)/多个(M)/前一个(P)/放弃(U)/自动(AU)/单个(SI)/子对象(SU)/对象(O)

各选项的操作及说明如下：

（1）需要点：在“选择对象：”的提示下，直接用鼠标单击某个对象选取。

（2）窗口：在“选择对象：”的提示下输入W字符后回车，通过指定两个点来定义一个实线的矩形窗口，只有完全位于该矩形窗口内的图形对象才能被选中。

（3）上一个：在“选择对象：”的提示下输入L字符后回车，将选中最近一次创建的选择集对象。

（4）窗交：在“选择对象：”的提示下输入C字符后回车，通过指定两个点来定义一个虚线的矩形窗口，只有完全位于该矩形窗口内和与该窗口相交的图形对象才能被选中。

（5）框：该方式实际上是“窗口”方式与“窗交”方式的组合。在“选择对象：”的提示下输入BOX字符后回车，通过用键盘或鼠标指定的两点来定义一个矩形窗口。如果该矩形的窗口是从右向左拖动出或指定的，则与“窗交”方式相同；如果该矩形窗口是从左向右拖动出或指定的，则与“窗口”方式相同。

（6）全部：在“选择对象:”的提示下输入ALL字符后回车，将选择所有解冻图层上的对象。

（7）栏选：在“选择对象：”的提示下输入F字符后回车，然后用键盘或鼠标在绘图区依次指定几点，将绘出虚线状的选择栏折线或直线。凡是与该虚线选择栏相交的图形对象都将被选中，如图5-1所示。该方式非常灵活实用。

（8）圈围：在“选择对象：”的提示下输入WP字符后回车，然后用键盘或鼠标在绘图区依次指定几点，定义出一个实线的多边形窗口。完全位于该多边形窗口内的对象将被选中，如图5-2所示。该方式常用于复杂图形对象的选择。

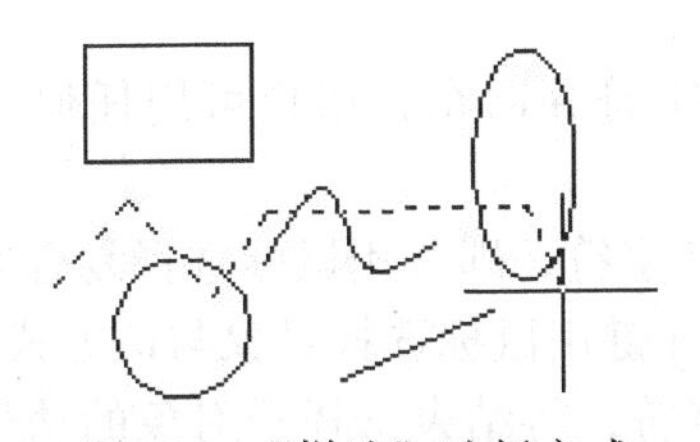
图5-1 “栏选”选择方式

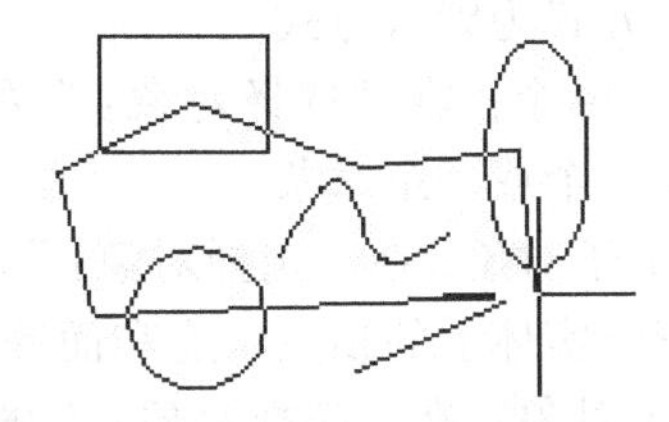
图5-2 “圈围”选择方式

（9）圈交：在“选择对象：”的提示下输入CP字符后回车，接着，用键盘或鼠标在绘图区依次指定几点，定义出一个虚线的多边形窗口。完全位于该多边形窗口之内和与该窗口相交的对象将被选中，如图5-3所示。该方式常用于复杂图形对象的选择。

（10）编组：在“选择对象：”的提示下输入G字符后回车，接着输入组的名称，即可选择已经编为一组的对象，如图5-4所示，已经将矩形、椭圆和样条曲线定义为一个组。

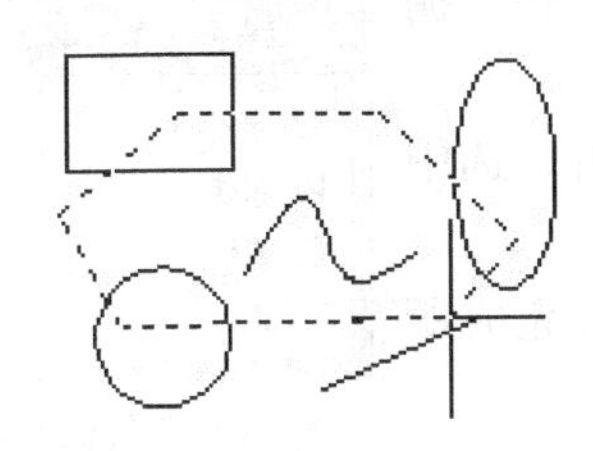
图5-3 “圈交”选择方式

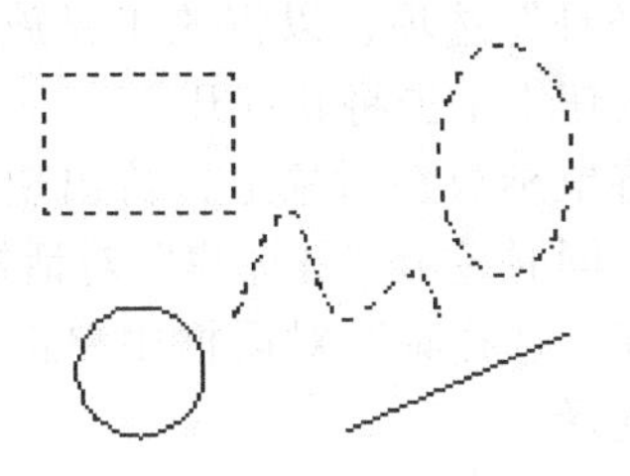
图5-4 “编组”选择方式

技巧

● 选择对象时，如果用鼠标拖动出的窗口呈实线的状态，则对象必须全部位于该窗口内才能被选中，而与该窗口相交或位于该窗口之外的对象将不被选中；如果用鼠标拖动出的窗口或图形呈虚线状态，那么，与该虚线窗口或虚线图形相交以及位于该虚线窗口内的图形对象都将被选中，而位于窗口之外的图形对象则不被选中。

● 使用对象编组命令（GROUP 或命令别名 G）对一些对象选择并命名编组后即可使用上面的“编组”选项。

（11）添加：在“选择对象：”的提示下输入 A 字符后回车，用任何选择对象的方法选择对象，即可将选择的对象添加到已经创建的选择集中。

（12）删除：在已经创建了选择集的情况下，当命令行出现“选择对象：”的提示时输入“R”字符后回车，然后选择对象，可将选择集中选择错误的对象剔除出选择集。

（13）多个：在“选择对象：”的提示下输入 M 字符后回车，用键盘指定一系列的点，系统会自动搜索穿过这些点的图形并将其选择；用户也可以用鼠标连续单击选择图形对象。该方式可以加快选择对象的速度，且在选择复杂的图形对象时，效果尤其明显。

（14）前一个：在“选择对象：”的提示下输入 P 字符后回车，即可选中上一次选择过的对象。

（15）放弃：在“选择对象：”的提示下输入 U 字符后回车，将放弃上一次选择的对象或选择集。该项可连续使用。

（16）自动：该方式综合了直接单击选取以及用 W 和 C 窗口的方式选取。在“选择对象：”的提示下输入 AU 字符后回车，切换到自动选择模式。这时，用鼠标单击一个对象可选择该对象；而用鼠标指向对象内部或外部的空白区单击时，则转换为用 W 或 C 窗口方式选择对象。该方式为默认方式。

（17）单个：在“选择对象：”的提示下输入 SI 字符并回车，用户可用任何一种选择方法选择一个或一组对象。

（18）子对象：在“选择对象：”的提示下输入 SU 字符，即可用鼠标选择复合实体的一部分或三维实体上的顶点、边和面等子对象。按住 Ctrl 键用鼠标选择对象与该方式相同。

（19）对象：在“选择对象：”的提示下输入 O 字符，将结束选择子对象的功能，而使用选择对象的方法。

### 5.1.2 循环选择

扫一扫，看视频
※ 4 分钟

图形中一些相距较近，甚至完全重叠在一起的图形对象，可以使用循环选择方式进行选择，其方法如下：

（1）在状态栏右下角的“自定义”按钮上单击，在显示的菜单中选择“选择循环”选项，以将该工具放到状态栏上。然后在“循环选择”按钮上单击将其打开。

（2）将鼠标放在对象上，待出现标记“”时单击，选中一个对象，同时显示“选择集”对话框，如图 5-5 所示。

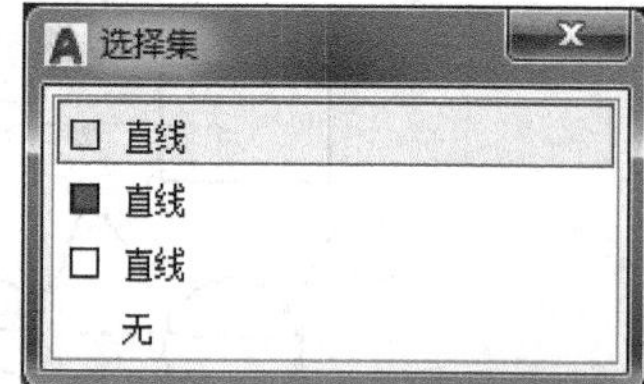

图 5-5 “选择集”对话框

（3）在“选择集”对话框中单击所需的对象，即可完成所需对象的选择。

（4）也可以按住“Ctrl + 空格键”组合键不放，将鼠标移到待选择对象上，单击鼠标左键一次，选中一个对象。

（5）继续单击，将循环选择单击点处的相邻对象，直到要选择的对象呈高亮显示为止。

（6）按 Enter 键确认所选择的对象，并结束选择操作，如图 5-6 所示。

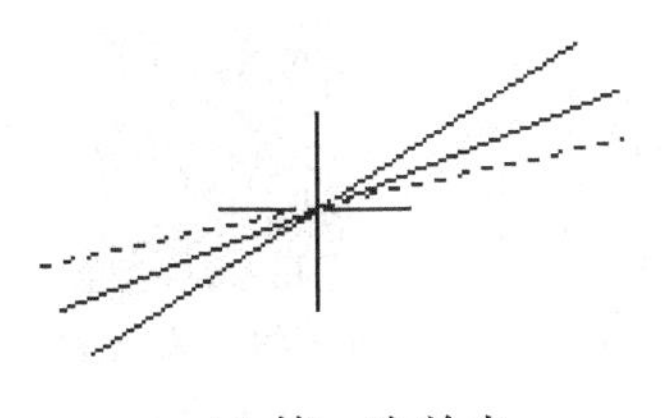

(a) 第一次单击

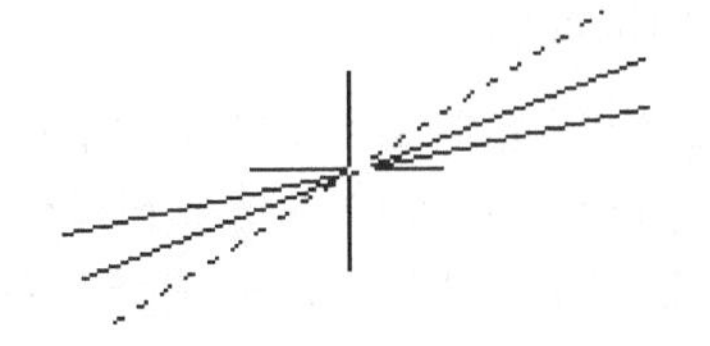

(b) 第二次单击

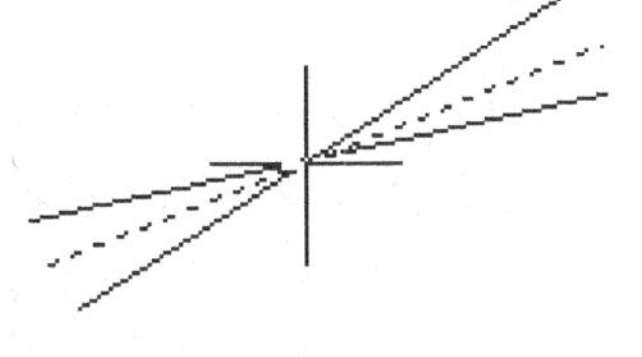

(c) 第三次单击

图 5-6 “循环选择”方式

**技巧**

单击“修改”面板 | “删除重复对象”按钮（命令 OVERKILL），在绘图区选择重叠在一起的对象，可将重叠对象中最上面对象以下的对象删除。选择对象后右击，在弹出的快捷菜单中的“绘图次序”中可改变重叠对象的次序。

### 5.1.3 快速选择

可以通过对话框指定选择条件来创建选择集。

1. 调用

◆ 菜单：工具 | 快速选择。

◆ 命令行：QSELECT。

◆ 快捷菜单：在没有任何命令运行的情况下，在绘图区域中右击，从弹出的快捷菜单中选择“快速选择”选项。

2. 操作及说明

调用命令后，将显示“快速选择”对话框，如图 5-7 所示。其中：

（1）应用到：选择所设置的过滤条件是应用到整个图形还是应用到当前选择集。若单击右边的“选择对象”按钮，并在绘图区选择一些对象，这里即可选择“当前选择”选项。

（2）对象类型：指定要包含在过滤条件中的对象类型。如果当前图形中没有选择集，那么，该列表框中将列出整个图形中所有可用的对象类型；如果当前图形中已经存在一个选择集，则该列表框中将只列出该选择集中的所有对象类型。

（3）特性：为过滤器指定作为过滤条件的对象特性。

（4）运算符：控制过滤器中对象特性的运算范围。用户可在列表中选择需要的运算符，通常包括“> 大于”、“< 小于”、“= 等于”等选项。

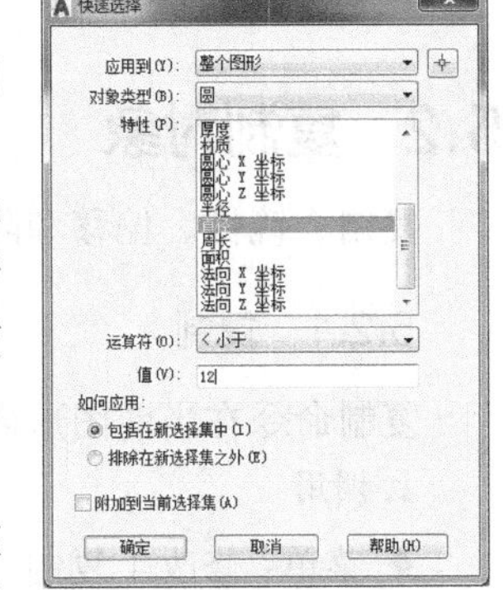


图 5-7 “快速选择”对话框

（5）值：指定过滤器的特性值。如果选定对象特性的已知值可用，则“值”成为一个列表，可以从中选择一个值。否则，需输入一个值。

（6）如何应用：如选择“包括在新选择集中”选项，将创建一个符合过滤条件的新选择集；

如选择“排除在新选择集之外”选项，将创建一个只包含不符合过滤条件的对象新选择集。

（7）附加到当前选择集：选择该项，可将所选择的对象添加到当前选择集中；反之，将所选择对象的选择集替换成当前选择集。

### 5.1.4 上机实训 1——使用快速选择

扫一扫，看视频
※ 3 分钟

打开“图形”文件夹 | dwg | Sample | CH05 | “上机实训 1.dwg”图形，如图 5-8 所示，选择图中直径小于 ϕ12 的圆，其操作和提示如下：

（1）调用快速选择命令 QSELECT，打开“快速选择”对话框。

（2）在“应用到”下拉列表框中选择“整个图形”。

（3）在“对象类型”下拉列表框中选择“圆”。

（4）在“特性”列表框中选择“直径”。

（5）在“运算符”下拉列表框中选择“小于”。

（6）在“值”下拉列表框中输入“12”。

（7）在“如何应用”组件中选择“包括在新选择集中”选项。完成设置后的“快速选择”对话框如图 5-7 所示。

（8）单击“确定”按钮，这时，绘图区中直径小于 12 的 ϕ10 和 ϕ8 的圆都被选中，如图 5-9 所示。

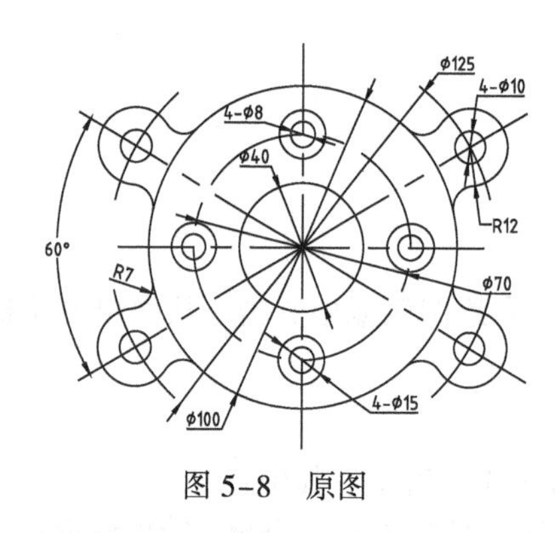


图 5-8 原图

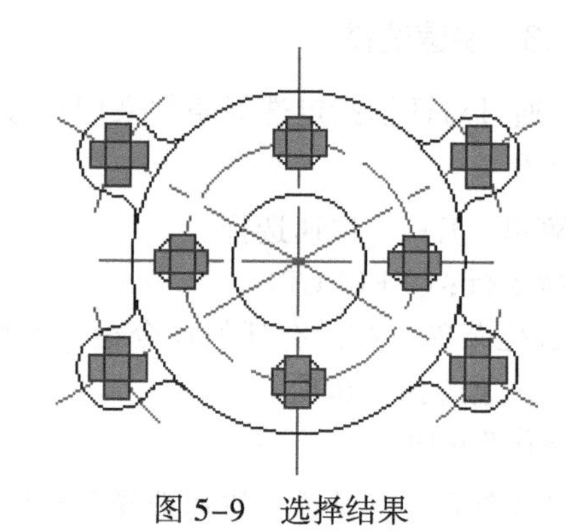

图 5-9 选择结果

## 5.2 复制对象

复制、镜像、偏移和阵列命令都具有复制功能，可创建与原图形相同或相似的图形。

### 5.2.1 复制

复制命令在当前图形内部的指定方向上，按指定距离单个复制或多重复制对象。

1. 调用

◆ 菜单：修改 | 复制。

◆ 命令行：COPY 或命令别名 CO、CP。

◆ 快捷菜单：选择要复制的对象后右击，在弹出的快捷菜单中选择“复制选择”项。

◆ 草图与注释空间：功能区 | 默认 | 修改 | 复制。

2. 操作及说明

命令：（调用命令）

选择对象：（选择要复制的对象）

选择对象：（继续选择对象或按 Enter 键确认选择）

指定基点或 [ 位移 (D)/ 模式 (O)] < 位移 > ：（指定基点或选择一个选项）

该命令中部分选项的含义和使用与第 2 章 2.4.2 节介绍的“移动”命令类似，用户可参照操作。下面介绍不同的选项。

（1）指定基点：当指定一点作为基点后的提示如下：

指定第二个点或 [ 阵列 (A)] < 使用第一个点作为位移 > ：a（选择“阵列”选项）

输入要进行阵列的项目数：（指定阵列数目）

指定第二个点或 [ 布满 (F)] ：（指定第二个点或输入“F”使用“布满”选项）

其中，“阵列”选项用于沿指定的方向一次性复制多个对象出来；“指定第二个点”选项用于当用户指定了第二个点后，将按第二点与基点的距离和方向来分布阵列的其他对象；“布满”选项用于当用户指定了第二点后，在第二点和基点之间均匀分布阵列的对象。

（2）模式：用于控制是使用多重复制还是使用单个复制方式。选择该项后的操作和提示如下：

输入复制模式选项 [ 单个 (S)/ 多个 (M)] < 多个 > ：（选择一个选项）

其中，选择“单个”选项，只能进行一次复制，命令即结束，如图 5-10 所示；而选择“多个”选项，将使用多重复制方式，即可以进行多次复制，如图 5-11 所示。

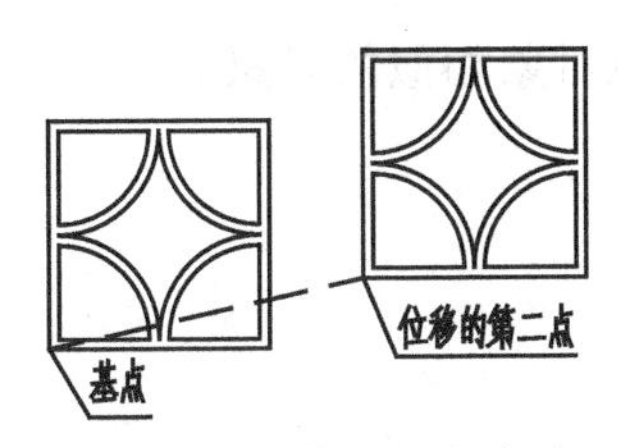


图 5-10　单个复制方式

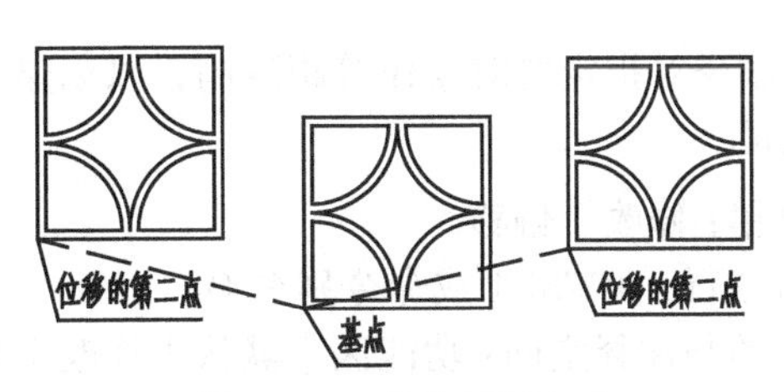


图 5-11　多重复制方式

**技巧**

在“指定第二个点：”的提示下，将鼠标向需要的方向拖动，然后直接输入一个距离值，可按该距离复制对象，即使用直接距离复制方式。

### 5.2.2　镜像

镜像命令相对于指定两点所定义的轴线创建对称的对象，即相当于照镜子的作用。

1. 调用

◆ 菜　单：修改｜镜像。

◆ 命令行：MIRROR 或命令别名 MI。

◆ 草图与注释空间：功能区｜默认｜修改｜镜像。

2. 操作及说明

命令：（调用命令）

选择对象：（选择用于镜像的对象）

选择对象：（继续选择用于镜像的对象或按 Enter 键确认选择）

指定镜像线的第一点：（指定镜像线上的第一点）

指定镜像线的第二点：（指定镜像线上的第二点）

是否删除源对象？ [ 是 (Y)/ 否 (N)] <N> ：（指定一个选项或按 Enter 键执行默认方式“否”）

在用户指定了镜像轴上的第一点和第二点后，即可对选择的对象进行镜像操作。其中，“是”选项对所选择的对象进行镜像的同时要删除原始对象；“否”选项在进行镜像操作后，不删除原始对象，如图 5-12 所示。

系统变量 MIRRTEXT 可以控制文本对象是否进行镜像。当该变量的值为 1 时，文本对象同其他对象一样被镜像处理；而当该变量设置为 0（默认值）时，文本对象不作镜像处理，如图 5-13 所示。

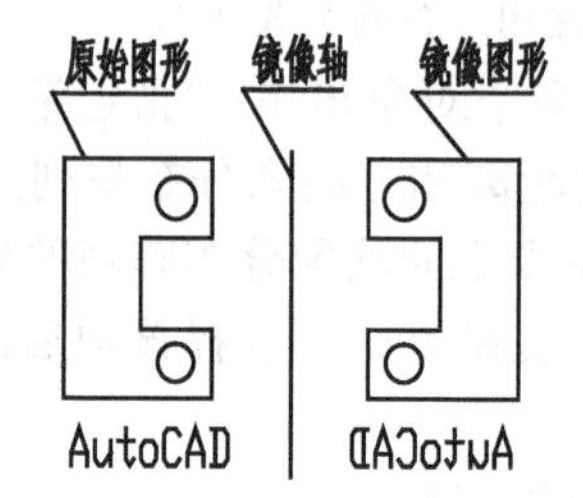

图 5-12 “否”方式镜像对象

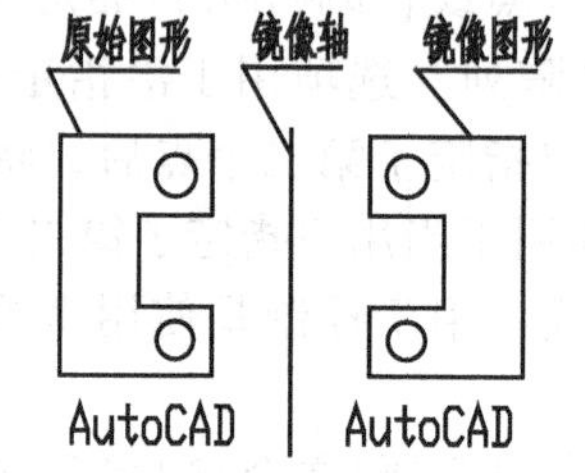

图 5-13 变量 MIRRTEXT=0 时的镜像

### 5.2.3 偏移

偏移命令对指定的对象作等距复制，以创建一个与原对象相似的对象。

1. 调用

◆ 菜单：修改 | 偏移。

◆ 命令行：OFFSET 或命令别名 O。

◆ 草图与注释空间：功能区 | 默认 | 修改 | 偏移。

2. 操作方法

命令：（调用命令）

当前设置：删除源 = 否 图层 = 源 OFFSETGAPTYPE=0

指定偏移距离或 [ 通过 (T)/ 删除 (E)/ 图层 (L)] < 通过 > ：（输入一个偏移距离或指定一个选项，或按 Enter 键使用默认选项“通过”）

3. 选项说明

（1）指定偏移距离：按指定的距离偏移对象。指定偏移距离后的操作和提示如下：

选择要偏移的对象或 [ 退出 (E)/ 放弃 (U)] < 退出 > ：（选择要进行偏移的对象或指定一个选项）

指定要偏移那一侧上的点，或 [ 退出 (E)/ 多个 (M)/ 放弃 (U)] < 退出 > ：（在要偏移的一侧用鼠标或键盘指定一点或指定一个选项）

这时用鼠标或键盘在要偏移的一侧指定一个点即可偏移出一个对象；如果选择“多个”选项，则可以使用指定的偏移距离不断偏移出对象。

（2）通过：偏移对象出来并且通过指定点。操作类似于上一项，如图 5-14 所示。

（3）删除：确定偏移源对象后是否将其删除。如果选择其中的“是”选项，则偏移后删除源对象；如果选择“否”选项，则偏移后不删除源对象。

（4）图层：确定将偏移对象是放在当前图层上还是放在源对象所在的图层上。如果选择其中的“当前”选项，则偏移出的对象将放置在当前图层上；如果选择“源”选项，则偏移出的对象将放置在源对象所在的图层上，如图 5-15 所示。

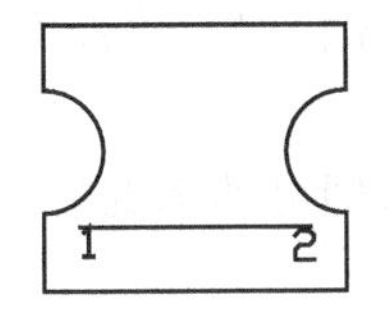


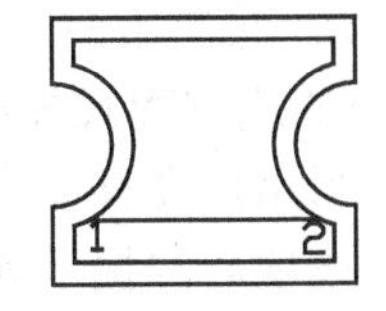


图 5-14 偏移通过指定点 1、2

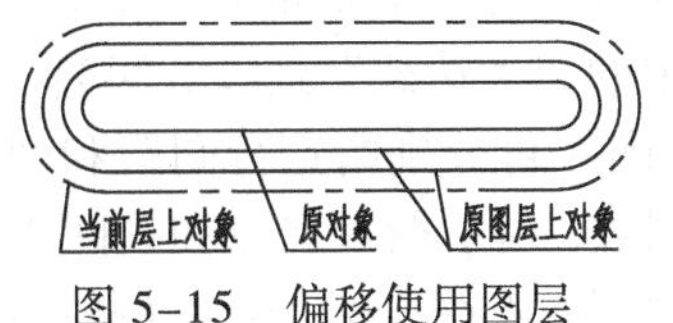


图 5-15 偏移使用图层

### 5.2.4 阵列

阵列指对选定的对象做有规律的复制，有矩形阵列、环形阵列和路径阵列三种。

1. 矩形阵列

矩形阵列命令将选定的对象按矩形排列规律分布到指定数目的行（X 方向）、列（Y 方向）、层（Z 方向）上。在进行二维绘图时，只进行和列的相关设置。只有三维绘图时，才会使用层的设置。其调用方式如下：

◆ 菜单：修改｜阵列｜矩形阵列。

◆ 命令行：ARRAYRECT。

◆ 草图与注释空间：功能区｜默认｜修改｜矩形阵列。

调用命令后的操作和提示如下：

选择对象：（选择要阵列的对象）

选择对象：（继续选择要阵列的对象或按 Enter 键结束对象选择）

类型 = 矩形 关联 = 是

选择夹点以编辑阵列或 [ 关联 (AS)/ 基点 (B)/ 计数 (COU)/ 间距 (S)/ 列数 (COL)/ 行数 (R)/ 层数 (L)/ 退出 (X)] < 退出 > :（选择夹点编辑阵列或指定一个选项）

其中各选项的含义如下：

（1）选择夹点以编辑阵列：在图 5-16 所示的某个夹点单击并拖动鼠标，可调整行数、或调整列数、或调整行间距、或调整列间距以及移动阵列等。

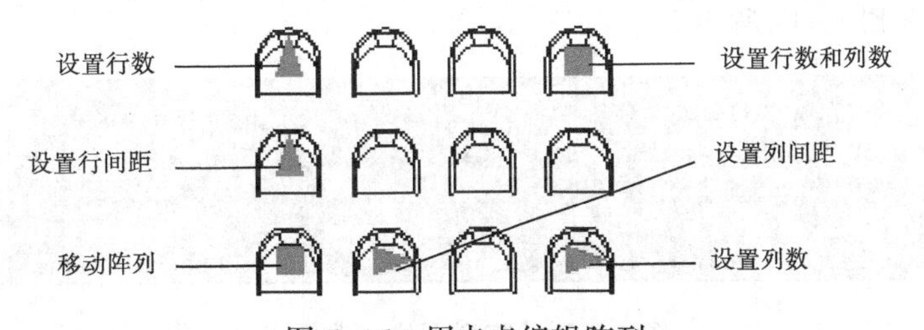


图 5-16 用夹点编辑阵列

（2）关联：指定阵列中的对象是关联的还是独立的。选择该项后的提示如下：

创建关联阵列 [ 是 (Y)/ 否 (N)] < 是 > :（指定一个选项或按 Enter 键使用默认选项“是”）

其中，选择“是”选项，则阵列出来的对象是一个整体；如果选择“否”选项，则阵列出来的对象各自独立。

（3）基点：定义阵列基点和基点夹点的位置。选择该项后的提示如下：

指定基点或 [ 关键点 (K)] < 质心 > :（指定一个基点或选择“关键点”选项）

其中“基点”选项用于指定在阵列中放置项目的基点；选择“关键点”选项，则对于关联阵列，在源对象上指定有效的约束（或关键点）以与路径对齐；“质心”选项为以对象的质心作为基点。

（4）计数：可分别指定阵列的行数和列数，并使用户在移动光标时可以动态观察结果；而选择其中的“表达式”选项，可基于数学公式或方程式导出值。

（5）间距：可分别指定行间距和列间距，当用户在移动光标时即可动态观察出结果。

（6）列数：用于编辑列数和列间距。选择该项后的提示如下：

输入列数或 [ 表达式 (E)] <4> :（指定列数或使用“表达式”选项）

指定列数之间的距离或 [ 总计 (T)/ 表达式 (E)] <5.7329> :（指定列间距或指定一个选项）

用户可以直接指定列数和列间距，若列间距为正，则向 X 轴正向阵列对象，反之则向 X 轴负向阵列对象；如果选择“总计”选项,则可指定第一列与最后一列对应点之间的总距离；选择“表达式”选项，可使用数学公式或方程式导出值。

（7）行数：指定阵列中的行数、行间距以及行之间的增量标高。选择该项的提示如下：

输入行数或 [ 表达式 (E)] <3> :（指定行数或使用“表达式”选项）

指定行数之间的距离或 [ 总计 (T)/ 表达式 (E)] <5.7329> :（指定行间距或指定一个选项）

指定行数之间的标高增量或 [表达式(E)] <0.0000> :（指定行间的增量标高或使用“表达式”选项）

用户可以直接指定行数和行间距。若行间距为正，则向 Y 轴正向阵列对象，反之则向 Y 轴负向阵列对象；“指定行数之间的标高增量”用于设置每个后续行的增大或减小的标高；“总计”选项可指定第一行与最后一行对应点之间的总距离；“表达式”选项，可使用数学公式或方程式导出值。

（8）层数：指定三维阵列的层数和层间距，即指定 Z 坐标方向的参数。其操作和含义类似于上面的“行数”和“列数”选项。

（9）退出：退出命令。

**技巧**

调用“矩形阵列”命令，并选择了阵列的对象后，在功能区会自动显示一个“阵列创建”选项卡，用户可以在其中进行相应设置快速创建矩形阵列。路径阵列和环形阵列也有此特点，如图 5–17 所示。

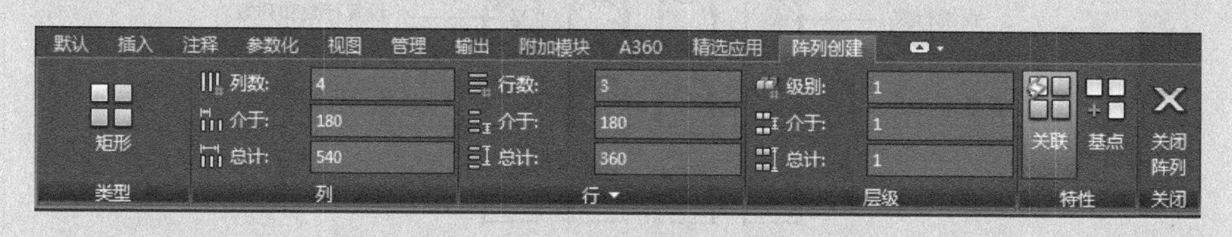


图 5–17 “阵列创建”选项卡

2. 路径阵列

路径阵列命令沿指定路径或部分路径创建均匀分布的对象副本。其调用方式如下：

◆ 菜单：修改｜阵列｜路径阵列。

◆ 命令行：ARRAYPATH。

◆ 草图与注释空间：功能区｜默认｜修改｜路径阵列。

调用命令后的操作和提示如下：

选择对象：（选择要阵列的对象）

选择对象：（继续选择要阵列的对象或按 Enter 键结束对象选择）

类型 = 路径 关联 = 是

选择路径曲线:(选择作为阵列路径的曲线)

选择夹点以编辑阵列或 [ 关联 (AS)/ 方法 (M)/ 基点 (B)/ 切向 (T)/ 项目 (I)/ 行 (R)/ 层 (L)/ 对齐项目 (A)/ Z 方向 (Z)/ 退出 (X)] < 退出 > :(选择夹点编辑阵列或指定一个选项)

其中有些选项与“矩形阵列”相同，下面主要介绍不同的选项。

(1)方法:指定是按给定数目等分路径，还是按给定距离等分路径来放置复制的对象。

(2)切向:指定阵列中的项目如何相对于路径的起始方向对齐。选择该项的提示如下:

指定切向矢量的第一个点或 [ 法线 (N)] :(指定第一个点或使用“法线”选项)

其中，“指定切向矢量的第一个点”选项，用于在要阵列对象上指定两点，以这两个点的连线建立阵列中的项目相对于路径的切线方向，如图 5-18 所示;“法线”选项为根据路径曲线的起始方向调整第一个项目的 Z 方向。

(3)项目:当“方法”选项中的设置为“定数等分”时，可直接指定路径阵列的等分数目，或使用表达式指定路径阵列中的等分数目;当“方法”选项中的设置为“定距等分”时，可直接指定路径阵列两项目间的距离，或使用表达式指定路径阵列中的等分距离。

(4)对齐项目:指定阵列的每个项目是否与路径对齐。图 5-18 中 (b) 为对齐方式，(c) 为非对齐方式。

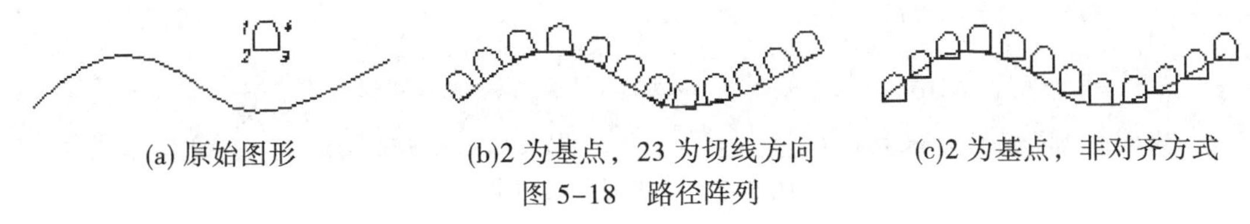

(a) 原始图形　(b)2 为基点，23 为切线方向　(c)2 为基点，非对齐方式

图 5-18　路径阵列

(5)Z 方向:控制是否保持项目的原始 Z 方向或沿三维路径自然倾斜项目。

3. 环形阵列

环形阵列命令围绕指定的中心或旋转轴在环形阵列中均匀分布对象副本。其调用方式如下:

◆ 菜单:修改 | 阵列 | 环形阵列。

◆ 命令行:ARRAYPOLAR。

◆ 草图与注释空间:功能区 | 默认 | 修改 | 环形阵列。

调用命令后的操作和提示如下:

选择对象:(选择要阵列的对象)

选择对象:(继续选择要阵列的对象或按 Enter 键结束对象选择)

类型 = 极轴 关联 = 是

指定阵列的中心点或 [ 基点 (B)/ 旋转轴 (A)] :(指定阵列的中心点或指定一个选项)

选择夹点以编辑阵列或 [ 关联 (AS)/ 基点 (B)/ 项目 (I)/ 项目间角度 (A)/ 填充角度 (F)/ 行 (ROW)/ 层 (L)/ 旋转项目 (ROT)/ 退出 (X)] < 退出 > :(选择夹点编辑阵列或指定一个选项)

其中有些选项与“矩形阵列”和“路径阵列”相同，下面主要介绍不同的选项。

(1)旋转轴:绕由两点定义的旋转轴阵列对象，该项用于三维操作。

(2)项目间角度:使用值或表达式指定环形阵列中相邻两个对象间所夹的圆心角。

(3)填充角度:使用值或表达式指定阵列中第一个和最后一个项目之间所包含的圆心角。指定的角度为正值，则按逆时针方向阵列对象;反之则按顺时针方向阵列对象。

(4)旋转项目:控制在阵列项目时是否旋转项目，如图 5-19 所示。

4. 编辑关联阵列

对于关联阵列，由于其是一个整体，因此可以作为一个对象进行编辑。编辑关联阵列可采用夹点方式，“特性”选项板（后面相关章节介绍），或 ARRAYEDIT 命令进行编辑。

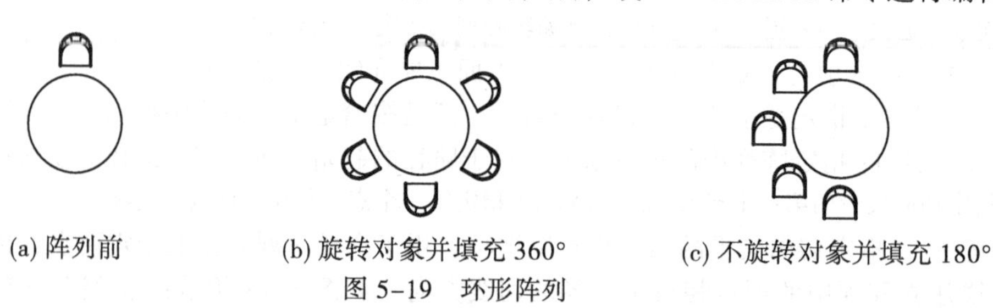

(a) 阵列前　(b) 旋转对象并填充 360°　(c) 不旋转对象并填充 180°

图 5-19　环形阵列

选择关联阵列，阵列对象上会显示相应夹点，将光标移到某个夹点上单击并拖动即可执行相应的操作。如果按住 Ctrl 键单击关联阵列中的某个项目，可以单独删除、移动、旋转或缩放选定的项目。

当选择关联阵列时，功能区会自动显示“阵列”选项卡，用户可以设置相关参数来编辑阵列。如图 5-20 所示为选择矩形阵列时的“阵列”选项卡。

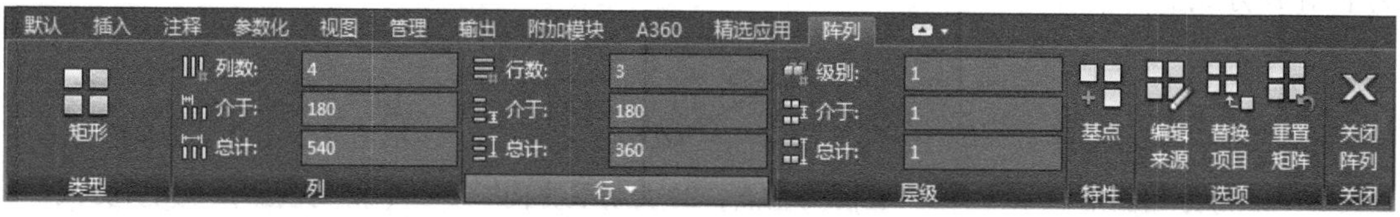

图 5-20　“阵列”选项卡

选择关联阵列，在“阵列”选项卡上单击“编辑来源”按钮，在阵列中选择一个项目并对其修改，然后单击“默认”选项卡 | “编辑阵列”面板 | “保存更改”按钮，这时阵列中的所有项目将做同样的改变，如图 5-21 所示。

选择关联阵列后，在“阵列”选项卡上单击“替换项目”按钮，在图形中选择要替换的圆后按 Enter 键，捕捉到圆的圆心作为替换对象的基点，最后在阵列中选择要替换的项目后按 Enter 键，即可用圆替换掉阵列中的选择项目，如图 5-22 所示。

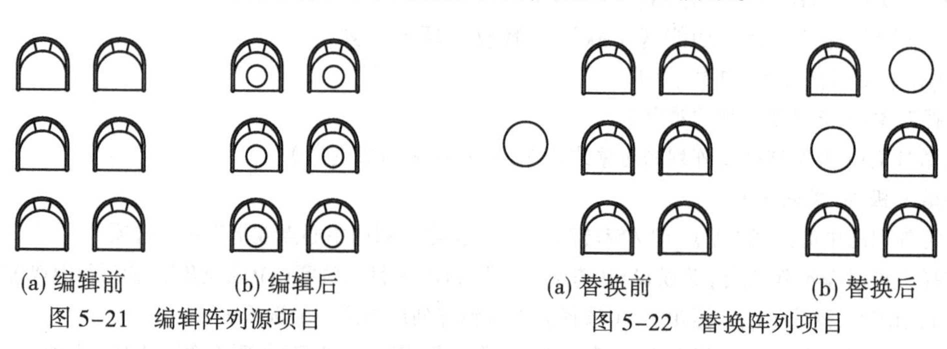

(a) 编辑前　(b) 编辑后

图 5-21　编辑阵列源项目

(a) 替换前　(b) 替换后

图 5-22　替换阵列项目

技巧

通过命令 ARRAY（命令别名 AR）中提示“输入阵列类型 [ 矩形 (R)/ 路径 (PA)/ 极轴 (PO)] < 路径 >:”的选项，同样可以进行矩形阵列、路径阵列和环形阵列（即“极轴”选项）。

### 5.2.5 上机实训 2——栈桥

扫一扫，看视频
※ 6 分钟

绘制如图 5-23 所示的栈桥图形。其操作和提示如下：

（1）调用样条曲线命令 SPLINE 绘制一条路径样条曲线。选择“修改”面板 |“偏移”命令，偏移出其他几条曲线。

（2）单击“绘图”面板 |“矩形”按钮，绘制一个矩形，如图 5-24 所示。

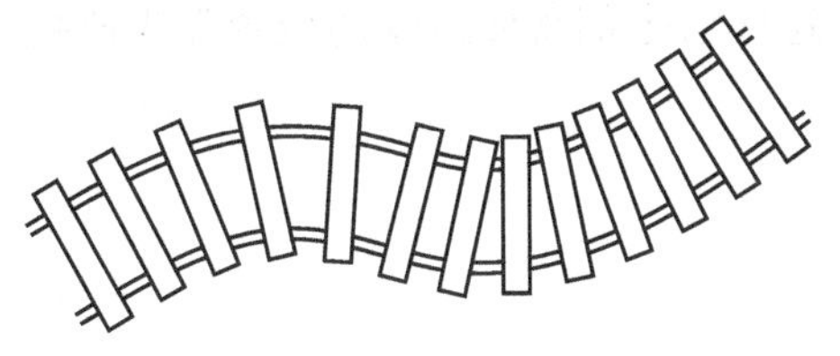
图 5-23 栈桥

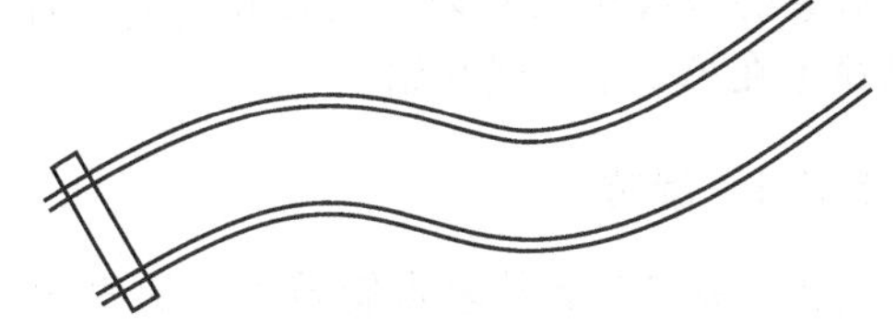
图 5-24 绘制路径和矩形

（3）选择“修改”面板 |“阵列”|“路径阵列”命令，这时的操作和提示如下：

命令：_arraypath（调用路径阵列命令）

选择对象：找到 1 个（选择矩形）

选择对象：（按 Enter 键结束选择）

类型 = 路径 关联 = 是

选择路径曲线：（选择一条路径曲线）

选择夹点以编辑阵列或 [ 关联 (AS)/ 方法 (M)/ 基点 (B)/ 切向 (T)/ 项目 (I)/ 行 (R)/ 层 (L)/ 对齐项目 (A)/ Z 方向 (Z)/ 退出 (X)] < 退出 > : as（选择“关联”选项）

创建关联阵列 [ 是 (Y)/ 否 (N)] < 是 > : n（选择“否”方式）

选择夹点以编辑阵列或 [ 关联 (AS)/ 方法 (M)/ 基点 (B)/ 切向 (T)/ 项目 (I)/ 行 (R)/ 层 (L)/ 对齐项目 (A)/ Z 方向 (Z)/ 退出 (X)] < 退出 > : m（选择“方法”选项）

输入路径方法 [ 定数等分 (D)/ 定距等分 (M)] < 定距等分 > : d（选择“定数等分”选项）

选择夹点以编辑阵列或 [ 关联 (AS)/ 方法 (M)/ 基点 (B)/ 切向 (T)/ 项目 (I)/ 行 (R)/ 层 (L)/ 对齐项目 (A)/ Z 方向 (Z)/ 退出 (X)] < 退出 > : I（选择“项目”选项）

输入沿路径的项目数或 [ 表达式 (E)] <6> : 14（指定项目数 14）

选择夹点以编辑阵列或 [ 关联 (AS)/ 方法 (M)/ 基点 (B)/ 切向 (T)/ 项目 (I)/ 行 (R)/ 层 (L)/ 对齐项目 (A)/ Z 方向 (Z)/ 退出 (X)] < 退出 > : a（选择“对齐项目”选项）

是否将阵列项目与路径对齐？ [ 是 (Y)/ 否 (N)] < 是 > :（直接按 Enter 键选择“是”选项）

选择夹点以编辑阵列或 [ 关联 (AS)/ 方法 (M)/ 基点 (B)/ 切向 (T)/ 项目 (I)/ 行 (R)/ 层 (L)/ 对齐项目 (A)/ Z 方向 (Z)/ 退出 (X)] < 退出 > :（直接按 Enter 键选择“退出”选项，结束命令，结果如图 5-25 所示）

（4）调用删除命令 ERASE 将所余的矩形删除（如果是关联阵列，需按住 Ctrl 键选择多余的矩形，然后才用删除命令 ERASE 将其删除），如图 5-26 所示。

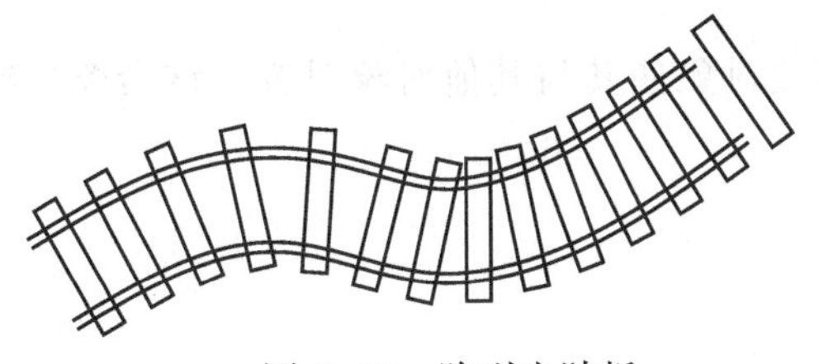
图 5-25 阵列出踏板

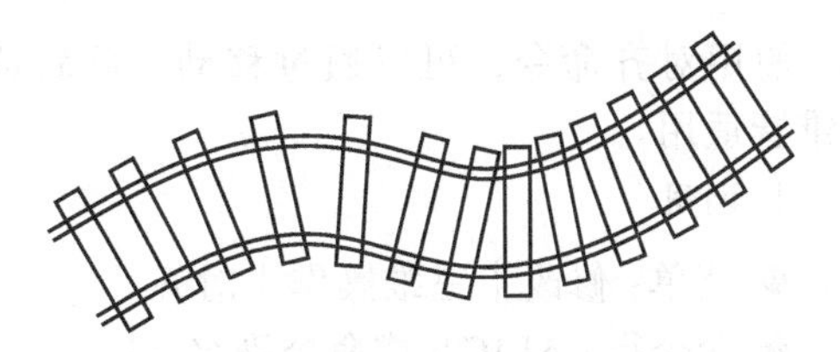
图 5-26 删除多余矩形

（5）选择“修改”面板 | “修剪”命令，在“选择对象：”的提示下，用鼠标选择各个矩形并按 Enter 键，在“选择要修剪的对象……：”的提示下，选择位于矩形内的样条曲线，将其修剪掉。

## 5.3 对象位移

对象的位移包括移动、旋转和对齐等操作，这些命令都将使对象的位置发生改变。而移动命令在第 2 章已经介绍。

### 5.3.1 旋转

旋转命令将对象绕基点旋转指定的角度。

1. 调用

- ◆ 菜单：修改 | 旋转。
- ◆ 命令行：ROTATE 或命令别名 RO。
- ◆ 快捷菜单：选择要旋转的对象后右击，从弹出的快捷菜单中选择“旋转”选项。
- ◆ 草图与注释空间：功能区 | 默认 | 修改 | 旋转。

2. 操作方法

调用命令并选择了对象后的操作和提示如下：

指定基点：（指定旋转对象的基点）

指定旋转角度，或 [ 复制 (C)/ 参照 (R)] <0> ：（指定旋转角度或指定一个选项）

基点是对象做旋转操作时绕着旋转的中心点，用户可以用鼠标和键盘指定。

3. 选项说明

（1）指定旋转角度：按指定的角度使对象绕基点旋转。默认情况下，输入正角度，对象按逆时针方向旋转；反之则按顺时针方向旋转。

（2）复制：创建要旋转的选定对象的副本，即旋转复制一个原对象出来。

（3）参照：通过指定相对角度的方式来旋转对象。这时，要求用户指定一个参照角和一个新角度，对象的实际旋转角度等于新角度减去参照角度。选择该项后的提示如下：

指定参照角 <0> ：（输入一个参照角度或按 Enter 键使用当前角度 0）

指定新角度或 [ 点 (P)] ：（输入一个新的角度或输入 P 使用“点”选项）

其中，“指定参照角”选项，用户可输入一个角度作为参照角，或者用鼠标在绘图区单击两点（可捕捉到对象的特征点），这两点的连线与 X 轴正向的夹角即为参照角；“指定新角度”选项，用于输入一个新角度或用鼠标指定一点，该点与指定参照角时指定的第一点的连线与 X 轴的夹角即为新角度；“点”选项用于通过指定两点来确定新角度。

### 5.3.2 对齐

使用对齐命令，可以通过移动、旋转或缩放对象使其与其他对象对齐。该命令二维、三维皆适用。

1. 调用

- ◆ 菜单：修改 | 三维操作 | 对齐。
- ◆ 命令行：ALIGN 或命令别名 AL。

◆ 草图与注释空间：功能区｜默认｜修改｜对齐。

2. 操作方法

命令：(调用命令)

选择对象：(选择要对齐的对象)

选择对象：(继续选择要对齐的对象或按 Enter 键确认选择的对象)

指定第一个源点：(在要对齐对象上指定第一个源点)

指定第一个目标点：(在被对齐的对象上指定第一个目标点)

指定第二个源点：(在要对齐对象上指定第二个源点)

指定第二个目标点：(在被对齐的对象上指定第二个目标点)

指定第三个源点或 < 继续 > :(在要对齐对象上指定第三个源点，或按 Enter 键结束对齐点的指定)

是否基于对齐点缩放对象？ [是 (Y)/ 否 (N)] < 否 > :(指定一个选项或按 Enter 键执行“否”方式)

用户可依次指定一对点、二对点和三对点进行操作。每一对点均由一个源点和一个目标点组成。如果在指定了第一个源点和第一个目标点后直接回车，则将移动要对齐的对象与被对齐的对象对齐，且使第一个源点和第一个目标点重合；如果指定了两对源点和目标点，则将移动、旋转和缩放要对齐的对象，第一对源点和目标点重合并定义对齐的基准，第二对源点和目标点重合并定义旋转方向和缩放，如图 5-27 所示。继续指定第三个源点和第三个目标点主要用于三维对象的对齐操作。

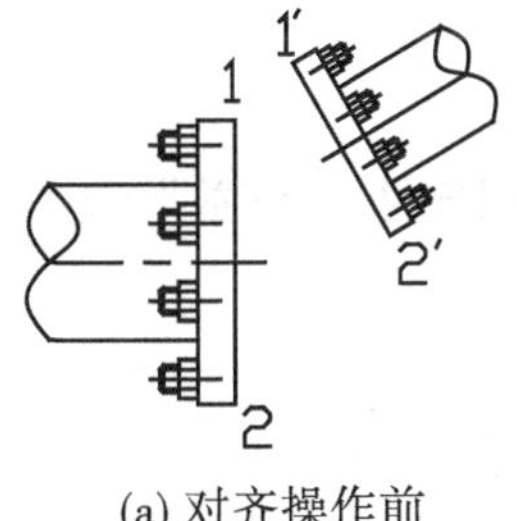

(a) 对齐操作前

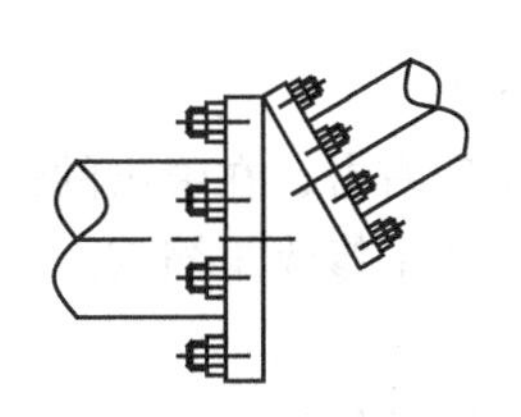
(b) 一对点对齐

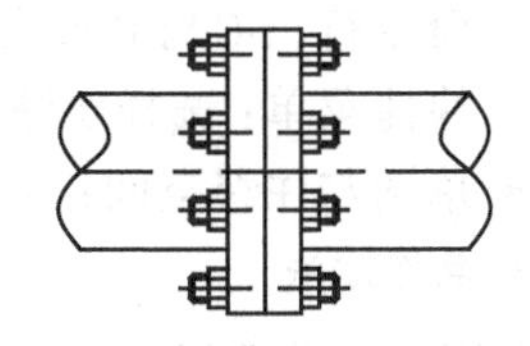
(c) 二对点对齐并缩放对象

图 5-27 对齐操作

其中，“是”选项使对象在进行对齐的同时还要进行缩放操作；“否”选项只进行对齐操作而不进行缩放操作。

### 5.3.3 上机实训 3——绘制手柄

打开“图形”文件夹｜dwg｜Sample｜CH05｜“上机实训 3.dwg”图形，如图 5-28 所示，旋转复制一个手柄到 OB 位置。

扫一扫，看视频
※ 3 分钟

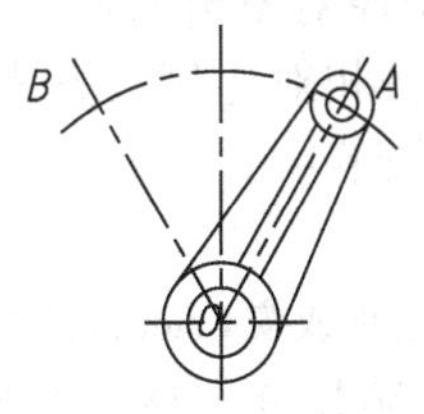


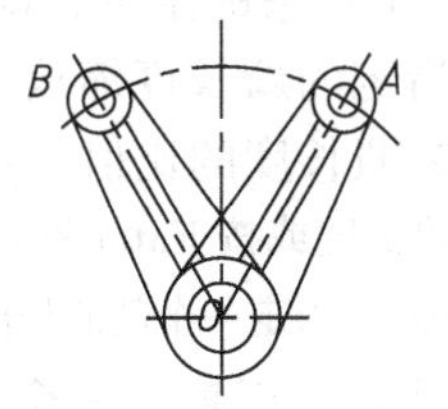


图 5-28 旋转复制对象

命令：ro(输入“旋转”命令的命令别名 RO，并按 Enter 键)

ROTATE

UCS 当前的正角方向：ANGDIR= 逆时针 ANGBASE=0
选择对象：(选择倾斜部分的手柄)
指定基点：(用鼠标捕捉到 O 点)
指定旋转角度，或 [ 复制 (C)/ 参照 (R)] <0>: c(选择“复制”选项)
旋转一组选定对象。
指定旋转角度，或 [ 复制 (C)/ 参照 (R)] <0> : r(选择“参照”选项)
指定参照角 <0> :(用鼠标捕捉到 O 点)
指定第二点：(用鼠标捕捉到 A 点，由 OA 与 X 轴正向的夹角定义了参照角)
指定新角度或 [ 点 (P)] <0> :(用鼠标捕捉到 B 点，由 OB 与 X 轴正向的夹角定义了新角度)

## 5.4 修改对象大小

缩放、拉伸和拉长命令都可以改变对象的大小。

### 5.4.1 缩放

缩放命令将对象按任意比例进行放大和缩小，即在 X、Y 和 Z 方向等比例放大或缩小对象。

1. 调用

- ◆ 菜单：修改 | 缩放。
- ◆ 命令行：SCALE 或命令别名 SC。
- ◆ 快捷菜单：选择要缩放的对象后右击，在弹出的快捷菜单中选择“缩放”选项。
- ◆ 草图与注释空间：功能区 | 默认 | 修改 | 缩放。

2. 操作方法

调用命令并选择对象后的操作和提示如下：

指定基点：(指定缩放的基点)
指定比例因子或 [ 复制 (C)/ 参照 (R)] <1.0000> :(指定缩放的比例因子或指定一个选项或按 Enter 键使用当前比例因子 1)

基点为对选定对象进行缩放时位置保持不变的点，通常选择在对象的特征点上，如中心点、圆心等。

3. 选项说明

(1) 指定比例因子：按指定的比例放大或缩小选定对象，比例值大于 1 将使对象放大；介于 0 和 1 之间的比例使对象缩小。

(2) 复制：创建要缩放的选定对象的副本，即缩放复制一个原对象出来。

(3) 参照：按参照长度和指定的新长度缩放所选对象，即按相对比例的方式进行缩放。此方式的比例因子是新长度与参照长度的比值。选择该项提示如下：

指定参照长度 <1> :(指定参照长度或按 Enter 键使用当前长度 1)
指定新的长度或 [ 点 (P)] <1.0000> :(指定一个新的长度或使用“点”选项或按 Enter 键使用当前长度 1)

其中“指定参照长度”选项，用于输入一个长度值作为参照长度，该长度也可以用鼠标单击两点指定，这两点连线的长度即为参照长度；“指定新的长度”选项，用于输入一个新长度值或用鼠标指定一点，该点与指定参照长度时指定的第一点的连线即为新长度；“点”选项用于通过指定两点来确定新长度。

**技巧**

旋转命令中的“参照”选项和缩放命令中的“参照”选项，常用于不知道旋转的角度是多少，以及不知道缩放的比例因子是多少，用手工拖动进行旋转和缩放。

### 5.4.2 拉伸

拉伸命令可以将对象在指定方向上拉伸和移动，如图5-29所示。

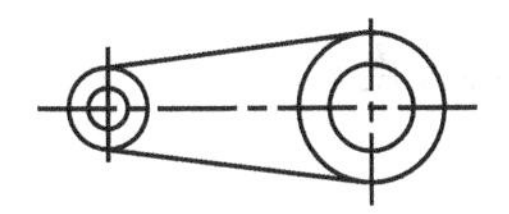
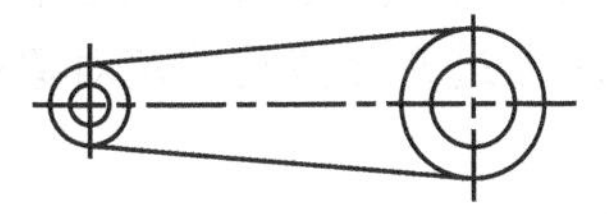

图5-29 拉伸对象

1. 调用

◆ 菜单：修改｜拉伸。
◆ 命令行：STRETCH或命令别名S。
◆ 草图与注释空间：功能区｜默认｜修改｜拉伸。

2. 操作方法

命令：（调用命令）
以交叉窗口或交叉多边形选择要拉伸的对象...
选择对象：（选择要进行拉伸的对象）
选择对象：（继续选择对象或按Enter键确认选择的对象）
指定基点或[位移(D)] <位移>：（指定拉伸基点或按Enter键使用“位移”选项）

该命令的操作和提示，与“移动”命令类似，用户可以参照操作。但该命令必须以交叉窗口或交叉多边形方式选择对象，即用鼠标拖出的选择窗口为虚线窗口方式。

在选择对象时，若整个对象均位于选择窗口内，则执行的是移动操作；若只是对象的一部分位于选择窗口内，则将进行拉伸操作。

**技巧**

拉伸命令非常关键，常用于绘图后期发现图形绘制的尺寸不正确时，即采用拉伸命令修改对象的大小。

### 5.4.3 拉长

拉长命令可以改变非封闭对象的长度和圆弧的圆心角。还可以测量对象的长度和圆心角。

1. 调用

◆ 菜单：修改｜拉长。
◆ 命令行：LENGTHEN或命令别名LEN。
◆ 草图与注释空间：功能区｜默认｜修改｜拉长。

2. 操作方法

命令：（调用命令）
选择要测量的对象或[增量(DE)/百分比(P)/总计(T)/动态(DY)] <总计(T)>：（选择对象或指定一个选项）

3. 选项说明

（1）选择要测量的对象：用于测量对象的长度和圆弧对象的弧长及圆心角。

（2）增量：以指定的增量修改对象长度或圆弧角度，该增量从距离选择点最近的端点处开始测量。指定正值时，对象加长；反之对象缩短。

（3）百分比：通过指定对象总长度的百分比来改变对象的长度。当指定值大于百分之百时，对象或圆弧在距选取点最近的端点变长；反之，则缩短。

（4）总计：通过指定从固定端开始的总长度来改变选定对象或圆弧的长度。该项也可按照指定的总角度来改变选定圆弧的圆心角。

（5）动态：通过光标拖动选定对象的端点之一来改变其长度。

**技巧**

使用该命令测量对象或圆弧的长度或圆心角时，测量的精度取决于“格式”菜单|“单位”命令中的“长度”和“角度”的精度设置。

### 5.4.4 上机实训 4——修改门

扫一扫，看视频

※ 6 分钟

打开“图形”文件夹 | dwg | Sample | CH05 |“上机实训 4.dwg”图形，如图 5-30(a) 所示。修改门的大小，使其与门框尺寸相同，并且将门移动到右边位置。其操作和提示如下：

（1）选择“修改”面板 |“缩放”命令，在“选择对象：”的提示下，框选整个门并按 Enter 键；在“指定基点：”的提示下捕捉到 1 点；在“指定比例因子……：”的提示下输入 R，选择“参照”选项；在“指定参照长度：”的提示下，用鼠标捕捉到 1、2 两点单击；在“指定新的长度……：”的提示下，用鼠标捕捉到 3 点，这样即将门放大到和门框的尺寸一样。

（2）选择“修改”面板 |“拉伸”命令，在“选择对象：”的提示下，用交叉窗口方式选择门，如图 5-30(b) 所示；在“指定基点：”的提示下，用鼠标捕捉到门框的左边上端点；在“指定第二个点……：”的提示下，按住 Shift 键右击，在弹出的快捷菜单中选择“最近点”选项，移动鼠标到右边合适位置单击，完成图形绘制，如图 5-30(c) 所示。

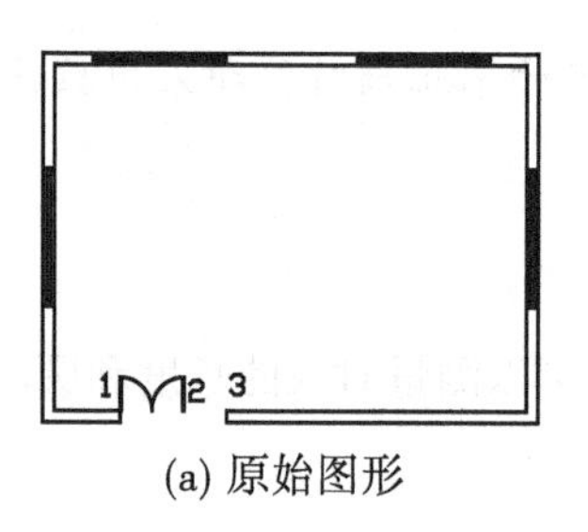


(a) 原始图形

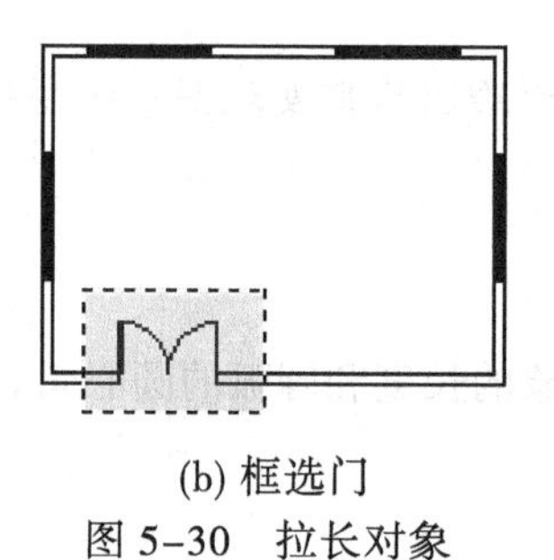

(b) 框选门

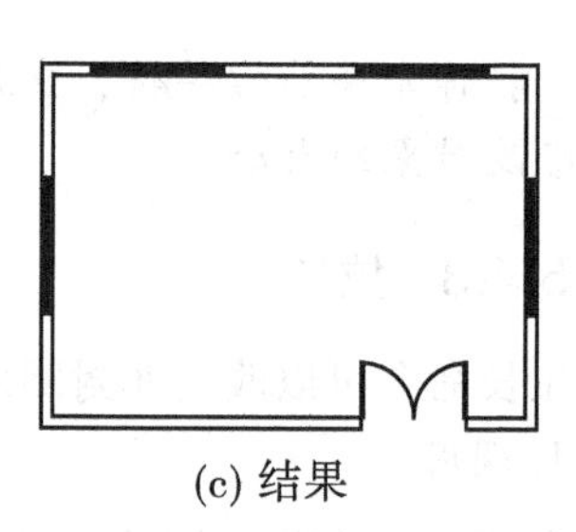

(c) 结果

图 5-30 拉长对象

## 5.5 修改对象到指定边界

在绘图过程中，用户常常会遇到有些线段超出了某个边界，而有时又会有一些线段绘制短了而需要延长到某个边界。使用修剪命令 TEIM 和延伸命令 EXTEND，可以很方便地将对象修改到指定边界。

### 5.5.1 修剪

修剪命令可以将对象修剪到指定的边界，同时具有延伸功能。

1. 调用

◆ 菜单：修改 | 修剪。

◆ 命令行：TRIM 或命令别名 TR。

◆ 草图与注释空间：功能区 | 默认 | 修改 | 修剪。

2. 操作方法

命令：（调用命令）

当前设置：投影 =UCS，边 = 无（提示当前的设置）

选择剪切边 ...（提示选择作为修剪边界的对象）

选择对象或 < 全部选择 > :（选择作为修剪边界的对象或按 Enter 键选择所有对象作为修剪边界）

选择对象：（继续选择作为修剪边界的对象或按 Enter 键确认所选择的边界对象）

选择要修剪的对象或按住 Shift 键选择要延伸的对象或 [ 栏选 (F)/ 窗交 (C)/ 投影 (P)/ 边 (E)/ 删除 (R)/ 放弃 (U)] :（选择要修剪的对象或按住 Shift 键延伸对象或指定一个选项）

选择作为修剪边界的对象时，既可以选择一个对象，也可以选择多个对象，还可以直接按 Enter 键选择全部的对象作为修剪的边界。而“栏选”和“窗交”选项与本章第一节的对应选项相同，“删除”和“放弃”选项也与前面介绍的对应内容相同，因此不再介绍。

3. 选项说明

（1）选择要修剪的对象：选取一个或多个对象上要修剪的部分进行修剪，直到按 Enter 键结束命令。如图 5-31(b) 所示，为以 6 线段为边界修剪对象。

（2）按住 Shift 键选择要延伸的对象：按住 Shift 键，选择未与边界相交的对象，可以将其延伸到指定的边界。如图 5-31(c) 所示，以 7 线段为边界延伸 2 线段。

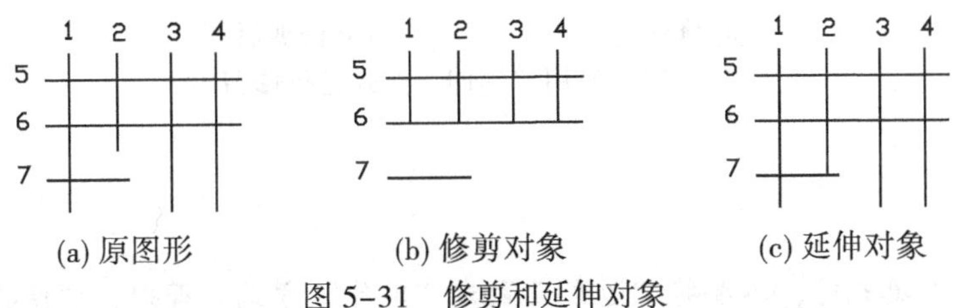


(a) 原图形　(b) 修剪对象　(c) 延伸对象

图 5-31　修剪和延伸对象

（3）投影：指定修剪对象时使用的投影模式。选择该项后的操作和提示如下：

输入投影选项 [ 无 (N)/UCS(U)/ 视图 (V)] <UCS> :（指定一个选项或按 Enter 键使用默认选项 UCS）

其中，若选择“无”选项，则被修剪的对象与作为修剪边界的对象必须在三维空间中真实相交才能进行修剪；若选择 UCS 选项，则将要修剪的对象和修剪边界投影到当前 UCS 坐标系的 XY 平面后，再对其投影进行修剪；若选择“视图”选项，则将要修剪的对象和修剪边界投影到当前的视图平面上后再进行修剪。

如图 5-32 所示，直线 1 的两个端点分别是（0,0,0）和（100,60,0）；直线 2 的两个端点分别为（100,0,20）和（0,100,20），这两条直线在空间并不相交。使用 UCS 方式以直线 1 为边界修剪直线 2，选择“视图”菜单 | “三维视图” | “俯视”命令，可看出它们的投影相交。图 5-33 则使用“视图”方式修剪，选择“视图”菜单 | “三维视图” | “西南等

轴测”命令，可以看出在当前的视图平面上刚好修剪 2 线段到指定的边界 1 线段处。

（4）边：指定修剪对象时是否使用延伸模式。选择该项后的操作和提示如下：

输入隐含边延伸模式 [ 延伸 (E)/ 不延伸 (N)] < 不延伸 > :（指定一个选项）

其中，“延伸”选项是假想将修剪边界沿自身自然路径延伸后再修剪对象，如图 5-34 所示；“不延伸”选项则在修剪时不延伸修剪边界，因此与边界不相交则不能修剪。

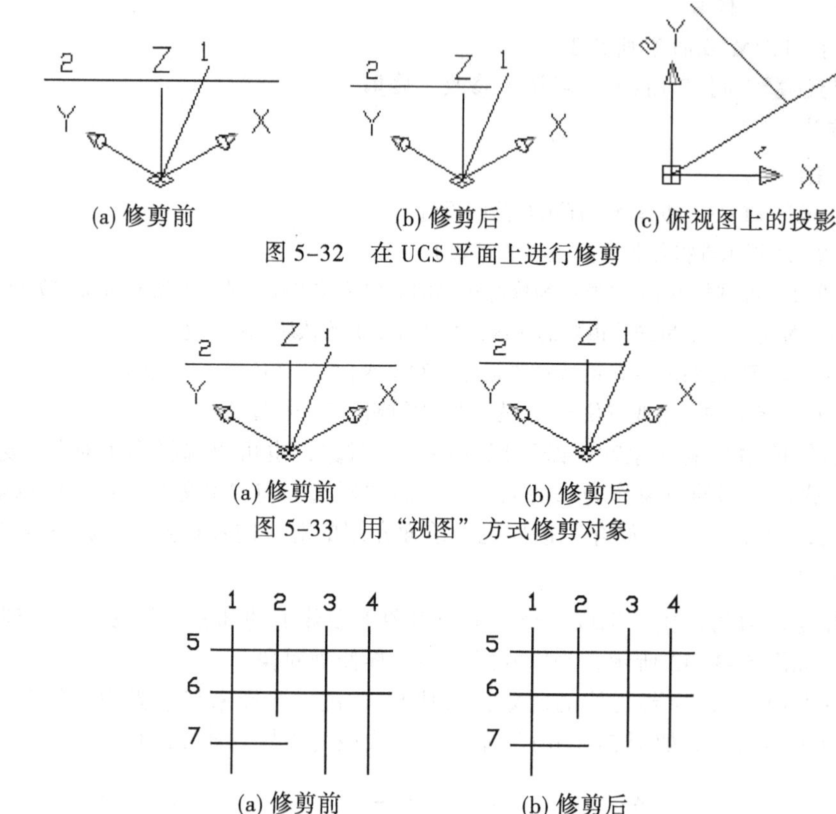


(a) 修剪前　(b) 修剪后　(c) 俯视图上的投影

图 5-32　在 UCS 平面上进行修剪

(a) 修剪前　(b) 修剪后

图 5-33　用“视图”方式修剪对象

(a) 修剪前　(b) 修剪后

图 5-34　使用“延伸”方式进行修剪

**技巧**

● 修剪图案填充时，不要将“边”设置为“延伸”方式。否则，即使将允许的间隙设置为正确的值，修剪图案填充时也不能填补修剪边界中的间隙。

● 对于把带有宽度的多段线作为要修剪的对象时，修剪是按中心线来计算的，并保留多段线的宽度信息，修剪边界与多段线的中心线垂直。

● 修剪边界自身也可以作为被修剪的对象。

### 5.5.2 延伸

延伸命令可以将对象延伸到指定的边界，同时具有修剪功能，如图 5-35 所示。

1. 调用

◆ 菜单：修改 | 延伸。

◆ 命令行：EXTEND 或命令别名 EX。

◆ 草图与注释空间：功能区｜默认｜修改｜延伸。

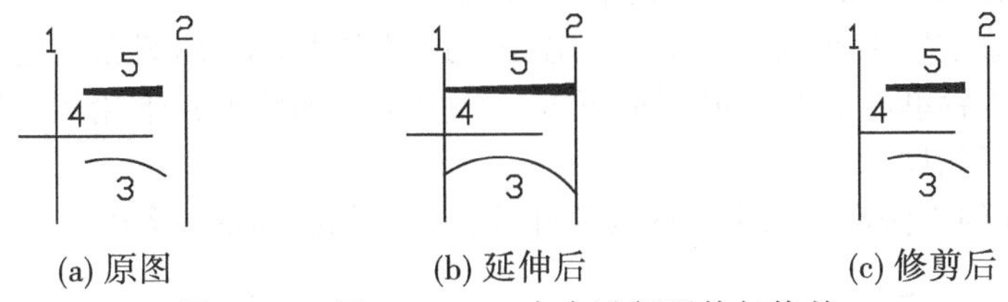


(a) 原图　(b) 延伸后　(c) 修剪后

图 5-35　用 EXTEND 命令进行延伸与修剪

2. 操作方法

命令：(调用命令)

当前设置：投影 =UCS，边 = 无(提示当前的设置)

选择边界的边 ...(提示选择作为边界的对象)

选择对象或 < 全部选择 >：(选择作为延伸边界的对象,或按 Enter 键选择全部对象作为延伸边界)

选择对象：(继续选择作为延伸边界的对象，或按 Enter 键确认选择的边界对象)

选择要延伸的对象，或按住 Shift 键选择要修剪的对象，或 [ 栏选 (F)/ 窗交 (C)/ 投影 (P)/ 边 (E)/ 放弃 (U)]：(选择要延伸的对象或按住 Shift 键修剪对象，或指定一个选项)

该命令的使用与修剪命令 TRIM 的操作和提示基本相同，用户可参照操作。

### 5.5.3　上机实训 5——绘制手柄

扫一扫，看视频
※ 12 分钟

绘制如图 5-36 所示的手柄。其操作和提示如下：

(1) 设置“粗实线”“中心线”等图层，并将“中心线”图层设置为当前图层。

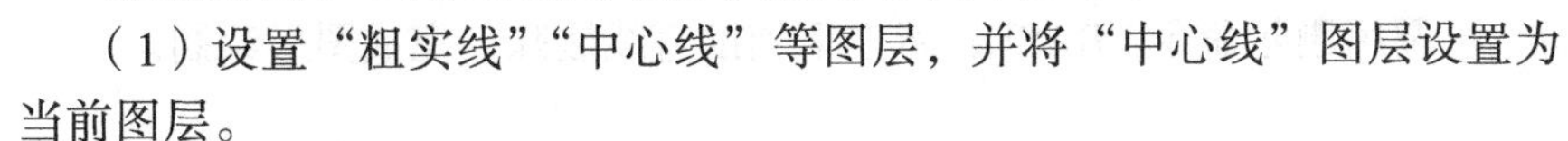

(2) 调用直线命令 LINE 绘制中心线。

(3) 将“粗实线”图层设置为当前层，单击“绘图”面板｜“矩形”命令，绘制右边的矩形。

(4) 单击“修改”面板｜“偏移”命令，设置偏移距离为 15，将中心线向上和向下各偏一条出来。

(5) 单击“绘图”面板｜“圆”命令，绘制右边半径为 15 的圆和左边半径为 10 的圆，如图 5-37 所示。

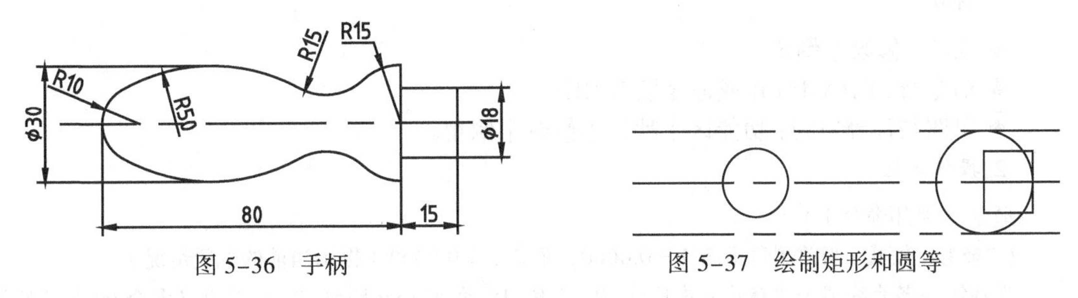


图 5-36　手柄　　图 5-37　绘制矩形和圆等

(6) 选择“绘图”面板｜“圆”｜“相切、相切、半径”命令，分别捕捉到左边圆的左上位置和上面的辅助直线单击，输入圆的半径 50 并按 Enter 键，绘出与左边圆内切和上边直线相切的圆。

(7) 用同样的方法绘制与左边圆内切和下边直线相切的半径为 50 的圆。

（8）再次调用圆的“相切、相切、半径”命令，在上下各绘制一个与半径为 15 和 50 的圆相外切的半径为 15 的圆，结果如图 5-38 所示。

（9）单击“修改”工具栏｜“修剪”命令，选择左边 R10 的圆和上边 R15 的圆为边界并按 Enter 键，然后单击下面 R50 圆的下方，修剪出手柄的上弧形轮廓；用同样的方法修剪出手柄的下弧形轮廓。

（10）用同样的方法修剪出手柄的其他部分，结果如图 5-39 所示。

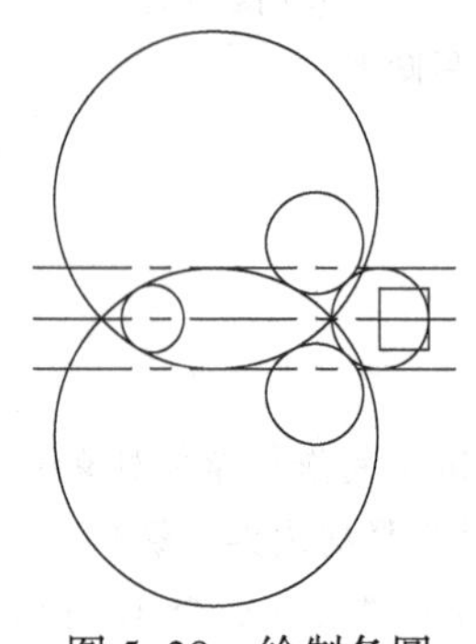

图 5-38　绘制各圆

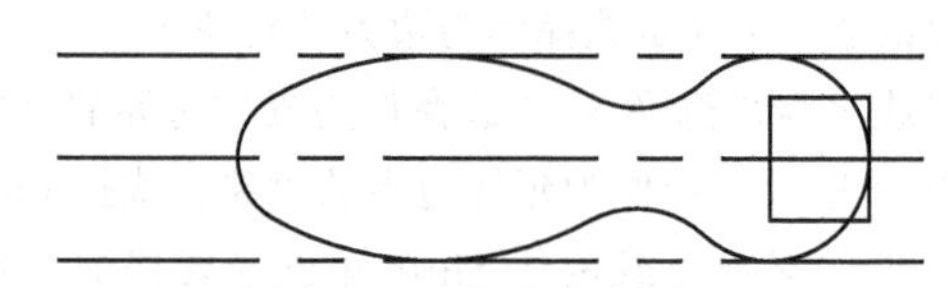

图 5-39　修剪出轮廓

（11）选择“修改”面板｜“分解”命令，将左边矩形分解。

（12）单击“修改”面板｜“延伸”命令，选择右边 R15 的圆为边界并按 Enter 键，然后单击矩形的左边直线，将该直线的上下两端延伸到此圆。

（13）单击“修改”面板｜“修剪”命令，选择延伸出的直线为边界，然后单击右边 R15 圆的右边，将其修剪，再调用删除命令 ERASE，将上下辅助直线删除，完成图形绘制。

## 5.6 倒角修改对象

绘图时，经常需要对所绘制的对象进行倒棱角、倒圆角处理，或者对对象间进行光滑处理。这时，可以使用倒角命令 CHAMFER、圆角命令 FILLET 和光滑曲线命令 BLEND。

### 5.6.1 倒角

倒角命令对对象进行倒棱角处理，还可以倒角三维实体和曲面。

1. 调用

◆ 菜单：修改｜倒角。

◆ 命令行：CHAMFER 或命令别名 CHA。

◆ 草图与注释空间：功能区｜默认｜修改｜倒角。

2. 操作方法

命令：（调用命令）

（“修剪”模式）当前倒角距离 1 = 0.0000，距离 2 = 0.0000（提示当前的设置情况）

选择第一条直线或 [ 放弃 (U)/ 多段线 (P)/ 距离 (D)/ 角度 (A)/ 修剪 (T)/ 方式 (E)/ 多个 (M)]：（选择要倒角的第一条直线或指定一个选项）

3. 选项说明

（1）选择第一条直线：选择要倒角的两条边中的第一条边。选择后的操作及提示如下：

选择第二条直线，或按住 Shift 键选择直线以应用角点或 [ 距离 (D)/ 角度 (A)/ 方法 (M)]：（选择要

进行倒角的第二条直线，或者按住 Shift 键并选择对象，或指定一个选项）

当用户选择了第二条直线后，AutoCAD 将以指定的倒角方式和倒角距离对两条直线进行倒角。如果选择对象时按住 Shift 键，将用 0 值替代当前的倒角距离进行倒角。

（2）放弃：放弃上一次的倒角操作。

（3）多段线：对整个多段线每个顶点处的相交直线段进行倒角，如图 5-40 所示。

（4）距离：分别设置两个倒角距离进行倒角，其中，第一个倒角距离在首先拾取的第一条边上，而第二个倒角距离在后拾取的第二条边上。

（5）角度：用第一条线的倒角距离与倒角线和第一条直线的夹角来确定倒角的大小。

（6）修剪：确定倒角时其倒角边是否进行修剪，如图 5-40(b) 和图 5-40(c) 所示。

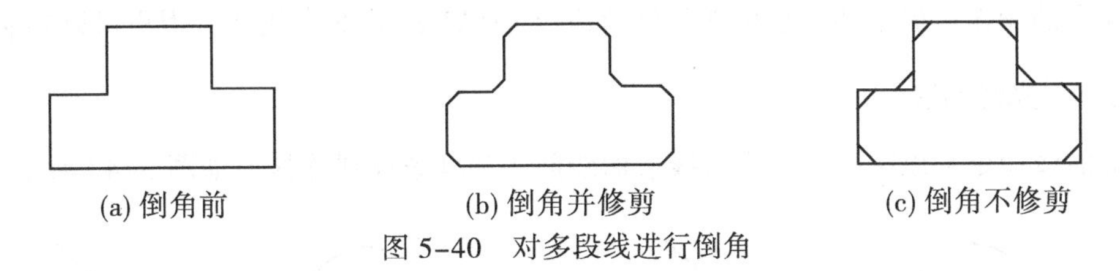
(a) 倒角前　(b) 倒角并修剪　(c) 倒角不修剪

图 5-40　对多段线进行倒角

（7）方式：选择其中的“距离”选项，将使用两个距离的方式进行倒角；而选择其中的“角度”选项，将使用一个距离和一个角度的方式倒角。

（8）多个：选择该项，可在一次调用命令的情况下给多个对象进行倒角。

4. 说明

（1）如果倒角的两个对象具有相同特性（图层、颜色、线型和线宽），则倒角线段也具有相同的特性。否则，倒角线段将采用当前的图层、颜色、线型和线宽。

（2）进行倒角时，如果指定的两个倒角距离都为 0，则倒角操作将修剪或延伸两个对象直至它们相交。即这时该命令同时具有修剪和延伸的功能，如图 5-41 和图 5-42 所示。

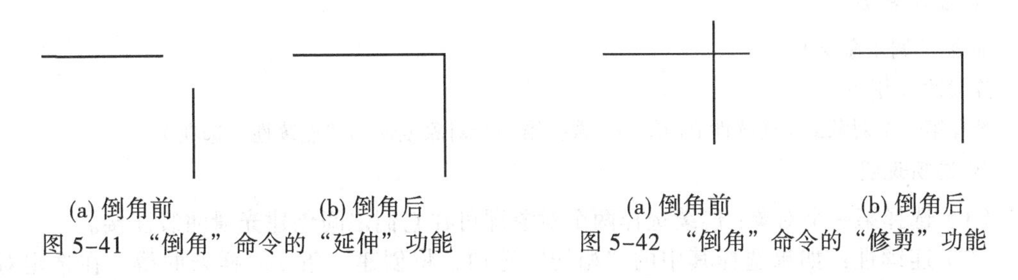
(a) 倒角前　(b) 倒角后

图 5-41　“倒角”命令的“延伸”功能

(a) 倒角前　(b) 倒角后

图 5-42　“倒角”命令的“修剪”功能

### 5.6.2　圆角

圆角命令可以使用一段指定半径的圆弧，对两个对象进行光滑圆弧连接，如图 5-43 所示。

(a) 圆角前　(b) 圆角后

图 5-43　倒圆角操作

1. 调用

◆ 菜单：修改 | 圆角。
◆ 命令行：FILLET 或命令别名 F。
◆ 草图与注释空间：功能区 | 默认 | 修改 | 圆角。

2. 操作方法

命令：(调用命令)
当前设置：模式 = 修剪，半径 = 0.0000(提示当前的设置情况)
选择第一个对象或 [放弃 (U)/ 多段线 (P)/ 半径 (R)/ 修剪 (T)/ 多个 (M)]：(选择要倒圆角的第一条边或指定一个选项)

该命令的操作、提示和注意事项与倒角命令 CHAMFER 非常相似，用户可以参照操作。

### 5.6.3 光滑曲线

光滑曲线命令可以在两条选定直线或曲线间创建样条曲线连接，如图 5-44 所示。

(a) 操作前　　(b) 操作后

图 5-44 创建光滑曲线

1. 调用

◆ 菜单：修改 | 光滑曲线。
◆ 命令行：BLEND。
◆ 草图与注释空间：功能区 | 默认 | 修改 | 光滑曲线。

2. 操作方法

命令：(调用命令)
连续性 = 相切
选择第一个对象或 [连续性 (CON)]：(选择第一个对象或使用“连续性”选项)

3. 选项说明

(1) 选择第一个对象：连续选择两个对象即可在它们之间创建光滑曲线连接。

(2) 连续性：如果选择其中的“相切”选项，将创建一条 3 阶样条曲线，在选定对象的端点处具有相切 (G1) 连续性；如果选择其中的“平滑”选项，将创建一条 5 阶样条曲线，在选定对象的端点处具有曲率 (G2) 连续性。

### 5.6.4 上机实训 6——绘制槽板

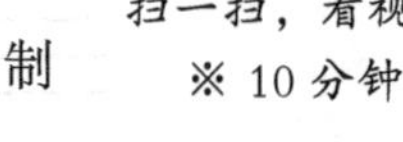


绘制如图 5-45 所示的槽板图形。其操作和提示如下：

(1) 设置“中心线”“粗实线”图层，并将“中心线”层设置为当前图层。

(2) 调用直线命令 LINE 绘制中心线。

(3) 将“粗实线”图层设置为当前图层。调用圆命令 CIRCLE 绘制直径为 50 和 70 的两个圆。

(4) 选择“修改”面板 | “偏移”命令，设置偏移距离为 6，将水平中心线向上和向下

各偏移一根出来；同样，设置偏移距离 15，将水平中心线向上和向下各偏移一根出来；设置偏移距离 50，将垂直中心线向左和向右各偏移一根出来；再次设置偏移距离 70，将垂直中心线向左和向右各偏移一根出来。

选择这些偏移出来的中心线，再选择“图层”面板的图层下拉列表中的“粗实线”图层，将这些对象的图层更改到“粗实线”层上，结果如图 5-46 所示。

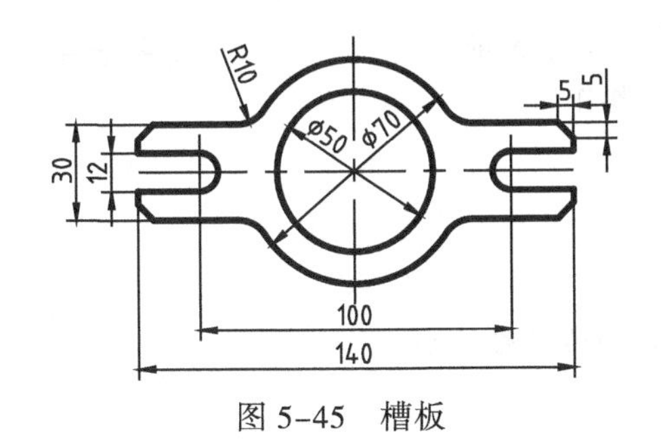


图 5-45　槽板

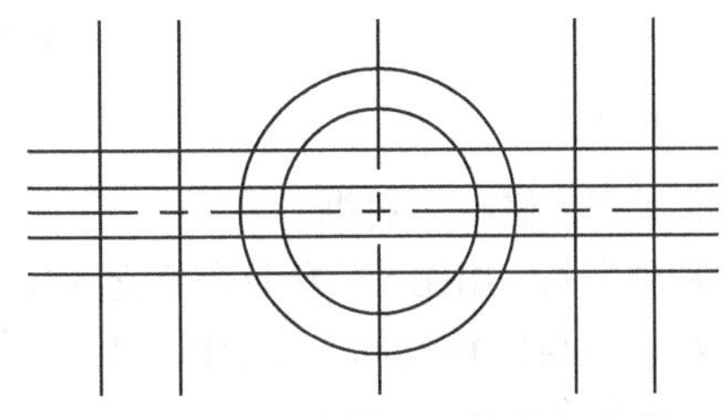

图 5-46　绘制圆和偏移各直线

（5）选择“修改”面板 | “修剪”命令，修剪出左右轮廓，如图 5-47 所示。

（6）选择“修改”面板 | “圆角”命令，并选择“半径”选项，设置半径为 6，单击左端槽的上下两条直线的右端，绘制出槽的半圆；用同样的方法绘制右端槽的半圆。

（7）再次调用“圆角”命令，选择“修剪”选项，并设置为“不修剪”方式；选择“半径”选项，设置圆角半径为 10；再选择“多个”选项，然后倒 4 个半径为 10 的圆角。

（8）选择“修改”面板 | “倒角”命令，选择“修剪”选项，并设置为“修剪”方式；接着选择“距离”选项，分别设置两个倒角距离都为 5；再选择“多个”选项，然后倒两端的 4 个角，结果如图 5-48 所示。

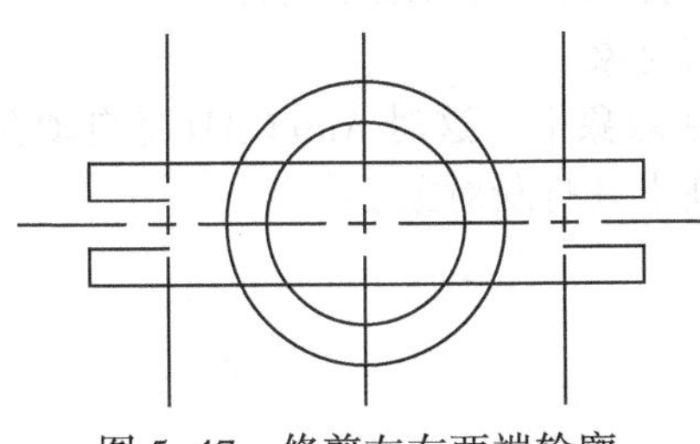

图 5-47　修剪左右两端轮廓

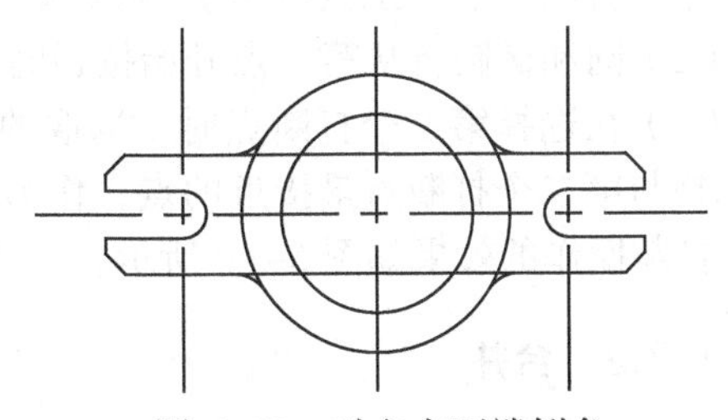

图 5-48　对左右两端倒角

（9）选择“修改”面板 |“修剪”命令，选择 4 个半径为 10 的圆弧为修剪边界，然后修剪中间多余线条。

（10）选择“修改”面板 |“拉长”命令，并选择其中的“动态”选项，单击左边垂直中心线的上端，拖动鼠标调整其长度到合适；用同样的方法调整该中心线下端和右边中心线的长度，完成图形绘制。

## 5.7　合并与分解对象

合并命令 JOIN、打断命令 BREAK、分解命令 EXPLODE 可将对象进行合并和分解。

### 5.7.1　打断

打断命令将对象打断为两部分或删除实体中的一部分，如图 5-49 所示。

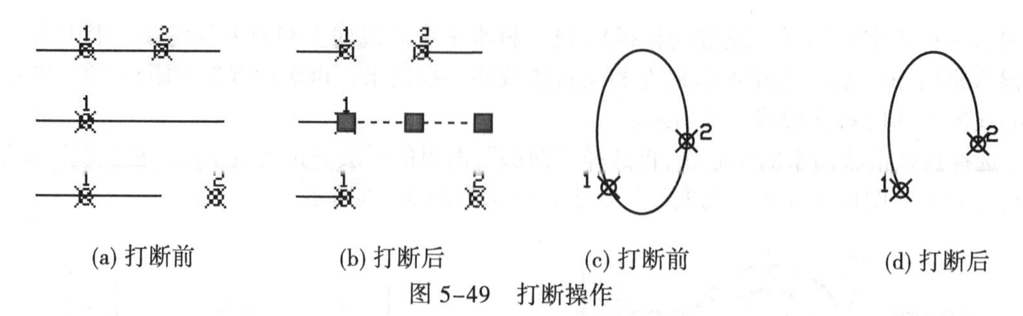


(a) 打断前　(b) 打断后　(c) 打断前　(d) 打断后

图 5-49　打断操作

1. 调用

◆ 菜单：修改｜打断。

◆ 命令行：BREAK 或命令别名 BR。

◆ 草图与注释空间：功能区｜默认｜修改｜打断或打断于点。

2. 操作方法

命令：（调用命令）

选择对象：（选择要打断的对象）

指定第二个打断点 或 [第一点 (F)]：（指定第二个打断点或输入 F 使用“第一点”方式）

用鼠标选取对象时，拾取点为默认的第一个打断点，接着再指定第二个打断点，即可将对象上第一点与第二点之间的部分删除；选择“第一点”选项，可以重新指定第一个打断点来替换原来选择对象时指定的第一个打断点。

3. 说明

（1）如果在“指定第二个打断点：”的提示下输入“@”后按Enter键（也可使用“修改”面板｜“打断于点”工具按钮），则对象将在第一个打断点处被打断成两部分。

（2）圆和椭圆将从第一点开始按逆时针方向打断对象。

（3）在选择第二个打断点时，选取的点可以不在对象上，这时 AutoCAD 将自动在对象上选择与第二个打断点最接近的点，作为第二个打断点来打断对象。

打断操作的效果如图 5-49 所示。

## 5.7.2　合并

合并命令将相似对象合并以形成一个完整的对象。

1. 调用

◆ 菜单：修改｜合并。

◆ 命令行：JOIN 或命令别名 J。

◆ 草图与注释空间：功能区｜默认｜修改｜合并。

2. 操作方法

命令：（调用命令）

选择源对象或要一次合并的多个对象：（选择目标对象）

选择要合并的对象：（选择要合并的对象）

选择要合并的对象：（继续选择要合并的对象或按 Enter 键确认选择的对象）

当选择了源对象和要合并的对象后，这些对象将合并为一个整体，如图 5-50 所示。

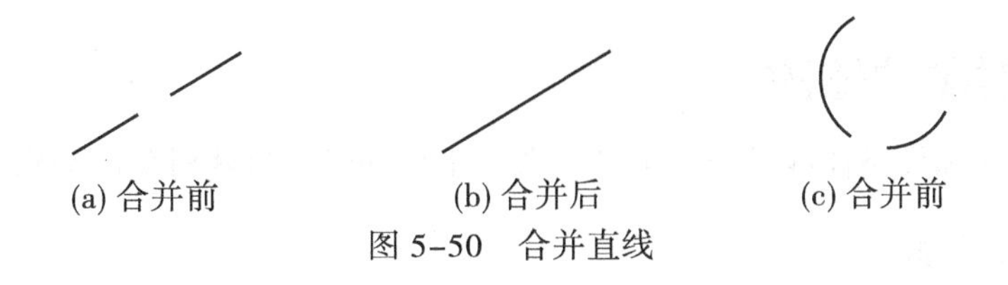

(a) 合并前　　(b) 合并后　　(c) 合并前

图 5-50　合并直线

3. 说明

（1）选择的对象不同，提示会略有不同，如选择圆类曲线，还会有“闭合”选项。

（2）合并操作应用于类似对象的合并，如直线与直线、圆弧与圆弧、椭圆弧与椭圆弧、样条曲线与样条曲线进行合并。但是，多段线可以与直线、多段线或圆弧进行合并。

（3）对象在进行合并时必须共线（对直线、多段线），或者位于同一假想圆或椭圆上（对圆、圆弧、椭圆），或者共面（对样条曲线、螺旋线），如图 5-51 所示。

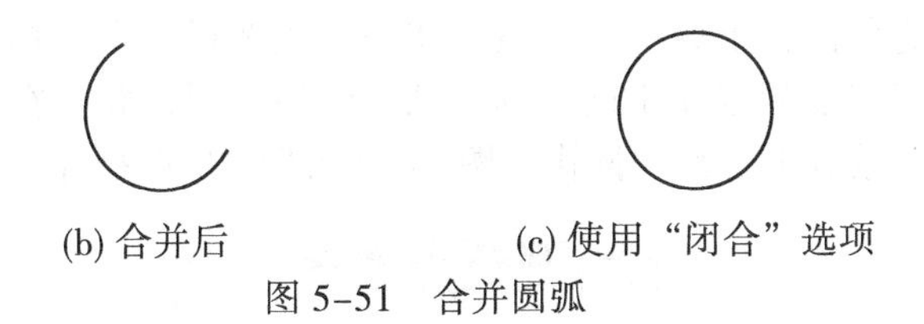

(b) 合并后　　(c) 使用“闭合”选项

图 5-51　合并圆弧

### 5.7.3　分解

分解命令将由多个对象所组成的合成对象分解为各个单独的对象。当用户需要对合成对象中的某个对象进行编辑时，首先需要将合成对象分解才能进行编辑。其调用方式如下：

◆ 菜单：修改 | 分解。

◆ 命令行：EXPLODE 或命令别名 X。

◆ 草图与注释空间：功能区 | 默认 | 修改 | 分解。

调用命令后，选择要分解的对象，按 Enter 键即可将对象分解。分解后需选择对象，才能看出变化。

对于嵌套块，分解一次只能删除一个编组级，需不断分解，才能露出下面级中的对象。

### 5.7.4　上机实训 7——精确打断

扫一扫，看视频

※ 4 分钟

绘制一个长为 170，宽为 80 的矩形，并在矩形的 AB 边上打断一个缺口，缺口的左端距端点 A 为 30 个单位，缺口宽度为 50 个单位，如图 5-52 所示。

命令：br（输入打断命令的命令别名“BR”并按 Enter 键）

BREAK 选择对象：（选择要打断的矩形）

指定第二个打断点 或 [ 第一点 (F)]：f（选择“第一点”方式）

指定第一个打断点：（单击“对象捕捉”工具栏上的“捕捉自”工具按钮）

_from 基点：（选择 A 点作为基点）

<偏移>：@30,0（输入第一个打断点相对于基点 A 的偏移距离）

指定第二个打断点：@50,0（指定第二个打断点与第一个打断点之间的距离，并结束命令）

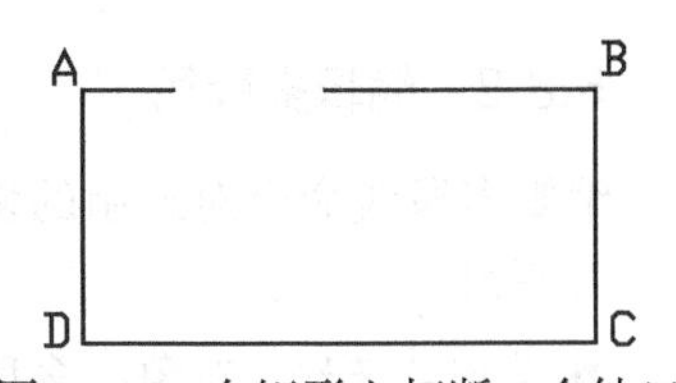


图 5-52　在矩形上打断一个缺口

## 5.8 复杂对象的修改

多线、多段线和样条曲线都属于复杂对象，下面介绍对这些对象的编辑。

### 5.8.1 编辑多线

编辑多线命令用于编辑两条多线之间的相交情况以及编辑多线的顶点。

1. 调用

◆ 菜单：修改 | 对象 | 多线。

◆ 命令行：MLEDIT。

2. 操作方法

调用命令后将显示“多线编辑工具”对话框，如图 5-53 所示，在该对话框中，每个工具的编辑情况，从它的图标上就一目了然。使用时先选择一个工具，在绘图区中选择要编辑的多线即可。选择多线的顺序不同，则得到的结果不同，并且在操作的过程中，如果发现有错误，可输入 U 放弃上一次的操作。图 5-54 为用“T 形打开”按钮编辑情况。

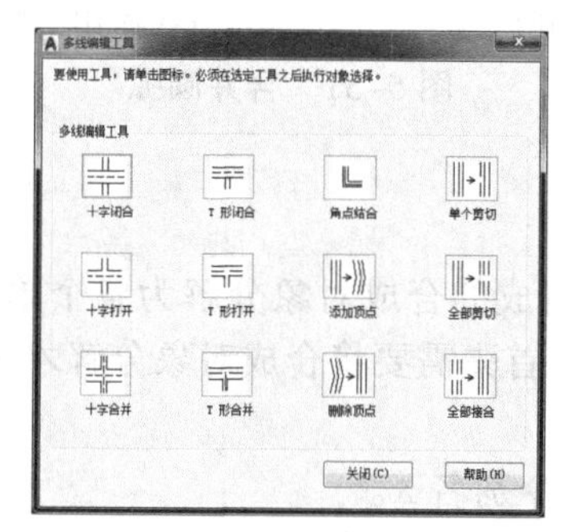


图 5-53 “多线编辑工具”对话框

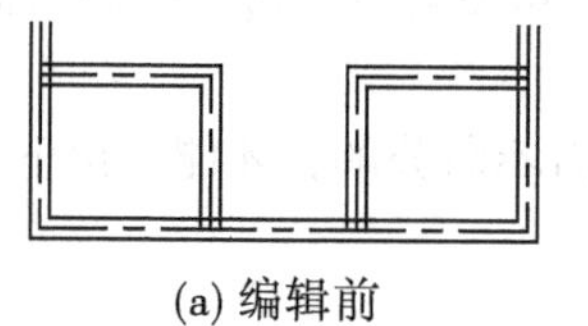

(a) 编辑前

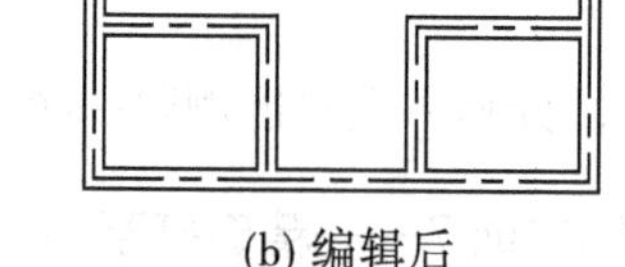

(b) 编辑后

图 5-54 “T 形打开”编辑

可以用修剪 TRIM、延伸 EXTEND 等命令编辑多线，但是作为边界的图形应为简单对象。绘制的多线最好用“多线编辑工具”进行编辑，如果要用常规编辑命令，如打断 BREAK、偏移 OFFSET 等编辑多线，则应先将多线用分解命令 EXPLODE 分解后才可编辑。

### 5.8.2 编辑多段线

编辑多段线命令对绘制的多段线进行编辑。

1. 调用

◆ 菜单：修改 | 对象 | 多段线。

◆ 命令行：PEDIT 或命令别名 PE。

◆ 草图与注释空间：功能区 | 默认 | 修改 | 编辑多段线。

2. 操作方法

命令:(调用命令)

选择多段线或 [ 多条 (M)] :(选择要编辑的多段线或输入 M 使用“多条”选项)

输入选项 [ 闭合 (C)/ 合并 (J)/ 宽度 (W)/ 编辑顶点 (E)/ 拟合 (F)/ 样条曲线 (S)/ 非曲线化 (D)/ 线型生成 (L)/ 反转 (R)/ 放弃 (U)] :(指定一个选项)

选择多段线时，既可选择一条多段线进行编辑，也可在提示下输入 M 并按 Enter 键选择多条多段线，然后对它们同时进行编辑。如果选择的对象不是多段线，而是直线或圆弧，这时的操作和提示如下：

选定的对象不是多段线

是否将其转换为多段线 ? <Y> :(输入 Y 或 N，或按键 Enter 键使用默认项 Y)

如果输入 Y，则对象将转换为多段线；当输入 N 时，对象将不转换为多段线。

3. 选项说明

(1) 闭合 / 打开：将打开的多段线闭合，或者将封闭多段线打开。

(2) 合并：用于将与多段线连接的直线、圆弧或多段线合并为一个整体。

(3) 宽度：为整条多段线指定新的统一宽度。

(4) 编辑顶点：编辑多段线的各个顶点。当前顶点处有一个标记“×”符号。选择该项后的操作及提示如下：

输入顶点编辑选项 [ 下一个 (N)/ 上一个 (P)/ 打断 (B)/ 插入 (I)/ 移动 (M)/ 重生成 (R)/ 拉直 (S)/ 切向 (T)/ 宽度 (W)/ 退出 (X)] <N> :(指定一个选项或按 Enter 键使用默认选项“下一个”)

各选项的说明如下：

1) 下一个 / 上一个：将当前顶点“×”标记移动到下一个顶点或上一个顶点位置。

2) 打断：用于删除多段线上两个指定顶点之间的线段，其中当前顶点为第一个打断点。该选项也可以将多段线从当前顶点处打断成两部分。其中的“执行”选项用于执行打断操作；“退出”选项可退出打断操作返回上一级。

3) 插入：在多段线的当前顶点之后插入新的顶点，插入后多段线的形状将随之改变。

4) 移动：将带有标记“×”符号的当前顶点移动到新的位置。

5) 重生成：当使用“宽度”选项后未显示线宽，则可以使用该项重新生成多段线。

6) 拉直：用于在两个指定的顶点之间插入一条直线段，并删除原来的若干线段。

7) 切向：用于为当前顶点指定一个切线方向，在之后对多段线进行“拟合”操作时，该切线方向即为通过该点的圆弧段的切线方向，如图 5-55(b) 所示。

8) 宽度：用于修改当前顶点之后那一段线段的起点宽度与端点宽度。

9) 退出：退出“编辑顶点”模式。

(5) 拟合：将原来的多段线拟合成由各段圆弧光滑连接每个顶点的平滑曲线。圆弧曲线经过多段线的所有顶点，并使用任何指定的切线方向，如图 5-55(c) 所示。

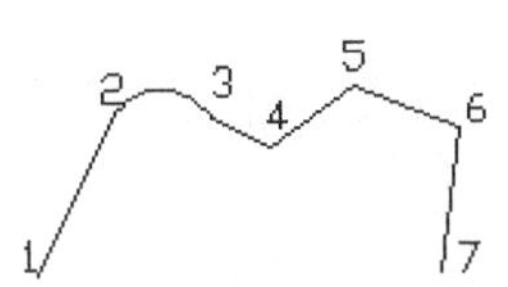


(a) 编辑前

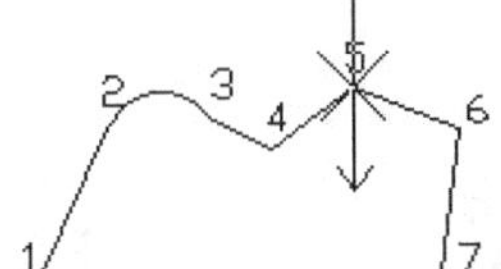


(b) 指定顶点 5 处的切线方向

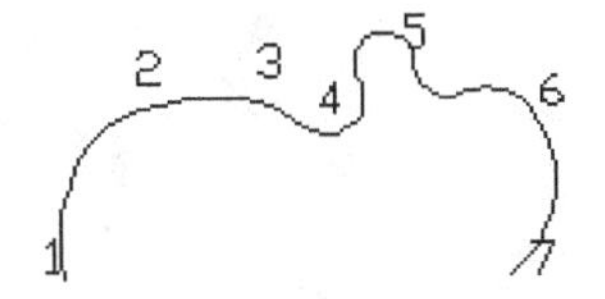


(c)“拟合”操作后

图 5-55　给多段线的顶点指定切线并进行“拟合”操作

（6）样条曲线：使用选定多段线的顶点作为控制点来近似生成B样条曲线，这种曲线称为样条曲线拟合多段线。AutoCAD可以生成二次或三次样条拟合多段线。

（7）非曲线化：拉直多段线的所有线段，并保留多段线顶点的切向不变。

（8）线型生成：控制非连续线型在多段线顶点处的显示方式，选择其中的“关”选项，则多段线在每个顶点处以点划线开始和点划线结束来生成线型；选择“开”选项，则将整个多段线对象作为一个整体来生成线型。

（9）反转：反转多段线顶点的顺序，即将多段线的起点变为终点，终点变为起点。

（10）放弃：放弃多段线的上一次编辑操作。

4. 说明

（1）该命令既可以编辑二维多段线，也可以编辑三维多段线和三维多边形网格。

（2）矩形和正多边形等都是广义的多段线，因此也可以使用该命令进行编辑。

**技巧**

● 如果用户在绘制多段线时，是用对象捕捉的方式来将多段线的首末两端封闭，则AutoCAD将仍认为它是打开的多段线，因而需使用“闭合”选项才能将其闭合。

● 系统变量SPLINETYPE用于控制样条曲线近似的类型。将该变量设置为5，可以生成近似二次B样条曲线；而将该变量设置为6（默认值）可以生成近似三次B样条曲线。

### 5.8.3 编辑样条曲线

编辑样条曲线命令可用于编辑样条曲线或样条曲线拟合多段线。

1. 调用

◆ 菜单：修改 | 对象 | 样条曲线。

◆ 命令行：SPLINEDIT或命令别名SPE。

◆ 草图与注释空间：功能区 | 默认 | 修改 | 编辑样条曲线。

2. 操作方法

命令：（调用命令）

选择样条曲线：（选择要编辑的样条曲线或样条拟合多段线）

输入选项 [闭合(C)/合并(J)/拟合数据(F)/编辑顶点(E)/转换为多段线(P)/反转(R)/放弃(U)/退出(X)] <退出>：（指定一个选项）

样条曲线上有两类数据点，一类为拟合点，这是创建样条曲线时指定的点；另一类为控制点，这是控制样条曲线变化方向的点，可以使用控制点或拟合点创建或编辑样条曲线。当选择样条曲线时，会出现一个三角形夹点，单击该夹点，可在显示控制顶点和显示拟合点之间进行切换。如图5-56所示，左侧的样条曲线将沿着控制多边形显示控制顶点，而右侧的样条曲线上显示拟合点。

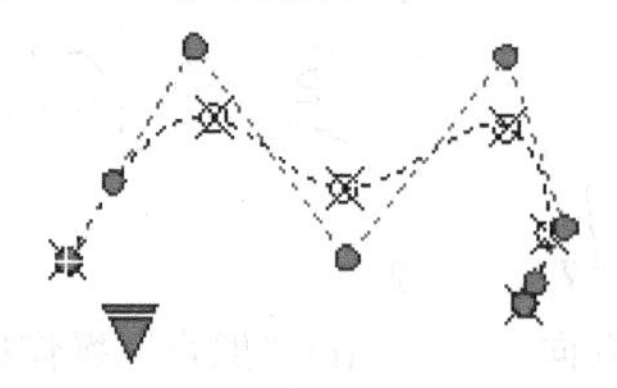

(a) 控制点

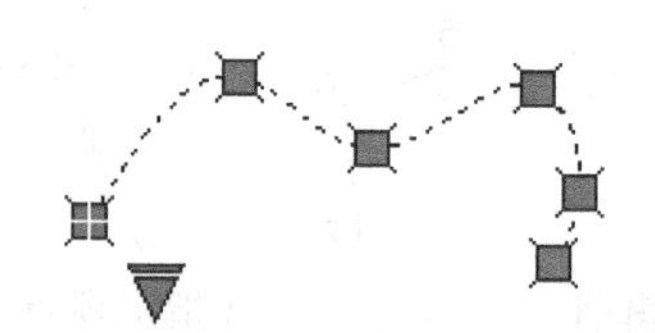

(b) 拟合点

图5-56 样条曲线上的拟合点和控制点

3. 选项说明

（1）闭合 / 打开：该项与“拟合数据”选项中的“打开 / 闭合”选项的含义和操作相同。

（2）合并：将选定的样条曲线与其他样条曲线、直线、多段线和圆弧在重合端点处合并，以形成一个较大的样条曲线。对象在连接点处使用扭折连接在一起。

（3）拟合数据：编辑样条曲线所通过的各个拟合点。选择该选项后，绘制样条曲线时所输入的各个拟合点的位置均会出现一个小方格。这时的操作和提示如下：

输入拟合数据选项 [ 添加 (A)/ 闭合 (C)/ 删除 (D)/ 扭折 (K)/ 移动 (M)/ 清理 (P)/ 切线 (T)/ 公差 (L)/ 退出 (X)] < 退出 > :（指定一个选项或按 Enter 键使用默认选项“退出”）

各选项的说明如下：

1）添加：用于在样条曲线中增加拟合点。操作时首先选择一个已有的拟合点，即可在两个亮显的拟合点之间增加新的拟合点。

2）闭合 / 打开：用于将打开（闭合）的样条曲线封闭（打开）。

3）删除：从样条曲线中删除拟合点，并且用其余拟合点重新拟合样条曲线。

4）扭折：在样条曲线上的指定位置添加节点和拟合点。

5）移动：将某个拟合点移动到新的位置。选择该项后的操作及提示如下：

指定新位置或 [ 下一个 (N)/ 上一个 (P)/ 选择点 (S)/ 退出 (X)] < 下一个 > :（指定当前拟合点的新位置或指定一个选项或按 Enter 键使用默认选项“下一个”）

其中，“指定新位置”选项用于将当前的拟合点移动到指定的新位置；“选择点”选项用于从已有的拟合点集中选择一个拟合点作为当前拟合点。其他选项与编辑多段线相同。

6）清理：从图形数据库中删除样条曲线的拟合数据功能。

7）切线：修改样条曲线在起点和终点的切线方向。

8）公差：用于修改样条曲线的拟合公差值。样条曲线与现有拟合点的最大距离误差不能超过该公差值。

9）退出：退出拟合数据功能，返回到上一级提示（主提示）中。

（4）编辑顶点：精密调整样条曲线的顶点。选择该项后的操作和提示如下：

输入顶点编辑选项 [ 添加 (A)/ 删除 (D)/ 提高阶数 (E)/ 移动 (M)/ 权值 (W)/ 退出 (X)] < 退出 > :（选择一个选项）

各选项的含义如下：

1）添加：在位于两个现有的控制点之间的指定点处添加一个新控制点。

2）删除：删除选定的控制点。

3）提高阶数：提高样条曲线的阶数，即增加样条曲线上控制点的数目。阶数越高，控制点的数目就越多。

4）移动：移动选定控制点的位置。

5）权值：修改样条曲线上某个控制点的权值。权值越大，该控制点对样条曲线的控制越紧密，样条曲线距离所指定的控制点越近。

6）退出：返回上一级提示。

（5）转换为多段线：将样条曲线转换为多段线，精度越高生成的多段线越接近样条曲线。

（6）反转：反转样条曲线的方向，即起点变成终点，终点变成起点。

（7）放弃：取消上一次的操作。

（8）退出：直接回车执行该项，这时将退出命令。

技巧

选择"修改"菜单|"特性"命令,打开"特性"选项板,选择样条曲线,这时,在"特性"选项板窗口中，将会显示样条曲线的拟合点和控制点的相关数据。用户可以在该窗口中对这些数据进行修改，以精确编辑样条曲线。

### 5.8.4 上机实训8——房屋平面图

扫一扫，看视频

※ 12分钟

绘制如图5-57所示的房屋平面图。其操作和提示如下：

（1）建立"轴线""轮廓线"两个图层。其设置情况如表5-1所示。

（2）将"轴线"层设为当前层。调用直线命令LINE，绘制长度分别为16 000和12 000的水平轴线1和垂直轴线4。

（3）调用偏移命令OFFSET，将水平直线1向下分别偏移7 000和10 000，得到轴线2和轴线3。同样，将垂直轴线4向右分别偏移4 000、10 000和14 000，得到轴线5、轴线6和轴线7，如图5-58所示。

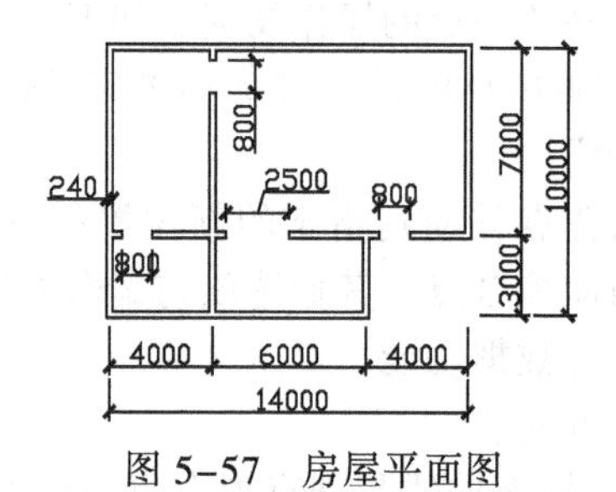


图5-57 房屋平面图

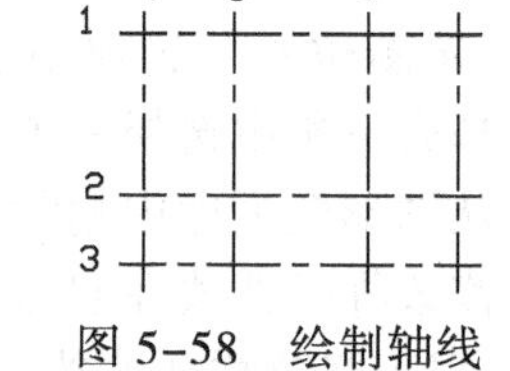


图5-58 绘制轴线

**表5-1 设置图层**

| 图层名称 | 颜色 | 线型 | 线宽 | 用途 |
|---|---|---|---|---|
| 轮廓线 | 白色 | continuous | 0.8 | 绘制轮廓线 |
| 轴线 | 红色 | center | 0.25 | 绘制轴线 |

（4）调用打断命令BREAK，选择2轴线后在"指定第二个打断点："提示下选择"第一点"选项；在"指定第一个打断点："的提示下，单击"对象捕捉"工具栏|"捕捉自"工具按钮，然后用鼠标捕捉到2线和4线的交点单击，在"偏移"的提示下输入"@250，0"并回车，确定门缺口的第一点，然后在"指定第二个打断点："的提示下输入"@800,0"并回车，打断出该门的缺口。用同样的方法精确打断出各门的缺口，如图5-59所示。

（5）选择"格式"菜单|"多线样式"命令,打开"多线样式"对话框。在该对话框的"样式"列表框中选择STANDARD多线样式，单击"修改"按钮打开"修改多线样式"对话框。在"封口"组件的直线选项中，选中"起点"和"端点"后单击"确定"按钮，在"多线样式"对话框中单击"确定"按钮。

（6）将"轮廓线"层设置为当前图层。

（7）调用多线命令MLINE，选择该命令中的"比例（S）"项，并设置比例为240。选择该命令中的"对正（J）"|"无（Z）"方式，然后绘制墙线，如图5-60所示。

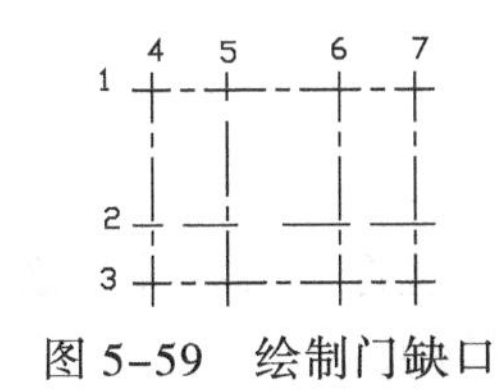


图 5-59 绘制门缺口

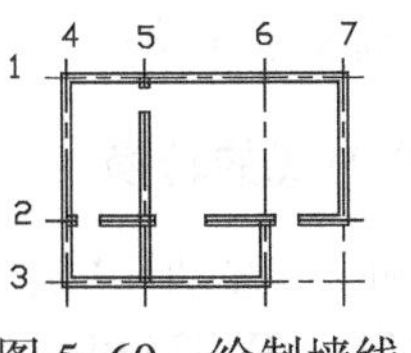


图 5-60 绘制墙线

（8）选择“修改”菜单 |“对象”|“多线”命令，打开“多线编辑工具”对话框，在该对话框中选择“T 型打开”工具后单击“确定”按钮，在绘图区中编辑多线的 T 型交点，如图 5-61 所示。

（9）再次打开“多线编辑工具”对话框，并选择“十字合并”工具，单击“确定”按钮，在绘图区中编辑多线的十字交点，如图 5-62 所示。

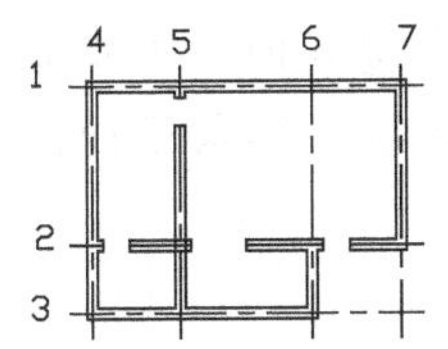


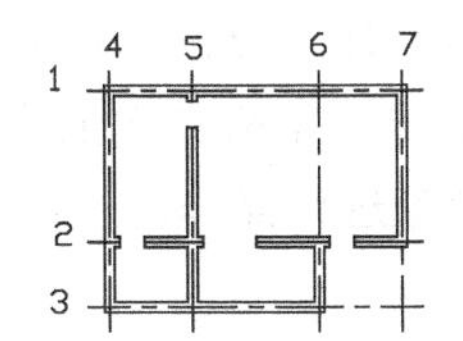


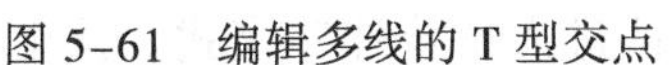

图 5-61 编辑多线的 T 型交点　图 5-62 编辑多线的十字交点

（10）将“轴线”层冻结，完成图形绘制。

## 5.9 夹点编辑

在未调用任何命令的情况下用鼠标选择对象，对象将高亮显示。同时，对象关键点上将出现默认的蓝色夹点，这种夹点为冷夹点，如图 5-63 所示。当鼠标与某个夹点对正时，会显示默认的浅红色，这时的夹点为悬停夹点，并且这时会显示一个菜单，用户可以使用其中的选项编辑对象，如图 5-64 所示。用鼠标在某个夹点上单击，该夹点将显示默认的深红色，这时即进入夹点编辑模式，这种夹点又称为热夹点。通过夹点编辑模式，可以快速地对对象进行“拉伸”“移动”“旋转”“缩放”和“镜像”等编辑操作，根据对象不同，还可以进行“添加顶点”“删除顶点”等操作。夹点编辑时，选择的夹点不同，操作的结果可能会不同。

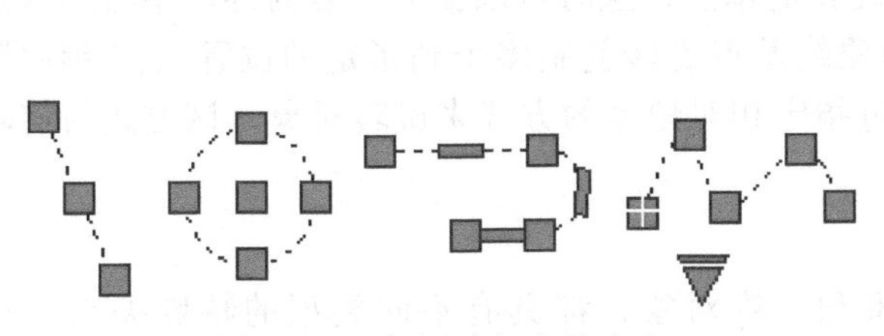

图 5-63 常用对象中的夹点

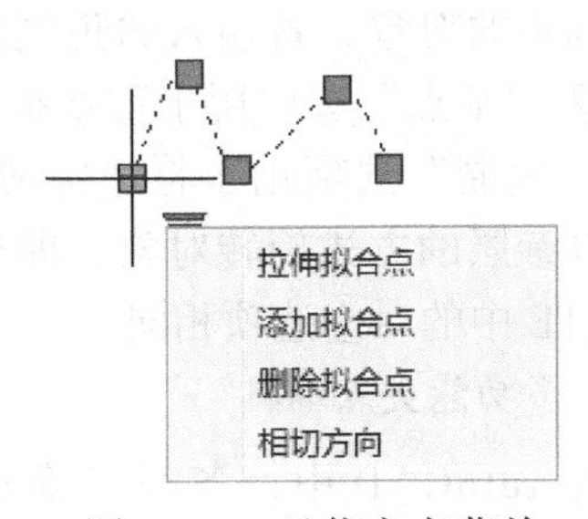


图 5-64 悬停夹点菜单

用夹点进行编辑时，可以同时选择多个夹点进行操作，其方法是：

(1) 在选择第一个冷夹点之前按住 Shift 键。

(2) 移动光标分别单击要编辑的冷夹点，此时这些夹点将显示为默认的红色状态。

(3) 释放 Shift 键，用光标单击其中一个热夹点，即进入了夹点编辑模式。

在任何时候要退出夹点编辑操作，可以按 Esc 键。有关夹点的显示设置，可在“选项”

对话框|“选择集”选项卡中进行。

### 5.9.1 夹点编辑方式的转换

夹点编辑的“拉伸”“移动”“旋转”“缩放”和“镜像”等操作，必须是在夹点编辑状态（即热夹点）下进行。用户可以通过如下方式进行转换：

（1）在夹点编辑状态下不断按 Enter 键或 Space 键，直到选中需要的功能。

（2）在夹点编辑状态下用鼠标在绘图区右击，在弹出的快捷菜单中选择需要的功能。

（3）在夹点编辑状态下输入 ST、MO、RO、SC 和 MI，将分别调用拉伸、移动、旋转、缩放和镜像等夹点编辑功能。

### 5.9.2 夹点编辑操作

由于夹点编辑的拉伸、移动、旋转、缩放和镜像这五种操作非常类似，因此，下面主要以“拉伸”和“旋转”介绍夹点的专门编辑操作方法，其余三种，用户可以参照下面的介绍和前面相应的命令进行操作。

1. 拉伸操作

单击某个冷夹点使其成为热夹点，系统默认进入“拉伸”模式。选中的热夹点将作为拉伸时的默认基点，这时的操作和提示如下：

** 拉伸 **（提示当前为“拉伸”编辑模式）

指定拉伸点或 [ 基点 (B)/ 复制 (C)/ 放弃 (U)/ 退出 (X)] :（指定夹点拉伸的新位置或指定一个选项）

其中，“指定拉伸点”用于将选中的夹点移动到新位置；“基点”选项用于重新确定拉伸的基点，这时，使热夹点发生拉伸和移动的距离由拉伸点相对于基点的距离来确定；“复制”选项可将选定的拉伸点复制拉伸或移动到多个指定的点。

2. 旋转操作

单击某个冷夹点使其成为热夹点，并切换夹点编辑模式为“旋转”方式。选中的热夹点将被作为旋转时的默认基点，这时的操作和提示如下：

** 旋转 **（提示当前为“旋转”编辑模式）

指定旋转角度或 [ 基点 (B)/ 复制 (C)/ 放弃 (U)/ 参照 (R)/ 退出 (X)] :（输入旋转角度或指定一个选项）

其中，“指定旋转角度”选项，用户可以直接用鼠标拖动或直接输入旋转角度的方式来旋转选定的对象，若输入的角度为正，则按逆时针方向旋转对象，反之，按顺时针方向旋转对象；“基点”选项用于重新指定旋转的基点，这时将以新的基点为旋转中心旋转选定的对象；“复制”选项用于将选定的对象绕基点旋转复制多个到指定的位置上；“参照”选项用于以参照的方式旋转对象，即通过指定相对角度的方式来旋转对象，该方式与旋转命令 ROTATE 中的对应选项相同。

3. 多功能夹点编辑

在 AutoCAD 中，各类二维对象和三维对象，都具有不同类型的特殊夹点，利用这些多功能特殊夹点，可以快速移动、转换或操作对象。操作时，移动光标与某个夹点对齐成悬停夹点，这时将显示一个与该夹点相关的一个菜单，利用菜单中的选项，可进行“添加顶点”“添加拟合点”“转换为圆弧”等操作。如图 5-65 所示，将矩形的一边转换为圆弧。

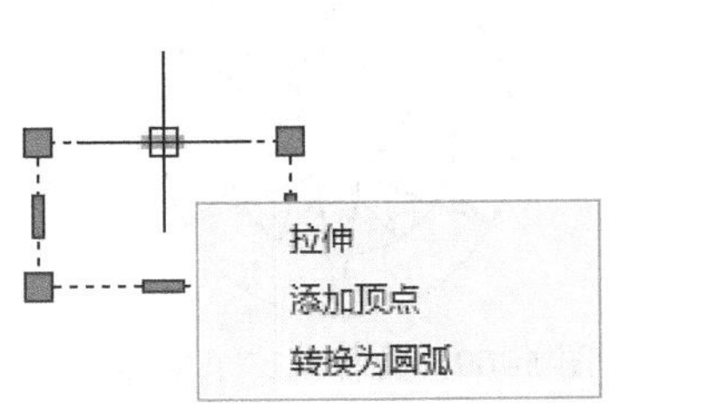

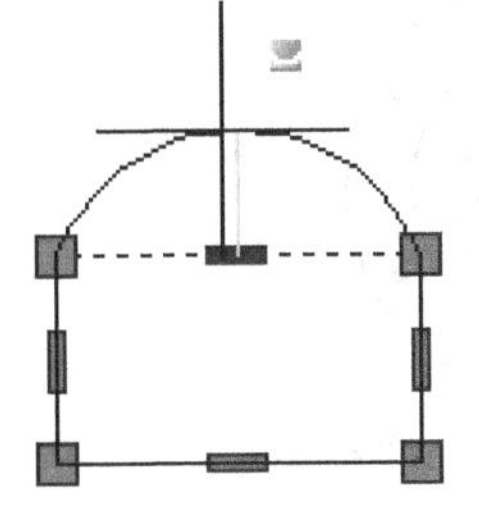
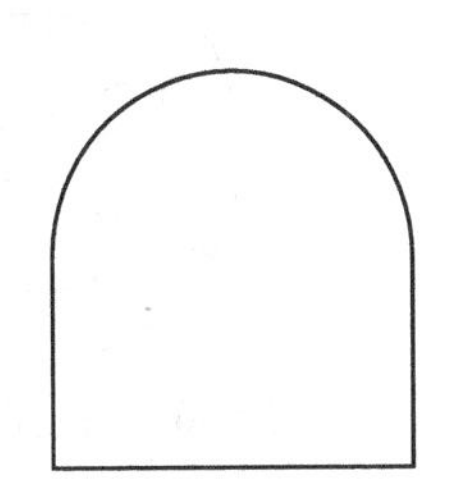

图 5-65 多功能夹点编辑

**技巧**

● 使用夹点编辑的“旋转”功能下的“复制”选项，可以将对象在圆周上非等距复制，此方式非常方便，弥补了环形阵列的不足。

● 使用夹点编辑的“拉伸”功能下的“复制”选项进行编辑时，当拉伸了第一次后，按住 Ctrl 键，并用鼠标拖动到某个位置单击以进行第二次、第三次、……拉伸，则第二次、第三次、……拉伸的距离与第一次相同，即进行多次等距拉伸。其他几种夹点编辑功能中的“复制”方式也具有类似的功能。这种方法很方便，非常适合绘制按规定间距放置多个对象的情况，如绘制表格、绘制等距或等角度分布的对象。

### 5.9.3 上机实训 9——星形图案

扫一扫，看视频
※ 6 分钟

绘制如图 5-66 所示的星形图案。其操作和提示如下：

（1）调用圆命令 CIRCLE，绘制两个半径分别为 80 和 120 的同心圆。

（2）单击“绘图”面板｜“多边形”按钮，指定多边形的边数为 6，捕捉到圆的圆心，并使用“内接于圆”方式，然后指定圆的半径为 30 并按 Enter 键，绘制出一个六边形；用同样的方法绘制另外一个六边形，在“指定圆的半径：”的提示下，用鼠标捕捉到刚才那个六边形一边的中点绘制出一个角度不同的六边形，如图 5-67 所示。

图 5-66 星形图案

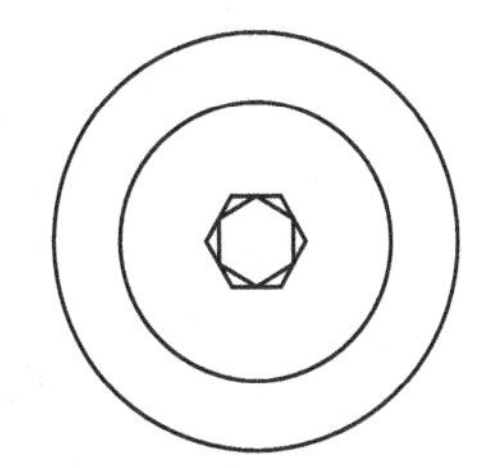

图 5-67 绘制圆和六边形

（3）设置对象捕捉为“垂足”方式，并打开对象捕捉。

（4）选择外面那个六边形并显示夹点。将光标放在上面那条边的中间夹点上，从显示的菜单中选择“添加顶点”选项，将光标向正上方移动到外面大圆附近，待显示“垂足”标记时单击，拉伸出第一个星形顶点。用同样方法拉伸出该多边形的其他星形顶点，结果如图 5-68 所示。

（5）用同样的方法添加顶点并拉伸顶点到里面那个圆的对应点上，结果如图 5-69 所示。

图 5-68　拉伸第一个星形

图 5-69　拉伸第二个星形

（6）调用直线命令 LINE，捕捉到对应顶点绘制直线，完成图形绘制。

## 5.10　修改对象特性

每个对象都具有特性，有些特性是基本特性，这是大部分对象所共有，如图层、颜色、线型、线宽、打印样式等特性。而有些特性是专属于某个对象的特性，这部分特性通常是几何特性和与指定对象相关的附加信息，如圆的半径和面积，直线的长度和角度等。

除了前面介绍的利用“图层”面板和“特性”面板查询和修改对象特性外，还可以通过“特性”选项板和“特性匹配”命令全面地查询和修改对象的特性。

### 5.10.1 “特性”选项板

“特性”选项板用于显示、查看和修改选定对象或对象集的特性，如图 5-70 所示。

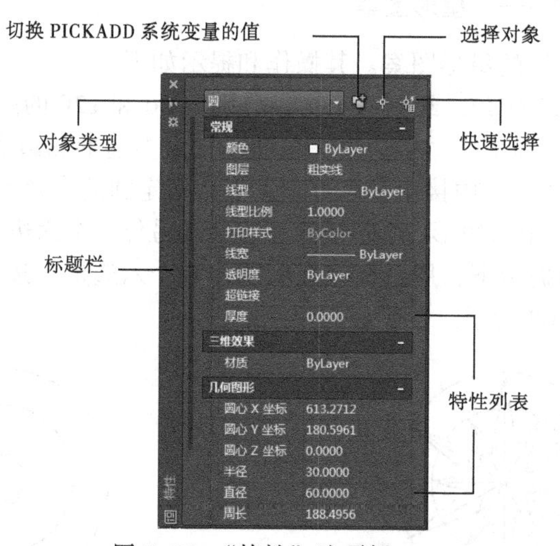

图 5-70　“特性”选项板

1. 调用

◆ 菜单：工具｜选项板｜特性，或修改｜特性。
◆ 命令行：PROPERTIES、DDMODIFY 和 DDCHPROP 或命令别名 CH、MO 和 PROPS。
◆ 草图与注释空间：功能区｜默认｜“特性”面板右下角按钮。
◆ 组合键：Ctrl+1。
◆ 快捷菜单：选择对象后右击，从弹出的快捷菜单中选择“特性”选项。

2. 操作方法

既可以先选择对象，再调用命令，也可以调用命令后再选择对象。“特性”选项板中显示的对象特性根据选择对象的情况而有所不同。如果只选择了一个对象，该选项板将显示该对象的全部特性；如果选择了多个对象，选项板将显示多个对象的共有特性；如果未选择任何对象，选项板将显示整个图形的特性。

3. "特性"选项板说明

（1）"对象类型"下拉列表：用于分类显示选定对象的类型，并用数字显示同类对象的数目。例如直线（2）表示选定的直线对象有两个。

（2）切换 PICKADD 系统变量的值：当该变量为"+"，每个选定对象都将添加到当前选择集中；而当该变量为"1"时，选定的对象将替换当前的选择集。

（3）选择对象：单击该按钮可在绘图区选择所需对象，按 Enter 键后将返回"特性"选项板。这时，该选项板中将显示所选单个对象的特性或多个对象的共有特性。

（4）快速选择：该按钮用于使用"快速选择"对话框选择对象。

（5）特性列表：显示和修改指定对象的各种特性。

4. "特性"选项板使用

（1）查看对象特性：当选择一个或多个对象时，利用"特性"选项板可查看该对象的所有特性或多个对象的共有特性。如果再在"对象类型"下拉列表中选择某个对象，选项板将显示该对象的特性。

（2）编辑对象特性：特性列表中的选项，凡是没有变成灰色的，都是可以修改的。

1）从下拉列表中选择一个新值：当单击特性列表中的某个特性项时，如其右边出现一个下拉按钮，单击该按钮将显示一个下拉列表。从中可以选择一个选项来改变该特性项的当前值，然后按 Enter 键确认，如改变圆对象的图层。

2）在文本框中输入一个新值：当单击特性列表中的某个特性项时，如果在其右边出现一个文本框，则可以在该文本框中输入该特性的新值，然后按 Enter 键，即可将对象的该特性值修改为此新值，如改变圆对象的半径。

3）单击"拾取点"按钮或快速计算按钮指定一个新值：用户单击特性列表中的某个特性项时，如在其右边出现一个"拾取点"按钮或快速计算按钮，用户可单击"拾取点"按钮，然后在绘图区中指定一点，由该点的值作为该特性项的新值。也可以单击快速计算按钮计算一个新值，如改变圆心的 X 坐标。

4）在对话框中指定一个新值：当单击特性列表中的某个特性项时，如果在其右边出现一个方框按钮，则单击该按钮将显示一个对话框，用户可在对话框中为该特性项指定一个新值，如改变图案填充的名称。

### 5.10.2 特性匹配

特性匹配命令用于将选定对象（源对象）的全部或部分特性复制到其他若干对象（目标对象）上。

1. 调用

◆ 菜单：修改｜特性匹配。

◆ 命令行：MATCHPROP 或 PAINTER 或命令别名 MA。

◆ 草图与注释空间：功能区｜默认｜特性｜特性匹配。

2. 操作方法

命令：（调用命令）

选择源对象:(选择提供特性的源对象)

当前活动设置:颜色 图层 线型 线型比例 线宽 透明度 厚度 打印样式 标注 文字 图案填充 多段线 视口 表格材质 多重引线中心对象(提示当前可复制的特性)

选择目标对象或 [ 设置 (S)] :(选择要复制特性的对象,或输入 S 选择“设置”选项)

当选择了目标对象后,将会把源对象的指定特性复制到目标对象上,如图 5-71 所示;选择“设置”选项,将显示“特性设置”对话框,如图 5-72 所示,从中可以选择要复制到目标对象上的特性。

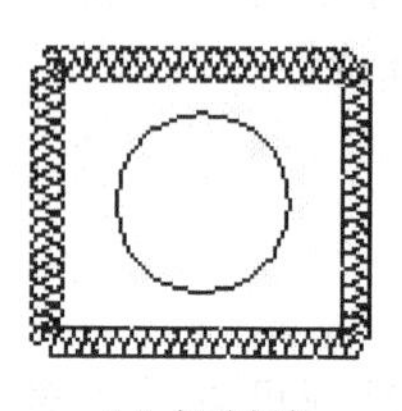

(a) 复制前

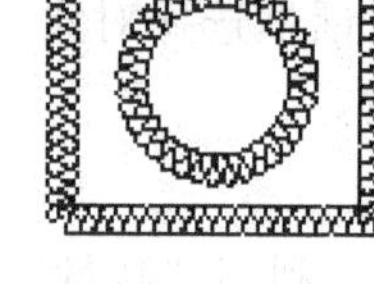

(b) 复制后

图 5-71 特性匹配的使用

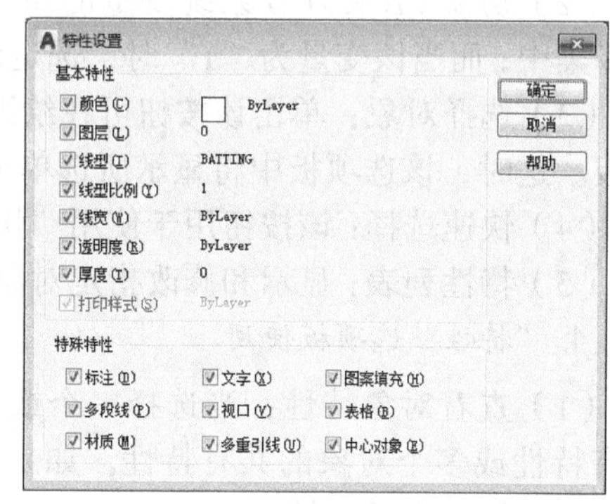


图 5-72 “特性设置”对话框

### 5.10.3 上机实训 10——使用特性

扫一扫,看视频

※ 13 分钟

打开“图形”文件夹 | dwg | Sample | CH05 | “上机实训 10.dwg”图形,如图 5-73 所示,该图形已经设置了“粗实线”“虚线”等图层。将 4 个图层为“粗实线”的圆的半径由 50 修改为 35,且将其图层修改为“虚线”层,线型比例修改为 2。其操作和提示如下:

(1)单击“默认”选项卡 |“特性”面板 |“特性”按钮,打开“特性”选项板。

(2)选择所有对象,在“特性”选项板的“对象类型”下拉列表中选择“圆(4)”,即过滤出 4 个圆对象,如图 5-74 所示。

(3)在“特性”选项板的“基本”特性组中选择“图层”特性。在右边的下拉列表中选择“虚线”选项,将 4 个圆对象的图层修改为“虚线”层,如图 5-75 所示。

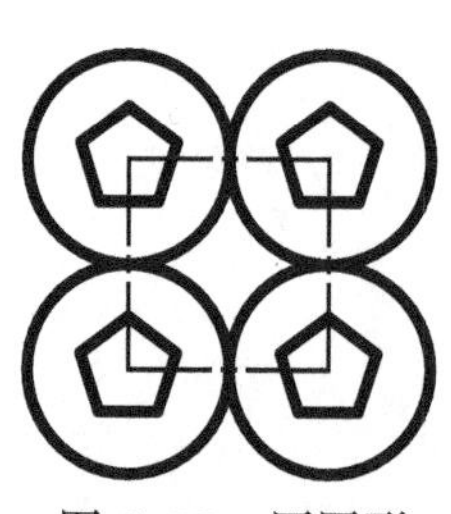

图 5-73 原图形

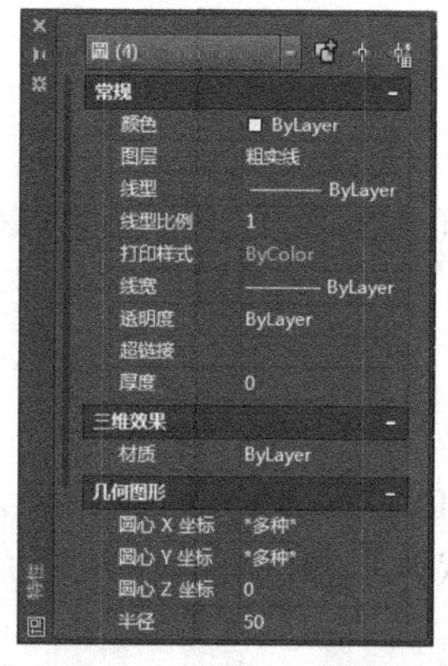


图 5-74 过滤出 4 个圆对象

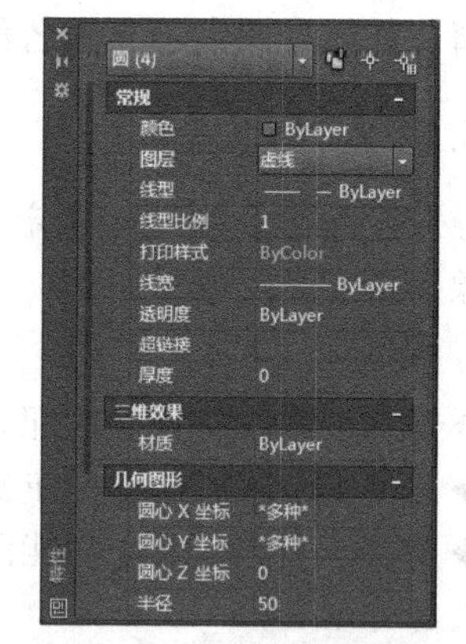


图 5-75 修改圆的图层

（4）在“特性”选项板的“几何图形”特性组中选择“半径”特性，在右边的文本框输入半径值 35 后按 Enter 键，将 4 个圆的半径修改为 35，如图 5-76 所示。

（5）在“特性”选项板的“基本”特性组中选择“线型比例”特性，在右边的文本框中将其值修改为 2，按 Enter 键，即可将圆的线型比例修改为 2，如图 5-77 所示。

（6）按两次 Esc 键退出夹点显示，得到最终结果如图 5-78 所示。

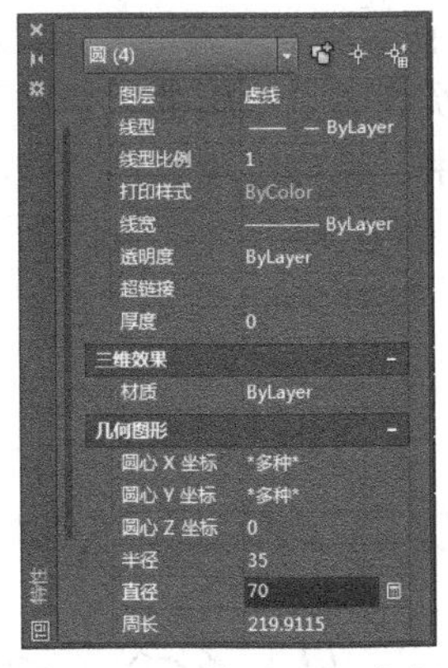


图 5-76 修改圆的半径

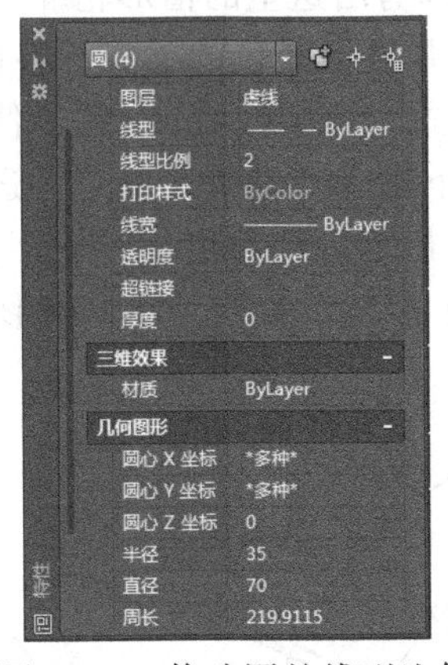


图 5-77 修改圆的线型比例

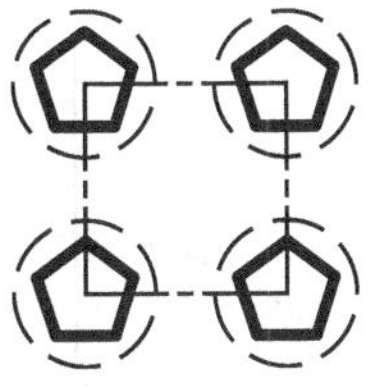

图 5-78 结果

## 5.11 综合实训

绘制如图 5-79 所示的扇块。其操作和提示如下：

（1）设置“中心线”“粗实线”图层。并将“中心线”图层设置为当前图层。

扫一扫，看视频
※ 13 分钟

（2）调用直线命令 LINE 绘制水平、垂直和右边各径向中心线。将“粗实线”图层设置为当前层，绘制右边的直线轮廓。

（3）调用圆命令 CIRCLE，绘制半径分别为 15、25 和 75 的圆。将“中心线”图层设置为当前层，绘制半径分别为 27.5 和 55 的圆。

（4）单击“修改”面板 |“修剪”按钮，选择垂直中心线和右边轮廓直线为边界，修剪各粗实线圆；再次调用该命令，选择半径为 75 的圆为边界，修剪右边的轮廓直线。

（5）再次调用“修剪”命令，并选择水平中心线为边界，在“选择要修剪的对象……：”提示下选择“边”选项；在“输入隐含边延伸模式……：”提示下选择“延伸”选项；把两中心线圆的下面部分修剪掉，结果如图 5-80 所示。

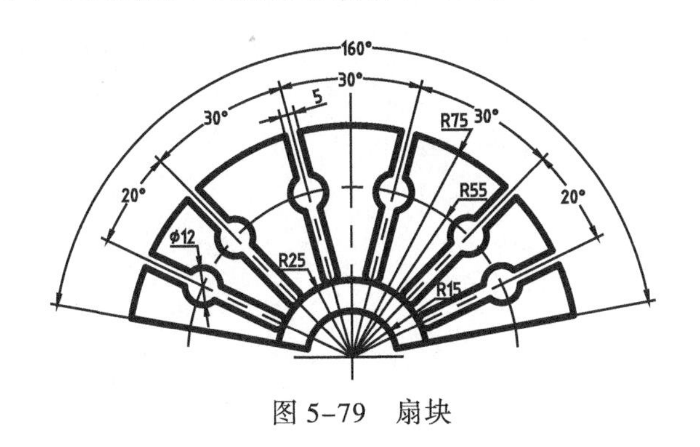


图 5-79 扇块

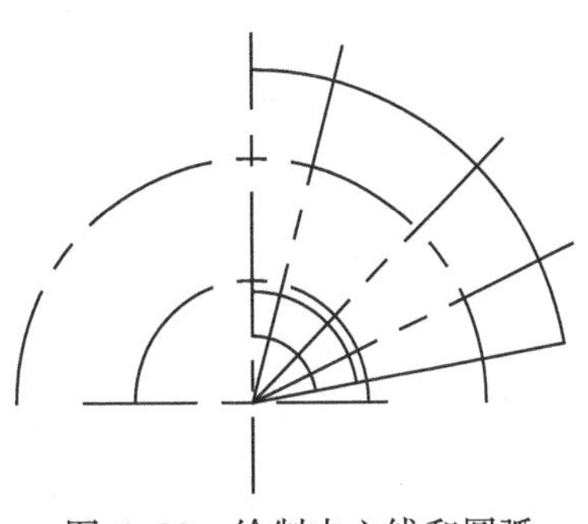

图 5-80 绘制中心线和圆弧

（6）将“粗实线”图层设置为当前层。调用圆命令 CIRCLE，捕捉到最右边径向中心线和半径为 55 和 27.5 圆的相交处绘制半径分别为 6 和 2.5 的圆。

（7）单击“修改”面板 |“偏移”按钮，设置偏移距离为 2.5，将最右边径向中心线向上和向下各偏移一根出来。选择这两根偏移出来的中心线，在“图层”面板 | “图层下拉列表”中选择“粗实线”，按 Esc 键，将这两根中心线的图层修改为“粗实线”图层。

（8）调用“修剪”命令，修剪出这里的槽形轮廓，结果如图 5-81 所示。

（9）选择右边的槽形轮廓并显示蓝色的夹点，将鼠标在任意夹点上单击，使其成为红色夹点，这时进入夹点编辑模式，不断按 Enter 键，使其切换到夹点编辑的“旋转”模式，并在“指定旋转角度：”提示下输入 B 选择“基点”选项，用鼠标捕捉到大圆的圆心单击，设置该点为旋转基点；再在“指定旋转角度：”提示下输入 C 选择“复制”选项，进行多重复制，然后分别输入角度 20 和 50，复制出两个槽形轮廓，如图 5-82 所示。

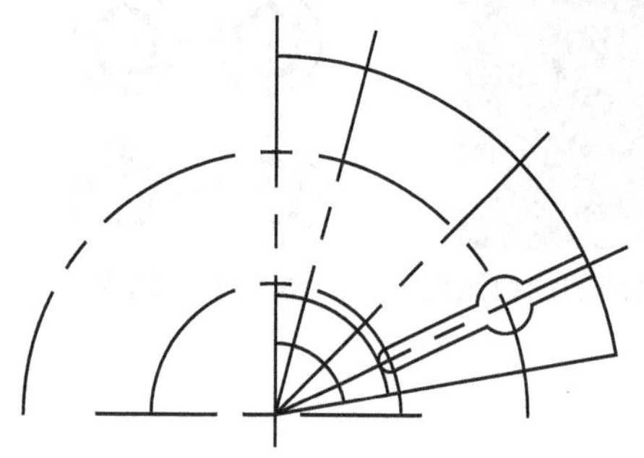

图 5-81 绘制右边第一个槽形轮廓

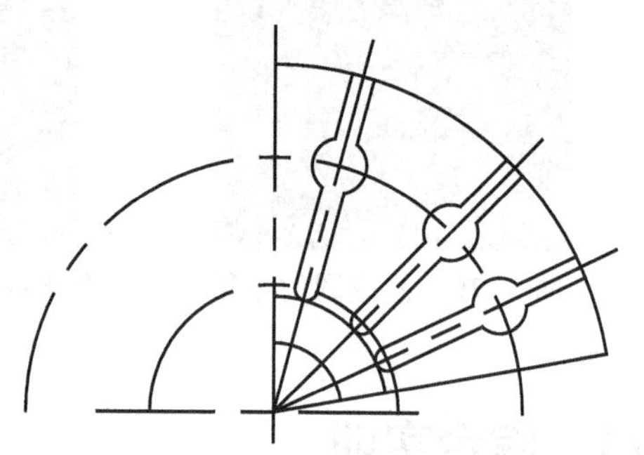

图 5-82 夹点旋转复制出另外两槽形轮廓

（10）单击“修改”面板 |“镜像”按钮，选择右边的图形并回车，捕捉到垂直中心线上两点作为镜像轴，镜像出左边的对象。

（11）单击“修改”面板 |“修剪”按钮，修剪掉大圆处的槽口线，调用删除命令删除半径为 27.5 的圆弧，完成图形绘制。

# 第 6 章 文字和表格

图形用于表达对象的形状，文字则用于对图形进行必要的说明和注释。文字也是工程图形中不可缺少的组成部分。要标注文字，首先应创建符合要求的文字样式，再利用 AutoCAD 的单行文字和多行文字功能进行标注。对于已经标注的文字，用户还可以进行编辑。同时，利用 AutoCAD 的表格功能，用户还可以在图形中插入表格，使表格的创建变得轻松而快捷。

本章要点

◎ 设置符合国家标准的文字样式
◎ 标注特殊字符
◎ 创建堆叠文字
◎ 精确调整表格和单元格的尺寸
◎ 夹点编辑表格

在工程设计中，文字是图形文件一个重要的组成部分，是对图形难于表达信息的一种补充。一张完整的工程图必须要有必要的文字说明和注释，例如，在图形中需添加技术要求、装配说明等。同样，在图形中，往往还需要使用一些表格，如标题栏、装配明细表等。使用 AutoCAD 提供的强大文字标注和表格功能足以轻松标注文字和插入各种表格。

## 6.1 文字标注

在标注文字之前，首先应创建符合国家标准和行业要求的文字样式，之后即可使用单行文字和多行文字功能标注文字。

### 6.1.1 创建文字样式

文字样式命令可用于创建符合要求的文字样式。

1. 调用

◆ 菜单：格式｜文字样式。
◆ 命令行：STYLE 或命令别名 ST 或 DDSTYLE。

◆ 草图与注释空间：功能区｜默认｜注释｜文字样式，或注释｜文字｜文字样式。

2. 操作及说明

调用命令后，将显示“文字样式”对话框，如图 6-1 所示。在该对话框的上部显示了当前的文字样式，“预览”中显示所进行各项设置的动态效果。单击“置为当前”按钮可将在“样式”列表框中选定的样式设置为当前样式，用户只能以当前的文字样式进行标注；单击“新建”按钮可创建新的文字样式；单击“删除”按钮可删除“样式”列表框中未使用的文字样式；设置完各项后单击“应用”按钮可保存设置。其余选项的含义如下：

（1）“样式”列表框：该列表框中显示了当前图形中所有已定义的文字样式，其中，样式名前的 图标表示该文字样式是用于标注注释性文字对象的样式。

（2）“样式列表过滤器”选项组：在样式列表框的下方。用于控制在样式列表框中是显示所有样式，还是仅显示使用中的样式。

（3）“字体”选项组：设置文字样式所用的字体。用户可在“字体名”下拉列表见（图 6-2）中选择一种 TrueType 字体（有 符号）或选择一种 .SHX 向量字体（有 符号），如选用 gbeitc.shx（斜体）和 gbenor.shx（正体）字体，它们既能够标注符合国家标准的字体又能标注特殊符号。用户还可在“字体样式”下拉列表设置字体的样式，如常规、粗体等。当选择了“使用大字体”复选框，用户还可以设置使用的“大字体”，这是专为亚洲国家使用而设计的字体，如选择 gbcbig.shx 大字体，和 gbenor.shx 字体配合使用。

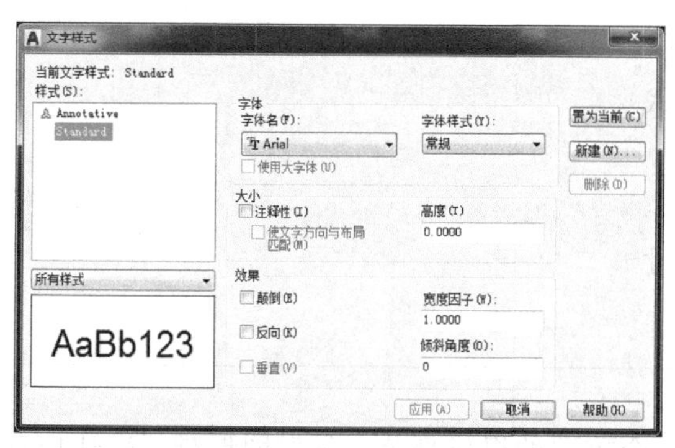


图 6-1 “文字样式”对话框

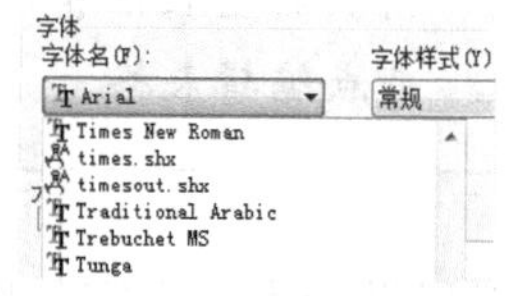


图 6-2 “字体名”下拉列表

（4）“大小”选项组：用于更改文字的大小。其中，选择“注释性”复选框，可使用设置的样式标注注释性文字；选择“使文字方向与布局匹配”复选框，可使图纸空间视口中的文字方向与布局方向匹配；而“高度”选项用于设置文字高度，如使用默认高度 0，在输入文字时可根据需要方便地更改文字高度，建议使用此方式。工程图中文字的高度应符合国家标准规定，即 2.5mm、3.5mm、5mm、7mm、10mm、14mm、20mm 等，一般不应小于 3.5mm。常用的高度通常为 3.5mm、5mm、7mm 等。

（5）“效果”选项组：用于修改字体的特性，设置的情况在预览中可立即看出效果。其中，“宽度因子”选项用于设置字符间距，小于 1.0 时，字符变窄；大于 1.0 时，字符变宽，如对于仿宋体，该值通常设置为 0.7，对于大字体 gbeitc 和 gbenor，该比例值设置为 1；“倾斜角度”选项用于设置文字的倾斜角。

（6）“置为当前”按钮：用于将在“样式”列表框中选定的样式设置为当前样式。用户只能以当前的文字样式进行标注。

（7）“新建”按钮：创建新的文字样式。单击该按钮，将显示“新建文字样式”对话框，在该对话框中，用户可以输入新文字样式的名称，单击“确定”按钮即可。

技巧

TrueType 字体在屏幕上可能显示为粗体。但是，屏幕显示不影响打印输出，字体按指定的字符格式打印。

### 6.1.2 上机实训 1——设置符合国标的文字样式

设置一个符合国家标准且用于标注工程文字的文字样式。其操作如下：

（1）单击“默认”选项卡｜“注释”面板｜“文字样式”按钮，打开“文字样式”对话框。

（2）在“文字样式”对话框中，单击“新建”按钮，在显示的“新建文字样式”对话框中，输入名称“标注”（用户也可以输入其他名称），然后单击“确定”按钮。

扫一扫，看视频
※ 10 分钟

（3）在“字体名”下拉列表框中，选择 gbeitc.shx 或 gbenor.shx 字体。

（4）选中“大字体”复选框，在“大字体”下拉列表框中选择 gbcbig.shx 字体。

（5）其余选项使用默认设置。单击“应用”按钮，再单击“关闭”按钮完成设置。

### 6.1.3 创建单行文字

单行文字命令用于创建单行文字对象。该命令通常用于创建单行或行数不多的简短文字内容。

1. 调用

◆ 菜单：绘图｜文字｜单行文字。

◆ 命令行：TEXT、DTEXT 或命令别名 DT。

◆ 草图与注释空间：功能区｜默认｜注释｜单行文字，或注释｜文字｜单行文字。

2. 操作方法

命令：（调用命令）

当前文字样式：“Standard” 文字高度： 0.2000 注释性： 否 对正： 左（提示当前的文字样式设置、文字高度等）

指定文字的起点或 [ 对正（J）/ 样式（S）]：（指定文字的开始点或指定一个选项）

3. 选项说明

（1）指定文字的起点：指定文字的开始点，即插入点。指定后的操作和提示如下：

指定高度 <2.5000>：（指定文字的高度）

指定文字的旋转角度 <0>：（指定文字行的旋转角度或按回车键 Enter 使用默认角度 0）

仅在“文字样式”对话框中没指定文字高度时（即高度为默认的 0 值），才显示“指定高度”提示，用户指定的文字高度必须符合国家标准规定的高度；而“指定文字的旋转角度”选项用于指定整行文字对象绕对正点旋转后与 X 轴的夹角。

在输入文字的过程中，按一次 Enter 键表示回行进行下一行文字的输入；如果连续按两次 Enter 键，则结束命令。

（2）对正：用于控制文字的对正方式。选择该项后的操作和提示如下：

输入选项 [ 左（L）/ 居中（C）/ 右（R）/ 对齐（A）/ 中间（M）/ 布满（F）/ 左上（TL）/ 中上（TC）

/右上（TR）/左中（ML）/正中（MC）/右中（MR）/左下（BL）/中下（BC）/右下（BR）]:（指定一个文字对正的方式）

AutoCAD 在进行文字对正时,定义了 4 条假想定位线：顶线、中线、基线和底线,如图 6-3 所示。各种对正方式如图 6-4 所示。

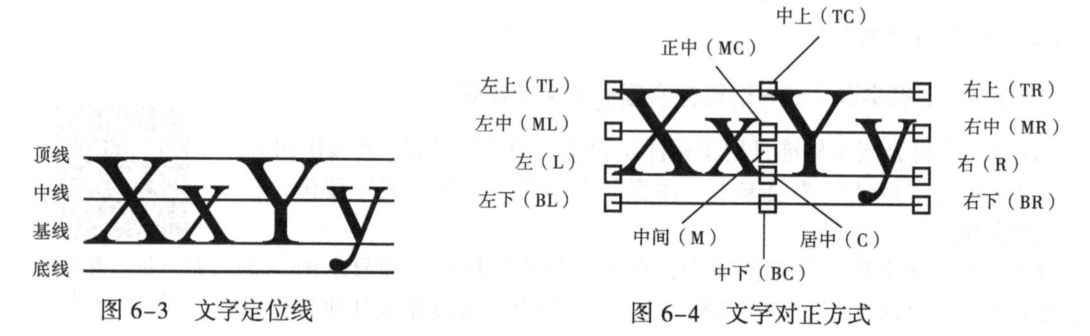


图 6-3　文字定位线　　　　图 6-4　文字对正方式

1）左：在基线上指定一点，输入的文字将以该点为基准从左向右排列。

2）居中：以基线上的指定点为水平中心左右对正文字。

3）右：指定文字行基线上的右端点来定位文字，文字行的最右端将与该点对正。

4）对齐：指定基线上的两个端点来确定文字的高度和方向，使文字均匀地分布在这两点之间。文字字符串越长，字符越矮。

5）中间：指定一点后，文字行的水平位置和垂直位置，将以该点为中心对称分布。

6）布满：指定基线上的两个点和文字高度。文字的宽度将根据两点之间的距离和文字的多少自动调整，使文字均匀地分布在两点之间。该项只适用于水平方向的文字。

7）左上：指定文字行顶线上的左端点来左对正文字。该项只适用于水平方向的文字。

8）中上：指定文字行顶线上的中点居中对正文字。该项只适用于水平方向的文字。

9）右上：指定文字行顶线上的右端点来右对正文字。该项只适用于水平方向的文字。

10）左中：指定文字行中线上的左端点来靠左对正文字。该只适用于水平方向的文字。

11）正中：指定文字行中线上的中点来水平和垂直居中对正文字。该项只适用于水平方向的文字。

12）右中：指定文字行中线上的右端点来靠右对正文字。该只适用于水平方向的文字。

13）左下：指定文字行底线上的左端点来左对正文字。该项只适用于水平方向的文字。

14）中下：指定文字行底线上的中点来居中对正文字。该项只适用于水平方向的文字。

15）右下：指定文字行底线上的右端点来右对正文字。该项只适用于水平方向的文字。

（3）样式：用于指定当前使用的文字样式。选择该项后的操作和提示如下：

输入样式名或 [?] <Standard>：（指定当前要使用的文字样式，或输入“？”，或按 Enter 键使用默认文字样式“Standard”）

用户可以直接输入一个当前要使用的已经定义的文字样式名称，然后按 Enter 键；也可以使用“？”选项，查询图形中的当前文字样式或全部文字样式及其特性。

4. 特殊字符的输入

绘图时，经常需要标注一些特殊字符，如：φ、°、± 等。这些字符不能从键盘直接输入，但可使用“Unicode 字符串”或“控制代码”方式输入，如表 6-1 所示。

表 6-1　特殊字符的输入方式

| 特殊字符 | Unicode 字符串输入 | | 控制代码输入 | | 结果 |
|---|---|---|---|---|---|
| | Unicode 字符串 | 输入实例 | 控制代码 | 输入实例 | |
| φ | \U+2205 | \U+220570 | %%c | %%c70 | φ70 |
| ± | \U+00B1 | 45\U+00B10.03 | %%p | 45%%p0.03 | 45 ± 0.03 |
| ° | \U+00B0 | 30\U+00B0 | %%d | 30%%d | 30° |
| 上划线 | | | %%o | %%oCAD | CAD |
| 下划线 | | | %%u | %%uCAD | CAD |
| % | | | %%% | 50%%% | 50% |

5. 说明

（1）使用单行文字命令输入的多行文字的每一行都是一个独立的对象。

（2）在输入文字的过程中，用鼠标在绘图区任意一处单击，即可将文字定位符移动到该处，然后从该处输入新的文字。这是单行文字命令输入文字非常方便之处。

**技巧**

● 还可以通过中文输入法的软键盘来输入特殊字符，其方法是在任何一个中文输入打开的情况下，用鼠标在输入法提示条上右击，打开输入法软键盘快捷菜单，从中选择需要的软键盘项（如“希腊字母”）打开该软键盘，用鼠标单击软键盘上需要的符号即可。

● 输入控制代码只能使用 AutoCAD 专用字体。

### 6.1.4　创建多行文字

多行文字命令用于创建较长、较为复杂的多行或段落文字内容。多行文字由任意数目的文字行或段落组成，布满指定矩形的宽度，并且可以沿矩形的一个或两个方向无限延伸。

1. 调用

◆ 菜　单：绘图｜文字｜多行文字。

◆ 命令行：MTEXT 或命令别名 T、MT。

◆ 草图与注释空间：功能区｜默认｜注释｜多行文字，或注释｜文字｜多行文字。

2. 操作方法

命令：（调用命令）

当前文字样式：“Standard” 当前文字高度：2.5 注释性：否（提示当前的文字样式设置）

指定第一角点：（指定多行文字矩形框的第一角点）

指定对角点或 [ 高度（H）/ 对正（J）/ 行距（L）/ 旋转（R）/ 样式（S）/ 宽度（W）/ 栏（C）]：（指定多行文字矩形框的对角点或指定一个选项）

当用鼠标在绘图区指定了一点，且拖动鼠标拉出一个矩形框时，该框包含一些提示信息，根据对正方式的不同，该框的显示略有不同。如图 6-5 所示，a、b、c 字母靠左，表示多行文字靠左对正；该框的下面有一个箭头，表示文字行太多后将向下扩展；而

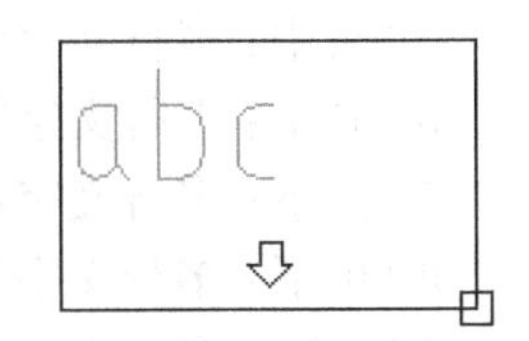

图 6-5　多行文字矩形框

该矩形的宽度代表多行文字的行宽。当指定了对角点后，将在功能区显示“文字编辑器”选项卡（见图6-6）以及一个多行文字编辑器窗口（见图6-7）。

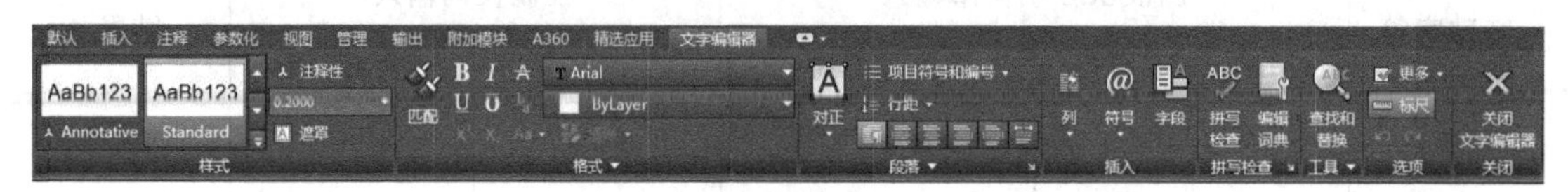


图6-6 “文字编辑器”选项卡

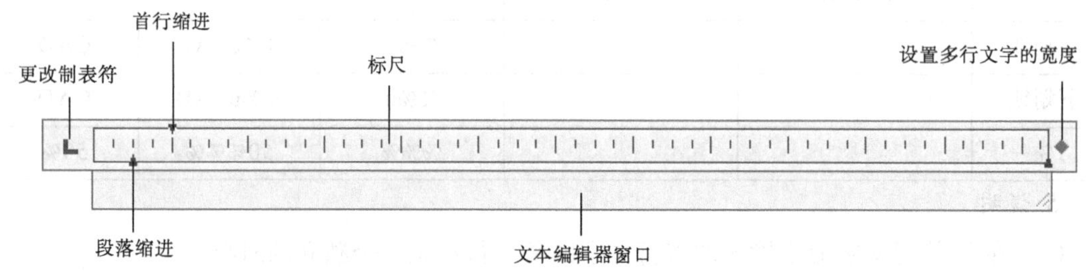


图6-7 多行文字编辑器窗口

文字编辑器窗口用于输入文字和编辑文字。它的宽度定义了多行文字对象中段落的宽度，输入的文字到右边界时会自动换行。用户可以通过拖动标尺右端的棱形来调整该窗口的宽度；也可在标尺上右击，显示一个快捷菜单，如图6-8所示，从中选择“设置多行文字宽度”选项进行设置。

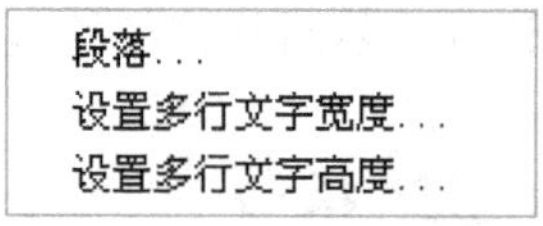

段落...
设置多行文字宽度...
设置多行文字高度...

图6-8 标尺快捷菜单

文字编辑器窗口的高度取决于输入文字的多少，而不是该窗口的高度。用户可以通过拖动文字编辑器窗口下面的双箭头来调整该窗口的高度；也可以拖动文字编辑器窗口的右下角同时调整窗口的宽度和高度；还可在标尺快捷菜单中选择“设置多行文字高度”选项设置其高度。

3. 选项说明

（1）高度：用于指定多行文字字符的高度，或在图纸空间中显示的文字高度。

（2）对正：设置段落文本的对正方式，即根据文字的对正设置和矩形边界上的9个对正点之一，将文字在指定矩形中对正和确定文字的书写方向。选择该项后的提示如下：

输入对正方式[左上（TL）/中上（TC）/右上（TR）/左中（ML）/正中（MC）/右中（MR）/左下（BL）/中下（BC）/右下（BR）]<左上（TL）>：（指定多行文字的对正方式，或按Enter键使用默认选项“左上”对正方式）

多行文字的各种对正方式如图6-9所示。对正方式各选项的说明如下：

1）左上：多行文字靠左对正，可向下扩展，如图6-9中的“TL”方式。

2）中上：多行文字置中对正，可向下扩展，如图6-9中的“TC”方式。

3）右上：多行文字靠右对正，可向下扩展，如图6-9中的“TR”方式。

4）左中：多行文字靠左对正，可向上和向下扩展，如图6-9中的“ML”方式。

5）正中：多行文字置中对正，可向上和向下扩展，如图6-9中的“MC”方式。

6）右中：多行文字靠右对正，可向上和向下扩展，如图6-9中的“MR”方式。

7）左下：多行文字靠左对正，可向上扩展，如图6-9中的“BL”方式。

8）中下：多行文字置中对正，可向上扩展，如图6-9中的“BC”方式。

9）右下：多行文字靠右对正，可向上扩展，如图6-9中的“BR”方式。

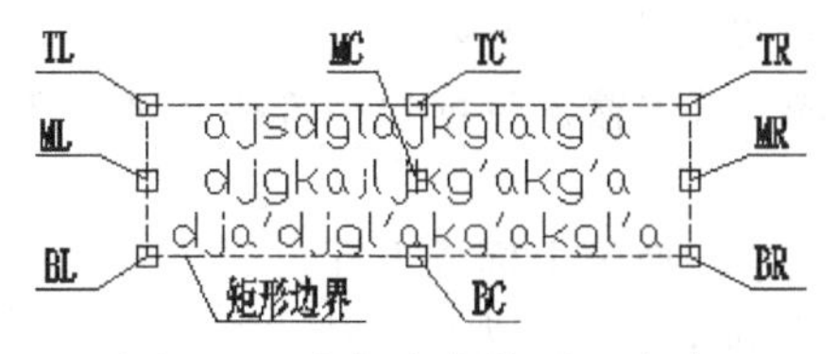


图 6-9　多行文字的对正方式

（3）行距：指定多行文字对象的行距。选择该项后的操作和提示如下：

输入行距类型 [ 至少（A）/ 精确（E）] < 至少（A）> :（指定一个选项，或按 Enter 键使用“至少”选项）

其中，“至少”选项可根据行中最大字符的高度自动调整文字行的行距，用户可直接输入行距值，或使用“nX”（n 代表数字）的形式来设置行距为单倍行距的 n 倍（如输入“2x”指定双倍行距），行距的有效值必须在：4.1677（0.25x）~ 66.6667（4x）之间；而“精确”选项将强制多行文字对象中所有文字行之间的行距相等，该方式常用于创建表格。

（4）旋转：指定文本行与 X 轴正向的夹角。

（5）样式：指定用于多行文字的文字样式。

（6）宽度：指定输入多行文字矩形边界的宽度。指定了一个宽度后，当输入的文字每行宽度超过指定宽度时，系统会自动换行。如果指定的宽度值为 0，自动换行将关闭。

（7）栏：指定多行文字对象的栏选项。选择该项后的操作和提示如下：

输入栏类型 [ 动态（D）/ 静态（S）/ 不分栏（N）] < 动态（D）> :（指定一个选项）

其中，“动态”选项需指定栏宽、栏间距宽度（栏之间的间距）和栏高，然后根据文字的多少自动增加栏数；“静态”选项需指定总栏宽、栏数、栏间距宽度和栏高，并且所有栏将具有相同的高度且两端对齐；“不分栏”选项指定当前多行文字对象不分栏。

4. “文字编辑器”选项卡

“文字编辑器”选项卡用于控制多行文字对象的文字样式、选定文字的字符格式和段落格式等。

（1）“样式”选项组：为多行文字对象指定文字样式和文字高度等。其中：

1）样式：为新输入的文字或选定的文字指定新文字样式，用户可从中选择一个当前图形中已定义的文字样式。

2）注释性：打开或关闭当前多行文字对象的注释性。

3）文字高度：设置新文字的字符高度或修改选定文字的高度。

4）遮罩：用于指定多行文字后面是否使用填充颜色。

（2）“格式”选项组：用于设置多行文字对象的格式等。其中：

1）匹配文字格式：将选定文字的格式应用到其他多行文字对象。

2）基本按钮：加粗、倾斜、上 / 下划线等这些按钮的作用与 Word 等程序的操作类似。不过“加粗”和“倾斜”按钮，仅适用于使用 TrueType 字体的字符。

3）删除线：打开和关闭新文字或选定文字的删除线。

4）堆叠：如果选定文字中包含堆叠字符，单击该按钮可创建堆叠文字。堆叠字符包括：插入符（^），用于创建公差形式的堆叠文字，其中，该符号左面的文字放在上偏差的位置上，该符号右面的文字则放在下偏差的置上，如 $100^{+0.07}_{-0.03}$；正向斜杠（/），用于创建分数形式的堆叠文字，其中，该符号左面的文字放在分子上，该符号右面的文字放在母上，如 $\frac{H8}{f7}$；磅符号（#），用于创建斜分数形式的堆叠文字，其中，该符号左面的文字放在此符号的左边，而该符号右面的文字放在此符号右边，如$^{63}/_{87}$。

创建堆叠文字的操作步骤：首先输入带堆叠字符的文字，选中需堆叠的部分，最后单击堆叠按钮，执行堆叠操作。

5）上标 / 下标：将选定文字转换为上标或下标。

6）改变大小写：可将选定的文字更改为大写或小写。

7）字体：为新输入的文字指定字体或改变选定文字的字体。

8）颜色：为新输入的文字指定颜色或更改选定文字的颜色。

9）清除格式：删除选定字符或段落的格式。

10）倾斜角度：指定文字的倾斜角度。指定正值文字向右倾斜，反之则向左倾斜。

11）追踪：增大或减小选定字符间的空间。值大于 1.0，可增大间距，反之则间距。

12）宽度因子：增大或减少选定字符的宽高比。值大于 1.0，可增宽字符，反之则减小字符宽度。

（3）“段落”选项组：设置段落的对正、缩进等格式。其中：

1）对正：设置段落文本的对正方式。

2）项目符号和编号：以字母、数字或项目符号等形式对多行文字进行编号，其操作类似于 Word。

3）行距：指定多行文字对象的行距。

4）常规对齐工具：设置当前段落或选定段落的左对齐、居中等对齐方式。

5）合并段落：将选定的段落合并为一段并用空格替换每段的回车。

6）段落：单击该选项组左下角的按钮，将显示“段落”对话框，如图 6-10 所示。利用该对话框，可为段落和段落的第一行设置缩进；指定制表位和缩进，控制段落对齐方式、段落间距和段落行距等。

（4）“插入”选项组：用于符号或字段等。其中：

1）栏：单击该按钮，将显示栏菜单，从中可以设置如何分栏以及进行分栏设置。

2）符号：用于在光标位置插入符号。单击该按钮，将显示一个菜单，如图 6-11 所示，利用该菜单，可以选择一个控制代码或 Unicode 字符串来输入特殊符号。如选择“其他”选项，将显示“字符映射表”对话框，如图 6-12 所示，在其中选择所需要的字符后，单击“复制”按钮关闭对话框。在编辑器中，单击鼠标右键，在弹出的快捷菜单中选择“粘贴”选项，即可在多行文本中插入需要的字符。

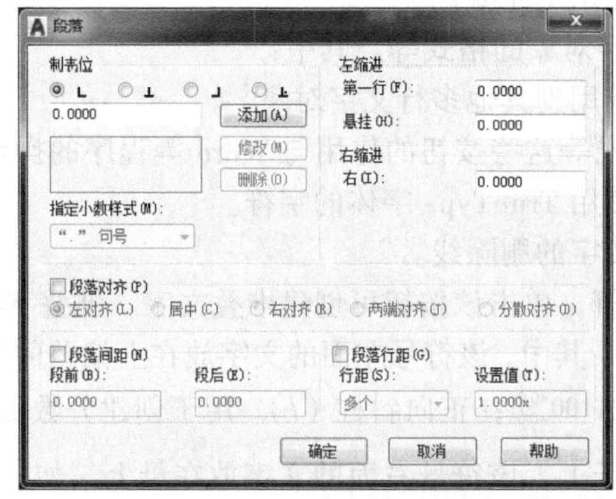


图 6-10 “段落”对话框

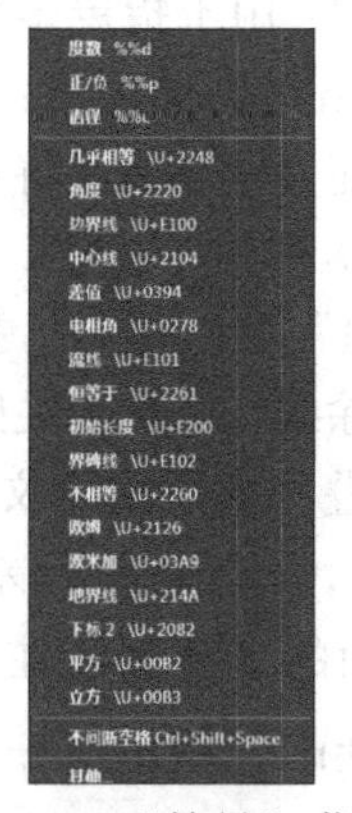


图 6-11 “符号”菜单

3）字段：单击该按钮，将显示“字段”对话框，如图 6-13 所示，从中可以选择要插入到文字中可更新的文字内容。如可以插入一个日期字段。

图 6-12 “字符映射表”对话框

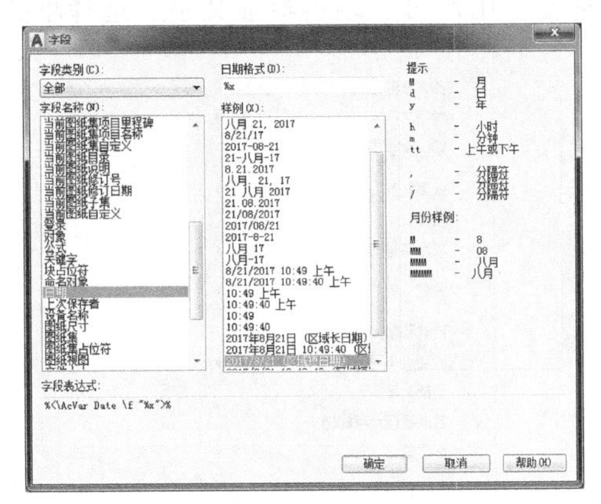

图 6-13 “字段”对话框

（5）“拼写检查”选项组：用于输入时是否进行拼写检查。

（6）“工具”选项组：用于查找和替换，以及从外部输入文字等。其中：

1）查找和替换：搜索指定的文字串并用新文字进行替换，其操作类似于 Windows。

2）输入文字：选择该项，将显示“选择文件”对话框。用户可以将其他程序中保存的扩展名为 .TXT 或 .RTF 格式的文件输入到 AutoCAD 中。输入文字的文件必须小于 32 KB。

3）全部大写：将所有新输入的文字转换为大写。全部大写不影响已有的文字。

（7）“选项”选项组：用于设置多行文字输入的常规选项。其中：

1）字符集：选择将要使用的字符集，并将其应用到选定的文字。

2）编辑器设置：控制是否显示多行文字编辑器的“文字格式”工具栏以及是否显示“文本编辑器窗口”的背景颜色等。

3）标尺：控制文字编辑器顶部的标尺显示。单击标尺左端的“更改制表符样式”按钮将更改制表符样式为左对齐、居中、右对齐和小数点对齐等。选择文字后，可在标尺或“段落”对话框中调整相应的制表符。

4）放弃 / ：其操作类似于 Windows。

（8）“关闭”面板：单击该按钮，将关闭“文本编辑器”并保存所做的任何修改。用户在“多行文字编辑器”外的图形中单击也可执行相同的操作。

5. “选项”菜单说明

在“文字编辑器窗口”中右击，将显示“选项”菜单，如图 6-14 所示。下面主要介绍与前面不同的部分。

（1）编辑字段：在“文字编辑器窗口”中选择了某个字段后，“选项”菜单中将出现该项。选择该项，可以修改选定字段。

（2）更新字段：在“文字编辑器窗口”中选择某个字段后，“选项”菜单中将会出现该项。选择该项将更新选定的字段，但当前值不会立即显示。

（3）将字段转换为文字：在“文字编辑器窗口”中选择某个字段后，“选项”菜单中将会出现该项。选择该项，可将当前无法更新的字段转换为纯文本文字。

（4）堆叠 / 非堆叠：在“文字编辑器窗口”中，如果选定的文字中包含堆叠字符，使用该项可创建堆叠文字；如果选择的是堆叠文字，使用该项将会取消堆叠。

（5）堆叠特性：如果在“文字编辑器窗口”中选择了已堆叠的字符，“选项”菜单中将出现“堆叠特性”选项。选择该项，将显示“堆叠特性”对话框，如图 6-15 所示。利用该对话框，用户可以编辑堆叠文字、选择堆叠类型、对齐方式和大小。

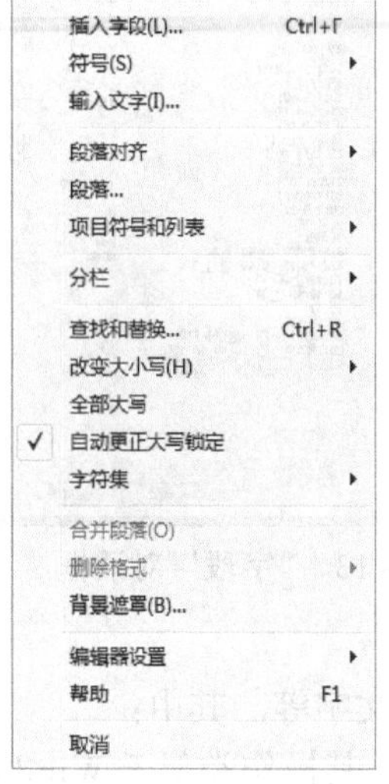


图 6-14 “选项”菜单

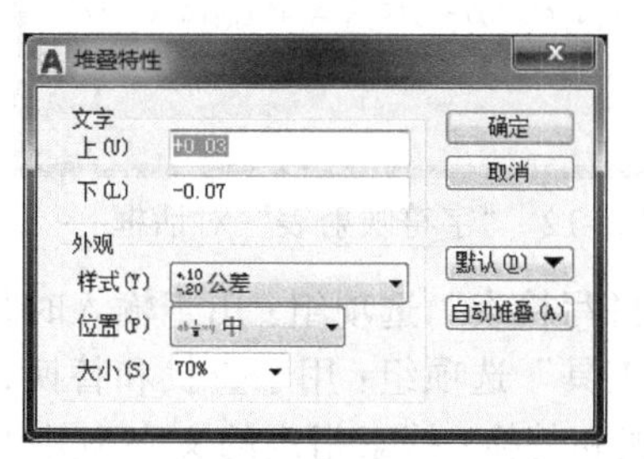


图 6-15 “堆叠特性”对话框

**技巧**

● 用户可以通过拖动标尺上的第一行缩进滑块来设置每个段落的首行缩进；拖动段落滑块来设置每个段落的其他行缩进；而通过在需要的位置单击标尺可设置制表位。

● 用 MTEXT 命令创建表格中的文字，最好使用精确间距，且应使用比指定行距小的文字高度，以保证文字不会互相重叠。

●“字符映射表”是 Windows 系统的附件组件，如果用户的操作系统中没有安装该功能，则在 AutoCAD 中将无法使用。

● 执行一次多行文字命令创建的多行文字对象是一个整体，这点与单行文字命令创建的文字对象不同。

### 6.1.5 上机实训 2——创建堆叠文字

扫一扫，看视频
※ 6 分钟

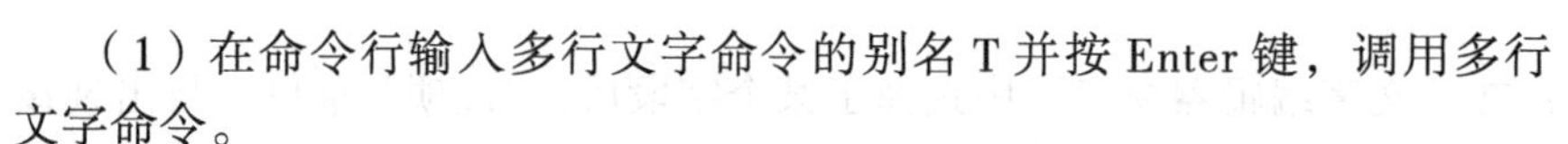

用多行命令输入 $\phi100\frac{H8}{f7}$、$^{63}\!/\!_{87}$ 和 $100^{+0.07}_{-0.03}$，如图 6-16 所示。其操作如下：

（1）在命令行输入多行文字命令的别名 T 并按 Enter 键，调用多行文字命令。

（2）用鼠标在绘图区拖动出形窗口，打开多行文字编辑器窗口。

（3）在功能区“文字编辑器”选项卡的“格式”选项组的“字体”下拉列表框中，选择一种带后缀 SHX 的 AutoCAD 专用字体（否则不能标注特殊符号），并设置一个字体高度。

（4）在文字编辑器窗口中输入“%%c100H8/f7”，再选择要堆叠的部分“H8/f7”后单击“堆叠”按钮执行堆叠操作。

（5）用同样的方法，在文字编辑器窗口中输入“63#87”，再选择要堆叠的部分“63#87”后单击“堆叠”按钮执行堆叠操作。在文字编辑器窗口中，输入“100+0.07^-0.03”后选择要堆叠的部分“+0.07^-0.03”，单击“堆叠”按钮执行堆叠操作，如图 6-16(b) 所示。

（6）在“文字编辑器”选项卡上，单击“关闭文字编辑器”按钮，结果如图 6-16(c) 所示。

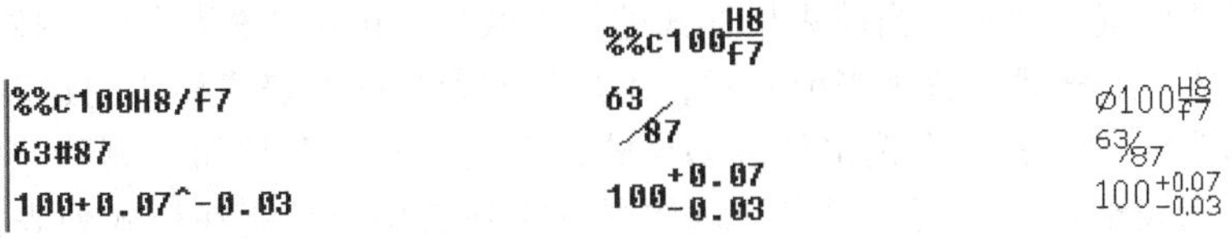

%%c100H8/f7
63#87
100+0.07^-0.03

(a) 输入带堆叠符号的文字

$\%\%c100\frac{H8}{f7}$
63/87
$100^{+0.07}_{-0.03}$

(b) 执行堆叠操作

$\phi100^{H8}_{f7}$
63/87
$100^{+0.07}_{-0.03}$

(c) 结果

图 6-16　堆叠的应用

### 6.1.6　编辑文字

编辑文字命令可用于修改已经创建的单行文字、多行文字、属性定义和特征控制框。

1. 调用

◆ 菜单：修改｜对象｜文字｜编辑。

◆ 命令行：DDEDIT 或命令别名 ED。

◆ 快捷菜单：选择要编辑的文字对象后在绘图区中右击，从弹出的快捷菜单中选择“编辑多行文字”或“编辑”选项。

◆ 快捷操作：在需要编辑的单行文字或多行文字对象上双击。

2. 操作方法

命令：（调用命令）

选择注释对象或 [ 放弃（U）]：（选择要编辑的文字对象，或输入 U 使用“放弃”选项）

调用命令后，根据所选对象的不同，将显示相应的编辑工具。如选择单行文字，将显示单行文字的“在位文字编辑器”；如果选择的是多行文字，将显示多行文字的“在位文字编辑器”；如果选择的是属性定义，将显示“编辑属性定义”对话框；如果选择的是特征控制框，将显示“形位公差”对话框。利用它们，可以修改已创建的文字对象。

技巧

用户还可以使用“特性”选项板编辑的文字对象，如编辑文字内容、图层、颜色、文字样式、文字高度和对正等特性。

## 6.2　使用表格

利用 AutoCAD 的表格功能，用户可以很方便地创建出各种样式的表格。并且，还可以将 Microsoft Excel 中的表格链接到 AutoCAD 中来。用户也可以输出 AutoCAD 的表格数据，供 Excel 或其他应用程序使用。

### 6.2.1　创建表格样式

可以设置当前表格样式，以及创建、修改和删除表格样式。

1. 调用

◆ 菜单：格式｜表格样式。

◆ 命令行 TABLESTYLE 或命令别名 TS。

◆ 草图与注释空间：功能区｜注释｜表格｜箭头。

2. 操作方法

调用命令后将显示“表格样式”对话框，如图 6-17 所示。在该对话框的上部显示了当前的表格样式，“预览”中显示当前表格样式的设置效果。单击“置为当前”按钮可将在“样式”列表框中选定的样式设置为当前样式，用户只能以当前的表格样式创建表格；单击“修改”按钮可修改样式列表框中选定的表格样式；单击“删除”按钮可删除“样式”列表框中选定的未使用表格样式；而“列出”过滤器下拉列表用于控制在样式列表框中是显示所有样式，还是仅显示使用中的样式。

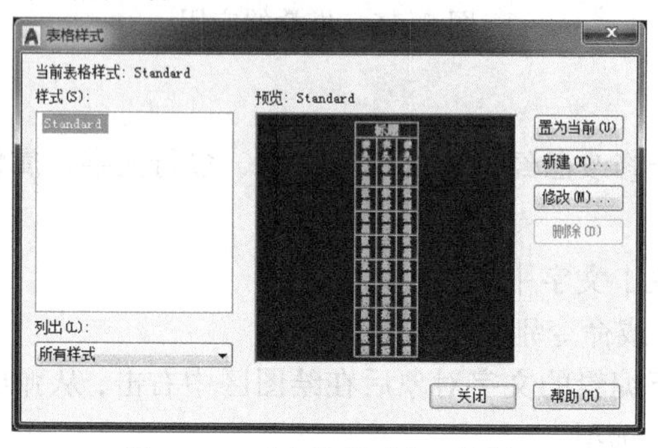


图 6-17 “表格样式”对话框

对于向下的表格，一般第一行的单元格为标题单元格，第二行（列标题行）的各单元格为表头单元格，其余各行的单元格为数据单元格；对于向上的表格则顺序相反。

3. 创建新的表格样式

单击“新建”按钮，将显示“创建新的表格样式”对话框，如图 6-18 所示。用户可在该对话框的“新样式名”文本框中输入一个名称，在“基础样式”下拉列表中，选择一个已有的表格样式作为基础样式，单击“继续”按钮将显示“新建表格样式”对话框，如图 6-19 所示。利用该对话框，用户可以详细设置新建表格样式的格式。

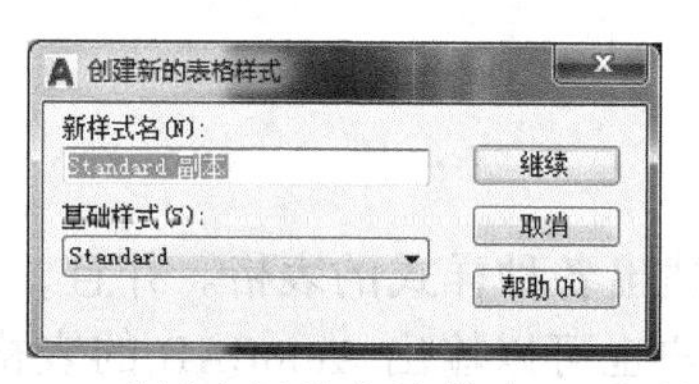


图 6-18 “创建新的表格样式”对话框

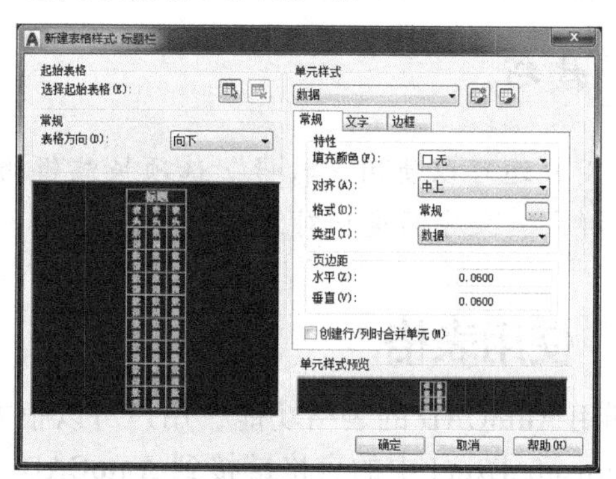


图 6-19 “新建表格样式”对话框

（1）“起始表格”选项组：在该组件中，单击“选择表格”按钮，在图形中选定一个表格，即可以该表格作样例来设置新表格样式的格式，并且可以指定要从所选表格中复制到新表格样式的结构和内容。而单击“删除表格”按钮，可将所选表格从当前指定的表格样式中删除。

（2）“常规”选项组：用于更改表格方向。其中，“向下”选项将创建由上而下读取的表，即标题行和表头行位于表格的部而“向上”选项与“向下”选项刚好相反。

（3）“单元样式”选项组：用于定义新的单元样式或修改现有单元样式。其中，选择“数据”“表头”或“标题”选项，即可在下面的“常规”“文字”和“边框”选项卡中分别设置表格的数据单元、表头单元或标题单元的样式。选择“创建新单元样式”选项或单击“创建新单元样式”按钮，将显示“创建新单元样式”对话框，如图6–20所示，在其中输入了“新样式名”和选择了“基础样式”后单击“继续”按钮，即可设置新单元的样式；选择“管理单元样式”选项或单击“管理单元样式”按钮，将显示“管理单元样式”对话框，如图6–21所示，从中可以创建、重命名或删除单元样式。

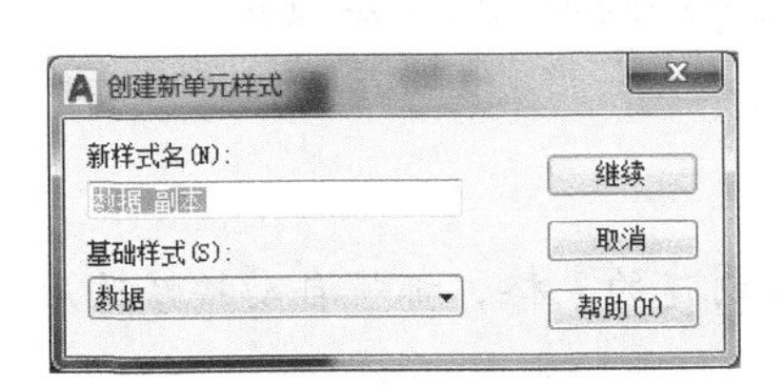


图6–20 “创建新单元样式”对话框

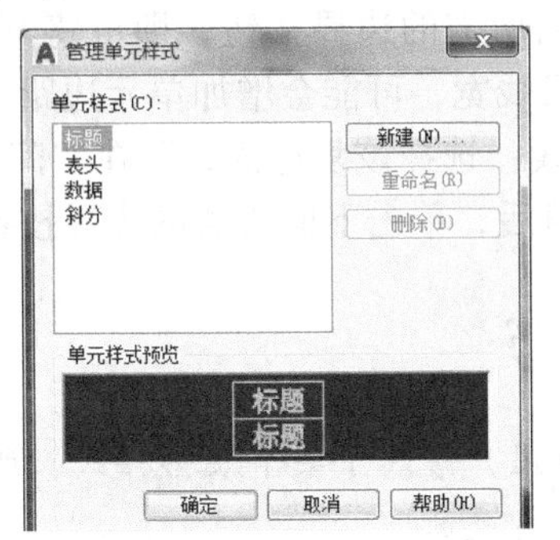


图6–21 “管理单元样式”对话框

（4）“常规”选项卡：设置表格的颜色、对正等特性。其中：

1）填充颜色：指定单元的背景色，默认方式为“无”。

2）对：设置单元中文字的对正和对齐方式。

3）格式：为表格中的“数据”“列标题”或“标题”行设置数据类型和格式。单击该按钮，将显示“表格单元格式”对话框，如图6–22所示，从中可以进一步设置单元的数据类型和格式等，如，单元格于记录货币数据，可选择“货币”项。

4）类型：将单元样式指定为标签或数据。

5）页边距：控制单元边框和单元内容之间的间距。其中，“水平”选项，用于设置单元中的文字或块与左右单元边框之间的距离；“垂直”选项则用于设置单元中字或块与上下单元边框之间的距离。

6）创建行/列时合并单元：选择该复选框，将使用当前单元样式创建的所有新行或新列合并为一个单元。可以使用此选项在表格的顶部创建标题行。

（5）“文字”选项卡：用于设置单元格中文字的基本特性，如图6–23所示。

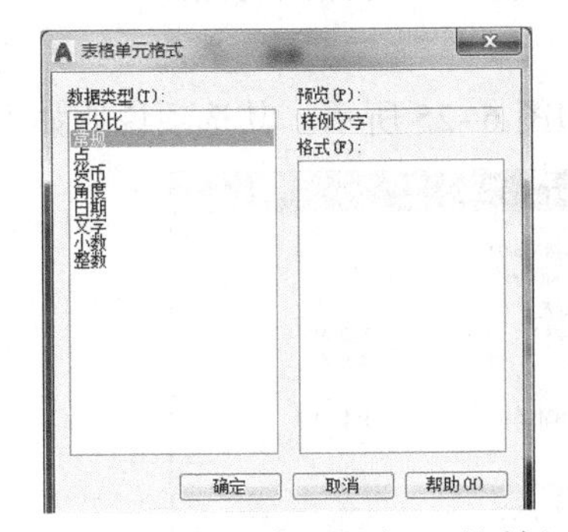


图6–22 “表格单元格式”对话框

图6–23 “文字”选项卡

1）文字样式：设置表格中单元格所使用的文字样式，可从下拉列表中选择一个已经创建的文字样式；或单击右边的按钮，创建新的文字样式。

2）文字高度：设置表格中单元格的文字高度。如果在“文字样式”对话框中设置了一个非0的文字高度，则该项不能设置。

3）文字颜色：设置表格中单元格的文字颜色。常选 ByLayer 和 ByBlock。

4）文字角度：指定表格中单元格的文字角度。

（6）“边框”选项卡：控制表格单元边界的外观，如图 6-24 所示。其中：

1）线宽、线型和颜色：在列表中选择一种线宽、线型和颜色后单击下面所需的边界按钮，即可将其应用于指定的单元边界。如果使用粗线宽，可能会增加单元边距。

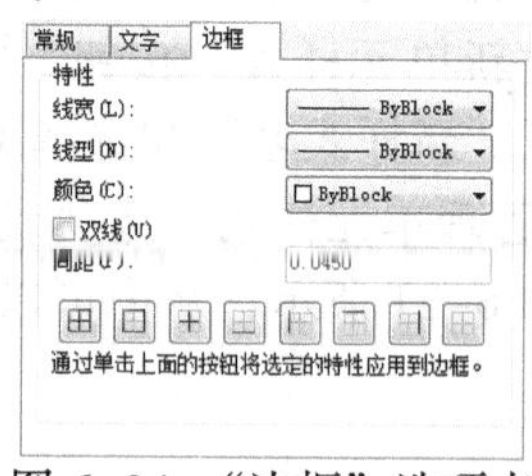


图 6-24 “边框”选项卡

2）双线：选择该复选框，并在“间距”中设置了一个双线之间的间距值后，单击下面所需的边界按钮，即可将双线应用到单元的指定边界。

技巧

● 当用户修改了某个表格样式，所有用该表样式创建的表格，都将自动按修改后的表样式进行更新。

● 在设置“页边距”时，“水平”和“垂直”边距的值应尽量设置得小一些。如设置为 0.1，这样，在编辑表格时便于精确编辑单元格的高度和宽度。因为，单元格的高度（宽度）不仅要考虑文字的高度（宽度）、单元格的垂直（水平）边距，还要考虑单元格边框线宽的影响。如果“水平”和“垂直”边距设置过大，当插入表格后，单元格的高度和宽度可能将无法编辑到希望的较小高度和宽度值。

（7）“单元样式预览”选项组：显示当前表格样式设置的效果。

### 6.2.2 插入表格

表格命令可用于在图形中插入已设置好的空表格。

1. 调用

◆ 菜单：绘图 | 表格。

◆ 命令行：TABLE 或命令别名 TB。

◆ 草图与注释空间：功能区 | 默认 | 注释 | 表或注释 | 表格 | 表格。

2. 操作和说明

调用命令后，将显示“插入表格”对话框，如图 6-25 所示。其选项说明如下：

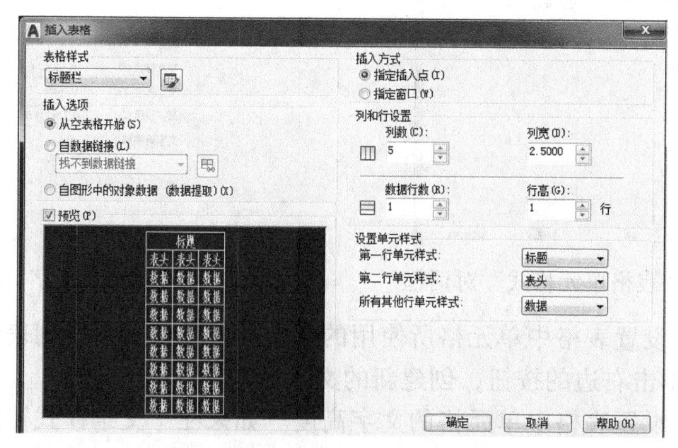


图 6-25 “插入表格”对话框

（1）“表格样式”选项组：指定要使用的表格样式。用户可以从列表中选择一个已经定义的表格样式，或单击右边的按钮打开“表格样式”对话框，从中新建一个表格样式。

（2）“插入选项”选项组：指定插入表格的方式。其中：

1）从空表格开始：使用该单选按钮，将创建可以手动填充数据的空表格。

2）自数据链接：选择该单选按钮并单击下拉列表右边的按钮，将打开“选择数据链接”对话框，如图 6-26 所示。在该对话框中单击“创建新的 Excel 数据链接”选项，打开“输入数据链接名称”对话框，从中输入一个名称并单击“确定”按钮，打开“新建 Excel 数据链接”对话框，如图 6-27 所示。在该对话框中，单击下拉列表右边的按钮，即可从“另存为”对话框中选择已经保存的 Excel 文件，将 Excel 的数据导入当前图形来创建表格。

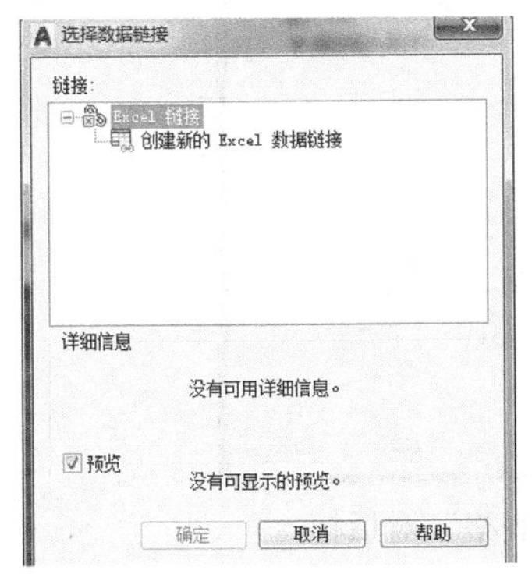

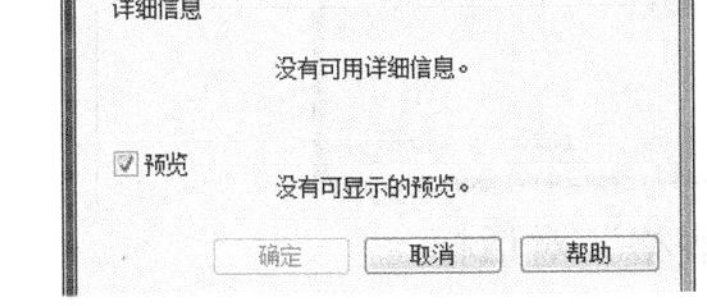


图 6-26 “选择数据链接”对话框

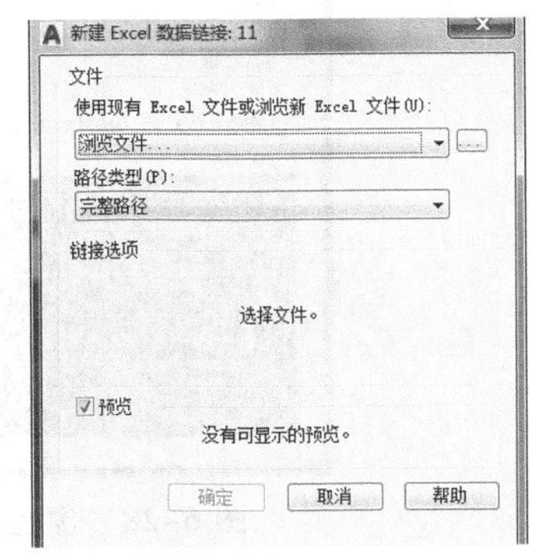


图 6-27 “新建 Excel 数据链接”对话框

3）自图形中的对象数据：选择该单选按钮，将打开“数据提取”向导对话框。利用该对话框，可以从图形中提取数据，并将这些数据输出到表格或外部文件中。

（3）“预览”选项组：显示当前表样式的样例图形。

（4）“插入方式”选项组：用于指定表格的位置。

1）指定插入点：如果表格方向向下，则指定表格左上角的位置；如果表格方向向上，则插入点位于表的左下角。该方式可插入固定列宽和行高的表格。

2）指定窗口：通过指定矩形窗口的两个对角点来确定表格的大小和位置。使用此选项，行数、列数、列宽和行高都取决于窗口的大小以及列和行的设置。该方式可以非常方便地精确确定表格的尺寸。

（5）“列和行设置”选项组：设置列和行的数目及大小。

1）列数：指定表格的列数。当选择“指定窗口”选项并指定列宽时，该项即变为“自动”选项，且列数由表的宽度控制。如果已指定包含起始表格的表格样式，则可以选添加到此起始表格的其他列的数量。

2）列宽：指定列的宽度。当选择“指定窗口”选项并指定列数时，该项即变为“自动”选项，且列宽由表的宽度控制。

3）数据行数：指定表格的行数。当选定“指定窗口”选项并指定行高时，该项即变为“自动”选项，且行数由表格的高度控制。带有标题行和表头行的表格样式，最少应有三行，最小行高为一行。如果已指定包含起始表格的表格样式，则可以选择要添加到此起始表格的其他数据行的数量。

4）行高：按照文字行的高度指定表格的行高。文字行高为文字高度加单元边距，同时，还要考虑单元格边框的线宽，如“行高”为 1 时，表示为一倍行高，其行高值大约等于“文字高度 +2× 单元边距 + 单元边框线宽”。如果选定“指定窗口”选项并指定行数，则该项将变为“自动”选项，且行高由表的高度控制。

（6）“设置单元样式”选项组：对于不包含起始表格的表格样式，可指定新表格中行的单元格式。其中，“第一行单元样式”用于指定表格中第一行的单元样式，默认为标题单元样式；“第二行单元样式”用于指定表格中第二行的单元样式，默认为表头单元样式；“所有其他行单元样式”用于指定表格中所有其他行的单元样式，默认为数据单元样式。

（7）表格选项：对于包含起始表格的表格样式，在插入表格时可以选择要保留起始表格的哪些表格特性，如图 6-28 所示。

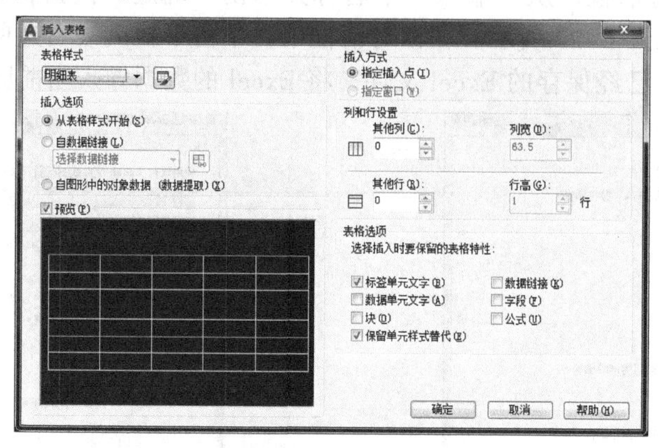


图 6-28　含起始表格的“插入表格”对话框

3. 说明

（1）由于插入的表格是一个整体，因此，可对整个表格进行各种编辑操作。

（2）如果使用分解命令 EXPLODE 将表格分解，将得到许多直线段和文字对象，这会大大增加图形的复杂程度。分解后的表格，将不能使用表格的专用编辑工具进行编辑。

**技巧**

● 通过指定行高的方式所创建的表格的行高值通常不精确。因此，需要通过编辑表格或编辑单元格的方法来准确调整行高值。

● 在设置“列宽”时，最好按所绘制表格中最窄一列的宽度值进行设置，而“行高”的值通常设置为 1。这样，在插入表格后，编辑表格的尺寸比较方便。

● 通过“指定窗口”方式并设置表格的“数据行数”和“列数”来插入表格，最好先按表格的最小列宽和最小行高算出表格的最小总长和最小总高（如表格的最小行高为 7，最小列宽为 22，行数和列数分别为 5 和 8，则表格的最小总长为 176，总高为 35），然后插入表格。插入时，在“指定第一个角点:”的提示下，用鼠标在需要的地方单击，在“指定第二角点:”的提示下，输入“@176,35”并按 Enter 键，即可精确地插入表格，这种表格也便于后面编辑其单元格的高度和宽度。

● 如果创建的表格不需要标题行，可在“第一行单元样式”中选择“表头”选项；“第二行单元样式”中选择“数据”选项。如果创建的表格只有数据行，而没有标题行和表头行，可在“第一行单元样式”和“第二行单元样式”中都选择“数据”选项。

### 6.2.3　在表格中插入文字

由于刚插入的表格是一个空表，因此，用户需要在表格中插入文字等内容。其方法如下：

（1）刚插入表格时，文字定位符自动在一个单元格内，并在功能区“文字编辑器”选项卡，这时，用户可以直接输入文字。

（2）对已经插入的空表，首先用鼠标在某单元格内单击以选中该单元格，然后在该单元格内双击即可开始输入文字；或者选择单元格后按F2键也可输入文字。

（3）在单元格中，可以使用键盘上的方向键在文字中移动光标。如果要在单元格中创建换行符，可按Alt+Enter组合键。

（4）如要替代表格样式中指定的文字样式，可在“文字编辑器”选项卡上选择新的文字样式。选择的文字样式，将应用于单元中已有的文字以及在该单元中输入的所有新文字。

（5）要替代当前文字样式中的格式，首先需要选择单元中的文字，利用“文字编辑器”选项卡即可修改选定文字的格式。如修改选定文字的字体、文字高度、使用粗体或斜体（SHX字体不支持粗体或斜体）以及更改选定文字颜色等。

（6）使用如下的键盘操作，可将文字定位符从一个单元移动到另一个单元：

1）按Tab键，可以将光标移动到下一个单元，在表格的最后一个单元中，按Tab键，可以添加一个新行；按Shift+Tab组合键，移动到上一个单元。

2）如果光标位于单元中文字的开始或结束位置时，使用方向键，可以将光标移动到相邻的单元；也可以使用Ctrl+方向键。

3）如果单元中的文字处于亮显状态，按方向键，将删除选择，并将光标移动到单元中文字的开始或结束位置。

4）按Enter键，可以向下移动一个单元。

5）当表格输入完毕且要保存修改并退出，可单击“文字编辑器”选项卡上的“关闭文字编辑器”按钮或按Ctrl+Ente组合键。

### 6.2.4 编辑表格和单元格

由于插入的空表格的列宽和行高都为相同的值，且行高的值通常都不精确。因此，需要对插入的空表格进行进一步编辑。

1. 编辑表格

插入表格后，单击表格上的任意网格线以选中表格，然后通过使用“特性”选项板或夹点方式可修改表格。

（1）通过夹点方式编辑表格：如图6-29所示，选择某个夹点，使其成为热夹点，即可用鼠标拖动或键盘输入来编辑表格。以下操作都是在夹点的“拉伸”编辑模式下进行的。

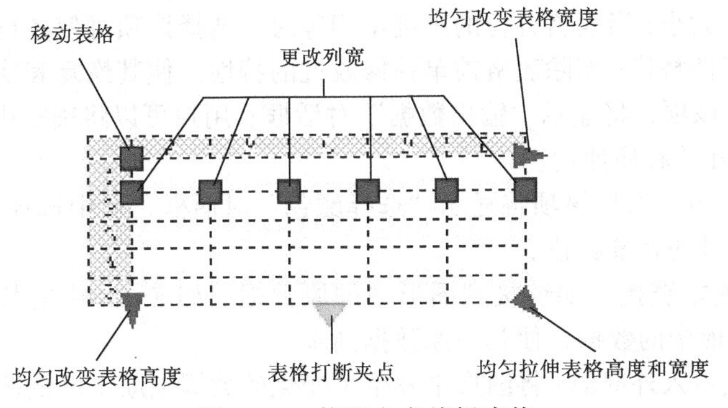


图6-29 使用夹点编辑表格

1）左上角夹点：可以移动表格。

2）左下角夹点：可以改变表格的高度，同时各单元格的高度随之均匀改变。

3）右上角夹点：可以改变表格的宽度，同时各单元格的宽度随之均匀改变。

4）右下角夹点：可改变表格高度和宽度且各单元格的高度和宽度随之均匀改变。

5）中间的列夹点（即表头行顶部的夹点）：可使表格某列的宽度发生变化，但表格的总长不变；按住 Ctrl 键用鼠标拖动某个列夹点，可在更改某列宽度的同时相应拉伸表格。

6）下面中间的打断夹点：单击该夹点并将鼠标向上拖动，打断部分将实时显示在右边，到所需打断的单元格处单击，表格被打断成了需要的几部分。用鼠标在打断出的表格的左上夹点处单击并移动鼠标，可统一移动打断表格的各部分；用鼠标在表格上右击，从弹出的快捷菜单中选择“特性”，打开“特性”选项板，如图 6-30 所示，从中将“重复上部标签”选项修改为“是”，则打断出的部分表格也将有标题行和表头行；将“手动位置”选项修改为“是”，拖动表格左上的夹点，则只移动指定的某个打断出的表格。如图 6-31 所示。

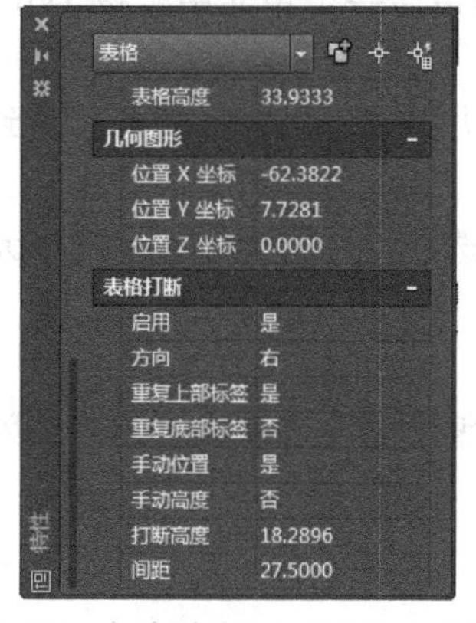


图 6-30 打断表格的“特性”选项

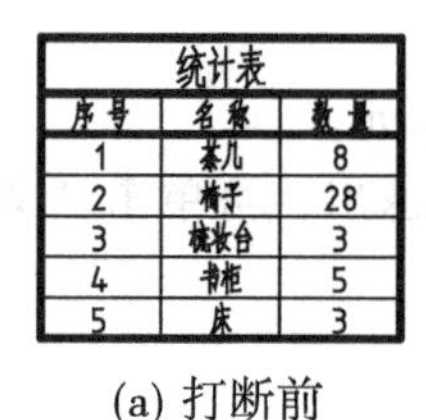

| 统计表 | | |
|---|---|---|
| 序号 | 名称 | 数量 |
| 1 | 茶几 | 8 |
| 2 | 椅子 | 28 |
| 3 | 梳妆台 | 3 |
| 4 | 书柜 | 5 |
| 5 | 床 | 3 |

(a) 打断前

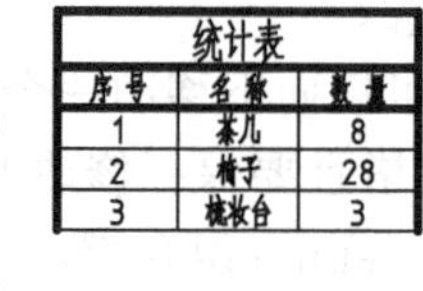

| 统计表 | | |
|---|---|---|
| 序号 | 名称 | 数量 |
| 1 | 茶几 | 8 |
| 2 | 椅子 | 28 |
| 3 | 梳妆台 | 3 |

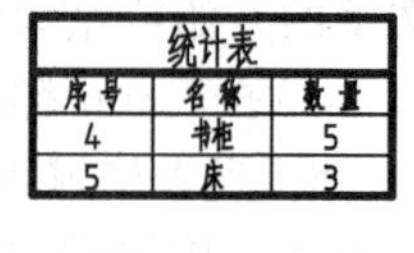

| 统计表 | | |
|---|---|---|
| 序号 | 名称 | 数量 |
| 4 | 书柜 | 5 |
| 5 | 床 | 3 |

(b) 打断后

图 6-31 打断表格

修改完成后，按 Esc 键可以退出夹点编辑。

（2）通过快捷菜单编辑表格：选择表格后用鼠标右击，将弹出一个快捷菜单，如图 6-32 所示。下面主要该菜单中有关表格的专门编辑操作。

1）表格样式：在子菜单中选择“保存为新表格样式”选项，可将所选择表格的样式另存为一个新的表格样式；选择“设置为当前表格样式的表格”选项，可将所选表格的样式设置为当前表格样式的起始表格样式。

2）均匀调整列大小：当表格各列的宽度不相等时，选择该项可使各列的宽度相等。

3）均匀调整行大小：当表格各行的高度不相等时，选择该项可使各行的高度相等。

4）删除所有特性替代：删除表格被单独修改过的特性，使其恢复表格的默认特性。

5）输出：选择该项，将显示“输出数据”对话框。用户可以将表格中的数据以 .CSV 格式输出，以供 Excel 等程序使用。

6）表指示器颜色：选择该项将显示“选择颜色”对话框，从中选择一种颜色后可修改表格的列字母和行号的背景颜色。

7）更新表格数据链接：如链接到图形中的原数据（如 Excel 中的数据）发生了变化，选择该项可更新图形中的数据，使其与原数据同步。

8）将数据链接写入外部源：将图形中发生了变化的数据更新至已链接的数据源。

（3）使用“特性”选项板编辑表格：选择表格后的“特性”选项板，如图 6-33 所示。

利用“特性”选项板，用户可以编辑表格样式、方向、表格宽度、表格高度等表格特性，也可以编辑表格的基本特性，如图层和颜色等。

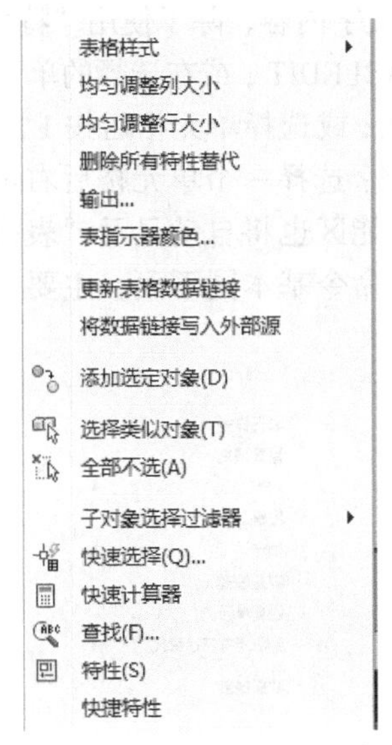


图 6-32　表格快捷菜单

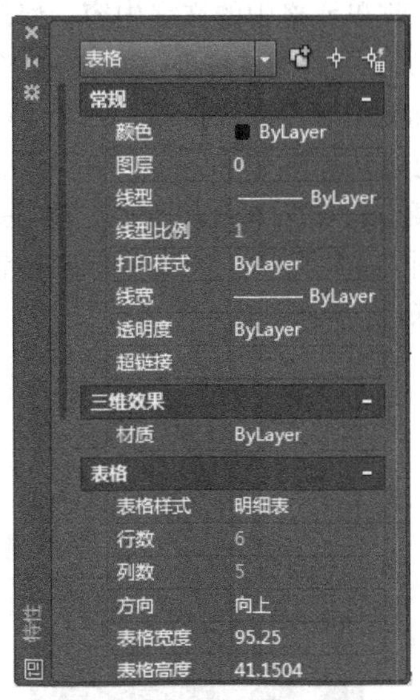


图 6-33　用“特性”选项板编辑表格

2. 编辑单元格

（1）选择单元格的方法。

1）在某个单元格内单击可选择该单元格，单元格边框将显示夹点，如图 6-34 所示。

2）单击一个单元格后按住 Shift 键单击另一个单元格，可以同时选中这两个单元格以及它们之间的所有单元格。

3）在某个单元格内单击并拖动到个单元格后释放鼠标，可选择多个单元格。

（2）通过夹点方式编辑单元格。

1）要修改选定单元格的行高，可拖动该单元格顶部或底部的夹点。如果选中多个单元格并拖动顶部或底部的夹点，则每行的行高将作同样的修改。

2）要修改选定单元格的列宽，可拖动该单元格左侧或右侧的夹点。如果选中多个单元格并拖动左侧或右侧的夹点，则每列的列宽将作同样的修改。

3）自动填充夹点：将光标放在右下或右上的棱形点上单击，然后将鼠标拖动到其他单元格后再单击，将使用数据的自动填充功能，把先选中单元格中的内容填充到其他单元格。如果在自动填充夹点上右击，将显示自动填充快捷菜单，如图 6-35 所示，利用该菜单，可以控制自动填充的方式。该功能与 Excel 中的操作一样。

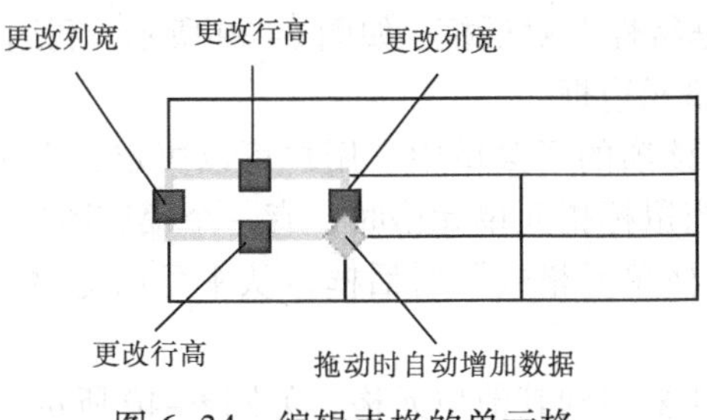


图 6-34　编辑表格的单元格

✔ 填充系统(F)
无格式填充系统(S)
复制单元(C)
无格式复制单元(W)
仅填充格式(O)

图 6-35　自动填充快捷菜单

（3）通过“特性”选项板编辑单元格：选择了某个单元格后的“特性”选项板，如

图 6-36 所示。利用“特性”选项板，可以编辑单元格的宽度、高度、对齐方式、背景填充、边界线宽、边界颜色、文字内容、文字样式、文字高度、文字旋转角度和文字颜色等特性。

（4）修改单元格中的文字内容：修改某个单元格中的文字内容，除了使用“特性”选项板以外，还可以使用如下方法进行修改：在命令行输入命令 TABLEDIT；或在选择的单元格内双击；或者选择该单元格并在快捷菜单上选择“编辑文字”选项；或选择单元格后按 F2 键。

（5）通过快捷菜单和“表格单元”选项卡编辑单元格：选择一个单元格后右击，将弹出一个快捷菜单，如图 6-37 所示。选中一个单元格后，功能区也将自动显示“表格单元”选项卡，如图 6-38 所示。该选项卡中按钮和快捷菜单中的命令基本同下面，主要介绍单元格操作的特殊选。

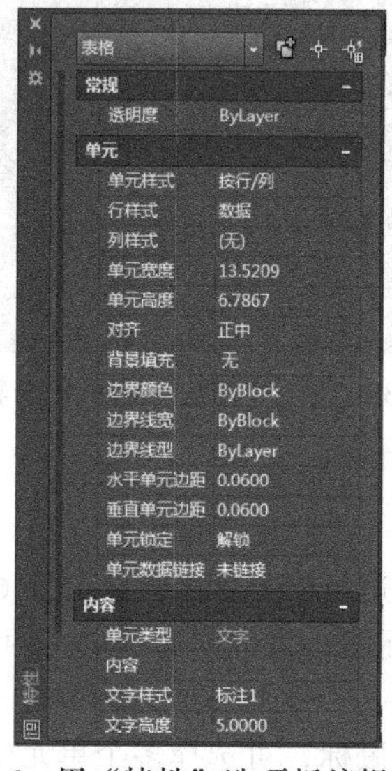


图 6-36 用“特性”选项板编辑单元格

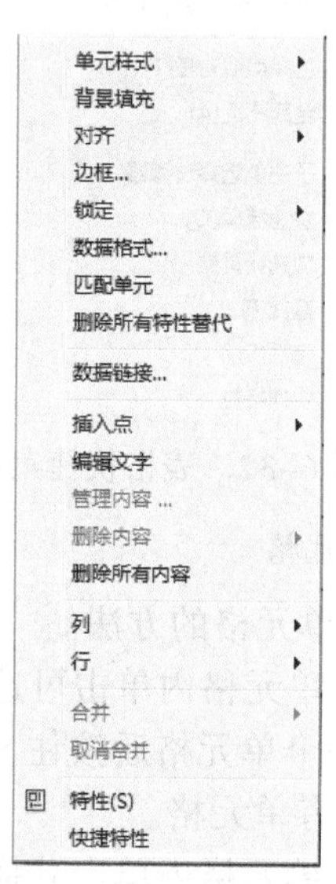


图 6-37 单元格快捷菜单

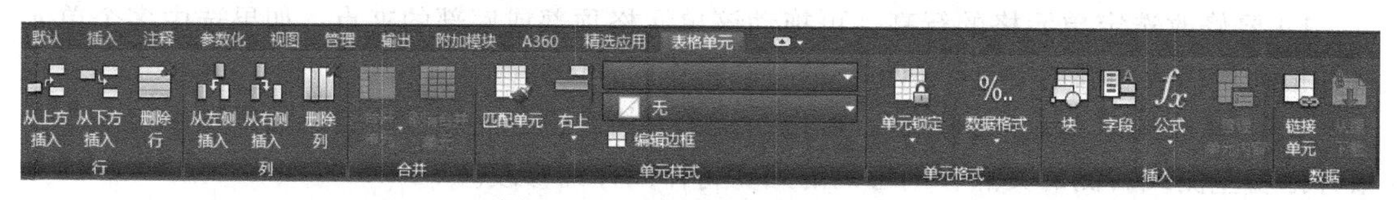


图 6-38 “表格单元”选项卡

1）单元样式：为选择的单元格指定已定义的单元样式。

2）背景填充：在单元格内使用颜色填充。

3）对齐：控制单元中文字的对齐方式。

4）边框：选择该项，将显示“单元边框特性”对话框，如图 6-39 所示，利用该对话框，用户可以设置单元格的边界特性，如加粗单元边框。

5）锁定：用于锁定或解锁单元格。在该项的子菜单中，用户可以决定锁定单元格的内容或者格式。被锁定的项目不能编辑，且当鼠标指向单元格时，有一个锁定图标。

6）数据格式：选择该项，将显示“表格单元格式”对话框，从中可以更改表格中单元的数据类型和格式。

7）匹配单元：用于将某个单元格的特性复制到其他单元格，如图 6-40 所示。

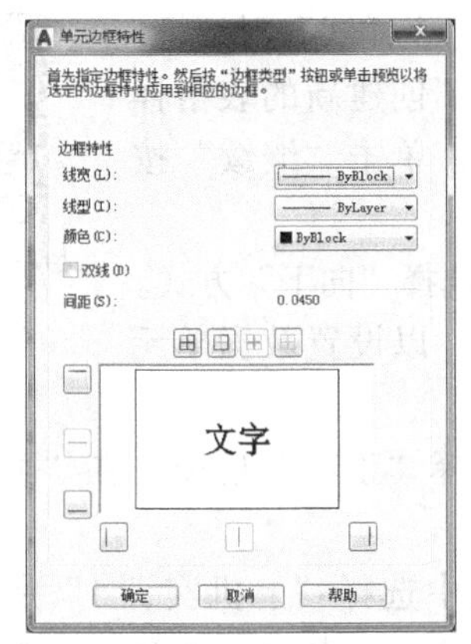


图 6-39 “单元边框特性”对话框

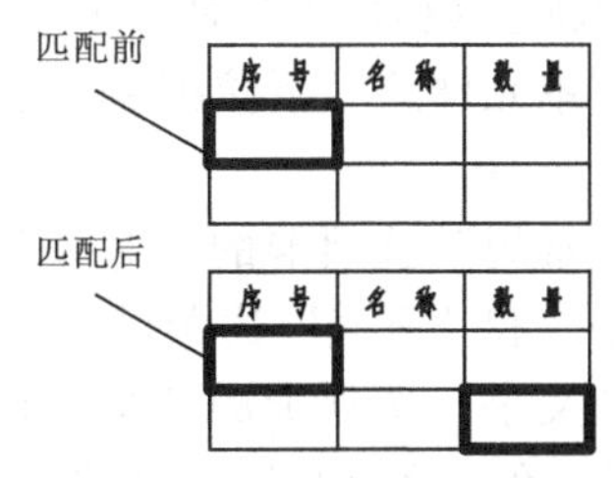


图 6-40 匹配表格的单元格

8）删除所有特性替代：用于删除所选单元格的独立特性，恢复单元格的默认特性。

9）数据链接：在子菜单中选择“从源文件下载更改”选项，可用源文件中已更改的数据（如 Excel 中的数据）来更新表格中的数据；而“将用户更改上载到源文件”的作用与“从源文件下载更改”选项的作用刚好相反；“编辑数据链接”选项，可对建立的数据链接进行编辑；“打开数据链接文件”选项，用于打开源数据文件，这样用户好修改源文件中的数据；“拆离数据链接”选项，可将与源数据文件建立的链接关系拆开。

10）插入点：在子菜单中可选择插入块、字段和公式。所插入的块可以自动适应单元格的大小，也可设置其插入比例；而在表格单元中使用公式，可使某个单元格中的内容为包含其他单元格中的值进行计算的结果，如求和、求平均值和计数等类似于 Excel。

11）编辑文字：编辑单元格中的文字内容。

12）管理内容：当某个单元格内有多个不同的对象时，如文字、块和字段等，选择该项，将打开“管理单元内容”对话框，从中可以更改单元内容的次序和显示方向等。

13）删除内容 / 删除所有内容：用于删除单元格中的某项内容或所有内容。

14）列：选择“在左侧插入”或“在右侧插入”选项，可在选定单元格的左边或右边插入一列；选择“删除”选项，可将选定单元格所在的列删除；选择“均匀调整大小”选项，可使同时选中的多个列宽不相等的单元格的列宽变为相等。

15）行：操作和含义类似于“列”选项。

16）合并：用于将选择的多个单元格进行合并，用户可以选择一项进行合并。

17）取消合并：放弃单元格的合并操作。

**技巧**

精确调整表格或单元格尺寸的三种方法：

- 通过夹点并结合相对坐标输入方式调整尺寸。
- 通过夹点并结合正交或追踪，然后输入给定距离的方式进行调整。
- 选择表格或单元格后右击，从弹出的快捷菜单中选择“特性”选项，打开“特性”选项板进行调整。此方式最方便。

### 6.2.5 上机实训 3——绘制标题栏表格

绘制如图 6-41 所示的标题栏表格。其操作和提示如下：

（1）选择“格式”菜单｜“表格样式”命令，打开“表样式”对话框。

（2）在该对话框中单击“新建”按钮，在打开的“创建新的表格样式”对话框的“新样式名”文本框中输入“标题栏”，单击“继续”按钮，打开“新建表格样式”对话框。

扫一扫，看视频
※ 37 分钟

（3）在“新建表格样式”对话框的“表格方向”中选择“向下”方式。

（4）在“单元样式”下拉列表中选择“数据”项，以设置数据单元的样式。

（5）在“常规”选项卡的“对齐”下拉列表中选择“正中”选项；在“页边距”组件中，将“水平”和“垂直”边距设置为 0.1。

（6）在“文字”选项卡的“文字样式”下拉列表中选择“上机实训 1”所创建的“标注”文字样式；在“文字高度”选项中，将高度值设置为 5，其余使用默认设置。

（7）在“单元样式”下拉列表中选择“表头”选项，其单元格的“常规”“文字”和“边框”这三个选项卡的设置与“数据”单元格的设置相同。

（8）在“单元样式”下拉列表中选择“标题”选项，除了在“常规”选项卡中选择“创建行 / 列时合并单元”选项，其余与“数据”单元格的设置相同。

（9）单击“确定”按钮完成表格样式设置。

（10）在命令行输入表格命令的命令别名 TB 并按 Enter 键，打开“插入表格”对话框。

（11）在“表格样式”下拉列表框中，选择已经设置好的“标题栏”表格样式。

（12）在“插入方式”组件中，选择“指定窗口”选项；在“列和行设置”中设置“列”为 7，“数据行”为 3；在“设置单元样式”中将“第一行单元样式”和“第二行单元样式”都设置为“数据”选项。单击“确定”按钮，并用鼠标在绘图区指定一点，在“指定第二角点：”的提示下，输入“@84,-40”并按 Ente，插入一个空表，如图 6-42 所示。

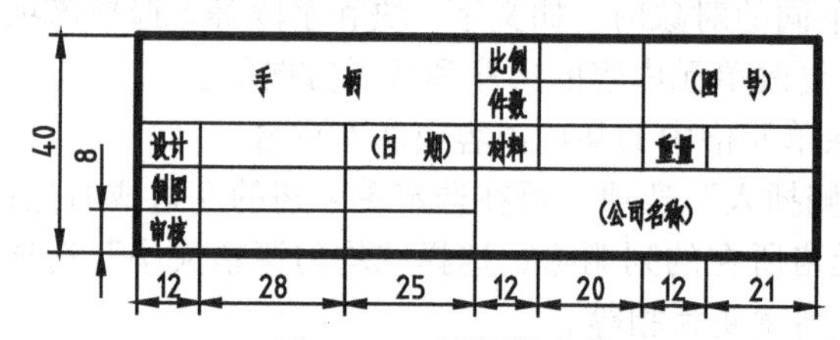


图 6-41 标题栏表格

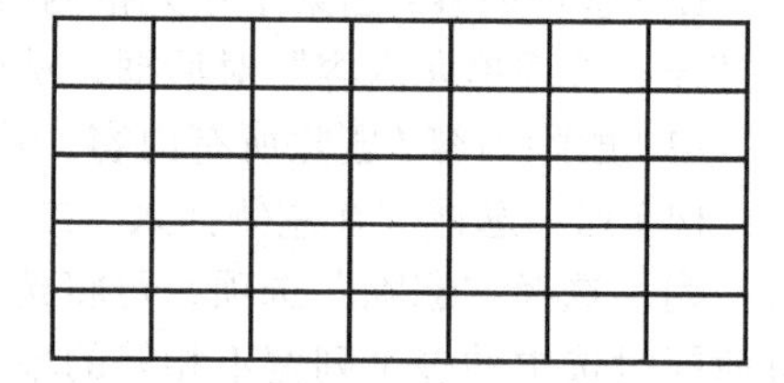

图 6-42 插入空表

（13）选择表格，同时显示夹点，如图 6-43 所示。

（14）选择中间那排列夹点中从左向右的第三个夹点，使其成为热夹点。然后，在命令行输入“@16,0”，按住 Ctrl 键不放并按 Enter 键，使该列的宽度和表格的总宽度同时增加 16 个单位，如图 6-44 所示。

（15）选择中间那排列夹点中从左向右的第四个夹点，使其成为热夹点，单击状态栏上的“正交”按钮，并在命令行输入“13”，按住 Ctrl 键不放并将鼠标向右水平拖动后按 Enter 键，使该列的宽度和表格的总宽度增加 13 个单位。

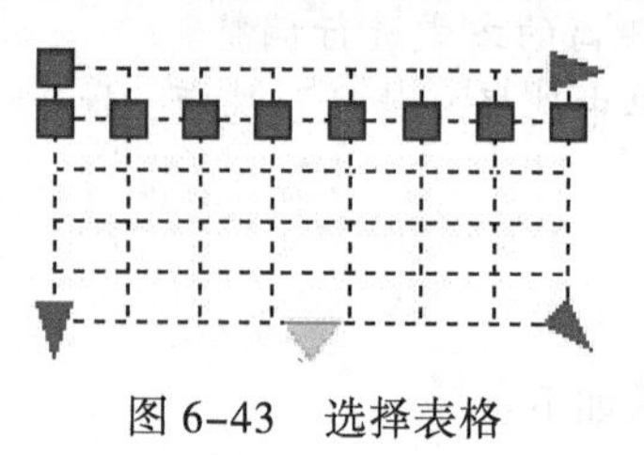

图 6-43 选择表格

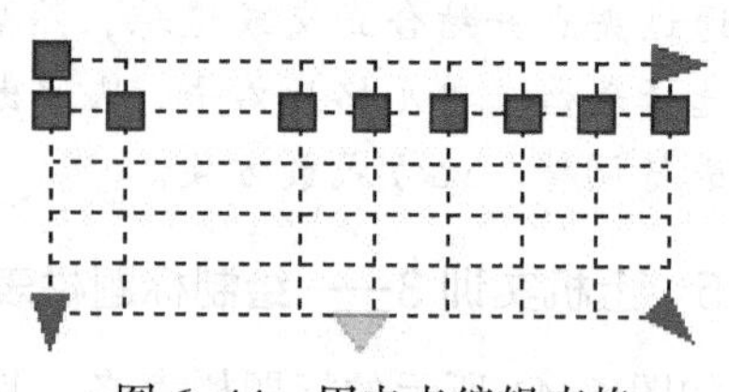

图 6-44 用夹点编辑表格

（16）用鼠标单击从左向右第5列的任何一个单元格，以选中该单元格。用鼠标右击，从弹出的快捷菜单中选择“特性”选项，打开“特性”选项板，从中将“单元宽度”选项的值修改为20并按Enter键，即可将该列的宽度修改为20。同时，表格的总宽度也发生相应变化。

（17）用同样方法，调整其余各列的宽度，使其符合图6-41要求，调整结果如图6-45所示。

（18）选择第1、2行的1 ~ 3列的单元格后右击鼠标，从弹出的快捷菜单中选择“合并”｜“全部”命令，将其合并为一个单元格。用同样方法，合并第1、2行最后两列的单元格为一个单元格，以及合并最后两行的4 ~ 7列的单元格为一个单元格，合并结果如图6-46所示。

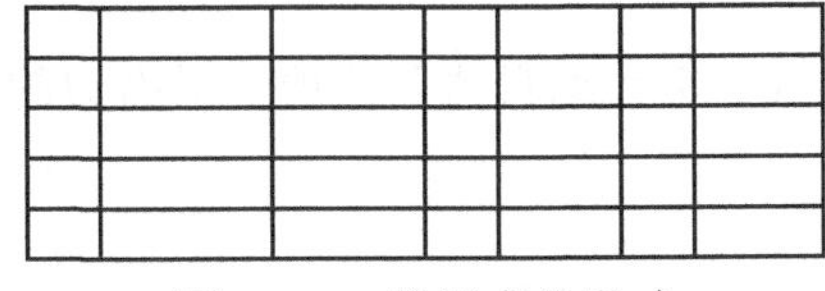

图6-45　编辑表格尺寸

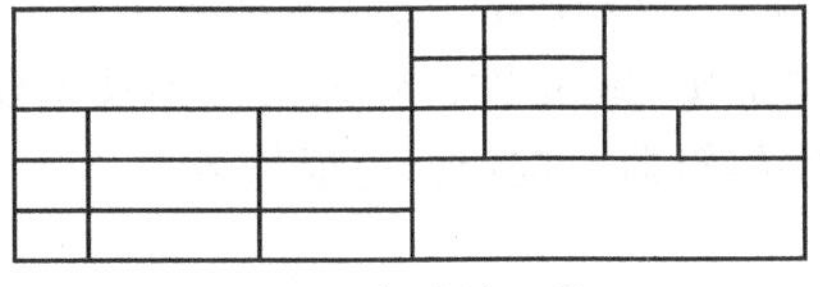

图6-46　合并单元格后

（19）在右上角第一个单元格内单击并拖动到左下角的单元格，然后释放左键，选中所有单元格，接着右击鼠标，在弹出的快捷菜单中选择“边框”选项，打开“单元边框特性”对话框。在该对话框中设置“线宽”为0.8mm，并单击下面的“外边框”按钮，然后单击“确定”按钮，结果如图6-47所示。

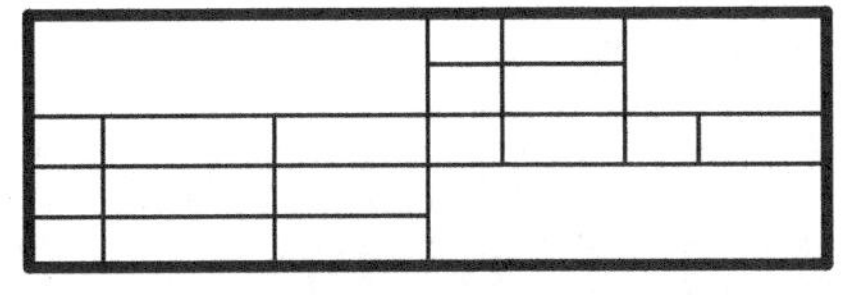

图6-47　设置外边框线宽

（20）单击左上的第一个单元格，然后双击，进入输入状态，输入零件的名称“手柄”。

（21）用同样方法，输入单元格中的文字，结果如图6-41所示。

## 6.3　综合实训

标注如图6-48所示的技术要求。其操作和提示如下：

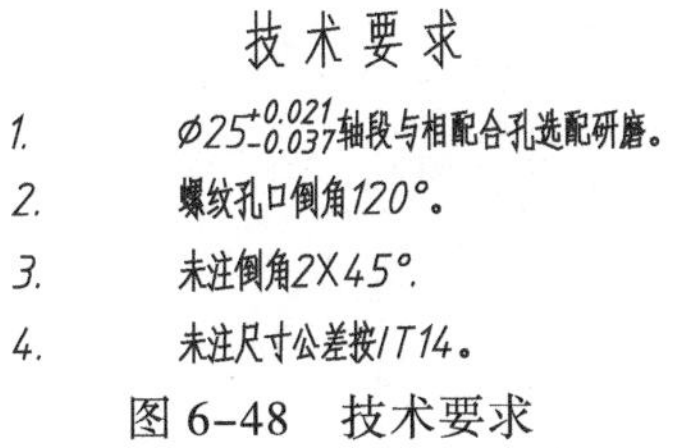

技术要求

1. $\phi 25^{+0.021}_{-0.037}$轴段与相配合孔选配研磨。
2. 螺纹孔口倒角120°。
3. 未注倒角2X45°.
4. 未注尺寸公差按IT14。

图6-48　技术要求

（1）设置“上机实训1”中的“标注”文字样式，并将其设置为当前文字样式。

（2）单击“默认”选项卡｜“注释”面板｜“多行文字”按钮，在绘图区拖动出一矩形框，打开多行文字编辑器。

（3）在“文字编辑器”选项卡｜“格式”面板｜“文字高度”输入框中输入文字高度

10,接着,在“段落”面板中单击“居中”按钮,在文本编辑窗口单击,输入文字“技术要求”并按 Enter 键。

（4）在“格式”面板的“文字高度”输入框中输入文字高度 7，在“段落”面板中单击“左对齐”按钮,并在该面板的“项目符号和编号”中选择“以数字标记”选项。在“文本编辑窗口”中先输入第一条技术要求中的“%%c25+0.021^-0.037”，并选择要堆叠部分“+0.021^-0.037”后单击“文字编器”选项卡｜“格式”面板上的堆叠按钮，得到$\phi25^{+0.021}_{-0.037}$。最后再输入该条技术要求中的其他文字，并按 Enter 键。

（5）输入第二条技术要求“螺纹孔口倒角 120%%d”，得到“螺纹孔口倒角 120°”。

（6）输入第三条技术要求中的“未注倒角 2”，在输入法图标上右击，选择快捷菜单中的“软键盘”｜“数学符号”选项，打开数学符号软键盘，单击其中的“×”，再输入“45%%d”，得到第三条技术要求。

（7）按 Enter 键，输入第四条技术要求。然后单击“文字编辑器”选项卡最右边的“关闭文字编辑器”按钮，完成输入。

# 第 7 章
# 尺寸标注

在工程图形中，图形用于表达对象的形状；而尺寸用于表达设计对象的真实大小和彼此之间的相互位置。本章将详细介绍符合国家标准的标注样式设置的基本方法和设置值的选取。同时，还将详细介绍 AutoCAD 各种完善的标注命令的使用，以及编辑尺寸标注的各种方法。

**本章要点**

◎ 设置符合国家标准的尺寸标注样式
◎ 尺寸标注命令中“多行文字”和“文字”方式的使用
◎ 多重引线样式的设置和标注
◎ 编辑尺寸标注

标注尺寸是工程设计与制图工作的重要组成部分。用户标注的尺寸，应符合国家标准和相关规定。一幅完整的工程图形不仅要有足够的视图和文字说明，而且，还必须要标注完善的尺寸。标注的尺寸是指导工人进行施工和加工的依据。

## 7.1 概述

为了便于理解后面的各项设置，首先需要了解尺寸的组成及其相关概念。

### 7.1.1 尺寸的组成

一个完整的尺寸应包括尺寸线、尺寸界限、尺寸起止符（即箭头或斜线）和尺寸数字，如图 7-1 所示。制图的相关规定如下：

（1）尺寸线：用细线绘制。在标注尺寸时，尺寸线应与所标注的线段平行。

（2）尺寸界限：用细线绘制。尺寸界限一般应与尺寸线相垂直。并且，一端应超出尺寸线 2 ~ 3mm；另一端，对于建筑类行业，应离开轮廓线 2mm 以上；而对于其他行业，另一端应与对象的轮廓线接触。

（3）尺寸起止符：即箭头或斜线。对于建筑类行业，通常使用中粗短斜线绘制。其倾斜方向应与尺寸界限成顺时针 45° 角，长度通常为 2 ~ 3mm。对于其他行业，尺寸起止符通常使用箭头，箭头的长度可设置为比文字高度小 1 ~ 2mm，通常取 3 ~ 5mm。

（4）尺寸数字：又称为尺寸文本或标注文字。尺寸数字通常应标注在尺寸线的上方，对于建筑类行业，也可以标注在尺寸线的中断处。尺寸数字的高度应符合国家标准规定，即 2.5mm、3.5mm、5mm、7mm、10mm、14mm、20mm 等，常用高度通常为 3.5mm、5mm、7mm 等。

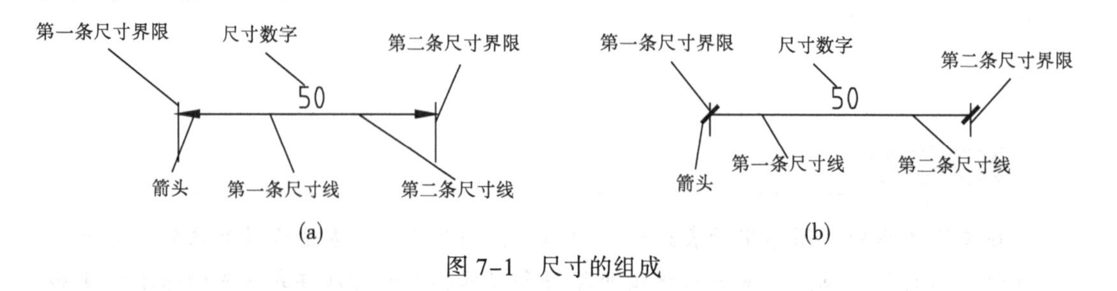


图 7-1　尺寸的组成

### 7.1.2　相关概念及规定

如图 7-2 所示，在进行尺寸设置时，一些相关的概念如下：

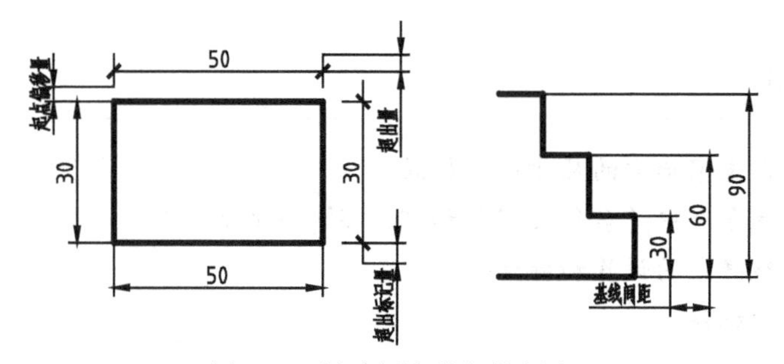


图 7-2　尺寸标注的相关概念

（1）超出标记量：指尺寸线是否超出尺寸界限。按制图规定，通常不应超出尺寸界限。

（2）基线间距：指同一基准标注出来的几个平行尺寸之间的距离。通常设置为比文字高度高 3 ~ 5mm。例如，如果尺寸数字的高度为 5，则该值通常设置为 8 ~ 10mm。

（3）超出量：指尺寸界限超出尺寸线的超出量，该值通常设置为 2 ~ 3mm。

（4）起点偏移量：指尺寸界限的下端是否与轮廓线接触。对于建筑类行业，该值通常设置为 2mm 以上；而对于其他行业，该值设置为 0。

工程设计中，标注尺寸时应遵循以下规定：

（1）小尺寸标注在内，大尺寸标注在外，尺寸线与尺寸界限通常不应相交。

（2）图形中的尺寸，如果是以毫米（mm）为单位，则可以不标注单位；但如果使用其他单位，则需注明单位的代号。

（3）图形中标注的尺寸为对象的真实尺寸，与绘图的准确程度无关。

（4）图形中标注的尺寸为物体最后完工的尺寸。

（5）对象的每一个尺寸，一般只标注一次。

## 7.2　尺寸标注样式设置

系统提供的默认尺寸标注样式（Standard）标注的尺寸，通常不符合国家标准。因此，在进行尺寸标注之前，首先应设置成符合国家标准或行业标准的尺寸标注样式。

1. 调用

◆ 菜单：格式｜标注样式，或标注｜标注样式。

◆ 命令行：DIMSTYLE 或命令别名 D、DST、DDIM。

◆ 草图与注释空间：功能区｜默认｜注释｜标注样式，或注释｜标注｜面板右下角按钮↘。

2. 操作及说明

调用命令后，将显示“标注样式管理器”对话框，如图 7-3 所示。该对话框形式与部分选项和按钮的含义与上章介绍的“文字样式”和“表格样式”对话框类似，因此，下面主要介绍不同的部分。其中：

（1）“不列出外部参照中的样式”复选框：仅在当前图形中已经插入了外部参照图形才可用，选择该项复选框，可显示外部参照图形中的标注样式。

（2）“新建”按钮：用于创建新的标注样式。单击该按钮，将显示“创建新标注样式”对话框，如图 7-4 所示。用户可输入一个新样式的名称，并选择一个已经设置好的标注样式作为基础样式；如果选择“注释性”复选框，新创建的标注样式将为注释性样式；在“用于”列表中，如果选择“所有标注”选项，则创建一个与基础样式相对独立的新样式，如果选择其他各项，则创建基础样式的子样式。单击“继续”按钮，即可开始新样式设置。

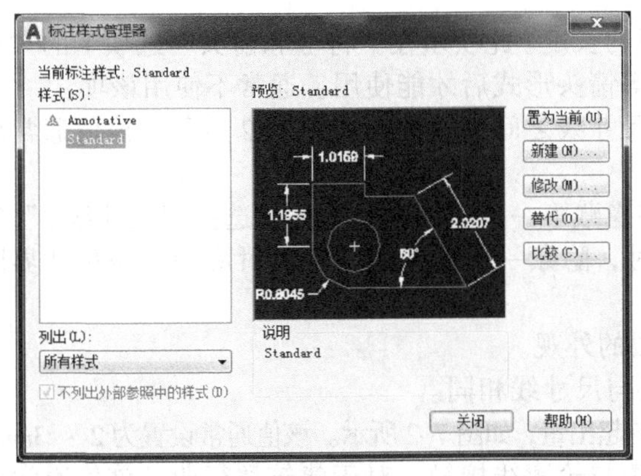


图 7-3 “标注样式管理器”对话框

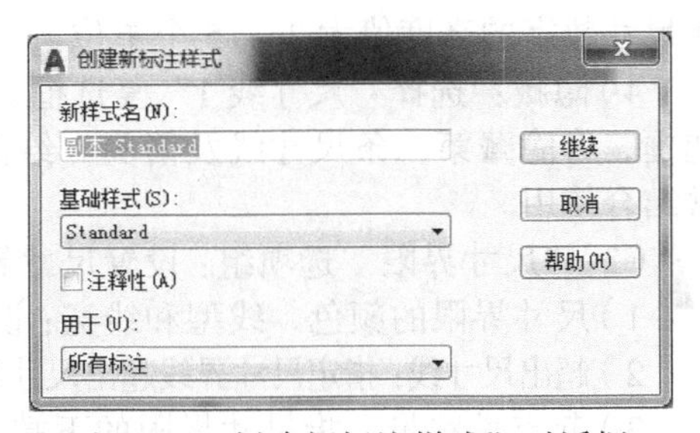


图 7-4 “创建新标注样式”对话框

（3）“修改”按钮：用于对已经创建的标注样式进行修改。

（4）“替代”按钮：用于设置一个临时替代主样式起作用的样式。

（5）“比较”按钮：单击该按钮，将显示“比较标注样式”对话框，如图 7-5 所示。利用该对话框，可以比较两种标注样式的特性区别或列出一种样式的所有特性。

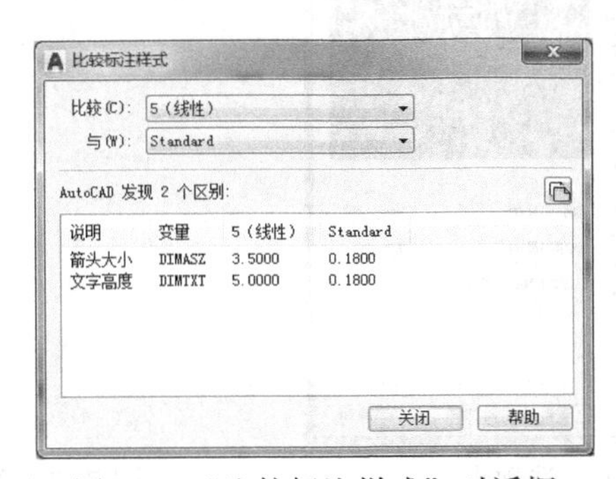


图 7-5 “比较标注样式”对话框

技巧

● 子样式方式通常用于标注时 AutoCAD 能够根据设置的子标注样式自动识别所标注对象的类型。建议用户最好设置需要的各种独立标注样式，而不要使用子样式方式。也就是说，在“用于”下拉列表框中，最好选择“所有标注”选项。

● 当修改了某个标注样式后，凡是用该标注样式标注的尺寸，包括已经标注的尺寸和将要标注的尺寸，都将自动按修改后的标注样式设置进行更新。

● “替代”方式，常用于要标注尺寸的样式与某个标注样式很接近，而又略有不同的情况。这时，使用“替代”方式，可设置一个临时标注样式来替代主样式进行标注，用主样式已经标注的尺寸则不会发生任何变化。

### 7.2.1v 线”选项卡

“线”选项卡主要用于设置尺寸线、尺寸界线的格式和特性，如图 7–6 所示。

（1）“尺寸线”选项组：设置尺寸线的特性。

1）颜色、线型和线宽：设置尺寸线的颜色、线型和线宽。常设置为 ByBlock（随块）和 ByLayer（随层）。

2）超出标记：设置尺寸线超出尺寸界限的长度。此项须在“符号和箭头”选项卡的“箭头”选项组中，选择“建筑标记”“倾斜”等箭头形式后才能使用。通常不使用该项。

3）基线间距：设置进行基线标注时各尺寸线之间的距离，如图 7–2 所示。该值通常应比尺寸数字的高度值大 3 ~ 5 个单位。

4）隐藏：选择“尺寸线 1”复选框，将隐藏第一条尺寸线及箭头；选择“尺寸线 2”复选框，将隐藏第二条尺寸线及箭头。绘图时，隐藏一条尺寸线与隐藏对应的一条尺寸界限常结合使用。

（2）“尺寸界限”选项组：设置尺寸界限的外观。

1）尺寸界限的颜色、线型和线宽：设置与尺寸线相同。

2）超出尺寸线：指定尺寸界线超出尺寸线的超出量，如图 7–2 所示。该值通常设置为 2 ~ 3mm。

3）起点偏移量：指尺寸界限的下端是否与轮廓线接触。对于建筑类行业，该值通常设置为 2mm 以上；而对于其他行业，该值设置为 0，如图 7–2 所示。

4）固定长度的尺寸界线：设置尺寸界线的总长度。该项常在建筑类图形中使用。

5）隐藏：控制是否显示尺寸界限。常结合隐藏对应尺寸线使用，如图 7–7 所示。

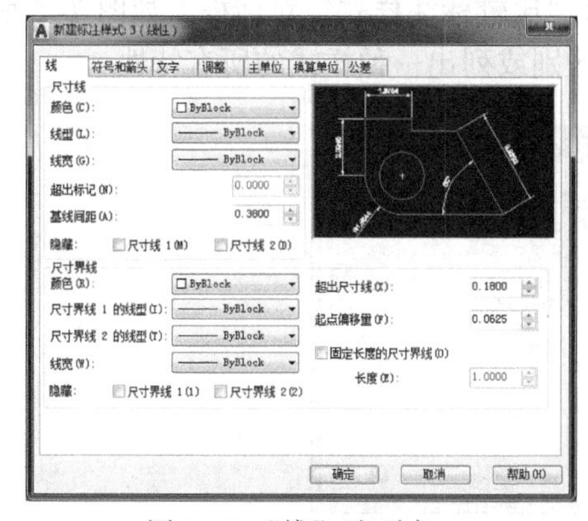


图 7–6 “线”选项卡

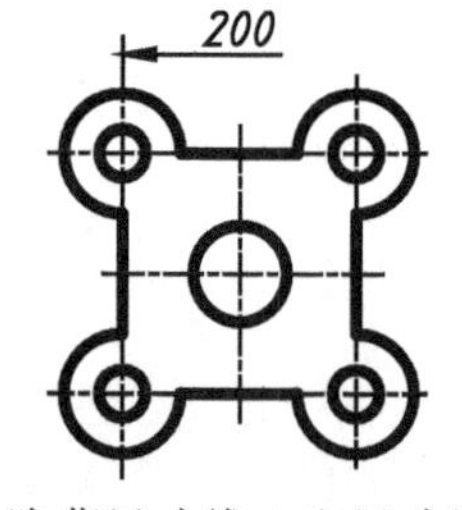


图 7–7 隐藏尺寸线 2 和尺寸界限 2

### 7.2.2 “符号和箭头”选项卡

“符号和箭头”选项卡主要用于设置箭头、圆心标记、弧长符号和折弯半径标注的格式和位置，如图7–8所示.

（1）“箭头”选项组：设置标注箭头的外观和大小。对于建筑类行业的短斜线，常设置为2 ~ 3mm；对于其他行业使用的箭头，一般设置为比文字高度小1 ~ 2mm，通常设置为3 ~ 5mm。

（2）“圆心标记”选项组：控制直径和半径标注时圆心的标记，常选择“直线”单选按钮。

（3）“折断标注”选项组：控制折断标注的间距宽度。

（4）“弧长符号”选项组：控制弧长标注中圆弧符号的显示，通常选择“标注文字的上方”，如图7–9所示。

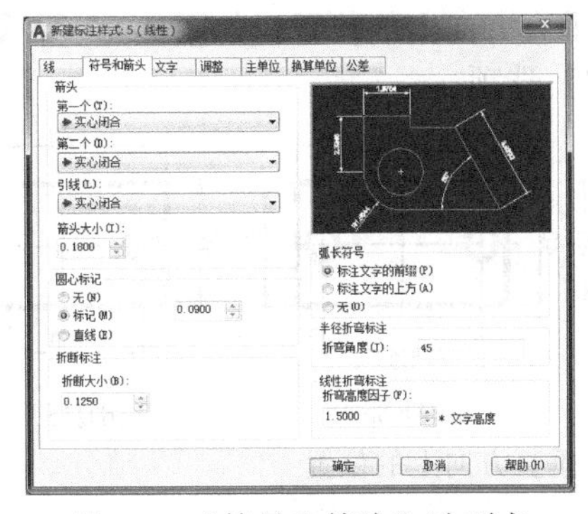


图7–8 “符号和箭头”选项卡

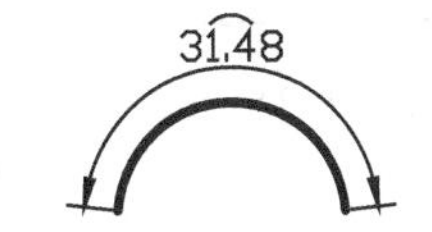


图7–9 设置弧长符号的位置

（5）“半径折弯标注”选项组：控制半径折弯标注的显示。“折弯角度”通常使用60°。该项常用于圆弧的中心点位于图幅以外时，如图7–10所示。

（6）“线性折弯标注”选项组：控制线性折弯标注的显示。当标注不能精确表示实际尺寸时，通常将折弯线添加到线性标注中，如图7–11所示。

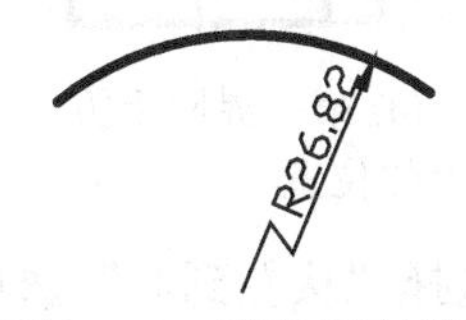


图7–10 半径折弯标注

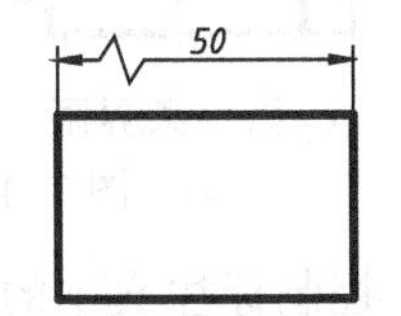


图7–11 线性折弯标注

### 7.2.3 “文字”选项卡

“文字”选项卡主要用于设置标注文字的格式、放置位置和对齐方式，如图7–12所示。

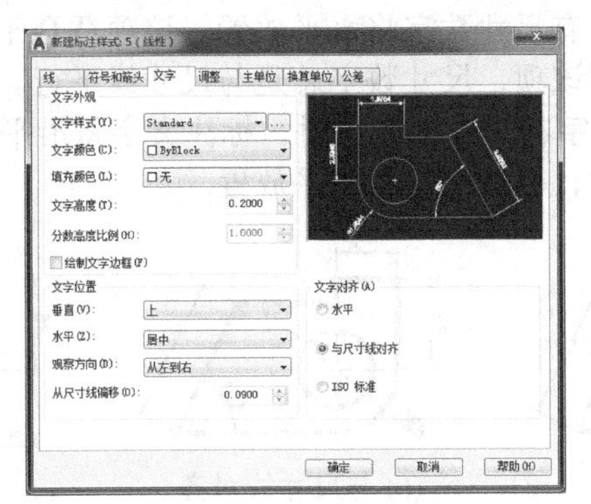


图7–12 “文字”选项卡

（1）“文字外观”选项组：控制标注文字的格式和大小。

1）文字样式：可从下拉列表中选择一个已设置的文字样式（如第 6 章上机实训 1 设置的“标注”样式），或单击右边的按钮，在“文字样式”对话框中定义一个文字样式。

2）文字颜色和填充颜色：设置标注文字的颜色和文字的背景颜色。

3）文字高度：设置当前标注文字的高度。该高度应符合国家标准规定，即 2.5mm、3.5mm、5mm、7mm、10mm、14mm、20mm 等，常用的高度通常为 3.5mm、5mm、7mm 等。

4）分数高度比例：设置标注文字中的分数部分相对于标注文字主体部分的比例。我国通常不使用该项。

5）绘制文字边框：选择该项，将在标注文字的周围绘制一个边框。

（2）“文字位置”选项组：设置标注文字放置的位置。

1）垂直：控制标注文字相对于尺寸线在垂直方向上的位置，如图 7-13 所示。通常使用“上方”选项，建筑类行业还可以使用“居中”选项。

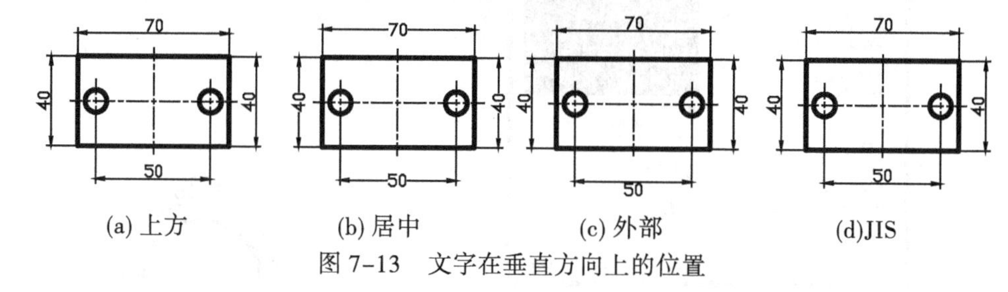

(a) 上方　(b) 居中　(c) 外部　(d)JIS

图 7-13　文字在垂直方向上的位置

2）水平：控制标注文字在尺寸线上相对于尺寸界线的水平位置，如图 7-14 所示。通常选择“居中”选项。

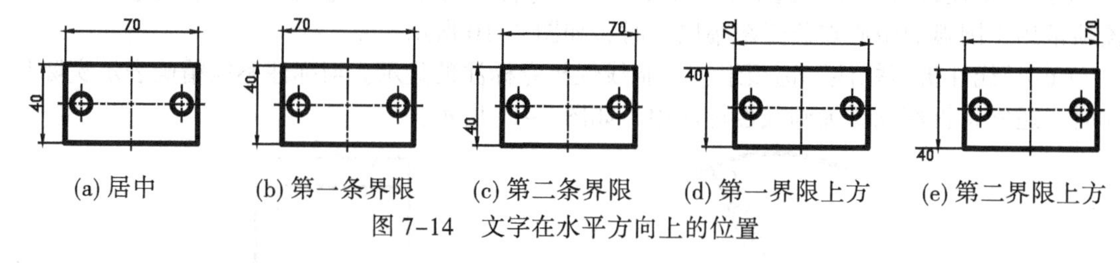

(a) 居中　(b) 第一条界限　(c) 第二条界限　(d) 第一界限上方　(e) 第二界限上方

图 7-14　文字在水平方向上的位置

3）观察方向：控制标注文字的观察方向。通常选择“从左到右”选项，即按从左到右阅读的方式放置文字。

4）从尺寸线偏移：设置标注文字与尺寸线之间的距离。该值通常设置为 1 ~ 2mm。

（3）“文字对齐”选项组：控制标注文字放在尺寸界线外边或里边时的方向是保持水平还是与尺寸线平行，如图 7-15 所示。

1）水平：选择该项，所有尺寸数字将水平放置。该项适合于标注角度尺寸。

2）与尺寸线对齐：选择该项，尺寸数字总是与尺寸线平行。该项适于标注线性尺寸。

3）ISO 标准：当标注文字在尺寸界线内时，标注文字将沿平行于尺寸线的方向放置；而当标注文字在尺寸界线外时，标注文字将水平放置。

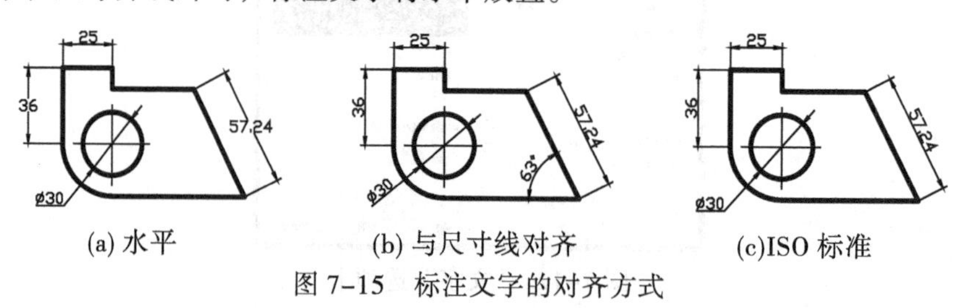

(a) 水平　(b) 与尺寸线对齐　(c)ISO 标准

图 7-15　标注文字的对齐方式

### 7.2.4 “调整”选项卡

“调整”选项卡主要用于控制标注文字、箭头、引线和尺寸线的放置，如图 7–16 所示。

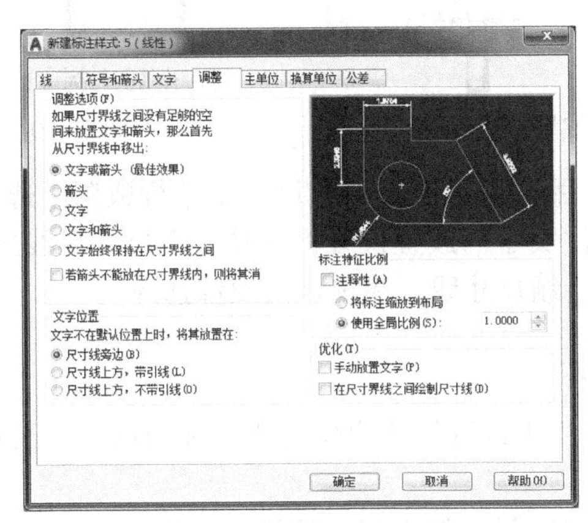


图 7–16 “调整”选项卡

（1）“调整选项”选项组：控制当尺寸界线间没有足够空间时，怎样放置标注文字和箭头。

1）文字或箭头（最佳效果）：当两尺寸界线间的距离足够大，同时将文字和箭头都放在两尺寸界线之内，如图 7–17(a) 所示；当两尺寸界线间的距离不够大，仅够容纳文字或箭头时，将文字或箭头其中之一放在尺寸界线内，另一个放在尺寸界线外；当两尺寸界线间的距离很小，文字和箭头都放不下，则将文字和箭头都放置在尺寸界线之外。

2）箭头：当尺寸界限间的距离不够大时，将首先把箭头移到尺寸界限外，如图 7–17(b) 所示。其余同上。

3）文字：当尺寸界限间的距离不够大时，将首先把文字移到尺寸界限外，如图 7–17(c) 所示。其余同上。

4）文字和箭头：当尺寸界线间的距离足够大，则将文字和箭头都放在两尺寸界线之内。否则，文字和箭头都将被放在尺寸界线之外，如图 7–17(d) 所示。

5）文字始终保持在尺寸界限之间：不管尺寸界限间是否放置得下文字，都始终将尺寸数字放在两尺寸界线之间，如图 7–17(e) 所示。

6）若箭头不能放在尺寸界限内，则将其消除：如果两尺寸界线之内没有足够的空间，则隐藏箭头，如图 7–17(e) 所示。

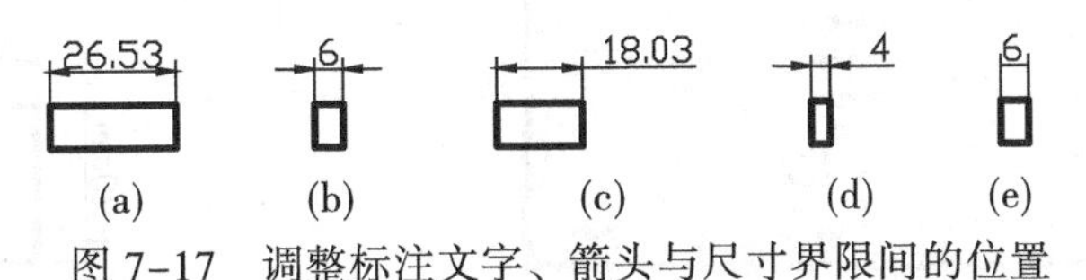


图 7–17 调整标注文字、箭头与尺寸界限间的位置

（2）“文字位置”选项组：设置当标注文字不在默认位置时（即文章选项卡中设置的位置）的位置。三种都符合要求，用户可以根据需要选择一种，如图 7–18 所示。

（3）“标注特征比例”选项组：设置全局标注比例值或图纸空间比例。其中，选择“注释性”复选框，将指定该比例为注释性比例；选择“将标注缩放到布局”复选框，将根据当前模型空间视口和图纸空间之间的比例来确定比例因子；选择“使用全局比例”单选按钮，设置影响标注尺寸外观的比例因子，将影响箭头大小、文字大小等，但不影响标注的自动测量值，如图 7–19 所示。

图 7–18　文字不在默认位置时的位置

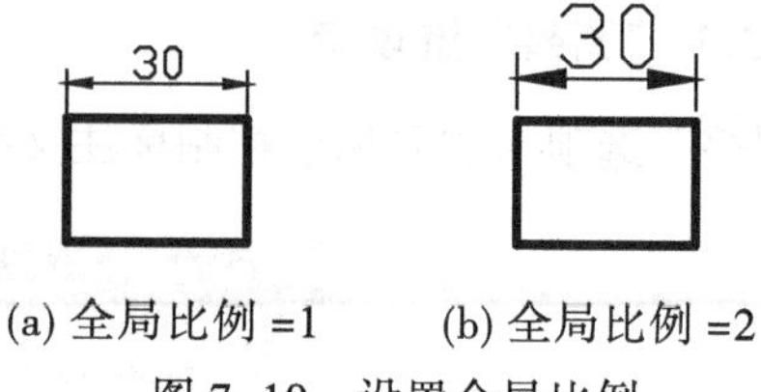


(a) 全局比例 =1　　(b) 全局比例 =2

图 7–19　设置全局比例

（4）“优化”选项组：用于对标注文字和尺寸线进行微调。选择“手动放置文字”复选框，标注时可手动指定标注文字的放置位置；选择“在尺寸界线之间绘制尺寸线”复选框，始终会在两尺寸界限之间绘制尺寸线。建议这两项都选择。

### 7.2.5 “主单位”选项卡

“主单位”选项卡主要用于设置标注单位的格式和精度，以及设置尺寸数字的前缀和后缀，如图 7–20 所示。

（1）“线性标注”选项组：设置线性标注的格式和精度。

1）单位格式：设置除角度之外的所有标注类型的单位格式，通常选择“小数”选项。

2）精度：设置除角度之外的所有标注类型中标注文字的小数位位数。

3）分数格式：设置单位格式为“分数”和“建筑”时的分数格式，该项一般不使用。

4）小数分隔符：设置小数点表示方式，通常使用“句点”方式。

5）舍入：设置除“角度”之外所有标注类型的标注测量值舍入规则。如设置该值为 5，则标注尺寸将是最接近 5 整倍数的数，如 48 将标注为 50，而 52 也将标注为 50。

6）前缀：为标注文字指定前缀，可以输入文字或用控制代码显示特殊符号。例如，标注非圆对象的直径时，可在该文本框中输入“%%C”，如图 7–21 所示。

7）后缀：为标注文字指定后缀。可以输入文字或用控制代码显示特殊符号。例如，当标注的尺寸是以米为单位时，可在该文本框中输入 m，如图 7–21 所示。

图 7–20　“主单位”选项卡

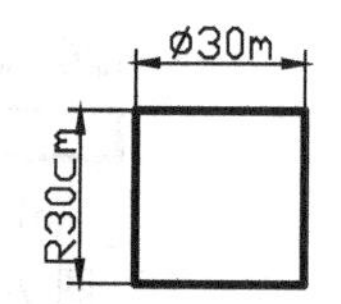


图 7–21　设置前缀和后缀

（2）“测量单位比例”选项组：设置在进行标注时系统自动测量尺寸的缩放比例。由于标注的尺寸必须是对象的真实尺寸，因此，如果将所绘制对象缩小了一半进行绘制，可将该“比例因子”设置为 2；如果将对象放大了 4 倍，则可将该比例值设置为 0.25，其余依此类推。选择“仅应用到布局标注”复选框，可使在布局视口中创建的标注应用线性比例因子的值。

（3）“消零”选项组：控制是否消除十进制标注中的前导零和后续零，如“0.3500”，选择“前导”将显示为“.3500”，选中“后续”将显示为“0.35”。“辅单位因子”和“辅单位后缀”选项，用于设置一个与主单位换算的因子和辅单位的后缀，当标注的距离小于一个主单位时将以辅单位为单位计算标注距离，例如，主单位后缀是 m，辅单位后缀是 cm，则须设置辅单位因子为 100，当标注的尺寸小于 1m，为 0.73m 时，将显示为 73cm。

（4）“角度标注”选项组：设置角度标注的角度格式（通常选“十进制度数”）、精度和消零。

### 7.2.6 “换算单位”选项卡

“换算单位”选项卡用于指定标注测量值中换算单位的显示，并设置其格式和精度，如图 7-22 所示。下面主要介绍与“主单位”选项卡不同的选项。

（1）显示换算单位：选择该项，将在标注文字中添加换算测量单位。

（2）换算单位倍数：指定一个乘数，作为主单位和换算单位之间的转换因子使用。例如，要将英寸转换为毫米，乘数为 25.4。

（3）位置：控制标注文字中换算单位的放置位置。既可放在主值后，也可放在主值下，如图 7-23 所示。

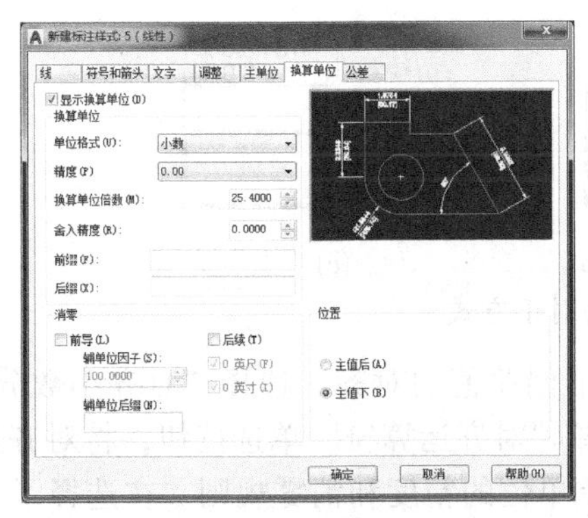


图 7-22 “换算单位”选项卡

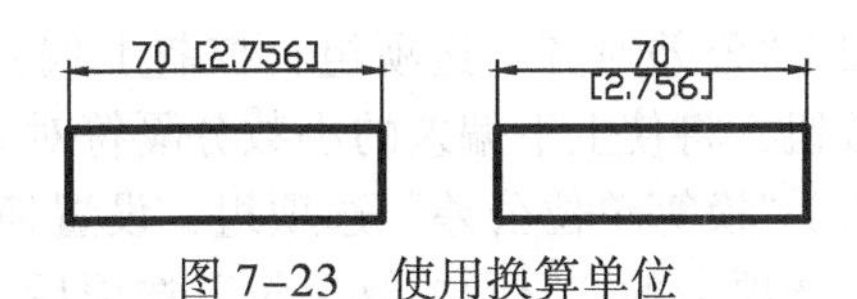


图 7-23 使用换算单位

### 7.2.7 “公差”选项卡

“公差”选项卡用于控制标注文字中公差的格式及显示，如图 7-24 所示。下面主要介绍与“主单位”选项卡不同的选项。

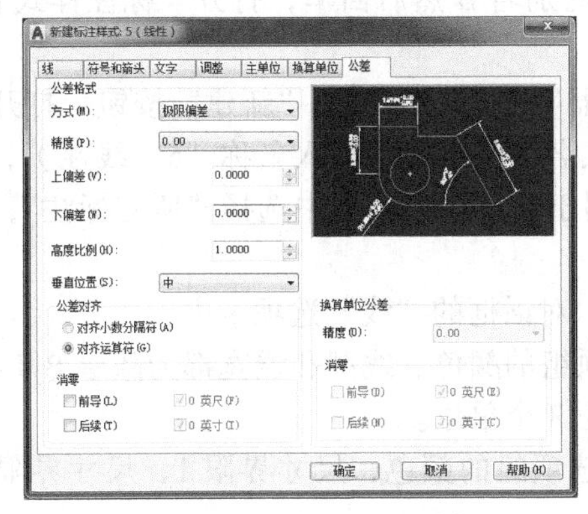


图 7-24 “公差”选项卡

（1）“公差格式”选项组：控制公差格式。

1）方式：设置公差的计算方法，其中包括无、对称、极限偏差、极限尺寸和基本尺寸等选项，如图 7–25 所示。

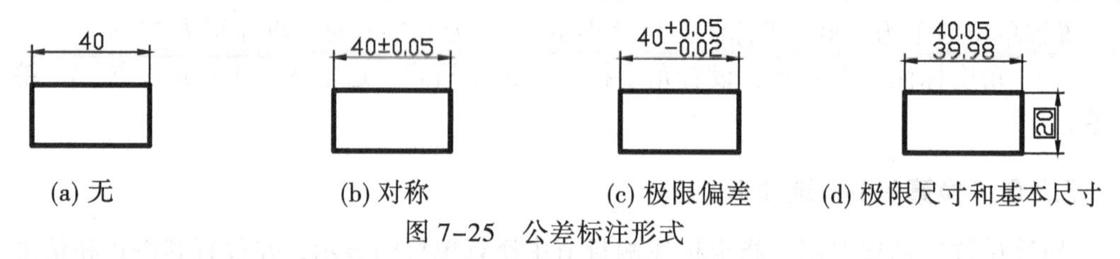


(a) 无　(b) 对称　(c) 极限偏差　(d) 极限尺寸和基本尺寸

图 7–25　公差标注形式

2）精度：设置公差值的精度。

3）上偏差：设置上偏差的值。AutoCAD 自动在该文本框中输入的数值前加“+”号。

4）下偏差：设置下偏差的值。AutoCAD 自动在该文本框中输入的数值前加“–”号。

5）高度比例：设置公差文字高度与主标注文字高度之比，常设置为 0.7。

6）垂直位置：控制对称公差和极限公差相对于主标注文字的对正位置。通常使用“中”方式，如图 7–26 所示。

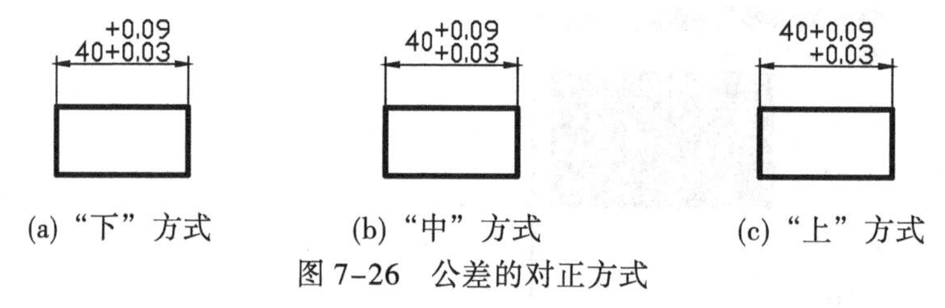


(a)“下”方式　(b)“中”方式　(c)“上”方式

图 7–26　公差的对正方式

（2）“公差对齐”选项组：控制上偏差值和下偏差值的对齐。选择“对齐小数分隔符”单选按钮，将使上下偏差的小数分隔符对齐；选择“对齐运算符”单选按钮，将对齐运算。

（3）“换算单位公差”选项组：设置换算公差单位的精度和消零规则。在选择了“换算单位”选项卡的“显示换算单位”选项后，该组件的各选项才可用。

### 7.2.8　上机实训 1——设置常用尺寸标注样式

扫一扫，看视频

※ 62 分钟

设置标注文字的高度为 5 个单位的常用尺寸标注样式。

（1）设置用于标注线性尺寸的名为“5（线性）”的标注样式。

1）输入标注样式命令的别名 D 然后回车，打开“标注样式管理器”对话框。

2）在“标注样式管理器”对话框中单击“新建”按钮，打开“创建新标注样式”对话框。在该对话框的“新样式名”文本框中输入名称“5（线性）”，在“基础样式”下拉列表框中选择 Standard，在“用于”下拉列表框中选择“所有标注”，单击“继续”按钮，打开“新建标注样式”对话框。

3）在“新建标注样式”对话框的“线”选项卡中：

◆ 设置“尺寸线”选项组的颜色、线型和线宽都为随层 ByLayer。

◆ 设置“基线间距”为 8 个单位。

◆ 设置“尺寸界限”选项组的颜色、尺寸界限 1、尺寸界限 2 的线型和线宽都为随层 ByLayer。

◆ 设置“超出尺寸线”选项为2个单位。

◆ 设置“起点偏移量”选项为0个单位。

4）在“符号和箭头”选项卡中，选择“第一个”和“第二个”箭头形式为“实心闭合”；设置“箭头大小”选项为3.5个单位；“弧长符号”选择“标注文字的上方”单选按钮；“折弯角度”设置为60°。

5）在“文字”选项卡中，“文字样式”选择第6章“上机实训1”中创建的“标注”文字样式；设置“文字颜色”为随层ByLayer；设置“文字高度”选项为5个单位；设置“文字位置”的“垂直”选项为“上”；设置“从尺寸线偏移”选项为1个单位；选中“与尺寸线对齐”单选按钮。

6）在“调整”选项卡的“优化”选项组中选中“手动放置文字”和“在尺寸界线间绘制尺寸线”复选框。

7）在“主单位”选项卡的“线性标注”选项组中设置“小数分隔符”为“句点”。

8）其余选项使用默认值。“5（线性）”标注样式设置完毕。

（2）设置用于标注水平尺寸的名为“5（水平）”的标注样式。

1）在“标注样式管理器”对话框中单击“新建”按钮，打开“创建新标注样式”对话框。在该对话框的“新样式名”文本框中，输入名称“5（水平）”，在“基础样式”下拉列表框中选择“5（线性）”，在“用于”下拉列表框中选择“所有标注”选项，单击“继续”按钮，打开“新建标注样式”对话框。

2）在“文字”选项卡的“文字对齐”选项组中，选中“水平”选项。

3）其余使用“5（线性）”的设置，而不用再进行设置。

（3）设置用于标注角度尺寸的名为“5（角度）”的标注样式。

1）在“标注样式管理器”对话框中单击“新建”按钮，打开“创建新标注样式”对话框。在该对话框的“新样式名”文本框中输入名称“5（角度）”，在“基础样式”下拉列表框中选择“5（线性）”，在“用于”下拉列表框中选择“所有标注”选项，单击“继续”按钮，打开“新建标注样式”对话框。

2）在“文字”选项卡的“文字位置”选项组中，选择“垂直”选项为“居中”方式，在“文字对齐”选项组中，选中“水平”选项。

3）其余使用“5（线性）”的设置，而不用再进行设置。

（4）设置用于标注非圆对象直径尺寸的名为“5（直径）”的标注样式。

1）在“标注样式管理器”对话框中单击“新建”按钮，打开“创建新标注样式”对话框。在该对话框的“新样式名”文本框中输入名称“5（直径）”，在“基础样式”下拉列表框中选择“5（线性）”，在“用于”下拉列表框中选择“所有标注”选项，单击“继续”按钮，打开“新建标注样式”对话框。

2）在“主单位”选项卡的“线性标注”选项组的“前缀”文本框中输入“%%C”。

3）其余使用“5（线性）”的设置，而不用再进行设置。

（5）设置用于标注建筑尺寸的名为“5（建筑）”的标注样式。

1）在“标注样式管理器”对话框中单击“新建”按钮，打开“创建新标注样式”对话框。在该对话框的“新样式名”文本框中输入名称“5（建筑）”，在“基础样式”下拉列表框中选择“5（线性）”，在“用于”下拉列表框中选择“所有标注”选项，单击“继续”按钮，打开“新建标注样式”对话框。

2）在“线”选项卡中，设置“起点偏移量”为5个单位。

3）选择“固定长度的尺寸界线”选项，并设置其“长度”为5。

4）在“符号和箭头”选项卡中，设置“箭头大小”为2个单位，设置“第一个”和“第二个”箭头为“建筑标记”。

5）其余使用“5（线性）”的设置，而不用再进行设置。

技巧

- 如果图形中带公差的尺寸比较多，并且大多数尺寸的公差值都相同，则可以创建一个专门的公差标注样式；如果图形中带公差的尺寸不是很多，而且各公差尺寸的公差值也不同，这时通常利用上面创建的某个标注样式，使用“替代”按钮来创建一个临时起作用的样式，或使用后面介绍的各标注命令中的“多行文字”选项来标注带公差的尺寸。
- 用户可以仿照上面的方法设置常用文字高度为3.5和7时的尺寸标注样式。
- 文字样式、表格样式、尺寸标注样式等有关设置的操作，都最好在第3章综合实训介绍的样板图形中设置，设置好后，以后就可以根据需要利用“设计中心”把它们插入到另外的图形中。

## 7.3 线性尺寸标注

线性尺寸是最常见的尺寸类型，包括水平尺寸、垂直尺寸、旋转尺寸、对齐尺寸、基线标注和连续标注等。

### 7.3.1 线性标注

线性标注命令用于标注水平、垂直和旋转尺寸。

1. 调用

◆ 菜单：标注｜线性。

◆ 命令行：DIMLINEAR 或命令别名 DLI。

◆ 草图与注释空间：功能区｜默认｜注释｜线性，或注释｜标注｜线性。

2. 操作方法

命令：（调用命令）

指定第一条尺寸界线原点或 <选择对象>：（指定第一条尺寸界限的起点，或按 Enter 键使用默认选项“选择对象”）

指定第二条尺寸界线原点：（指定第二条尺寸界限的起点）

指定尺寸线位置或 [多行文字（M）/文字（T）/角度（A）/水平（H）/垂直（V）/旋转（R）]：（指定尺寸线的位置，或指定一个选项）

指定了两尺寸界线的起点，移动鼠标可标注两点之间的水平或垂直距离。当确定尺寸线的位置后，系统将按自动测量值标注两尺寸界限起点间的相应距离。使用“选择对象”选项，并选择一个要标注的对象，将以该对象的两个端点作为尺寸界限的起点进行标注。

3. 选项说明

（1）多行文字：选择该项，将显示多行文字编辑器，并在其中显示标注尺寸的自动测量值。利用该编辑器，可以进行很多操作，标注中常用操作如下：

1）编辑和修改自动测量值：要编辑或替换自动测量值，可将其删除，并输入新文字，单击功能区上“文字编辑器”选项卡上的“关闭文字编辑器”按钮即可。

2）给标注文字添加前缀和后缀：用户可在生成的测量值前后输入前缀或后缀。例如，在自动测量值前输入“%%C”，将给标注文字添加前缀“ϕ”，如图 7–27(a) 所示。

3）创建堆叠标注：如果在标注尺寸时需要标注带配合、带公差的尺寸，而标注样式中又未进行相应设置，则可以使用多行文字的“堆叠”功能创建，如图 7–27(b) 所示。

4）标注带换算单位的尺寸：如图 7–27(c) 所示，如果标注样式中未设置，而又希望标注的尺寸同时显示主单位尺寸和换算单位尺寸，可使用如下方法：首先在多行文字编辑器中将光标定位在自动测量值或修改的值之后，输入方括号“[]”，并在“文字编辑器”选项卡上单击“关闭文字编辑器”按钮即可。

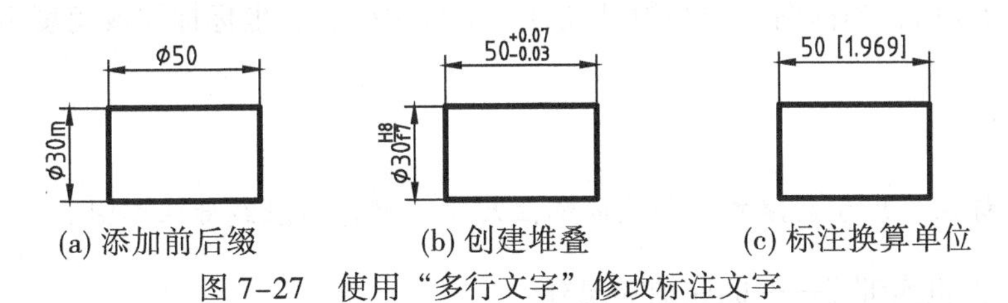


(a) 添加前后缀　　(b) 创建堆叠　　(c) 标注换算单位

图 7–27　使用“多行文字”修改标注文字

（2）文字：使用单行文字方式定义标注文字，其中，尖括号“<>”中显示系统自动测量值。使用该项，可以修改系统的自动测量值，给标注文字加前缀和后缀；以及给标注文字加对称公差等。如，输入“%%c70%%p0.03”，可得到“ϕ70 ± 0.03”；输入“%%c<>[]”，将得到包括换算单位的显示“ϕ50[1.969]”。

（3）角度：修改标注文字的角度。该项不符合国家标准。

（4）水平 / 垂直：强制标注两点之间的水平或垂直距离。

（5）旋转：创建尺寸线旋转的线性标注。

4. 说明

（1）使用多行文字选项时，当前的标注样式决定所生成的测量值外观。例如，标注样式中设置了前缀 ϕ，自动测量值中就将自动生成带 ϕ 的标注文字。

（2）在标注时，如果用户不使用自动测量值，而是修改了标注文字，那么，尺寸的关联性将不存在。

“对齐标注”用于标注倾斜对象的尺寸；“坐标标注”用于标注各点的 X、Y 坐标；“圆心标记”用于标注圆和圆弧的中心或中心线。这些命令很简单，与线性标注操作类似，因此不再详述。

### 7.3.2　基线标注

基线标注命令用于从同一点、线或面为基准，创建几个相互平行的线性标注、角度标注或坐标标注尺寸如图 7–2 和图 7–28 所示。

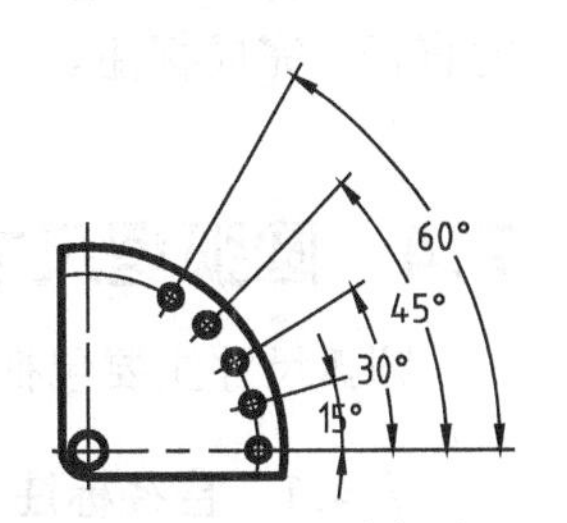


图 7–28　基线标注

1. 调用

◆ 菜单：标注 | 基线。

◆ 命令行：DIMBASELINE 或命令别名 DBA。

◆ 草图与注释空间：功能区 | 注释 | 标注 | 基线。

2. 操作方法和说明

命令：(调用命令)

指定第二条尺寸界线原点或[选择(S)/放弃(U)]<选择>：(指定第二条尺寸界限的起点，或指定一个选项，或按 Enter 键使用默认选项“选择”)

其中，“指定第二条尺寸界限原点”选项，可把上次标注尺寸的第一条尺寸界线的起点作为基线标注的基准标注出一个基线标注尺寸。用户可以继续指定第二条尺寸界限的起点，从而不断标注出平行的尺寸。选择“选择”选项，可以选择某个尺寸的某条尺寸界限作为基线标注的基准进行基线标注。

使用该命令前，当前图形中必须已经有一个线性标注、坐标标注或角度标注尺寸。

“连续标注”用于创建首尾相连的标注尺寸，操作与基线标注类似。

### 7.3.3 上机实训 2——标注轴的尺寸

扫一扫，看视频
※ 6 分钟

打开“图形”文件夹 | dwg | Sample | CH07 | “上机实训 2.dwg”图形，标注轴的尺寸，如图 7-29 所示。其操作和提示如下：

(1) 单击“视图”选项卡 | “选项板” | “设计中心”按钮，打开“设计中心”选项板，将样板图中需要的图层、文字样式、尺寸标注样式插入到图形中来。

(2) 将“尺寸”图层设置为当前层，将“5(线性)”标注样式设置为当前样式。单击“默认”选项卡 | “注释”面板 | “线性”按钮，标注键槽位置尺寸 14。单击“注释”选项卡 | “标注”面板 | “连续”按钮，标注键尺寸 30。

(3) 单击“线性”按钮，标注右端轴段长度尺寸 25，再单击“连续”按钮标注长度尺寸 100、60、40，结果如图 7-30 所示。

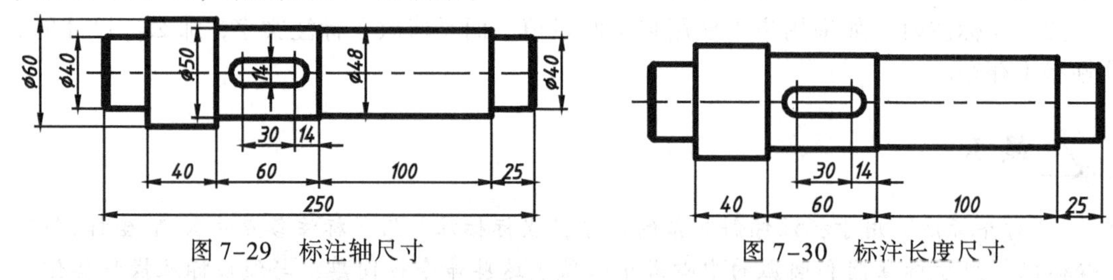


图 7-29　标注轴尺寸　　　　图 7-30　标注长度尺寸

(4) 单击“线性”按钮，标注键槽宽度 14 和总长 250。

(5) 将“5(直径)”尺寸标注样式设置为当前样式，单击“线性”按钮，标注各轴段的直径，完成标注。

## 7.4 圆弧型尺寸标注

圆弧尺寸主要包括半径、直径、角度、圆心、弧长和折弯等尺寸标注。

### 7.4.1 直径标注

直径标注命令用于标注圆和圆弧的直径尺寸，如图 7-31 所示。其调用方式如下：

◆ 菜单：标注｜直径。

◆ 命令行：DIMDIAMETER 或命令别名 DDI。

◆ 草图与注释空间：功能区｜默认｜注释｜直径，或注释｜标注｜直径。

调用命令后的操作和提示与线性标注命令类似，用户可参照操作。

图 7-31　直径标注

**提示**

● 默认情况下，标注圆的直径尺寸时，如果将尺寸放在圆内将只显示一个箭头，这不符合国家标准，设置系统变量 DIMFIT 的值由 3（默认值）改为 0，方可标注符合规定的尺寸。

● 半径标注用于标注圆或圆弧的半径尺寸，操作与直径标注类似。

### 7.4.2　角度标注

角度标注命令用于标注圆弧的圆心角、两条直线之间的夹角、圆周上一段圆弧的圆心角，以及三点之间的夹角等角度尺寸，如图 7-32 所示。

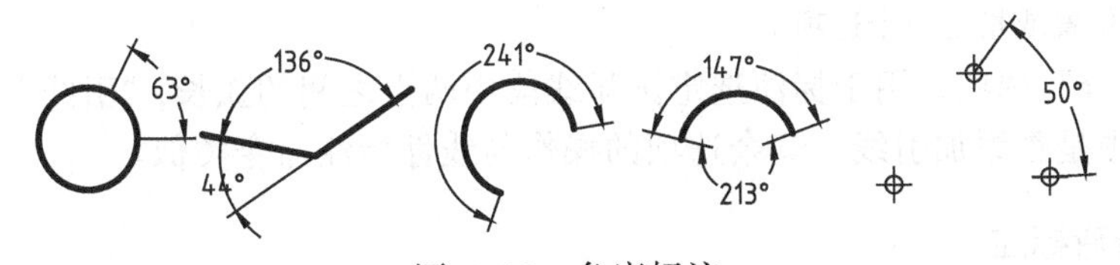


图 7-32　角度标注

1. 调用

◆ 菜单：标注｜角度。

◆ 命令行：DIMANGULAR 或命令别名 DAN。

◆ 草图与注释空间：功能区｜默认｜注释｜角度；或注释｜标注｜角度。

2. 操作方法

命令：（调用命令）

选择圆弧、圆、直线或 <指定顶点>：（选择要标注的圆、圆弧或直线，或按 Enter 键使用默认选项“指定顶点”）

选择第二条直线：（选择标注角度的第二条直线）

指定标注弧线位置或 [多行文字（M）/文字（T）/角度（A）/象限点（Q）]：（指定尺寸线位置或指定一个选项）

标注时，光标所在的位置不同，标注的角度则不同。对于圆弧，可以标注其优弧或劣弧的角度；对于直线，可以标注两条指定直线之间的不同夹角。

其中，“选择圆弧、圆、直线”用于标注所选择圆弧的圆心角，圆上两点之间所对应的圆心角，以及两条指定直线之间的夹角；在提示下直接按 Enter 键可使用“指定顶点”选项，用于标注三个点之间的夹角；选择“象限点”选项，可标注指定象限的角度，操作时，先用鼠标在图形中指定一点，以确定要标注哪个象限的角度尺寸，接着拖动鼠标后单击以确定角度尺寸放置的位置。其余选项与线性标注命令类似，用户可参照操作。

### 7.4.3 弧长标注

弧长标注命令用于创建圆弧的弧长标注，如图 7-33 所示。

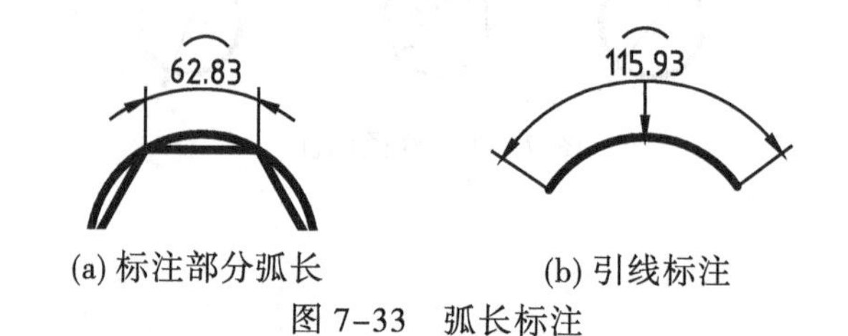


(a) 标注部分弧长　　(b) 引线标注

图 7-33　弧长标注

1. 调用

- ◆ 菜单：标注 | 弧长。
- ◆ 命令行：DIMARC 或命令别名 DAR。
- ◆ 草图与注释空间：功能区 | 默认 | 注释 | 弧长，或注释 | 标注 | 弧长。

2. 操作方法

命令：（调用命令）

选择弧线段或多段线圆弧段：（选择要标注的圆弧线段）

指定弧长标注位置或 [ 多行文字（M）/ 文字（T）/ 角度（A）/ 部分（P）/ 引线（L）]：（指定弧长标注尺寸线的位置或指定一个选项）

其中，“部分”选项，用于标注选定圆弧线段中两点之间的弧长；“引线”选项，用于控制在弧长标注中是否添加引线。其余选项的操作与线性标注命令类似。

### 7.4.4 折弯标注

折弯标注命令用于创建大圆弧的折弯半径标注，也称为缩放半径标注，如图 7-34 所示。

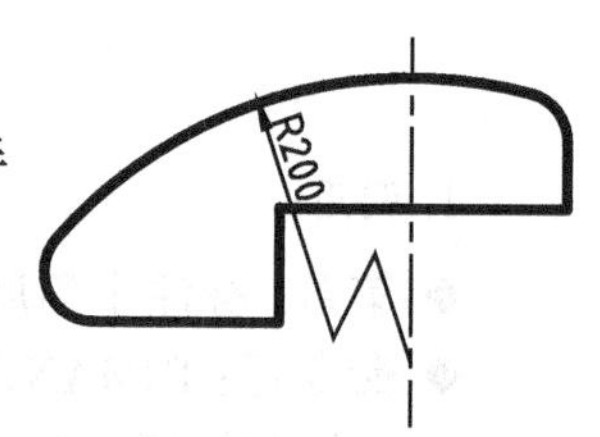


图 7-34　折弯标注

1. 调用

- ◆ 菜单：标注 | 折弯。
- ◆ 命令行：DIMJOGGED 或命令别名 DJO。
- ◆ 草图与注释空间：功能区 | 默认 | 注释 | 折弯，或注释 | 标注 | 折弯。

2. 操作方法

命令：（调用命令）

选择圆弧或圆：（选择一个圆弧、圆或多段线弧线段）

指定图示中心位置：（在图中指定一个圆或圆弧的替代中心）

标注文字 = 198.15

指定尺寸线位置或 [ 多行文字（M）/ 文字（T）/ 角度（A）]：（指定尺寸线的位置或指定一个选项）

当选定了要标注对象并指定了圆弧中心点的替代位置后，指定尺寸线的位置，最后指定折弯的放置位置，即可标注出折弯半径尺寸。其余选项的操作与线性标注命令类似。

**技巧**

● 使用“多行文字”或“单文字”的方式标注半径尺寸或折弯半径尺寸，则必须在尺寸数字前加前缀R，这样，标注的半径尺寸中才会有半径符号R；同样，标注直径尺寸也必须在尺寸数字前加前缀“%%C”，标注的直径尺寸才会有直径符号φ。

● 使用“多行文字”或“单文字”的方式标注角度尺寸，则必须在尺寸数字后加后缀“%%D”，这样，标注的角度尺寸中才有角度符号“°”。

### 7.4.5 上机实训3——标注法兰尺寸

扫一扫，看视频
※ 8分钟

打开“图形”文件夹 | dwg | Sample | CH07 | “上机实训3.dwg”图形，标注如图7-35所示尺寸。

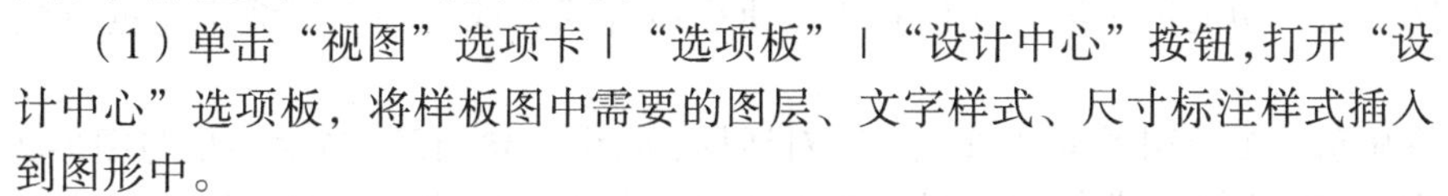

（1）单击“视图”选项卡 | “选项板” | “设计中心”按钮，打开“设计中心”选项板，将样板图中需要的图层、文字样式、尺寸标注样式插入到图形中。

（2）将“尺寸”图层设置为当前层，将“5(水平)”标注样式设置为当前样式。单击“默认”选项卡 | “注释”面板 | “直径”按钮，选择φ10的圆，在“指定尺寸线位置……：”提示下，输入M选择“多行文字”选项，在打开的多行文字编辑器输入窗口中将光标定位于自动测量值前，输入“4×”（“×”号可在输入法工具条上右击，在弹出的快捷菜单中选择“数学符号”选项输入），并单击“文字编辑器”选项卡上的“关闭文字编辑器”按钮，标注出“4×φ10”尺寸。用同样方法标注其他多个相同圆的直径尺寸。

（3）再次单击“直径”按钮，标注其他直径尺寸，结果如图7-36所示。

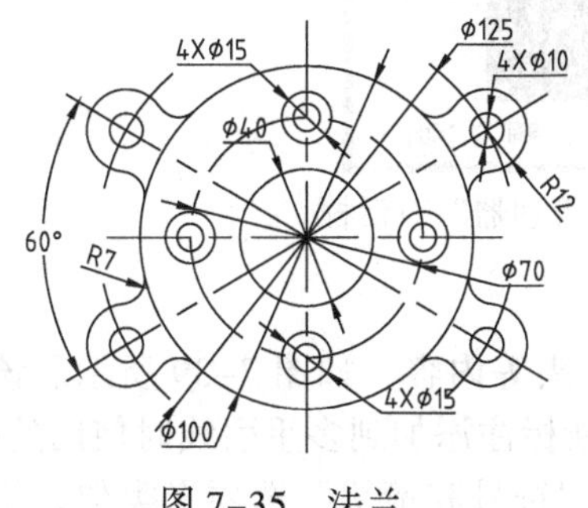


图7-35 法兰

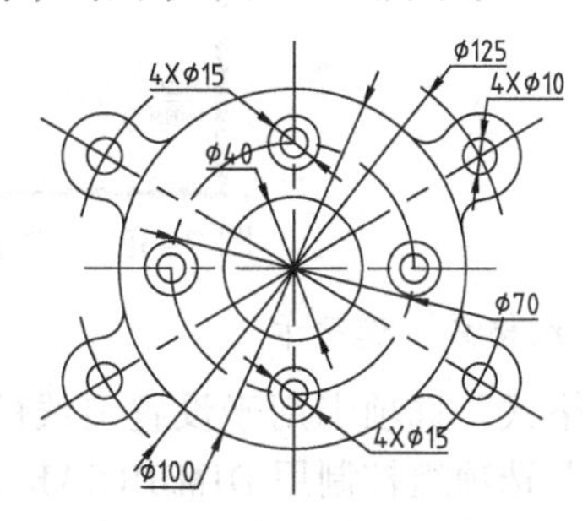


图7-36 标注直径尺寸

（4）将“5(线性)”标注样式设置为当前样式。单击“默认”选项卡 | “注释”面板 | “半径”按钮，标注各半径尺寸，结果如图7-37所示。

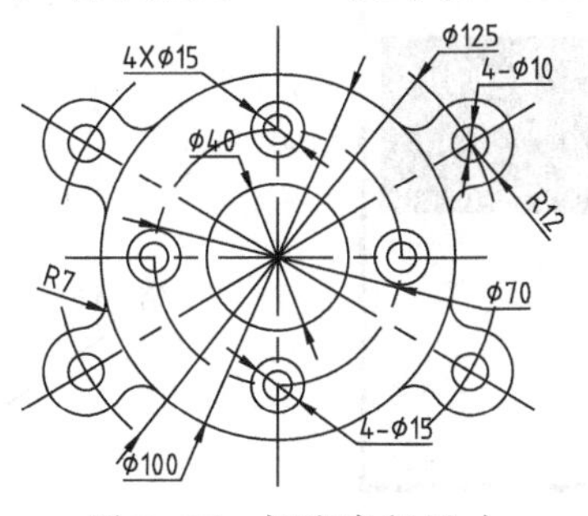


图7-37 标注半径尺寸

（5）将“5（角度）”标注样式设置为当前样式。单击“默认”选项卡 | “注释”面板 | “角度”按钮，标注角度尺寸，完成标注。

## 7.5 多重引线与公差

使用多重引线与公差工具可很方便地进行各种序号标注以及标注形位公差和说明等。

### 7.5.1 多重引线样式设置

多重引线样式命令用于设置当前多重引线样式，以及创建、修改和删除多重引线样式。

1. 调用及操作

◆ 菜单：格式 | 多重引线样式。

◆ 命令行：MLEADERSTYLE 或命令别名 MLS。

◆ 草图与注释空间：功能区 | 默认 | 注释 | 多重引线样式，或注释 | 引线 | 多重引线样式。

调用命令后，将显示“多重引线样式管理器”对话框，如图 7-38 所示。该对话框与图 7-3 的“标注样式管理器”对话框非常相似，因此不再详述。单击“新建”按钮，即可创建新的多重引线样式。

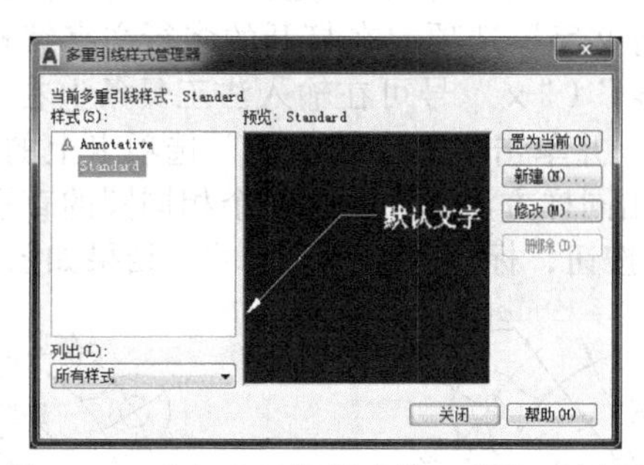


图 7-38 “多重引线样式管理器”对话框

2. “引线格式”选项卡

“引用格式”选项卡用于设置引线的外观和箭头等内容，如图 7-39 所示。该对话框的“引线打断”选项组控制用 DIMBREAK 命令将折断标注添加到多重引线时使用的折断大小。其余选项与“新建标注样式”对话框的“线”和“符号和箭头”选项卡类似，用户可参照设置。引线的组成如图 7-40 所示。

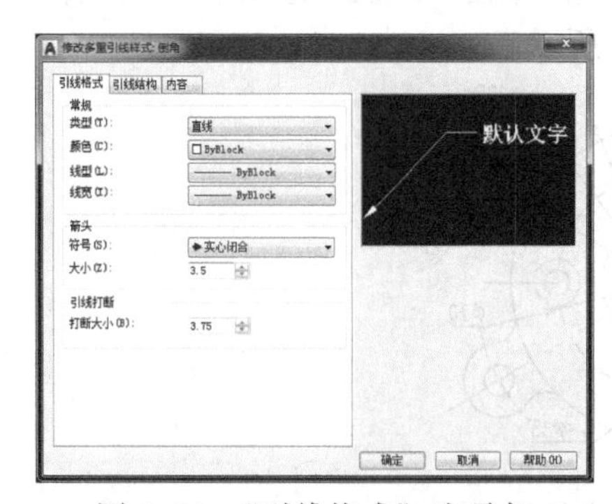


图 7-39 “引线格式”选项卡

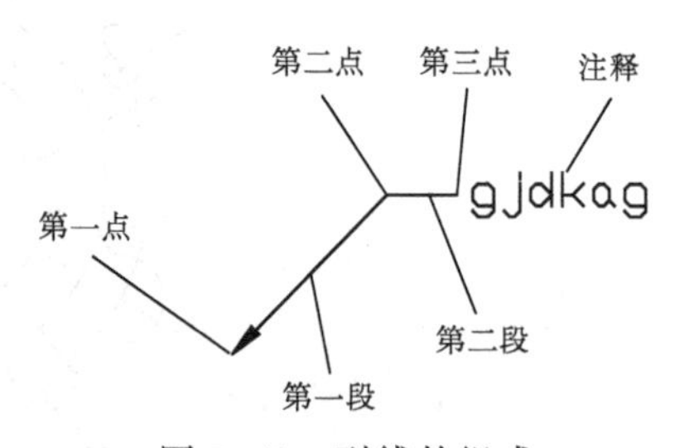


图 7-40 引线的组成

3. “引线结构”选项卡

“引线结构”选项卡用于控制引线的约束设置和基线设置等，如图 7-41 所示。其中：

（1）“约束”选项组：控制多重引线的约束。其中，“最大引线点数”复选框用于指定引线的最大点数，常用值为 2 或 3，如图 7-41 所示；“第一段角度”“第二段角度”复选框用于指定引线中第一段和第二段的角度。

（2）“基线设置”选项组：控制多重引线的基线设置。基线是引线的最后一段勾脚。其中，选择“自动包含基线”复选框，将自动在基线标注的最后一段绘制一水平的线段；“设置基线距离”复选框可为多重引线基线确定固定的长度，常设置为 1 ~ 2 个单位。

（3）“比例”选项组：用于控制多重引线的缩放。该选项的含义与“新建标注样式”对话框的“调整”选项卡的“标注特征比例”选项类似。

4. “内容”选项卡

“内容”选项卡用于设置附着到多重引线的内容类型等，如图 7-42 所示。

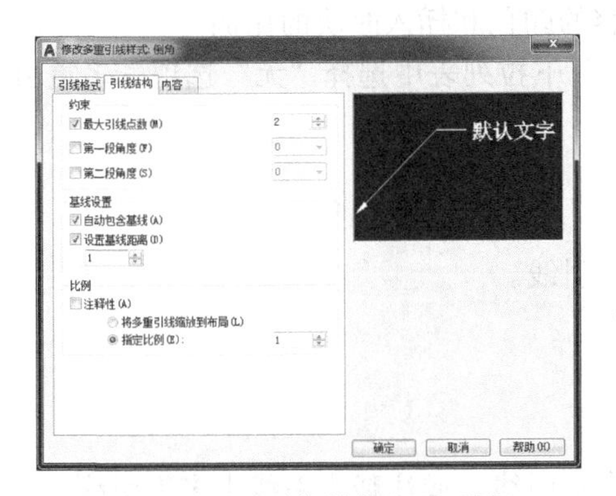


图 7-41 “引线结构”选项卡

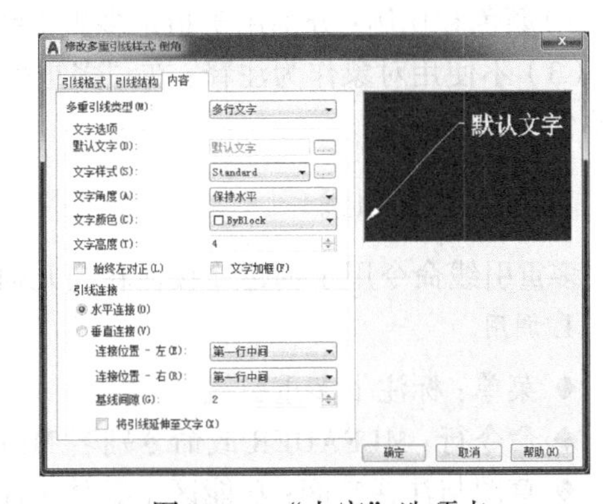


图 7-42 “内容”选项卡

（1）使用文字对象作为注释。在“多重引线类型”下拉列表中选择“多行文字”选项，将使用多行文字对象作为注释。其中：

1）文字选项：控制多重引线文字的外观。其中，单击“默认文字”右边的按钮，可打开“多行文字在位编辑器”，其中输入需要的默认注释文字；选择“文字加框”选项，将在多重引线文字内容的外边加一方框。其余选项与“新建标注样式”对话框的“文字”选项卡类似。

2）引线连接：控制多重引线的引线连接设置。其中：

◆ 水平连接：将引线插入到文字内容的左侧或右侧。其中，“连接位置 - 左”用于控制文字位于引线右侧时基线连接到多重引线文字的方式；“连接位置 - 右”用于控制文字位于引线左侧时基线连接到多重引线文字的方式；“基线间距”用于指定基线和多重引线文字之间的距离；“将引线延伸到文字”选项可将基线延伸到附着引线的文字行边缘处的端点。

◆ 垂直连接：控制将引线插入到文字内容的顶部或底部。其中，“连接位置 - 上”用于将引线连接到文字内容的中上部；“连接位置 - 下”用于将引线连接到文字内容的底部。

（2）使用块对象作为注释。在“多重引线类型”下拉列表中选择“块”选项，将使用块对象作为注释，如图 7-43 所示。

1）源块：指定用于多重引线内容的块，用户可选择一个选项，如图 7-44 所示。如果选择“用户块”选项，则可从图形中已定义的块中选择一个作为引线的内容。

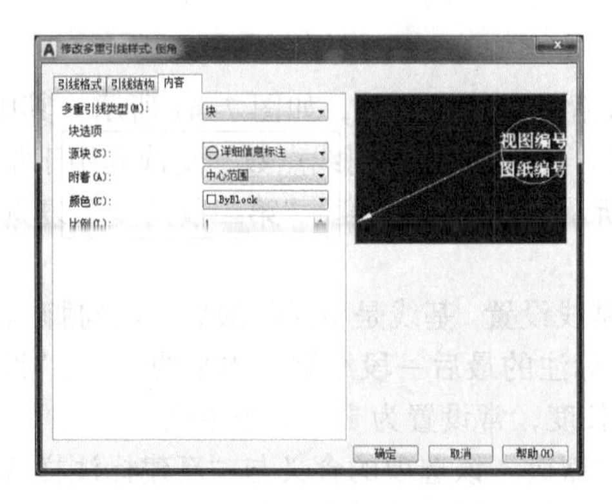
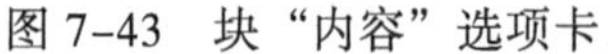

图 7-43 块“内容”选项卡

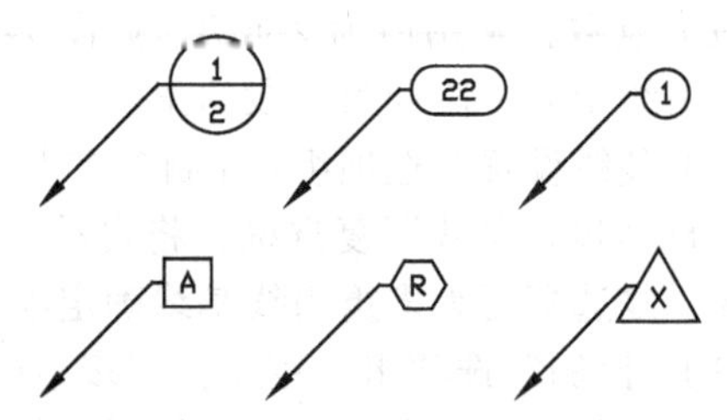


图 7-44 不同块内容的多重引线标注

2）附着：指定块附着到多重引线对象的方式。可以通过指定块的插入点或块的圆心来附着块。

3）颜色和比例：分别用于指定多重引线块内容的颜色和插入时块的比例。

（3）不使用对象作为注释：在“多重引线类型”下拉列表中选择“无”选项，多重引线将不使用注释。

### 7.5.2 多重引线

多重引线命令用于创建连接注释与几何特征的引线。

1. 调用

◆ 菜单：标注｜多重引线。

◆ 命令行：MLEADER 或命令别名 MLD。

◆ 草图与注释空间：功能区｜默认｜注释｜多重引线，或注释｜引线｜多重引线。

2. 操作方法

命令：（调用命令）

指定引线箭头的位置或 [ 引线基线优先（L）/ 内容优先（C）/ 选项（O）] < 选项 >：（指定引线箭头的位置，或指定一个选项，或按 Enter 键使用默认的“选项”选项）

先在图形中指定一点作为引线箭头的位置，再在图形中指定引线上其他点的位置。默认情况下，将打开多行文字的“在位文字编辑器”，其中可输入需要的注释。

3. 选项说明

（1）引线基线优先：选择该项，将先指定多重引线的基线位置，然后才指定箭头所在的位置。

（2）内容优先：选择该项，将先通过指定两个角点确定与多重引线对象相关联的文字或块的位置，然后才指定引线箭头所在的位置。

（3）选项：指定用于放置多重引线对象的选项。选择该项后的操作和提示如下：

输入选项 [ 引线类型（L）/ 引线基线（A）/ 内容类型（C）/ 最大节点数（M）/ 第一个角度（F）/ 第二个角度（S）/ 退出选项（X）] < 退出选项 >：（指定一个选项，或按 Enter 键选择“退出选项”选项）

其中，各选项的含义与“修改多重引线样式”对话框中的相应内容一致，用户可参照使用。

**说明**

- 使用快速引线命令 QLEADER（命令别名 LE）也可进行引线标注。该命令中各选项的内容与多重引线样式命令 MLEADERSTYLE 和多重引线命令 MLEADER 中的内容相似，用户可参照使用。
- 使用夹点可以修改多重引线的外观，如拉长或缩短基线、引线，移动引线对象。

### 7.5.3 上机实训 4——标注倒角尺寸

扫一扫，看视频
※ 6分钟

设置倒角多重引线标注样式，并标注尺寸 C2，如图 7-45 所示。

（1）选择“格式”菜单 | “多重引线样式”命令，打开“多重引线样式管理器”对话框。

（2）单击“新建”按钮，打开“创建新多重引线样式”对话框，在其中的“新样式名”中输入名称“倒角”，单击“继续”按钮，打开“修改多重引线样式”对话框。

（3）在“引线格式”选项卡中，设置引线的“类型”为“直线”选项；设置“颜色”“线型”和“线宽”都为随层 ByLayer；设置箭头的“符号”为“无”选项，箭头大小为 0。其余使用默认值。

图 7-45 标注倒角

（4）在“引线结构”选项卡中，设置“第一段角度”为 45°，“第二段角度”为 0°；在“基线设置”选项组中，选中“设置基线距离”复选框，并设置基线距离为 1 个单位。其余使用默认值。

（5）在“内容”选项卡中，“多重引线类型”设置为“多行文字”选项；“文字样式”选项选择已经设置的“标注”样式；“文字颜色”选项设置为随层 ByLayer；“文字高度”选项设置为 5 个单位；在“引线连接”组件的“连接位置 - 左”和“连接位置 - 右”中都设置为“最后一行加下划线”选项。其余使用默认值。

（6）在“修改多重引线样式”对话框中单击“确定”按钮，再在“多重引线样式管理器”对话框的“样式”列表框中，选择“倒角”样式并单击“置为当前”按钮，单击“关闭”按钮，关闭该对话框。

（7）单击“注释”选项卡 | “引线”面板 | “多重引线”按钮，在“指定引线箭头的位置……：”的提示下，用鼠标捕捉到倒角的角点 A 点；在“指定引线基线的位置：”提示下，用鼠标在 B 点单击，输入“C2”并单击“文字编辑器”选项卡上的“关闭文字编辑器”按钮完成标注。

### 7.5.4 多重引线标注的其他功能

1. 添加引线

单击功能区 | “默认”选项卡 | “注释”面板 | “添加引线”或“删除引线”按钮，或单击“注释”选项卡 | “引线”面板 | “添加引线”或“删除引线”工具按钮，或在命令行输入命令 MLEADEREDIT（命令别名 MLE），可从相同注释创建多重引线，或从多重引线对象中删除引线。

2. 多重引线对齐

单击功能区 | “默认”选项卡 | “注释”面板 | “对齐”按钮，或“注释”选项卡

|“引线”面板|“对齐”按钮，或在命令行输入命令 MLEADERALIGN（命令别名 MLA），可按需要对选定的多重引线进行对齐和均匀排序。调用命令后的操作和提示如下：

命令：（调用命令）

选择多重引线：（选择多重引线对象）

选择多重引线：（继续选择多重引线对象或按 Enter 键确认选择）

当前模式：分布

指定第一点或[选项（O）]：（指定一点或输入“O”选择“选项”方式）

其中，“指定第一点”用于以指定的第一点作为要对齐的基准点，接着再指定一点，由这两点确定引线的分布范围；选择“选项”将按选定的选项对齐多重引线，这时的操作和提示如下：

输入选项[分布（D）/使引线线段平行（P）/指定间距（S）/使用当前间距（U）]<分布>：（指定一个选项或按 Enter 键使用默认选项“分布”）

其中，“分布”选项用于使选定的多重引线对象在指定的两点之间均匀分布；“使引线线段平行”选项，可使选定多重引线中每条最后的引线线段均平行；“指定间距”选项，可按指定的间距，使多重引线均匀排列；“使用当前间距”选项，将用多重引线内容之间的当前间距来排列选定的多重引线对象。

3. 多重引线合并

单击功能区|“默认”选项卡|“注释”面板|“合并”按钮，或“注释”选项卡|“引线”面板|“合并”按钮，或在命令行输入命令 MLEADERCOLLECT（命令别名 MLC），可以将注释内容为块的多重引线对象收集到一起，并将其在水平方向、垂直方向或缠绕方式（指定缠绕的多重引线集合的宽度，或指定多重引线集合每行中块的最大数量）附着到同一个基线上。

### 7.5.5 公差标注

公差标注命令用于标注机械图形中的形位公差（即特征控制框）。

1. 调用

◆ 菜单：标注|公差。

◆ 命令行：TOLERANCE 或命令别名 TOL。

◆ 草图与注释空间：功能区|注释|标注|公差。

2. 操作及说明

调用命令后将显示“形位公差”对话框，如图 7-46 所示。其中：

（1）符号：单击其中的小黑框，将显示“特征符号”对话框，如图 7-47 所示。用户可以选择一个需要的形位公差符号；如果不做选择，则可单击右下角的空白框。

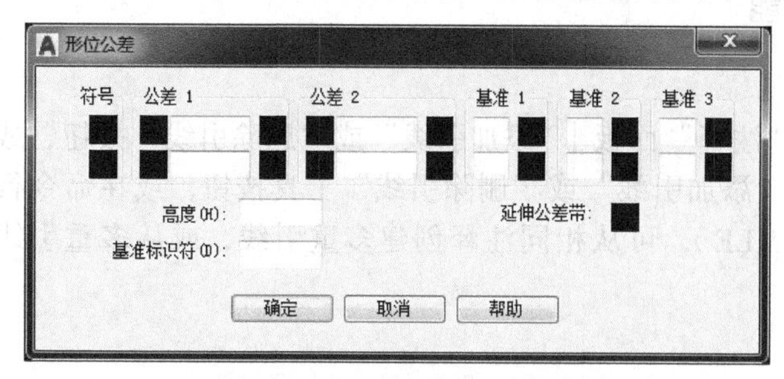

图 7-46 “形位公差”对话框

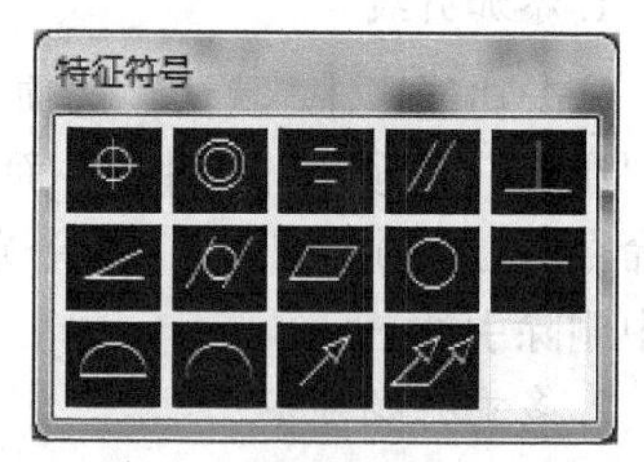

图 7-47 “特征符号”对话框

（2）公差1、公差2：用于创建形位公差特征控制框中的第一个、第二个公差值。其中，单击左边的小黑框，可控制在标注的公差值前是否加直径符号 ϕ；中间的文本框用于输入形位公差的值；单击右边的小黑框可设置“包容条件”。

（3）基准1、基准2、基准3：创建第一、第二、第三个基准参照。其中，左边的文本框用于输入基准代号；而右边的黑小框用来设置包容条件，如图7-48所示。

| ⌖ | ∅0.08Ⓜ | A | B | C |
|---|---|---|---|---|

图7-48　设置包容条件及三个基准

（4）高度：创建特征控制框中的投影公差零值。

（5）延伸公差带：在延伸公差带值的后面插入延伸公差带符号Ⓟ。

（6）基准标识符：用于创建基准符号。

**技巧**

使用TOLERANCE命令创建的公差标注只有公差的特征控制框，而没有引线，需结合多重引线命令；而快速引线命令QLEADER（命令别名LE）可创建带引线的公差标注。

### 7.5.6　上机实训5——创建形位公差标注

扫一扫，看视频
※ 5分钟

打开“图形”文件夹 | dwg | Sample | CH07 | “上机实训5.dwg”图形，创建如图7-49所示的形位公差标注。其操作和提示如下：

（1）单击“视图”选项卡 | “选项板” | “设计中心”按钮，打开“设计中心”选项板，将样板图中需要的图层、文字样式、多重引线样式插入到图形中来。

（2）在“注释”选项卡 | “引线”面板上将“注释”多重引线样式设置为当前样式并打开“正交”方式。

（3）单击“注释”选项卡 | “引线”面板 | “多重引线”按钮，在“指定引线箭头的位置……：”提示下，用鼠标捕捉到左端轴的表面一点单击；在“指定下一点：”的提示下，将鼠标拖动到2点单击；在“指定引线基线的位置：”的提示下，将鼠标水平向右拖动到合适位置单击，这时打开多行文字编辑器，不做任何输入，直接单击“文字编辑器”选项板上的“关闭文字编辑器”按钮，得到一条公差引线。

（4）单击“注释”选项卡 | “标注”面板 | “公差”按钮，打开“形位公差”对话框，单击“符号”下面的黑框，从中选择“跳动”符号；在“公差1”文本框中输入0.05；在“基准1”文本框中输入“A-B”，然后单击“确定”按钮，并用鼠标捕捉到引线右端的端点单击，结果如图7-50所示。

（5）单击“注释”选项卡 | “引线”面板 | “添加引线”工具按钮，并选择多重引线，在“选择新引线线段的下一个点：”的提示下，用鼠标在引线上的3点处单击，再在“指定引线箭头的位置：”的提示下，用鼠标在 ϕ20 圆的外轮廓上的垂足单击，完成中间段轮廓的引线标注。接着，同样标注右面段轮廓的引线标注。最后，按Enter键结束命令。

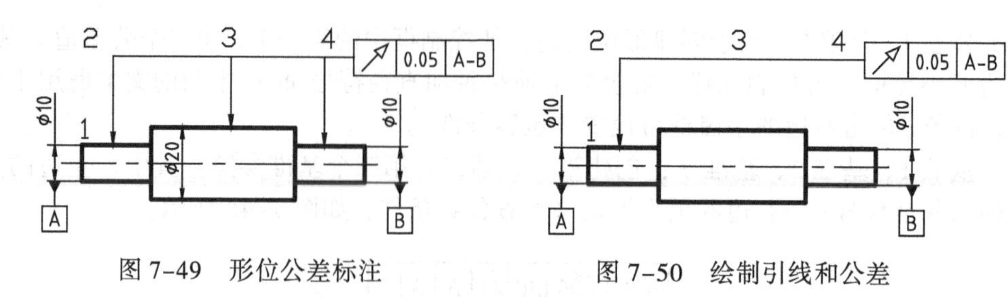


图 7-49　形位公差标注　　　图 7-50　绘制引线和公差

### 7.5.7　上机实训 6——整理多重引线标注

打开“图形”文件夹 | dwg | Sample | CH07 | “上机实训 6.dwg”图形，如图 7-51 所示，整理多重引线标注。其操作和提示如下：

（1）单击“注释”选项卡 | “引线”面板 | “多重引线对齐”按钮，在“选择多重引线：”提示下，选择所有零件序号并按 Enter 键；在“选择要对齐到的多重引线……：”提示下，输入“O”选择“选项”，接着输入 D 选择“分布”选项；在“指定第一点：”的提示下，用鼠标在图形的左上方一点单击，向右水平拖动到右边合适点单击，将零件序号全部整理到同一水平线，结果如图 7-52 所示。

（2）单击“注释”选项卡 | “引线”面板 | “多重引线合并”按钮，选择 4、5、6 三个序号，并按 Enter 键；在“指定收集的多重引线位置：”提示下，用鼠标拖动到合适位置单击完成整理，如图 7-53 所示。

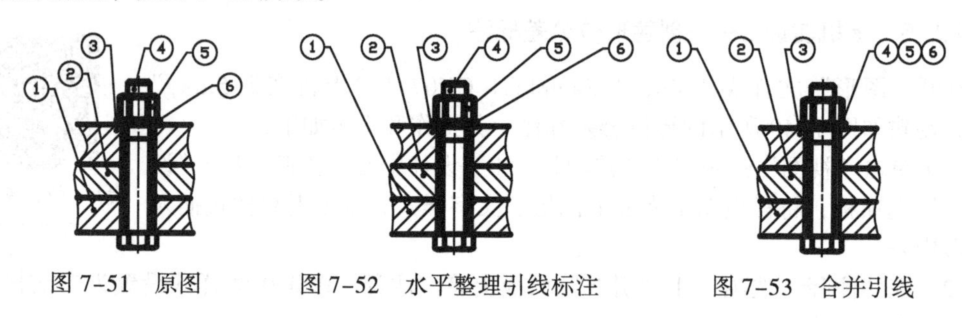


图 7-51　原图　　　图 7-52　水平整理引线标注　　　图 7-53　合并引线

## 7.6　其他标注

标注尺寸时，除了使用前面介绍的各种常用标注功能外，还需要使用标注间距、标注打断、快速标注等功能。不过，这些命令都比较简单。

### 7.6.1　快速标注

快速标注即一次标注连续、并列、基线或坐标尺寸；也可以一次标注多个圆或圆弧的直径或半径尺寸；并且，还可以编辑这些标注。

1. 调用

◆ 菜单：标注 | 快速标注。

◆ 命令行：QDIM。

◆ 草图与注释空间：功能区 | 注释 | 标注 | 快速标注。

2. 操作和说明

命令：（调用命令）

关联标注优先级 = 端点

选择要标注的几何图形：（选择要标注的对象或要编辑的标注）

选择要标注的几何图形：（继续选择对象，按 Enter 键确认选择的对象）

指定尺寸线位置或 [ 连续（C）/ 并列（S）/ 基线（B）/ 坐标（O）/ 半径（R）/ 直径（D）/ 基准点（P）/ 编辑（E）/ 设置（T）] <连续>：（指定尺寸线的位置，或指定一个选项，或按 Enter 键使用当前选项“连续”）

如果选择的是图形对象，则可以标注该图形对象的各种尺寸；如果选择的是标注尺寸，则可以对已经标注的尺寸进行编辑。当指定了尺寸线的位置后，即可标注指定类型的尺寸。

使用其中的选项，用户可以创建所选对象的一系列连续、并列、基线、坐标、半径和直径等标注；选择“基准点”选项，可以为基线标注和坐标标注设置新的基准点；选择“编辑”选项，可以编辑所选对象的各标注点，用户可以删除不需标注的标注点，也可以添加新标注点；选择“设置”选项，可以为指定尺寸界线原点设置默认对象捕捉是使用“端点”方式，还是“交点”方式。

### 7.6.2 使用 DIM 命令

单击功能区 | 默认 | 注释 | “标注”按钮，或注释 | 标注 | “标注”按钮，或在命令行输入命令 DIM。可创建多种类型的标注，如垂直标注、水平标注、对齐标注、旋转的线性标注、角度标注、半径标注、直径标注、折弯半径标注、弧长标注、基线标注和连续标注。调用命令后的操作和提示如下：

命令：_dim（调用命令）

选择对象或指定第一个尺寸界线原点或 [ 角度（A）/ 基线（B）/ 连续（C）/ 坐标（O）/ 对齐（G）/ 分发（D）/ 图层（L）/ 放弃（U）]：（选择对象，或指定第一个尺寸界线的原点，或指定一个选项）

在提示下，将光标悬停在对象上时，将自动预览为所选对象选择合适的标准类型，并显示与该标注类型相对应的提示，单击即可标注；在提示下，用鼠标指定两个尺寸界线的原点也可以创建一个标注；括号中的很多选项与前面对应命令类似，用户可参照操作；“对齐”选项，用于将多个平行、同心或同基准标注对齐到选定的基准标注；“分布”选项，用于指定可用于分发一组选定的孤立线性标注或坐标标注；“图层”选项，用于为新标注指定图层以替代当前图层。

### 7.6.3 标注间距与标注打断

#### 1. 标注间距

选择“标注”菜单 |“标注间距”命令，或在命令行输入命令 DIMSPACE，或单击功能区 | 注释 | 标注 |“调整间距”按钮，可均匀修改平行线性标注和角度标注之间的间距大小，如图 7-54 所示。

操作时，用户可以输入一个值，从而将基准标注和选定标注按给定的值隔开；如果指定的间距值为 0，可将选定的线性标注和角度标注的末端对齐；如果使用“自动”选项，将按选定基准标注的标注样式中指定的文字高度的两倍，隔开基准标注和选定标注。

#### 2. 标注打断

选择“标注”菜单 |“标注打断”命令，或在命令行中输入命令 DIMBREAK，或单击功能区 | 注释 | 标注 |“打断”按钮，可在标注或尺寸界限与其他图线的重叠处打断标注或尺寸界限，如图 7-55 所示。调用命令后的操作和提示如下：

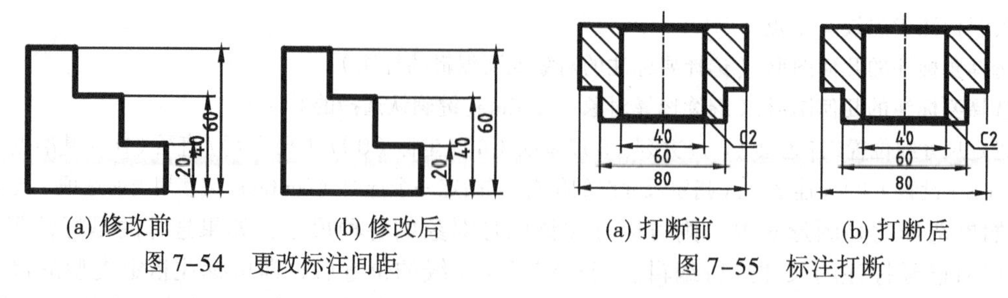


(a) 修改前　(b) 修改后

图 7-54　更改标注间距

(a) 打断前　(b) 打断后

图 7-55　标注打断

命令:(调用命令)

选择要添加 / 删除折断的标注或 [ 多个 (M)]:(选择被打断的标注(如选择 80 的尺寸),或输入 m 使用"多个"选项)

选择要折断标注的对象或 [ 自动 (A)/ 手动 (M)/ 删除 (R)] < 自动 >:(选择与标注相交或与选定标注的尺寸界限相交的对象(如选择倒角尺寸),或指定一个选项,或按 Enter 键使用"自动"选项)

选择要打断标注的对象:(继续选择打断标注的对象,或按 Enter 结束命令)

其中,选择"多个"选项,可对多个标注添加打断或恢复已经打断的多个标注;选择"自动"选项,自动将折断标注放置在与选定标注相交的对象的所有交点处;选择"手动"选项,通过指定两个打断点来确定打断的位置和间距;选择"删除"选项,可从选定的标注中删除所有折断标注。

### 7.6.4　检验和折弯线性

1. 检验

选择"标注"菜单 | "检验"命令,或在命令行输入命令 DIMINSPECT,或单击功能区 | 注释 | 标注 | "检验"按钮,可在选定的标注中添加或删除检验标注,如图 7-56 所示。

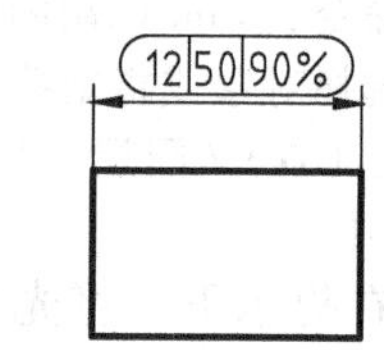


图 7-56　添加检验标注

2. 折弯线性

选择"标注"菜单 | "折弯线性"命令,或在命令行输入命令 DIMJOGLINE(命令别名 DJL),或功能区 | 注释 | 标注 | "折弯标注"按钮。可在线性标注或对齐标注中添加或删除折弯符号。该命令主要用于标注值表示的实际距离不是图形中所测量的距离时,如图 7-11 所示。

### 7.6.5　上机实训 7——使用快速标注

扫一扫,看视频

※ 5 分钟

打开"图形"文件夹 | dwg | Sample | CH07 | "上机实训 7.dwg"图形,使用快速标注方式标注其尺寸,如图 7-57 所示。其操作和提示如下:

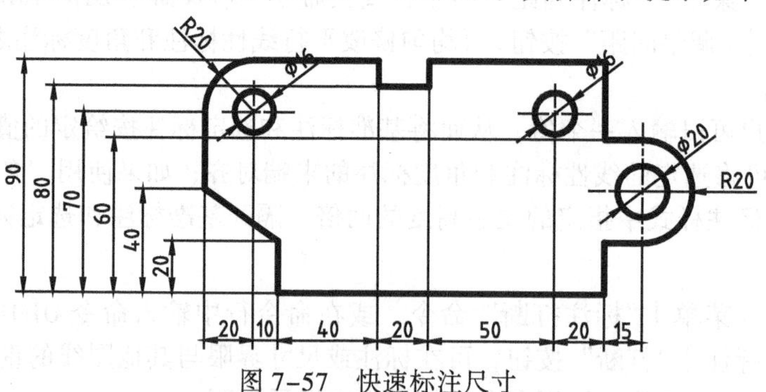


图 7-57　快速标注尺寸

（1）单击“视图”选项卡 | “选项板” | “设计中心”按钮，打开“设计中心”选项板，将样板图中需要的图层、文字样式、尺寸标注样式插入到图形中来，将“5（线性）”标注样式设置为当前样式。

（2）单击“注释”选项卡 | “标注”面板 | “快速”按钮，选择所有图形对象并按 Enter 键；在“指定尺寸线位置……：”的提示下输入 E，选择“编辑”选项，接着删除各水平中心线左右两端的标注点，按 Enter 键退出编辑选项，将鼠标向下拖动到合适位置单击，标注出下面的连续尺寸，如图 7-58 所示。

（3）单击“快速”按钮，选择外面的多段线图形和 3 个圆对象并按 Enter 键；在“指定尺寸线位置……：”的提示下输入 B，选择“基线”选项，将鼠标向左拖动到合适位置单击，标注出左面的基线尺寸，如图 7-59 所示。

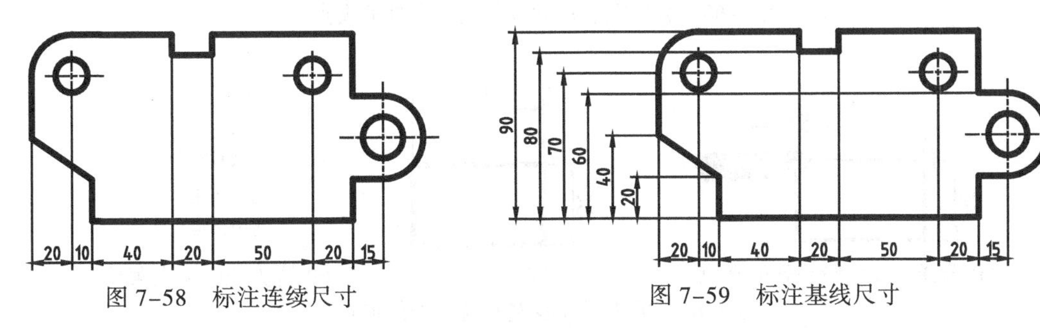


图 7-58 标注连续尺寸　　图 7-59 标注基线尺寸

（4）单击“快速”按钮，选择 3 个圆，然后选择其中的“直径”选项，标注 3 个圆的直径尺寸；用同样的方法标注外面图形中圆弧部分的半径尺寸，完成标注。

## 7.7 编辑尺寸标注

用户可以使用多种方法对尺寸标注进行编辑和修改。例如，可以使用“特性”选项板、夹点、尺寸编辑命令、标注样式管理器和快捷菜单等对尺寸标注进行编辑。

### 7.7.1 尺寸标注的关联性

默认情况下，创建的尺寸标注是与标注对象相关联的。即当标注对象发生变化时，标注尺寸的各要素，如尺寸数字、尺寸线、尺寸界限等都将自动发生相应改变。但是，如果分解了某个标注尺寸，或是在标注时修改了系统的自动测量值，那么，标注尺寸将不再与所标注的对象相关联，即标注对象修改后，标注尺寸的各要素将不发生相应改变。

选择“标注”菜单 | “重新关联标注”命令；或单击“草图与注释空间” | 功能区 | 注释 | 标注 | “重新关联”按钮。可以将选定的标注关联或重新关联到对象或对象上的点。每个关联点提示旁都显示一个标记，如果定义点与几何图形相关联，则标记将显示为框内的 ×；如果为非关联，则标记将只显示为 ×。

### 7.7.2 利用夹点编辑尺寸标注

利用夹点编辑尺寸标注非常方便和快捷。

选择尺寸标注时，若标注类型不同，则夹点的显示不同。利用尺寸标注的各个夹点，可以编辑尺寸标注的位置，尺寸标注的自动测量值。例如，在夹点拉伸模式，选择左下或右下尺寸界限定义点处的夹点，拖动可改变尺寸标注的自动测量值，如图 7-60 所示；选择尺寸线箭头处的夹点，拖动即可改变尺寸标注的上下位置，利用箭头处的夹点菜单，还可以进行一些其他的简单操作，如图 7-61 所示；选择标注文字下的那个夹点，拖动即可改变标注文字在尺寸线上的左右位置，以及尺寸标注的上下位置，同样，利用该处的夹点菜单，也可以进行一些其他的简单操作，如图 7-62 所示。

(a) 选择尺寸界限定义点处的夹点　　(b) 结果

图 7-60　编辑左右尺寸界限定义点处的夹点

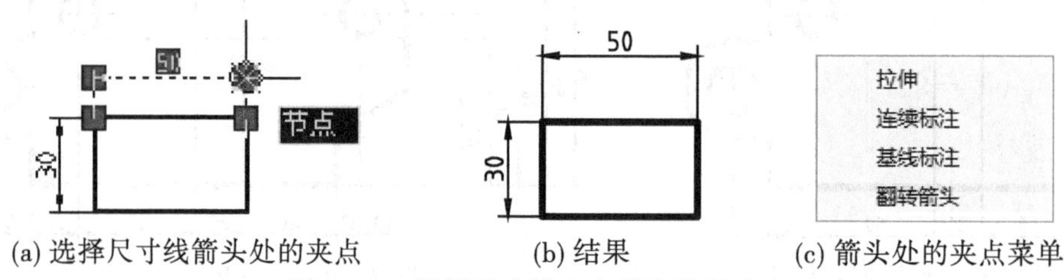


(a) 选择尺寸线箭头处的夹点　　(b) 结果　　(c) 箭头处的夹点菜单

图 7-61　编辑尺寸线左右箭头处的夹点

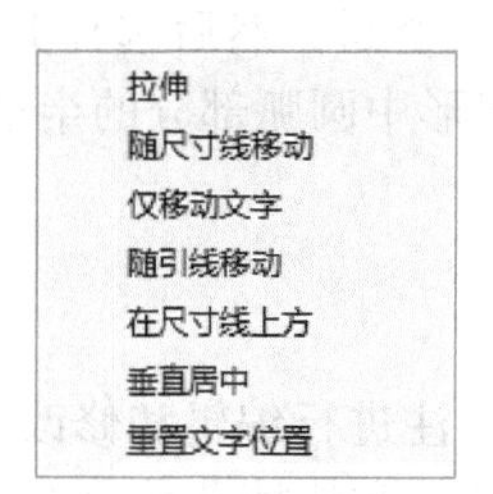


图 7-62　标注文字下的夹点菜单

### 7.7.3　使用尺寸编辑命令

1. 编辑标注

单击“标注”工具栏｜“编辑标注”工具按钮，或在命令行输入命令 DIMEDIT（命令别名 DED、DIMED），可编辑已有尺寸标注的标注文字内容、标注文字位置及其尺寸界限的倾斜等。调用命令后的操作和提示如下：

命令：（调用命令）

输入标注编辑类型 [ 默认（H）/ 新建（N）/ 旋转（R）/ 倾斜（O）] < 默认 >：（指定一个选项或按 Enter 键使用“默认”选项）

其中，“默认”选项，可将选中的不在默认位置的标注文字移回到由标注样式指定的默认位置和旋转角；“新建”选项，用于编辑标注文字的内容，如可修改自动测量值、给标注文字加前缀或后缀、创建堆叠标注等；“旋转”选项，可将标注文字旋转一个角度放置，但该项通常不使用；“倾斜”选项，可调整线性标注尺寸界限的倾斜角度。

2. 编辑标注文字

选择“标注”菜单｜“对齐文字”｜选择一个子项，或单击“标注”工具栏｜“编辑标注文字”工具按钮，或在命令行输入命令 DIMTEDIT（命令别名 DIMTED），或功能区｜注释｜标注｜对应选项，可移动和旋转标注文字，如图 7-63 所示。调用命令后的操作和提示如下：

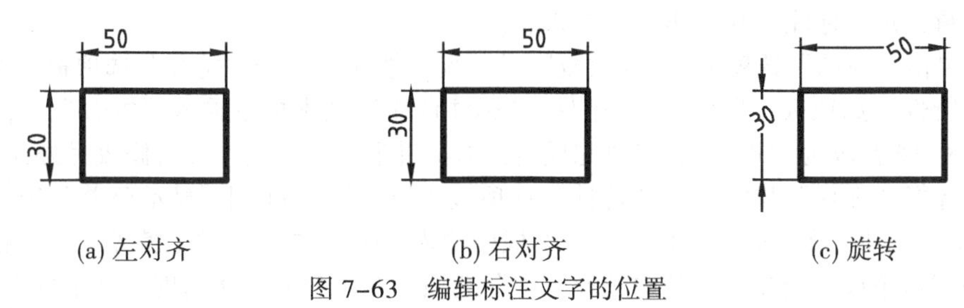

(a) 左对齐　　(b) 右对齐　　(c) 旋转

图 7-63　编辑标注文字的位置

命令：（调用命令）

选择标注：（选择要编辑的标注尺寸）

为标注文字指定新位置或 [ 左对齐（L）/ 右对齐（R）/ 居中（C）/ 默认（H）/ 角度（A）]：（指定标注文字的新位置或指定一个选项）

其中，拖动鼠标到需要的位置后单击，即可将标注文字移动到该位置；“左对齐 / 右对齐”选项，用于沿尺寸线靠左或靠右对正标注文字；“居中”选项，可将标注文字放置在尺寸线的中间；“默认”选项，用于将标注文字放置到标注样式设置的默认位置；“角度”选项，可将标注文字旋转一个角度。

3. 标注更新

选择“标注”菜单｜“更新”命令，或单击“标注”工具栏｜“标注更新”工具按钮，可将某个已经标注的尺寸，按当前尺寸标注样式的设置进行更新，如图 7-64 所示。

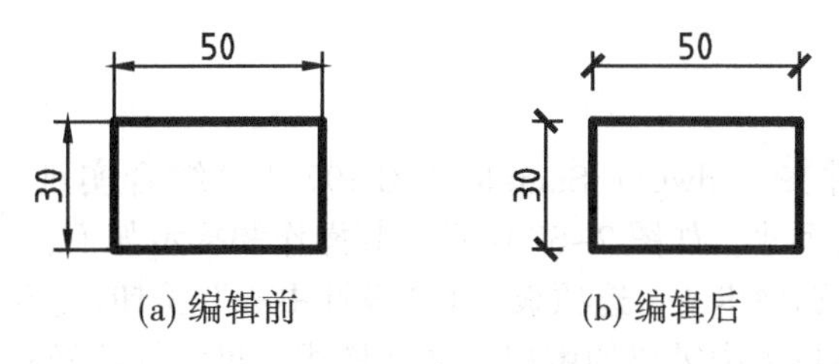

(a) 编辑前　　(b) 编辑后

图 7-64　标注更新

4. 使用 DDEDIT 命令编辑尺寸数字

使用“修改”菜单｜对象｜文字｜“编辑”（命令 DDEDIT 或命令别名 ED），或在要编辑的尺寸数字上双击，可编辑尺寸数字。该命令在第 6 章 6.1.6 节中已经详细介绍。

### 7.7.4　使用“特性”选项板

选择尺寸标注后的“特性”选项板如图 7-65 所示。

利用“特性”选项板，可以编辑尺寸标注的基本特性、修改所选尺寸的标注样式、修改标注全局比例、修改标注线性比例、修改尺寸的自动测量值、为尺寸添加前缀和后缀等。在“特性”选项板中，如果用户修改了某项特性后，按 Enter 键可确认修改操作。

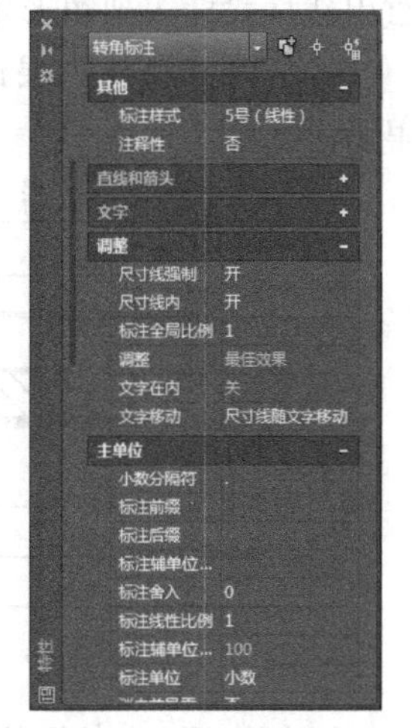

图 7-65　“特性”选项板

### 7.7.5 上机实训 8——编辑尺寸标注

打开“图形”文件夹 | dwg | Sample | CH07 | “上机实训 8.dwg”图形，如图 7-66(a) 所示，编辑其尺寸标注。其操作和提示如下：

（1）单击“视图”选项卡 |“选项板”|“特性”按钮，打开“特性”选项板。选择尺寸 16，在“特性”选项板 |“主单位”组件 |“标注前缀”文本框中输入“%%c”，并按 Enter 键，将尺寸 16 修改为“ϕ16”，修改完成后按 Esc 键退出。用同样方法修改另外几个尺寸。

（2）选择“ϕ16”尺寸，在“特性”选项板 |“公差”组件 |“显示公差”选项中选择“极限偏差”选项；在“公差下偏差”文本框中输入 0.07；在“公差上偏差”文本框中输入 0.03；在“水平放置公差”选项中选择“中”选项；在“公差文字高度”文本框中输入 0.7 后按 Enter 键。这样，完成给“ϕ16”尺寸添加公差。

（3）单击“标注”工具栏 |“编辑标注”按钮，在输入“输入标注编辑……：”的提示下输入“O”选择“倾斜”选项，选择“ϕ30”尺寸并按 Enter 键，在“输入倾斜角度：”提示下输入角度 30，然后按 Enter 键，将“ϕ30”尺寸的尺寸界线修改为倾斜状态，完成尺寸编辑，如图 7-66(b) 所示。

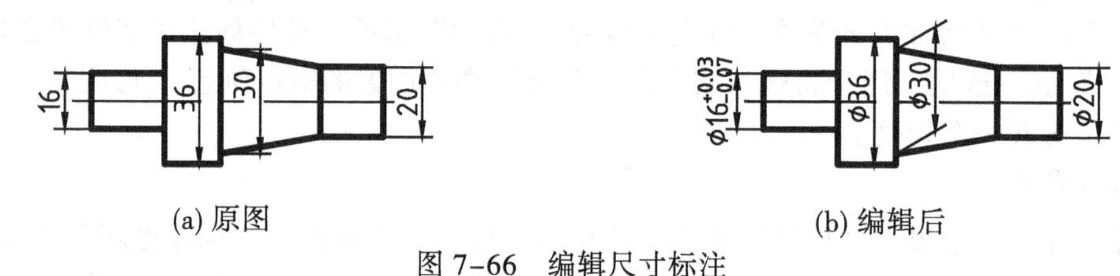


(a) 原图　　(b) 编辑后

图 7-66　编辑尺寸标注

## 7.8 综合实训

扫一扫，看视频
※ 12 分钟

打开“图形”文件夹 | dwg | Sample | CH07 | “综合实训 .dwg”的轴承盖图形，标注其尺寸，如图 7-67 所示。其操作和提示如下：

（1）单击“视图”选项卡 |“选项板”|“设计中心”按钮，打开“设计中心”选项板，将样板图中需要的图层、文字样式、尺寸标注样式、多重引线样式插入到图形中来。

（2）将“尺寸”层设置为当前图层，将“5（线性）”标注样式设置为当前标注样式。单击“注释”选项卡 |“标注”面板 |“线性”按钮，标注 10、20 尺寸，如图 7-68 所示。

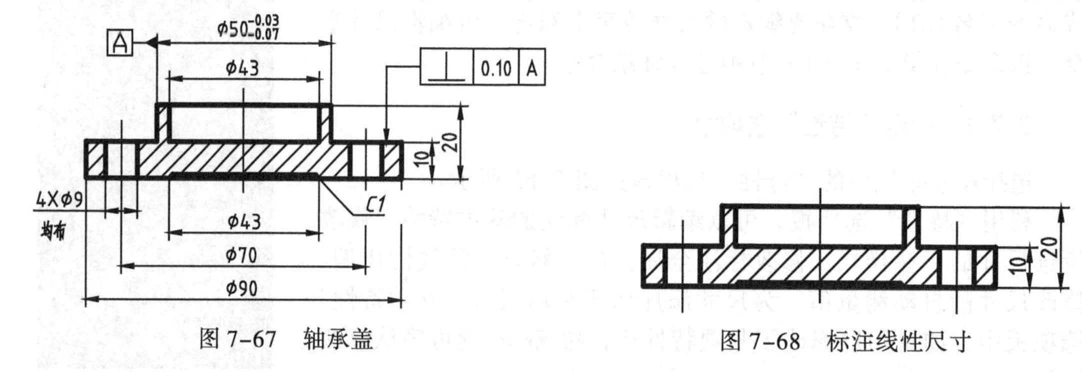


图 7-67　轴承盖　　图 7-68　标注线性尺寸

（3）将“5（直径）”标注样式设置为当前标注样式。单击“线性”按钮，标注 ϕ43、ϕ70 和 ϕ90 尺寸。再次单击该按钮，并选择 ϕ9 孔的两端作为两尺寸界线的原点，在“指定尺寸线位置：”的提示下输入 M，选择“多行文字”选项，在多行文字编辑器中的自动测量值前输入“4 ×”，单击功能区“文字编辑器”选项卡上的“关闭文字编辑器”按钮，将鼠标拖动到合适位置单击，标注出“4 × ϕ 9”尺寸，如图 7–69 所示。

（4）单击“注释”选项卡｜“标注”面板｜“标注样式”按钮，打开“标注样式管理器”对话框，从中选择“5（直径）”样式，并单击“替代”按钮，打开“替代样式”对话框。在“公差”选项卡，设置“方式”选项为“极限偏差”，在“上偏差”文本框中输入 –0.03，在“下偏差”文本框中输入 0.07，在“高度比例”文本框中输入“0.7”，在“垂直位置”选项中选择“中”，单击“确定”按钮，再在“标注样式管理器”对话框中单击“关闭”按钮。

（5）再次单击“线性”按钮，标注 ϕ 50 带公差的尺寸。绘制基准符号，如图 7–70 所示。

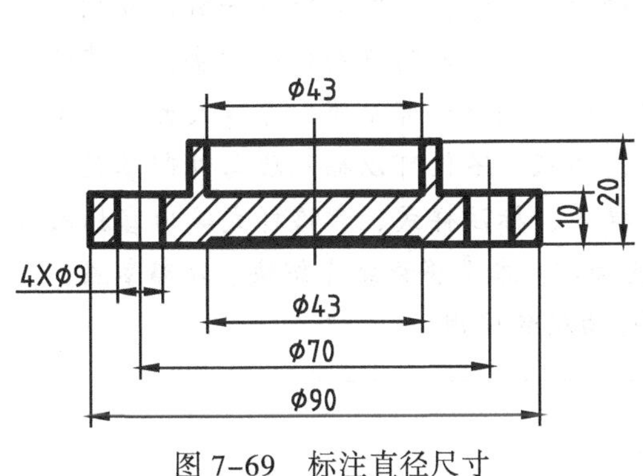


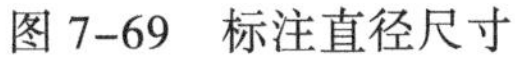
图 7–69　标注直径尺寸

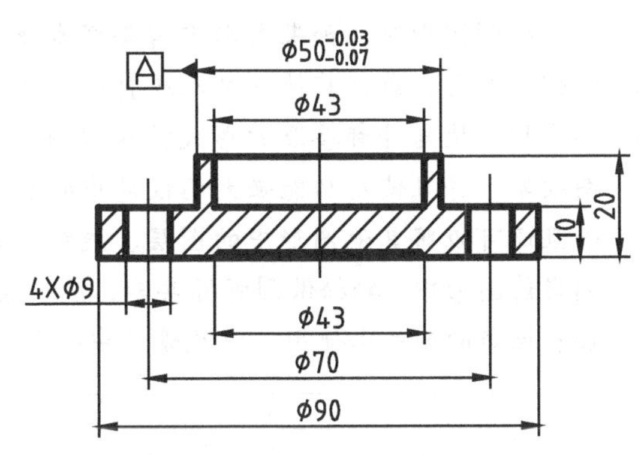


图 7–70　标注公差尺寸和基准

（6）在“注释”选项卡｜“引线”面板上将“注释”多重引线样式设置为当前样式。单击“注释”选项卡｜“引线”面板｜“多重引线”按钮，在“指定引线箭头的位置……：”提示下，用鼠标捕捉到端盖上平面一点单击；在“指定下一点：”的提示下，将鼠标向上垂直拖动到合适位置单击；在“指定引线基线的位置：”提示下，将鼠标水平向右拖动到合适位置单击，这时打开多行文字编辑器，不做任何输入，直接单击功能区“文字编辑器”选项卡上的“关闭文字编辑器”按钮，得到一条公差引线。

（7）单击“注释”选项卡｜“标注”面板｜“公差”按钮，打开“形位公差”对话框，单击“符号”下面的黑框，从中选择“垂直度”符号；在“公差 1”文本框中输入 0.10；在“基准 1”文本框中输入“A”，单击“确定”按钮，并用鼠标捕捉到引线右端的端点单击。

（8）在“引线”面板上将“倒角”多重引线样式设置为当前样式。单击“多重引线”按钮，在“指定引线箭头的位置……：”提示下，用鼠标捕捉到倒角点单击；在“指定下一点：”的提示下，将鼠标向下拖动到合适位置单击，打开多行文字编辑器，在其中输入 C1，然后单击功能区“文字编辑器”选项卡上的“关闭文字编辑器”按钮，标注出倒角尺寸 C1。

（9）单击“注释”选项卡｜“标注”面板｜“打断”按钮，选择 ϕ 70 尺寸右边的尺寸界线，在“选择要折断标注的对象：”提示下，输入 M，选择“手动”选项，在 ϕ 70 右边尺寸界线上单击两点打断出间隔。用同样的方法打断 ϕ 90 尺寸。最后在“4 × ϕ 9”尺寸下面输入“均布”两字，完成标注。

# 第8章 外部引用与设计中心

本章导读

绘制图形时，如果图形中需要经常使用各种专业符号，或图形中包含有许多相同相似的图形，或者需使用别人或自己早已绘制好的图形，最简单高效的方法就是将这类图形用块与外部参照的形式插入到图形中来。使用块与外部参照，可以大大提高绘图效率。并且使用功能强大的设计中心和工具选项板，不仅可以插入块与外部参照，而且还可以将其他图形中的图层、线型、文字样式、标注样式、表格样式等内容插入到当前图形中，轻松做到资源共享，插入操作更简单。本章将详细介绍块、外部参照、块属性等的创建和使用，以及设计中心和工具选项板的使用。

本章要点

◎ 内部块的创建和有关图层的使用

◎ 插入块操作与图层的使用

◎ 动态块的创建与使用

◎ 外部参照的使用和注意事项

◎ 设计中心与工具选项板的使用

## 8.1 块

块是由一个或多个对象组成的一个整体对象，可以作为一个对象统一进行操作。如果用户将块分解，块将还原为原来的组成部分。这时，用户可以对各组成部分进行各种编辑操作。用户可以将图形中一些经常出现的对象分别定义为不同的块，当需要在当前图形或是另外的图形中绘制这些对象时，可以用插入块的方法将它们插入到图形中来。

用户可以通过创建块的方式来建立自己或本部门的符号库和标准图库，以保证设计的标准化。同时，还可以节约大量的存储空间，避免不必要的重复劳动。

### 8.1.1 创建内部块

可以创建一种块，这种块称为内部块，只能在创建它的图形中使用。

1. 调用

◆ 菜单：绘图｜块｜创建。

◆ 命令行：BLOCK、BMAKE 或命令别名 B。

◆ 草图与注释空间：功能区｜默认｜块｜创建，或插入｜块定义｜创建块。

2. 操作及说明

调用命令后，将显示“块定义”对话框，如图 8-1 所示。其中：

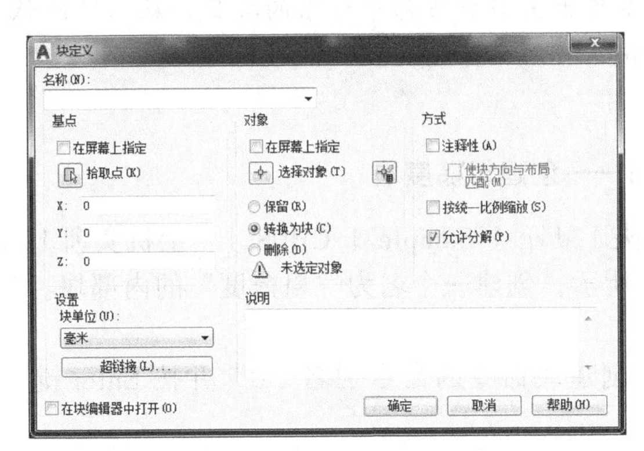


图 8-1 “块定义”对话框

（1）“名称”选项组：给要创建的块指定名称。

（2）“基点”选项组：指定插入块时块的插入基点。如选择“在屏幕上指定”复选框，可根据命令行提示在绘图区指定一点作为基点；用户也可在文本框中输入基点的坐标值；如单击“拾取点”按钮，可返回绘图区，在要定义为块的对象上捕捉一个特征点作为基点。

（3）“对象”选项组：指定在创建的新块中所要包含的对象，以及创建块之后如何处理这些对象。用户可选择“在屏幕上指定”复选框，根据命令行的提示选择创建块的对象；也可单击“选择对象”按钮，返回绘图区选择用于创建块的对象；还可以使用“快速选择”按钮选择定义块的对象。选择块对象时，如果选择“保留”单选按钮，创建块后，原图形将保留在图形中；如果选择“转换为块”单选按钮，创建块后原图形仍保留在图形中，但已被转换成块对象；如果选择“删除”单选按钮，创建块以后，原图形将从图形中删除。

（4）“方式”选项组：指定块的行为。如选择“注释性”复选框，创建的块将为注释性对象；选择“使块方向与布局匹配”复选框，将指定在图纸空间视口中的块参照的方向与布局的方向匹配；选择“按统一比例缩放”复选框，在插入块时，将按统一的缩放比例进行插入，反之，可为 X、Y、Z 方向指定不同的插入比例，建议用户使用时不选择此复选框；选择“允许分解”复选框，则插入的块参照将允许分解，否则，不允许分解，建议用户使用时选择此复选框。

（5）“设置”选项组：用于指定块的设置。用户可以在“块单位”中指定块参照插入到图形中时的缩放单位；还可以单击“超链接”按钮，为所创建的图块附着超级链接。

（6）“说明”文本框：用于输入与块有关的文字说明。

（7）“在块编辑器中打开”复选框：选择该复选框并在“块定义”对话框中单击“确定”按钮后，将在“编辑器”中打开当前的块定义。这时，用户可在块编辑器中给该块添加参数和动作。

**技巧**

● 如果在“块定义”对话框中使用了“删除”单选按钮，创建块后，图形中用于创建块的对象将被删除，使用命令 OOPS 可将其恢复回来。

● 用户最好在一幅图形中将自己本专业或相关专业需要的各种符号，按类别绘制在不同的区域。然后，将这些符号分别定义为不同的内部块。以后就可以通过“设计中心”或“工具选项板”很方便地插入到其他图形中了。这是创建自己的专业符号库的最好方法。

● 绘图时，AutoCAD 会自动记录每个对象的信息，如对象的名称、大小和位置等。因此，图形中每增加一个对象，都要增加图形文件的大小和复杂程度。如果将多个图形对象定义为一个块，则可大大减少图形中对象的数目，从而可降低图形的复杂程度，减少磁盘空间占用，加快系统的运算速度。

### 8.1.2 上机实训 1——创建粗糙度块

扫一扫，看视频

※ 8 分钟

打开“图形”文件夹 | dwg | Sample | CH08 | “上机实训 1.dwg”粗糙度图形，如图 8-2 所示，创建一个名为“粗糙度”的内部块。其操作和提示如下：

（1）在命令行输入创建块命令的命令别名“B”并按 Enter 键，打开“块定义”对话框。

（2）在该对话框的“名称”下拉列表中选择“粗糙度”选项。

（3）单击“拾取点”按钮，在绘图区中用鼠标捕捉到粗糙度符号上的 A 点。

A

图 8-2 粗糙度符号

（4）在“块定义”对话框中，单击“选择对象”按钮后返回绘图区，用鼠标选择粗糙度图形后按 Enter 键返回“块定义”对话框。

（5）在“对象”选项组中选择“转换为块”单选按钮，单击“确定”按钮，完成创建块操作。

### 8.1.3 创建外部块

创建外部块命令用于将对象保存到单独的图形文件，或将内部块转换为单独的图形文件。

1. 调用

◆ 命令行：WBLOCK 或命令别名 W。

◆ 草图与注释空间：功能区 | 插入 | 块定义 | 写块。

2. 操作与说明

调用命令后，将显示“写块”对话框，如图 8-3 所示。该对话框与“块定义”对话框类似，下面主要介绍不同的选项。

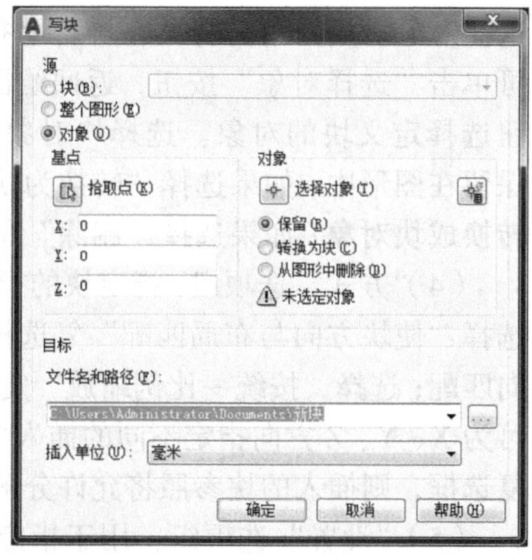


图 8-3 “写块”对话框

（1）“源”选项组：指定创建外部块的对象及其插入块时的插入点。选择“块”单选按钮，可以将当前图形中已经定义的内部块转换为外部块；选择“整个图形”单选按钮，将把当前的整个图形定义为一个外部块；选择“对象”单选按钮，可将当前图形中选定的对象定义为外部块。

（2）“目标”选项组：指定所创建的外部块名称、保存路径以及插入块时使用的测量单位。

**技巧**

外部块文件的扩展名为 .DWG，外部块文件实际上就是一个图形文件。外部块可以插入到任何一幅图形中。

### 8.1.4 上机实训 2——创建外部块

扫一扫，看视频
※ 4 分钟

打开“图形”文件夹 | dwg | Sample | CH08 | “上机实训 2.dwg”图形，将其中的“粗糙度”内部块转换为“外部块”，并将如图 8-4 所示的单门图形定义为外部块。其操作如下：

（1）在命令行输入写块命令的命令别名 W，按 Enter 键打开“写块”对话框。

（2）在该对话框的“源”选项组中选择“块”单选按钮，在下拉列表中选择已定义的内部块“粗糙度”。

（3）在对话框的“目标”选项组中，设置该外部块保存的名称和路径，如“G：\ 图库 \ 粗糙度”，单击“确定”按钮即可。

（4）直接按 Enter 键再次打开“写块”对话框。

（5）在该对话框的“源”选项组中选择“对象”单选按钮。

（6）在“基点”选项组中单击“拾取点”按钮，并在绘图区用鼠标捕捉到单门的左下角点。

图 8-4 单门图形

（7）在“对象”选项组中，单击“选择对象”按钮并返回绘图区，用鼠标选择用于创建外部块的单门对象，按 Enter 键返回该对话框。

（8）在对话框的“目标”选项组中，设置该外部块保存的名称和路径，如“G：\ 图库 \ 单门”，单击“确定”按钮即可。

### 8.1.5 插入块

插入块命令用于将已定义的块或任何一幅图形以块的方式插入到当前图形中。

1. 调用

◆ 菜单：插入 | 块。

◆ 命令行：INSERT、DDINSERT 或命令别名 I。

◆ 草图与注释空间：功能区 | 默认 | 块 | 插入，或插入 | 块 | 插入。

2. 操作及说明

调用命令后，将显示“插入”对话框，如图 8-5 所示。

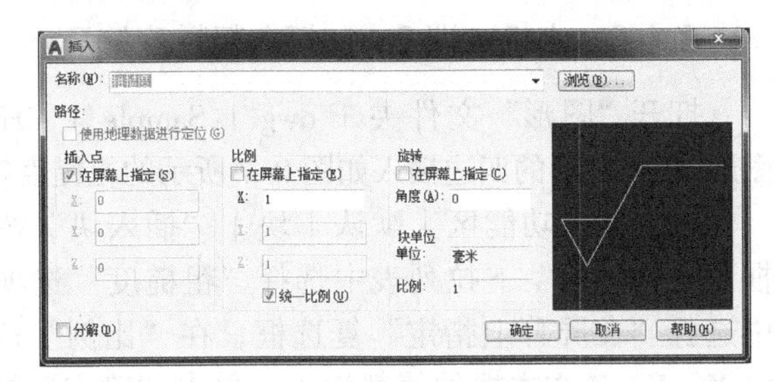


图 8-5 “插入”对话框

（1）“名称”选项组：用于指定要插入块的名称。当前图形中定义的内部块和已经插入过的块的名称，将显示在下拉列表中，用户可在其中选择一个。单击右边的“浏览”按钮，将打开“选择图形文件”对话框，从中可选择要插入到图形中的块或图形文件。

（2）“路径”选项组：显示要插入块的路径。选择“使用地理数据进行定位”复选框，可以使用地理数据作为参照对块和图形进行插入定位。须当前图形和插入的块或图形包含地理数据才可用。

（3）“插入点”选项组：用于指定块的插入点。选择“在屏幕上指定”复选框，将根据命令行的提示直接用鼠标在屏幕上指定块的插入点位置；用户也可以直接在 X、Y、Z 三个文本框中输入插入点的坐标值。

（4）“比例”选项组：指定插入块时的缩放比例。选择“在屏幕上指定”复选框，将根据命令行的提示分别指定块在 X、Y、Z 方向的缩放比例因子；用户也可以直接在 X、Y、Z 三个文本框中输入这三个方向上的缩放比例因子；选择“统一比例”复选框，将可为 X、Y、Z 三个方向指定一个共同的比例因子。

（5）“旋转”选项组：在当前 UCS 中指定插入块的旋转角度。选择“在屏幕上指定”复选框，可根据命令行的提示指定块的旋转角度；用户也可以在“角度”文本框中直接输入插入块时的旋转角度。

（6）“块单位”选项组：显示有关块的单位信息。其中，“单位”中显示了该块在创建时所用的单位；而“比例”显示了创建块时的单位与插入该块的当前图形的单位之比值。

（7）“分解”复选框：选择该复选框，所插入的块将分解为组成块的各个部分。

**技巧**

● 在指定 X、Y 和 Z 三个方向的缩放比例因子时，如果指定负的比例因子，则将插入块的镜像图像，如图 8-6 所示。

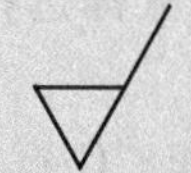

(a) 比例 X=1、Y=1

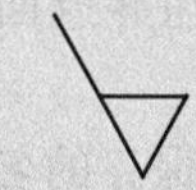

(b) 比例 X=-1、Y=1

(c) 比例 X=1、Y=-1

(d) 比例 X=-1、Y=-1

图 8-6 指定负的比例因子插入块的镜像图像

● 在插入块时，可以使用“分解”选项，或插入后使用分解命令 EXPLODE 将其分解。对于嵌套块（即块中还包含块），分解一次，只分解出组成嵌套块的一个层级。用户可以对嵌套块连续使用分解命令 EXPLODE 进行分解。

● 插入块时，如果提示引用了自身，则块对象不能被插入，这时可先更改该块对象的名称后再插入。

● 使用 -INSERT（或命令别名 -I）命令的方式来插入块。指定块名时，如果块名前带有星号“*”，则插入的块将自动分解为组成块的各个部分。

● 使用命令 MINSERT，可以用矩形阵列的方式一次性插入一个块的多个引用。

### 8.1.6 上机实训 3——插入粗糙度符号

扫一扫，看视频

※ 5 分钟

打开“图形”文件夹 | dwg | Sample | CH08 | “上机实训 3.dwg”图形，在长方形的四边插入如图 8-7 所示的粗糙度符号。其操作和提示如下：

（1）单击功能区 | 默认 | 块 | “插入块”按钮，打开“插入”对话框，在“名称”下拉列表中选择“粗糙度”选项；在“插入点”选项组中选择“在屏幕上指定”复选框；在“比例”选项组中指定 X、Y、Z 文本框的值都为 1；单击“确定”按钮，并用鼠标捕捉到矩形上边的中点单击，插入上边的粗糙度符号。

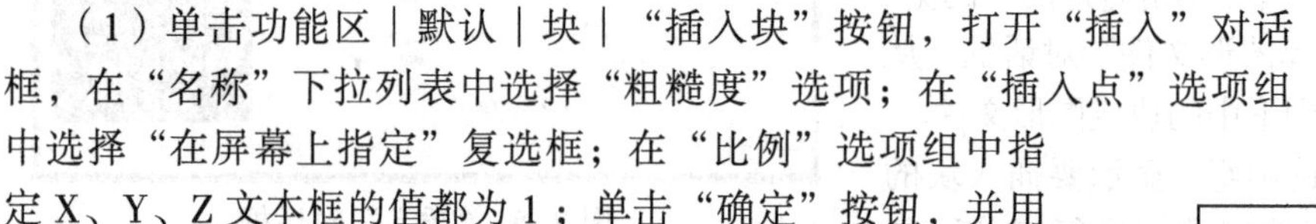

（2）再次打开“插入”对话框，依然选择“粗糙度”选项；在“比例”选项组中选择“统一比例”复选框，并将比例值设置为 2；在“旋转”选项组的“角度”文本框中输入角度值 90；单击“确定”按钮，并用鼠标捕捉到矩

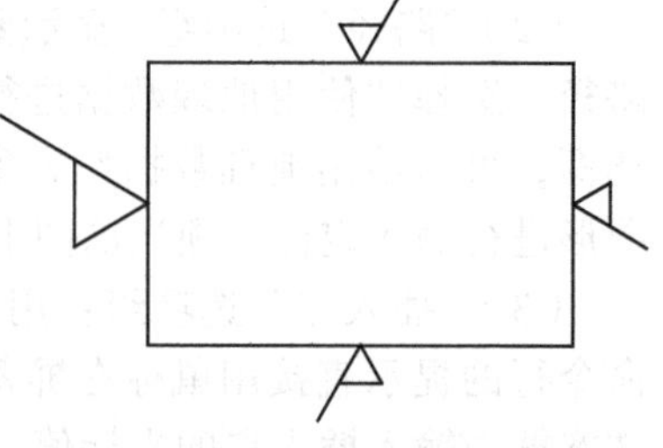

图 8-7 插入“粗糙度”符号

形左边的中点单击，插入左边的粗糙度符号。

（3）同样插入“粗糙度”块，设置X、Y文本框的值皆为“-1”，其余使用默认值，单击“确定”按钮，并用鼠标捕捉到矩形下边的中点单击，插入下边的粗糙度符号。

（4）同样插入“粗糙度”块，设置X、Y文本框的值皆为“-1”；在“旋转”组件的“角度”文本框中输入角度值90；其余使用默认值，单击“确定”按钮，并用鼠标捕捉到矩形右边的中点单击，插入右边的粗糙度符号，完成操作。

### 8.1.7 编辑与重定义块

图块是一个整体，不能对其进行局部修改，必须将其分解才能对其进行编辑。而一幅图形中，如果已经插入了许多相同的块对象，要对它们进行编辑，最快捷的方法就是对图块进行重定义。图块被重定义后，将自动更新所有与之关联的块对象，但分解的块对象不能自动更新。编辑和重定义块的方法和步骤如下：

（1）首先用分解命令将图块原图形分解。

（2）编辑块的图形。

（3）对于内部块，用创建块命令BLOCK重新定义块。切记，在定义块时，块的名称一定要选择原来的名称。而外部块是一个单独的图形文件，用户可以直接打开该块的图形文件进行编辑与修改，然后保存即可。

（4）对于内部块，重定义完成后会弹出“重新定义块”对话框，如图8-8所示。单击“重新定义块”选项，可立即更新当前图形中的所有关联块对象；对于外部块，必须再做一次插入操作，才会更新关联的块对象。

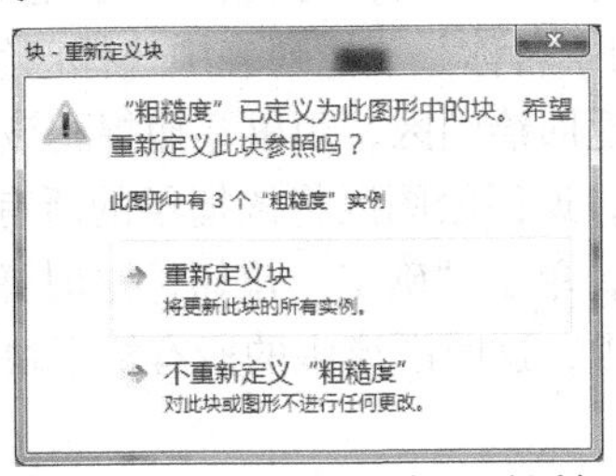


图8-8 “重新定义块”对话框

### 8.1.8 控制块的特性

块定义中保存了图块中各个对象的图层、颜色、线型和线宽等特性信息，用户可以控制插入的块是保留原特性还是继承当前图层的特性。

1. 随层ByLayer与随块ByBlock属性的使用

随层ByLayer是指对象的颜色、线型和线宽等属性使用对象所在图层的这些属性。创建块对象时，绘制块的原图形通常使用两种方法：其一，对象在0层上绘制，且0层的各种属性如颜色、线型和线宽都使用默认的随层ByLayer；其二，对象是在非0层上绘制的，或是在0层上绘制的，但0层的各种属性不使用随层ByLayer。

随块ByBlock是指对象的颜色、线型和线宽等属性（“默认”选项卡 | “特性”面板上设置对象的这些属性）使用所在块的这些属性。如果用对象的颜色、线型或线宽等属性设置为随块ByBlock的某个图层来绘制对象，并由这些对象来创建块。当这些块插入图形中时，如果当前图层已经单独指定了对象的颜色、线型和线宽等属性，则首先继承这些单独的属性；如果当前图层未指定单独的属性（即对象的颜色、线型和线宽等属性使用随层ByLayer），

那么所插入的块的属性，将继承插入块时当前图层的颜色、线型和线宽等属性。

2. 使用块时关于图层的使用

（1）如果对象是在0层上绘制的，且0层的各种属性如颜色、线型和线宽都使用随层ByLayer，那么，插入的块都将自动继承当前图层的各种属性；而如果对象是在非0层上绘制的，或是在0层上绘制但0层的各种属性不是随层ByLayer，这样的图形在创建块后并插入到当前图形中时，将保持绘制块的原图形时对象所在图层的各种属性。

（2）如果用户希望插入的图块自动继承当前图层的各种属性，那么，最好在0层（各属性使用随层ByLayer）上绘制创建块的对象，这也是最常用的方式。如果希望图块插入后仍保持原来绘制图形时的属性，一个方法是在非0层上绘制创建块的对象；另一个方法是在0层上绘制对象，但0层的各种属性不能设置为随层ByLayer。

（3）对于颜色、线型或线宽等属性设置为随块ByBlock所绘制的对象，无论是创建的块还是插入的块，它们的属性都将随着当前图层的改变以及对象属性的改变而改变。

### 8.1.9 上机实训4——批量修改块对象

扫一扫，看视频

※ 5分钟

打开“图形”文件夹 | dwg | Sample | CH08 | “上机实训4.dwg”图形，如图8-9所示，批量修改椅子。

（1）选择“修改”菜单 | “分解”命令，将其中一个椅子块分解。

（2）修改椅子的形状，为扶手前端添加圆弧，为靠背与坐垫之间添加连接，为坐凳添加同心圆。

（3）单击功能区“默认”选项卡 | “块”面板 | “创建”按钮，打开“块定义”对话框。在该对话框的“名称”下拉列表中选择已经定义的名称“椅子”；在“基点”选项组中单击“拾取点”按钮，返回绘图区，用鼠标捕捉到该椅子坐垫的圆心单击；在“对象”选项组中单击“选择对象”按钮，返回绘图区将该椅子的所有对象全部选择；在“对象”选项组中选择“转换为块”单选按钮，单击“确定”按钮，这时弹出“重新定义块”对话框，在该对话框中单击“重新定义块”选项，这时图形中的所有椅子块全部更新，如图8-10所示。

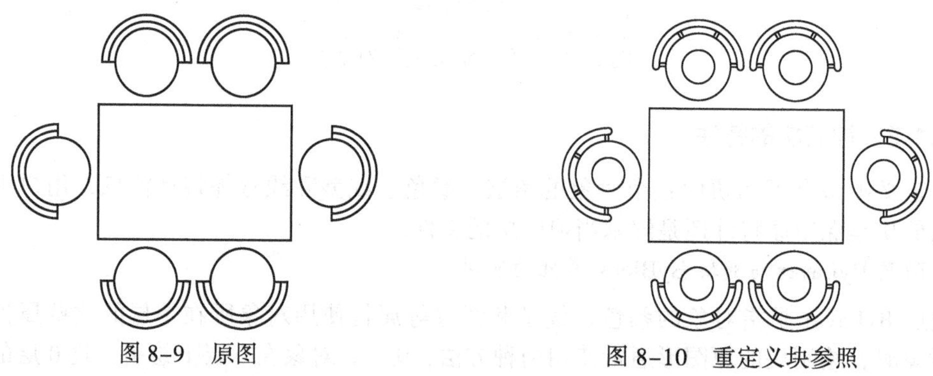

图8-9 原图　　　图8-10 重定义块参照

## 8.2 动态块

### 8.2.1 动态块概述

块中添加了参数和动作，这样的块叫动态块。动态块中定义了的一些自定义特性。利用动态块中的自定义夹点或自定义特性，可在位编辑动态块的大小、位置和方向等，从而得到许多形状相似而尺寸不同的图块。这样，可大大减少符号库中块的创建工作并减少符号库中块的数量。如图 8–11 所示，选择了门动态块后，显示自定义夹点；如图 8–12 所示，单击并拖动门的“线性”夹点，可调整门的尺寸；如图 8–13 所示，单击门的“翻转”夹点，可以翻转门的方向。

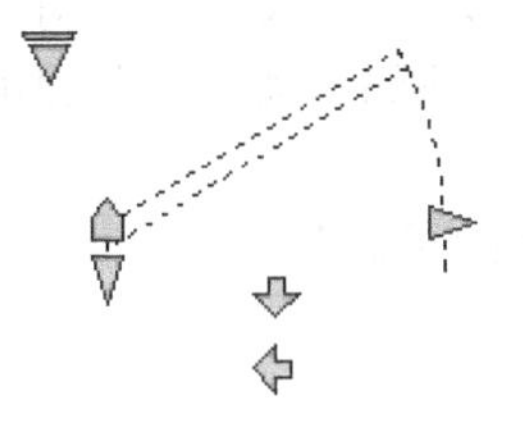

图 8–11 选择动态块

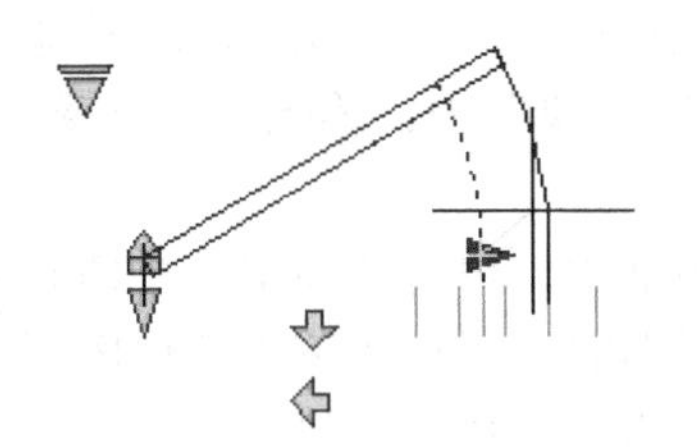
图 8–12 调整门的尺寸

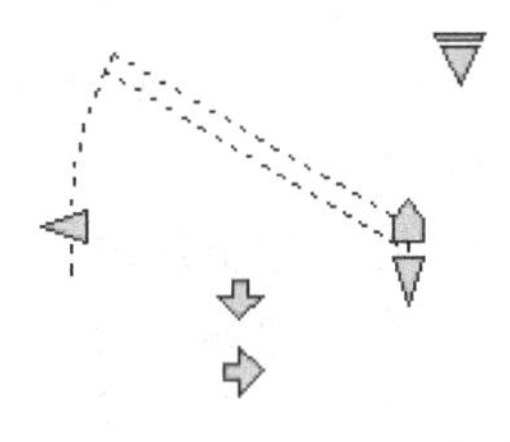
图 8–13 翻转门的方向

动态块中至少包含一个参数以及一个与该参数关联的动作，并且，将动作添加到块中时，必须将它们与参数和几何图形关联。其中，参数定义了自定义特性，并为块中的几何图形指定了位置、距离和角度；而动作定义了修改块时动态块参照的几何图形如何移动和改变。

可使用块编辑器创建动态块。既可将动态块创建为内部块，也可将其创建为外部块。创建动态块时，可先在绘图区中绘制图形并创建块，然后在块编辑器中添加动态块功能；也可直接在块编辑器中绘制图形后创建动态块；还可向已有的块中添加动态块功能。

### 8.2.2 使用动态块

动态块具有自定义夹点和自定义特性，通过这些自定义夹点和自定义特性，可操作动态块。选择动态块后，将光标与某个夹点对齐，将显示工具栏提示或说明与夹点相关参数的提示。单击不同的夹点可以改变块的特性，如翻转块的方向、调节块的尺寸、将块与对象对齐、控制块的可见性、移动块的位置等。夹点的类型不同，其操作方式也不同，如表 8–1 所示。

**表 8–1 动态块的夹点类型及操作**

| 夹点类型 | 夹点标记 | 夹点在图形中的操作方式 |
|---|---|---|
| 标准 | | 即移动特性。单击并拖动鼠标，可在平面内的任意方向移动动态块 |
| 线性 | | 即线性特性。单击并拖动鼠标，可按规定方向或沿某一条轴调整块的尺寸 |
| 旋转 | | 即旋转特性。单击并拖动鼠标，可将动态块绕指定点或轴旋转 |
| 翻转 | | 即翻转特性。单击可翻转动态块的方向 |
| 对齐 | | 即对齐特性。单击并拖动鼠标使其沿对象的某方向移动，可使动态块与该对象的这个方向对齐 |
| 查寻和可见性 | | 即查询特性。单击以显示项目列表，从中选择一项可调整动态块的尺寸规格或可见性 |

用户也可以在选择动态块后右击，在弹出的快捷菜单中选择“特性”选项，在“特性”选项板中进行上面的这些相应操作。

### 8.2.3 创建动态块的步骤

为使创建的动态块达到预期效果，可以按照如下步骤进行操作。

（1）在绘图区域或块编辑器中，绘制动态块中的几何图形；也可以使用图形中的现有几何图形或现有的块定义。

（2）选择“工具”菜单｜“块编辑器”命令，打开“编辑块定义”对话框。从列表中选择一个已有的块定义，可将该块创建为动态块；如果要将当前图形保存为动态块，可选择“当前图形”；在“要创建或编辑的块”中，输入一个名称作为在“块编辑器”中创建的新块定义的名称。

（3）在“编辑块定义”对话框中，单击“确定”按钮打开“块编辑器”。

（4）在“块编辑器”中，根据需要添加或编辑几何图形。

（5）可按如下方式给动态块添加参数和动作：

1）按命令行提示，从“块编写选项板”的“参数集”选项卡中，向动态块定义中添加一个或多个参数集。双击黄色警告图标并按命令行提示，将动作与几何图形选择集相关联。

2）按命令行提示，从“块编写选项板”的“参数”选项卡中，添加一个或多个参数。再按命令行提示，从“动作”选项卡中添加一个或多个动作。

注意

- 使用“块编写选项板”的“参数集”选项卡，可以同时添加参数和关联动作。
- 添加动作时，应确保动作与正确的参数和几何图形相关联。

（6）定义动态块参照的操作方式：用户可以指定在图形中操作动态块参照的方式，即通过自定义夹点和自定义特性来操作动态块参照。在创建动态块定义时，用户可定义显示哪些夹点及如何通过这些夹点来编辑动态块参照；还可指定是否在“特性”选项板中显示块的自定义特性，以及是否可以通过该选项板或自定义夹点来更改这些特性。

（7）在“块编辑器”工具栏上，单击“保存块定义”按钮保存动态块。

（8）在图形中进行测试：在“块编辑器”中，单击“关闭块编辑器”按钮退出“块编辑器”，然后，将动态块参照插入到一个图形中，并测试该块的功能。

### 8.2.4 块编辑器

块编辑器用于给块添加参数和动作以创建动态块，或创建新的块定义和编辑现有块。

1. 调用

- ◆ 菜单：工具｜块编辑器。
- ◆ 命令行：BEDIT 或命令别名 BE。
- ◆ 草图与注释空间：功能区｜默认｜块｜编辑，或插入｜块定义｜块编辑器。
- ◆ 快捷菜单：选择一个块参照后右击，从弹出的快捷菜单中选择“块编辑器”选项。
- ◆ 快捷方式：双击一个块参照。

2. 操作及说明

调用命令后，将显示“编辑块定义”对话框，如图 8-14 所示。如果在“要创建或编辑的块”文本框中输入一个新名称，将可创建新的块定义；如果在列表中选择一个当前图形已保存的块定义，则可在块编辑器中进行编辑。在该对话框中单击“确定”按钮后，将打开“块编辑器”界面，如图 8–15 所示。

图 8–14 “编辑块定义”对话框

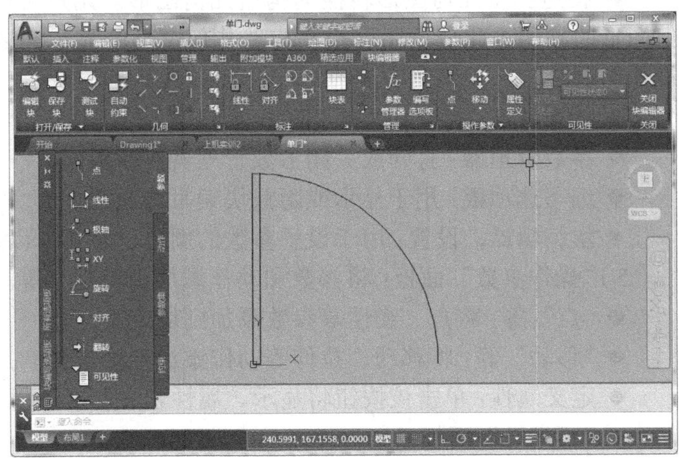

图 8–15 “块编辑器”界面

3. 块编辑器

块编辑器提供了专门的块编写选项板、块编辑器选项卡和绘图区。

（1）块编辑器的绘图区：可以根据需要，在绘图区域中绘制和编辑创建动态块的几何图形。在绘图区域中，会显示出一个 UCS 图标，UCS 图标的原点定义了块的基点。

（2）块编辑器选项卡：功能区上的块编辑器选项卡，用于创建动态块以及设置可见性状态等。其中：

1）“打开 / 保存”面板：用于编辑块、保存块等。其中：

◆ 编辑块：单击该按钮，将显示“编辑块定义”对话框。用户可以重新创建新的块定义或编辑已有的块定义。

◆ 保存块：用于保存当前块定义。

◆ 将块另存为：用于将当前的块定义以另一个新名称保存。

◆ 测试块：测试此块能否加载到图形中。

2）“几何”面板：用于给块对象添加几何约束等。其中：

◆ 自动约束对象：对选择的块对象进行自动约束。

◆ 几何约束：用于对块对象进行几何约束，如平行、垂直等。

◆ 显示 / 隐藏：显示或隐藏选定对象的几何约束。

◆ 全部显示 / 全部隐藏：显示 / 隐藏图形中的所有几何约束。

◆ 约束设置 | 几何：单击该面板右下角的按钮，将打开“约束设置”对话框的“几何”选项卡。

3）“标注”面板：用于向块对象添加标注约束。其中：

◆ 参数：将约束参数应用于选定的对象，或将标注约束转换为参数约束，如线性、对齐、角度等标注约束。

◆ 块表：单击该按钮将显示“块特性表”对话框，从中可对参数约束进行函数设置。

◆ 约束设置 | 标注：单击该面板右下角的按钮，将打开“约束设置”对话框的“标注”选项卡。

4）“管理”面板：用于块编辑器的设置、编写选项板的打开与关闭等。其中：

◆ 删除：删除选定对象上的所有几何约束和标注约束。

◆ 构造：将几何图形转换为构造几何图形。用户可以使用该几何图形作为块中其他几何图形的参照。此命令还可控制构造几何图形的显示，以及将构造几何图形重新更改为常规几何图形。

◆ 约束状态：打开和关闭约束显示状态。

◆ 参数管理器：打开或关闭参数管理器对话框。

◆ 编写选项板：用于显示或隐藏块编写选项板。

◆ 块编辑器，设置：用于设置参数的颜色、字体，以及约束状态的颜色等。

5）“操作参数”面板：将参数和动作添加到块定义等。其中：

◆“点”等：将点、线性等参数添加到块定义。

◆“移动”等：将移动、拉伸等动作添加到块定义。

◆ 定义属性：单击该按钮将显示“属性定义”对话框，从中可以定义块属性。

6）“可见性”面板：

◆ 可见性状态：创建、设置或删除动态块中的可见性状态。

◆ 可见性模式：控制针对当前可见性状态设置为不可见的对象在块编辑器中如何显示。需添加了可见性参数才可用。

◆ 使可见：将对象针对当前可见性状态或所有可见性状态设置为可见。需添加了可见性参数才可用。

◆ 使不可见：将对象针对当前可见性状态或所有可见性状态设置为不可见。需添加了可见性参数才可用。

◆ 可见性状态列表：指定显示在块编辑器中的当前可见性状态。

7）关闭块编辑器：单击该按钮将关闭块编辑器，返回到主程序的绘图区。

（3）编写选项板：包含用于创建动态块的工具，如图 8-16 所示。其中：

1）“参数”选项卡：提供用于向块编辑器中的动态块定义中添加参数的工具。参数用于指定几何图形在块参照中的位置、距离和角度。将参数添加到动态块定义中时，该参数将定义块的一个或多个自定义特性。用户应仔细考虑动态块中什么是需要变化的量，然后再为这个变量增加一个适当的参数。如制作门动态块，预计门的宽度尺寸需要变化，这样，可给门选择一个线性参数。

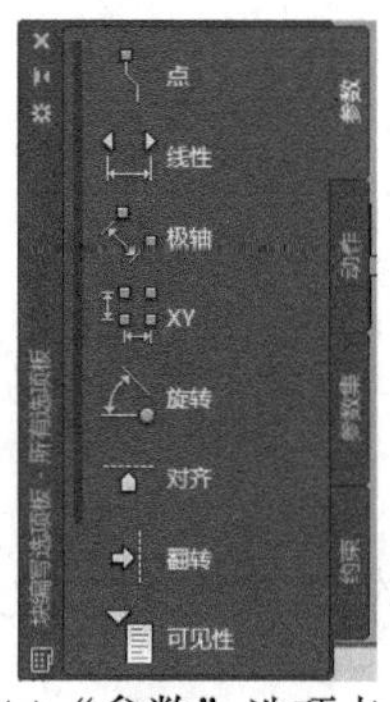


(a)“参数”选项卡

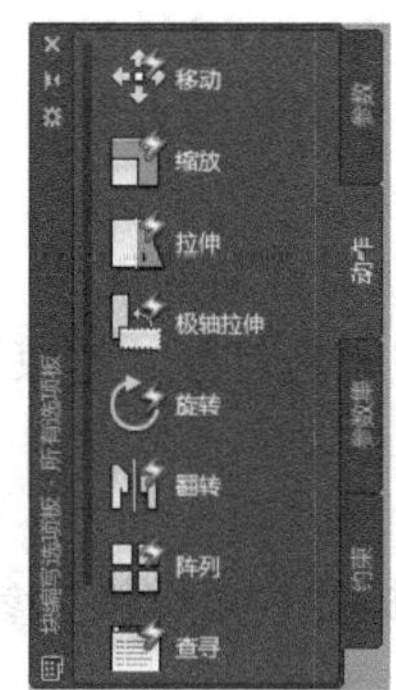


(b)“动作”选项卡

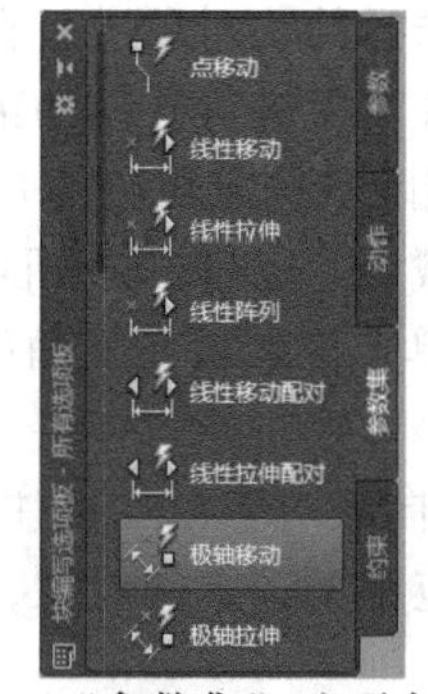


(c)“参数集”选项卡

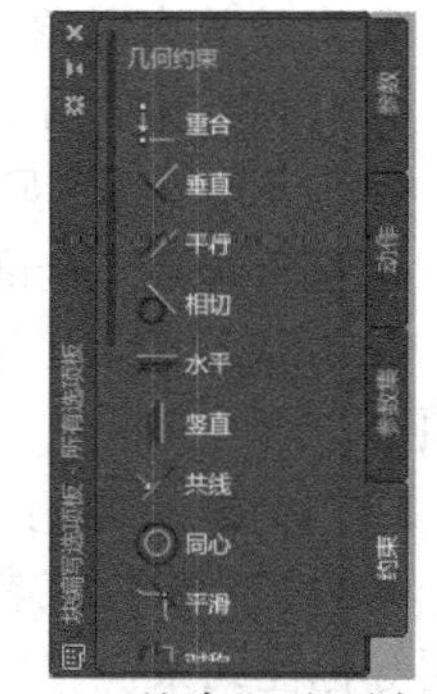


(d)“约束”选项卡

图 8-16 块编写选项板

在动态块中添加了参数后，将自动在该参数的关键点上添加夹点，这些夹点即是用户在使用动态块时调节动态块的自定义夹点。在块编辑器中，参数的外观与尺寸标注类似。为动态块添加了参数后，还需要为动态块添加动作，且要将该动作与参数相关联。

向动态块添加参数的方法：用户可在“参数”选项板上需要的参数上单击，或将需要的参数拖动到对象上，即可向动态块添加参数。

2）“动作”选项卡：提供向块编辑器中的动态块定义中添加动作的工具。动作定义了在图形中操作块参照的自定义特性时，动态块参照的几何图形将如何移动或变化。用户可以使用夹点或使用“特性”选项板，编辑关联的参数。添加了动作后应将动作与参数相关联。

向动态块添加动作的方法：用户可在“动作”选项板上需要的动作上单击来添加动作。

3）“参数集”选项卡：提供在块编辑器中向动态块定义中添加一般成对的参数和动作的工具。将参数集添加到动态块中时，动作将自动与参数相关联。

向块中添加参数集与添加参数所使用的方法相同。添加参数集时，参数集中包含的动作将自动添加到块定义中，并与添加的参数相关联。添加参数集后必须将选择集（几何图形）与各个动作相关联。首次向动态块定义添加参数集时，每个动作旁边都会显示一个黄色警告图标，这表示需要将选择集与各个动作相关联。用户可以双击该黄色警示图标，按照命令行上的提示将动作与几何图形选择集相关联。

4）“约束”选项卡：提供用于将几何约束和约束参数应用于对象的工具。将几何约束应用于对象时，选择对象的顺序以及选择每个对象的点可能影响对象相对于彼此的放置方式。

技巧

- 可以在块编辑器中选择任一参数、夹点、动作或几何对象，以便在“特性”选项板中查看其特性。
- 使用可见性状态，可使动态块中的几何图形可见或不可见。这样，可以用一个块图形来得到多个该图形的不同部分，这是创建具有多种不同图形表示块的有效方式。用户只能向动态块定义添加一个可见性参数，而无需将任何动作与可见性参数相关联。
- 使用自定义特性操作动态块时，可在图形中选择一个动态块参照后，在“特性”选项板中的“自定义”下更改所需的值。

### 8.2.5 上机实训5——创建书桌动态块

扫一扫，看视频
※ 18分钟

打开“图形”文件夹 | dwg | Sample | CH08 | “上机实训5.dwg”的书桌图形，给书桌块添加线性、对齐、翻转和查询特性。其操作和提示如下：

（1）打开图形，并将该图形定义名为“书桌”的内部块。

（2）给书桌添加线性特性，使书桌的长度和宽度的尺寸可变化。选择“工具”菜单 |“块编辑器”命令，打开“编写块定义”对话框。在该对话框中选择“书桌”选项，单击“确定”按钮打开“块编辑器”。

（3）给书桌添加长度线性参数。单击“块编写选项板”|“参数”选项卡 |“线性参数”工具，在“指定起点……：”的提示下用鼠标捕捉到书桌的左上角点；在“指定端点：”的提示下，用鼠标捕捉到书桌的右上角点；将鼠标向上拖动到合适位置单击以放置该参数，如图8-17所示。

（4）给书桌的长度参数添加一个拉伸动作。单击“块编写选项板”|“动作”选项卡上的“拉伸动作”选项，这时的操作和提示如下：

命令：_BActionTool 拉伸

选择参数：（选择上方的“距离”参数）

指定要与动作关联的参数点或输入 [ 起点（T）/ 第二点（S）] < 起点 > :（用鼠标捕捉到书桌的右上角点）

指定拉伸框架的第一个角点或 [ 圈交（CP）] :（用鼠标在书桌中间的上方单击）

指定对角点 :（用鼠标在书桌的右下方单击，拉出一个虚线矩形框，如图 8-18 所示）

指定要拉伸的对象

选择对象 :（在图 8-18 虚线拉伸框架内部的右上角点单击，再在其左下角点单击拉出一个矩形框，该矩形框中的书桌部分就是被拉伸的部分，如图 8-19 所示）

选择对象 :（按 Enter 键结束选择，如图 8-20 所示）

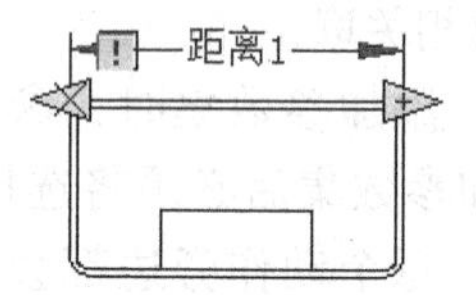


图 8-17　长度方向添加线性参数

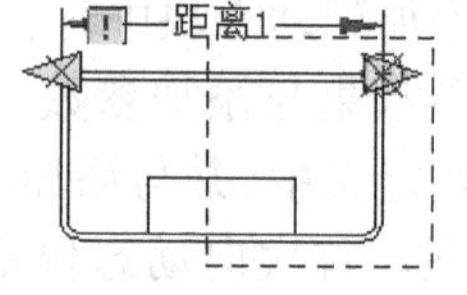


图 8-18　指定拉伸框架

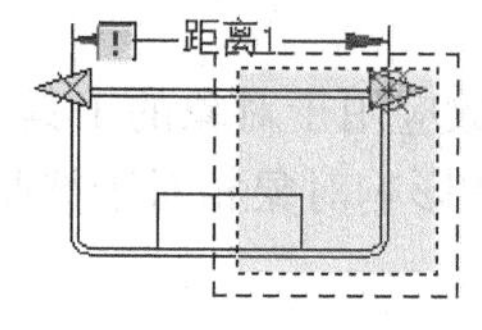


图 8-19　选择拉伸对象

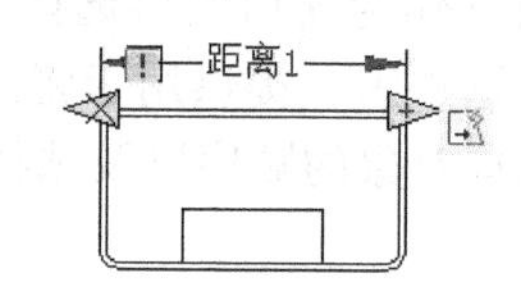


图 8-20　添加动作后的结果

（5）为书桌长度方向的线性变化参数指定几个值，使书桌的长度只能在这几个值中变化。选择“距离”参数后右击，从快捷菜单中选择“特性”选项，打开“特性”选项板。在“值集”组件 | “距离类型”选项的右边单击，从弹出的下拉列表中选择“列表”选项；单击该组件中“距离值列表”右边的按钮，打开“添加距离值”对话框，从中再添加 1200、1300、1400、1500 这 4 个值，如图 8-21 所示，单击“确定”按钮关闭对话框。

（6）用同样的方法，给书桌宽度添加线性参数和拉伸动作，并将宽度的变化值设为 600、650、700、750，结果如图 8-22 所示。

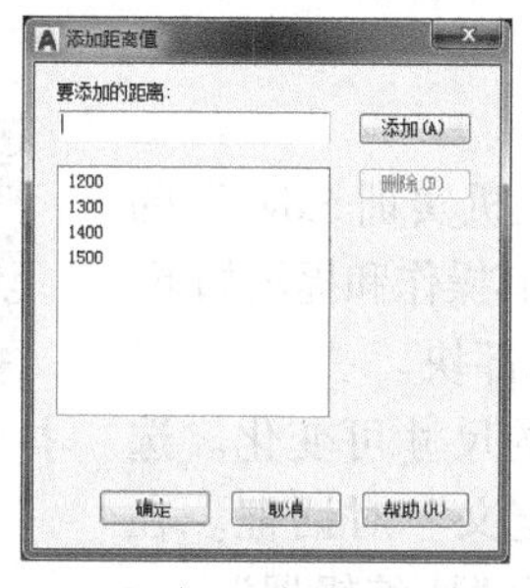


图 8-21　“添加距离值”对话框

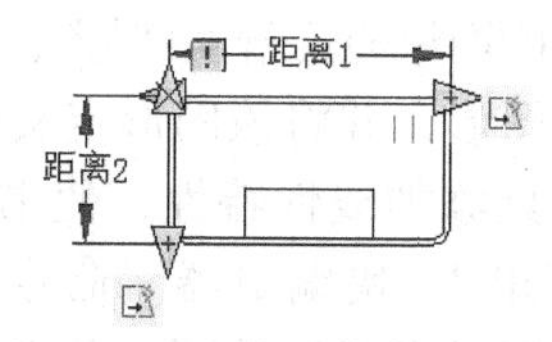


图 8-22　给宽度方向添加线性参数和拉伸动作

（7）给书桌添加对齐特性，对齐特性可使动态块很容易与倾斜对象对齐。对齐特性不需要动作配合，因此只需给书桌添加对齐参数即可。单击“块编写选项板” | “参数”选项卡上的“对齐参数”工具，在“指定对齐的基点…… :”的提示下用鼠标捕捉到书桌上边的中点；在“指定对齐方向…… :”的提示下用鼠标捕捉到书桌右上角点，结果如图 8-23 所示。

（8）给书桌添加翻转特性，使书桌可以上下翻转。单击“块编写选项板” | “参数集”选项卡 | “翻转集”工具，在“指定投影线的基点…… :”的提示下用鼠标捕捉到书桌下边上的一点；在“指定投影线的端点 :”的提示下用鼠标捕捉到书桌下边上的另一点；移动鼠标到下方的合适位置单击以放置标签。

（9）选择翻转对象。双击“翻转状态1”标签（或在该标签的图标上右击，在弹出的快捷菜单中选择“动作选择集”|“新建选择集”选项），在“选择对象：”的提示下，用窗口方式将整个书桌全部选择，按Enter键结束选择，结果如图8-24所示。

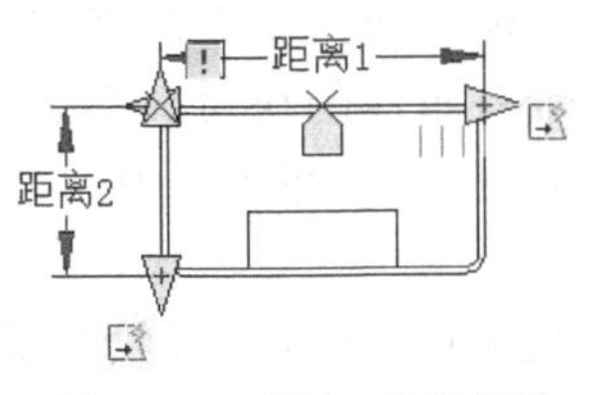


图8-23 添加对齐参数

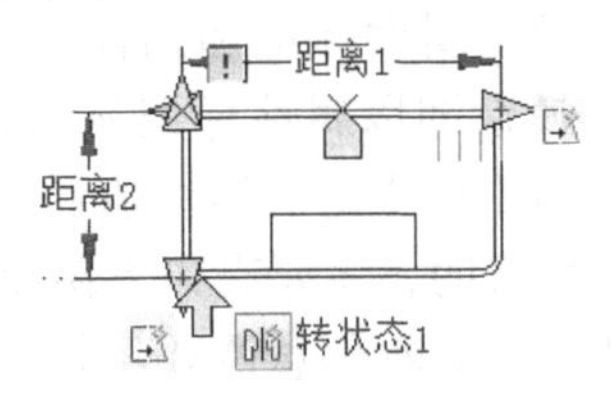


图8-24 添加翻转功能

（10）给书桌添加查询特性。由于每个线性特性只能使书桌沿某个方向变化尺寸，如果要同时改变书桌长和宽的尺寸，可给书桌添加查询特性。查询特性通常要结合几个参数一起使用，由于上面已经给书桌的长和宽方向添加了线性参数，因此，这里可直接添加查询特性。

（11）单击“块编写选项板”|“参数集”选项卡|“查询集”工具，在“指定参数位置：”的提示下，用鼠标在书桌的右边单击以放置“查询1”标签，如图8-25所示。

（12）现在需要将书桌长度和宽度方向上的两个线性参数添加到查询动作中。在刚添加的“查询1”标签上右击，在弹出的快捷菜单中选择“显示查询表”选项，打开“特性查询表”对话框。单击“添加特性”按钮，打开“添加参数特性”对话框，从中按住Ctrl键同时选择“线性”和“线性1”特性，并单击“确定”按钮，返回“特性查询表”对话框。

（13）在“特性查询表”对话框中，单击“距离1”下面的列表，分别设置为1200、1300、1400和1500。同样设置“距离2”下面的列表为600、650、700和750。在右边的“查询1”列表框中，分别填写1200×600、1300×650、1400×700、1500×750。在右边“查询特性”列表框的底部单击“自定义”，从下拉列表中选择“允许反向查询”选项（如果选择“只读，则动态块中看不见查询夹点）。设置完的“特性查询表”对话框如图8-26所示。最后，单击“确定”按钮关闭该对话框。

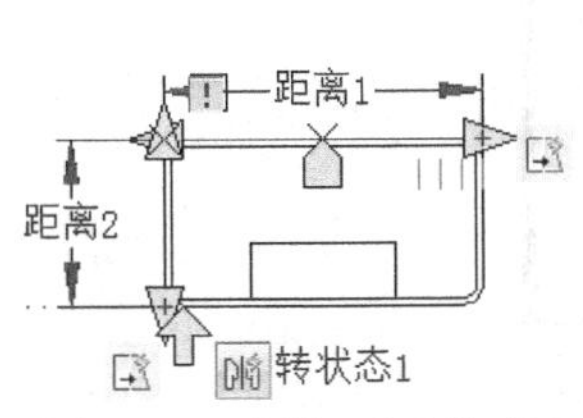


图8-25 添加“查询集”

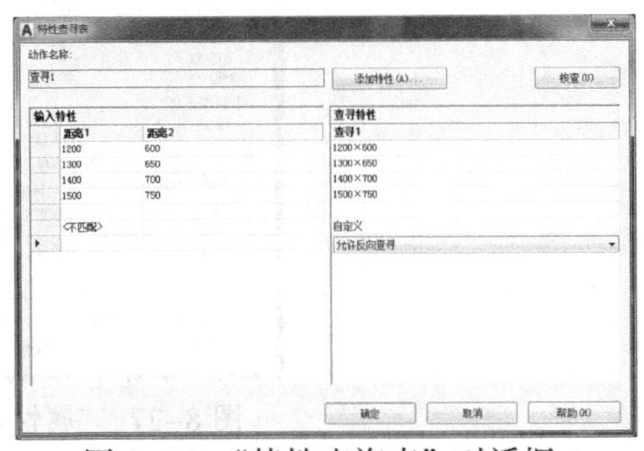


图8-26 “特性查询表”对话框

（14）单击功能区“块编辑器”选项卡|“打开/保存”面板上的“保存块”按钮保存该动态块。选择“文件”菜单|“保存”按钮，以确保将块定义保存在图形中。最后，单击“块编辑器”选项卡|“关闭块编辑器”按钮完成该动态块的创建。

（15）用户可插入该块以测试效果。

## 8.3 属性

为了对块进行说明，可以给块附加一定的文字信息，这种附加到块上的非图形信息，即是块属性。要使用块属性，必须满足三个步骤：首先需定义属性，接着将属性附着于块（即用命令 BLOCK 或 WBLOCK 创建块时，在选择创建块的对象时，将块属性一起选择进去），最后插入带有属性的块。插入时，用户可根据提示更改属性值以满足不同的使用。

块属性通常由属性标记和属性值两部分组成。属性标记即为属性的名称，当用户定义了块属性后，属性即以属性标记显示在图形中。插入带有属性的块时，系统将提示输入需要的属性值，当用户指定了属性值后，属性最终是用属性值显示在图形中。

使用块属性目的，主要有以下两个方面：

（1）当块中的文本信息需要经常变化时，可以使用块属性。例如，在绘制机械类图形时，一幅图中往往需要标注具有不同粗糙度值的粗糙度符号；又如在绘制电路图时，在不同的地方常需要绘制相同的元器件，但这些元器件需要标注不同的型号和规格；在绘制建筑平面图时，不同的地方需要绘制不同的轴线标记等。

（2）使用属性的另一个目的是为了与其他程序交换数据。例如，可以将块中的属性提取出来供 Excel 等程序使用，以生成零件表格、材料清单或价格表等。

### 8.3.1 定义属性

定义属性即指定块属性的特性，以及插入带有属性的块时所显示的提示信息。

1. 调用

◆ 菜单：绘图｜块｜定义属性。

◆ 命令行：ATTDEF 或命令别名 ATT。

◆ 草图与注释空间：功能区｜默认｜块｜定义属性，或插入｜块定义｜定义属性。

2. 操作及说明

调用命令，将显示“属性定义”对话框，如图 8-27 所示。

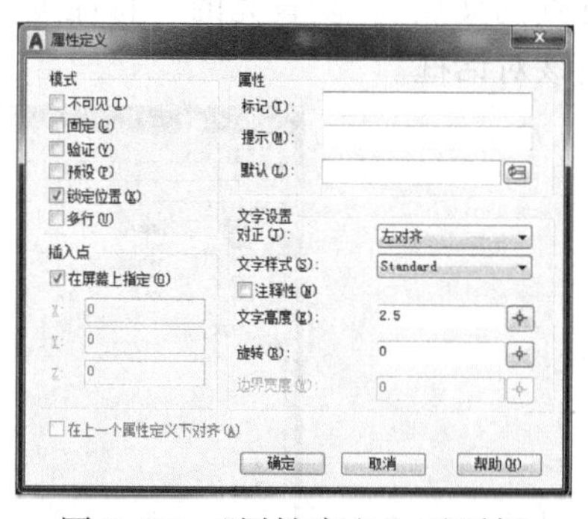


图 8-27 “属性定义”对话框

（1）“模式”选项组：在图形中插入块时，设置与块关联的属性值的使用方式。其中：

1）不可见：选择该复选框，在图形中插入块时，将不显示或打印属性值；反之，则显示。

2）固定：选择该复选框，在插入块时赋予属性固定值。该属性附着于块后，其属性不能编辑。

3）验证：选择该复选框，在当前图形中插入块时，将提示验证输入的属性值是否正确。

4）预设：选择该复选框，在当前图形中插入块时，将使用“值”文本框中的默认值作为该属性的属性值。该属性附着于块后，其属性可被编辑。

5）锁定位置：选择该复选项，将锁定块参照中属性的位置。解锁后，可用夹点编辑属性在块中的位置，并且可以调整多行属性的大小。

6）多行：指定属性值可以包含多行文字。选择该项后，可以指定属性的边界宽度。

（2）“属性”选项组：用于设置属性数据。其中，“标记”选项用于设置属性的名称，以标识图形中每次出现的属性；“提示”选项，用于指定在插入包含该属性定义的块时所显示的提示；“默认”选项，用于设置属性的默认值，用户可在文本框中输入一个常用的属性值，还可以单击右边的“插入字段”按钮，选择一个字段作为属性的默认值；“多行编辑器”选项，当选定“多行”模式后单击该按钮，将显示多行文字在位文字编辑器。

（3）“插入点”选项组：指定属性的插入位置。用户既可以在文本框中输入属性插入点的坐标值，也可以选择“在屏幕上指定”复选框，用定点设备在绘图区指定属性的插入位置。

（4）“文字设置”选项组：设置属性文字的对正方式、文字样式、文字高度和旋转等。其中，“注释性”选项，可指定属性具有注释性；“边界宽度”选项，在选定“多行”模式后，用于指定多行属性中文字行的最大长度。

（5）“在上一个属性定义下对齐”复选框：当已经定义了一个属性后，选择该复选框，可以将后续的属性定义的属性标记，直接置于上一个属性定义的属性标记下面。

- 定义属性时，如果文字内容在使用中保持不变，则应将文字内容直接输入；如果文字内容需要经常变化，则应将其定义属性。
- 在动态块中，由于属性的位置包括在动作的选择集中，因此必须将其锁定。

### 8.3.2 编辑属性

用户既可以在属性附着于块后进行编辑，也可以在属性附着于块之前进行编辑。

1. 编辑属性定义

属性在未附着于块之前，每个属性都是独立的对象，用户可以使用命令 DDEDIT（详见第 6.1.6 节）分别对其进行编辑。编辑时，如果选择了一个已经定义的属性，将显示“编辑属性定义”对话框，如图 8-28 所示，用户可根据需要修改属性标记、提示和默认值。

还可以通过“特性”选项板编辑未附着于块的属性。选择属性定义后右击，从弹出的快捷菜单中选择“特性”选项，打开“特性”选项板，如图 8-29 所示，从中可以进行编辑。

对于附着于块后的属性，也可以先用分解命令 EXPLODE 将其分解，再编辑属性。

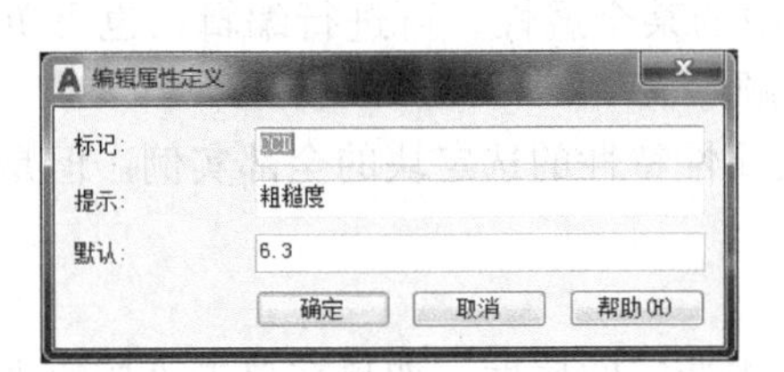


图 8-28 “编辑属性定义”对话框

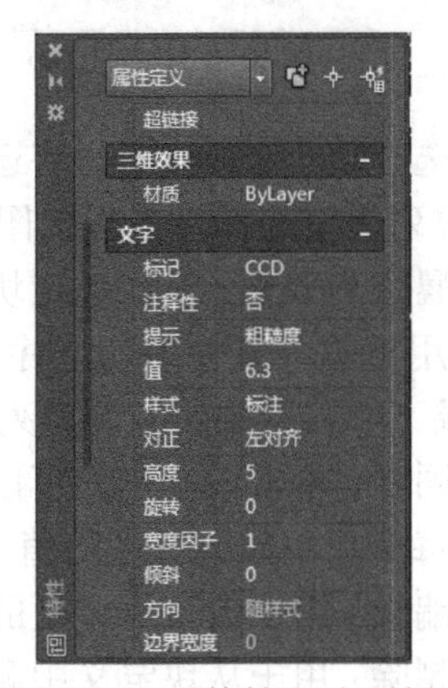


图 8-29 “特性”选项板

### 2. 增强属性编辑器

增强属性编辑器用于编辑已经附着于块的属性。其调用方式如下：

◆ 菜单：修改｜对象｜属性｜单个。

◆ 命令行：EATTEDIT。

◆ 草图与注释空间：功能区｜默认｜块｜单个，或插入｜块｜编辑属性。

◆ 快捷操作：双击带属性的块，或选择块后右击，从弹出的快捷菜单中选择“编辑属性”选项。

调用命令并选择附着了属性的块后，将显示“增强属性编辑器”对话框，如图 8-30 所示。该对话框中列出了所选块中的属性，并显示了每个属性的特性。其中：

（1）块：显示了要编辑属性的块名以及属性标记。单击“选择块”按钮，可返回绘图区重新选择要编辑属性的块。

（2）“属性”选项卡：显示指定属性的属性标记、属性提示和属性值。用户可更改指定属性的属性值。

（3）“文字选项”选项卡：设置属性文本在图形中的显示特性，如设置属性文字的文字样式、对正和高度等。

（4）“特性”选项卡：修改属性的图层、线宽、线型、颜色和打印样式等。

（5）“应用”按钮：单击该按钮，可用上面所作的修改更新属性的图形。

### 3. 块属性管理器

块属性管理器用于对当前图形中所有块定义中的属性进行管理和编辑。其调用方式如下：

◆ 菜单：修改｜对象｜属性｜块属性管理器。

◆ 命令行：BATTMAN。

◆ 草图与注释空间：功能区｜默认｜块｜块属性管理器，或插入｜块定义｜管理属性。

调用命令后，将显示“块属性管理器”对话框，如图 8-31 所示。

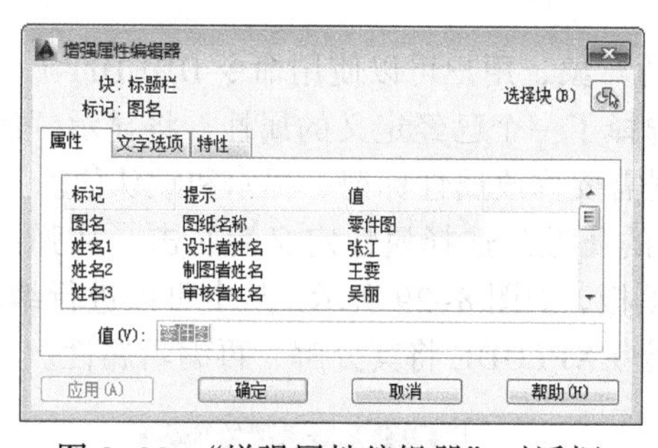


图 8-30 “增强属性编辑器”对话框

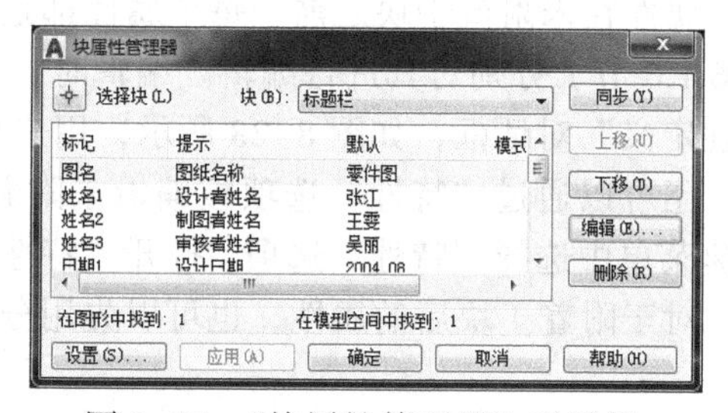


图 8-31 “块属性管理器”对话框

（1）选择块：单击该按钮将返回到绘图区，用户可以选择要编辑属性的块，也可在右面“块”下拉列表中选择一个当前图形中已定义了属性的块。

（2）属性列表框：显示选定块的所有属性，以及各属性的顺序。该顺序将影响插入块时系统提示用户输入属性值的顺序。双击列表中的某个属性，可进行编辑；也可单击右面的“上移”或“下移”按钮，调整列表中属性的顺序。

（3）同步：单击该按钮，可以更新已修改属性特性的选定块的全部实例。但是，此操作不会影响每个块中赋给属性的值。

（4）编辑：用于编辑块定义的属性。

（5）删除：用于从块定义中删除属性列表中选定的属性。如果在单击该按钮之前，已选择了“块属性设置”对话框中的“将修改应用到现有参照”复选框，则删除当前图形中该块全部实例中的此属性。对于仅具有一个属性的块，“删除”按钮不可使用。

（6）提示行：对于每一个选定块，显示在当前图形和在当前布局中相应块的实例数目。

（7）设置：单击该按钮，将显示“设置”对话框，如图 8–32 所示。用户可以选择一些选项来控制“块属性管理器”对话框的属性列表框中显示的内容。

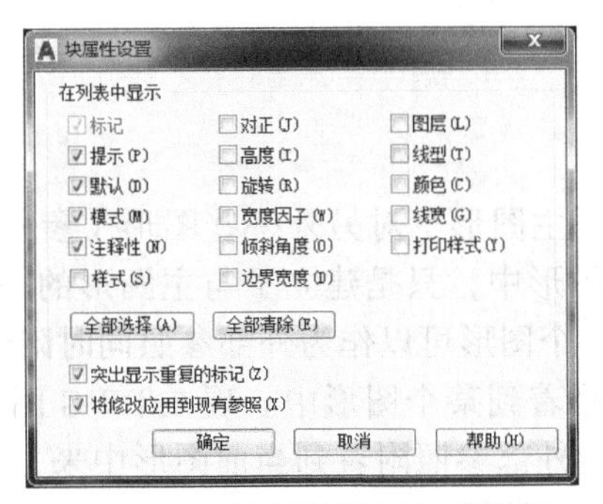


图 8–32 “块属性设置”对话框

### 8.3.3 上机实训 6——使用属性

扫一扫，看视频

※ 12 分钟

打开“图形”文件夹 | dwg | Sample | CH08 | “上机实训 6.dwg”的粗糙度图形，如图 8–33(a) 所示，并给粗糙度符号定义一个属性，其中属性标记为 CCD，“提示”为“粗糙度”，“默认”为 6.3。然后将定义的属性附着到名为“粗糙度”的块上，并插入该块。其操作和提示如下：

（1）在命令行输入 ATTDEF 命令的命令别名 ATT 后按 Enter 键，打开“属性定义”对话框。

（2）在“标记”文本框中输入 CCD，在“提示”文本框中输入“粗糙度”，在“默认”文本框中输入 6.3。

（3）在“插入点”选项组中，选择“在屏幕上指定”复选框。

（4）在“文字设置”选项组的“文字样式”下拉列表中，选择已经定义的文字样式“标注”；在“文字高度”文本框中，输入文字的高度 5。

（5）单击“确定”按钮，在绘图区中用鼠标指定属性的插入位置，并结束命令。插入属性后的图如 8–33(b) 所示。

（6）在命令行输入创建块的命令别名 B 后按 Enter 键，打开“块定义”对话框。

（7）在“名称”文本框中输入块的名称“粗糙度”。

（8）在“基点”选项组中，单击“拾取点”按钮返回到绘图区，用鼠标捕捉到粗糙度符号的下面尖角点。

（9）在“对象”选项组中，单击“选择对象”按钮返回绘图区，用鼠标将粗糙度符号和属性一起选择进去，按 Enter 键返回该对话框，单击“确定”按钮即可。创建块完成后的图形如图 8–33(c) 所示。

（10）在命令行中输入插入块命令 INSERT 的命令别名 I 后按 Enter 键，打开“插入”对话框。

（11）在该对话框中，选择“名称”下拉列表中的“粗糙度”块。其余选项使用默认值，并单击“确定”按钮，在“指定插入点……：”的提示下，用鼠标在绘图区指定一点；在“输入属性值：”的提示下，输入新的属性值 1.6，并按 Enter 键，插入一个粗糙度符号。

（12）用同样的方法，插入属性值为 3.2、6.3 的符号，结果如图 8–34 所示。

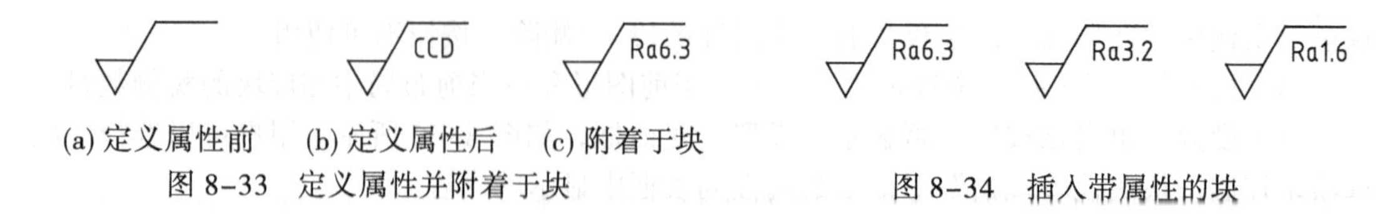


(a) 定义属性前 (b) 定义属性后 (c) 附着于块

图 8-33 定义属性并附着于块

图 8-34 插入带属性的块

## 8.4 外部参照

外部参照是指一幅图形（主图形）对另外一些图形（参照图形）的引用。这些参照图形并没有被真正地插入到主图形中，只是建立了与主图形的一种路径链接关系。但是，参照图形要在主图形中显示。一个图形可以作为外部参照同时附着到多个图形中；反之，也可以将多个图形作为外部参照附着到某个图形中。现在 DWG 图形、DWF 和 DGN 参考底图，光栅图像和点云等都可以作为外部参照附着到当前图形中来，因此，下面主要以附着 DWG 图形进行介绍，其他几种的操作类似。

（1）外部参照与块既相似又有不同，它们的主要区别是：

1）如果一个图形是以块的方式插入到某个图形中，则插入的块将存储在该图形中，作为该图形的一个组成部分，这将增加该图形的容量和绘图时系统的计算时间。且插入的块越多，图形就越复杂，所占用的磁盘空间就越多，系统操作速度也就越慢。并且，插入的块图形并不随原始图形的改变而立即更新。

2）如果一个图形是以外部参照的方式插入到某个图形中的，那么这些外部参照图形并没有被直接插入到该图形中，只是与该图形建立了一种路径链接关系。因此，这将有效地减少当前图形的容量和绘图重显时间。

（2）外部参照图形的特点：

1）如果某个图形中引用了外部参照图形，那么，该图形中就插入了外部参照图形的文件名、路径和插入点等信息。而外部参照的原图形并没有插入到该图形中来。

2）打开包含有外部参照的图形时，系统会调用这些外部参照的最新版本并在当前图形中显示出来，外部参照的原图形所做的任何修改，都会显示在当前图形中。但是，如果外部参照的原图形已经丢失，则外部参照的图形不会显示在插入的图形中。

3）当一个图形中附着了外部参照图形后，各外部参照图形，将作为一个整体的对象进行处理。用户可以对其进行移动、旋转、缩放等操作，但不能将其分解。

4）对于附着到当前图形的外部参照图形，也可以对其编辑和修改。保存修改后，外部参照的原图形也会更新，这就是所谓的在位编辑外部参照。

5）与块相同，外部参照同样可以进行嵌套，即引用的外部参照中又包含有外部参照，而且，AutoCAD 对嵌套的层次没有限制。

6）使用外部参照的最大好处就是：引用外部参照，不会明显增加当前图形的容量和绘图重显时间。并且，使用外部参照的图形会随时与外部参照的原图形保持一致。因而使图形操作和系统计算更加快速。例如，两个工程师同时设计一台设备。其中一个负责总装配图的设计，另一个则负责各部件的设计。那么，绘制总装配图的工程师在设计时，可将设计部件的工程师所绘制的部件图以外部参照的方式插入到总装配图中。如果设计部件的工程师修改了他设计的部件图，那么，在设计总装配图的工程师的总装配图中，将会同时更新插入到总装配图中的部件图，以保持他们的设计一致。

7）外部参照特别适合于网络环境下一个设计团队分工协作共同设计一个大型项目的情

况。当某个外部参照图形做了一定的修改并进行了保存，附着了该外部参照的图形，将立即从状态栏上得到一个气泡通知，单击警告框中的蓝色“重载”链接，可马上更新附着的外部参照。这样，可使设计组各成员的设计工作同步进行。

### 8.4.1 附着外部参照

附着外部参照命令用于将外部参照附着到当前图形。

1. 调用

◆ 菜单：插入｜DWG参照。

◆ 命令行：XATTACH或命令别名XA。

◆ 草图与注释空间：功能区｜插入｜参照｜附着。

2. 操作及说明

调用命令后，将显示“选择参照文件”对话框，从中选择了一个外部参照文件打开后，将显示“附着外部参照”对话框，如图8-35所示。该对话框部分内容类似于插入命令INSERT，因此下面将主要介绍不相同的部分。

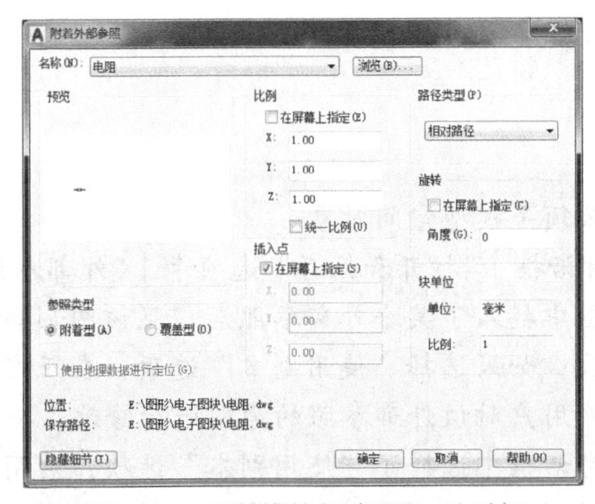


图8-35 “附着外部参照”对话框

（1）“名称”选项组：当附着了一个外部参照之后，该外部参照的名称会出现在列表里。以后用户要附着已经附着过的外部参照，可直接在该列表中选择。单击右边的“浏览”按钮，将显示“选择参照文件”对话框，从中可以选择另外的外部参照图形。

（2）“参照类型”选项组：用于指定参照的类型。

1）附着型：选择该单选按钮，允许外部参照文件进行嵌套，即当前插入的外部参照图形中又包含有外部参照。换句话说，当插入一个外部参照图形后，该外部参照图形中所包含的附着型外部参照图形也会插入到当前图形中，且嵌套的外部参照图形会显示在当前图形中。

2）覆盖型：选择该单选按钮，将不允许外部参照文件进行嵌套，即在当前图形中插入某一个外部参照图形时，该外部参照图形中包含的覆盖型外部参照不能插入到当前图形中，当然也不能在当前图形中显示嵌套的外部参照。

（3）位置：显示找到的外部参照的位置。

（4）保存路径：显示用于定位外部参照的保存路径。

（5）“路径类型”选项组：该列表框用于指定外部参照的保存路径类型。

1）完整路径：选择该项，将把外部参照的绝对路径保存到附着外部参照的图形中。这时，“位置”和“保存路径”后面显示的字符串相同。该选项对外部参照的定位精度很高，如果用户移动了某个外部参照原图形的保存位置，则附着该外部参照的图形将不能正确显示该外部参照。

2）相对路径：选择该项，将保存外部参照与附着该外部参照图形的相对位置。只要外部参照相对于附着该外部参照图形的位置没变，则该外部参照就可以在附着该外部参照的图形中正确显示。使用该选项前需保存当前图形，且外部参照与使用外部参照的图形必须位于同一驱动器下。例如，附着外部参照的图形和外部参照的原图形分别保存在“E：\图形”和“E：\外部参照”中，现将附着外部参照的图形和外部参照的原图形分别移动到了“H：\图形”和“H：\外部参照”中，外部参照仍能在附着外部参照的图形中正常显示。

3）无路径：选择该项，将不保存外部参照的路径。该项非常实用。使用该项时，只要外部参照的保存位置符合下面几种情况，该外部参照都能在附着该外部参照的图形中正确使用和显示：

◆ 外部参照与附着该外部参照的图形的保存位置相同。

◆ 外部参照保存在“选项”对话框｜“文件”选项卡｜“工程文件搜索路径”指定的搜索路径下。如添加一个“工程1”文件夹并在其中指定一个“E：\外部参照”路径。

◆ 外部参照保存位置位于“选项”对话框｜“文件”选项卡｜“……文件搜索路径”中指定的支持搜索路径下，如“E：\外部参照”中。

技巧

• 引用的外部参照必须是模型空间对象。

• 如果在“选项”对话框｜“打开和保存”选项卡｜“外部参照”选项组中，选择“启用”选项，那么在一幅图中插入了某个外部参照后，且该图形当前正在使用，则该外部参照的原图将不能被修改；如果选择“使用副本”选项，在正在使用的一幅图中插入了某个外部参照后，则允许用户对该外部参照的原图进行修改。

• 如果在“选项”对话框中选择了“使用副本”选项，则用户可以在“选项”对话框｜“文件”选项卡｜“临时外部参照文件位置”中，设置外部参照副本的存放位置。

• 如果插入的外部参照出现错误，通常是由于外部参照的原始图形文件名称被修改，或原始图形文件的位置被移动，就不再支持文件搜索路径、当前图形文件的保存路径，或不在工程文件搜索路径下面。

• 附着外部参照时，如果提示说引用了自身，则外部参照将不能被附着。如果用户确需附着该外部参照对象，可以先更改该外部参照原对象的名称再附着。

• 在AutoCAD中，插入的外部参照默认是进行了褪色显示，在“选项”对话框｜“显示”选项卡｜“外部参照显示”中，将值修改为0，可不褪色显示。

### 8.4.2 管理外部参照

管理外部参照命令用于组织、显示并管理参照文件。

1. 调用

◆ 菜单：插入｜外部参照。

◆ 命令行：EXTERNALREFERENCES或命令别名ER、XR。

◆ 草图与注释空间：功能区｜插入｜参照｜右下角箭头。

◆ 快捷菜单：选择要编辑的外部参照后在绘图区中右击，从弹出的快捷菜单中选择“外部参照”选项。

2. 操作及说明

调用命令后，将显示“外部参照”选项板，该选项板包括“列表图”和“树状图”两种窗格显示状态，如图 8-36 所示。两窗格状态中的操作类似，下面以列表图进行介绍：

（1）工具按钮组：位于选项板的最上方，其中：

1）附着 DWG：单击该按钮旁的下拉按钮，将显示一个下拉菜单，如图 8-37 所示，从中可以选择附着外部参照的类型。

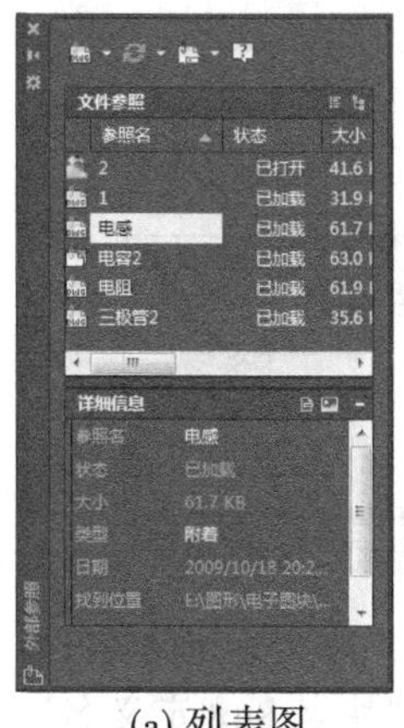

(a) 列表图

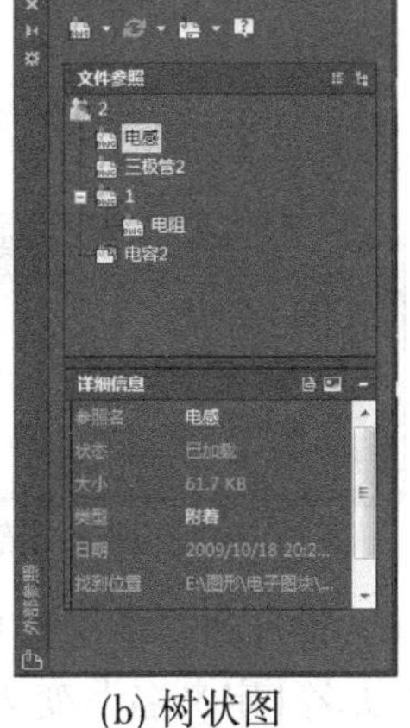

(b) 树状图

图 8-36 “外部参照”选项板

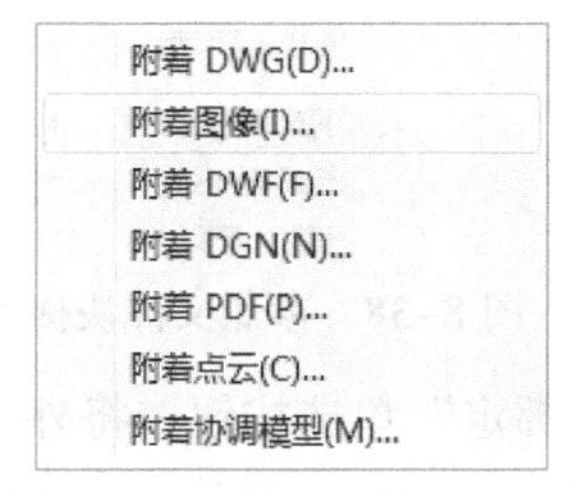


图 8-37 附着文件下拉菜单

2）刷新：可刷新参照图形文件的数据与内存中的数据。其中，“刷新”选项，用于与 Vault 进行交互；选择“重载所有参照”选项，可更新已经加载到当前图形中的所有外部参照，或将卸载的外部参照重新加载进来。

3）更改路径：修改选定参照文件的路径。可以将路径设置为绝对或相对；如果参照文件与当前图形存储在相同位置，也可以删除路径。

以上操作也可以在“文件参照”窗格中的空白处右击，从弹出的快捷菜单中选择相应的选项进行操作。

（2）“文件参照”窗格：位于选项板的上部。其中：

1）列表图、树状图：单击这两个按钮，可切换到列表图状态或树状图状态。列表图以列表的方式显示当前图形中所有的外部参照。将选项板的宽度用鼠标拖宽，可看见列表图列出了参照文件的参照名、状态、文件大小、文件类型、创建日期和保存路径信息等内容。树状图显示出了当前图形中所有外部参照的嵌套层次关系。

2）列表框：显示了当前图形中的所有外部参照及其相关信息。参照类型不同，参照前的图标不同。

3）参照快捷菜单：在某个参照文件上右击，将弹出一个快捷菜单，如图 8-38 所示。下面主要介绍与上面不同的选项。

◆ 打开：用于打开选定的外部参照原图形。

◆ 附着：选择该项，将打开与选定的参照类型相对应的对话框。如选择 DWG 参照，将显示“外部参照”对话框，从中可修改已附着外部参照的特性或为当前图形附着新的外部参照。如在列表框中选择了一个已有的外部参照，则可在图形中插入一个该参照的副本。

◆ 卸载：卸载选定的外部参照。卸载的外部参照并没有被永久地删除，而仍然存在于当前图形中，只是暂时被隐藏了。卸载暂时不用的外部参照，可使图形更清晰。

◆ 重载：此项有两个作用。一是将已经卸载的外部参照重新加载到当前图形中；另一个是更新某个已经加载的外部参照，使当前图形使用该外部参照的最新版本。

◆ 拆离：解除选定外部参照与当前图形的联系，该外部参照的图形也将彻底从当前图形中删除。

◆“绑定”单选按钮：将选定的 DWG 外部参照及其依赖命名对象（例如块、文字样式、标注样式、图层和线型）转换为当前图形的一部分。选择该项，将显示“绑定外部参照”对话框，如图 8-39 所示。

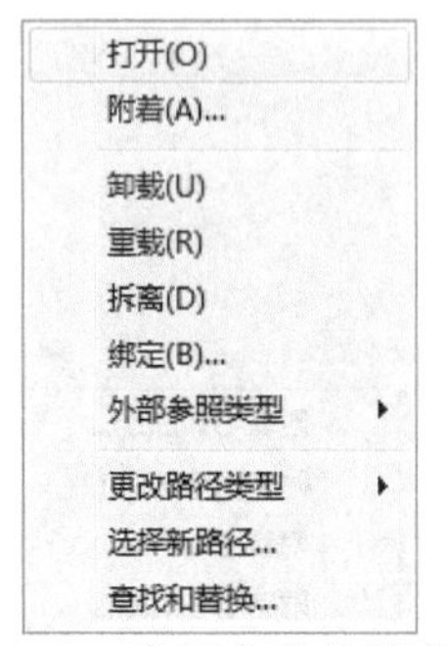

图 8-38 参照文件快捷菜单

图 8-39 “绑定外部参照”对话框

•“绑定”单选按钮：将外部参照转变为块插入到当前图形中并改变定义表名称。这时，外部参照依赖命名对象的命名语法，将从“块名 | 定义名”变为“块名 $n$ 定义名”。例如，当前图形插入了一个名为“三极管”的外部参照，它包含一个名为“细实线”的图层。那么，在绑定了该外部参照后，当前图形中该外部参照的图层“三极管 | 细实线”将变名为“三极管 $0$ 细实线”的当前图形的图层。如果当前图形中已经存在同名图层对象，则“$n$”中的数字将自动增加。

•“插入”单选按钮：将外部参照转变为块插入到当前图形中，但不改变定义表名称。这时，外部参照依赖命名对象的命名，不是使用“块名 $n$ 符号名”语法，而是从名称中消除外部参照名称。例如，上面的“三极管”是以“插入”方式绑定到当前图形，则依赖外部参照的图层“三极管 | 细实线”将变为当前图形定义的图层“细实线”。

（3）“详细信息 / 预览”窗格：显示选定文件参照的特性，或选定文件参照的略图预览。下面，主要介绍与上面不同的选项。

1）类型：显示文件参照为附着、覆盖、图像文件类型还是 DWF 参考底图。在该项的右边单击，并从下拉列表中选择一个选项，可更改文件参照的类型。

2）找到位置：显示当前选定文件参照的完整路径。此路径是实际能够找到参照文件的路径，它不一定和保存路径相同。如果参照文件被移动了位置，该外部参照在附着的图形中将不能正常显示。这时，可单击该项右边的按钮，打开“选择新路径”对话框，从中指定了文件参照的有效路径后，该参照即可在图形中正常显示。并且，指定的新路径将存储到“保存路径”特性中。

3）预览：单击“详细信息 / 预览”窗格右上的按钮，可切换到“预览”窗格。该窗格会显示在“文件参照”窗格中选定文件参照的预览。

• 如果用户要绑定一个嵌套的外部参照，则必须选择上一级外部参照。

● 在绘图的过程中，不要轻易更改外部参照图形和附着了外部参照的图形的保存位置，否则，外部参照不能在附着的图形中正常显示。

● 要移动图形的保存位置前，或打印图形前，或图形绘制完成后，一定要对附着的外部参照进行“绑定”操作，使其转换为块成为图形的一个组成部分，以防止外部参照在图形中不能正常显示。

### 8.4.3 上机实训7——绘制书房

扫一扫，看视频
※ 29分钟

打开“图形”文件夹 | dwg | Sample | CH08 | 上机实训7 | “书房平面图.dwg”图形，如图8-40所示，在其中插入门、办公桌、计算机桌、休闲椅等家具。

（1）调用外部参照命令XATTACH，打开“选择参照文件”对话框，选择“图形”文件 | dwg | Sample | CH08 | 上机实训7 | “门”并打开。在“附着外部参照”对话框的“参照类型”组件中选择“附着型”；在“插入点”选项组中选择“在屏幕指定”选项，单击“确定”按钮，用鼠标在绘图区捕捉到门缺口的右下角点单击，完成插入门外部参照。

（2）选择“插入”菜单 | “外部参照”命令，打开“外部参照”选项板。单击该选项板左上角“附着DWG”按钮，打开“选择参照文件”对话框。在该对话框中选择同样路径下的“办公桌”图形并打开“附着外部参照”对话框。在“附着外部参照”对话框的“旋转”选项组中设置旋转角度为30°，其余同插入门时的设置，单击“确定”按钮，在书房左上角合适位置插入。

（3）用同样的方法插入计算机桌、休闲椅和植物灯，结果如图8-41所示。

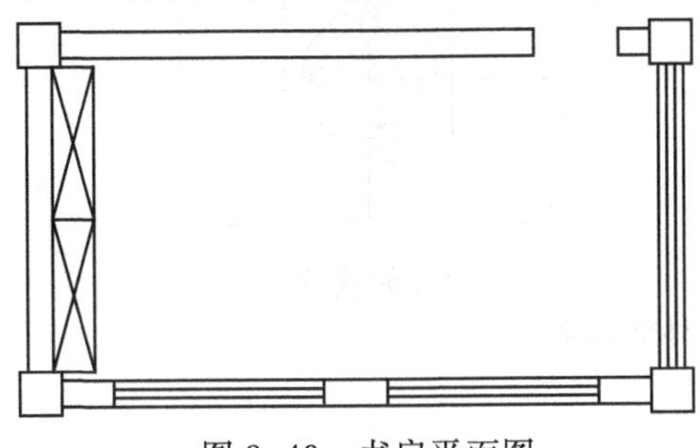
图8-40 书房平面图

图8-41 插入外部参照

（4）在打印图形前，为了防止图形变动，应将插入的外部参照绑定。调用“外部参照”命令，打开“外部参照”选项板。在该选项板的列表框中选择“门”外部参照后右击，在弹出的快捷菜单中选择“绑定”选项，接着在弹出的“外部参照”对话框中选择“插入”选项，并单击“确定”按钮，将该外部参照转换为块。用同样方法绑定其他外部参照。

### 8.4.4 编辑外部参照

要对插入到图形中的外部参照和块进行编辑，最好的方式是在外部参照或在块的源图形中进行。修改了源图形的外部参照，将自动更新它在图形中的显示；而块则可以通过再次插入块对象来更新它在图形中的显示。但是，当修改和编辑的工作量不大时，用户也可以直接在当前图形中编辑插入的外部参照和块，并可将修改结果保存回原来的图形，这就是所谓的在位编辑。这样，避免了在不同图形之间来回切换，从而提高了工作效率。

1. 外部参照绑定

外部参照绑定命令用于将外部参照依赖命名对象的一个或多个定义（如标注样式、图层、线型和文字样式等）绑定到当前图形，使其成为图形的一部分。其调用方式如下：

◆ 菜单：修改｜对象｜外部参照｜绑定。

◆ 命令行：XBIND 或命令别名 XB。

调用命令，将显示“外部参照绑定”对话框，如图 8-42 所示。用户可在“外部参照”列表框中选择某个外部参照中的某项，如选中某个图层，然后单击“添加”按钮，将其添加到右面的“绑定定义”列表框，单击“确定”按钮，即可将该项目绑定到宿主图形（外部参照附着的图形）中，而单击“删除”按钮，可将“绑定定义”列表框中选定的外部参照依赖命名对象，移回到原来的外部参照相关定义表中。

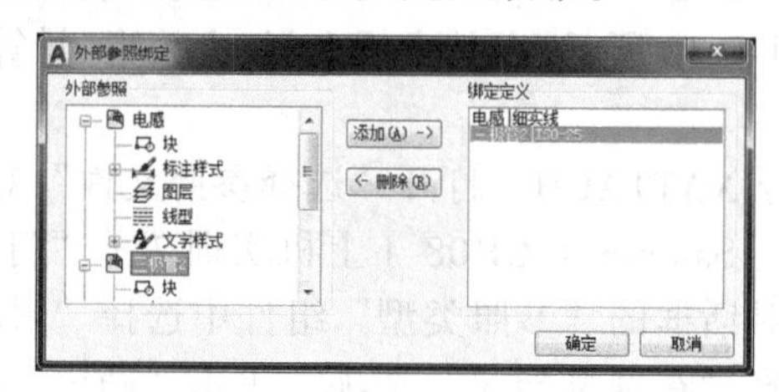


图 8-42 “外部参照绑定”对话框

2. 剪裁外部参照

剪裁外部参照命令用于定义外部参照或块的剪裁边界，并设置前剪裁平面或后剪裁平面。如图 8-43 所示的剪裁中间的外部参照图形，其调用如下：

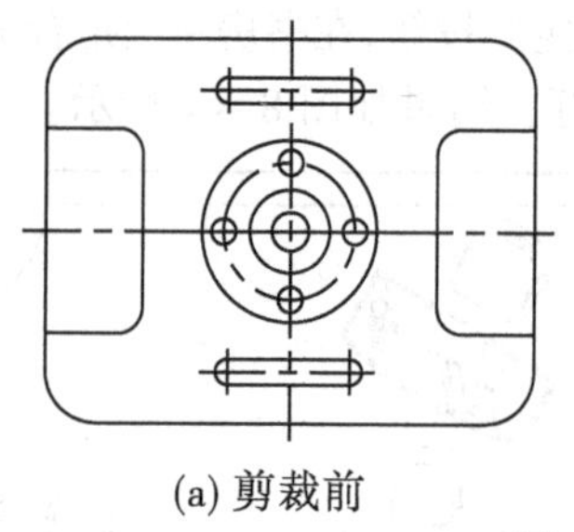

(a) 剪裁前

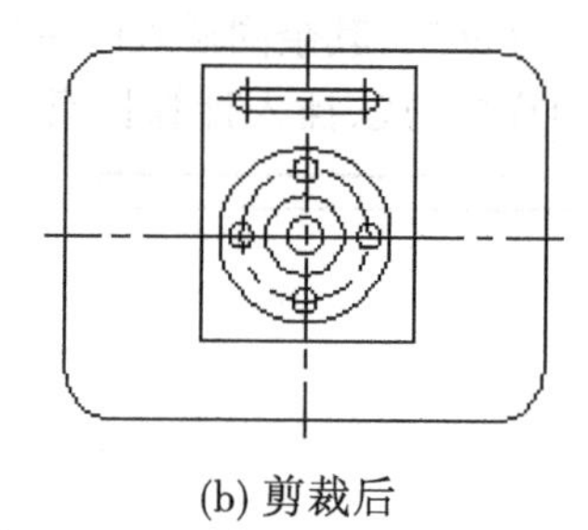

(b) 剪裁后

图 8-43 剪裁外部参照

◆ 菜单：修改｜剪裁｜外部参照。

◆ 命令行：XCLIP 或命令别名 XC。

◆ 草图与注释空间：功能区｜插入｜参照｜剪裁。

◆ 快捷菜单：选择要编辑的外部参照后右击，从弹出的快捷菜单中选择“剪裁外部参照”选项。

调用命令，并选择了要剪裁的外部参照图形后的命令行提示如下：

输入剪裁选项 [ 开（ON）/ 关（OFF）/ 剪裁深度（C）/ 删除（D）/ 生成多段线（P）/ 新建边界（N）] < 新建边界 >：（指定一个选项，或按 Enter 键使用默认选项“新建边界”）

（1）开：在当前图形中，显示剪裁边界内的外部参照或块的部分。

（2）关：在当前图形中，忽略剪裁边界，显示整个外部参照或块。

（3）剪裁深度：仅用于三维图形。设置了前剪裁平面和后剪裁平面后，只显示由剪裁边界和前后剪裁平面所确定范围内的对象。其中的“删除”子项用于删除前后剪裁平面。

（4）删除：删除选定的剪裁边界。

（5）生成多段线：使用当前的图层、线型、线宽和颜色设置，自动绘制一条与剪裁边界重合的多段线。

（6）新建边界：使用多段线、多边形或矩形创建新的剪裁边界。

使用“参照”工具栏｜“外部参照边框”工具按钮，或使用系统变量 XCLIPFRAME，可以控制是否显示剪裁边界。当该变量的值为 0 时不显示；而该变量的值为 1 时要显示。

3. 在位编辑参照

在位编辑外部参照的方法：首先使用命令 REFEDIT 选择图形中的外部参照或块，以创建工作集；还可以用“参照编辑”工具栏｜“添加到工作集”，或“从工作集中删除”按钮添加或删除工作集中的对象；接着编辑对象；最后单击“参照工具栏”｜“保存参照编辑”按钮，将修改保存回外部参照或块。

该命令用于创建参照编辑工作集，使集合中的对象可被修改。使用该命令并选定了要进行编辑的参照之后，“参照编辑”工具栏才被激活。该命令调用如下：

◆ 菜单：工具｜外部参照和块在位编辑｜在位编辑参照。

◆ 命令行：REFEDIT。

◆ 工具栏：参照编辑｜在位编辑参照。

◆ 草图与注释空间：功能区｜插入｜参照｜编辑参照。

◆ 快捷菜单：选择要编辑的外部参照和块后右击，从弹出的快捷菜单中，选择“在位编辑外部参照”选项，或功能区｜外部参照｜编辑｜在位编辑参照。

◆ 快捷操作：在要编辑的外部参照上双击。

调用命令并选择了外部参照或块后，将显示“参照编辑”对话框，如图 8-44 所示。该对话框包括“标识参照”和“设置”两个选项卡。其中：

（1）“标识参照”选项卡：为标识要编辑的参照提供视觉帮助并控制选择参照的方式。在其中的“参照名”列表框中选择一个要在位编辑的参照，下面即会显示该参照的路径。如果选定参照是一个块，则不显示路径；如果选择“自动选择所有嵌套的对象”单选按钮，则选定参照中的所有对象都自动包括在参照编辑任务中；如果选择“提示选择嵌套的对象”单选按钮，在关闭“参照编辑”对话框并进入参照编辑状态后，AutoCAD 将提示用户在要编辑的参照中选择特定的对象。

（2）“设置”选项卡：用于为编辑参照提供选项，如图 8-45 所示。

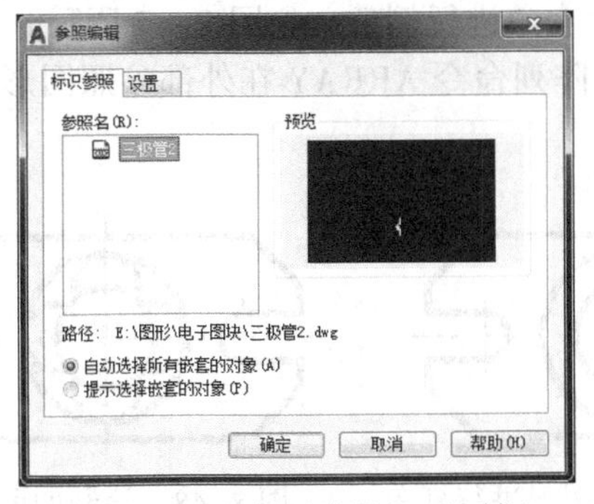


图 8-44 “参照编辑”对话框

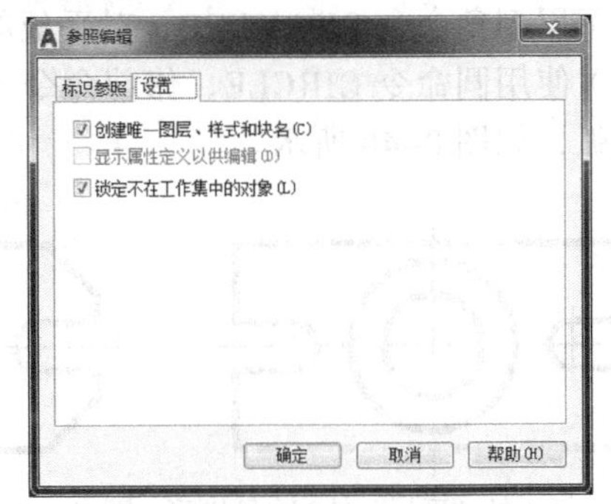


图 8-45 “设置”选项卡

1）创建唯一图层、样式和块名：选择该项，则外部参照中的命名对象将改变（名称加前缀 $#$），与绑定外部参照时的方式类似。反之，图层和其他命名对象的名称则与参照图形中的一致。未改变的命名对象将唯一继承当前宿主图形（引用外部参照的图形）中有相同名称的对象的属性。

2）显示属性定义以供编辑：控制编辑参照期间是否提取和显示块参照中所有可变的属性定义。如果选择该项，则可变属性将变得不可见。同时，属性定义可与选定的参照几何图形一起被编辑。当修改被保存到块参照时，原始参照的属性将保持不变。新的或改动过的属性定义只对后来插入的块有效，而现有块引用中的属性将不受影响。此选项对外部参照和没有定义的块参照不起作用。

3）锁定不在工作集中的对象：用于锁定所有不在工作集中的对象。这样可避免用户在参照编辑状态时，意外地选择和编辑宿主图形中的对象。

该命令通常要与其他编辑命令或“参照编辑”工具栏上的其他命令结合起来使用。

4. 其他编辑命令

使用“参照编辑”工具栏上的工具，还可以进行外部参照的其他编辑。

（1）添加到工作集或从工作集删除：这两个按钮用于在位编辑外部参照或块时向工作集中添加不属于工作集中的对象，或把工作集中不需要的对象删除。

（2）关闭参照或保存参照编辑：这两个按钮于保存或放弃在位编辑外部参照或块时所做的修改。保存修改时，只保存对参照中的对象所做的修改，而不会真正打开参照图形或重新创建块。

### 8.4.5 上机实训 8——编辑平板

新建一幅图形，并在其中插入如图 8-46 所示的“平板”外部参照图形，然后对该外部参照图形进行修改。

（1）新建一幅图形，并用 XATTACH 命令插入名为“平板”的外部参照图形，如图 8-46 所示。

（2）单击“参照编辑”工具栏｜“在位编辑参照”按钮，在“选择参照：”的提示下，选择该外部参照图形，并打开“参照编辑”对话框。在该对话框中使用默认设置，单击“确定”按钮。

（3）用倒角命令 CHAMFER，对平板图形的 4 个角进行倒角，如图 8-47 所示。

（4）使用圆命令 CIRCLE、修剪命令 TRIM 和阵列命令 ARRAY 在外部参照图形中绘制四段圆弧，如图 8-48 所示。

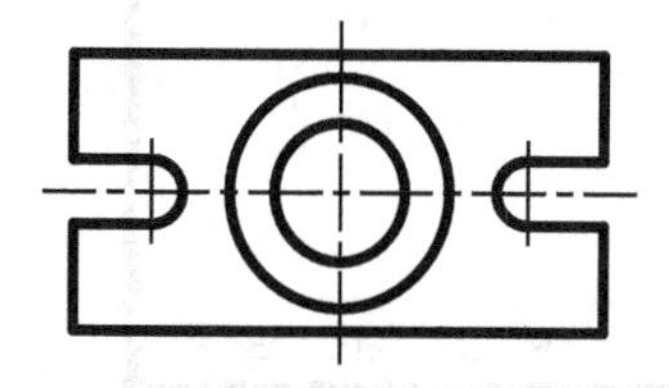

图 8-46　插入的“平板”外部参照图形

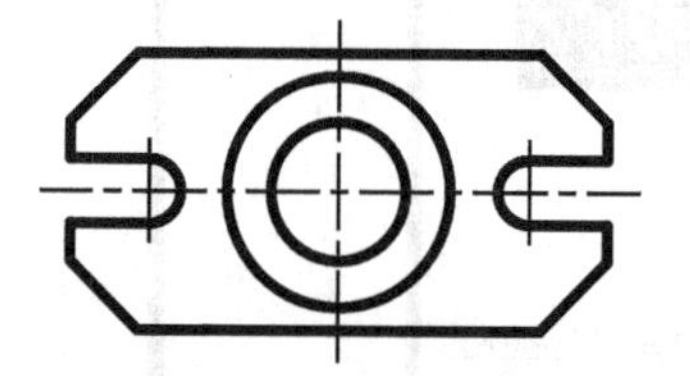

图 8-47　对参照图形进行到角

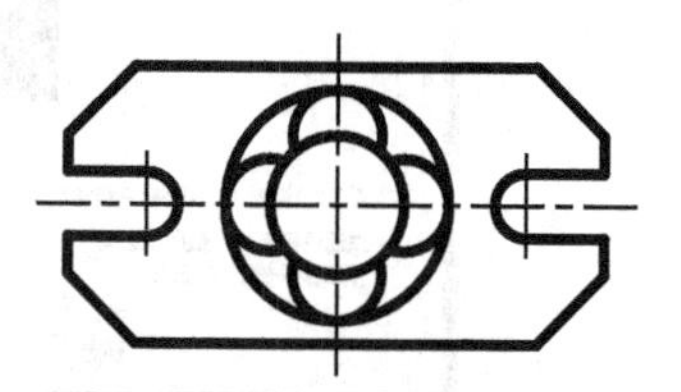

图 8-48　绘制四段圆弧

（5）单击“参照编辑”工具栏上的“添加到工作集”按钮，在绘图区将整个图形都选中。

（6）单击“参照编辑”工具栏上的“保存参照编辑”按钮，弹出警告对话框。在该对话框中单击“确定”按钮即可。保存后，系统将同步更新该外部参照的原图形，以及其他图形中插入的该外部参照图形。

# 8.5 设计中心

设计中心是 AutoCAD 为用户提供的一个非常优秀的工具。利用设计中心，可以很方便地做到资源共享与图形的重复使用。它相当于一个设计的大型资源库，从中可以管理图形、图块、外部参照等；可以查看图形；可以将某个图形中的内容，如标注样式、表格样式、布局、块、图层、外部参照、文字样式、线型等插入到当前图形中；可以创建图案填充；可以在图形之间快速进行复制和粘贴；还可以与工具选项板配合使用。

扫一扫，看视频
※ 29 分钟

## 8.5.1 设计中心窗口

调用 AutoCAD 设计中心，可以通过以下方式进行：

◆ 菜单：工具 | 选项板 | 设计中心。
◆ 命令行：ADCENTER 或命令别名 ADC。
◆ 草图与注释空间：功能区 | 视图 | 选项板 | 设计中心。
◆ 组合键：Ctrl+2。

调用命令后，将打开 AutoCAD 设计中心窗口，如图 8-49 所示。该窗口由工具栏、选项卡、树状图区、内容区、预览窗口、说明窗口和下部的保存路径等部分组成。

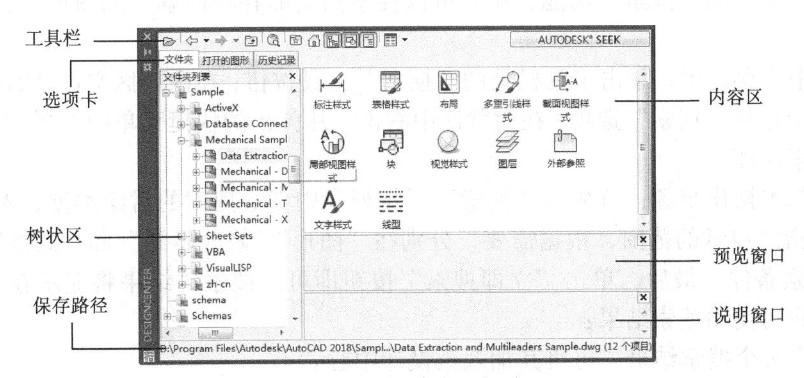


图 8-49 “设计中心”窗口

### 1. 工具栏

工具栏位于设计中心窗口的顶部，其上许多按钮的功能与 Windows 中的相同。因此，下面主要介绍不同的按钮使用：

（1）加载：单击该按钮，可以将所选择的内容加载到内容区域。

（2）搜索：用于查找图形、块和非图形对象。

（3）收藏夹：单击该按钮，可在内容区域中显示“收藏夹”文件夹中的内容。用户可将常用图形的快捷方式添加到收藏夹中，使用时双击收藏夹中的项目即可。将项目添加到收藏夹的方法为，先在内容区或树状区中找到需要的项目，然后在该项目上右击，从弹出的快捷菜单中选择“添加到收藏夹”选项即可。

（4）主页：单击该按钮，可将设计中心返回到默认文件夹。用户可在树状区的某个项目上右击，选择快捷菜单中的“设置为主页”选项，即可将选定的项目设置为默认文件夹。

（5）树状图切换：单击该按钮，可显示或隐藏树状视图。

（6）预览 / 说明：这两个按钮，用于显示和隐藏选定项目的预览和说明。

2. 选项卡

（1）文件夹：显示计算机或网络驱动器（包括“我的电脑”和“网上邻居”）中文件和文件夹的层次结构。

（2）打开的图形：显示绘图区中当前打开的所有图形。在左边单击某个图形的图标，右边即可查看该图形中的各项内容。

（3）历史记录：显示最近在设计中心打开的文件列表。

3. 树状区

树状区显示用户计算机和网络驱动器上的文件与文件夹的层次结构、打开图形的列表等。选择树状区中的某个项目，在内容区中即可显示该项目的下一级内容。

4. 内容区

内容区显示树状区中当前选定项目的下一级内容，双击某项目可显示下一级。树状区中选定的项目不同，其内容区会有不同的显示。其典型显示有：含有图形或其他文件的文件夹、图形；图形中包含的块、外部参照、布局、图层、标注样式和文字样式；图像或图标表示的块或填充图案等。

### 8.5.2 查找信息

利用设计中心的“搜索”功能，用户可以搜索指定的各种内容，如图形、图块、图层、标注样式等。

在设计中心窗口中，单击工具栏上的“搜索”工具按钮；在内容区空白处右击，从弹出的快捷菜单中选择“搜索”选项；在树状区中右击，从弹出的快捷菜单中选择“搜索”命令均可启动搜索功能。

搜索的基本操作步骤：首先在“搜索”下拉列表中指定搜索的对象类型，然后在“于”下拉列表中指定搜索的范围，根据需要，分别在“图形”“修改日期”和“高级”三个选项卡中设置搜索条件，最后，单击“立即搜索”按钮即可。搜索的结果将显示在下面的结果面板中，用户可使用搜索结果：

（1）双击某个搜索结果，可将其加载至设计中心。

（2）将搜索的结果用鼠标左键直接拖动到内容区。

（3）在某个搜索结果上右击，将显示一个快捷菜单，如图 8-50 所示。

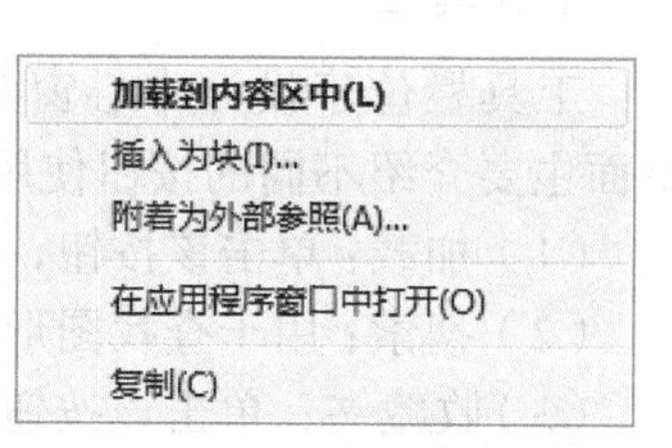

图 8-50 搜索结果快捷菜单

1）加载到内容区中：将选定的项目或图形加载到内容区。

2）插入为块：将选定的图形文件以块的方式，插入到当前图形中。

3）附着为外部参照：将选定的图形文件以外部参照的方式，附着到当前图形中。

4）在应用程序窗口中打开：用于将选定的图形文件在绘图区中打开。

5）复制：将选定的项目或图形复制到剪贴板。

### 8.5.3 插入设计中心内容

使用 AutoCAD 设计中心，可以向当前图形中插入图块、外部参照、填充图案、图层、标注样式、文字样式以及自定义内容等。它们的操作都非常相似，用户可参照下面方法操作。

1. 向当前图形插入块

用户可通过内容区或“搜索结果”面板将所需的块插入到当前图形中。

（1）在“内容区”或“搜索结果”面板中，用鼠标左键将块拖动到当前图形中。

（2）在“内容区”要插入块的图标上双击，可将需要的块插入到当前图形中。

（3）在“内容区”或“搜索结果”面板中，用鼠标右键将块拖动到当前图形中后释放鼠标右键，从弹出的快捷菜单中选择“粘贴为块”选项。

（4）在“内容区”或“搜索结果”面板中的块上右击，从弹出的快捷菜单中，选择“插入块”或“插入为块”选项。

（5）在“内容区”或“搜索结果”面板中的块上右击，从弹出的快捷菜单中选择“复制”选项。在当前图形中右击，从弹出的快捷菜单中选择“粘贴”选项，即可将该块插入到当前图形中。

技巧

● 使用拖曳的方式插入块时，将按“格式”菜单|“单位”命令中设置的“插入比例”自动进行比例缩放。如果块或图形创建时使用的单位与该选项指定的单位不同，则在插入这些块或图形时，对其按比例缩放。插入比例是源块或图形使用的单位与目标图形使用的单位之比。

● 设计中心的块或图形被拖放到当前图形时，如果自动进行比例缩放，那么块中的标注可能会失真。

● 在图形中插入的块与图形中附着的外部参照不同。当用户更改了块定义的源文件时，包含此块的图形的块定义并不会自动更新。通过设计中心，可以更新当前图形中的块定义。其方法是在内容区中的块或图形文件上单击鼠标右键，从弹出的快捷菜单中，选择“仅重定义”或“插入并重定义”命令选项，即可更新选定的块。

2. 插入填充图案

首先使用设计中心的“搜索”功能，搜索出填充图案文件，在“搜索结果”面板某个需要的填充图案文件上双击或右击，从弹出的快捷菜单中选择“加载到内容区中”选项，将该填充图案文件加载到设计中心的内容区。这时即可使用下面的方法向图形插入填充图案：

（1）在内容区，用鼠标左键直接将需要的填充图案拖动到绘图区的指定区域即可。

（2）在内容区，在某个要插入的填充图案上双击，功能区将显示“图案填充创建”选项卡，在该选项卡中进行相应的设置后，单击“关闭图案填充创建”按钮，即可将该填充图案插入到当前图形的指定区域中。

（3）在内容区中，用鼠标在选择的填充图案上右击，将弹出一个快捷菜单，从中选择“域内填充”选项进行填充；如果在快捷菜单中选择“复制”选项后，在绘图区中用鼠标右击，从弹出的快捷菜单中选择“粘贴”选项，并用鼠标在要填充的区域内指定一点，也可对某个指定的区域进行图案填充。

用设计中心进行图案填充时，如果填充图案的比例过大或过小，将显示一条错误信息，导致不能进行填充。因此，最好不要使用直接填充方式，而是用在操作的过程中出现“图案填充创建”选项卡或“图案填充编辑”对话框的方式进行填充。因为，这样可以修改填充图案的比例。

### 8.5.4 使用设计中心打开图形

使用设计中，用户同样可以在绘图区中打开图形文件。其方法如下：

（1）在“内容区”或“搜索结果”面板中的图形文件上右击，从弹出的快捷菜单中，选择“在应用程序窗口中打开”选项。

（2）在内容区或“搜索结果”面板中，按住 Ctrl 键，将图形文件拖动到绘图区。

（3）从内容区或“搜索结果”面板中，按住鼠标左键，将图形文件拖至绘图区域以外的任何地方。

## 8.6 工具选项板

工具选项板提供了组织、共享和放置块及填充图案的有效方法。工具选项板，还可以包含由第三方开发人员提供的自定义工具。使用工具选项板，可以很方便地将需要的项目插入到图形中。

### 8.6.1 “工具选项板”窗口

打开“工具选项板”窗口的方法如下：

- ◆ 菜单：工具 | 选项板 | 工具选项板。
- ◆ 命令行：TOOLPALETTES 或命令别名 TP。
- ◆ 草图与注释空间：功能区 | 视图 | 选项板 | 工具选项板。
- ◆ 组合键：Ctrl+3。

调用命令后，将显示工具选项板，如图 8-51 所示。默认，工具选项板已经显示了部分选项卡，还有部分处于隐藏状态。在选项板上选项卡的重叠处单击，将显示一个菜单，如图 8-52 所示，选择其中的一项可打开或关闭一个选项卡。用户在工具选项板标题栏上右击，也可以弹出一个类似的菜单，只是里面多了一些设置选项板外观的选项。AutoCAD 将块、图案填充等各种工具分类放置于不同的选项板，便于使用。对于块，选项板中如果块的图标上带有一个闪电图标，这样的块是动态块，没有这种图标的块则不是动态块。

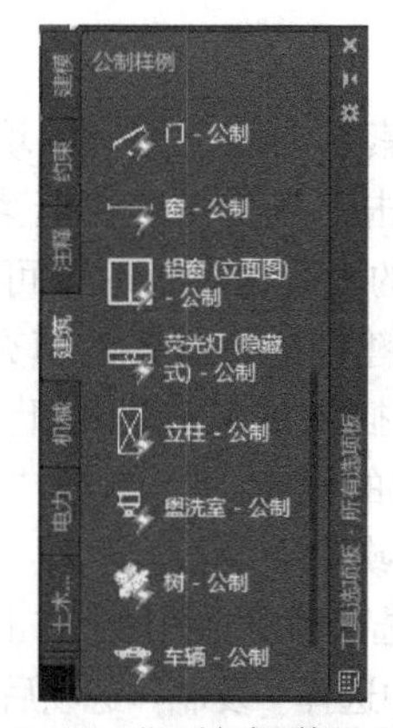


图 8-51 “工具选项板”窗口

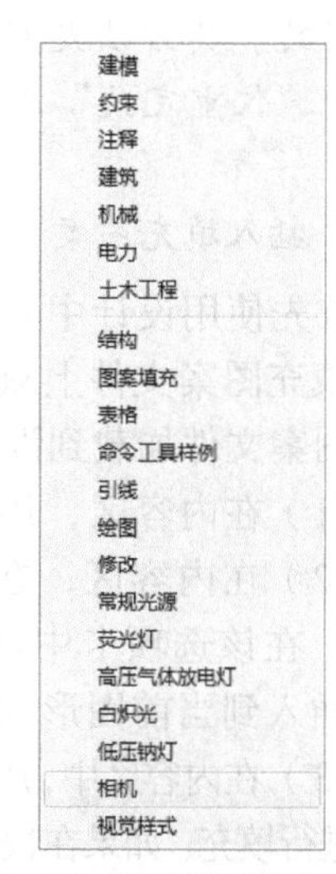


图 8-52 “工具选项板”菜单

用户在选项卡、选项卡的空白处或者选项卡某个项目上右击，也会弹出一个快捷菜单，如图 8-53、图 8-54 和图 8-55 所示，从中可进行新建、重命名、删除选项卡等操作，以及设置选项卡外观，进行复制、剪切等操作；在快捷菜单中选择“特性”选项，可设置所选块和图案填充的特性，如图 8-56 和图 8-57 所示。

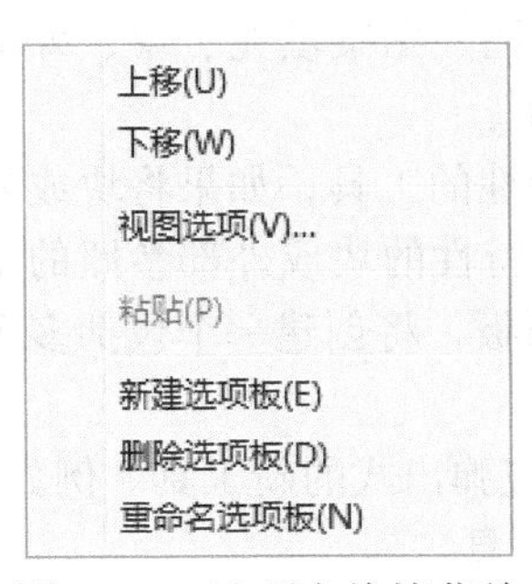


图 8-53　选项卡快捷菜单

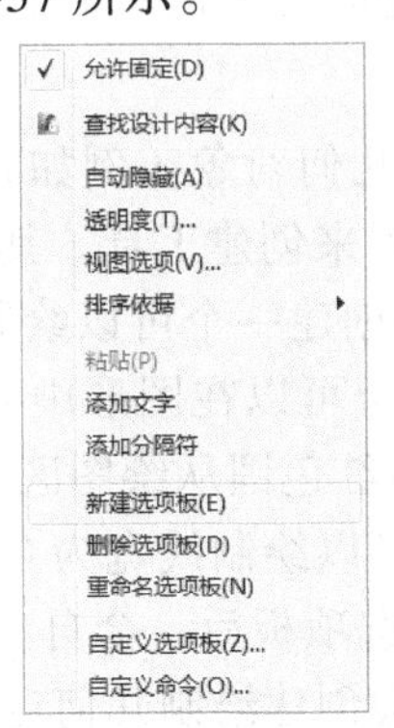


图 8-54　选项卡空白处快捷菜单

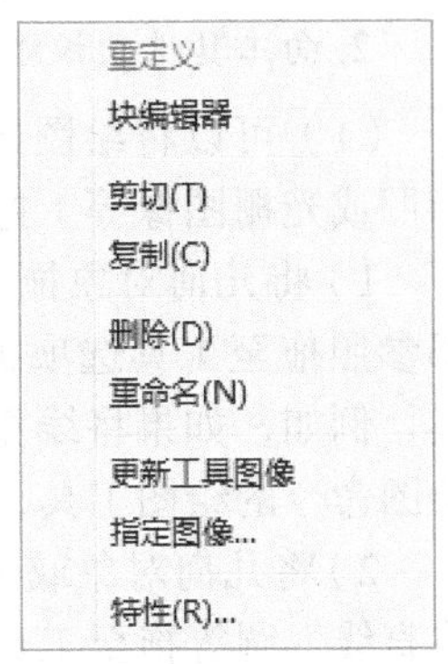


图 8-55　选项板项目快捷菜单

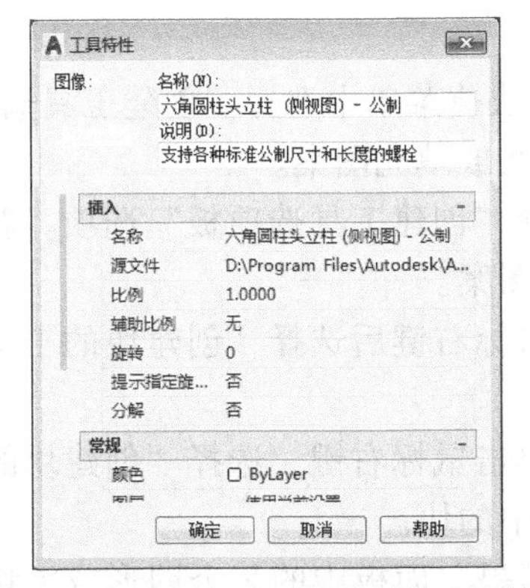


图 8-56　块的“工具特性”对话框

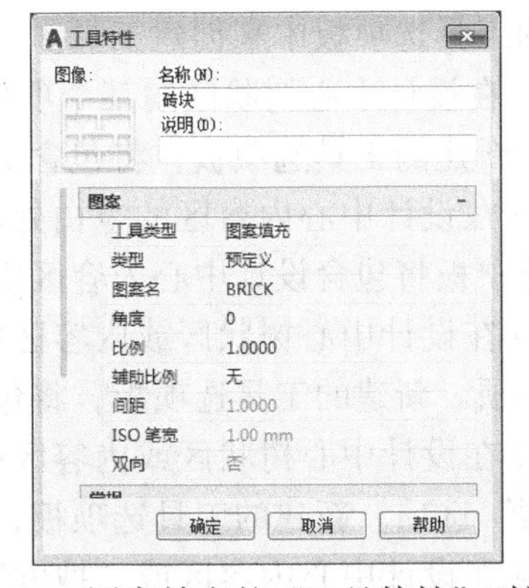


图 8-57　图案填充的“工具特性”对话框

**技巧**

用户在使用“工具选项板”向当前图形中插入块或图案填充时，一定要在块或图案填充项目上右击，选择快捷菜单中的“特性”选项，设置其比例、旋转角度、动态块的自定义尺寸等特性后，再向当前图形进行插入。

### 8.6.2　使用工具选项板上的工具

使用工具选项板，向当前图形插入项目的方法如下：

（1）首先在要插入的项目上右击，选择快捷菜单中的“特性”选项，设置其特性。

（2）单击要插入的项目，按命令行的提示进行操作。

（3）在选定项目上按下左键，直接将其拖动到绘图区即可。

### 8.6.3　创建和管理工具选项板

根据需要，用户可以新建工具选项板，并在其中设置一些常用的绘图、编辑工具、图案填充、块和外部参照等工具。

1. 新建工具选项板

在任一选项卡上右击，从弹出的快捷菜单中选择“新建选项板”选项，并给新建的工具选项板指定一个名称，按 Enter 键即可创建一个工具选项板。

2. 向工具选项板添加项目

（1）可以将绘图区的任意一个几何对象（例如直线、圆、标注、图案填充、块、外部参照或光栅图像等）拖至工具选项板来创建工具。其注意事项如下：

1）将几何对象拖至选项板，将创建一个可以绘制具有相同特性的工具；如果将块或外部参照拖至工具选项板，将创建一个可以在图形中插入具有相同特性的块或外部参照的工具。例如，如果将线宽为 0.8 mm 的红色圆从绘图区拖至工具选项板，将创建一个包括多个绘图命令的绘图工具，这些工具都可以绘制线宽为 0.8mm 的对象。

2）将几何对象或标注拖至工具选项板后，会自动创建带有相应弹出式的新工具。例如，将直线、圆等拖至工具选项板，将会创建绘制几何对象的弹出式工具。

（2）用设计中心的项目创建工具选项板。

1）在设计中心的内容区，可以将一个或多个项目（如图形、块和图案填充等）拖动到当前的工具选项板中来创建工具。

2）在设计中心树状区的某个项目上右击，从弹出的快捷菜单中选择“创建工具选项板”选项。新建的工具选项板，将包含所选项目中的图形、块或填充图案。

3）在设计中心内容区的空白处单击鼠标右键，选择“创建工具选项板”选项。新建的工具选项板将包含设计中心内容区中的图形、块或填充图案。

4）在设计中心树状区或内容区中的图形上，单击鼠标右键后选择“创建块的工具选项板”选项。新建的工具选项板，将包含所选图形中的块。

5）在设计中心树状区或内容区中的某个文件夹上单击鼠标右键，选择“创建块的工具选项板”选项。新建的工具选项板，将包含所选文件夹中的块。

6）在设计中心内容区或“搜索”对话框的“搜索结果”面板中的某个图形或图块上右击，从弹出的快捷菜单中选择“复制”选项。在工具选项板的某个选项卡中右击，在弹出的快捷菜单中选择“粘贴”选项，即可将该项目添加到工具选项板。

（3）使用“剪切”、“复制”和“粘贴”等命令，可以将一个工具选项板中的工具移动或复制到另一个工具选项板中。

### 8.6.4 上机实训 9——创建工具选项板

使用“图形”文件夹 | dwg | Sample | CH08 | “上机实训 9.dwg”图形，创建一个名为“电子图块”的工具选项板。该图形中已经创建了很多内部块。

扫一扫，看视频

※ 5 分钟

（1）选择“工具”菜单 | “选项板” | “工具选项板”命令，打开“工具选项板”窗口。

（2）在命令行输入设计中心命令的命令别名 ADC，按 Enter 键打开设计中心窗口。

（3）在设计中心窗口的树状区中，找到“图形”文件夹 | dwg | Sample | CH08 | “上机实训 9.dwg”图形，设计中心内容区将显示该文件夹中的内容。

（4）在树状区“上机实训 9.dwg”图形上右击，从弹出的快捷菜单中选择“创建工具选项板”选项，这时将创建一个名为“上机实训 9”的工具选项板。

（5）在该选项板的标签上右击，从弹出的快捷菜单中选择“重命名选项板”选项，将名称修改为“电子图块，并按 Enter 键，完成选项板的创建，结果如图 8-58 所示。

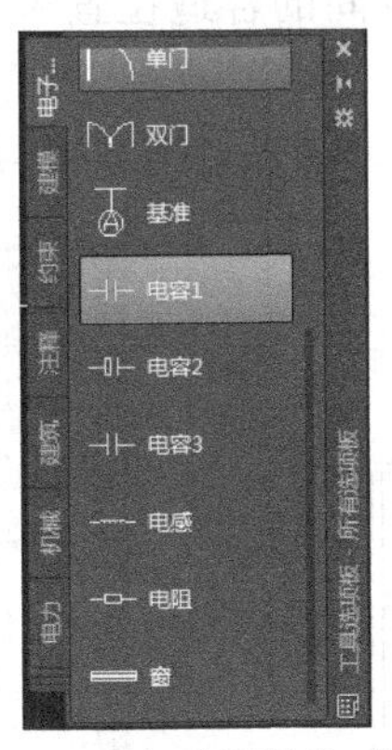


图 8-58 “电子图块”选项板

## 8.7 综合实训

扫一扫，看视频
※ 12 分钟

打开“图形”文件夹 | dwg | Sample | CH08 | 综合实训 | “平面图 .dwg”图形，如图 8-59 所示，在其中插入各种家具。

（1）单击功能区“视图”选项卡 | “选项板”面板 | “工具选项板”按钮，打开工具选项板。选择“建筑”选项卡 | 公制 | “门”块后右击，在弹出的快捷菜单中选择“特性”选项，打开“工具特性”对话框，在“自定义”选项组中设置“门尺寸”为 900，“打开角度”为 90°，用鼠标将其拖动到绘图区任意地方，在当前图形中插入该块，如图 8-60 所示。

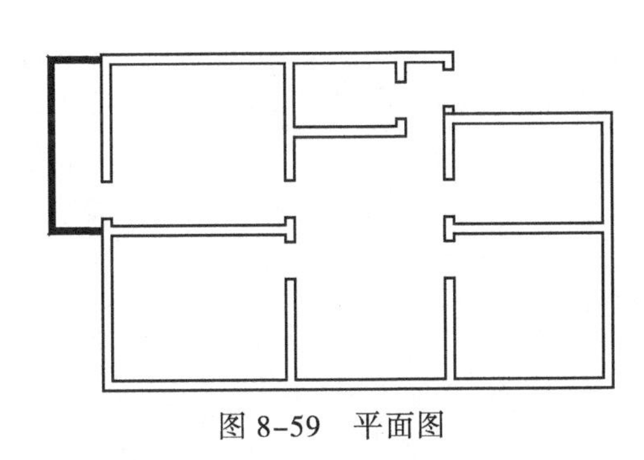

图 8-59 平面图

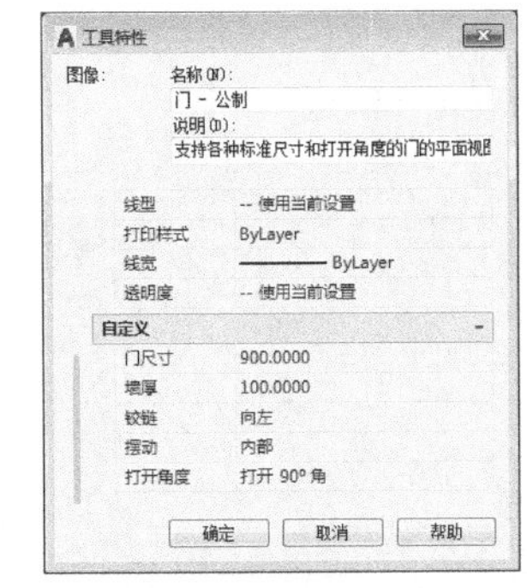


图 8-60 “工具特性”对话框

（2）选择“修改”菜单 | “旋转”和“复制”命令，在各处插入该门块。如果门块的方向不对，可选择门块，单击其中的翻转夹点，翻转门块的方向，结果如图 8-61 所示。

（3）选择“插入”菜单 | “块”命令，打开“插入”对话框。在该对话框中单击“浏览”按钮，选择“图形”文件 | dwg | Sample | CH08 | 综合实训 | “浴盆 .dwg”图形打开；在“插入点”选项组中选择“在屏幕上指定”选项；在“比例”选项组，选择“统一比例”，并设置比例值为 1，单击“确定”按钮，并用鼠标捕捉到卫生间左下角点单击，插入浴盆块。

（4）单击功能区“视图”选项卡｜“选项板”面板｜“设计中心”按钮，打开“设计中心”窗口。在左边树状区选择“图形”文件｜dwg｜Sample｜CH08｜“综合实训”文件夹，右边内容区就会显示该文件夹中的各图形，如图 8-62 所示。在内容区的“马桶”上按下左键，将该块拖动到绘图区卫生间的合适位置单击，插入该块。用同样方法插入“洗脸盆”块，结果如图 8-63 所示。

（5）用上面的各种方法插入各块，结果如图 8-64 所示。

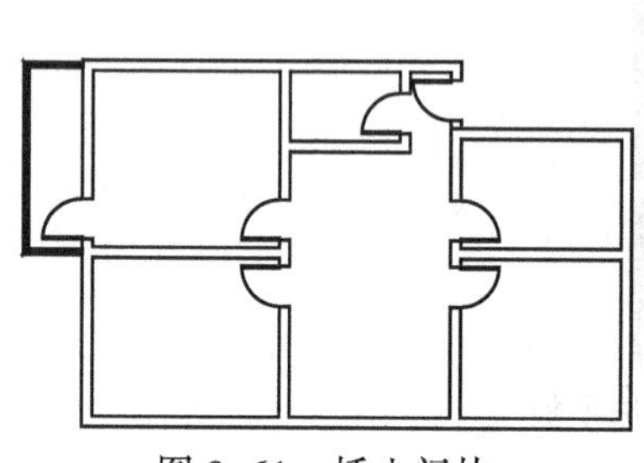

图 8-61　插入门块

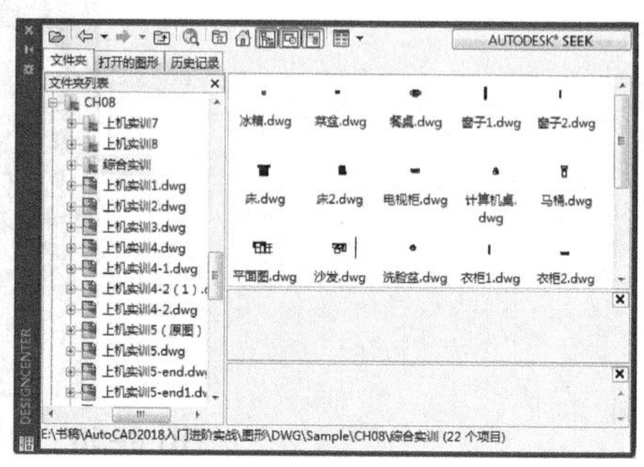


图 8-62　“设计中心”窗口

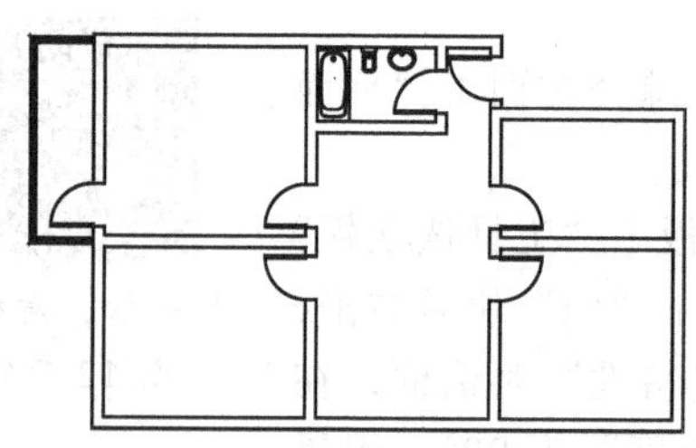

图 8-63　插入卫生间图块

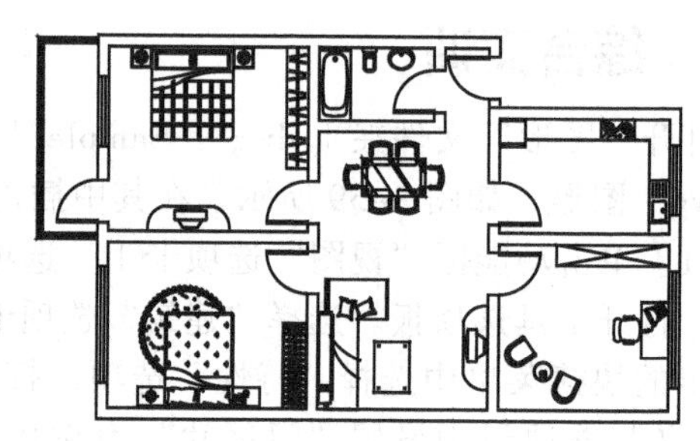

图 8-64　结果

# 第 9 章 三维基础与三维观察

通过坐标变换，可使 UCS 坐标系的 XY 平面（即绘图工作平面）处于最适合绘图的位置，以方便用户在对象的各个平面上绘制图形。而为了方便三维图形的绘制与编辑，需要快速准确地以多方位、多角度、多形式来观察三维对象。本章将详细介绍三维点的输入、三维坐标的方向和旋向判断、UCS 坐标系的变换以及设置视点、三维动态观察、命名视图、模型空间的平铺视口等各种三维观察命令的作用和使用方法。其中，坐标变换是三维建模的最重要基础，三维动态观察、命名视图和平铺视口的使用，是用户进行复杂图形绘制、编辑与观察的最基本手段。

**本章要点**

◎ 坐标的输入
◎ UCS 坐标系和动态 UCS 的使用
◎ 标准视图与三维动态观察
◎ 使用视觉样式
◎ 命名视图与视口

## 9.1 三维坐标系

### 9.1.1 坐标系概述

第 2 章已经介绍，绘制二维图形时，通常使用的是世界坐标系，即 WCS 坐标系，如图 9-1 所示。这种坐标系的坐标原点处有一个方框，它的坐标原点是恒定不变的。而在绘制三维图形时，不但要使用 WCS 坐标系，还要经常使用用户坐标系（即 UCS 坐标系），如图 9-2 所示，这种坐标系的坐标原点处没有方框标记。实际上，变换了 WCS 坐标系的原点或各坐标轴的方向，便得到 UCS 坐标系。使用 UCS 坐标系的目的，主要是为了方便用户绘图。

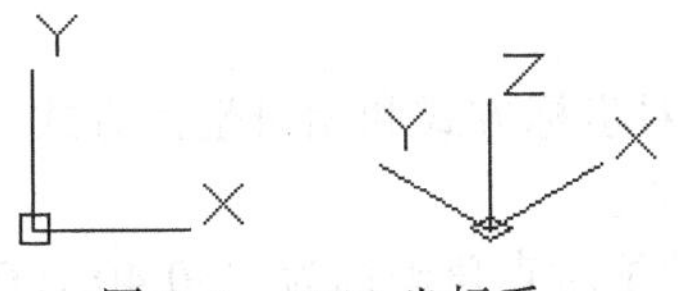


图 9-1 WCS 坐标系

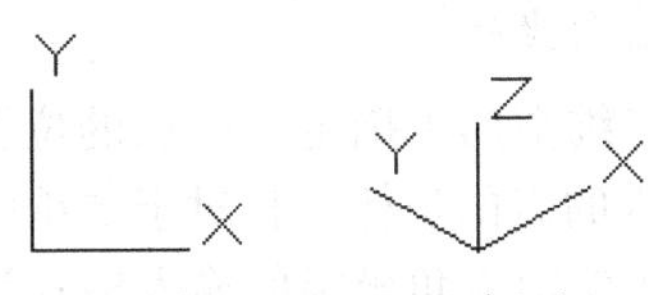


图 9-2 UCS 坐标系

● 关闭了捕捉模式后，直接用鼠标点取绘制的图形都在当前 UCS 坐标系的 XY 平面上。例如，想在长方体的上平面上绘制一个圆，可将 UCS 坐标系移动到该平面后用圆命令，即可直接在该平面上绘制出一个圆；同样，如果想在长方体的前平面上绘制一个圆，可将 UCS 坐标系转到该平面上，即可在该平面上用二维的绘制方法绘制一个圆，如图 9-3 所示。

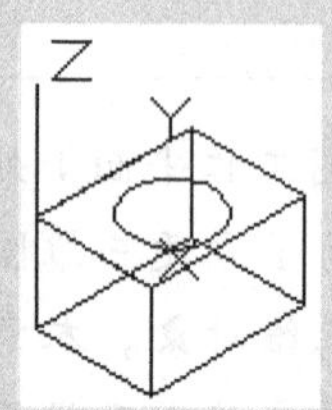


(a) 在上平面绘制图

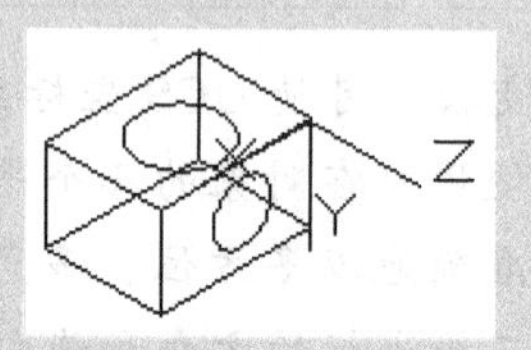


(b) 在前平面绘制图

图 9-3 使用 UCS 坐标系在上平面和前平面上绘制圆

● 使用“视图”菜单 |“显示”|“UCS 图标”子菜单中的命令，或在命令行输入 UCSICON，可控制 UCS 图标是否显示，以及显示的样式、尺寸大小、颜色和显示位置等。

### 9.1.2 坐标系的方向判断和旋向判断

（1）判断坐标系方向的右手法则：在三维坐标系中，如果已知 X 轴和 Y 轴的方向，可以使用右手法则来确定 Z 轴的正方向。

1）平伸右手手掌，使 4 个手指指向 X 轴正向。

2）将 4 个手指弯曲 90°，使其指向 Y 轴正向。

3）则大拇指的指向即为 Z 轴正向。

（2）判断绕坐标轴旋转正方向的右手螺旋法则：在二维平面上绘图时，确定旋转方向可用系统的默认设置，即逆时针为正方向，顺时针为负方向。但是，在三维空间中绘图时，不能这样简单地确定旋转的方向，需根据右手螺旋法则进行判断。

1）右手握住某坐标轴。

2）拇指指向该坐标轴的正向。

3）弯曲其余 4 个手指，则 4 个手指的弯曲方向，即为绕该坐标轴旋转的正方向。

### 9.1.3 确定点的位置

二维空间中确定点的很多方法都可以用于三维空间，如鼠标直接点取，按给定的距离输入点，用捕捉方式输入点等。在关闭了捕捉功能的情况下，用鼠标直接点取所指定的点，都在当前 UCS 坐标系的 XY 平面上；而按给定的距离所指定的点，通常在 UCS 坐标系的 XY 平面上，或 XY 平面的平行平面上。

在三维空间中指定点，还可以使用如下方法。

1. 直角坐标

在三维空间中确定一个点的位置，同样可以使用绝对坐标方式和相对坐标方式。只是，这时输入的点的坐标，相对于二维空间多了一个 Z 坐标值。

（1）绝对直角坐标的输入格式为：x,y,z。例如某点的绝对直角坐标为“30,40,100”。

（2）相对直角坐标的输入格式为：@x,y,z。例如某点的相对坐标为“@10,-15,-100”。

需要注意的是，与二维空间相同，相对坐标是指相对于上一点坐标的坐标变化增量。

**技巧**

在三维空间中，如果指定的点在 UCS 坐标系的 XY 平面上，则可以只输入点的 X 坐标和 Y 坐标，Z 坐标可以省略不输入。

2. 柱面坐标

使用柱面坐标来确定空间一点的位置与二维平面中的极坐标方式相似。不过，增加了该点到 XY 平面的距离。柱面坐标，常用于在圆柱面上确定点的位置。

（1）如图 9-4 所示，柱面坐标用下面三项来确定空间点的位置：

1）空间一点 A 在 XY 平面上的投影 A' 与当前坐标系原点的距离 d。

2）空间一点 A 与坐标原点 O 的连线 AO，在 XY 平面上的投影 A'O 与 X 正向的夹角 α。

3）空间一点 A 到 XY 平面的距离 Z，即该点的 Z 坐标值。

（2）柱面坐标的输入格式：距离 < 角度，Z 坐标值 =d< α，Z。

例如，“100<30,150”表示：该点在 XY 平面上的投影与坐标原点的距离为 100；该点在 XY 平面上的投影与坐标原点的连线与 X 轴正向的夹角为 30°；该点的 Z 坐标值为 150。

柱面坐标同样可以使用相对坐标。例如，“@100<30,150”表示：该点与上一点的连线，在 XY 平面上的投影距离为 100；该点与上一点的连线，在 XY 平面上的投影与 X 轴正向的夹角为 30°；该点与上一点的 Z 坐标差值为 150。

3. 球面坐标

（1）球面坐标常用于在球的表面上确定点的位置，如图 9-5 所示。球面坐标，用下面三项来确定空间点的位置：

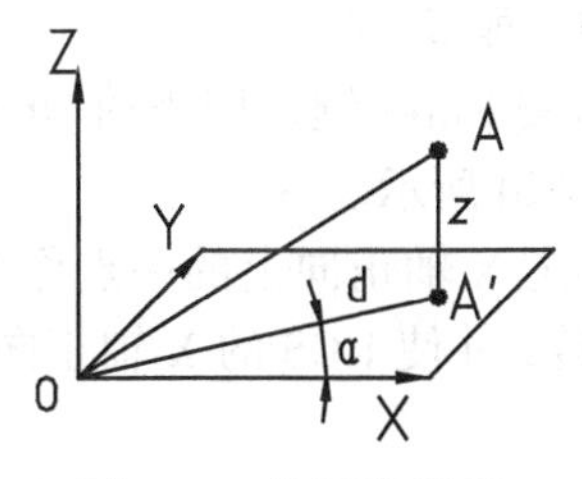


图 9-4　柱面坐标系

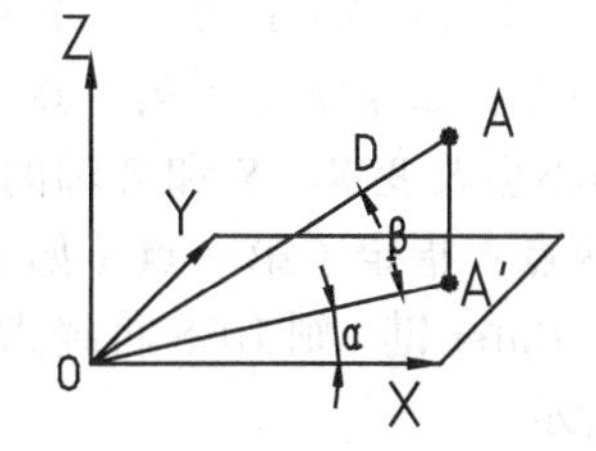


图 9-5　球面坐标系

1）空间一点 A 与当前坐标系原点的距离 D。

2）空间一点 A 与坐标原点 O 的连线 AO，在 XY 平面上的投影 A'O 与 X 正向的夹角 α。

3）空间一点 A 与坐标原点的连线与 XY 平面的夹角 β。

（2）球面坐标的输入格式：距离 < 角度 < 角度，即 D< α < β。

例如，“100<30<60”表示：该点与坐标原点连线的距离为 100；该点在 XY 平面上的投影与坐标原点的连线与 X 轴正向的夹角为 30°；该点与坐标原点的连线与 XY 平面的夹角为 60°。

球面坐标同样可以使用相对坐标。例如，“@100<30<60”表示：该点与上一点连线的距离为 100；该点与上一点的连线在 XY 平面上的投影与 X 轴正向的夹角为 30°；该点与上一点连线与 XY 平面的夹角为 60°。

## 9.2 用户坐标系

在三维空间中定义UCS用户坐标系，对于输入坐标、定义绘图平面和设置视图都非常关键。UCS坐标系的XY平面即为当前的绘图工作平面，所有的坐标输入和坐标显示都是相对于当前UCS的。绘图时，对于不同的平面，可以定义不同的用户坐标系，以方便图形绘制。

三维绘图的很多命令，可以通过"三维建模"工作空间调用，也可以通过"三维基础"工作空间调用，后面主要以"三维建模"空间进行介绍。

### 9.2.1 定义UCS坐标系

新建UCS命令用于定义和管理UCS用户坐标系。

1. 调用

◆ 菜单：工具｜"新建UCS"子菜单，如图9-6所示。

◆ 命令行：UCS。

◆ 三维建模空间：功能区｜常用｜坐标｜UCS，或可视化｜坐标｜UCS。

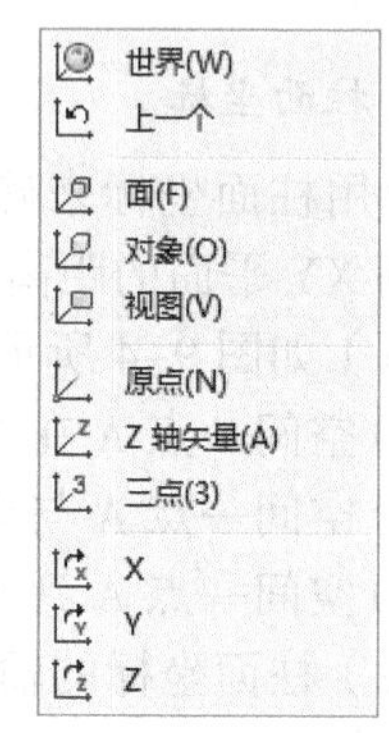

图9-6 新建UCS子菜单

2. 操作方法

命令：ucs（调用命令）

当前UCS名称：*世界*

指定UCS的原点或[面（F）/命名（NA）/对象（OB）/上一个（P）/视图（V）/世界（W）/X/Y/Z/Z轴（ZA）]<世界>:（指定UCS的原点，或指定一个选项，或按Enter键使用默认坐标系"世界"）

3. 选项说明

（1）指定UCS的原点：使用指定的一点、两点或三点定义一个新的UCS，如图9-7所示。指定了一点后的操作和提示如下：

指定X轴上的点或<接受>:（指定X轴上的点，即第二点）

指定XY平面上的点或<接受>:（指定XY平面上的点，即第三点）

1）指定一点：如果指定了第一点（如1点）后即按Enter键，则当前UCS的原点将移动到该点，但不会改变X、Y和Z轴的方向，如图9-7(b)所示。

2）指定两点：指定了第一点（如1点）后，再指定X轴正向上的一点作为第二点（如4点），然后按Enter键，则UCS将绕指定的第一点旋转，并使UCS的X轴正向通过第二点，如图9-7(c)所示。

3）指定三点：指定了一点（如1点）后，再指定X轴正向上的一点作为第二点（如指定为4点），最后，在XY平面上指定一点作为第三点（如5点），则UCS将绕X轴旋转，以使UCS的XY平面的Y轴正向通过该点，如图9-7(d)所示。

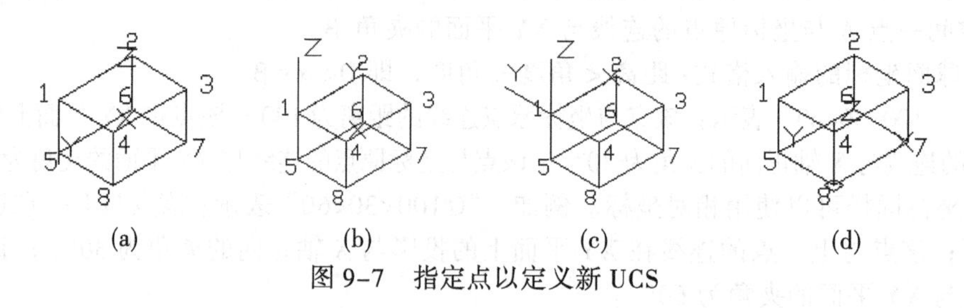

图9-7 指定点以定义新UCS

（2）面：将新 UCS 坐标系与三维实体对象的选定面对齐。选择面时，可在面内任意一点单击或单击面的一条边，被选中的面将亮显。UCS 坐标系的 XY 平面将附着于该面上，且 X 轴将与所选择面上最接近单击点的边对齐，如图 9-8 所示。其操作和提示如下：

选择实体面、曲面或网格：（用鼠标在面内或面的边上单击，如在前平面内单击）

输入选项 [ 下一个（N）/X 轴反向（X）/Y 轴反向（Y）] < 接受 > :（指定一个选项，或按 Enter 键使用当前选项“接受”）

其中，“下一个”选项，可将新的 UCS 转到邻近的面上或选定边的后向面；“X 轴反向”和“Y 轴反向”，可将 UCS 坐标系绕 X 轴或 Y 轴旋转 180° 定位；如果在提示下按 Enter 键，则接受当前亮显的面作为定位 UCS 坐标系的面。

（3）命名：按指定的名称保存、恢复或删除 UCS 坐标系。其操作和提示如下：

输入选项 [ 恢复（R）/ 保存（S）/ 删除（D）/?] :（指定一个选项）

其中，选择“恢复”选项可恢复已保存的 UCS，使其成为当前 UCS；选择“保存”选项，可按指定的名称保存当前的 UCS；选择“删除”选项，可从已保存的用户坐标系中删除指定的 UCS；选择“？”选项，可列出当前已定义的 UCS 的名称以及每个保存的 UCS 相对于当前 UCS 的原点以及 X、Y 和 Z 轴。

（4）对象：根据选定的三维对象定义新的 UCS 坐标系。新建 UCS 的拉伸方向（Z 轴正方向）与选定对象的拉伸方向相同。对于大多数对象，新 UCS 的原点位于离选定对象最近的顶点处，且 X 轴与一条边对齐或相切。对于平面对象，UCS 的 XY 平面与该对象所在的平面对齐，如图 9-9 所示。

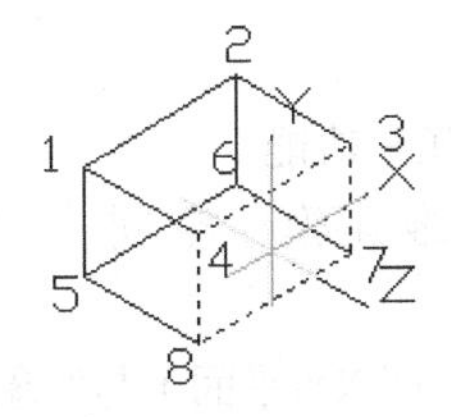

图 9-8　面 UCS

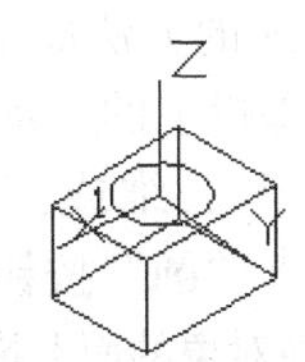

图 9-9　对象 UCS

（5）上一个：恢复到最近一次使用的 UCS。重复使用该选项，可逐步返回到曾经使用过的某个 UCS 坐标系。

（6）视图：选择该项，将以垂直于观察方向的平面（即平行于屏幕的平面）为新 UCS 坐标系的 XY 平面，且 UCS 原点保持不变，如图 9-10 所示。

（7）世界：默认选项，在提示下直接按 Enter 键将选择该项。该项将当前用户坐标系设置为世界坐标系。

（8）X、Y、Z：用于绕指定的轴旋转当前 UCS 坐标系来定义新的 UCS 坐标系，如图 9-11 所示。

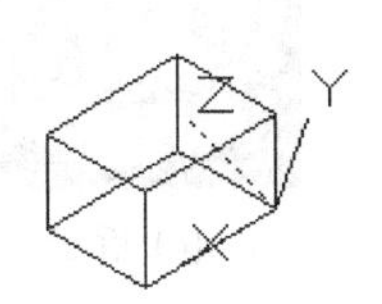

图 9-10　视图 UCS

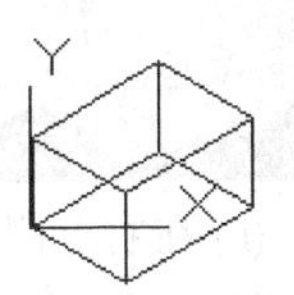

(a) 改变前

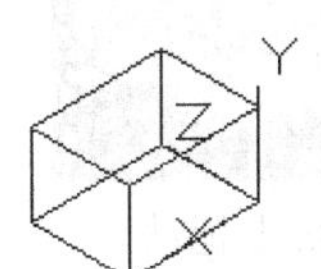

(b) 改变后

图 9-11　X 方式定义新 UCS

（9）Z 轴：选择该项，将通过指定点或选择对象方式来定义新的 UCS 坐标系，如图 9-12 所示。在提示下直接指定一点（如 1 点）作为新 UCS 的原点，在“在正 Z 轴范围上指定点：”

的提示下，指定另一点（如 4 点）作为 Z 轴正向上的一点来确定新 UCS，如图 9-12(a) 所示；如果选择“对象”选项，定义的 UCS 将 Z 轴与离选定的开口对象最近的端点的切线方向对齐，且 Z 轴正向为背离对象的方向，如图 9-12(b) 所示。

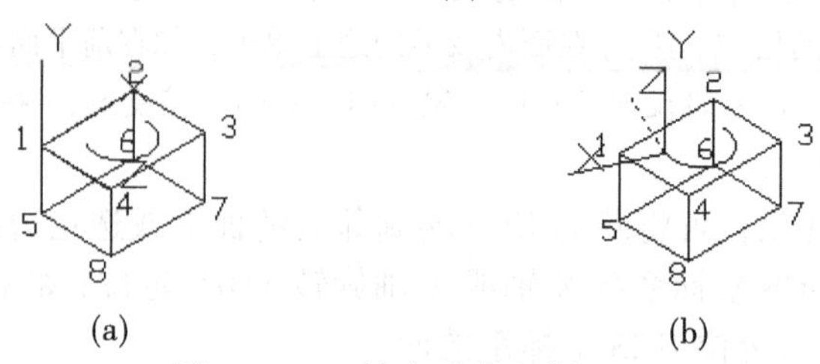


(a)　　(b)

图 9-12　Z 轴方式定义新 UCS

（10）应用：单击“UCS”工具栏｜“应用”按钮，可在其他视口保存有不同的 UCS 时，将当前视口的 UCS 设置应用到指定的视口或所有活动视口。

### 9.2.2　使用动态 UCS

动态 UCS 功能，可使用户在倾斜面上创建对象非常轻松方便。打开动态 UCS 功能后，在执行命令的过程中，当将光标在三维实体的面上移动时，动态 UCS 会自动将 UCS 的 XY 平面与指定的三维实体对象的平整面对齐。

在状态栏的右下角，单击“自定义”菜单，从中选择“动态 UCS”，将“动态 UCS”按钮放在状态栏上。单击状态栏上的“动态 UCS”按钮，也可以按组合键 Ctrl+D，或按 F6 键，打开或关闭动态 UCS 功能。

使用动态 UCS 的方法如下：

（1）单击状态栏上的“动态 UCS”按钮，打开动态 UCS 功能。

（2）调用某个二维或三维绘图命令，如单击“三维建模”空间｜“常用”选项卡｜“绘图”面板｜“圆”按钮。

（3）将光标在对象的面上拖动，当动态 UCS 的工作平面（即 XY 平面）与对象的面对齐时，对象的面将显示为虚线。同时，光标将显示动态 UCS 中各坐标轴的方向，如图 9-13 (a) 和 9-13(b) 所示。

（4）拖动光标时，光标所经过对象面的边不同，光标中所显示的 X 轴的方向不同。

（5）按绘图命令的提示，当指定一个点后，动态 UCS 的原点将显示在指定的点处，且动态 UCS 的 XY 平面自动与对象的面重合，如图 9-13(c) 所示。

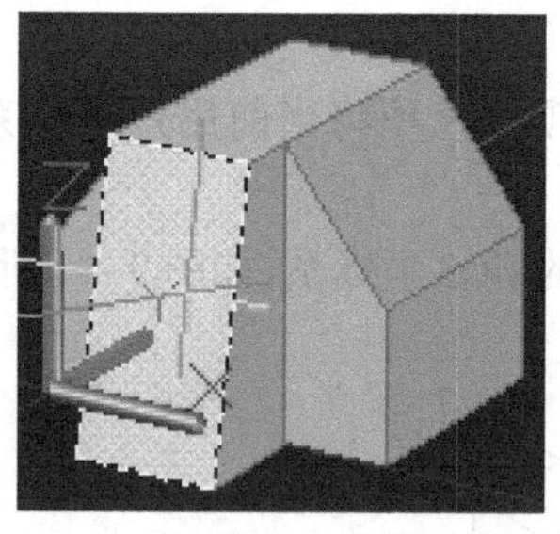

(a) 在前平面上拖动

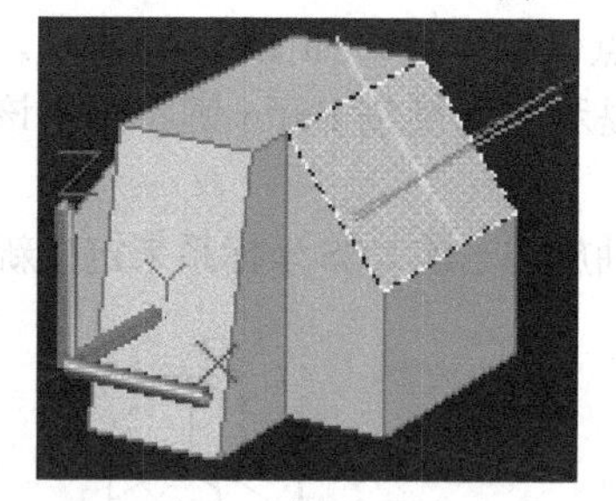

(b) 在右上侧面上拖动

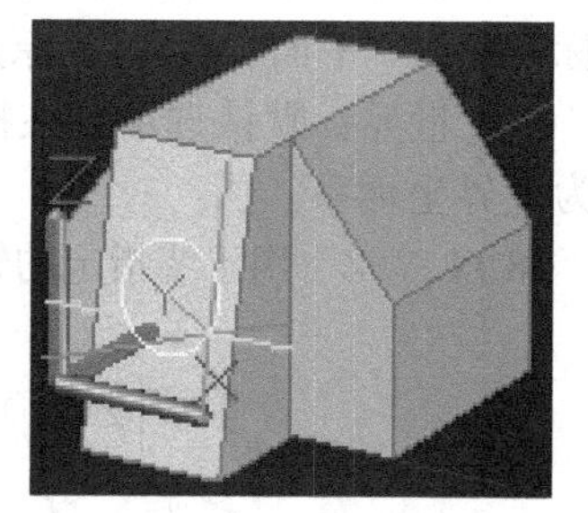

(c) 指定一个点后

图 9-13　使用动态 UCS

**技巧**

● 将动态 UCS 与对象捕捉、对象捕捉追踪、极轴追踪以及按给定的距离指定点的方式结合使用，可精确确定所绘制的对象在倾斜面上的位置。

● 对三维实体使用动态 UCS 和对齐命令 ALIGN，可以快速有效地重新定位对象并重新确定对象相对于平整面的方向。

● 在“选项”对话框（命令别名 OP）|“三维建模”选项卡 |“三维十字光标”选项组中，选择“对动态 UCS 显示标签”选项，则在使用动态 UCS 的时候，光标上会适时显示 X、Y、Z 轴的标签，这样便于确定坐标的方向。

### 9.2.3 管理 UCS

管理 UCS 命令用于保存、恢复和设置 UCS 用户坐标系，以及指定视口中 UCS 图标等。

1. 调用

◆ 菜单：工具 | 命名 UCS。

◆ 命令行：UCSMAN、DDUCS 或命令别名 UC。

◆ 三维建模空间：功能区 | 常用 | 坐标 | 命名 UCS，或可视化 | 坐标 | 命名 UCS。

2. 操作及说明

调用命令后，将显示 UCS 对话框，如图 9-14 所示。

（1）“命名 UCS”选项卡：该选项卡列出当前图形中已命名和未命名的用户坐标系等。在列表中某个未命名的 UCS 坐标系上右击，可对其重命名；在列表中选择一个已经保存的用户坐标系，单击“置为当前”按钮，将其设置为当前用户坐标系；单击“详细信息”按钮，将显示选定 UCS 的坐标轴和原点的相关信息。

（2）“正交 UCS”选项卡：该选项卡用于将 UCS 改为 6 个正交 UCS 设置之一，如图 9-15 所示。在列表框的某个正交 UCS 坐标系上右击，将弹出一个快捷菜单，如图 9-16 所示。其中，“重置”选项用于恢复选定正交坐标系的原点，即将原点恢复到相对于指定基准坐标系的默认位置（0,0,0）；而“深度”选项，可以指定正交 UCS 的 XY 平面与通过基础坐标系原点的平行平面间的距离，如图 9-17 所示。其余操作与“命名 UCS”选项卡相同。

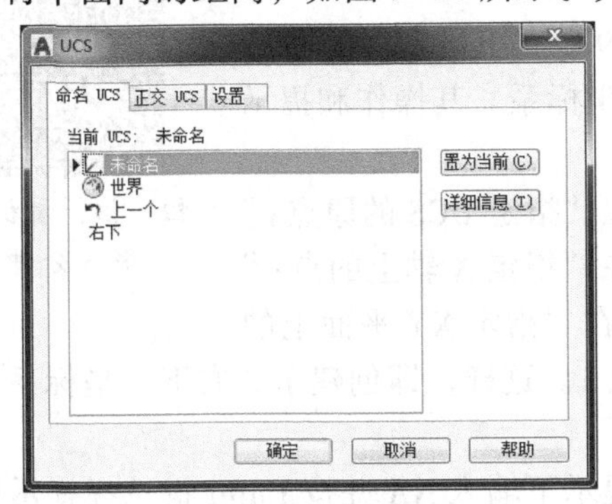


图 9-14 UCS 对话框

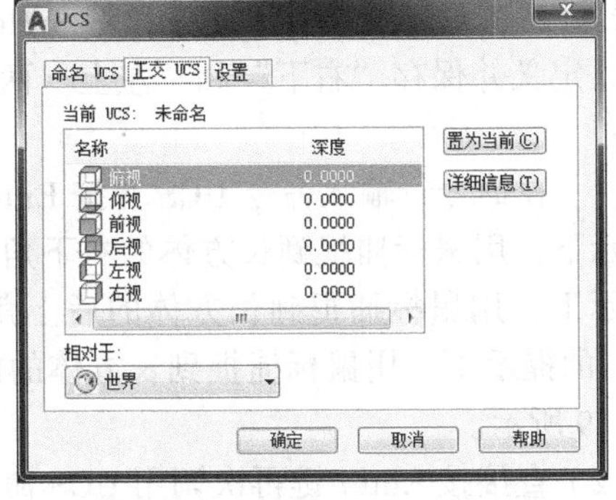


图 9-15 “正交 UCS”选项卡

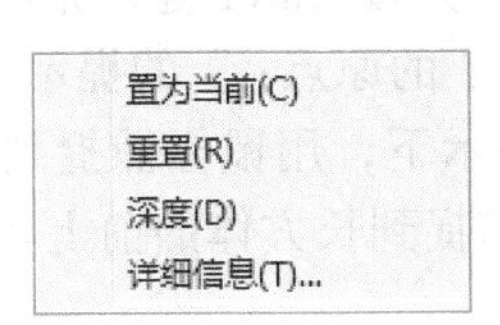


图 9-16 “正交 UCS”选项卡快捷菜单

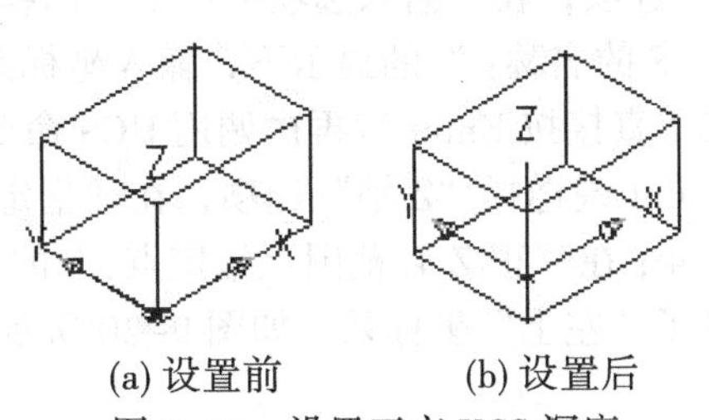


(a) 设置前 (b) 设置后

图 9-17 设置正交 UCS 深度

（3）“设置”选项卡：该选项卡显示和修改与视口一起保存的 UCS 图标设置和 UCS 设置，如图 9-18 所示。

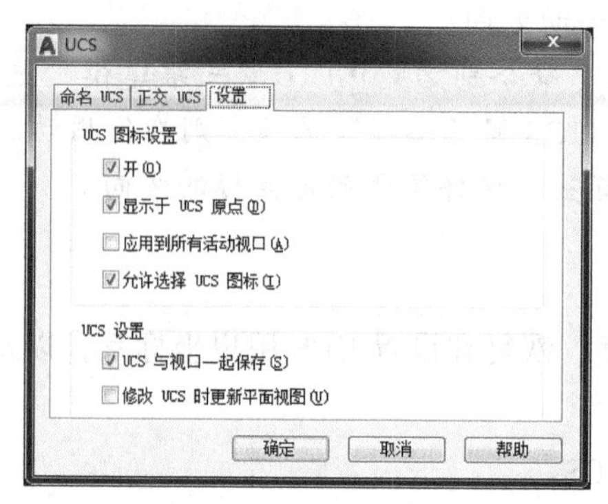


图 9-18 “设置”选项卡

1）UCS 图标设置：指定当前视口的 UCS 图标显示设置。其中，选择“开”复选框，将在当前视口中显示 UCS 图标；选择“显示于 UCS 原点”复选框，将在当前视口中当前坐标系的原点处显示 UCS 图标，否则将在视口的左下角显示 UCS 图标；选择“应用到所有活动视口”复选框，系统将把 UCS 图标的设置，应用到当前图形中的所有活动视口；“允许选择 UCS 图标”复选框，控制当光标移到 UCS 图标上时该图标是否亮显，以及是否可以通过单击选择它并访问 UCS 图标夹点。

2）UCS 设置：指定更新 UCS 设置时 UCS 的行为。其中，选择“UCS 与视口一起保存”复选框，系统将会把 UCS 坐标系的设置与视口一起保存，这样，在切换视口时 UCS 坐标系不会发生任何变化；选择“修改 UCS 时更新平面视图”复选框，当修改视口中的 UCS 坐标系时，该视口中的图形将恢复到平面视图。

### 9.2.4 上机实训 1——定义并保存 UCS

扫一扫，看视频
※ 5 分钟

打开“图形”文件夹 | dwg | Sample | CH09 | “上机实训 1.dwg”图形，定义并保存“右下”和“左上”两个 UCS 坐标系。其操作和提示如下：

（1）在命令行输入命令 UCS 并按 Enter 键，在“指定 UCS 的原点：”的提示下，用鼠标捕捉到长方体的右下角点 6；在“指定 X 轴上的点：”的提示下，用鼠标捕捉到长方体的后上角点 3；在“指定 XY 平面上的点：”的提示下，用鼠标捕捉到长方体的前上角点 1。这样，即创建了“右下”坐标系，如图 9-19 所示。

（2）直接按 Enter 键再次调用 UCS 命令，在提示下输入 NA 并按 Enter 键选择提示中的“命名”选项；在“输入选项……：”的提示下，输入 S 选择“保存”选项；在“输入当前保存 UCS 的名称：”的提示下，输入坐标系的名称“右下”并按 Enter 键，完成保存。

（3）直接按 Enter 键再次调用 UCS 命令，在“指定 UCS 的原点：”的提示下，输入 ZA 并按 Enter 键选择“Z 轴”选项；在“指定新原点：”的提示下，用鼠标捕捉到长方体的左上角点 4；在“正 Z 轴范围上指定点：”的提示下，用鼠标捕捉到长方体的前上角点 1。这样，即创建了“左上”坐标系，如图 9-20 所示。

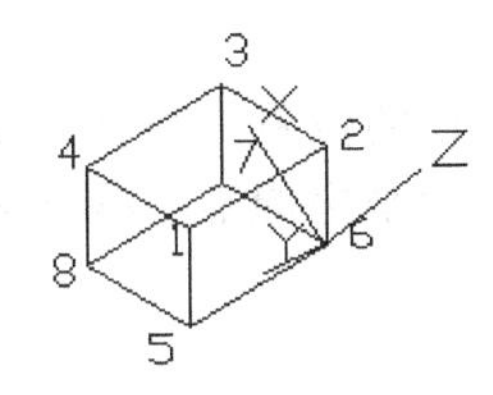


图 9-19 “右下”UCS 坐标系

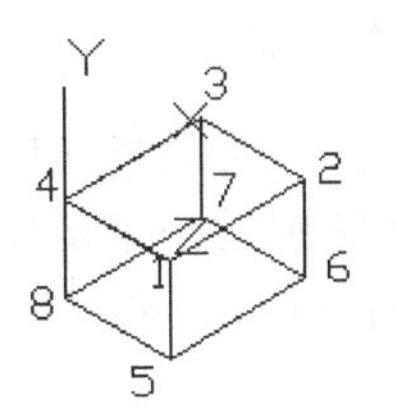


图 9-20 “左上”UCS 坐标系

（4）用同样的方法，保存“左上”坐标系。

## 9.3 观察三维模型

在进行三维图形的绘制与编辑时，为了更好地观察三维模型，用户需要从不同角度、不同位置去观察模型，特别是图形很复杂的时候。

### 9.3.1 使用标准视图

视图是指从空间中的特定位置（即视点——三维模型空间中观察模型的位置，相当于人眼睛所在的位置）观察对象所得到的图形。选择预定义的三维视图是快速设置视图的最简单的方法，用户可以选择预定义的标准正交视图和等轴测视图，这是最常用的观察方式。使用预定义视图的方法：

◆ 菜单：视图｜“三维视图”子菜单，如图 9-21 所示。

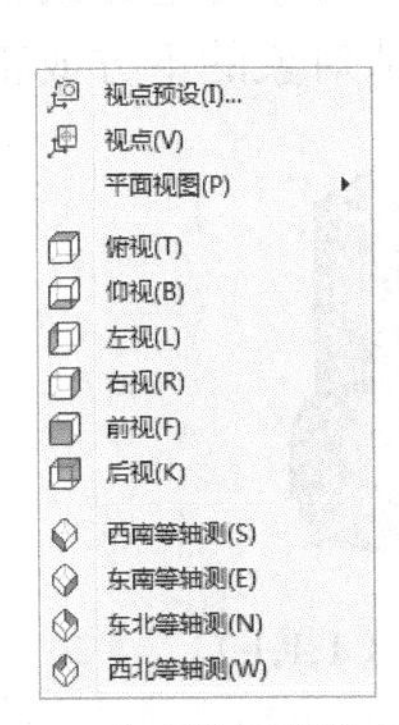


图 9-21 “三维视图”子菜单

◆ 命令行：VIEW 或命令别名 V。

◆ 三维建模空间：功能区｜常用｜视图｜三维导航下拉列表，或可视化｜“视图”面板中选择一个。

常用等轴测视图的观察方式如图 9-22 所示。

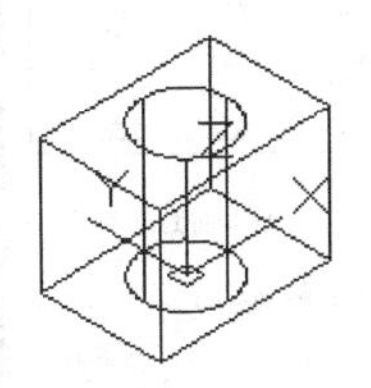

(a) 西南等轴测视图

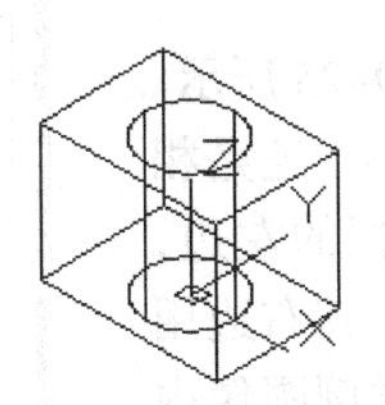

(b) 东南等轴测视图

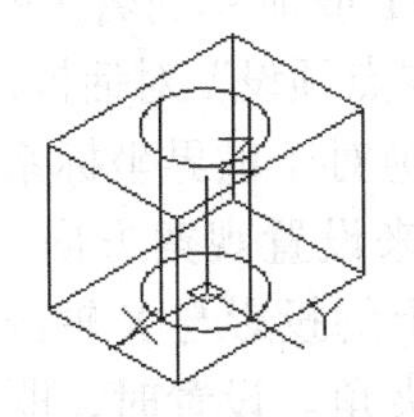

(c) 东北等轴测视图

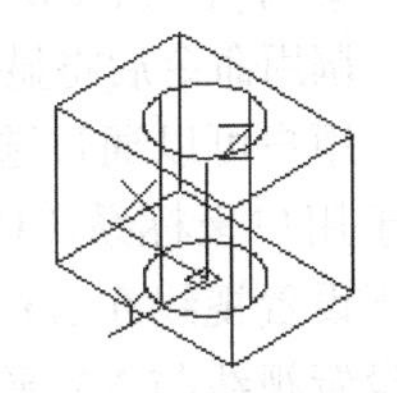

(d) 西北等轴测视图

图 9-22 等轴测视图

### 9.3.2 设置视点

视点是指在三维模型空间中观察模型时相机镜头所在的位置。目标点是指用相机观察对象时，相机聚焦到的一个清晰点，即为目标点，通常为坐标原点。视线是指相机镜头所在位置与目标点的连线，视线确定了观察对象的方向。

1. 使用视点命令

使用视点命令可以设置观察点的位置，从该点向原点（0,0,0）方向观察。其调用方法如下：

◆ 菜单：视图 | 三维视图 | 视点。

◆ 命令行：VPOINT 或命令别名 -VP。

调用命令后的操作和提示如下：

当前视图方向：VIEWDIR=-1.0000,-1.0000,1.0000（提示当前视点所在的位置）

指定视点或 [ 旋转（R）] < 显示坐标球和三轴架 >：（指定视点位置，或输入 R 使用“旋转”选项，或按 Enter 键使用“显示坐标球和三轴架”选项）

其中，“指定视点”选项，可指定一个点作为视点的位置。该点与坐标原点（0,0,0）的连线方向为观察方向，如图 9-23 所示；选择“旋转”选项，可通过分别指定视线在 XY 平面上的投影与 X 轴正向的夹角 α 和视线与 XY 平面的夹角 β 来定义新的观察方向。

在提示下直接按 Enter 键，将使用“显示坐标球和三轴架”选项，这时绘图区将显示坐标球和三轴架，如图 9-24 所示。坐标球相当于一个球的俯视图，十字光标代表视点的位置，三轴架代表当前坐标系的 3 个坐标轴，对象位于球心。使用坐标球和三轴架时，将光标置于坐标球内环以内或中心点单击，可从对象的上方或正上方观察；将光标置于坐标球的内环与外环之间，或置于外环上单击，可从对象的下方或正下方观察。

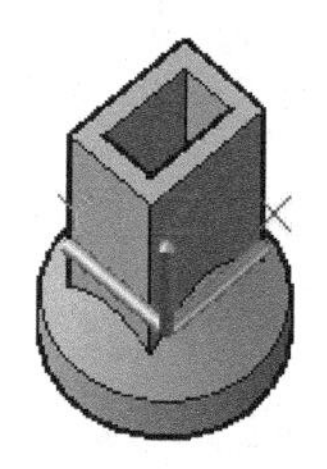

(a) 视点为（-1,-1,2）

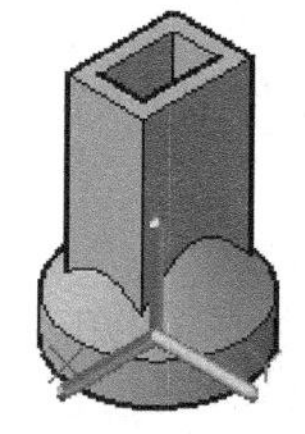

(b) 视点为（1,1,1）

图 9-23　设置视点

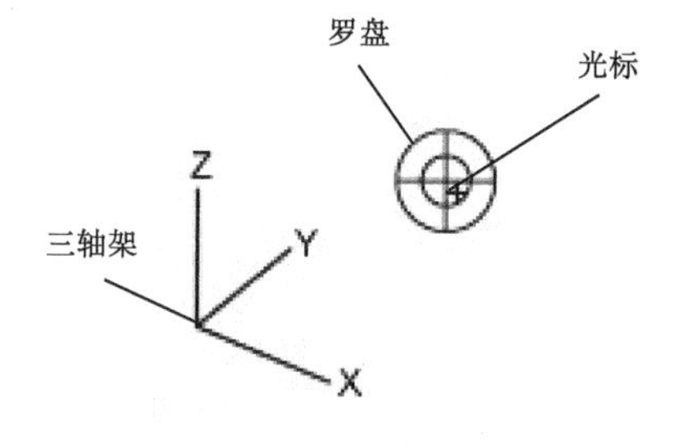


图 9-24　坐标球和三轴架

2. 使用视点预设

使用视点预设命令可以通过对话框的方式设置三维观察方向。其调用方式如下：

◆ 菜单：视图 | 三维视图 | 视点预设。

◆ 命令行：DDVPOINT 或命令别名 VP。

调用命令后将显示“视点预设”对话框，如图 9-25 所示。

用户可以通过选择是绝对于世界坐标系（WCS）还是相对于用户坐标系（UCS）来设置观察方向。对话框的左边，用于设置视线在 XY 平面上的投影与 X 轴的夹角；其右边用于设置视线与 XY 平面的夹角。设置时，既可在样例图像内单击指定，也可以在下面的文本框中输入值。单击“设置为平面视图”按钮，可以根据选定坐标系显示 XY 平面视图。

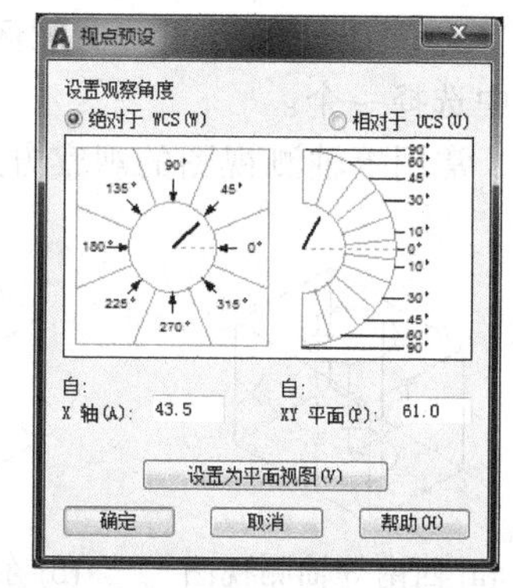


图 9-25　“视点预置”对话框

### 9.3.3 三维动态观察

使用三维动态管观察器可以实时控制和改变视图，以得到不同的观察效果。其调用方式如下：

◆菜单：视图｜动态观察子菜单，如图9-26所示。

◆命令行：3DORBIT或命令别名3DO。

◆三维建模空间：功能区｜视图｜导航｜动态观察。

◆快捷方式：按Shift键和鼠标滚轮，可临时进入“三维动态观察”模式。

在启动命令3DORBIT之前，如果未选择任何对象，则调用命令后可以观察整个图形；如果在调用命令3DORBIT之前选择了一个或多个对象，在命令的执行过程中将只观察所选择的对象。查看整个图形或多个对象，会降低操作速度和刷新速度。调用命令后，将在当前视口中激活三维动态观察视图，如图9-27所示。

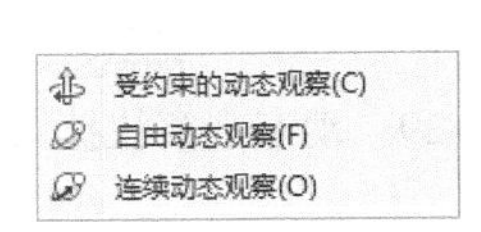


图9-26　动态观察菜单

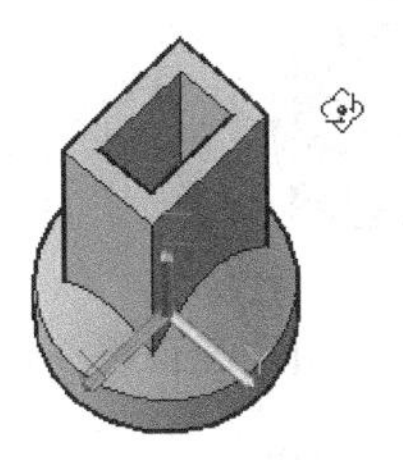

图9-27　三维动态观察

1. 受约束的动态观察

用于对视图中的对象进行一定约束的动态观察，即水平、垂直、对角拖动观察。使用受约束三维动态观察，可防止动态观察时对象翻转，有助于修改建筑物、汽车和地图等图形的视图。其操作方法如下：

（1）水平拖动：按下鼠标左键，沿水平方向拖动光标，视点将沿平行于世界坐标系（WCS）的XY平面移动来旋转观察对象。

（2）垂直拖动：按下鼠标左键，沿垂直方向拖动光标，视点将沿Z方向移动来旋转观察对象。

（3）任意方向拖动：沿任意方向拖动光标，可从任意方向旋转观察对象。

正在进行动态观察时，按住Shift键，将打开自由动态观察。

2. 自由动态观察

自由动态观察即不受约束的动态观察，可以从任意方向观察对象。这时将显示一个导航球（也叫象限仪），如图9-28所示。查看时目标保持不动，而相机的位置围绕目标移动，目标点默认是导航球的中心。在导航球的不同部分之间移动光标，光标的形状会发生改变以指示查看旋转的方向。其操作方法如下：

（1）球形光标⊕：光标处于导航球内显示的形式。单击并拖动光标，可围绕对象自由移动和旋转。可以在水平、垂直或斜向上拖动和旋转对象，从而以不同角度观察对象。

（2）圆形光标⊙：光标处于导航球外显示的形式。在导航球外部单击并围绕导航球拖动光标，将使视图围绕通过导航球的中心并垂直于屏幕的轴旋转。

（3）水平椭圆光标⊕：光标处于导航球左右小圆内显示的形式。单击并拖动光标，将使视图围绕通过导航球中心的垂直轴旋转。

（4）垂直椭圆光标⊖：光标处于导航球上下小圆内显示的形式。单击并拖动光标将使视图围绕通过导航球中心的水平轴旋转。

3. 连续动态观察

连续动态观察用于连续转动观察图像。使用时，按住鼠标左键并沿任何方向拖动定点设备，释放鼠标左键即可使对象沿拖动方向连续运动。光标移动的速度决定了对象的旋转速度。

4. 其他导航操作

当任意动态观察命令处于活动状态时，用鼠标在绘图区域中右击，从弹出的快捷菜单中选择相应选项，如图 9-29 所示。这些操作比较简单，用户可以尝试操作。

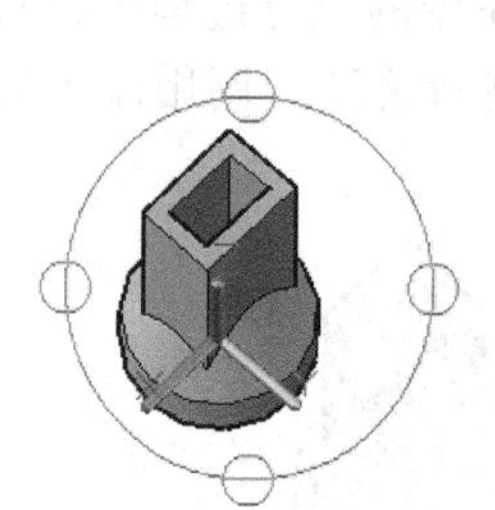

图 9-28　自由动态观察

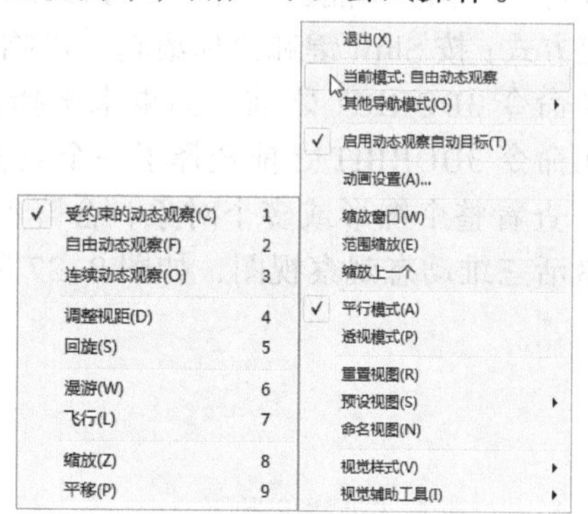


图 9-29　动态观察快捷菜单

### 9.3.4 使用控制盘

控制盘将多个视图导航工具集合到了一起，使用户在进行二维视图操作或三维观察对象时非常方便。其调用方式如下：

- ◆ 菜单：视图｜Steering Wheel。
- ◆ 命令行：NAVSWHEEL。
- ◆ 三维建模空间：功能区｜视图｜导航｜ Steering Wheel。
- ◆ 快捷方式：在绘图区空白处右击，从弹出的快捷菜单中选择“Steering Wheel设置”选项。

调用命令后，将显示“全导航控制盘”，如图 9-30 所示。在其上右击，或单击控制盘右下角的下拉按钮，将打开控制盘菜单，如图 9-31 所示。利用该菜单，用户可调整控制盘的大小、外观、透明度，以及选择不同的控制盘进行导航操作等。

图 9-30　全导航控制盘

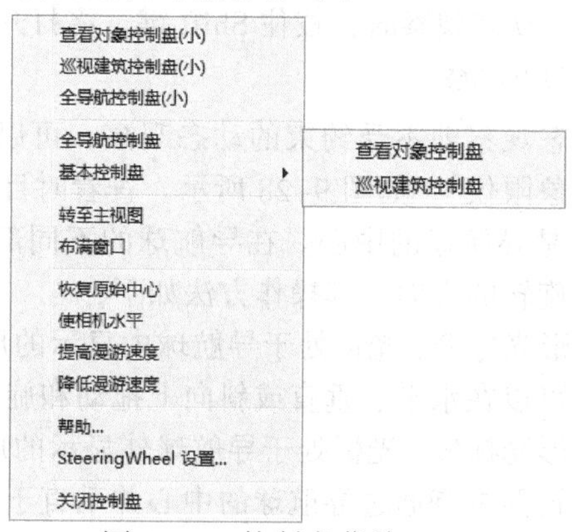


图 9-31　控制盘菜单

控制盘的使用方法：显示控制盘后，单击其中一个按钮并按住鼠标左键可激活该导航工具；拖动鼠标可重新定向当前视图；松开按钮可返回至控制盘；按 Esc 键或 Enter 键，或单击控制盘上的关闭按钮可关闭控制盘。

除了“全导航控制盘”外，还有“查看对象控制盘”，如图9-32所示，和“巡航建筑控制盘”，如图9-33所示。它们的作用如下：

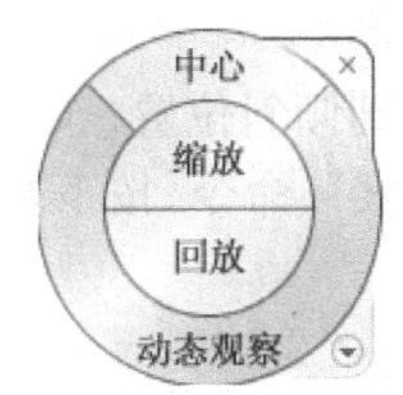


图9-32 查看对象控制盘

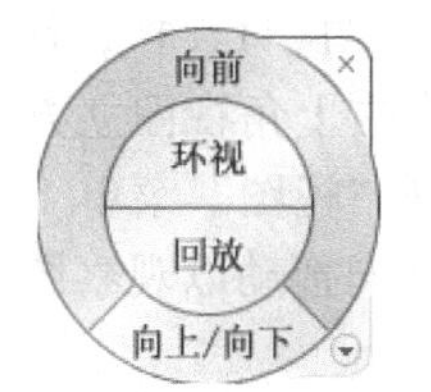


图9-33 巡航建筑控制盘

（1）全导航控制盘：是功能最齐全的控制盘，其上包括了常用的二维导航、三维导航工具，用于查看对象和巡视建筑。可设定观察的中心点、动态观察、缩放、漫游、环视对象以及显示回放视图等。

（2）查看对象控制盘：用于查看模型中的单个对象或成组对象。用于动态观察、缩放、回放视图等。

（3）巡航建筑控制盘：模拟在模型（如建筑、装配线、船或石油钻塔）内移动，或在模型内漫游，围绕模型进行导航等。

### 9.3.5 使用视图立方

ViewCube是用户在二维模型空间或三维视觉样式中处理图形时的导航工具。通过ViewCube，用户可以在标准视图和等轴测视图间切换。

使用命令NAVVCUBE，或单击“三维建模”空间｜视图｜视口工具｜ViewCube按钮，可显示或隐藏视图立方。

ViewCube包括一个立方体和它下面的指南针，它通常显示在绘图区右上角，且处于非活动状态，如图9-34所示。当光标放置在ViewCube工具上时，它将变为活动状态。

视图立方的使用方法为：单击立方体的一个面，可以切换到一个平面视图；单击立方的一个角点，可得到一个等轴测视图；单击立方体的一条棱边，可得到观察该棱边相邻两个面的视图；单击并拖动，可以旋转模型；单击指南针上的基本方向字母可以旋转模型；单击并拖动指南针环以交互方式围绕轴心点旋转模型。

在视图立方的立方体或指南针上右击，弹出一个视图立方菜单，如图9-35所示，用户还可以设置视图立方的外观、恢复模型的主视图、设置视图是平行投影还是透视投影视图等。

图9-34 视图立方

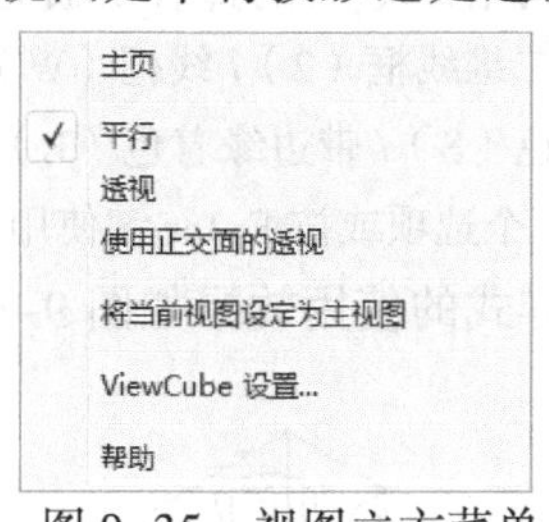


图9-35 视图立方菜单

### 9.3.6 上机实训2——观察模型

扫一扫，看视频
※8分钟

打开“图形”文件夹｜dwg｜Sample｜CH09｜“上机实训2.dwg”图形，如图9-36所示，观察其中模型。其操作和提示如下：

（1）选择“视图”菜单｜“三维视图”｜“前视”命令，将视图转到主视图状态，如图 9-37 所示。

（2）选择“视图”菜单 | “三维视图” | “视点”命令，在“指定视点……：”的提示下输入视点“1，1，1”，然后按 Enter 键，结果如图 9-38 所示。

（3）单击右上角视图立方中立方体的前上角点，将视图转到倾斜位置，如图 9-39 所示。

（4）选择“视图”菜单 | “动态观察” | “受约束的动态观察”命令，按下左键水平拖动、垂直拖动、斜向拖动以观察图形。

图 9-36 原图

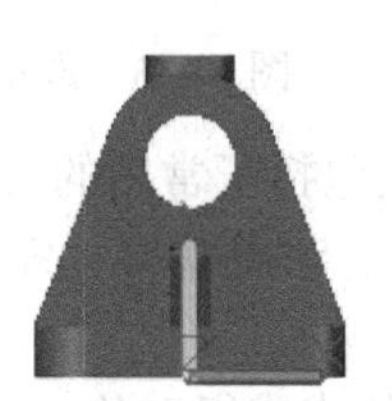
图 9-37 主视图

图 9-38 设置视点

图 9-39 使用视图立方

## 9.4 视觉样式与消隐

观察三维模型时，除了设置视点外，还应设置模型的显示类型。在 AutoCAD 中，可以使用线框、着色、消隐和渲染等方式显示模型。

### 9.4.1 视觉样式

设置视觉样式后可以使用线框、概念、真实等着色方式控制模型的显示。

1. 调用

◆ 菜单：视图 | “视觉样式”子菜单，如图 9-40 所示。

◆ 命令行：VSCURRENT 或命令别名 VS。

◆ 三维建模空间：功能区 | 常用 | 视图 | 视觉样式下拉列表，或可视化 | 视觉样式 | 视觉样式下拉列表。

2. 操作及说明

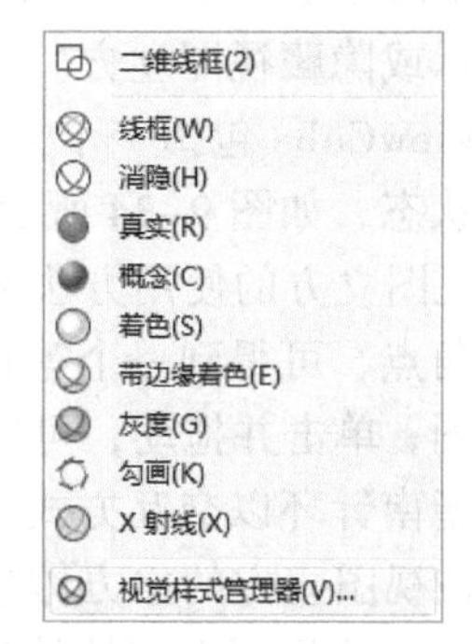

图 9-40 “视觉样式”子菜单

在命令行调用命令后的操作和提示如下：

输入选项 [ 二维线框（2）/ 线框（W）/ 隐藏（H）/ 真实（R）/ 概念（C）/ 着色（S）/ 带边缘着色（E）/ 灰度（G）/ 勾画（SK）/X 射线（X）/ 其他（O）] < 二维线框 >：（指定一个选项或按 Enter 键使用当前选项“二维线框”）

几种视觉样式的使用效果如图 9-41 所示。上面选项的说明如下：

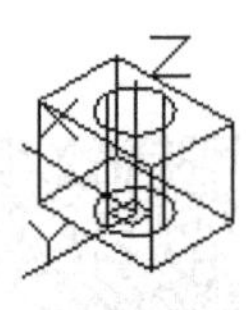
(a) 二维线框

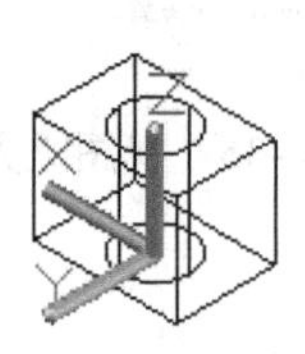
(b) 三维线框

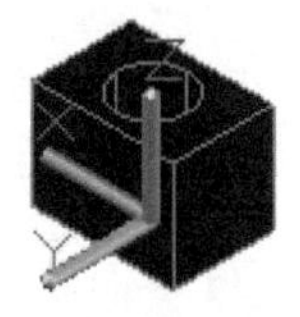
(c) 真实

(d) 概念

(e) 勾画

图 9-41 使用视觉样式

（1）二维线框：显示用直线和曲线表示边界的对象，以及一个未着色的 UCS 图标。这时，光栅和 OLE 对象、线型和线宽都是可见的。

（2）线框：显示用直线和曲线表示边界的对象，以及一个已着色的三维 UCS 图标。

（3）隐藏：显示用三维线框表示的对象并隐藏表示后向面的直线。

（4）真实：着色多边形平面间的对象，并使对象的边平滑化，并将显示已附着到对象的材质。

（5）概念：着色多边形平面间的对象，并使对象的边平滑化。着色使用冷色和暖色之间的过渡，但效果缺乏真实感。不过，可以更方便地查看模型的细节。

（6）着色：对对象进行平滑着色。类似于真实方式，但不显示对象轮廓线。

（7）带边缘着色：使用平滑着色和可见边显示对象。

（8）灰度：使用平滑着色和单色灰度显示对象。

（9）勾画：使用线延伸和抖动边修改器显示手绘效果的对象。

（10）X 射线：模拟 X 光照射的效果，可清楚观察到对象背面的特征。

（11）其他：以指定的名称命名当前图形中的视觉样式，或查询当前图形中已有的视觉样式。

### 9.4.2 管理视觉样式

视觉样式管理器用于创建、修改和管理视觉样式。

1. 调用

◆ 菜单：视图 | 视觉样式 | 视觉样式管理器，或工具 | 选项板 | 视觉样式。

◆ 命令行：VISUALSTYLES 或命令别名 VSM。

◆ 三维建模空间：功能区 | 常用 | 视图 | 视觉样式下拉列表 | 视觉样式管理器，或可视化 | 视觉样式 | 右下角箭头。

2. 操作及说明

调用命令后，将显示“视觉样式管理器”选项板，如图 9-42 所示。其中：

（1）图形中的可用视觉样式：显示图形中可用的视觉样式的样例图像。选定的视觉样式的相关设置，将显示在下面的设置面板中。在某个样例图像上双击，可将该视觉样式应用于当前视口。

（2）创建新的视觉样式：单击该按钮，可创建新的视觉样式。

（3）将选定的视觉样式应用于当前视口：选定某个样例图像后单击该按钮，即可将选定的视觉样式应用于当前视口。

（4）将选定的视觉样式输出到工具选项板：单击该按钮，可为选定的视觉样式创建工具并将其置于工具选项板上。

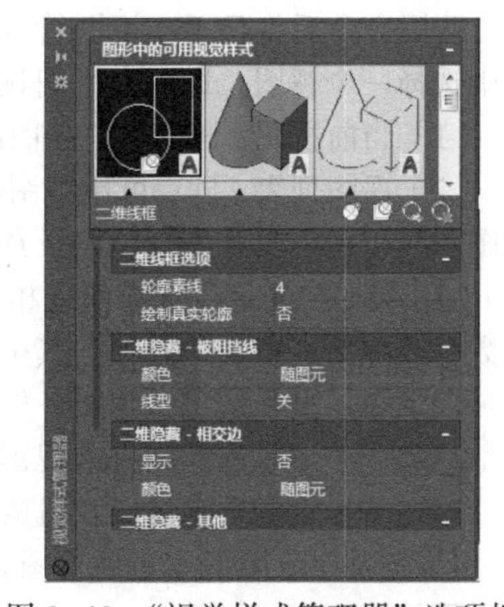


图 9-42 “视觉样式管理器”选项板

（5）删除选定的视觉样式：单击该按钮，可将图形中自定义的视觉样式删除。

（6）参数选项设置：用户可在选项板的下面，设置选定视觉样式的面设置、环境设置和边设置等，以控制选定视觉样式的显示方式。

用户还可以在面板中的样例图像上单击鼠标右键，从显示的快捷菜单中选择一些选项进行相应设置。

### 9.4.3 消隐

用 AutoCAD 绘制与编辑三维图形时，通常使用线框图。但是用线框图观察模型具有二义性，而使用消隐图像是最简单显示模型的方式，它生成不显示隐藏线的三维线框模型。如图 9-43 所示。其调用方式如下：

◆ 菜单：视图 | 消隐。

◆ 命令行：HIDE 或命令别名 HI。

◆ 三维建模空间：功能区 | 可视化 | 视觉样式 | 隐藏。

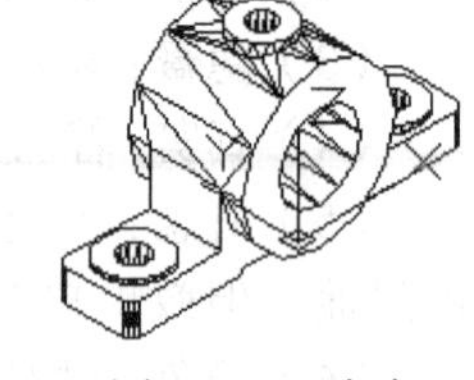

图 9-43　消隐

## 9.5 视图与视口

### 9.5.1 视图管理器

在 AutoCAD 中，用户可以把经常使用的视图保存起来。当要观看、修改图形的某一部分视图时，可直接将保存的视图恢复出来即可。这样，可以加快操作速度，提高绘图效率。命名保存的视图，可以用于设置视口布置中的不同视口，还可以用于布局打印图形。

1. 调用

◆ 菜　单：视图 | 命名视图。

◆ 命令行：DDVIEW、VIEW 或命令别名 V。

◆ 三维建模空间：功能区 | 常用 | 视图 | 三维导航下拉列表 | 视图管理器，或可视化 | 视图 | 视图管理器。

2. 操作及说明

在命名视图前，首先应使用上面介绍的各种三维观察命令将当前视图设置为需要的视图状态（还可在当前视图中创建一定的相机），然后使用 VIEW 命令将此视图命名保存。

调用命令后将显示"视图管理器"对话框，如图 9-44 所示。在该对话框的左边视图列表中选择一个视图，即可在中间显示该视图的特性。其中：

（1）当前视图：显示当前视图的名称。

（2）视图列表：显示可用视图的列表。用户可查看模型空间和布局空间中已保存的命名视图和相机视图及其特性，以及预设视图的特性。

（3）特性：显示所选视图或相机的特性。单击某项的右边，如果可能，可修改其名称和参数，或重新选择其他选项。其中：

1）常规：显示选定的相机、模型或布局视图的基本特性。

2）动画：显示选定相机或视图的动画特性。

3）视图：设置选定视图相机的相关特性。

4）剪裁：适用于除布局视图之外的所有视图。用于指定前后剪裁平面的位置，以及剪裁平面是否打开。

（4）置为当前：在视图列表中选择某个视图，单击该按钮可以将其设置为当前视图；也可以在视图列表的快捷菜单中选择"置为当前"选项，进行同样操作。

（5）新建：单击该按钮将显示"新建视图"对话框，用户可新建命名视图，如图 9-45 所示。

（6）更新图层：单击该按钮，可更新与选定的命名视图一起保存的图层信息，使其与当前模型空间和布局视口中的图层可见性匹配。

（7）编辑边界：单击该按钮，将居中并缩小显示选定的命名视图，绘图区域的其他部分以较浅的颜色显示，从而显示命名视图的边界。用户可以重新指定新边界的对角点，直到按 Enter 键接受结果。

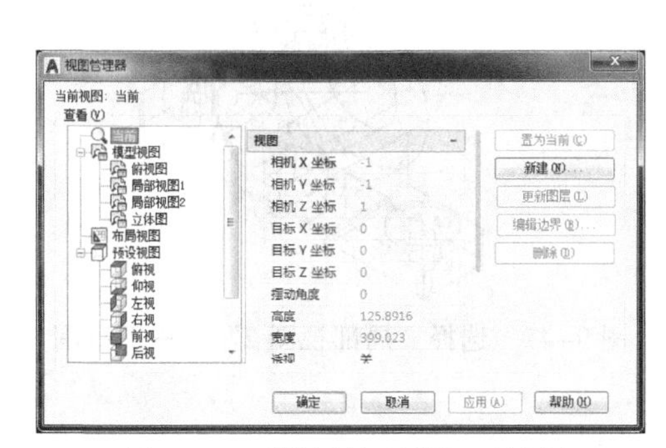
图 9-44 “视图管理器”对话框

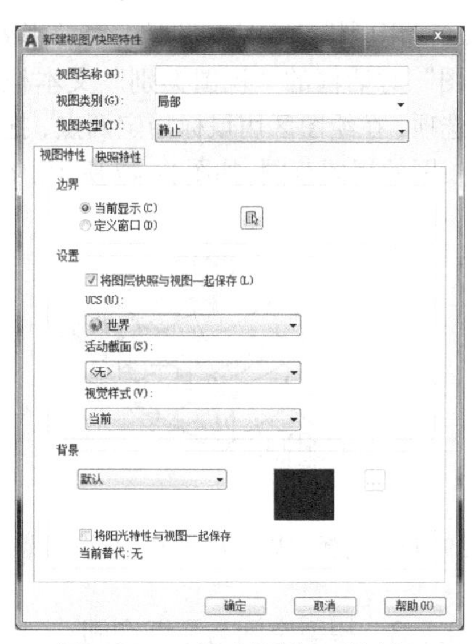
图 9-45 “新建视图”对话框

（8）删除：单击该按钮可删除选定的命名视图。

### 9.5.2 上机实训 3——创建命名视图

打开“图形”文件夹 | dwg | Sample | CH09 | “上机实训 3.dwg”图形，创建命名视图。该图形中已经保存了“顶面”和“前端面”两个 UCS 坐标系。其操作和提示如下：

扫一扫，看视频
※ 10 分钟

（1）单击“常用”选项卡 | “视图”面板 | “三维导航”视图下拉列表中的“西南等轴测”按钮，将视图转到“西南等轴测”视图状态。

（2）在命令行输入 VIEW 命令的命令别名 V，按 Enter 键打开“视图管理器”对话框。在该对话框中单击“新建”按钮，打开“新建视图”对话框。

（3）在“新建视图”对话框的“视图名称”文本框中输入名称“立体图”，在“视图类别”文本框中输入“立体”。在“设置”选项组的 UCS 中，选择“前端面”UCS 坐标系。其余使用默认设置。单击“确定”按钮，再在“视图管理器”对话框中单击“确定”按钮。

（4）单击“常用”选项卡 | “视图”面板 | “三维导航”视图下拉列表中的“俯视”按钮，将视图转到“俯视”视图状态。

（5）用同样的方法，设置一个“视图名称”为“俯视图”的命名视图。其中，在“新建视图”对话框的“视图类别”文本框中，输入“平面”；在“设置”组件的“UCS”中，选择“世界”坐标系。

（6）单击“常用”选项卡 | “视图”面板 | “三维导航”视图下拉列表中的“西南等轴测”按钮，将视图转到“西南等轴测”视图状态。

（7）用同样的方法，设置一个“视图名称”为“局部视图 1”的命名视图。在“新建视图”对话框的“视图类别”文本框中输入“局部”。在“边界”选项组中选择“定义窗口”选项，在绘图区用鼠标指定两点拖出一个窗口框住模型的左下角，作为“局部视图 1”命名视图的视图范围，如图 9-46 所示。再在“新建视图”对话框的“设置”选项组的 UCS 中，选择“世界”UCS 坐标系。其余使用默认设置，单击“确定”按钮，再在“视图管理器”对话框中单击“确定”按钮，完成“局部视图 1”命名视图的设置。

（8）用同样的方法，设置一个“视图名称”为“局部视图 2”的命名视图。其中，在“新建视图”对话框的“视图类别”文本框中选择“局部”。在“边界”选项组中选择“定义窗口”选项，在绘图区用鼠标指定两点，拖出一个窗口框住模型的顶部凸台，作为“局部视图 2”命名视图的视图范围，如图 9–47 所示。在“设置”选项组的 UCS 中，选择“顶面”UCS 坐标系。

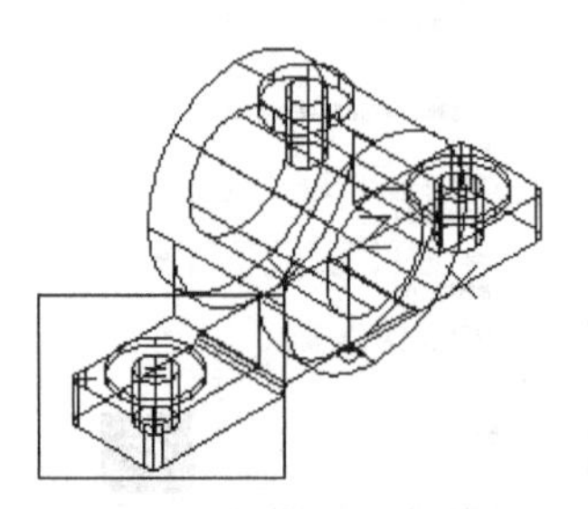

图 9–46 选择“局部视图 1”的视图范围

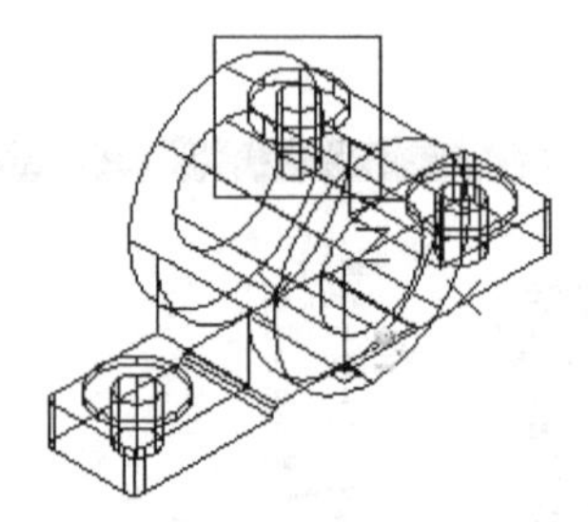

图 9–47 选择“局部视图 2”的视图范围

### 9.5.3 模型空间与图纸空间

1. 模型空间

“模型”选项卡所对应的空间，称为模型空间。它是没有边界的，是一个无限的绘图区域，是用户进入 AutoCAD 后进行设计工作的主要工作空间。用户通过在模型空间绘制二维或三维图形来表达对象，并标注一定的尺寸和文字。同时，还可以进行三维模型的创建、编辑和渲染等工作。在模型空间中，通常按 1∶1 的比例绘制模型，并确定一个绘图单位表示多少个实际单位，如多少毫米等。

用户可以使用一个或多个窗口来划分模型空间，这种模型空间的窗口称为平铺视口。用户可以使每个视口显示不同的视图，且在每个视口中都可以绘制和编辑图形。默认情况下，AutoCAD 模型空间的整个绘图区就是一个视口。当模型空间设置有多个视口时，只有一个视口为当前视口，可以用鼠标单击来切换当前视口。用户只能在当前视口中绘制和编辑图形。模型空间划分的平铺视口，只能是固定大小和位置的视口。各个视口之间彼此邻接，且不能重叠，视口的形状只能是矩形。

在模型空间，可以进行简单图形的布局及打印工作。

2. 图纸空间

图纸空间主要用于绘图输出时的布局及打印。“布局”选项卡所在的空间就是图纸空间，用户可以单击绘图区下面的“布局”选项卡，切换到图纸空间。

图纸空间是一个二维空间，相当于手工绘图时的图纸。进行二维图形的绘制时，如果图形很复杂，有较多的视图、剖视图、剖面图或局部放大图等时，用户可以在模型空间中绘制主要的视图，然后在图纸空间添加剖视图或局部放大图等图形细节。

用户在进行三维图形的绘制时，在模型空间的同一张图纸上要同时布置平面图和立体图会非常困难。因此，可以在模型空间绘制对象的三维图形后，在图纸空间同一张图纸的不同位置，放置从模型空间的不同方向观察对象所得到的不同视图，如主视图、俯视图、局部放大图、剖视图以及立体图等。

对于同一图形文件，有时要求打印图形文件中的不同对象或使用不同的打印样式进行打印。如果打印在模型空间进行，将是非常复杂和烦琐的。每进行一次打印都要进行相应的设置与视图调整，有时甚至是不可能的。如果使用图纸空间进行打印，用户可用同一图形文件设置一个或多个布局，用每一个布局使用不同的页面设置和打印样式来进行打印。

图纸空间同样可以设置一个或多个视口。图纸空间创建的视口称为浮动视口。浮动视口的数量和位置不受限制，大小和形状可以是任意的。浮动视口本身还可以作为对象进行编辑，一个视口也可以覆盖在另一个视口之上。在各个视口中可以采用不同的比例，标注不同的尺寸和文字。

在布局选项卡中，每个布局视口就类似于包含模型“照片”的相框。在 AutoCAD 中，每个布局视口包含一个视图，该视图按用户指定的比例和方向显示模型。用户也可以指定在每个布局视口中可见的图层。布局时，最好为视口对象单独设置一个图层。布局完毕后，可关闭视口对象所在的图层。这时视图仍然可见，打印时只打印图形而不打印视口。

用户在进行设计与绘图时，在模型空间通常只考虑设计内容，且是按 1 ∶ 1 的比例绘制图形，而不用考虑图纸大小、比例及缩放等问题。只有在切换到图纸空间后，才考虑图形在图纸上的布局位置、大小、比例以及是否添加辅助视图等。用户在模型空间绘制的图形，会自动映射到图纸空间，但在图纸空间中绘制的内容，却不会显示在模型空间中。

模型空间和图纸空间外观的主要区别在于坐标系的图标。模型空间的坐标系图标反映了各个坐标轴的方向，这点用户已经非常熟悉。而图纸空间的坐标系图标，则显示为在左下角的一个三角形，如图 9-48 所示。

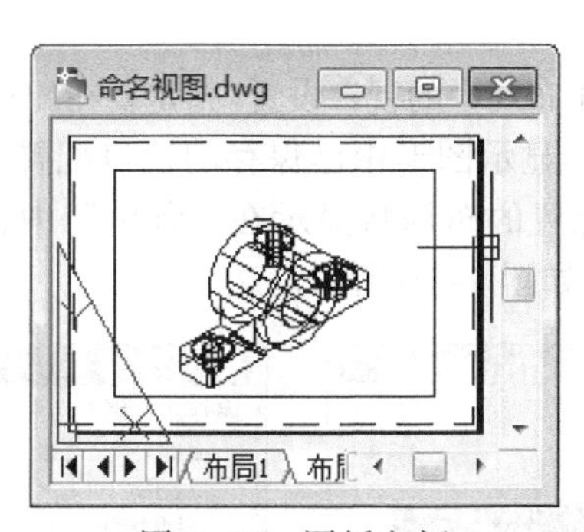


图 9-48 图纸空间

尽管图纸空间是一个二维空间，但是它同样可以表达三维对象的立体图形。不过所表达的立体图形不能像在模型空间那样，通过改变视点的方式从不同的角度观察对象。换句话说，改变视点的命令，如 VPOINT、DDVPOINT、DVIEW、3DORBIT 等命令不能用于图纸空间。

### 9.5.4 设置视口

在模型空间或图纸空间中创建多个视口。创建了几个视口后，可以使各视口显示不同的视图，以方便用户在不同的视口中观察、绘制和编辑图形。

1. 调用

◆ 菜单：视图｜视口｜新建视口或命名视口。

◆ 命令行：VPORTS。

◆ 草图与注释或三维建模空间：功能区｜布局或视图（或可视化）｜布局视口或模型视口｜命名。

2. 操作及说明

调用命令后将显示“视口”对话框，如图 9-49 所示。

（1）“新建视口”选项卡：显示标准视口配置列表并配置模型空间视口。

1）新名称：为新建的视口配置指定名称。

2）标准视口：列出并设置标准视口配置。可以在列表中选择一个需要的视口配置。

3）预览：显示选定的视口配置及每个视口的视图。用户可以用鼠标在任意视口预览上单击，使其成为当前的视口，这时即可配置该视口中的视图。

4）应用于：选择“显示”选项，将选定的视口配置应用到整个模型空间的绘图窗口；选择“当前视口”选项，仅将选定的视口配置应用到当前视口。

5）设置：指定进行二维或三维视口设置。其中，如果选择“二维”选项，并且用户在当前图形中保存有命名视图，则可以为选定视口配置中的各个视口指定不同的视图；选择“三维”选项，并且如果用户在当前图形中保存有命名视图，则可以为选定视口配置中的各个视口指定标准正三维视图，或指定用户保存的命名视图。

6）修改视图：首先用鼠标在任意视口预览单击，从下拉列表中选择需要的标准视图或命名视图，即可用指定的视图替换选定视口中的视图。

7）视觉样式：用鼠标在任意视口预览单击，从下拉列表中选择需要的视觉样式，即可将该视觉样式应用到指定视口。

8）视口间距：该项只适用于布局中的视口设置。指定要在配置的布局视口之间应用的间距。

（2）“命名视口”选项卡：显示图形中已保存的视口配置。当用户在列表中选择了一个已经保存的视口配置后，该配置的布局将显示在“预览”中，单击“确定”按钮后，选定的视口配置将显示在绘图区，如图 9-50 所示。

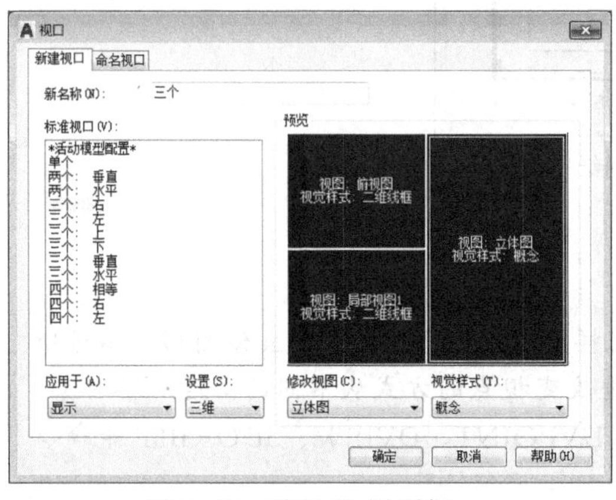

图 9-49 “视口”对话框

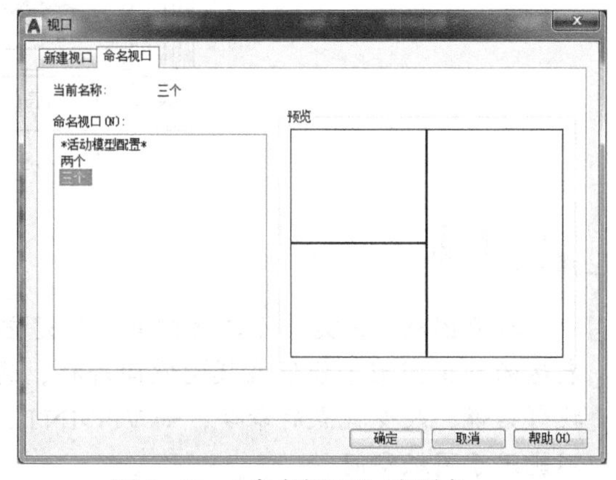


图 9-50 “命名视口”选项卡

技巧

- 在使用 VPORTS 命令前，用户最好根据需要保存一些命名视图。
- 在模型空间，各种绘图和编辑操作都是针对当前视口的，用户也只能打印当前视口中的图形。因此，打印前应将要打印图形的视口设置为当前视口。
- 在模型空间，用户在某个视口中绘制和编辑的结果，同样要反映到其他视口中。这实际上就是在三维绘图时经常使用多个视口的原因，特别是在图形复杂的时候。

### 9.5.5 上机实训4——设置平铺视口

打开“图形”文件夹 | dwg | Sample | CH09 | “上机实训4.dwg”图形,该图形中已保存有命名视图,用其设置平铺视口。其操作和提示如下:

扫一扫，看视频
※ 8分钟

（1）选择“视图”菜单|“视口”|“新建视口”命令，打开“视口”对话框。

（2）在“新建视口”选项卡的“新名称”文本框中，输入新建的视口名称“三个”。

（3）在“标准视口”列表框中，选择“三个：右”的视口配置。

（4）在“应用于”下拉列表中，选择“显示”选项。

（5）在“设置”下拉列表中，选择“三维”选项。

（6）单击预览区中左上角的视口，在“修改视图”下拉列表中，选择已保存的命名视图“俯视图”。用同样的方法，将预览区左下的视口设置为“局部视图1”；将右边的视口设置为“立体图”。

（7）在“视觉样式”下拉列表中选择“概念”选项，修改右边视口的视觉样式。其余视口使用默认视觉样式。设置完成后的“视口”对话框的“新建视口”选项卡如图9-49所示。

（8）单击“确定”按钮，完成名称为“三个”的视口配置设置，如图9-51所示。

（9）在绘图区中用鼠标单击左上的视口，使其成为当前视口。

（10）用同样的方法，设置一个名称为“两个”的视口配置。其中“标准视口”列表框中选择“两个：垂直”方式；在“应用于”下拉列表中选择“当前视口”选项；在“设置”下拉列表中选择“三维”选项；“预览”区左边的视口设置为“局部视图1”，右边的视口设置为“局部视图2”，“概念”视觉样式。

（11）设置完成后单击“确定”按钮，结果如图9-52所示。可见，又将当前的视口划分为两个视口。

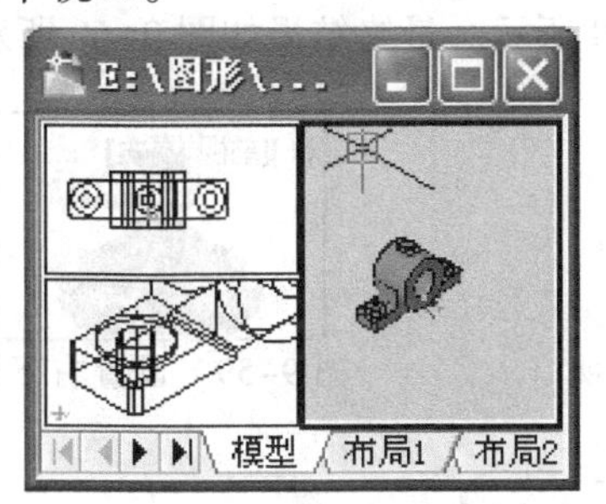

图9-51 “三个”视口配置的结果

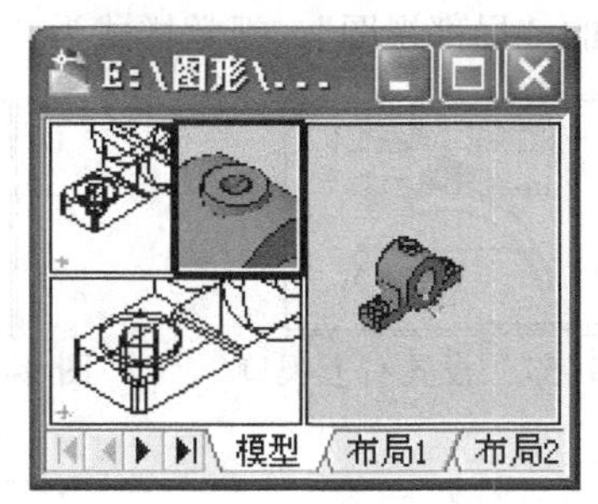

图9-52 “两个”视口配置的结果

## 9.6 综合实训

打开“图形”文件夹 | dwg | Sample | CH09 | “综合实训.dwg”图形，以不同方式显示模型。其操作和提示如下：

扫一扫，看视频
※ 5分钟

（1）选择“三维建模”空间|“功能区”|“可视化”|“视图”|“视图管理器”命令，打开“视图管理器”对话框。在该对话框中单击“新建”按钮，打开“新建视图”对话框。

（2）在“新建视图”对话框的“视图名称”文本框中,输入名称“局部视图”，在“视图类别”文本框中输入“立体”。在“边界”选项组中选择“定义窗口”

选项，在绘图区用鼠标指定两点拖出一个窗口框住上部的花瓶，作为“局部视图”命名视图的视图范围，如图 9-53 所示，然后按 Enter 键返回对话框。其余用默认设置，单击“确定”按钮，再在“视图管理器”对话框中单击“确定”按钮，完成“局部视图”命名视图的设置。

（3）选择“三维建模”空间 |“功能区”|“可视化”|“模型视口”|“视口配置”下拉菜单 |“四个：. 右”命令，将绘图区划分为 4 个视口，如图 9-54 所示。

图 9-53 选择“局部视图”的视图范围

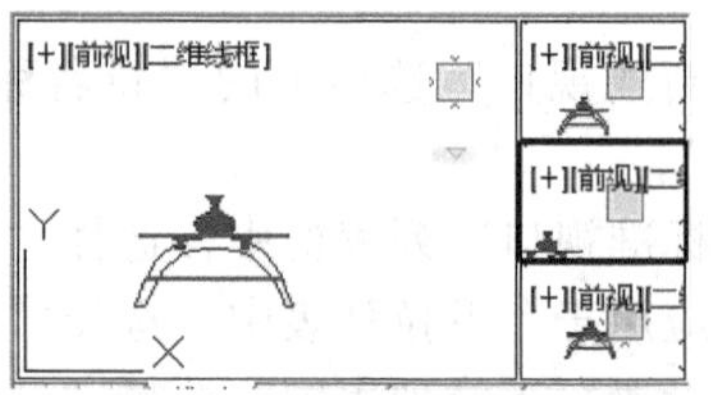


图 9-54 划分出 4 个视口

（4）单击左边的视口，将其设置为当前视口。选择“三维建模”空间 |“功能区”|“可视化”|“视图”|“西南等轴测”命令，将该视口的视图设置为西南等轴测状态，如图 9-55 所示。

（5）选择“功能区”|“可视化”|“视觉样式”|“概念”命令，对其着色，结果如图 9-56 所示。

图 9-55 设置为西南等轴测视图

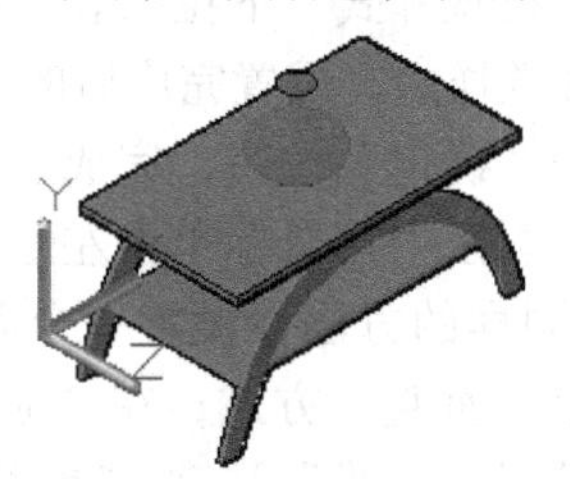

图 9-56 概念着色

（6）用同样方法设置右上角视口为“前视”图，视觉样式为“二维线框”，如图 9-57 所示；右边中间视口为“俯视”图，视觉样式为“二维线框”，如图 9-58 所示；右下视口为前面保存命名的“局部视图”，视觉样式为“真实”，如图 9-59 所示。最终结果如图 9-60 所示。

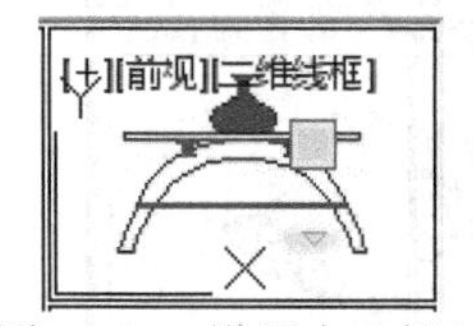


图 9-57 设置右上视口

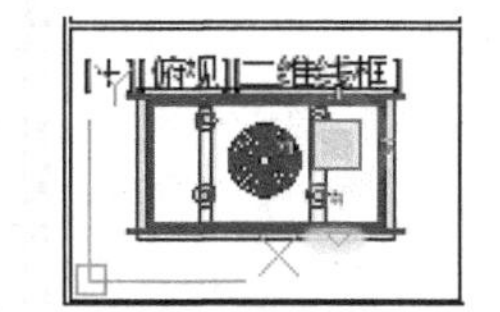


图 9-58 设置右边中间视口

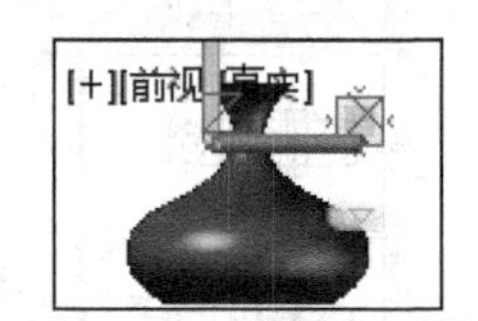

图 9-59 设置右下视口

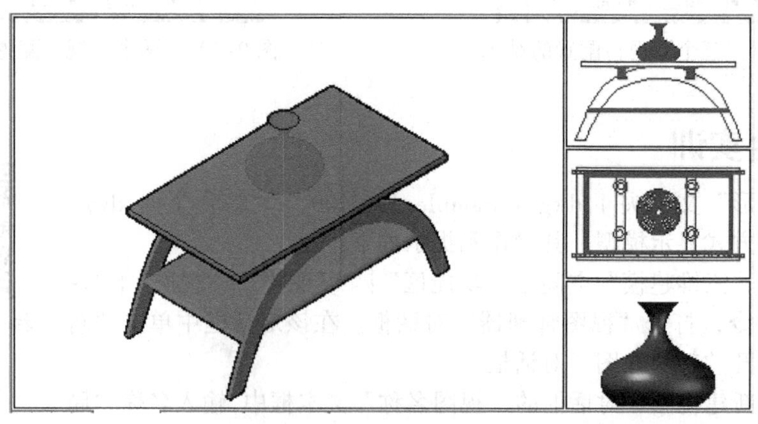

图 9-60 结果

# 第 10 章 三维建模

## 本章导读

三维图形具有强烈的立体感和真实感，可直观、清晰地表达各种对象的形状和相对位置，非常适合表现现实生活中的各种物体。本章将详细介绍 AutoCAD 三维建模的各种技术和技巧。AutoCAD 三维模型主要包括线框模型、网格模型、面模型和实体模型。其中，网格模型、面模型和实体模型是 AutoCAD 三维建模的主要方式和重要手段。特别是多段体和按住并拖动功能结合使用，对于创建建筑类模型非常便捷和高效，特别适合房屋等对象的设计。

## 本章要点

◎ 创建旋转、平移、直纹和边界网格

◎ 创建过渡、修补、偏移和圆角曲面

◎ 创建多段体和按住并拖动功能的使用

◎ 通过拉伸、旋转、扫掠、放样创建实体和曲面

在 AutoCAD 中，可以创建四种形式的三维模型：线框模型、网格模型、曲面模型和实体模型。每种模型都有各自的特点和创建方法。

（1）线框模型是由三维直线和曲线所组成的三维对象。它只具有点和线的特征，而没有面和体的特征，用于表示三维对象的框架。这类模型的创建往往较困难和耗时，且所创建的模型不能进行消隐、着色和渲染处理。它常用于绘制管线布置图、电气线路布置图或各种桁架结构图等长径比较大的对象。

（2）网格模型是由空间的各种平面和曲面所组成的三维对象，它使用许多多边形小平面来近似代表曲面，多边形网格越密，曲面就越光滑。网格模型不仅具有点和线的特征，且具有面的特征，它实际上是由各种面所围成的一个空心模型。这类模型可以进行消隐、着色与渲染，但不能查询模型的体积、质量和质心等信息。网格模型常用来表达对象的厚度与其表面积相比可忽略不计的实体。例如，复杂曲面、大型建筑的屋顶、墙面，山脉的三维地形模型等。

（3）曲面模型是不具有质量或体积的薄抽壳。AutoCAD 提供两种类型的曲面：程序曲面和 NURBS 曲面。使用程序曲面可以利用与其他对象的关联关系，将它们作为一个组进行关联建模；使用 NURBS 曲面，则可通过曲面上控制点的造型功能来轻松调整曲面的形状。

（4）实体模型是信息量最完整的一种模型。它不仅具有点、线和面的特征，而且还具有体的特征。这类模型同样可进行消隐、着色与渲染处理；也可查询其体积、质量和质心等信息。实体模型在创建和编辑上比线框模型和表面模型容易，这也是最常用的一类模型。

建模时，网格模型、曲面模型和实体模型都是使用非常广泛的三维模型。由于各类模型有各自的创建方法和编辑方式，因此，建模时最好不要将不同的建模方式混用。

## 10.1 创建线框模型

创建这类模型只需要使用一些命令，并用二维绘图的方法绘制出对象的各个棱边或各条边界线，即可创建出对象的线框模型。

### 10.1.1 使用直线和样条曲线命令

可以通过将任意二维平面对象放置到三维空间的任何位置来创建线框模型。

LINE 命令和 SPLINE 命令可直接用于三维对象的绘制，它们分别用于创建三维直线和三维样条曲线。使用它们创建线框模型时，只需依次输入空间各点的三维坐标即可。

### 10.1.2 三维多段线

可以在三维空间创建多段线。三维多段线由各直线段组成，不包括圆弧段，如图 10–1 所示。其调用方式如下：

◆ 菜单：绘图 | 三维多段线。

◆ 命令行：3DPOLY 或 3P。

◆ 三维建模空间：功能区 | 常用 | 绘图 | 三维多段线。

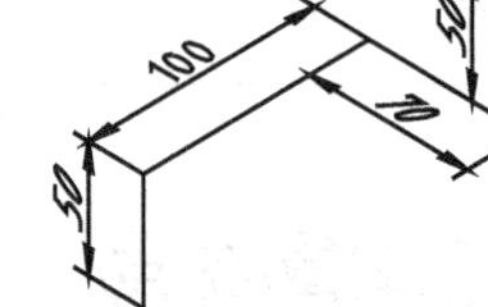

图 10–1 三维多段线

调用命令后，依次指定三维空间的各点，即可绘制出三维多段线。

### 10.1.3 螺旋

可以创建二维螺旋或三维螺旋，如图 10–2 所示。螺旋 HELIX 命令和扫掠 SWEEP 命令结合使用可以创建螺纹、螺旋弹簧等对象。

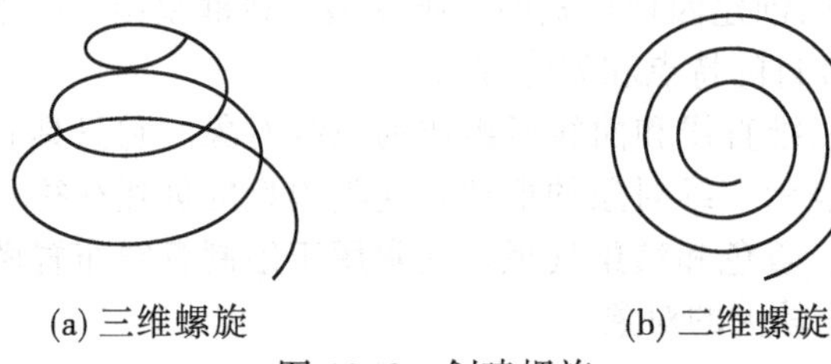

(a) 三维螺旋　　(b) 二维螺旋

图 10–2 创建螺旋

1. 调用

◆ 菜单：绘图 | 螺旋。

◆ 命令行：HELIX。

◆ 三维建模空间：功能区 | 常用 | 绘图 | 螺旋。

2. 操作方法

命令：（调用命令）

圈数 = 3.0000　扭曲 =CCW（提示圈数为 3，逆时针方向）

指定底面的中心点：（指定螺旋底面的中心点）

指定底面半径或 [ 直径（D）] <1.0000> :（指定螺旋底面半径，或输入 D 使用“直径”选项）

指定顶面半径或 [ 直径（D）] <100.0000> :（指定螺旋顶面半径，或输入 D 使用“直径”选项）

指定螺旋高度或 [ 轴端点（A）/ 圈数（T）/ 圈高（H）/ 扭曲（W）] <1.0000> :（指定螺旋的高度，或指定一个选项，或按 Enter 键使用当前高度值 1）

其中各选项的说明如下：

（1）指定螺旋高度：输入一个值以确定螺旋的总高。当高度值为 0 时可绘制二维螺旋。

（2）轴端点：指定螺旋轴的端点位置，从而由轴端点和底面的中心点确定螺旋的方向和高度。轴端点可以位于三维空间的任意位置。

（3）圈数：指定螺旋的圈（旋转）数。默认值为 3。螺旋的圈数不能超过 500。

（4）圈高：指定螺旋各圈之间的距离。当指定圈高值时，螺旋中的圈数将相应地自动更新。

（5）扭曲：指定是以顺时针（CW）方向，还是逆时针方向（CCW）绘制螺旋。

### 10.1.4 上机实训 1——绘制线框模型

创建如图 10-3 所示的线框模型。其操作和提示如下：

（1）选择“视图”菜单 |“三维视图”|“西南等轴测”命令，将当前视图转为“西南等轴测视图”。

（2）调用直线命令 LINE，绘制长方体的底面，如图 10-4 所示。调用命令后，在“指定第一点：”的提示下，用鼠标在绘图区任意一点单击。在“指定下一点：”的提示下，分别输入“@150,0”、“@0,100”和“@-150,0”。最后输入 C 封闭图形。

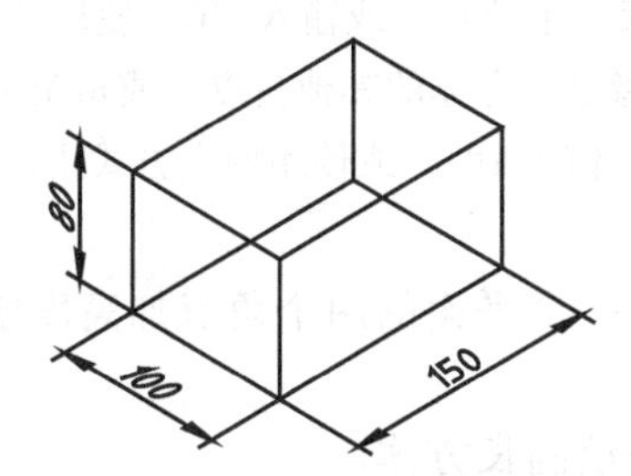


图 10-3 长方体线框模型

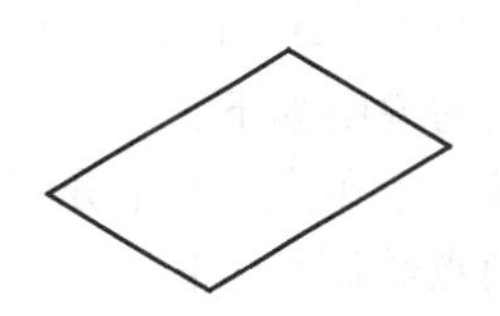

图 10-4 绘制底面

（3）调用复制命令 COPY，复制出长方体的顶面，如图 10-5 所示。调用命令后，在“选择对象：”的提示下，选择 XY 平面上的 4 条直线并按 Enter 键。在“指定基点或位移：”的提示下，用鼠标捕捉到矩形的前点。在“指定位移的第二点：”的提示下，输入“@0,0,80”并按 Enter 键复制出顶面。

（4）调用直线命令 LINE，并结合对象捕捉方式绘制出一条棱边，如图 10-6 所示。

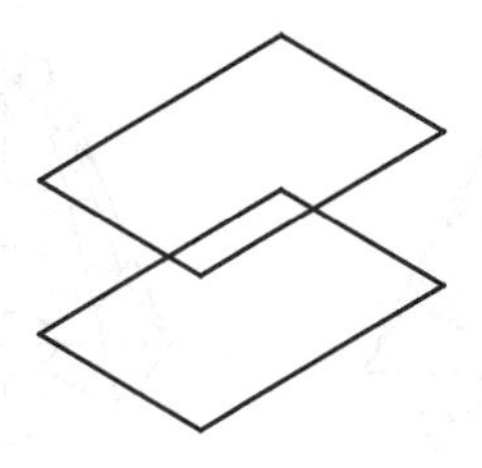

图 10-5 绘制顶面

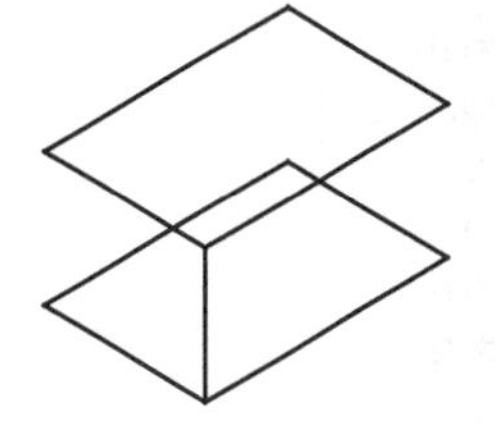

图 10-6 绘制前立棱

（5）同样用直线命令 LINE 绘制出其余棱边。

## 10.2 创建网格模型

网格模型使用平面镶嵌面来表示对象的曲面，网格密度决定了镶嵌面的数目，网格密度越大，镶嵌面的数目就越多，所表达的对象曲面就越精确。但是，生成模型或渲染时的计算量就越大，系统处理速度就越慢。

用户可以对网格模型应用锐化、分割以及增加平滑度。可以拖动网格子对象（面、边和顶点）以修改对象的形状。但为了获得更细致的效果，应在修改网格之前优化特定区域的网格。

### 10.2.1 创建基本网格图元

创建基本网格图元命令可用于创建系统提供的基本三维多边形网格对象。其调用方式如下：

◆ 菜单：绘图 | 建模 | 网格 | 图元子菜单，如图 10-7 所示。

◆ 命令行：MESH。

◆ 三维建模空间：功能区 | 网格 | 图元 | 网格长方体等。

调用命令后的操作和提示如下：

当前平滑度设置为：0

输入选项 [ 长方体（B）/ 圆锥体（C）/ 圆柱体（CY）/ 棱锥体（P）/ 球体（S）/ 楔体（W）/ 圆环体（T）/ 设置（SE）] < 长方体 > :（指定一个选项，或按 Enter 键使用默认选项“长方体”）

下面介绍各选项的功能和操作方法。

1. 长方体

“长方体”选项用于创建三维长方体表面多边形网格。选择该项后的操作和提示如下：

指定第一个角点或 [ 中心（C）] :（指定长方体第一个角点，或输入“C”使用“中心”选项）

指定其他角点或 [ 立方体（C）/ 长度（L）] :（指定长方体的其他角点，或指定一个选项）

指定高度或 [ 两点（2P）] <0.0001> :（指定长方体的高度，或使用两点方式指定高度）

其中各选项的说明如下：

（1）指定第一个角点：用于分别指定长方体一个平面的两个角点加高度绘制长方体，或指定长方体对角点绘制长方体。

（2）中心：用于指定长方体网格的中心点来绘制长方体。

（3）立方体：用于绘制立方体。

（4）长度：用于分别指定长方体长、宽、高三个方向的尺寸来绘制长方体网格。

（5）高度：设定长方体网格沿 Z 轴的高度。

（6）两点：由指定的两点间的距离来确定长方体网格的高度。

2. 圆锥体

“圆锥体”选项创建圆锥或圆台表面，如图 10-8 所示。选择该项后的操作和提示如下：

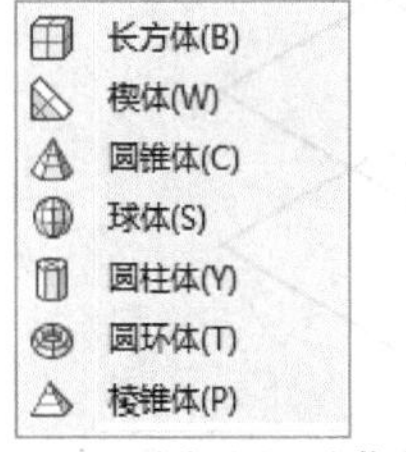


图 10-7 “图元”子菜单

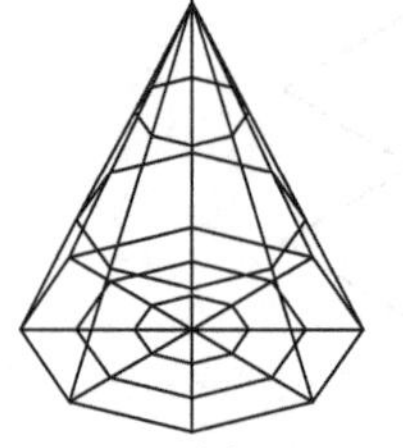
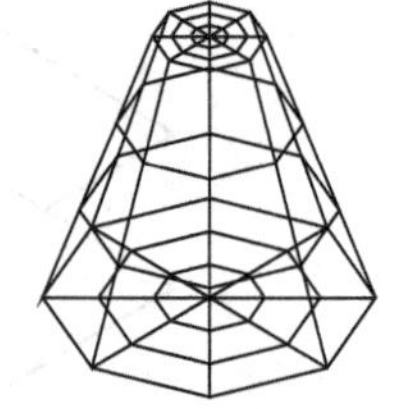

图 10-8 圆锥面和圆台面

指定底面的中心点或 [ 三点（3P）/ 两点（2P）/ 切点、切点、半径（T）/ 椭圆（E）] :（指定圆

锥底面圆的中心点，或指定一个选项）

指定底面半径或 [ 直径（D）]：（指定底面圆的半径，或使用“直径”选项）

指定高度或 [ 两点（2P）/ 轴端点（A）/ 顶面半径（T）] <-8.7637>：（指定圆锥的高度，或指定一个选项）

其中，各选项的说明如下：

（1）指定底面圆的中心点 / 三点 / 两点 / 切点、切点、半径：类似于圆命令中的对应选项，用于以不同方式绘制圆锥体底面的圆。

（2）椭圆：指定网格圆锥体的椭圆底面。

（3）指定底面半径 / 直径：指定圆锥体底面圆的半径或直径。

（4）指定高度 / 两点：指定圆锥体的高度，或用指定的两点间距离确定圆锥体的高度。

（5）轴端点：设定圆锥体的顶点的位置，或圆锥体平截面顶面的中心位置。

（6）顶面半径：指定圆台顶面圆的半径。

3. 圆柱体

“圆柱体”选项用于创建三维网格圆柱体。该项的操作和提示与圆锥体类似，用户可参照操作。

4. 棱锥体

“棱锥体”选项用于创建三维网格棱锥体，如图 10-9 所示。选择该项后的操作和提示如下：

指定底面的中心点或 [ 边（E）/ 侧面（S）]：（指定棱锥体底面假想圆的中心点，或指定一个选项）

指定底面半径或 [ 内接（I）] <98.6895>：（指定底面假想圆的半径，或使用“内接”选项）

指定高度或 [ 两点（2P）/ 轴端点（A）/ 顶面半径（T）] <282.2914>：（指定棱锥体的高度，或指定一个选项）

其中，各选项的说明如下：

（1）指定底面的中心点：指定棱锥体底面假想圆的中心点。

（2）边：设定网格棱锥体底面一条边的长度。

（3）侧面：设定网格棱锥体的侧面数，可在 3 ~ 32 之间。

（4）指定底面半径：指定网格棱锥体底面多边形假想外切圆的圆半径。

（5）内接：指定网格圆柱体底面多边形假想内接于一个圆。

（6）指定高度 / 两点 / 轴端点 / 顶面半径：这几项与圆锥体中的对应选项类似。

5. 球体

“球体”选项用于创建三维网格球体，如图 10-10 所示。选择该项后的操作和提示如下：

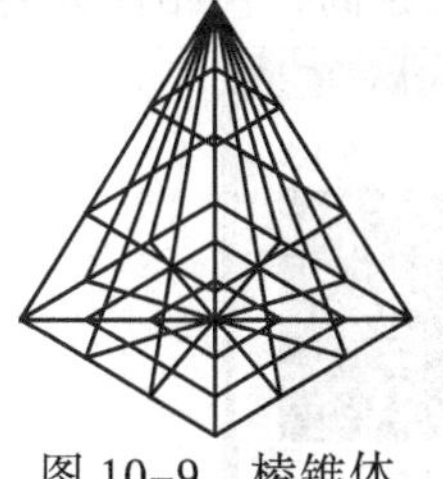

图 10-9　棱锥体

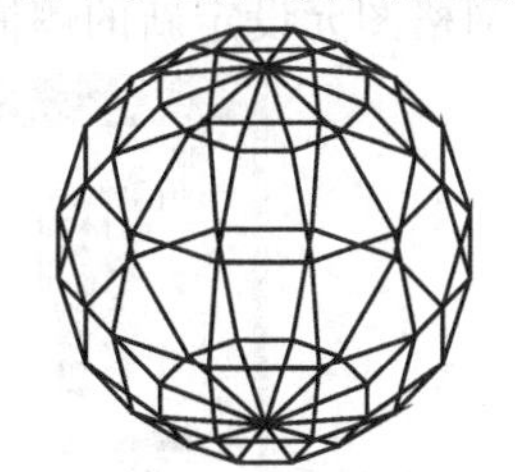

图 10-10　网格球体

指定中心点或 [ 三点（3P）/ 两点（2P）/ 切点、切点、半径（T）]：（指定球体的中心点或指定一个选项）

指定半径或 [ 直径（D）]：（指定球体的半径或直径）

其中，“指定中心点”选项，用于指定球体的中心点；“三点”选项，通过指定三点设定网格球体的位置、大小和平面；“两点”选项，通过指定两点设定网格球体的直径；“切点、切点、半径”选项，使用与对象上的两点相切并指定半径定义网格球体。

6. 楔体

“楔体”选项用于创建三维网格楔体，如图 10-11 所示。选择该项后的操作和提示如下：

指定第一个角点或 [ 中心（C）]：（指定网格楔体底面的第一个角点，或使用“中心”选项）

指定其他角点或 [ 立方体（C）/ 长度（L）]：（指定网格底面的对角点，或指定一个选项）

指定高度或 [ 两点（2P）] <199.8968>：（指定网格楔体的高度，或使用两点方式指定高度）

下面主要介绍与上面不同的选项。其中，“指定第一个角点”选项，用于指定网格楔体底面的第一个角点；“指定其他角点”选项，用于指定网格楔体底面（位于 XY 平面上）的对角点；“中心”选项，用于指定网格楔体底面的中心点；“立方体”选项，可将网格楔体底面的所有边设为长度相等；“长度”选项，用于分别指定网格楔体长、宽、高三个方向的尺寸。

7. 圆环体

“圆环体”选项用于创建三维网格图元圆环体，如图 10-12 所示。选择该项后的操作和提示如下：

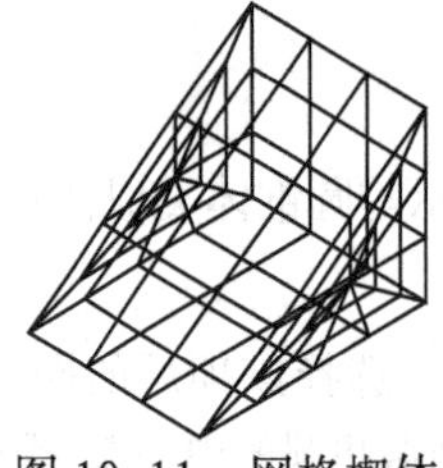

图 10-11　网格楔体

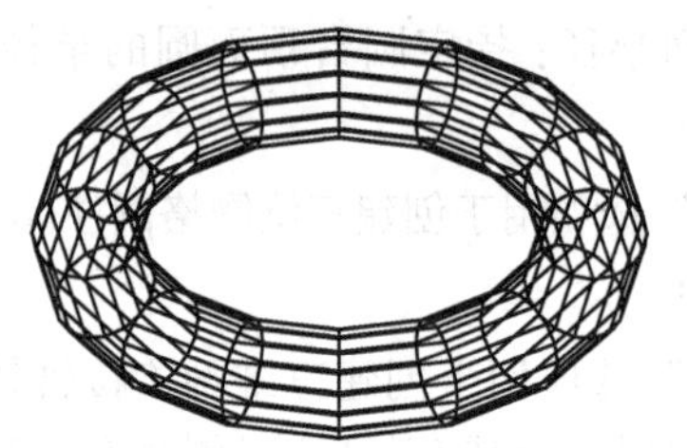

图 10-12　网格圆环体

指定中心点或 [ 三点（3P）/ 两点（2P）/ 切点、切点、半径（T）]：（指定圆环的中心点或指定一个选项）

指定半径或 [ 直径（D）]：（指定圆环的半径或使用“直径”选项）

指定圆管半径或 [ 两点（2P）/ 直径（D）]：（指定圆管的半径，或指定一个选项）

下面主要介绍与上面不同的选项。“指定半径 / 直径”选项，用于指定圆环的半径或直径；“指定圆管的半径 / 两点 / 直径”选项，用于指定圆管的半径，或使用两点、直径选项指定圆管的半径或直径。

8. 设置

“设置”选项用于修改新网格对象的平滑度和镶嵌值。其中，“平滑度”选项，用于设定要应用于网格的初始平滑度或圆度。输入 0 以消除平滑度，输入一个最大值为 4 的正整数表示增加平滑度；选择“镶嵌”选项，将打开“网格图元选项”对话框，如图 10-13 所示，从中可以为每种网格图元设定新的镶嵌值（面数），该值越高，网格图元越平滑。

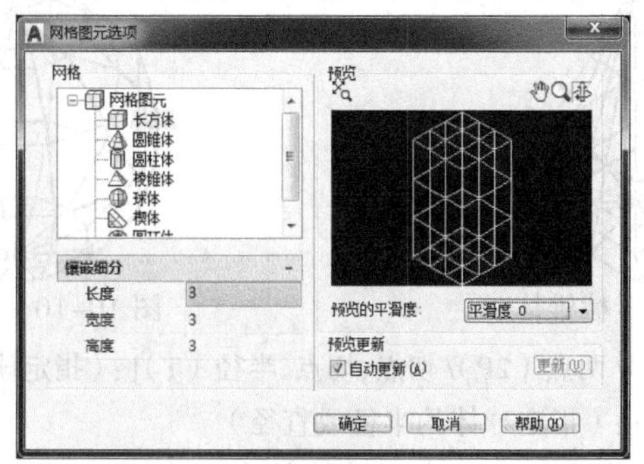


图 10-13　“网格图元选项”对话框

### 10.2.2　平滑网格

平滑网格命令用于将三维实体和曲面等对象转换为网格以便利用三维网格的细节建模

功能。如图 10–14 所示，左边为实体对象，右边为网格对象。其调用如下：

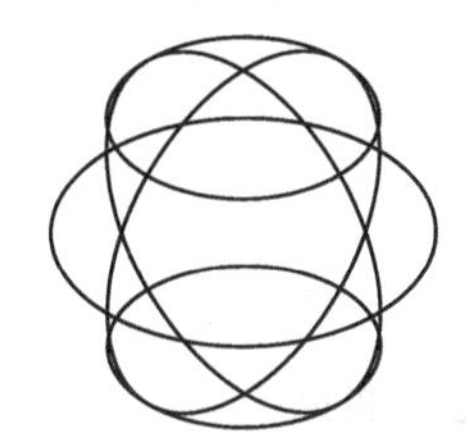
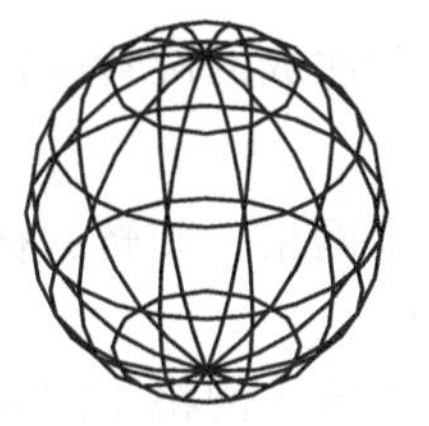

图 10–14　平滑对象

◆ 菜单：绘图 | 建模 | 网格 | 平滑网格。
◆ 命令行：MESHSMOOTH。
◆ 三维建模空间：功能区 | 网格 | 网格 | 平滑对象。

调用命令后选择需转换的三维实体或曲面，即可将其转换为网格对象。可以转换的对象包括三维实体、三维曲面、三维面、多面网格、多边形网格、面域或闭合多段线等。

转换网格的平滑度在“网格镶嵌选项”对话框中进行设置（请参看第 11 章第 11.6 节）

### 10.2.3　创建三维面

在三维空间中可以创建一个没有厚度的三侧面或四侧面的曲面。

1. 调用

◆ 菜单：绘图 | 建模 | 网格 | 三维面。
◆ 命令行：3DFACE 或命令别名 3F。

2. 操作及说明

命令：（调用命令）

指定第一点或 [ 不可见（I）]：（指定第一点，或输入 I 选择“不可见”选项）

指定第二点或 [ 不可见（I）]：（指定第二点，或输入 I 选择“不可见”选项）

指定第三点或 [ 不可见（I）] < 退出 >：（指定第三点，或输入 I 选择“不可见”选项，或按 Enter 键使用“退出”选项）

指定第四点或 [ 不可见（I）] < 创建三侧面 >：（指定第四点，或输入 I 选择“不可见”选项，或按 Enter 键选择“创建三侧面”选项）

用户依次指定 3 个点后按 Enter 键，可创建一个三边组成的三维面，如图 10–15 所示；如果连续指定了 4 个点后按 Enter 键，则创建一个由四边组成的三维面，如图 10–16 所示；指定了第三点和第四点后，系统将不断提示指定第三点和第四点，即开始下一个三维面的创建，直到按 Enter 键为止，这样可以创建连续的三维面。上一个三维面的最后两点，自动作为下一个三维面的开始两点。而“不可见”选项，用于控制三维面各边的可见性，在某边的第一点之前输入“I”，可以使该边不可见。

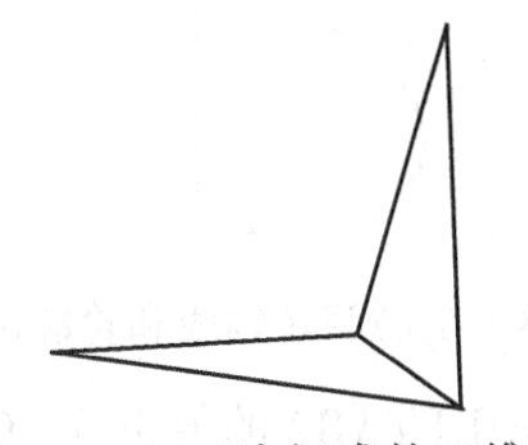

图 10–15　三边组成的三维面

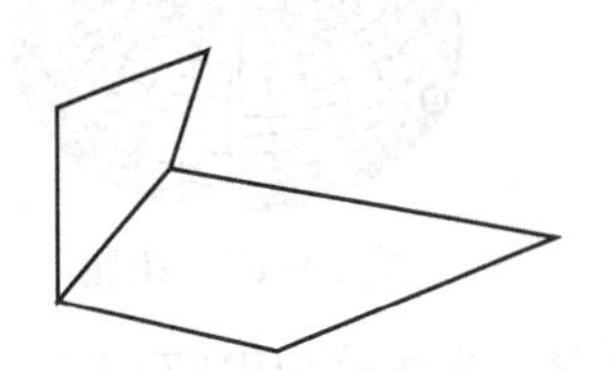

图 10–16　三维面

### 10.2.4 创建旋转网格

可以创建绕选定轴旋转而成的旋转网格。

1. 调用

◆ 菜单：绘图｜建模｜网格｜旋转网格。

◆ 命令行：REVSURF。

◆ 三维建模空间：功能区｜网格｜图元｜旋转曲面。

2. 操作方法

命令：（调用命令）

当前线框密度：SURFTAB1=30 SURFTAB2=30

选择要旋转的对象：（选择要旋转的路径曲线或轮廓）

选择定义旋转轴的对象：（选择旋转轴线）

指定起点角度 <0>：（指定旋转路径曲线或轮廓的起始角度，或按 Enter 键使用默认角度 0）

指定夹角（+= 逆时针，-= 顺时针）<360>：（指定旋转路径曲线或轮廓的包含角度，或按 Enter 键使用默认的包含角度 360）

3. 说明

（1）使用该命令时，首先应绘制出路径曲线和旋转轴。路径曲线作为旋转的轮廓线，定义曲面网格的 N 方向；旋转轴线为路径曲线旋转时的轴，确定网格的 M 方向。

（2）如果指定的起点角度为非零值，则对象将从生成路径曲线位置的某个偏移处开始旋转曲面；如果指定的是 0 度，将从路径曲线处开始旋转曲面。夹角是路径曲线绕轴旋转所扫过的角度。

（3）用于选择旋转轴的点会影响旋转的方向。该方向由右手规则判断，其方法是将拇指沿旋转轴指向远离拾取点的端点，弯曲四指，四指所指的方向即为对象的旋转正方向。

（4）系统变量 SURFTAB1，控制旋转方向（即 M 方向）上绘制的网格线的数目，初始值为 6；系统变量 SURFTAB2，控制旋转对象沿旋转轴方向上的分段数（即 N 方向）。这两个变量的设置值越大，旋转的曲面就越光滑，但重生成曲面所需的时间也就越多。

### 10.2.5 上机实训 2——绘制花瓶

扫一扫，看视频
※ 4 分钟

绘制如图 10-17 所示的花瓶。其操作和提示如下：

（1）用直线命令 LINE 和样条曲线命令 SPLINE 分别绘制旋转轴线和轮廓曲线，如图 10-18 所示。

图 10-17 花瓶

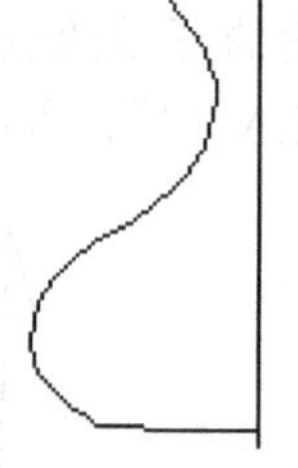

图 10-18 绘制旋转轴线和轮廓由线

（2）设置系统变量 SURFTAB1 的值为 20，系统变量 SURFTAB2 的值也为 20。

（3）选择“绘图”菜单｜“建模”｜“网格”｜“旋转网格”命令，在“选择要旋转的对象：”的提示下选择样条曲线；在“选择定义旋转轴的对象：”提示下，选择直线作为旋转轴；在“指定起点角度：”的提示下，直接按 Enter 键，使用默认的 0 度；在“指定夹角：”的提示下也是直接按 Enter 键，使用默认的 360 度，完成图形绘制。

### 10.2.6 创建平移网格

将路径曲线沿方向矢量平移后，创建一个多边形网格的平移曲面，如图 10-19 所示。

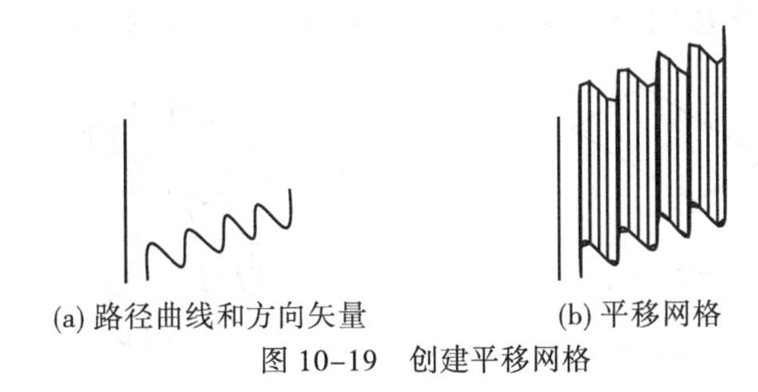

(a) 路径曲线和方向矢量　　(b) 平移网格

图 10-19　创建平移网格

1. 调用

◆ 菜　单：绘图 | 建模 | 网格 | 平移网格。

◆ 命令行：TABSURF。

◆ 三维建模空间：功能区 | 网格 | 图元 | 平移曲面。

2. 操作方法

命令：(调用命令)

当前线框密度：SURFTAB1=30

选择用作轮廓曲线的对象：(选择轮廓曲线)

选择用作方向矢量的对象：(选择方向矢量)

3. 说明

(1) 路径曲线作为平移的轮廓曲线，定义多边形网格的曲面。它可以是直线、圆弧、圆、椭圆、二维或三维多段线。方向矢量可以是直线和非闭合的二维或三维多段线，它用来指定轮廓曲线的拉伸方向和长度。

(2) 在多段线或直线上选定的端点，决定了拉伸的方向。如果选择在多段线或直线的一端，则向另一端的方向拉伸。

(3) 该命令构造一个 2×N 的多边形网格。其中，N 由 SURFTAB1 系统变量决定。

### 10.2.7 创建直纹网格

可以在两条曲线之间创建直纹网格。

1. 调用

◆ 菜单：绘图 | 建模 | 网格 | 直纹网格。

◆ 命令行：RULESURF。

◆ 三维建模空间：功能区 | 网格 | 图元 | 直纹曲面。

2. 操作方法

命令：(调用命令)

当前线框密度：SURFTAB1=20

选择第一条定义曲线:(选择第一条曲线)
选择第二条定义曲线:(选择第二条曲线)

3. 说明

(1)用于创建直纹的对象可以是点、直线、样条曲线、圆、圆弧或多段线。

(2)生成直纹网格的边界，必须同时闭合或同时打开。如果边界是闭合的，选择对象的拾取点位置不影响直纹网格的形状，如图 10-20 所示；如果作为边界的两条曲线是非封闭的，则选择曲线时，拾取点的位置将影响直纹网格的形状，如图 10-21 所示。

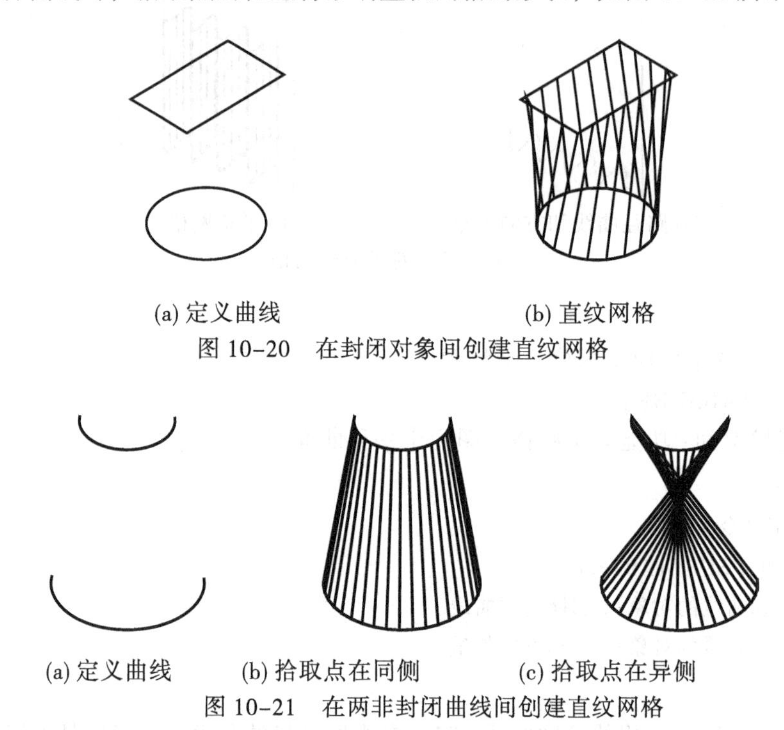

(a) 定义曲线　(b) 直纹网格

图 10-20　在封闭对象间创建直纹网格

(a) 定义曲线　(b) 拾取点在同侧　(c) 拾取点在异侧

图 10-21　在两非封闭曲线间创建直纹网格

(3)直纹网格以 2×N 多边形网格的形式构造。该命令将网格的半数顶点沿着一条定义好的曲线均匀放置；将另半数顶点沿着另一条曲线均匀放置。等分数目由 SURFTAB1 系统变量指定。

### 10.2.8　创建边界网格

创建边界网格命令可用于在 4 条首尾相连的边或曲线之间创建网格。

1. 调用

◆ 菜单：绘图 | 建模 | 网格 | 边界网格。

◆ 命令行：EDGESURF。

◆ 三维建模空间：功能区 | 网格 | 图元 | 边界曲面。

2. 操作方法

命令:(调用命令)
当前线框密度: SURFTAB1=6 SURFTAB2=6
选择用作曲面边界的对象 1 :(选择曲面的第 1 条边界)
选择用作曲面边界的对象 2 :(选择曲面的第 2 条边界)

选择用作曲面边界的对象 3 :（选择曲面的第 3 条边界）

选择用作曲面边界的对象 4 :（选择曲面的第 4 条边界）

3. 说明

（1）可以作为边界的对象包括直线、圆弧、样条曲线或开放的二维或三维多段线。

（2）可以用任何次序选择这四条边。选择的第一条边决定了网格的 M 方向；与第一条边相接的两条边，形成了网格的 N 方向的边。

（3）系统变量 SURFTAB1 和 SURFTAB2 分别控制 M 方向和 N 方向网格的分段数。

### 10.2.9 上机实训 3——绘制房冠

扫一扫，看视频
※ 6 分钟

创建如图 10–22 所示的建筑物房冠。其操作和提示如下：

（1）调用矩形命令 RECTANG，在绘图区任意位置绘制一个 100 × 100 的矩形。再调用圆命令 CIRCLE，在正方形内绘制一个与其相切的圆，如图 10–23 所示。

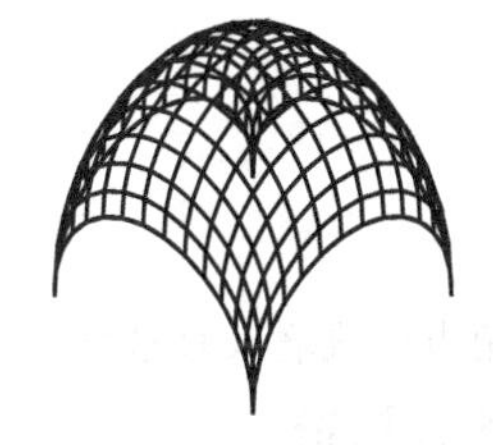

图 10–22　边界网格

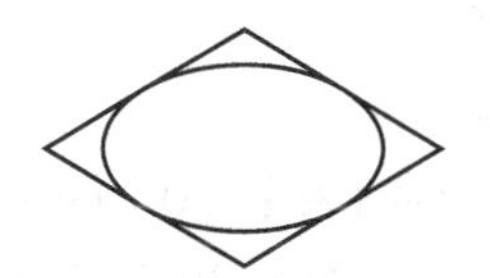

图 10–23　绘制正方形和圆

（2）选择“视图”菜单 | “三维视图” | “西南等轴测”命令，将视图转到西南等轴测视图状态。

（3）调用 UCS 命令，并选择提示中 X 选项，将 UCS 坐标系绕 X 轴旋转 90° 。

（4）调用圆弧命令 ARC，绘制一个在与 XY 平面平行的平面内的圆弧。其中，第一点捕捉到正方形前面的角点；第二点用鼠标在正方形前面这条边上方单击；第三点捕捉到正方形最右边的角点，结果如图 10–24 所示。

（5）调用 UCS 命令，选择该命令中的“世界”选项，将 UCS 坐标系恢复到“世界”坐标系。

（6）选择“修改”菜单 | “阵列” | “环形阵列”命令，在“选择对象：”的提示下选择绘制的圆弧；在“指定阵列的中心点：”的提示下，用鼠标捕捉到下面圆的圆心；在“选择夹点以编辑阵列……：”的提示下，输入“I”并按 Enter 键；在“输入阵列中的项目数：”的提示下，输入 4 并按 Enter 键，阵列出另外三个圆弧，如图 10–25 所示。

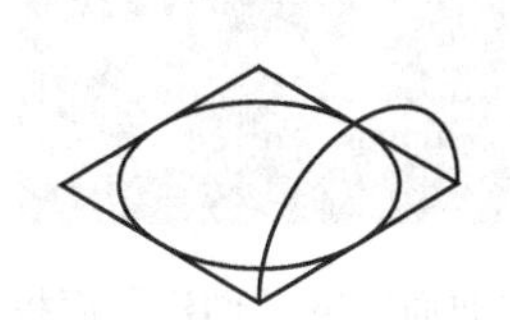

图 10–24　绘制圆弧

图 10–25　阵列圆弧

（7）选择“绘图”菜单 | “建模” | “网格” | “边界网格”命令，选择四段圆弧创建边界曲面，结果如图 10–22 所示。

## 10.3 曲面建模

AutoCAD 可以创建两种类型的曲面：程序曲面和 NURBS 曲面。这里先介绍程序曲面的创建，它利用与其他对象的关联关系进行建模。而 NURBS 曲面可通过控制点来控制造型，它的典型建模方式是使用网格、实体和程序曲面创建基本模型，然后将它们转换为 NURBS 曲面，这样，用户不仅可以使用实体和网格提供的独特工具和图元，还可使用曲面提供的造型功能：关联建模和 NURBS 建模。

### 10.3.1 创建平面曲面

可以创建平面曲面或将对象转换为平面对象，如图 10-26 所示。

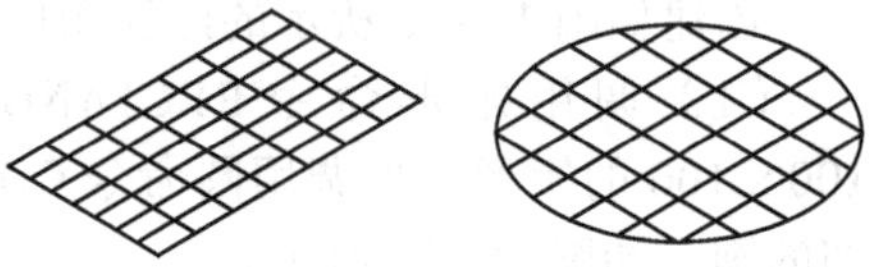

图 10-26 平面曲面

1. 调用

◆ 菜单：绘图｜建模｜曲面｜平面。

◆ 命令行：PLANESURF。

◆ 三维建模空间：功能区｜曲面｜创建｜平面。

2. 操作及说明

命令：（调用命令）

指定第一个角点或 [ 对象（O）] < 对象 >：（指定第一个角点，或输入 O 选择“对象”选项）

（1）指定第一个角点：用指定的两个角点绘制矩形平面网格。

（2）对象：将选择的一个或多个对象组成的封闭图形转换成平面曲面。

**技巧**

系统变量 SURFU 控制 M 方向的曲面密度以及曲面对象上的 U 素线密度；系统变量 SURFV 控制 N 方向的曲面密度以及曲面对象上的 V 素线密度。它们的有效值范围为 0 ~ 200。

### 10.3.2 其他曲面建模工具

其他曲面建模工具可选择“绘图”菜单｜“建模”｜“曲面”子菜单中相应命令，如图 10-27 所示；或单击“三维建模”空间｜“功能区”｜“曲面”｜“创建”面板中的相应按钮，如图 10-28 所示。

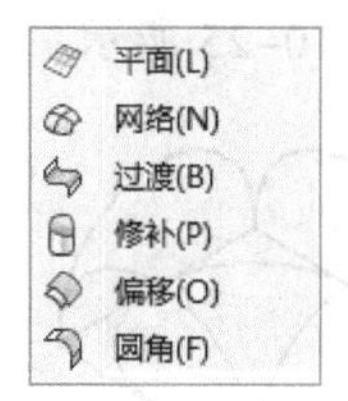


图 10-27 “曲面”子菜单

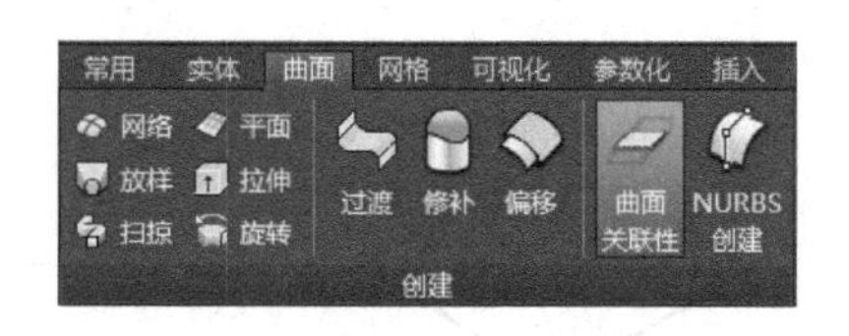


图 10-28 “曲面”的“创建”面板

1.“网络”曲面

“网络”曲面用于在 U 方向和 V 方向的几条曲线之间，或在其他三维曲面之间，或实体的边之间的空间中创建曲面，如图 10-29 所示。操作时首先选择一个方向的 1、2 曲线，按

Enter 键，然后再选择另一个方向的 3、4、5 曲线，并按 Enter 键。

2.“过渡”曲面

“过渡”曲面用于在两个现有曲面之间创建连续的过渡曲面。将两个曲面融合在一起时，可以指定曲面连续性和凸度幅值，如图 10–30 所示。调用命令后的操作和提示如下：

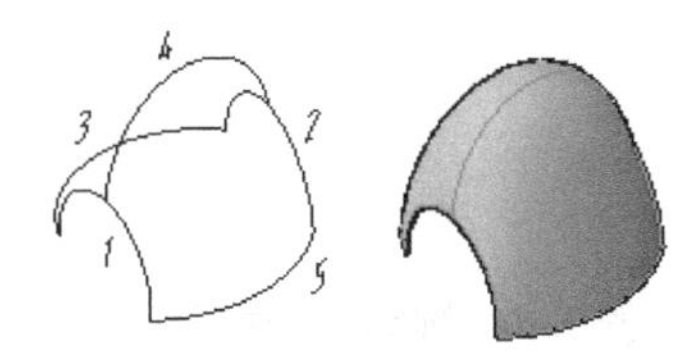


图 10–29 “网络”曲面

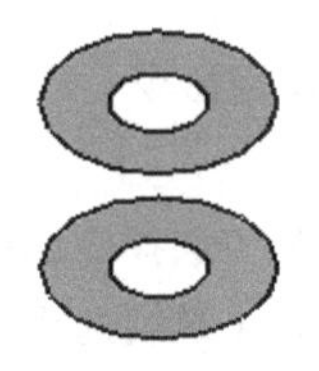
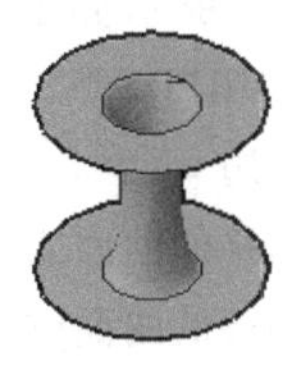

图 10–30 “过渡”曲面

命令：_SURFBLEND（调用命令）

连续性 = G1 – 相切，凸度幅值 = 0.5

选择要过渡的第一个曲面的边或 [ 链（CH）]：（选择第一个曲面的边，如选择上面圆平面的内孔口）

选择要过渡的第一个曲面的边或 [ 链（CH）]：（按 Enter 键确认）

选择要过渡的第二个曲面的边或 [ 链（CH）]：（选择第二个曲面的边，如选择下面圆平面的内孔口）

选择要过渡的第二个曲面的边或 [ 链（CH）]：（按 Enter 键确认）

按 Enter 键接受过渡曲面或 [ 连续性（CON）/ 凸度幅值（B）]：（按 Enter 键确认）

其中，各选项的含义如下：

（1）选择要过渡的第一、第二曲面的边：用于选择边子对象或者曲面或面域作为第一条边和第二条边。

（2）链：用于选择连续的连接边。

（3）连续性：用于设置曲面彼此融合的平滑程度。

（4）凸度幅值：用于设定过渡曲面边与其原始曲面相交处该过渡曲面边的圆度。默认值为 0.5，有效值介于 0 和 1 之间。

3.“修补”曲面

“修补”曲面用于通过在形成闭环的曲面边上拟合一个封口来创建新曲面，也可以通过闭环添加其他曲线以约束和引导修补曲面，如图 10–31 所示。调用命令后的操作和提示如下：

命令：_SURFPATCH（调用命令）

连续性 = G0 – 位置，凸度幅值 = 0.5

选择要修补的曲面边或 [ 链（CH）/ 曲线（CU）] < 曲线 >：（选择要修补的曲面边，如上孔口边，或指定一个选项）

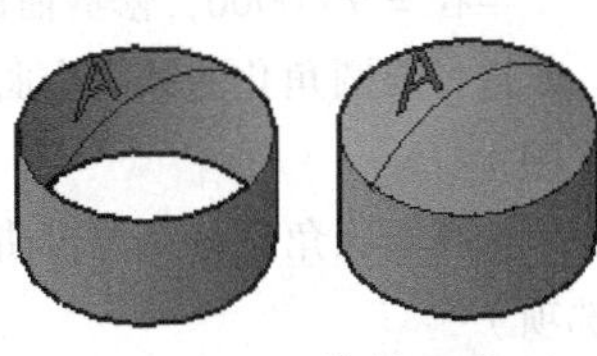


图 10–31 “修补”曲面

选择要修补的曲面边或 [ 链（CH）/ 曲线（CU）] < 曲线 >：（按 Enter 键选择“曲线”选项）

按 Enter 键接受修补曲面或 [ 连续性（CON）/ 凸度幅值（B）/ 导向（G）]：g（指定一个选项，如“导向”）

选择要约束修补曲面的曲线或点：（选择要约束修补曲面的曲线，如 A 曲线）

选择要约束修补曲面的曲线或点：（按 Enter 键退出选择）

按 Enter 键接受修补曲面或 [ 连续性（CON）/ 凸度幅值（B）/ 导向（G）]：（按 Enter 键结束命令）

下面主要介绍与上面不相同的选项：

（1）选择要修补的曲面边：选择缺口处的曲面的边。

（2）导向：使用其他导向曲线以塑造修补曲面的形状。

（3）曲线：选择作为约束修补曲面形状的曲线。

4.“偏移”曲面

“偏移”曲面用于创建与原始曲面相距指定距离的平行曲面，如图 10-32 所示。调用命令后的操作和提示如下：

命令：_SURFOFFSET（调用命令）

连接相邻边 = 否

选择要偏移的曲面或面域：（选择要偏移的曲面）

选择要偏移的曲面或面域：（继续选择要偏移的曲面，或按 Enter 键结束选择）

指定偏移距离或 [ 翻转方向（F）/ 两侧（B）/ 实体（S）/ 连接（C）/ 表达式（E）] <40.0000> :（指定偏移距离，或指定一个选项）

其中，各选项的说明如下：

（1）指定偏移距离：指定偏移曲面和原始曲面之间的距离。

（2）翻转方向：箭头指示的方向即为偏移的方向。使用该项，可翻转偏移方向。

（3）两侧：沿两个方向偏移曲面。

（4）实体：从偏移创建实体。

（5）连接：如果原始曲面是连接的，则连接多个偏移曲面。

（6）表达式：输入公式或方程式来指定曲面偏移的距离。

5.“圆角”曲面

可以在两个其他曲面之间圆角曲面进行平滑过渡，如图 10-33 所示。调用命令后的操作和提示如下：

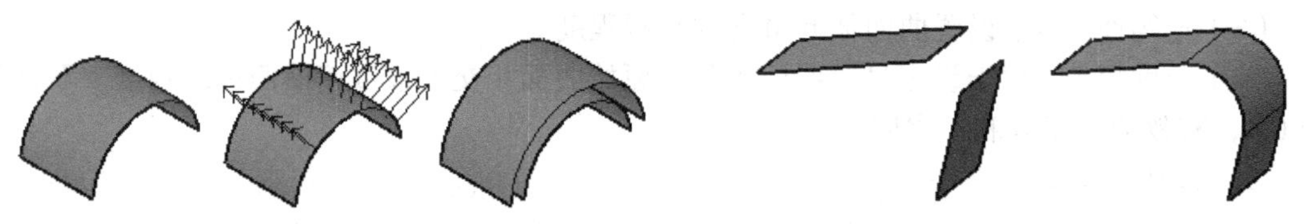

图 10-32 “偏移”曲面　　图 10-33 “圆角“曲面

命令：_SURFFILLET（调用命令）

半径 = 90.0000，修剪曲面 = 是

选择要圆角化的第一个曲面或面域或者 [ 半径（R）/ 修剪曲面（T）] :（选择第一个曲面或指定一个选项）

选择要圆角化的第二个曲面或面域或者 [ 半径（R）/ 修剪曲面（T）] :（选择第二个曲面或指定一个选项）

按 Enter 键接受圆角曲面或 [ 半径（R）/ 修剪曲面（T）] :（按 Enter 键结束命令）

下面主要介绍与上面不同的选项：

（1）半径：指定圆角半径。

（2）修剪曲面：将原始曲面或面域修剪到圆角曲面的边。

### 10.3.3 上机实训 4——创建过渡倒角面

扫一扫，看视频
※ 3 分钟

打开“图形”文件夹 | dwg | Sample | CH10 | “上机实训 4.dwg”图形，如图 10-34 所示，创建过渡曲面和圆弧曲面。其操作和提示如下：

（1）选择“绘图”菜单|“建模”|“曲面”|“过渡”命令，在“选择要过渡的第一个曲面的边：”的提示下，选择小圆柱曲面的下孔口，按Enter键；在“选择要过渡的第二个曲面的边：”的提示下，选择大圆柱曲面的上孔口，按Enter键；在“按Enter键接受过渡曲面：”提示下，再按Enter键结束命令，这样在两个圆柱曲面间创建了一个过渡曲面，如图10-35所示。

（2）选择“绘图”菜单|“建模”|“曲面”|“圆角”命令，在“选择要圆角化的第一个曲面或面域：”的提示下输入R选择“半径”选项，并指定半径为20；在“选择要圆角化的第一个曲面或面域：”的提示下选择小圆柱曲面；在“选择要圆角化的第二个曲面或面域：”的提示下，选择上面过渡出来的曲面；最后在“按Enter键接受圆角曲面：”的提示下，按Enter键结束命令，结果如图10-36所示。

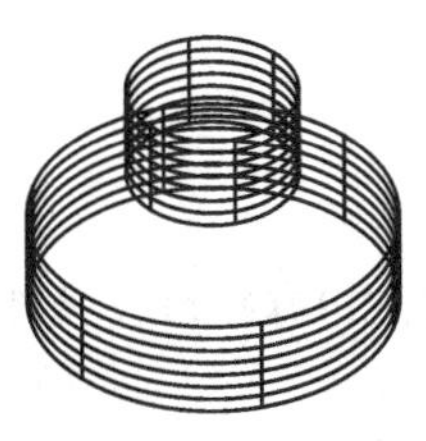
图10-34 原图

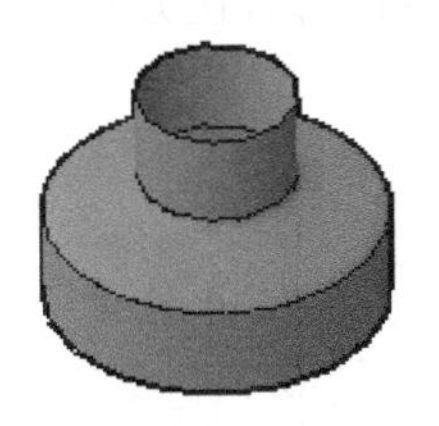
图10-35 过渡曲面

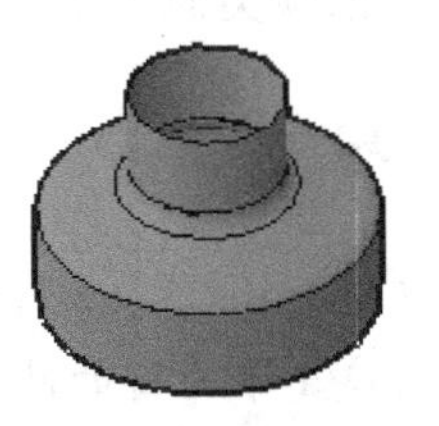
图10-36 倒角曲面

## 10.4 创建实体模型

复杂的实体模型，在创建和编辑上较线框、网格、曲面模型容易得多。它可以通过先绘制简单的基本实体，再通过对这些基本实体进行布尔运算得到；也可以通过拉伸、旋转、扫掠、放样等方式进行创建。

技巧

- 系统变量ISOLINES用于控制线框模式下实体对象上每个曲面的线框网格密度，其有效值范围为0～2047。该变量的设置值越大，实体看上去越真实。但是显示性能越差，渲染时间也越长。
- 系统变量FACETRES用于控制着色和渲染曲面实体时曲线边的平滑度。该变量的有效值范围为0.01～10。设置值越大，着色和渲染后实体上的曲面显示越平滑，但执行这些操作的时间也越长。

### 10.4.1 多段体

多段体命令可用于创建具有固定高度和宽度的三维墙状实体。可以将现有直线、二维多线段、圆弧或圆转换为具有矩形轮廓的实体，如图10-37所示。

1. 调用

◆ 菜单：绘图|建模|多段体。

◆ 命令行：POLYSOLID。

◆ 三维建模空间：功能区|常用|建模|多段体。

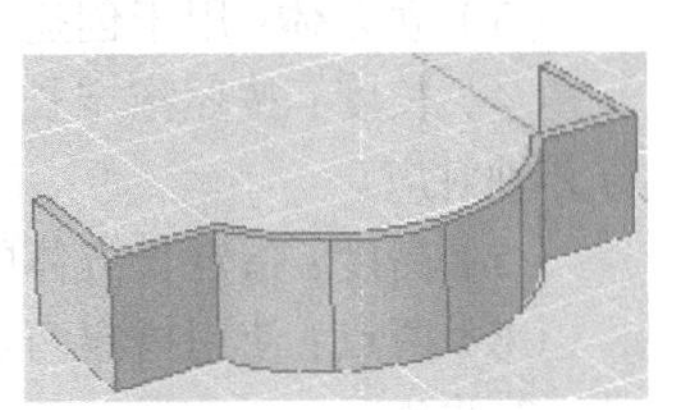
图10-37 多段体

2. 操作及说明

命令：_Polysolid（调用命令）

高度 = 80.0000, 宽度 = 5.0000, 对正 = 居中（提示当前设置）

指定起点或 [ 对象（O）/ 高度（H）/ 宽度（W）/ 对正（J）] < 对象 > :（指定多段体的起点，或选择一个选项，或按 Enter 键使用默认选项“对象”）

该命令许多选项的使用方法与多段线命令 PLINE 一样，下面主要介绍不同的内容。

（1）指定起点：指定一点即开始多段体的绘制。

（2）对象：选择该项，以当前的设置将选择的对象转换为实体。可转换的对象包括直线、圆弧、二维多段线和圆。

（3）高度：指定多段体实体的高度。

（4）宽度：指定多段体实体的宽度。

（5）对正：选择该项绘制多段体轮廓时，可以将实体的宽度和高度设置为左对正、右对正或居中。该项类似于多线命令 MLINE 的对正方式。

技巧

将多段体命令 POLYSOLID 与“按住并拖动”命令 PRESSPULL 结合使用，可以快速地创建出带门窗的房屋模型。

### 10.4.2 创建基本实体

基本实体包括长方体、球体、圆柱体、圆锥体、楔体、圆环体和棱锥体等。它们的创建比较简单，可以通过以下方式调用命令：

◆ 菜单：绘图｜“建模”子菜单。

◆ 命令行：BOX、WEDGE（命令别名 WE）、SPHERE、CYLINDER（命令别名 CYL）、CONE、TORUS（命令别名 TOR）、PYRAMID（命令别名 PYR）。

◆ 三维建模空间：功能区｜常用｜“建模”面板。

1. 长方体

“长方体”命令用于创建长方体三维实体。调用命令后的操作和提示如下：

命令：（调用命令）

指定第一个角点或 [ 中心（C）]：（指定长方体的第一个角点，或输入 C 使用“中心”选项）

指定其他角点或 [ 立方体（C）/ 长度（L）]：（指定长方体的其他角点，或选择一个选项）

指定高度或 [ 两点（2P）]：（指定高度，或使用“两点”选项确定高度）

其中，各选项的说明如下：

（1）中心：以指定的点作为长方体的中心点来创建长方体。

（2）指定其他角点：指定一点作为长方体的其他角点（即第二个角点）。这时，将由指定的第一个角点和第二个角点的 X、Y、Z 坐标的差值来决定长方体的长、宽、高三个方向的尺寸，如图 10-38 所示。

（3）立方体：用于创建一个长、宽、高相同的长方体。

（4）长度：按照指定长、宽、高创建长方体。长度与 X 轴对应；宽度与 Y 轴对应；高度与 Z 轴对应。

（5）高度：指定长方体的高度。

（6）两点：使用指定两点间的距离作为长方体的高度。

2. 楔体

“楔体”命令用于创建三维实体楔体。调用命令后的操作和提示如下：

命令:(调用命令)

指定第一个角点或[中心(C)]:(指定楔体的第一个角点，或输入C使用“中心”选项)

指定其他角点或[立方体(C)/长度(L)]:(指定楔体的其他角点，或指定一个选项)

指定高度或[两点(2P)]:(指定高度，或使用“两点”选项确定高度)

该命令的操作和提示与创建长方体命令基本相同。创建的楔体如图10-39所示。

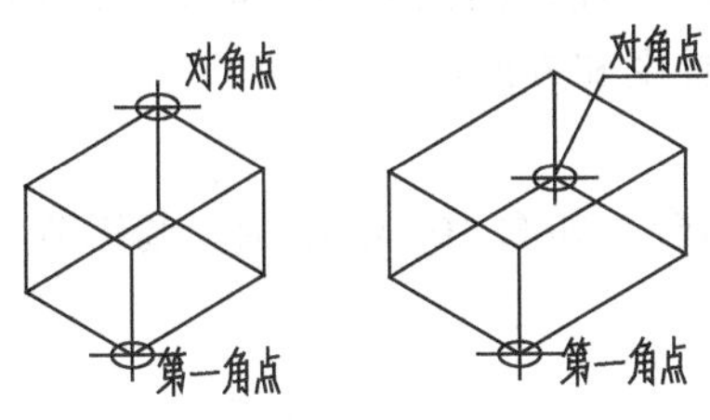


图10-38 指定角点绘制长方体

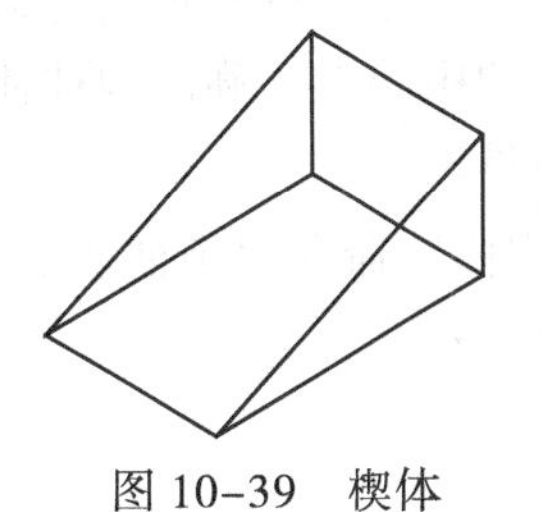

图10-39 楔体

3. 球体

“球体”命令用于创建三维实体球体，如图10-40所示。调用命令后的操作和提示如下:

命令:(调用命令)

指定中心点或[三点(3P)/两点(2P)/切点、切点、半径(T)]:(指定球体的球心,或指定一个选项)

指定半径或[直径(D)]<195.3064>:(指定球体的半径，或输入D使用“直径”选项)

其中的选项说明如下:

(1)指定中心点:指定一点作为球体的中心点，并放置球体以使其中心轴与当前用户坐标系(UCS)的Z轴平行;纬线与XY平面平行。

(2)三点:通过在三维空间的任意位置，指定三个点来定义球体的圆周。三个指定点也可以定义圆周平面。

(3)两点:通过在三维空间的任意位置，指定两个点来定义球体的圆周。第一点的Z值定义圆周所在平面。

(4)切点、切点、半径:通过指定半径创建与两个指定对象相切的球体。指定的切点将投影到当前UCS的XY平面上相切。

4. 圆柱体

“圆柱体”命令用于创建三维实体圆柱体或椭圆柱体，如图10-41所示。调用命令后的操作和提示如下:

图10-40 球体

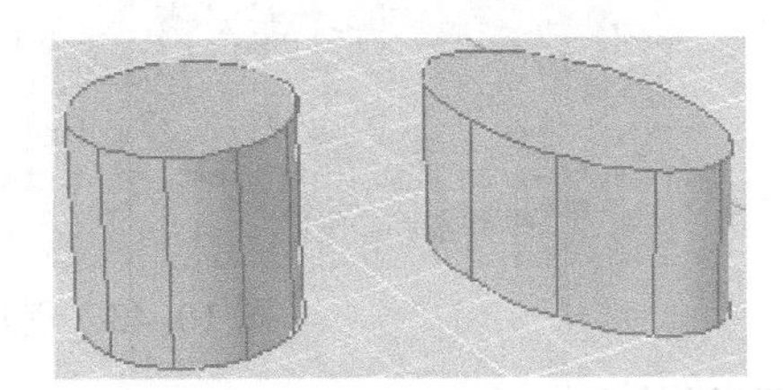

图10-41 圆柱体和椭圆柱体

命令:(调用命令)

指定底面的中心点或[三点(3P)/两点(2P)/切点、切点、半径(T)/椭圆(E)]:(指定圆柱体底面的中心点，或指定一个选项)

指定底面半径或[直径(D)]<107.2941>:(指定圆柱体底面的半径,或输入D使用“直径”选项)

指定高度或[两点(2P)/轴端点(A)]:(指定椭圆柱的高度，或指定一个选项)

该命令中的许多选项与球体和长方体命令中的对应选项类似，因此，下面主要介绍不同的选项。

(1)指定底面的中心点：指定一点作为圆柱体底面的中心点。

(2)椭圆：创建具有椭圆底的圆柱体。

(3)轴端点：可指定圆柱体轴的端点位置(即圆柱体的顶面中心点)，并由底面的中心点和顶面的中心点，确定圆柱体在三维空间中的长度和方向。

5. 圆锥体

"圆锥体"命令用于创建三维实体圆锥体或圆台，如图10-42所示。调用命令后的操作和提示如下：

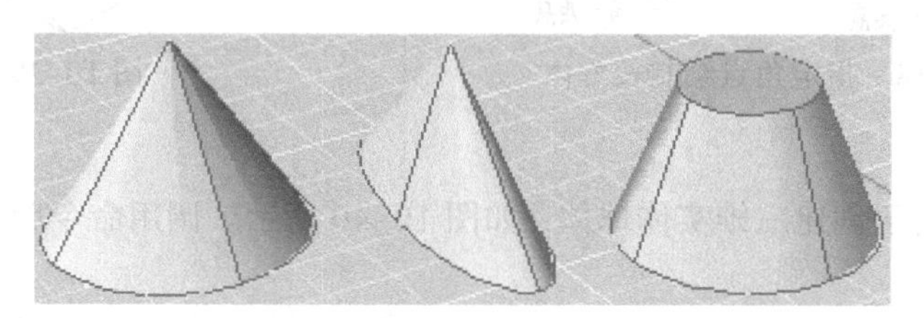

图10-42 圆锥、椭圆锥和圆台

命令：(调用命令)

指定底面的中心点或[三点(3P)/两点(2P)/切点、切点、半径(T)/椭圆(E)]:(指定圆锥体底面的中心点，或选择一个选项)

指定底面半径或[直径(D)] <100.0000>:(指定圆锥体底面的半径,或输入D使用"直径"选项)

指定高度或[两点(2P)/轴端点(A)/顶面半径(T)] <122.1096>:(指定圆锥体的高度，或指定一个选项，或按Enter键使用当前高度值122.1096)

其中，选择"顶面半径"选项，可指定一个顶面的半径值用于绘制圆台。其余的选项与圆柱体命令相同。

6. 圆环体

"圆环体"命令用于创建圆环形的三维实体，如图10-43所示。调用命令后的操作和提示如下：

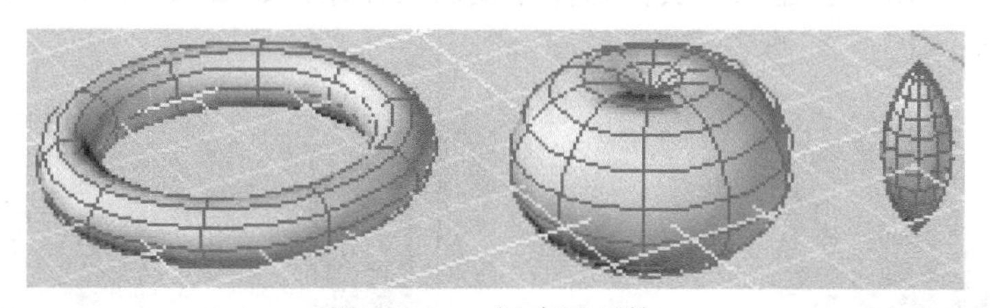

图10-43 创建圆环体

命令：(调用命令)

指定中心点或[三点(3P)/两点(2P)/切点、切点、半径(T)]:(指定圆环体中心点的位置，或指定一个选项)

指定半径或[直径(D)] <92.3026>:(指定圆环体的半径，或输入D使用"直径"选项，或按Enter键使用当前半径值92.3026)

指定圆管半径或[两点(2P)/直径(D)] <20.0000>:(指定圆管的半径，或输入2P使用指定的两

点之间的距离来确定圆管的半径，或输入D以指定圆管的直径，或按Enter键使用当前半径值20.0000）

其中的选项与球体等命令的类似，用户可参照操作。

**技巧**

● 如果指定的圆环半径和圆管半径都为正值，且圆管半径大于圆环半径，则创建的圆环体中心将会出现自交现象，而不会有中间的孔，如图10–43中间的图形所示。

● 如果指定的圆环半径为负值，圆管半径为正值，且圆管半径的绝对值大于圆环半径的绝对值，则将创建出橄榄球形的实体，如图10–43右边的图形所示。

7. 实体棱锥面

“实体棱锥面”命令用于创建三维实体棱锥体，如图10–44所示。调用命令后的操作和提示如下：

命令：（调用命令）

4个侧面 外切

指定底面的中心点或［边（E）/侧面（S）］：（指定棱锥面底面的中心点，或选择一个选项）

指定底面半径或［内接（I）］<141.8549>：（指定棱锥底面半径，或输入I使用“内接”选项）

指定高度或［两点（2P）/轴端点（A）/顶面半径（T）］<190.3572>：（指定棱锥的高度，或指定一个选项）

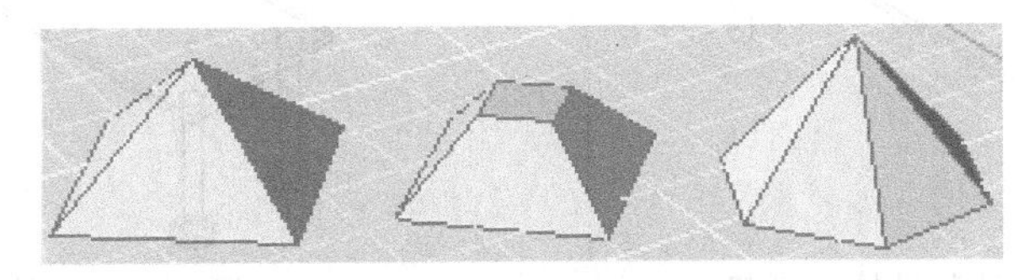

图10–44 实体棱锥面

下面主要介绍与上面不同的选项。

（1）指定底面的中心点：指定一点作为棱锥面底面的中心点。

（2）边：通过指定两点以确定棱锥面底面一条边的长度来创建棱锥面。

（3）侧面：指定棱锥面的侧面数目，可以输入3~32之间的数，默认值为4。

（4）指定底面半径：指定棱锥体底面与一个假想圆相外切的假想圆的半径。

（5）内接：指定棱锥体底面与一个假想圆相内接。

### 10.4.3 上机实训5——绘制茶几

扫一扫，看视频

※ 4分钟

绘制如图10–45所示的1200×450×350的茶几。其操作和提示如下：

（1）新建一个图形，选择“视图”菜单｜“三维视图”｜“西南等轴测”命令，将视图转到西南等轴测状态。

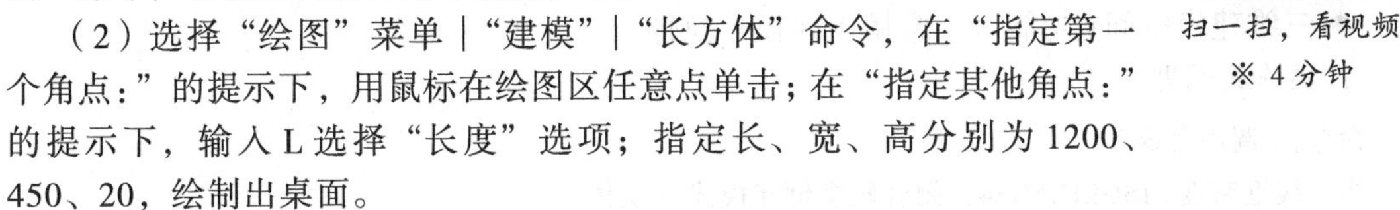

（2）选择“绘图”菜单｜“建模”｜“长方体”命令，在“指定第一个角点：”的提示下，用鼠标在绘图区任意点单击；在“指定其他角点：”的提示下，输入L选择“长度”选项；指定长、宽、高分别为1200、450、20，绘制出桌面。

（3）选择“绘图”菜单｜“建模”｜“圆柱体”命令，在“指定底面的中心点：”的提

示下，单击“对象捕捉”工具栏|“捕捉自”按钮，用鼠标捕捉到桌面前面下端点，输入“@70,70”并按 Enter 键，确定圆柱体底面的中心点位置；指定圆柱体的半径为 30，高度为 -350，绘制出茶几的一条腿，如图 10-46 所示。

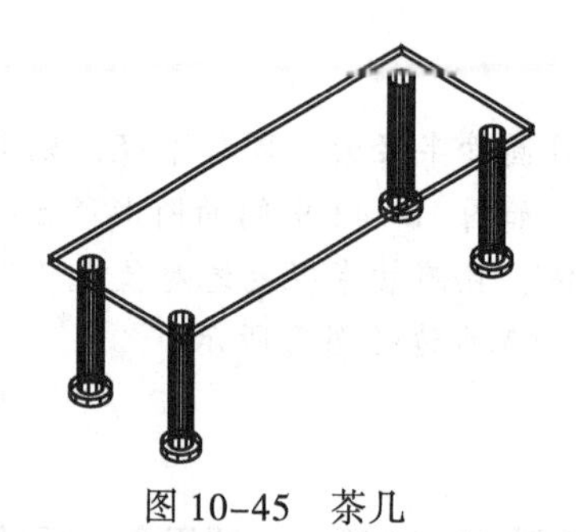

图 10-45　茶几

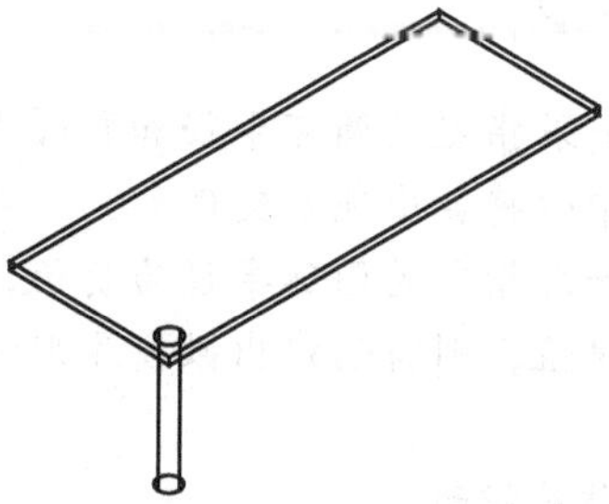

图 10-46　绘制茶几一条腿

（4）用同样的方法绘制出另外几条腿，如图 10-47 所示。

（5）再次调用圆柱体命令，在“指定底面的中心点：”的提示下，用鼠标捕捉到前面这条脚下面的圆心；然后指定底面半径为 50，高度为 -20，绘制出一个垫脚。

（6）用同样的方法绘制出其他垫脚，如图 10-48 所示。

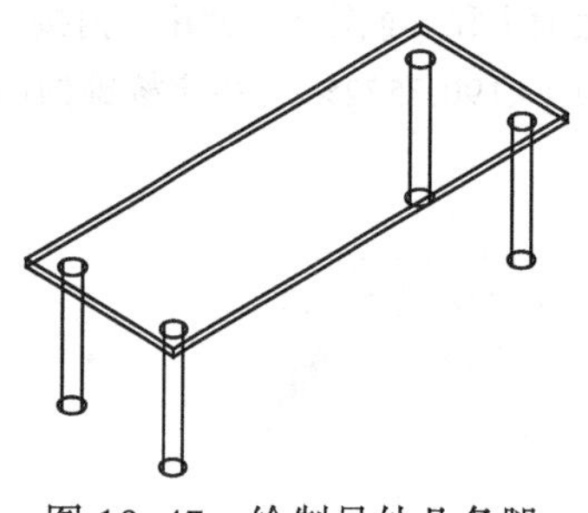

图 10-47　绘制另外几条腿

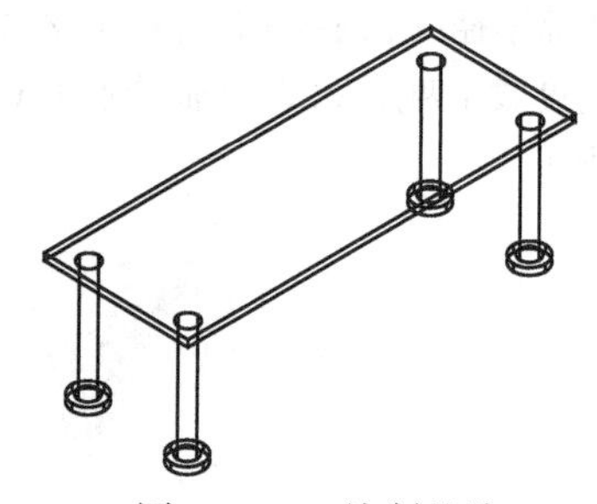

图 10-48　绘制垫脚

（7）设置系统变量 ISOLINES 的值为 10,使用重生成命令 REGEN 刷新,结果为图 10-45 所示。

## 10.5　通过二维对象创建三维实体或曲面

通过拉伸、旋转、扫掠、放样以及按住并拖动，可以将二维对象转变成三维实体或曲面。

### 10.5.1　创建拉伸实体或曲面

拉伸命令可以沿指定的方向将二维或三维曲线拉伸为三维实体或曲面。

1. 调用

◆ 菜单：绘图 | 建模 | 拉伸。

◆ 命令行：EXTRUDE 或命令别名 EXT。

◆ 三维建模空间：功能区 | 常用 | 建模 | 拉伸。

2. 操作及说明

命令：（调用命令）

当前线框密度：ISOLINES=4，闭合轮廓创建模式 = 实体

选择要拉伸的对象或 [ 模式（MO）]：（选择要拉伸的对象，或使用“模式”选项）

选择要拉伸的对象或 [ 模式（MO）]：（继续选择对象，或使用“模式”选项，或按 Enter 键确认选择）

指定拉伸的高度或 [ 方向（D）/ 路径（P）/ 倾斜角（T）] <146.1245>：（指定拉伸高度，或指定一个选项，或按 Enter 键使用当前拉伸高度 146.1245）

3. 选项说明

（1）模式：控制拉伸对象是实体还是曲面。如果拉伸为曲面，可指定曲面被拉伸为 NURBS 曲面或程序曲面，取决于 SURFACEMODELINGMODE 系统变量的设置。

（2）指定拉伸高度：指定正值，将沿 Z 轴正方向拉伸对象；反之，将沿 Z 轴负方向拉伸对象，如图 10–49 所示。

（3）方向：通过指定的两点指定拉伸的长度和方向。

（4）路径：将对象沿选定路径进行拉伸，如图 10–50 所示。

（5）倾斜角：用指定的倾斜角拉伸对象。指定正角度，表示从基准对象逐渐变细地拉伸；指定负角度，表示从基准对象逐渐变粗地拉伸。

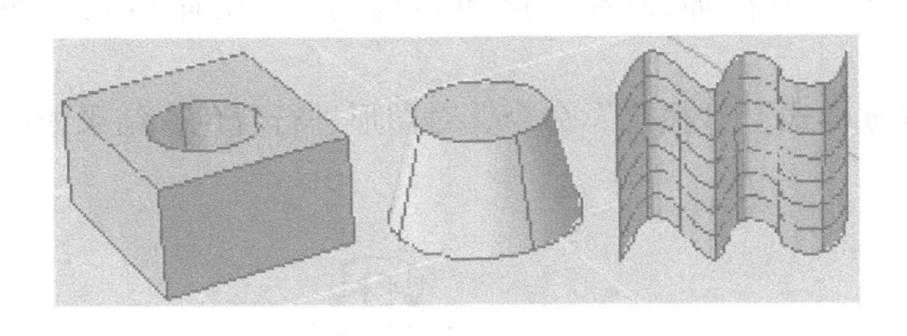

图 10–49　拉伸封闭和非封闭对象

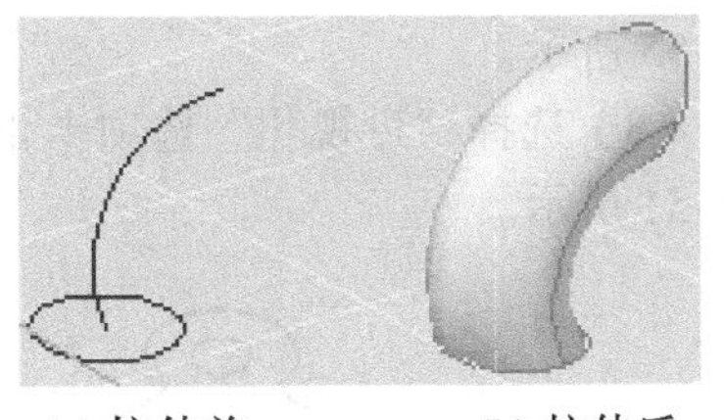

(a) 拉伸前　　(b) 拉伸后

图 10–50　沿路径拉伸

4. 说明

（1）可以拉伸及用作路径的对象及其子对象：直线、圆弧、椭圆弧、螺旋、网格面或边、二维多段线、三维多段线、样条曲线、圆、椭圆、二维实体、面域、三维面、实体上的面或边、曲面的边和曲面等。

（2）选择对象时，按住 Ctrl 键可选择对象的面或边子对象。

（3）路径不能与对象处于同一平面，也不能具有高曲率的部分。

（4）如果要将多个对象组成的封闭图形拉伸成实体，可以用面域命令 REGION，将这些对象创建为一个面域；或用编辑多段线命令 PEDIT 中的“合并”选项，将这些对象合并为一个整体后再进行拉伸。

（5）沿路径拉伸时，拉伸实体始于轮廓所在的平面，止于路径端点处与路径垂直的平面。因此，路径的一个端点应该在轮廓平面上，否则 AutoCAD 将移动路径到轮廓的中心。

（6）DELOBJ 系统变量控制创建实体或曲面时，是否自动删除对象和路径。该变量的值为 0 时不删除；当该变量的值为 3 时将删除。

### 10.5.2　上机实训 6——绘制孔板

扫一扫，看视频
※ 6 分钟

绘制如图 10–51 所示的三维实体。其操作和提示如下：

（1）新建一幅图形。调用矩形命令 RECTANG，在绘图区绘制一个边长为 100 的正方形。

（2）调用圆命令 CIRCLE，在正方形的中心绘制一个半径为 20 的圆。再调用该命令，在正方形的 4 个角都绘制两个半径分别为 25 和 10 的同心圆，如图 10–52 所示。

（3）调用修剪命令 TRIM 修剪图形，修剪结果如图 10-53 所示。

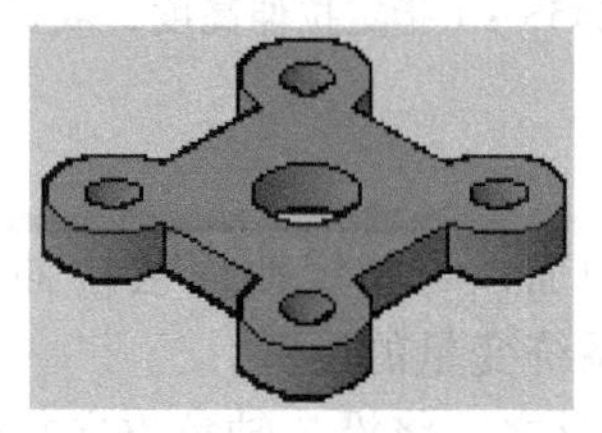
图 10-51　概念视觉样式

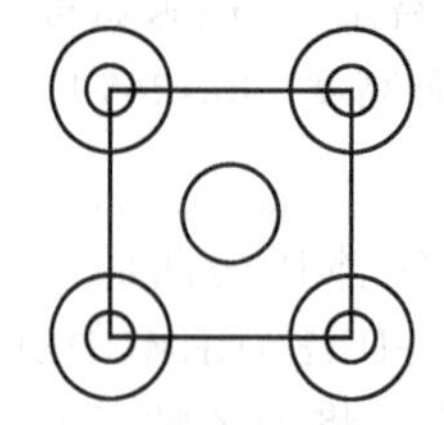
图 10-52　绘制图形

图 10-53　修剪图形

（4）调用创建面域命令 REGION，将图形创建为面域。

（5）调用布尔差运算命令 SUBTRACT，用外圈的图形减去各个圆。

（6）选择“视图”菜单｜“三维视图”｜“西南等轴测”命令，将视图转到“西南等轴测”视图状态，如图 10-54 所示。

（7）调用拉伸命令 EXTRUDE，将图形拉伸 20 高，拉伸角度为 0。拉伸结果如图 10-55 所示。

（8）选择“可视化”选项卡｜“视觉样式”｜“概念”命令，对图形进行着色，结果如图 10-51 所示。

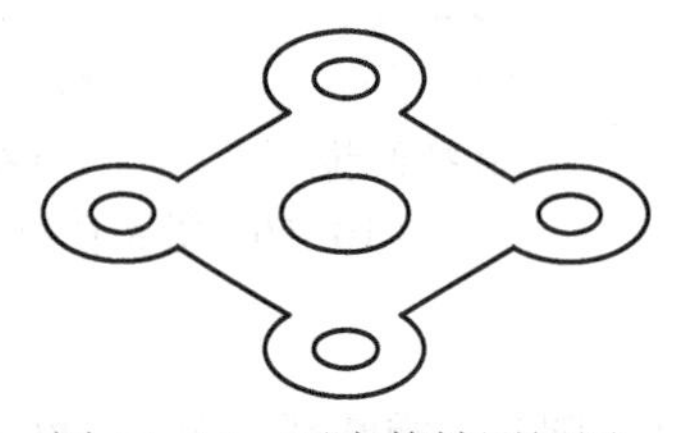
图 10-54　西南等轴测视图

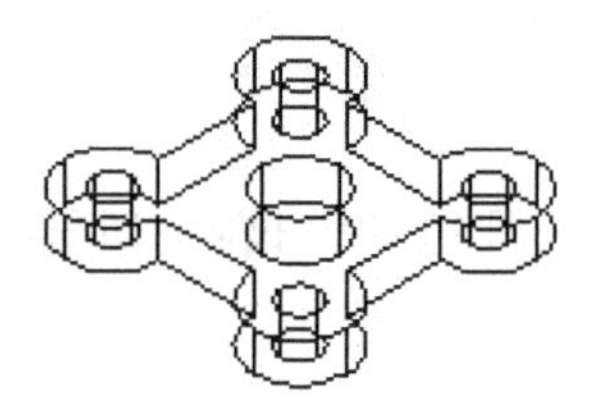
图 10-55　拉伸对象

### 10.5.3　创建旋转实体或曲面

旋转命令可以通过绕轴旋转二维或三维曲线来创建三维实体或曲面，如图 10-56 和图 10-57 所示。

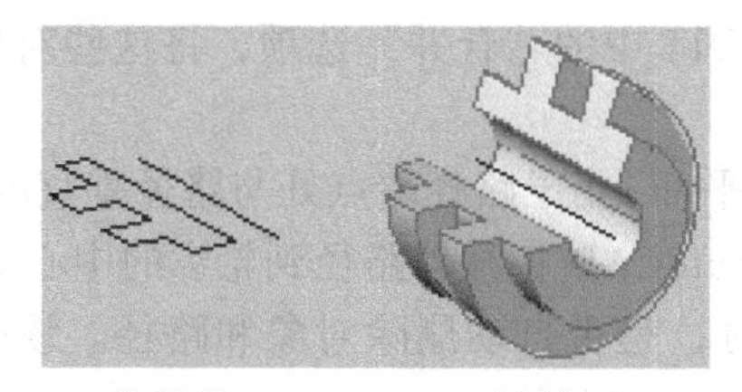
(a) 旋转前　　(b) 旋转后
图 10-56　旋转封闭对象

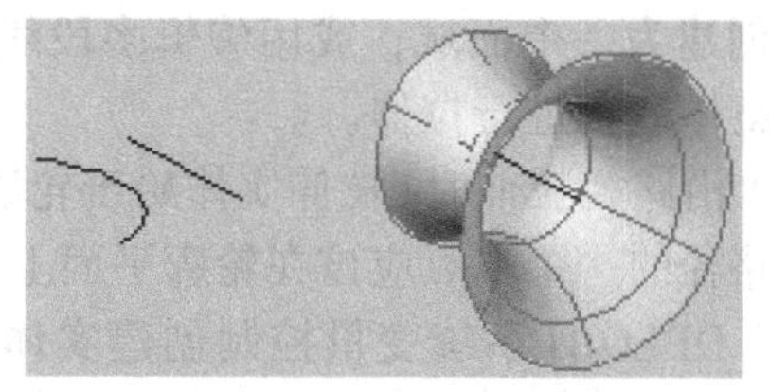
(a) 旋转前　　(b) 旋转后
图 10-57　旋转非封闭对象

1. 调用

◆ 菜单：绘图｜建模｜旋转。

◆ 命令行：REVOLVE 或命令别名 REV。

◆ 三维建模空间：功能区｜常用｜建模｜旋转。

2. 操作及说明

命令：（调用命令）

当前线框密度：ISOLINES=4，闭合轮廓创建模式 = 实体

选择要旋转的对象或 [ 模式（MO）]：（选择要进行旋转的对象，或使用“模式”选项）

选择要旋转的对象或 [ 模式（MO）]：（继续选择要旋转的对象，或使用“模式”选项，或按 Enter 键结束选择）

指定轴起点或根据以下选项之一定义轴 [ 对象（O）/X/Y/Z] < 对象 >：（指定旋转轴起点或指定一个选项）

选择对象：（选择作为旋转轴的对象）

指定旋转角度或 [ 起点角度（ST）/ 反转（R）] <360>：（指定旋转角度，或指定一个选项，或按 Enter 键使用默认角度 360°）

其中，有一些选项与拉伸命令相同，因此，下面主要介绍不同的选项：

（1）指定轴起点：通过指定旋转轴的第一点和第二点来定义旋转轴。轴的正方向从第一点指向第二点。

（2）对象：用选定的对象作为旋转轴来创建旋转实体。轴的正方向，从选择旋转轴时距选择点最近的端点指向最远的端点。

（3）X、Y、Z：以当前 UCS 坐标系的 X、Y、Z 轴作为旋转轴来创建旋转实体。

（4）指定旋转角度：按指定的旋转角度旋转对象。指定旋转角度时，小于 360° 的值将旋转出非闭合的对象；指定 360° 则可旋转出闭合对象。旋转时的方向符合右手法则。

（5）起点角度：指定从旋转对象所在平面开始的旋转偏移角度。如果该角度为 0，则从对象所在的面开始旋转。

（6）反转：用于更改旋转方向，类似于输入负角度值。

3. 说明

（1）该命令既可旋转封闭对象，也可旋转非封闭对象。开放轮廓可创建曲面，闭合轮廓则可创建实体或曲面。

（2）可以旋转的对象：曲面、实体、圆、圆弧、椭圆弧、二维或三维多段线、二维或三维样条曲线、二维实体、面域、宽线、椭圆等。

（3）选择对象时，可以通过按住 Ctrl 键然后选择这些子对象来选择实体上的面。

（4）可作为旋转轴的对象及其子对象：直线、线性多段线线段、实体或曲面的线性边。

（5）如果要将多个对象组成的封闭图形旋转成实体，可以用面域命令 REGION 将这些对象创建为一个面域，或用编辑多段线命令 PEDIT 中的“合并”选项，将这些对象合并为一个整体后再进行旋转。

（6）系统变量 DELOBJ，可控制实体或曲面创建后，是否自动删除旋转对象。

### 10.5.4 创建扫掠实体或曲面

扫掠命令可以通过沿开放或闭合的二维或三维路径扫掠二维或三维曲线来创建三维实体或曲面。扫掠命令用于创建轨迹、管道、圆管和导管时非常方便，如图 10-58 所示。

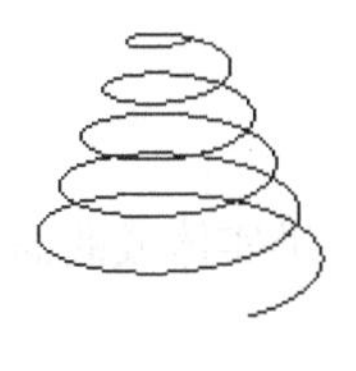

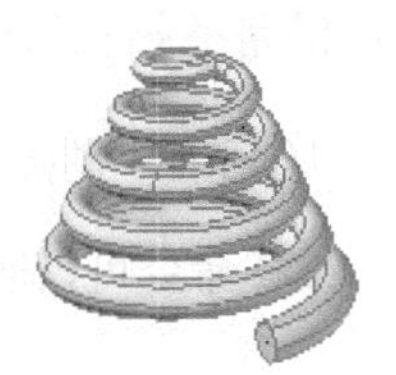

(a) 轮廓曲线　(b) 路径曲线　(c) 扫掠曲面　(d) 扫掠实体　(e) 指定比例扫掠

图 10-58 创建扫掠实体和曲面

1. 调用

◆ 菜单：绘图 | 建模 | 扫掠。

◆ 命令行：SWEEP。

◆ 三维建模空间：功能区 | 常用 | 建模 | 扫掠。

2. 操作及说明

命令：(调用命令)

当前线框密度：ISOLINES=10，闭合轮廓创建模式 = 实体

选择要扫掠的对象或 [ 模式（MO）]：(选择要扫掠的对象，或使用“模式”选项)

选择要扫掠的对象或 [ 模式（MO）]：(继续选择要扫掠的对象，或使用“模式”选项，或按 Enter 键结束选择)

选择扫掠路径或 [ 对齐（A）/ 基点（B）/ 比例（S）/ 扭曲（T）]：(选择扫掠路径对象，或指定一个选项)

其中，有某些选项与拉伸命令相同，因此，下面主要介绍不同的选项：

（1）对齐：指定是否对齐轮廓以使其作为扫掠路径切向的法向。默认情况下，轮廓是对齐的，即如果轮廓曲线不垂直于路径曲线起点的切向，则轮廓曲线将自动对齐。

（2）基点：指定要扫掠对象的基点。

（3）比例：用户可直接指定一个比例因子以进行扫掠操作，或使用其中的“参照”选项，以指定一个起始长度和一个最终长度，通过它们的比值来确定缩放比例。使用该项，将得到截面逐渐缩小或逐渐扩大的扫掠对象，始末两端截面对应尺寸之比，即为设置的比例，如图 10-58(e) 所示。

（4）扭曲：设置正被扫掠的对象的扭曲角度。其中，“扭曲角度”指定沿扫掠路径全部长度的旋转量；“倾斜”选项，指定被扫掠的曲线是否沿三维扫掠路径（三维多线段、三维样条曲线或螺旋）自然倾斜（旋转）。

3. 说明

（1）如果扫掠的是封闭对象，则将生成实体或曲面；如果扫掠的是非封闭对象，则将生成曲面。扫掠时，不必将轮廓与路径对齐即可进行扫掠。

（2）可扫掠的对象包括直线、圆弧、椭圆弧、二维多段线、二维或三维样条曲线、圆、椭圆、二维实体、面域、实体、曲面或网格边子对象和宽线等。

（3）通过按住 Ctrl 键可选择子对象，即选择实体或曲面上的面和边。

（4）可作为扫掠路径的对象及其子对象：直线、圆、圆弧、椭圆、椭圆弧、实体和曲面或网格边子对象、二维或三维多段线、二维或三维样条曲线、螺旋等。

（5）系统变量 DELOBJ 控制创建实体或曲面时，是否自动删除轮廓和扫掠路径。

（6）拉伸与扫掠不同。当沿路径拉伸轮廓时，如果路径未与轮廓相交，则将被移到轮廓上，然后沿路径拉伸该轮廓。而沿路径扫掠轮廓时，轮廓将被移动到与路径垂直对齐，然后沿路径扫掠该轮廓。

### 10.5.5 创建放样实体或曲面

放样命令可以通过指定一系列横截面之间的空间来创建三维实体或曲面，如图 10-59 所示。

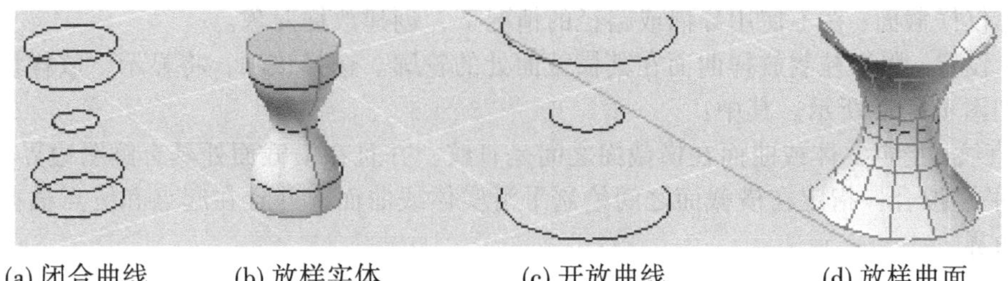

(a) 闭合曲线 (b) 放样实体 (c) 开放曲线 (d) 放样曲面

图 10-59 放样实体和曲面

1. 调用

◆ 菜单：绘图 | 建模 | 放样。

◆ 命令行：LOFT。

◆ 三维建模空间：功能区 | 常用 | 建模 | 放样。

2. 操作及说明

命令：（调用命令）

当前线框密度：ISOLINES=4，闭合轮廓创建模式 = 实体

按放样次序选择横截面或 [ 点（PO）/ 合并多条边（J）/ 模式（MO）]：（按实体或曲面将要通过的放样次序选择横截面，或指定一个选项）

按放样次序选择横截面或 [ 点（PO）/ 合并多条边（J）/ 模式（MO）]：（继续选择横截面，或指定一个选项，或按 Enter 键结束选择）

输入选项 [ 导向（G）/ 路径（P）/ 仅横截面（C）/ 设置（S）] < 仅横截面 >：（指定一个选项，或按 Enter 键使用默认选项“仅横截面”）

下面主要介绍与前面不相同的选项。

（1）点：指定放样操作的第一个点或最后一个点。如果以“点”选项开始，接下来必须选择闭合曲线。

（2）合并多条边：将多个端点相交的边处理为一个横截面。

（3）连续性：仅当 LOFTNORMALS 系统变量设定为 1（平滑拟合）时，此选项才显示。指定在曲面相交的位置连续性为 G0、G1 还是 G2。

（4）凸度幅值：仅当 LOFTNORMALS 系统变量设定为 1（平滑拟合）时，此选项才显示。为其连续性为 G1 或 G2 的对象指定凸度幅值。

（5）导向：通过选定的导向曲线来控制放样实体或曲面的形状，如图 10-60 所示。

（6）路径：将横截面沿路径放样生成实体或曲面。路径曲线必须与横截面的所有平面相交，如图 10-61 所示。

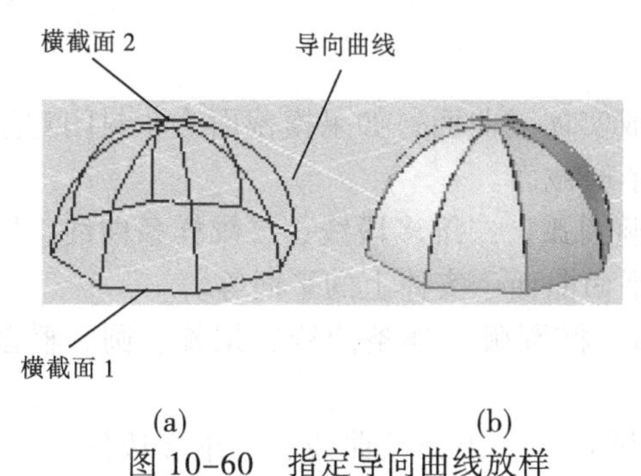


图 10-60 指定导向曲线放样

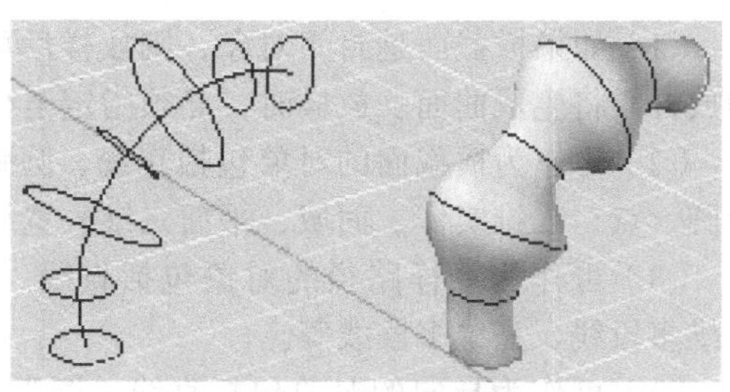

图 10-61 沿路径放样

（7）仅横截面：在不使用导向或路径的情况下，创建放样对象。

（8）设置：用于控制放样曲面在其横截面处的轮廓。选择该项，将显示“放样设置”对话框，如图 10-62 所示。其中：

1）直纹：指定实体或曲面在横截面之间是直纹，并且在横截面处具有鲜明边界。

2）平滑拟合：指定在横截面之间绘制平滑实体或曲面，并且在起点和终点横截面处具有鲜明边界。

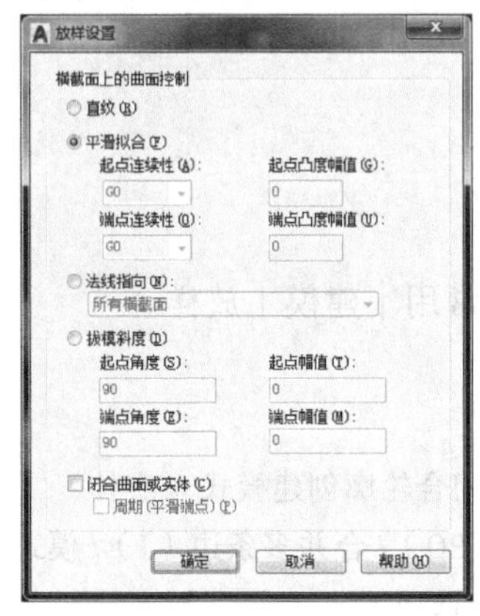


图 10-62 “放样设置”对话框

3）法线指向：控制实体或曲面在其通过横截面处的曲面法线。

4）拔模斜度：控制放样实体或曲面的第一个和最后一个横截面的拔模斜度和幅值。拔模斜度为曲面的开始方向，如图 10-63 所示。用户还可以在放样完成后，通过选择放样对象所显示的拔模斜度句柄来调整拔模斜度和幅值，如图 10-64 所示。

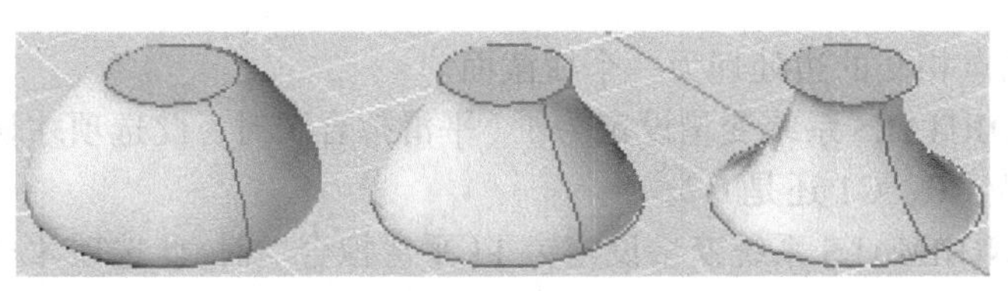

(a) 拔模斜度为 0　(b) 拔模斜度为 90　(c) 拔模斜度为 180

图 10-63 设置拔模斜度对放样的影响

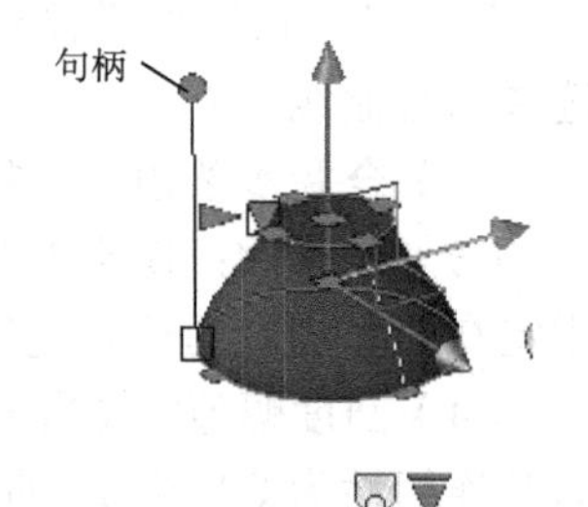


图 10-64 拔模斜度句柄

5）闭合曲面或实体：闭合和开放曲面或实体。使用该选项时，横截面应该形成圆环形图案，以便放样曲面或实体可以形成闭合的圆管。

3. 说明

（1）如果横截面是封闭对象，则放样后可生成实体或曲面；如果横截面为非封闭对象，则放样后将生成曲面。放样时，必须指定至少两个横截面。

（2）可作为横截面的对象包括直线、圆弧、椭圆弧、二维多段线、二维样条曲线、圆、椭圆、点、二维实体、面域、平面三维、宽线、平面曲面、实体上的平面等。

（3）可作为放样路径的对象包括直线、圆弧、椭圆弧、样条曲线、螺旋、圆、椭圆、二维多段线、三维多段线等。

（4）可作为导向的对象包括直线、圆弧、椭圆弧、二维样条曲线、二维多段线、三维多段线等。

（5）系统变量 DELOBJ，控制创建实体或曲面时是否自动删除横截面、导向和路径。

（6）每条导向曲线必须满足这些条件才能正常工作：与每个横截面相交；始于第一个横截面，止于最后一个横截面。

### 10.5.6 上机实训 7——绘制伞

扫一扫，看视频
※ 11 分钟

绘制图 10-60 所示的伞状图形。其操作和提示如下：

（1）单击程序左上角“快速访问工具栏”|“新键”按钮，从打开的“选择样板”对话框中，选择“acadiso3D.dwt”样板图形，单击“打开”按钮，新建一幅图形。

（2）选择“视图”菜单|“三维视图”|“俯视”命令，将视图转到俯视状态。

（3）选择“绘图”菜单|“正多边形”命令，将“边数”设置为 8，选择“内接于圆”方式，并指定半径为 50，绘制出一个正八边形。调用圆命令 CIRCLE，过正多边形的顶点做一个辅助圆，以便于后面绘图时进行捕捉。用同样的方法，在该多边形的中心再绘制一个内接于圆的半径为 5 的正八边形。

（4）调用移动命令 MOVE，在“指定基点：”的提示下，用鼠标捕捉到小多边形一个角点；在“指定第二个点：”的提示下输入“@0,0,50”并按 Enter 键，将小的正多边形向 Z 轴正向移动 50 个单位。

（5）单击“可视化”选项卡|“视图”面板|“西南等轴测”按钮，将视图转到“西南等轴测”视图状态。

（6）在命令行输入 UCS 并按 Enter 键，在“指定 UCS 的原点：”的提示下，用鼠标捕捉到下面的正多边形的中心。在“指定 X 轴上的点：”的提示下，用鼠标捕捉到下面正多边形最右边的一个角点。在“指定 XY 平面上的点：”的提示下，用鼠标捕捉到上面正多边形最右边的对应角点。这样，将 UCS 坐标系的 XY 平面转到了垂直状态。

（7）调用圆弧命令 ARC，用鼠标捕捉到上面正多边形最右边的角点，用鼠标在右边的适当位置单击一点，最后用鼠标捕捉到下面正多边形最右边的角点，绘制出一个圆弧，如图 10-65 所示。

（8）调用 UCS 命令，在“指定 UCS 的原点：”的提示下直接按 Enter 键，将坐标系恢复到“世界”坐标系状态。

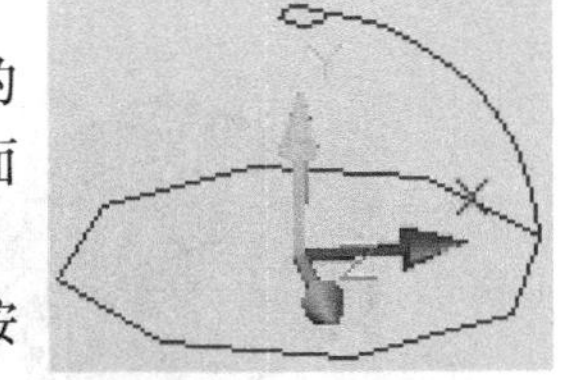

图 10-65　绘制圆弧

（9）选择“修改”菜单|“阵列”|“环形阵列”命令，在提示下选择刚才绘制的圆弧并按 Enter 键，在“指定阵列的中心点：”的提示下，用鼠标捕捉到下面正多边形的中心；在“选择夹点以编辑阵列：”的提示下，输入 AS 选择“关联”选项，并设置“关联”为“否”方式；在“选择夹点以编辑阵列：”的提示下，输入 I 并按 Enter 键，选择“项目”选项，指定项目数为 8；在“选择夹点以编辑阵列：”的提示下，按 Enter 键结束命令。结果如图 10-60(a) 所示。

（10）单击“常用”选项卡|“建模”面板|“放样”命令，在“按放样次序选择横截面：”提示下，分别选择下面和上面的正多边形后按 Enter 键；并在“输入选项……：”的提示下，输入 G 选择“导向”选项，然后选择 8 条圆弧作为导向曲线并按 Enter 键，放样出伞状图形，结果如图 10-60 所示。

（11）调用删除命令 ERASE，删除辅助圆。

### 10.5.7　按住并拖动

可以在视图中按住并拖动有限区域来修改实体。其调用方式如下：

◆ 命令行：PRESSPULL。

◆ 三维建模空间：功能区 | 常用 | 建模 | 按住并拖动。

调用命令后的操作和提示如下：

命令：(调用命令)

选择对象或边界区域：(选择拖动的对象或边界区域)

指定拉伸高度或 [ 多个 (M) ]：(指定拉伸高度或使用"多个"选项)

其中，"选择对象或边界区域"选项，用于选择要修改的对象、边界区域或三维实体面。如果按住 Ctrl 键并单击面，该面将发生偏移，而且更改也会影响相邻面，可移动光标或输入距离指定偏移。"多个"选项，可选择多个对象进行操作。

操作方法：首先调用命令，将鼠标移动到由共面直线或边围成的有限区域内，待该有限区域显示为虚线即表示该命令已经确认了操作区，如图 10-66 所示；用鼠标在有限区域内单击，拖动鼠标（按住或放开均可），向实体内移动则可穿孔（如图 10-67 所示），向实体外移动可拉伸出凸台（如图 10-68 所示）；将鼠标移动到合适位置后单击，或输入值以指定高度即可。该命令也可对实体的基本表面进行操作，如图 10-69 所示。

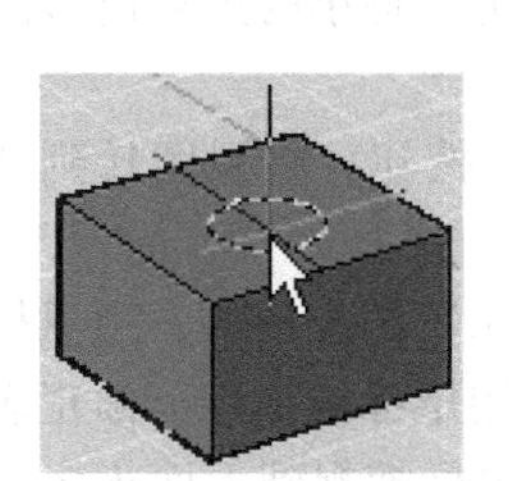

图 10-66　确认圆操作区域

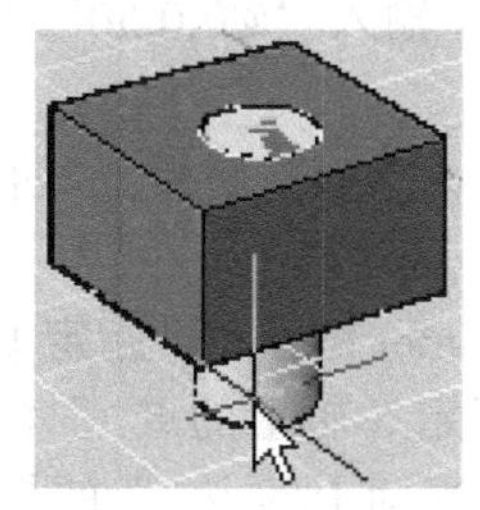

图 10-67　拖动穿孔

图 10-68　拖动出凸台

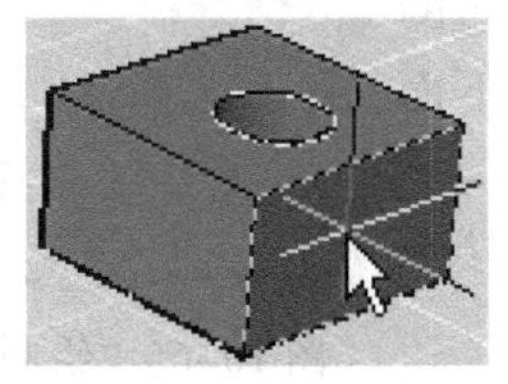

(a) 确认前端面操作区域

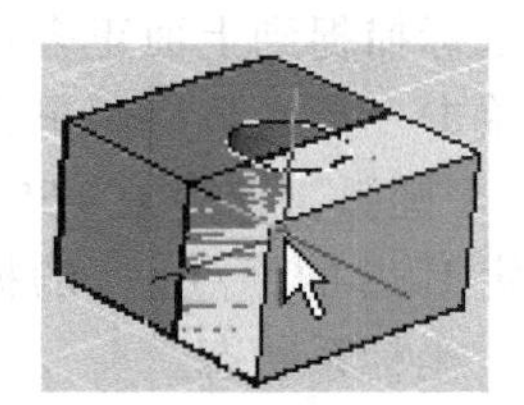

(b) 拖动光标

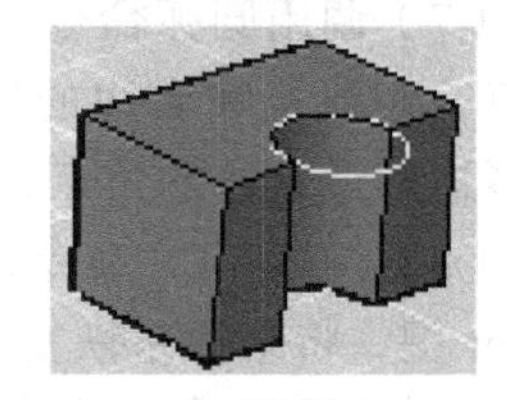

(c) 结果

图 10-69　按住并拖动实体的基本表面

## 10.6　用布尔运算创建组合实体

前面已经向用户介绍了创建实体模型的基本方法。但是，这些方法只能创建一些简单的基本实体模型。利用布尔运算的并集 UNION、差集 SUBTRACT 和交集 INTERSECT 命令，用户可以由基本实体创建出复杂的组合实体。有关这些命令的使用请参看第 4 章 4.6 节。

1. 并集 UNION

并集用于将两个或多个的实体组合在一起，成为一个整体。这两个或多个的实体，可以是相交的，也可以是不相交的，如图 10-70 所示。

2. 差集 SUBTRACT

差集用于从一些实体中减去另外一些实体从而得到新的实体。进行布尔求差时，首先选择作为被减数的实体，然后按 Enter 键，再选择作为减数的实体，如图 10-71 所示。

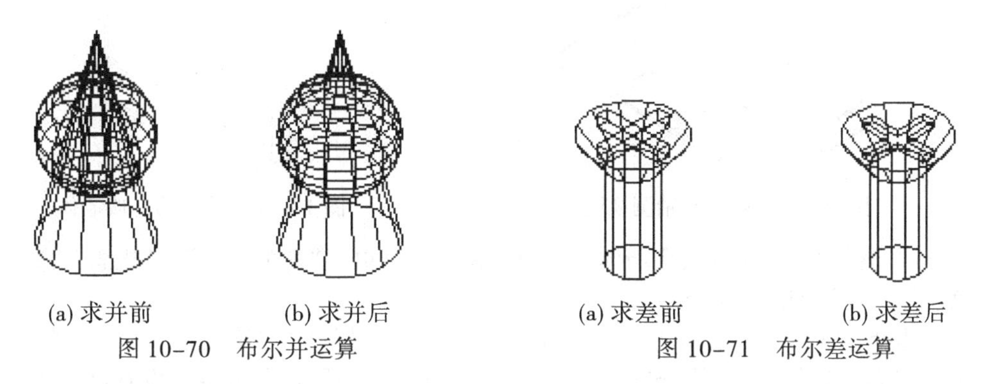

(a) 求并前　(b) 求并后

图 10-70　布尔并运算

(a) 求差前　(b) 求差后

图 10-71　布尔差运算

3. 交集 INTERSECT

交集用于求两个或多个相交实体的公共部分，并将公共部分创建为一个新的实体。使用该命令，将删除非公共部分的实体，而仅仅保留公共部分的实体，如图 10-72 所示。

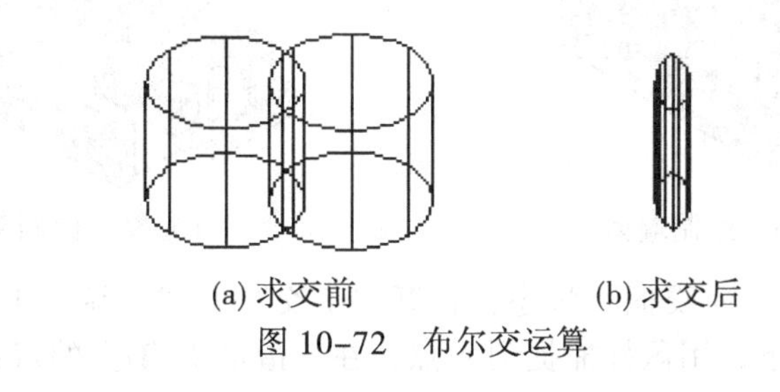

(a) 求交前　(b) 求交后

图 10-72　布尔交运算

**技巧**

- 对于两个或多个分开的实体，同样可以进行布尔并运算。对分开的实体进行了布尔并运算后，用户可能看不出变化。这时可以选择其中的一个实体，即可看出进行了并运算后各个实体已经成为了一个整体。
- 通常，应在绘制与编辑基本完成并检查没有错误的情况下，再进行布尔运算。因为进行了布尔运算后，原来的实体对象已经不存在了。
- 进行布尔运算前，一定要仔细考虑执行布尔运算三个命令的先后顺序。三个命令执行的先后顺序不同，得到的效果不同。进行布尔运算时，通常是先求并集再求差集。

## 10.7　综合实训

打开“图形”文件夹 | dwg | Sample | CH10 | 综合实训 | “平面图 .dwg”图形，利用它绘制底层居室模型。

扫一扫，看视频

※ 15 分钟

（1）选择“视图”菜单 |“三维视图”|“西南等轴测”命令，将视图转到西南等轴测视图状态。如图 10-73 所示。

（2）选择“绘图”菜单 |“建模”|“多段体”命令，在“指定起点:”

的提示下，输入 H 选择“高度”选项，并设置高度为 2600；接着输入 W 选择“宽度”选项，并设置宽度为 240；输入 J 选择“对正”选项，并设置对正方式为“左对正”。这时即可捕捉到 A、B、C、D 绘制出一段墙体，如图 10-74 所示。

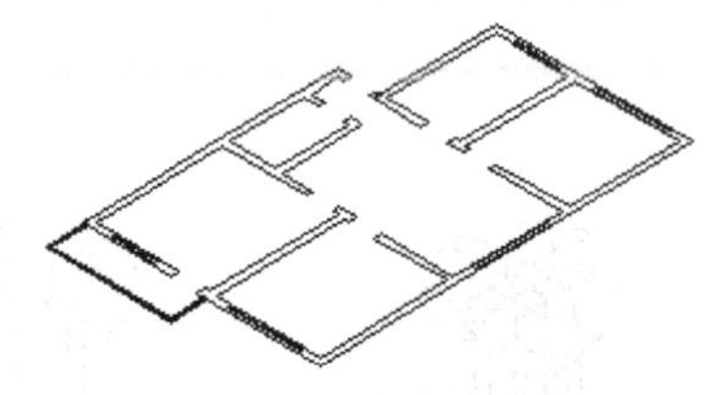

图 10-73　西南等轴测视图

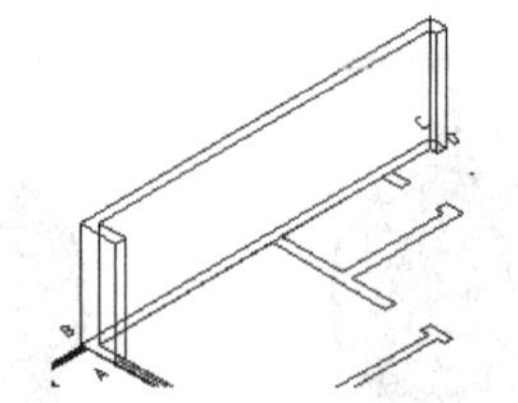

图 10-74　绘制第一段墙体

（3）用同样的办法绘制其余墙体。选择“视图”菜单 |“视觉样式”|“概念”命令，简单着色墙体，结果如图 10-75 所示。

（4）选择“常用”选项卡 |“视图”面板 |“视觉样式”|“二维线框”命令，将视图转到线框图状态。选择“常用”选项卡 |“建模”面板 |“多段体”命令，设置高度为 1200，宽度为 120，用同样的方法绘制阳台。“概念”着色后结果如图 10-76 所示。

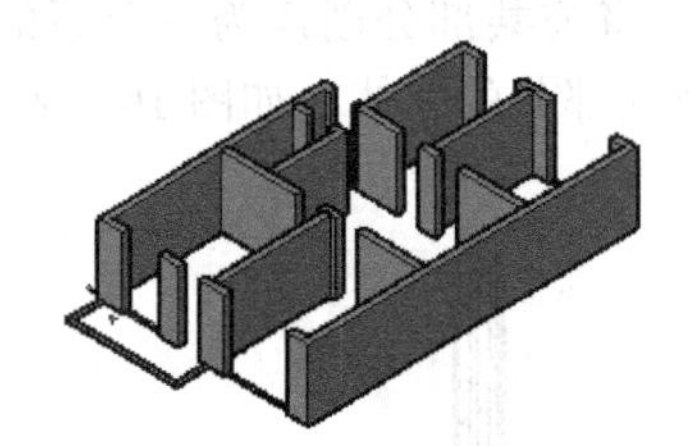

图 10-75　绘制墙体

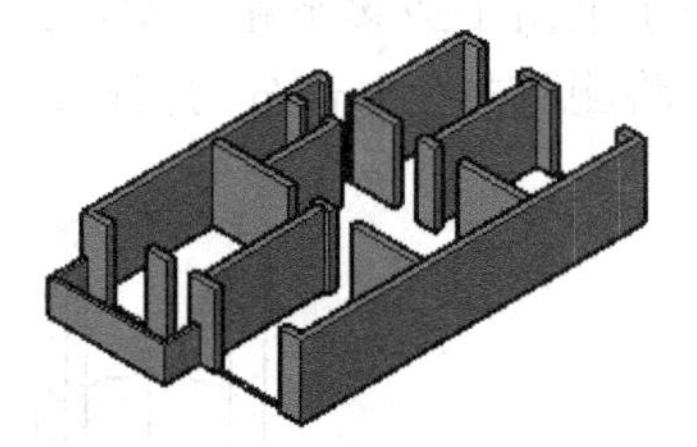

图 10-76　绘制阳台

（5）将视图转到“二维线框”状态，打开“正交”方式。调用 UCS 命令，在“指定 UCS 的原点：”的提示下，用鼠标捕捉到 A 点；在“指定 X 轴上的点：”的提示下，用鼠标捕捉到 B 点；在“指定 XY 平面上的点：”的提示下，用鼠标向上拖动到合适位置单击，建立出新 UCS 坐标系。

（6）单击“常用”选项卡 |“绘图”面板 |“矩形”按钮，在“指定第一个角点：”的提示下，输入“0,800”并按 Enter 键；在“指定另一个角点：”的提示下，输入“@2500,1400”并按 Enter 键，绘制出矩形，如图 10-77 所示。

（7）单击“常用”选项卡 |“建模”面板 |“按住并拖动”按钮，用鼠标在矩形区域内单击并按住左键向内拖动，做出右侧窗户。

（8）调用 UCS 命令，在“指定 UCS 的原点：”提示下，直接按 Enter 键，将坐标系恢复到世界坐标系。将视图进行“概念”着色后，结果如图 10-78 所示。

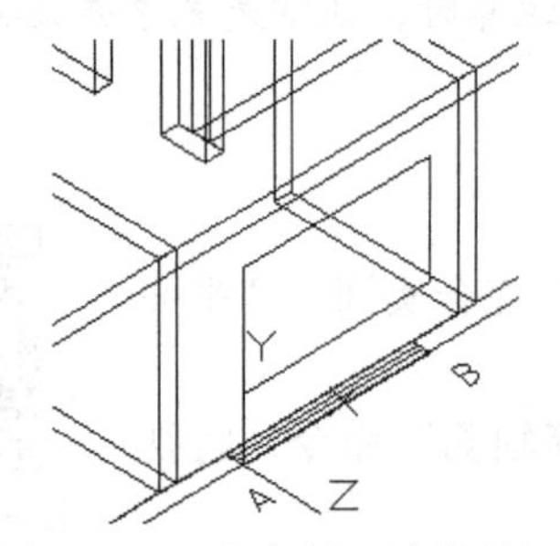


图 10-77　在右侧面墙绘制矩形

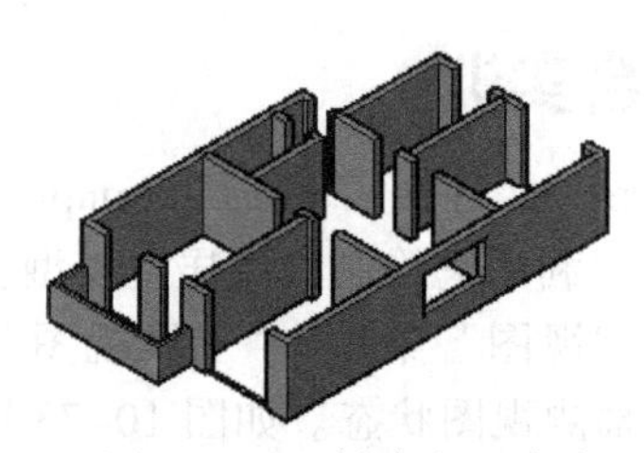

图 10-78　创建右面窗户

（9）将视图转到“二维线框”状态。选择“绘图”菜单 |“建模”|“多段体”命令，设置高度为 800，宽度为 240，用同样的方法绘制左面墙的窗台。

（10）选择“绘图”菜单 |“建模”|“长方体”命令，在“指定第一个角点：”的提示下，用鼠标捕捉到窗子上方的一个角点；在“指定其他角点：”的提示下，输入 L 选择“长度”选项，然后分别指定长、宽、高为 240,1500，-400（注意 X 为长度方向，Y 为宽度方向，Z 为高度方向），绘制出左面墙后方窗户上的墙。用同样的方法绘制前方窗户上方的墙体，以及门上方的墙体。“概念”着色后结果如图 10-79 所示。

（11）用同样的方法绘制里面门上面的墙体。

（12）选择“视图”菜单 |“三维视图”|“东北等轴测”命令，将视图转到东北等轴测视图状态。用同样的方法绘制窗台和窗户上的墙体。

（13）将视图转回到西南等轴测视图状态。选择“修改”菜单 |“实体编辑”|“并集”命令，然后选择所有墙体，对它们求并集，结果如图 10-80 所示。

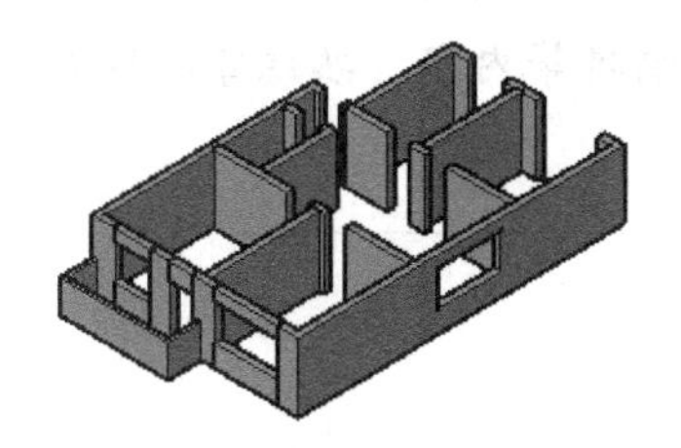

图 10-79　绘制左面墙窗户和门上下方的墙体

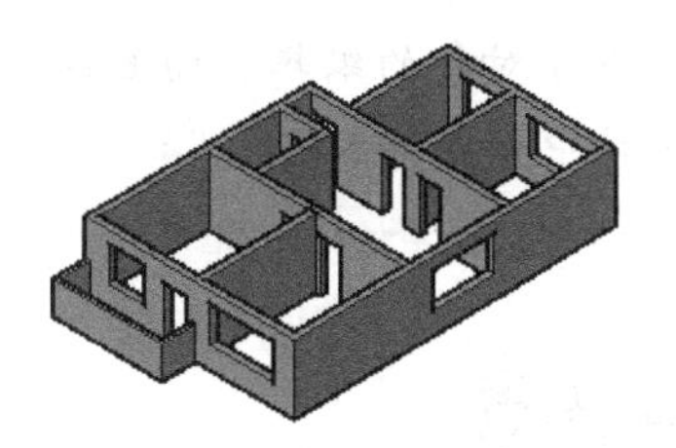

图 10-80　结果

# 第 11 章 三维编辑

本章导读

在三维建模的过程中，常常需要对创建的模型进行编辑和修改，以满足设计的需要和要求。AutoCAD 日益强大和完善的编辑功能，使对象的修改和编辑变得越来越轻松。本章将主要介绍三维对象的基本编辑方法、三维夹点编辑方式、三维编辑操作、三维实体及子对象的编辑、曲面编辑以及网格面编辑等内容。熟练掌握这些方法，将使你在设计中如鱼得水。

本章要点

◎ 三维编辑基础
◎ 三维移动、三维旋转、三维阵列、三维镜像以及对齐操作
◎ 选择与编辑三维实体的子对象
◎ 曲面编辑
◎ 网格编辑

AutoCAD 提供的各种形式的基本编辑命令，如删除、复制、移动、缩放、镜像、阵列等，不但可以用于二维对象的编辑，还可以用于三维对象的编辑。但对于三维对象，AutoCAD 还提供了许多专用的编辑方式和命令，本章将陆续介绍它们的使用。

## 11.1 三维编辑基础

### 11.1.1 使用夹点

使用夹点或“特性”选项板可修改某些单个实体和曲面的大小和形状，也可修改复合实体，其操作方式取决于实体或曲面的类型。

1. 使用夹点修改单个实体或曲面

如图 11-1 所示，选择三维对象后将显示三维夹点（在“线框”视觉样式下可看见对象上的各种夹点），单击并拖动这些夹点，可以调整对象的位置、形状和尺寸，其操作与二维类似。修改完成后按 Esc 键退出夹点编辑状态。

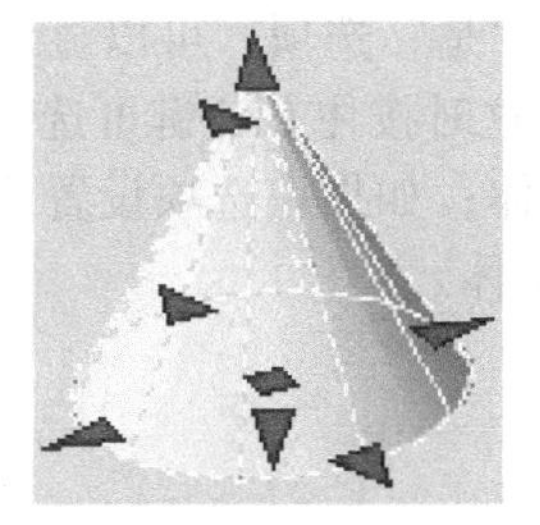
(a) 选择对象并显示夹点

(b) 调整对象的高度

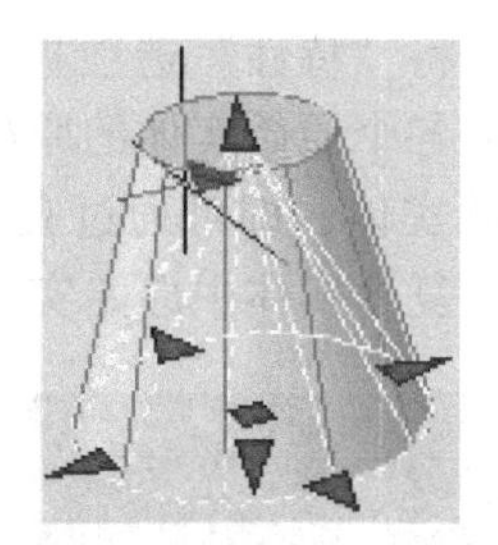
(c) 调整顶面的直径

图 11-1 使用夹点编辑对象

2. 使用夹点修改复合实体

复合实体是指通过并集 UNION、差集 SUBTRACT 和交集 INTERSECT 等命令从两个或两个以上单个实体创建的实体，以及由圆角 FILLET 和倒角 CHAMFER 命令创建后的实体。用户可以通过夹点操作复合实体或复合实体的各个原始实体。其方法如下：

（1）选择复合实体，用鼠标单击复合实体上的夹点后右击，利用显示的快捷菜单中的选项可对复合实体进行移动、缩放、旋转等操作（详见第 5 章 5.9）；也可以利用下面介绍的夹点工具移动和旋转复合实体，如图 11-2 所示。

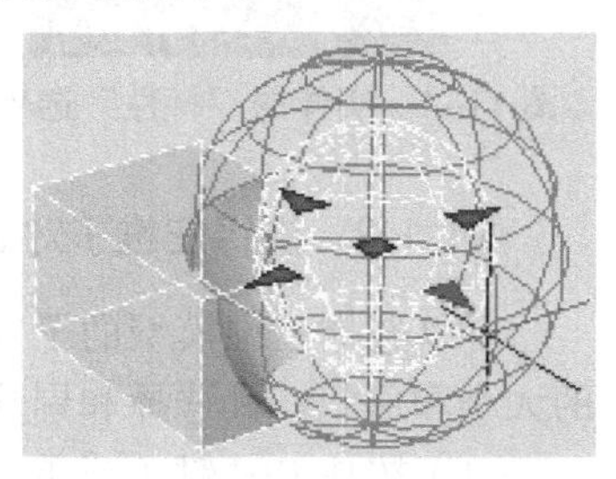
图 11-2 选择复合实体

（2）按住 Ctrl 键单击复合实体，可选择复合实体的各个原始实体；利用原始实体上显示的夹点，用户可以在复合实体内部编辑原始实体的大小和形状（前提是，创建复合实体前，各原始实体的“历史记录”特性设定为“记录”状态），如图 11-3 所示。

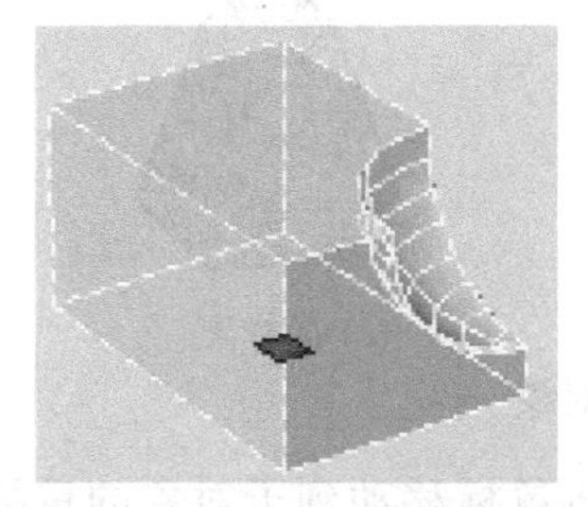
(a) 选择复合实体的原始实体

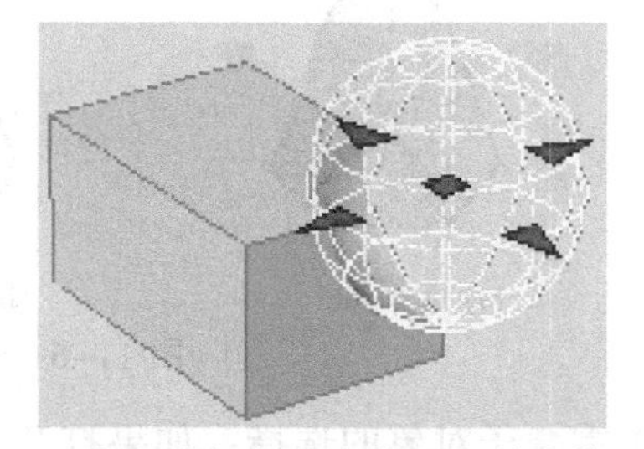
(b) 夹点编辑复合实体的原始实体

图 11-3 选择并编辑复合实体的原始实体

（3）复合实体可以由其他复合实体组成。可以通过按住 Ctrl 键并继续单击形状来选择复合实体中复合实体的各个原始形状。

### 11.1.2 使用实体历史记录

打开“特性”选项板，并选择实体或曲面。在“特性”选项板中，可修改实体或曲面的基本特性、几何图形特性，还可以修改实体历史记录特性等。

使用复合实体的历史记录，用户可以编辑复合实体的原始形状，其方法如下：

（1）为使复合实体记录其原始部分的历史记录，各个原始实体必须将其“特性”选项板中的“历史记录”选项设置为“记录”；如果选择“无”选项，将删除复合实体的历史记录，如图 11-4 所示。一旦删除了实体的历史记录，将不能选择和修改实体的原始部分。

（2）将“特性”选项板中“显示历史记录”选项修改为“是”选项，可以显示组成复合实体的各个原始实体的原始形状的线框，如图 11-5 所示。这时按住 Ctrl 键可选择复合实体的原始实体，即可通过夹点或“特性”选项板编辑原始实体；如果该选项设置为“否”，则不显示复合实体中原始实体的形状，因此也不能编辑原始实体。

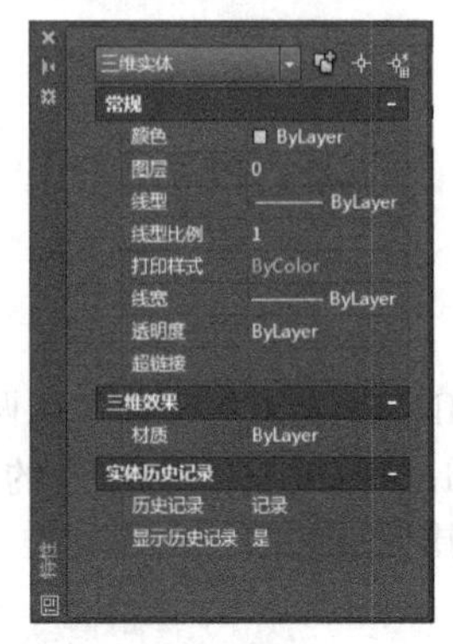


图 11-4 实体的“特性”选项板

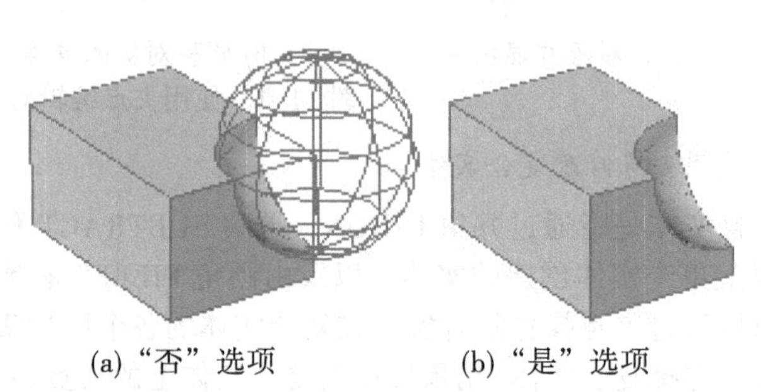

(a)“否”选项　(b)“是”选项

图 11-5 使用“显示历史记录”

### 11.1.3 选择三维子对象

可以选择三维模型的子对象（面、边、顶点），以便对它们进行编辑操作，修改其模型的大小和形状。其选择和剔除子对象的方法如下：

（1）按住 Ctrl 键（或单击三维建模空间：功能区 | 常用 | 选择 | “顶点”、“边”、“面”按钮），将光标移动到相应的子对象上单击，即可选择所需的子对象，如图 11-6 所示。

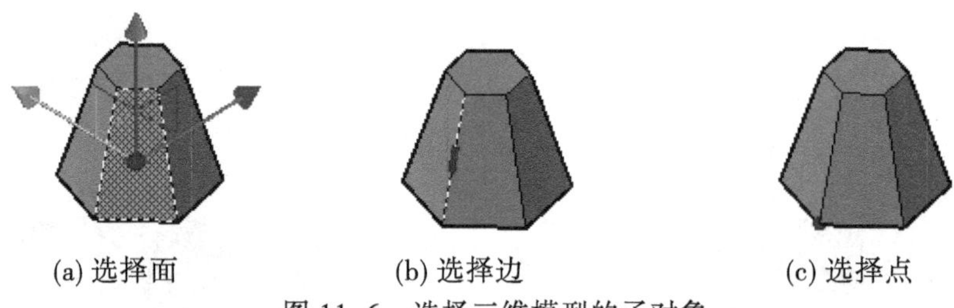

(a) 选择面　(b) 选择边　(c) 选择点

图 11-6 选择三维模型的子对象

（2）重叠子对象的选择：如果打开了选择集预览，将鼠标移动到子对象的重叠处，按住 Ctrl+Space 组合键不放，移动光标，直到需要的子对象亮显，然后按住 Ctrl 键单击，即可选中该子对象；或者打开状态栏上的“选择循环”按钮，使用选择循环方式进行选择（请参看第 5 章 5.1.2 节），如图 11-7 所示。

（3）从选择集中剔除子对象：按住 Ctrl+Shift 组合键，用鼠标单击已选择的面、边或顶点子对象，可将它们从选择集中剔除，如图 11-8 所示。

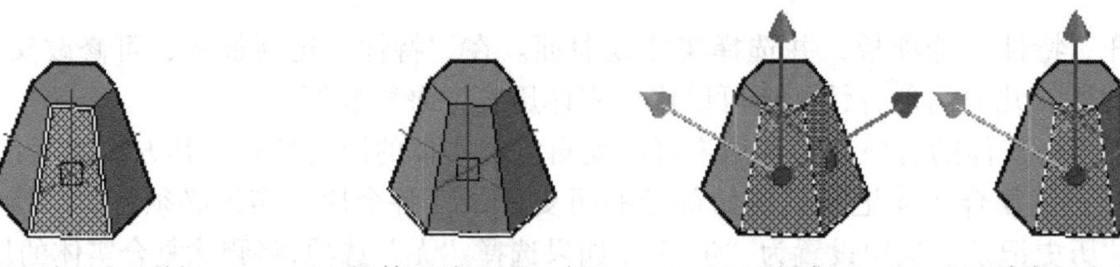

(a) 按第一次 Space 键　(b) 按第二次 Space 键　(a) 选择集　(b) 剔除一个子对象

图 11-7 循环选择重叠处的子对象　图 11-8 从选择集中剔除子对象

打开选择集预览功能：选择“工具”菜单｜“选项”命令，在“选项”对话框｜“选择集”选项卡｜选中“命令处于活动状态时”和“未激活任何命令时”选项，以及单击“视觉效果设置”按钮，在“视觉效果设置”对话框中选择“指示选择区域”选项。

## 11.2 三维操作

三维操作包括三维移动、三维旋转、对齐、三维对齐等，通过这些专业的三维编辑工具，为用户创建复杂的对象提供了非常便利的条件。

### 11.2.1 三维移动

选择三维移动命令，在三维视图中会显示移动小控件，并沿指定方向将对象移动指定距离。移动时，可将移动约束到指定的轴或指定的平面上。

1. 调用

◆ 菜单：修改｜三维操作｜三维移动。
◆ 命令行：3DMOVE 或命令别名 3M。
◆ 三维建模空间：功能区｜常用｜修改｜三维移动。

2. 操作及说明

命令：(调用命令)
选择对象：(选择要移动的对象，或按住 Ctrl 键单击以选择子对象)
选择对象：(继续选择要移动的对象，或按 Enter 键结束选择)
指定基点或 [位移 (D)] <位移>：(指定位移的基点，或按 Enter 键使用默认选项“位移”)
指定第二个点或 <使用第一个点作为位移>：(指定位移的第二点，或按Enter键使用默认选项“使用第一个点作为位移”)

如果使用移动小控件，还将显示如下提示：

指定移动点或 [基点 (B)/ 复制 (C)/ 放弃 (U)/ 退出 (X)]：(指定移动点，或指定一个选项)

其中，“使用移动点”选项，在使用小控件移动时，将选定对象的新位置，单击并拖动以移动对象；选择“复制”选项，使用小控件指定移动时，将创建选定对象的副本。其余选项的操作和说明与移动命令 MOVE 相同，用户可参照操作。

调用命令并选择了要移动的对象和子对象后，将显示小控件，如图 11-9 所示。用鼠标在移动小控件的某轴上单击并拖动，可限制对象沿该轴的方向移动，如图 11-10 所示；用鼠标单击移动小控件轴间的区域，拖动鼠标，可限制对象在该平面上移动，如图 11-11 所示。

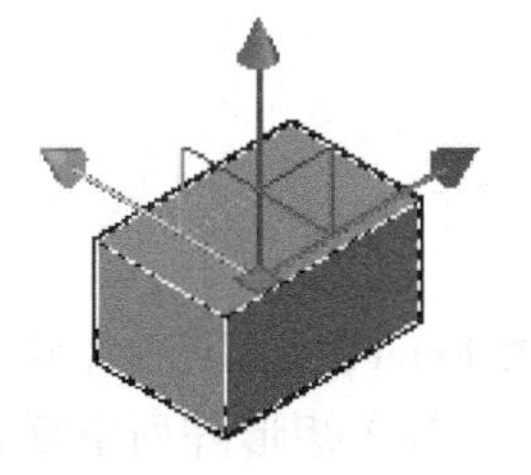
图 11-9　移动小控件

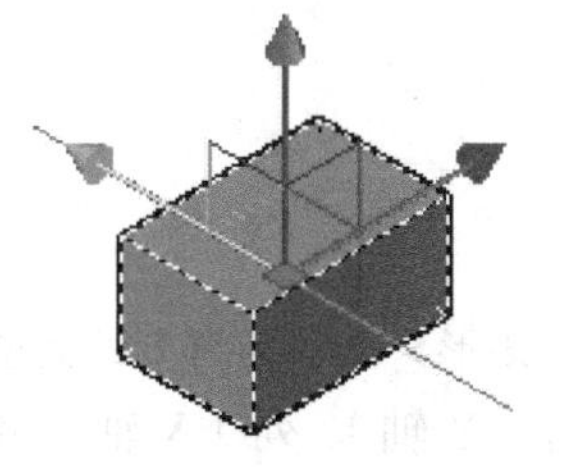
图 11-10　沿轴移动

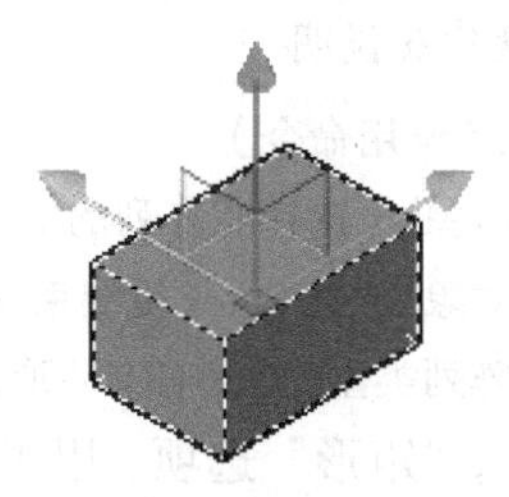
图 11-11　沿平面移动

### 11.2.2 三维旋转

选择三维旋转命令，在三维视图中会显示旋转小控件，并围绕基点旋转对象和子对象。

1. 调用

◆ 菜单：修改｜三维操作｜三维旋转。

◆ 命令行：3DROTATE 或命令别名 3R。

◆ 三维建模空间：功能区｜常用｜修改｜三维旋转。

2. 操作及说明

命令：(调用命令)

UCS 当前的正角方向：ANGDIR= 逆时针 ANGBASE=0

选择对象：(选择要旋转的对象，或按住 Ctrl 键单击以选择子对象)

选择对象：(继续选择要旋转的对象，或按 Enter 键结束选择)

指定基点：(指定旋转的基点)

拾取旋转轴：(单击旋转小控件以选择旋转轴)

指定角的起点或键入角度：(指定旋转角度的起点，接着再指定一个旋转角度的终点以确定旋转角度，或直接输入一个旋转的角度值)

其中，有关角度的指定与二维旋转命令 ROTATE 类似，用户可参照操作。

调用命令并选择了要旋转的对象和子对象后，将显示旋转小控件，如图 11-12 所示，将光标移动到小控件需要的旋转轨迹上，待其变为黄色以及显示旋转轴矢量线时单击，可指定旋转轴，如图 11-13 所示。这时，用户拖动光标，选定的对象和子对象将只能绕指定的轴向旋转，可以单击两点以确定旋转角度，或输入一个角度值来旋转对象。

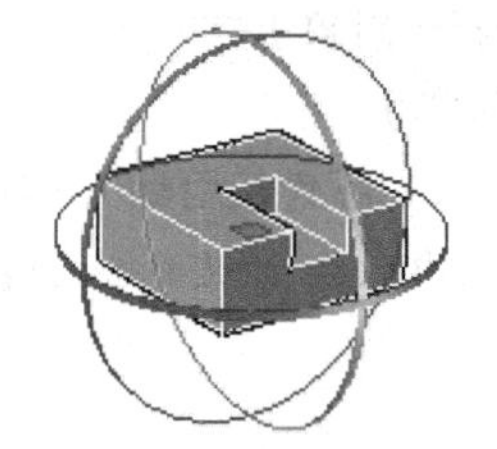

图 11-12 旋转小控件

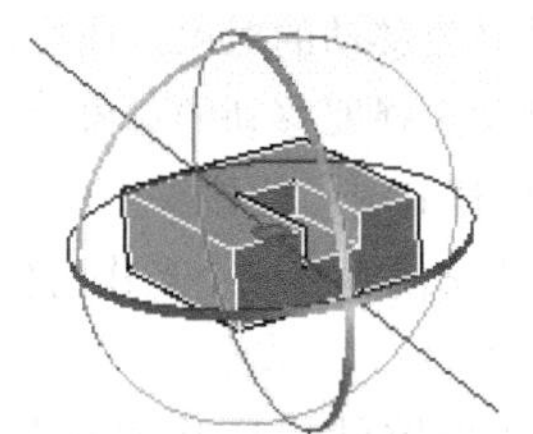

图 11-13 选择旋转轴

### 11.2.3 三维阵列

选择三维阵列命令，在三维空间中可以创建对象的矩形或环形阵列。

1. 调用

◆ 菜单：修改｜三维操作｜三维阵列。

◆ 命令行：3DARRAY 或命令别名 3A。

2. 操作及说明

命令：(调用命令)

选择对象：(选择要阵列的对象)

选择对象：(按 Enter 键结束选择)

输入阵列类型 [矩形(R)/环形(P)] <矩形>：(指定阵列的类型，或按 Enter 键使用当前类型“矩形”)

其中，“矩形”选项，用于在行（Y 轴）、列（X 轴）和层（Z 轴）矩形阵列中复制对象，如图 11-14 所示；“环形”选项用于绕旋转轴复制对象，如图 11-15 所示。该命令的操作类似于第 5 章 5.2.4 节介绍的阵列命令，用户可参照操作。

图 11-14　矩形阵列

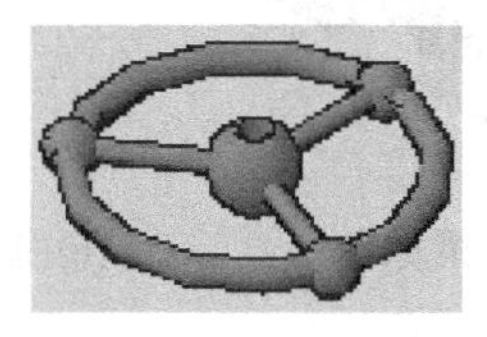

图 11-15　环形阵列

3. 说明

（1）3DARRAY 命令的功能已逐渐被增强的阵列命令 ARRAY 替代。

（2）一个阵列必须具有至少两个行、列或层。

（3）进行矩形阵列时，如果指定的行间距、列间距和层间距为正值，则将沿当前 UCS 的 X、Y、Z 轴的正方向生成阵列；反之，将沿 X、Y、Z 轴的负方向生成阵列。

（4）进行环形阵列时，可用右手规则判断阵列的旋转方向。旋转轴的正向是由阵列的中心点指向旋转轴的第二点。

### 11.2.4　三维镜像

三维镜像命令可用于创建相对于某一平面的镜像对象。

1. 调用

◆ 菜单：修改｜三维操作｜三维镜像。

◆ 命令行：MIRROR3D。

◆ 三维建模空间：功能区｜常用｜修改｜三维镜像。

2. 操作及说明

命令：（调用命令）

选择对象：（选择要镜像的对象）

选择对象：（按 Enter 键结束选择）

指定镜像平面 (三点) 的第一个点或 [对象 (O)/ 最近的 (L)/Z 轴 (Z)/ 视图 (V)/XY 平面 (XY)/YZ 平面 (YZ)/ZX 平面 (ZX)/ 三点 (3)] < 三点 > :（指定镜像平面上的第一点，或指定一个选项）

该命令与二维镜像命令 MIRROR 相似。MIRROR 是相对于某条镜像线进行镜像，而该命令是相对于一个镜像平面进行镜像。因此，下面主要介绍与二维不同的部分。

（1）指定镜像平面 (三点) 的第一个点：分别指定三个点，然后由这三个点所确定的镜像平面来镜像对象，如图 11-16(a) 和 (b) 所示。

（2）对象：使用选定平面对象所在的平面作为镜像平面来镜像对象。

（3）最近的：相对于最后定义的镜像平面对选定的对象进行镜像处理。

（4）Z 轴：根据平面上的一个点，和该平面法线上的一个点所定义的镜像平面镜像对象。

（5）视图：用当前视口所在平面，或与当前视口所在平面平行的平面，作为镜像平面进行镜像。当用户指定一点后，镜像平面将通过该点，并与视口所在平面平行。

（6）XY/YZ/ZX 平面：用 XY、YZ 或 ZX 平面，或与它们平行的平面，作为镜像平面进行镜像。指定点时，如果指定的点在 XY、YZ 或 ZX 平面上，则将使用 XY、YZ 或 ZX 平面作为镜像平面；如果指定的点不在 XY、YZ 或 ZX 平面上，则将使用过指定点且与它们平行的平面，作为镜像平面进行镜像。如图 11-16(c) 所示，用 XY 平面镜像对象。

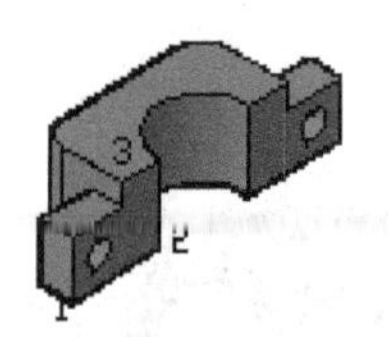


(a) 镜像前

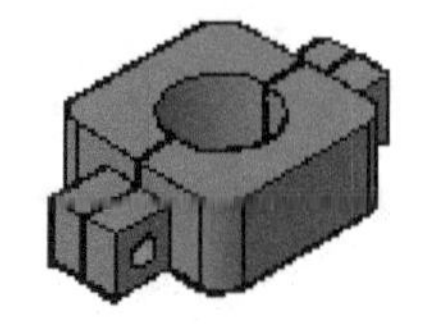

(b) 指定三点的镜像效果

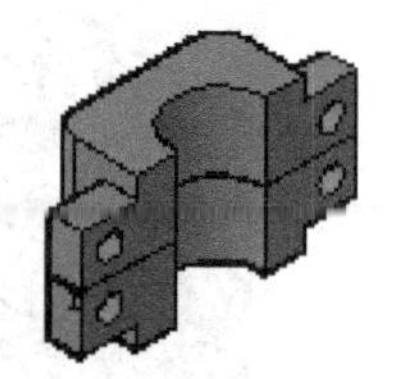

(c) 用 XY 平面镜像

图 11-16　三维镜像

### 11.2.5　上机实训 1——绘制棱台面上的孔

扫一扫，看视频

※ 8 分钟

打开“图形”文件夹 | dwg | Sample | CH11 | “上机实训 1.dwg”图形，如图 11-17 所示，将上面棱台面上的圆柱阵列出 6 个，然后镜像到棱台的其他面上。其操作和提示如下：

（1）选择“视图”菜单 | “视觉样式” | “二维线框”命令，将图形转到线框视图状态。

（2）选择“修改”菜单 | “三维操作” | “三维阵列”命令，并选择棱台面上的小圆柱后按 Enter 键；在“输入阵列类型：”提示下，输入 P 选择“环形”阵列，然后输入阵列的数目 6 并按 Enter 键；在“指定要填充的角度：”的提示下，直接按 Enter 键，使用默认的 360° ；在“旋转阵列对象？”的提示下，直接按 Enter 键，使用默认选项“是”；最后用鼠标捕捉到棱台面上圆柱的上下两个圆的圆心，阵列出对象。选择“视图”菜单 | “视觉样式” | “概念”命令，着色后如图 11-18 所示。

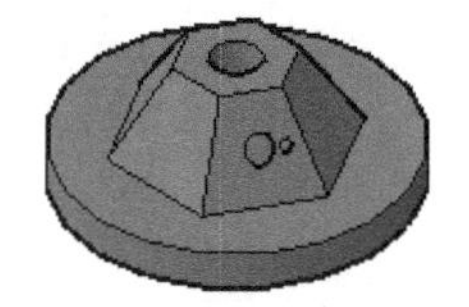

图 11-17　原图

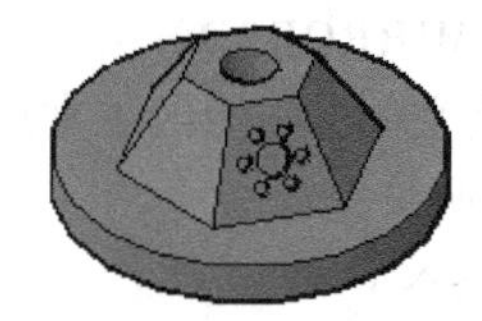

图 11-18　阵列出棱台面上的圆柱

（3）将视图再次转到二维线框视图状态。单击“常用”选项卡 | “修改”面板 | “三维镜像”按钮，在“选择对象：”的提示下，选择棱台面上的 6 个小圆柱和一个大圆柱；在“指定镜像平面（三点）的第一个点：”的提示下，一次用鼠标捕捉到左边棱的上下两个点，以及对面棱的上面一点；在“是否删除源对象？”的提示下，直接按 Enter 键，阵列出左边相邻棱台面上的圆柱，如图 11-19 所示。

（4）用同样方法镜像出其他棱台面上的圆柱，如图 11-20 所示。如果选择对象时不好操作，可选择“常用”选项卡 | “视图”面板 | “三维导航” | “东南等轴测”等命令，将视图转换到另外一个状态进行操作。

（5）选择“修改”菜单 | “实体编辑” | “差集”命令，选择大圆盘并按 Enter 键，然后选择各棱台面上的圆柱并按 Enter 键，做出棱台面上的圆孔，结果如图 11-21 所示。

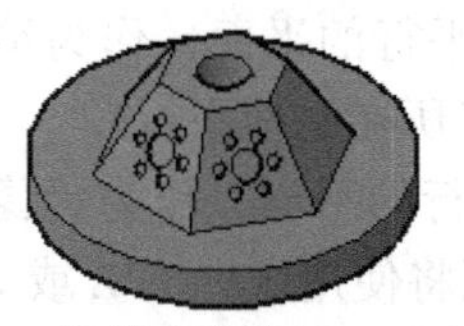

图 11-19　镜像出相邻面上的圆柱

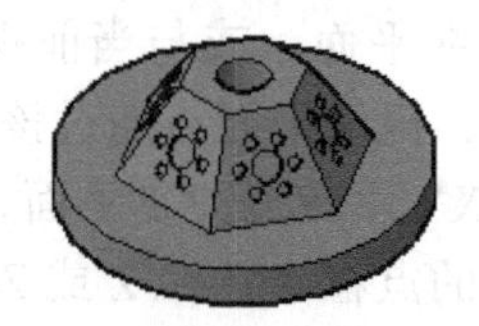

图 11-20　镜像出其他面上的圆柱

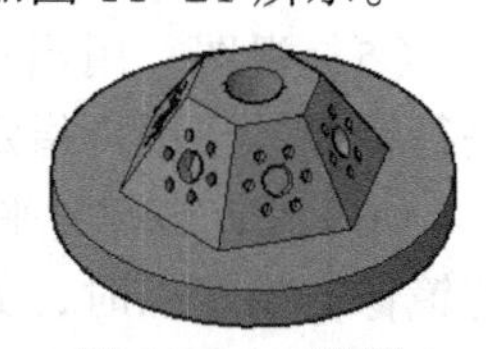

图 11-21　结果

### 11.2.6 对齐

对齐命令（ALIGN）可在二维和三维空间中将对象与其他对象对齐。该命令的调用与提示，可参看第 5 章 5.3.2 节介绍。

调用命令后，用户可依次指定一对点、二对点和三对点来进行操作，每一对点均由一个源点和一个目标点组成。当指定了源点和目标点后，AutoCAD 将会把源点所在的对象移到目标点所在的对象上，并与目标点所在的对象对齐。其中：

（1）使用一对点：在选择了一个源点（如点 2）和一个目标点（如点 2′）后，按 Enter 键，选定对象将从源点移动到目标点，如图 11-22 所示。

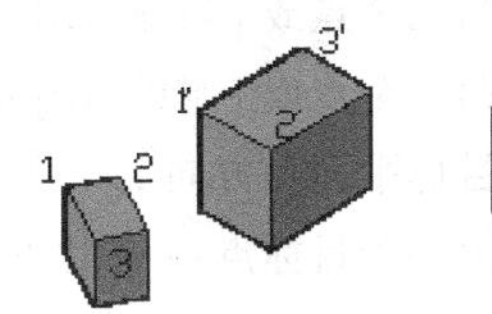

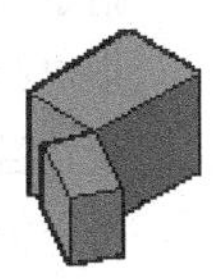

图 11-22 指定一对点对齐

（2）使用两对点：当选择两对点时，可以在三维空间移动、旋转和缩放选定对象，以便与其他对象对齐。第一对源点和目标点定义对齐的基点，第二对点定义旋转的角度。在输入了第二对点后，AutoCAD 会给出缩放对象的提示，并将以第一目标点和第二目标点之间的距离作为缩放对象的参考长度。如图 11-23 所示，当用户分别指定了第一个源点 1 和第一个目标点 1′，第二个源点 2 和第二个目标点 2′后，图 11-23(b) 为使用其中的“否”方式，图 11-23(c) 图为使用其中的“是”方式。

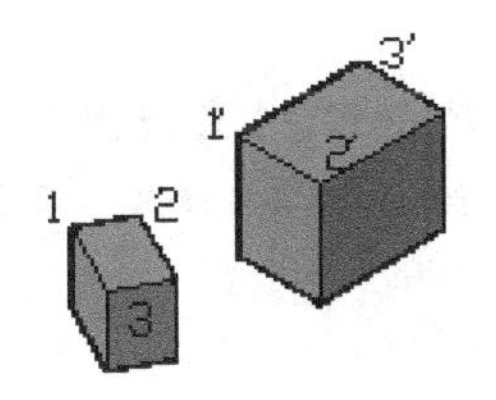


(a) 对齐前

(b)“否”方式

(c)“是”方式

图 11-23 指定二对点对齐

（3）使用三对点：当选择三对点时，选定对象可在三维空间移动和旋转，使之与其他对象对齐。图 11-24 为当分别指定了第一个源点 1 和第一个目标点 1’，第二个源点 2 和第二个目标点 2’、第三个源点 3 和第三个目标点 3’，并按 Enter 键后的对齐情况。

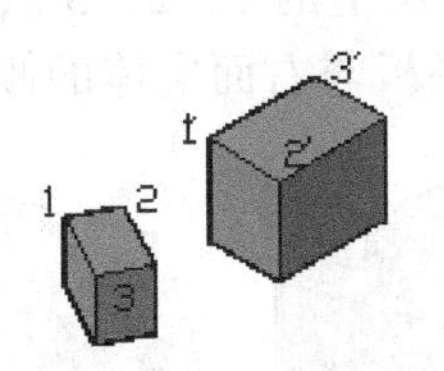


(a) 对齐前

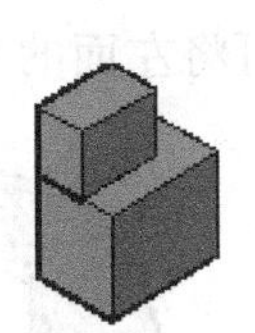

(b) 对齐后

图 11-24 指定三对点的方式进行对齐

### 11.2.7 三维对齐

三维对齐命令可用于在二维和三维空间中将对象与其他对象对齐。

1. 调用

◆ 菜单：修改 | 三维操作 | 三维对齐。

◆ 命令行：3DALIGN 或命令别名 3AL。

◆ 三维建模空间：功能区 | 常用 | 修改 | 三维对齐。

2. 操作及说明

命令：(调用命令)

选择对象：(选择要对齐的对象)

选择对象：(继续选择要对齐的对象，或按 Enter 键确认选择的对象)

指定源平面和方向 ...

指定基点或 [ 复制 (C)] :(在源对象上指定第一点，或使用“复制”选项)

指定第二个点或 [ 继续 (C)] <C> :(在源对象上指定第二点，或使用“继续”选项)

指定第三个点或 [ 继续 (C)] <C> :(在源对象上指定第三点，或使用“继续”选项)

指定目标平面和方向 ...

指定第一个目标点：(在目标对象上指定第一个点)

指定第二个目标点或 [ 退出 (X)] <X> :(在目标对象上指定第二个点，或使用“退出”选项)

指定第三个目标点或 [ 退出 (X)] <X> :(在目标对象上指定第三个点，或使用“退出”选项)

其中，“复制”选项，将使用复制出的副本进行对齐，而不移动源对象。其余的操作与对齐命令 ALIGN 操作类似。

3DALIGN 命令常用于动态 UCS，可以动态地拖动选定对象并使其与实体对象的面对齐。

技巧

如果目标是现有实体对象上的平面，则可以通过打开动态 UCS 来使用单个点定义目标对象的平面。即源对象指定了一个、两个或三个点，结合动态 UCS，目标对象可以只指定一个点即可定位目标对象的对齐平面。

### 11.2.8 上机实训 2——进行三维对齐

打开“图形”文件夹 | dwg | Sample | CH11 |“上机实训 2.dwg”图形，如图 11-25 所示，将左面的小平板与右面实体的倾斜面对齐。其操作和提示如下：

(1) 选择“常用”选项卡 |“视图”面板 |“二维线框”命令，将图形转到线框视图状态。

(2) 选择“常用”选项卡 |“修改”面板 |“三维对齐”命令，并选择左面的平板后按 Enter 键；接着依次选择源对象左面旁边底面上的 1、2、3 点；然后选择目标对象右面实体倾斜面上的 1′、2′、3′点，即可将左面的平板与右面实体的倾斜面对齐，如图 11-25 所示。

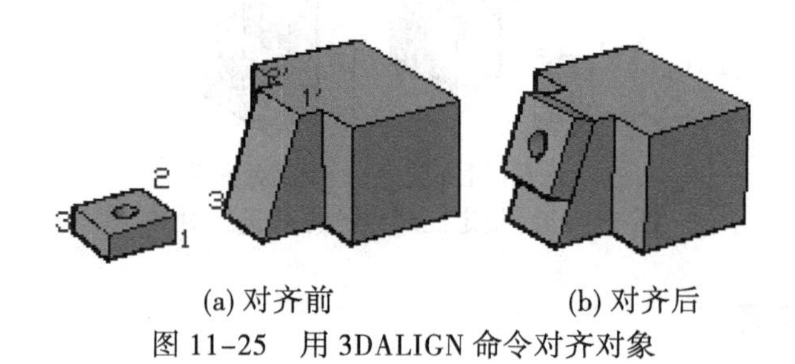


(a) 对齐前　　(b) 对齐后

图 11-25　用 3DALIGN 命令对齐对象

### 11.2.9 其他三维操作

1. 加厚

选择“修改”菜单 |“三维操作”|“加厚”命令，或在命令行输入命令 THICKEN，或单击“三

维建模空间”|“功能区”|“常用”|“实体编辑”|“加厚”按钮,可通过加厚曲面创建三维实体,如图 11-26 所示。

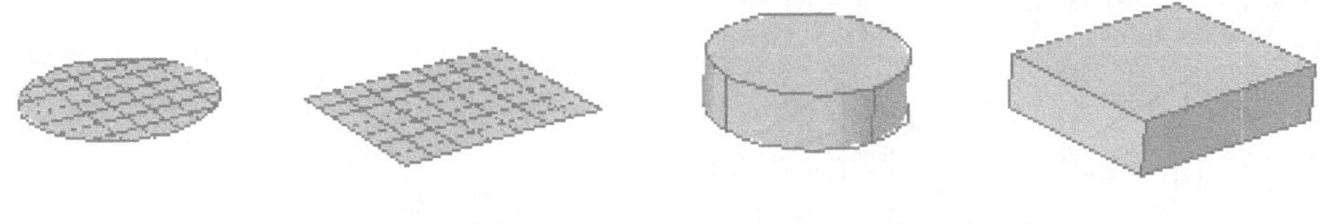

(a) 加厚前　　(b) 加厚后

图 11-26　加厚曲面成实体

2. 转换为实体

选择“修改”菜单|“三维操作”|“转换为实体”命令，或在命令行输入命令 CONVTOSOLID，或单击“三维建模空间”|“功能区”|“常用”|“实体编辑”|“转换为实体”按钮，可将具有一定厚度的三维网格、多段线和圆转换为三维实体，如图 11-27 所示。

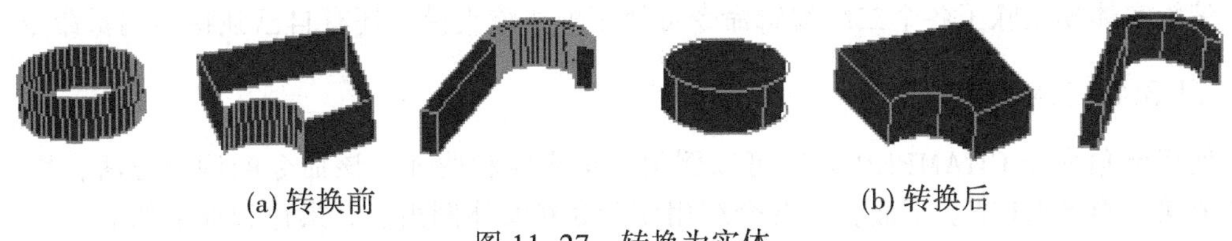

(a) 转换前　　(b) 转换后

图 11-27　转换为实体

3. 转换为曲面

选择“修改”菜单|“三维操作”|“转换为曲面”命令，或在命令行输入命令 CONVTOSURFACE,或单击“三维建模空间”|“功能区”|“常用”|“实体编辑”|“转换为实体”按钮，可将对象转换为三维曲面，如图 11-28 所示。将对象转换为曲面时，可以指定结果对象是平滑的还是具有镶嵌面的。

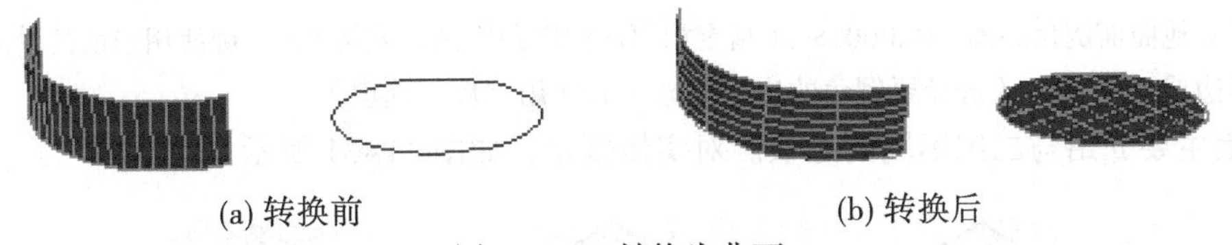

(a) 转换前　　(b) 转换后

图 11-28　转换为曲面

可以转换为三维曲面的对象包括二维实体、三维实体、面域、开放的并具有厚度的零宽度多段线、具有厚度的直线和圆弧、网格对象和三维平面等。

4. 提取素线

选择“修改”菜单|“三维操作”|“提取素线”命令，或在命令行输入命令 SURFEXTRACTCURVE，或单击“三维建模空间”|“功能区”|“曲面”|“曲线”|“提取素线”按钮，可在 U 和 V 方向、曲面、三维实体或三维实体的面上创建曲线，如图 11-29 所示。

5. 提取边

选择“修改”菜单|“三维操作”|“提取边”命令，或在命令行输入命令 XEDGES，或单击“三维建模空间”|“功能区”|“实体”|“截面”|“提取边”按钮，可从三

维实体、曲面、网格、面域或子对象的边创建线框几何图形。

调用命令并选择了对象后，即可提取出对象的边。但是，这时用户有可能观察不到，只需将对象移开即可观察，如图 11-30 所示。

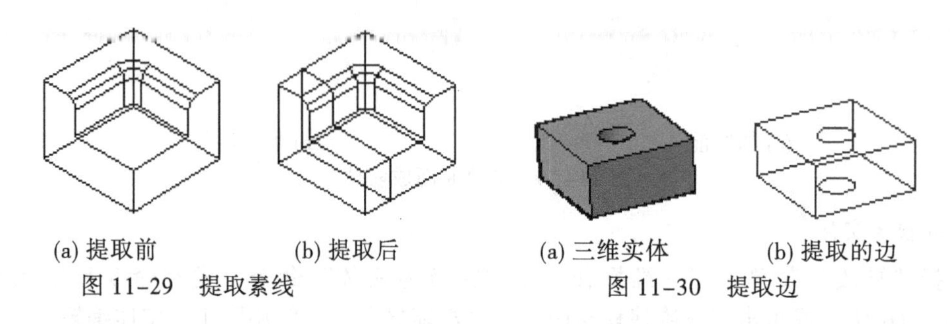

(a) 提取前　(b) 提取后

图 11-29　提取素线

(a) 三维实体　(b) 提取的边

图 11-30　提取边

## 11.3　编辑实体模型

编辑实体模型除了各个二维编辑命令可使用外，该类模型还有自己独特的编辑命令。

### 11.3.1　三维倒角

使用倒角命令 CHAMFER 同样可以倒角三维实体和曲面。该命令的调用方法，用户可以参看第 5 章 5.6.1 节。下面，主要介绍用该命令对实体倒角。其操作和提示如下：

命令：CHAMFER（调用倒角命令）

（“修剪”模式）当前倒角距离 1 = 10.0000，距离 2 = 10.0000

选择第一条直线或 [ 放弃 (U)/ 多段线 (P)/ 距离 (D)/ 角度 (A)/ 修剪 (T)/ 方式 (E)/ 多个 (M)]：（选择实体的一条边，则包含该边的一个面呈虚线显示）

基面选择 ...

输入曲面选择选项 [ 下一个 (N)/ 当前 (OK)] <当前> ：（指定一个选项或按 Enter 键使用“当前”选项）

指定基面倒角距离 <10.0000> ：（指定用虚线显示的基面上的倒角距离，或按 Enter 键使用当前距离值 10）

指定其他曲面倒角距离 <10.0000> ：（指定相邻面的倒角距离，或按 Enter 键使用当前的距离值 10）

选择边或 [ 环 (L)] ：（选择要倒角的边，或输入 L 使用“环”选项）

下面主要介绍与二维不同的选项。对实体倒角，如图 11-31 所示。

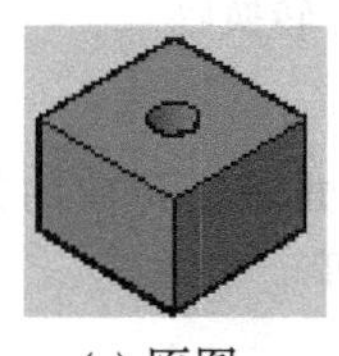

(a) 原图

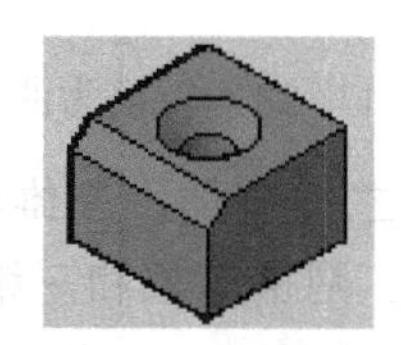

(b) 对一边和孔倒角

(c) 用环方式倒角

图 11-31　对实体倒角

（1）基面：指包含选择边的两个面中的一个面。

（2）下一个：将倒角基面转倒相邻面上。

（3）当前：表示用当前虚线显示的面作为倒角基面。

（4）边：用于对选择的边进行倒角，用户可以选择一条边或同时选择多条边进行倒角。

（5）环：选择基面上的所有边进行倒角。

### 11.3.2 三维倒圆角

圆角命令 FILLET 同样可以圆角三维实体和曲面。该命令的调用方法，用户可以参看第 5 章 5.6.2 节。下面，主要介绍用该命令对实体圆角。其操作和提示如下：

命令：FILLET（调用圆角命令）

当前设置：模式 = 修剪，半径 = 0.0000

选择第一个对象或 [ 放弃 (U)/ 多段线 (P)/ 半径 (R)/ 修剪 (T)/ 多个 (M)]：（选择实体的一条边）

输入圆角半径：（指定圆角半径）

选择边或 [ 链 (C)/ 环 (L)/ 半径 (R)]：（选择实体的一条边或指定一个选项）

其中，使用“链”选项，将选中与选择边相邻各边同时进行倒角。其余的操作和说明与命令 CHAMFER 类似，用户可参照操作。对实体倒角如图 11-32 所示。

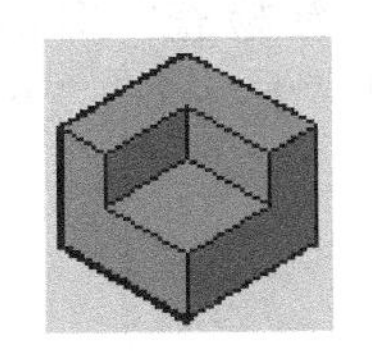
(a) 原图

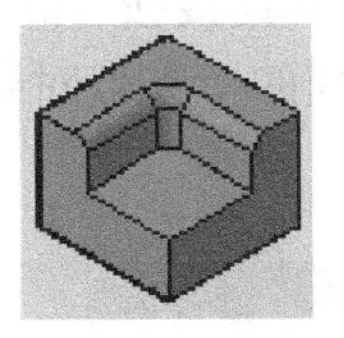
(b) 倒圆角

图 11-32 对实体倒圆角

### 11.3.3 干涉检查

应用干涉检查命令，通过两组选定三维实体之间的干涉可以创建临时三维实体。

1. 调用

- ◆ 菜单：修改 | 三维操作 | 干涉检查。
- ◆ 命令行：INTERFERE 或命令别名 INF。
- ◆ 三维建模空间：功能区 | 常用 | 实体编辑 | 干涉。

2. 操作方法

命令：（调用命令）

选择第一组对象或 [ 嵌套选择 (N)/ 设置 (S)]：（选择第一组实体）

选择第一组对象或 [ 嵌套选择 (N)/ 设置 (S)]：（继续选择第一组的实体，或按 Enter 键结束选择）

选择第二组对象或 [ 嵌套选择 (N)/ 检查第一组 (K)] < 检查 >：（选择第二组实体，或指定一个选项，或按 Enter 键使用默认选项“检查”）

选择第二组对象或 [ 嵌套选择 (N)/ 检查第一组 (K)] < 检查 >：（继续选择第二组实体或指定一个选项，或按 Enter 键使用默认选项“检查”）

如果定义了单个选择集，该命令将对比检查集合中的全部实体；如果定义了两个选择集，该命令将对比检查第一个选择集中的实体与第二个选择集中的实体；如果在两个选择集中都包括了同一个三维实体，该命令将此三维实体视为第一个选择集中的一部分，而在第二个选择集中忽略它。

如图 11-33 所示，选择实体的第一个集合时选择 1、2 两个圆柱体；选择实体的第二个集合时选择 2、3 圆柱体，这时第二个集合将自动把 2 圆柱体过滤掉，检查完后可将创建的干涉实体用移动命令移出，如图 11-33(c) 所示；如果选择第一集合时选择了 1、2、3 圆柱体，则创建的干涉检查如图 11-34 所示。

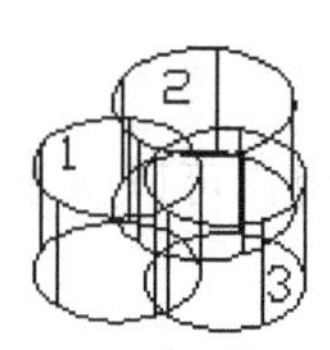

(a) 模型

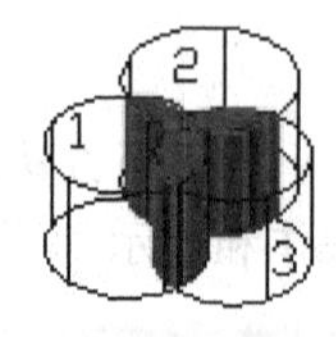

(b) 显示干涉情况

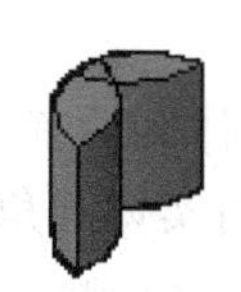
(c) 干涉实体

图 11-33 检查两组实体的干涉情况

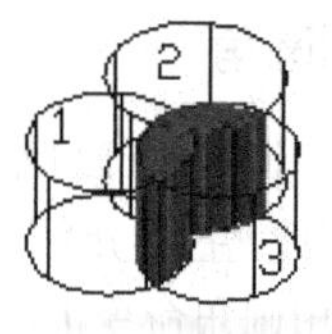

(a) 显示干涉情况

(b) 干涉实体

图 11-34 检查一组实体的干涉情况

3. 选项说明

（1）嵌套选择：选择该项，可以选择嵌套在块和外部参照中的单个实体对象。

（2）设置：选择该项，将显示“干涉设置”对话框，从中可控制干涉对象的显示，如图 11-35 所示。

（3）检查：在提示下直接按 Enter 键将打开“干涉检查”对话框，如图 11-36 所示。在该对话框中列出了找到的干涉点对数量，并可通过“上一个”“下一个”按钮来亮显干涉对象。

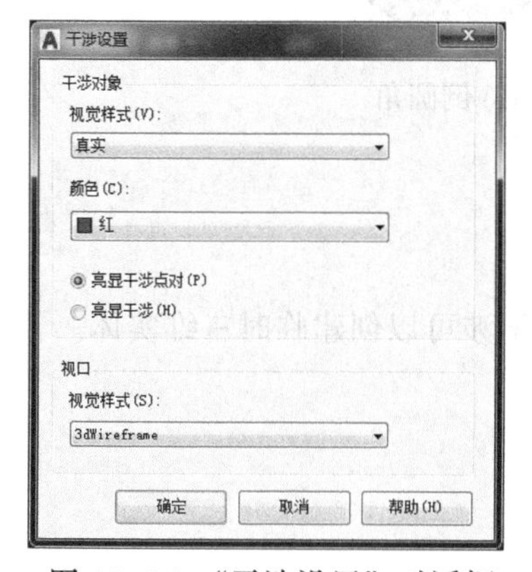

图 11-35 “干涉设置”对话框

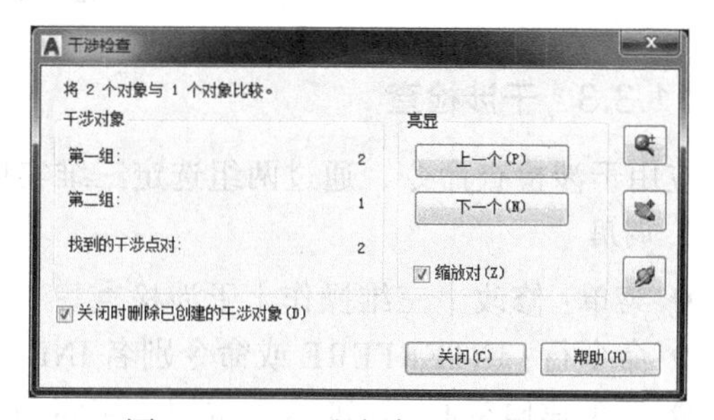

图 11-36 “干涉检查”对话框

**技巧**

对于图形很复杂，不能直观看出实体之间是否发生了干涉的情况，这时命令 INTERFERE 非常有用。它可以检查实体之间的干涉情况，并可以创建出新的实体，以帮助设计人员在设计过程中及时发现设计漏洞。

### 11.3.4 剖切

应用剖切命令，通过剖切或分割现有对象，可以创建新的三维实体和曲面。

1. 调用

◆ 菜单：修改 | 三维操作 | 剖切。

◆ 命令行：SLICE 或命令别名 SL。

◆ 三维建模空间：功能区 | 常用 | 实体编辑 | 剖切。

2. 操作及说明

命令：（调用命令）

选择要剖切的对象：（选择要剖切的对象）

选择要剖切的对象：(继续选择对象，或按 Enter 键结束选择)

指定切面的起点或 [ 平面对象 (O)/ 曲面 (S)/Z 轴 (Z)/ 视图 (V)/XY(XY)/YZ(YZ)/ZX(ZX)/ 三点 (3)] < 三点 >：(指定剖切平面上的第一个点，或指定一个选项，或按 Enter 键使用“三点”选项)

其中，各选项的说明如下：

(1) 指定切面的起点：用过两个指定的点且垂直于当前 UCS 的 XY 平面的平面进行剖切。在指定了剖切平面上的第一个点后的操作和提示如下：

指定平面上的第二个点：(指定剖切平面上的第二个点)

在所需的侧面上指定点或 [ 保留两个侧面 (B)] < 保留两个侧面 >：(在要保留实体的一侧指定一个点，或使用“保留两侧”)

其中，使用“在所需的侧面上指定点”选项，可用鼠标或键盘在需要保留的侧面指定一点，从而保留剖切实体的该侧；选择“保留两个两侧”选项，剖切平面两侧的实体均保留，如图 11-37 所示。

(2) 平面对象：用选择的圆、椭圆、圆弧、椭圆弧、二维样条曲线或二维多段线等二维对象所在的平面作为剖切平面剖切对象。如图 11-38 所示，用圆对象所在的平面进行剖切。

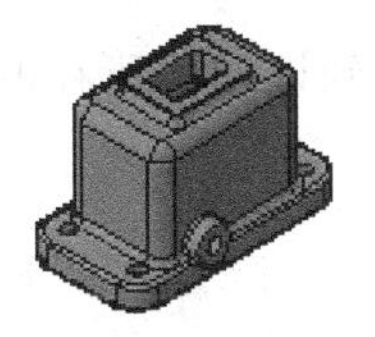

(a) 剖切前　(b) 剖切后

图 11-37　用两点方式进行剖切

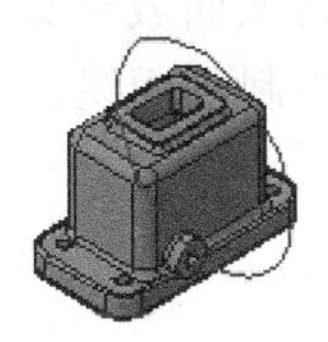

(a) 剖切前　(b) 剖切后

图 11-38　用“对象”方式进行剖切

(3) 曲面：用选定的曲面进行剖切，如图 11-39 所示。

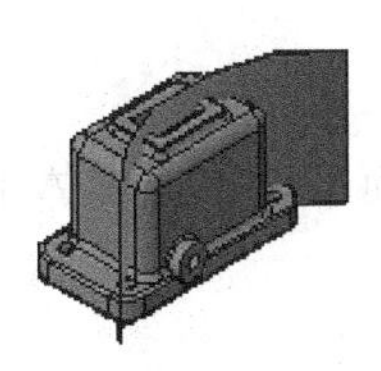

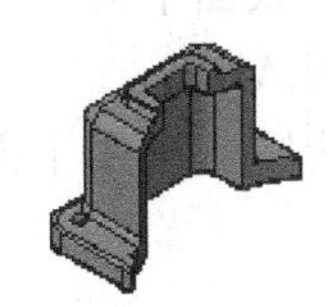

(a) 剖切前　(b) 剖切后

图 11-39　用圆弧面进行剖切

(4) Z 轴：通过在平面上指定一点和在该平面的法向上指定另一点，来定义剪切平面剖切对象。

(5) 视图：用过指定点且与当前视图平面平行的剖切平面进行剖切。

(6) XY、YZ、ZX：用 XY、YZ、ZX 平面，或过指定点并与它们平行的平面进行剖切。

(7) 三点：用指定的三点所定义的平面剖切对象。

### 11.3.5　剖切截面

应用剖切截面命令，使用平面与三维实体、曲面或网格的交点可以创建二维面域对象。

1. 调用

◆ 命令行：SECTION 或命令别名 SEC。

2. 操作方法

命令：(调用命令)

选择对象:(选择要切割的实体)

选择对象:(按 Enter 键结束选择)

指定截面上的第一个点，依照 [ 对象 (O)/Z 轴 (Z)/ 视图 (V)/XY(XY)/YZ(YZ)/ZX(ZX)/ 三点 (3)] < 三点 > :(指定截面上的第一个点，或指定一个选项，或按 Enter 键使用“三点”选项)

在上面的提示下，用户可以使用与命令 SLICE 完全相同的方法定义截面来切割对象。创建了截面后，用户可以用移动命令 MOVE 将其移动到另外的位置，如图 11-40 所示。

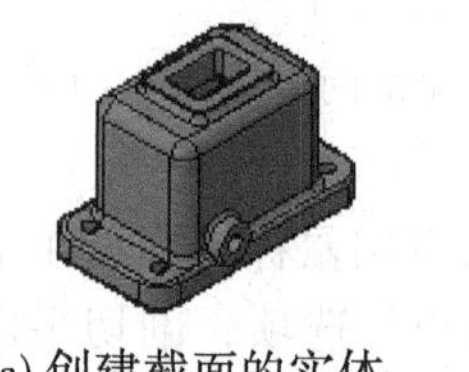

(a) 创建截面的实体

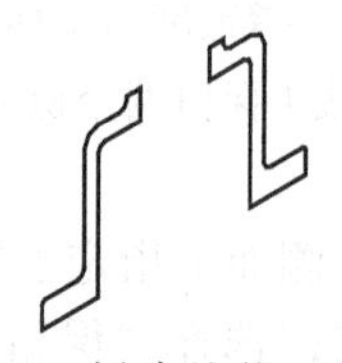

(b) 创建的截面

图 11-40　创建截面

创建的截面是一个整体的面域，该面域继承当前图层的特性。用户可以将该面域拉伸或旋转为实体，也可以将该面域定义为块。

要在创建的截面上绘制剖面线，应将 UCS 坐标系的 XY 平面转到该截面所在的平面上，再填充剖面线。

### 11.3.6　截面平面

截面平面命令通过一个剪切平面切割三维对象来创建一个截面对象。如果打开活动截面，在模型空间中的三维模型中移动截面时，对象将实时显示内部细节。

1. 调用

◆ 菜单: 绘图 | 建模 | 截面平面。

◆ 命令行: SECTIONPLANE。

◆ 三维建模空间: 功能区 | 常用 | 截面 | 截面平面，或实体 | 截面 | 截面平面。

2. 操作及说明

命令:(调用命令)

选择面或任意点以定位截面线或 [ 绘制截面 (D)/ 正交 (O)/ 类型 (T)] :(选择对象上的面，或指定一点，或指定一个选项)

其中，各选项的说明如下:

(1) 选择面: 用鼠标在对象的面上单击,可将截面对象与指定的面对齐。如图 11-41 所示，用鼠标拾取对象的前平面以定位截面对象。

(2) 任意点以定位截面线: 通过指定两点以创建截面对象。第一点建立截面对象旋转所围绕的点,第二点可创建截面对象。通过两点创建的截面对象垂直于当前 UCS 的 XY 平面。如图 11-42 所示，过底面左下和右上圆弧的中心所做的截面对象。

(3) 绘制截面: 通过多个指定的点创建带有折弯的截面对象。该选项将创建处于“截面边界”状态的截面对象，并且活动截面会关闭。如图 11-43 所示，过顶面各孔的中心创建截面对象，即做阶梯剖面。

(4) 正交: 将以相对于 UCS 的正交方向创建截面对象。该选项将创建处于“截面边界”状态的截面对象，并且活动截面会打开，如图 11-44 所示。选择该项后的操作和提示如下:

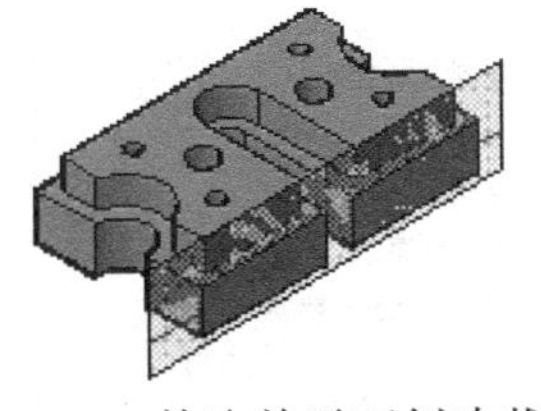

图 11-41　拾取前平面创建截面

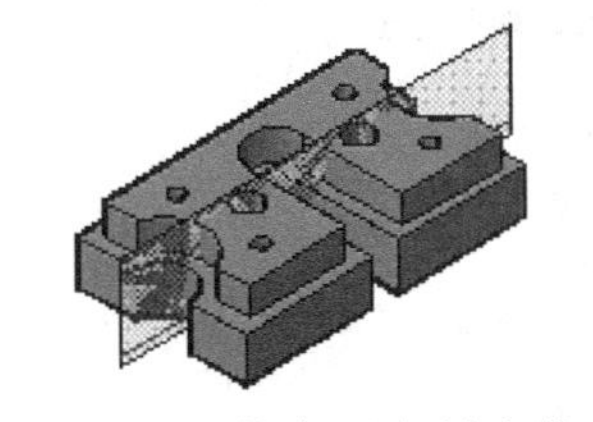

图 11-42　指定两点创建截面

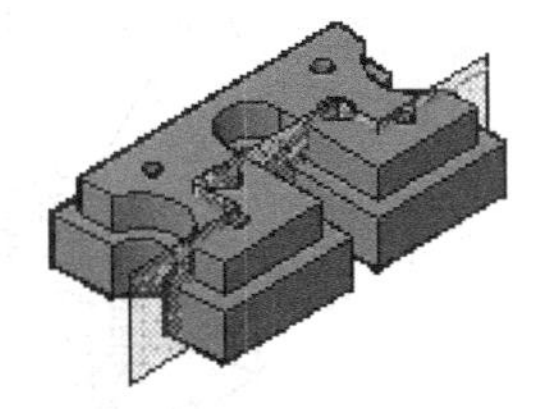

图 11-43　折弯截面

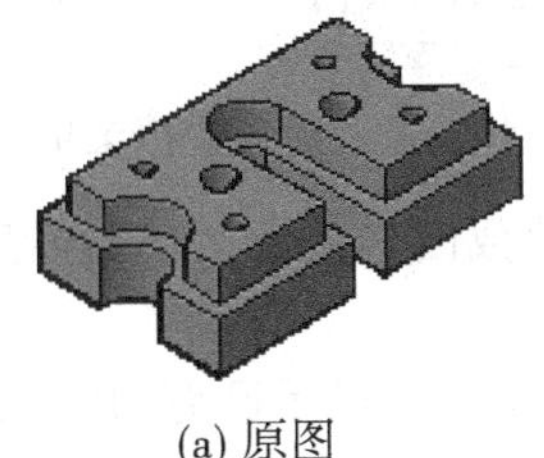

(a) 原图

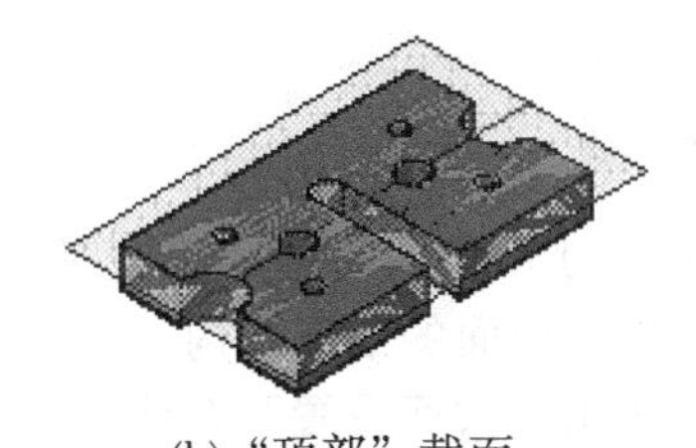

(b)“顶部”截面

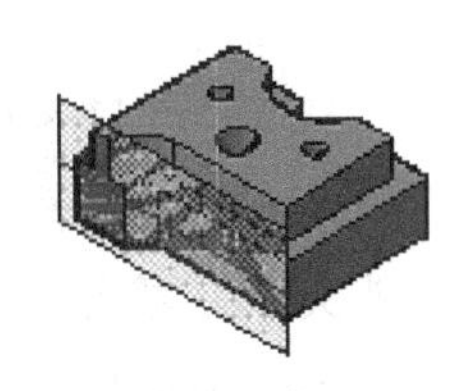

(c)“左”截面

图 11-44　正交截面对象

将截面对齐至：[ 前 (F)/ 后 (A)/ 顶部 (T)/ 底部 (B)/ 左 (L)/ 右 (R)] < 右 >：（指定一个正交选项，或按 Enter 键使用当前选项“右”）

（5）类型：在创建截面平面时，指定平面、切片、边界或体积作为参数。选定的类型将作为该命令的默认设置。选择该项后的操作和提示如下：

输入截面平面类型 [ 平面 (P)/ 切片 (S)/ 边界 (B)/ 体积 (V)] < 平面 (P)>：（指定一个选项，或按 Enter 键使用“平面”选项）

其中，“平面”选项，通过指定三维实体的平面线段、曲面、网格或点云来放置截面平面；“切片”选项，通过选择具有三维实体截面的平面线段、曲面、网格或点云来放置截面平面；“边界”选项，通过选择三维实体的边界、曲面、网格或点云来放置截面平面；“体积”选项，可以创建有边界的体积截面平面。

3. 截面对象的夹点操作

选择截面对象，截面平面指示器上将显示各种夹点，如图 11-45 所示。其中：

（1）基准夹点：用作移动、缩放和旋转截面对象的基点。它将始终与“菜单”夹点相邻。

（2）第二夹点：绕基准夹点旋转截面对象。用“体积”截面对象状态时可用。

（3）菜单夹点：单击可显示截面对象状态的菜单。其中，选择“平面”选项，将显示截面线和透明截面平面指示器，剪切平面向所有方向无限延伸；选择“切片”选项，二维方框显示沿剪切平面方向的深度；选择“边界”选项，将以二维方框方式显示剪切平面的 XY 范围，并沿 Z 轴的剪切平面无限延伸；选择“体积”选项，将以三维方框方式显示剪切平面在所有方向上的范围。

（4）方向夹点：控制二维截面的观察方向。单击，可反转截面平面的观察方向。

（5）箭头夹点：单击并拖动，可沿垂直于截面线的方向移动截面线。当打开了截面对象的活动截面，通过该夹点移动截面对象，可实时观察截面对象与实体相交的各个截面的细部结构。

（6）线段端点夹点：单击并拖动，可拉伸截面对象。

4. 截面对象快捷菜单

选定截面对象之后右击，将弹出一个快捷菜单，如图 11-46 所示。下面主要介绍截面对象的专用选项：

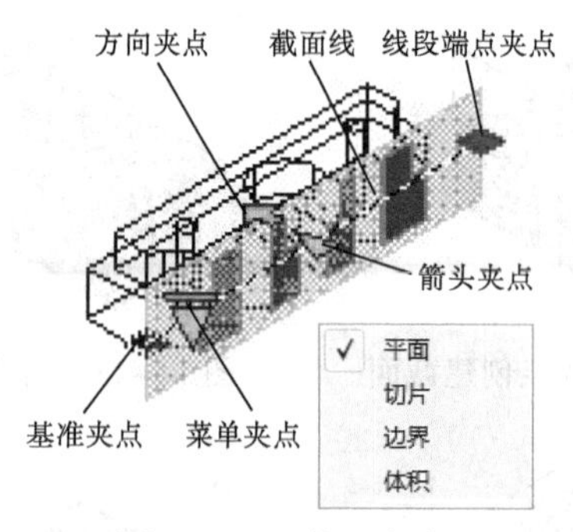


图 11-45 截面夹点

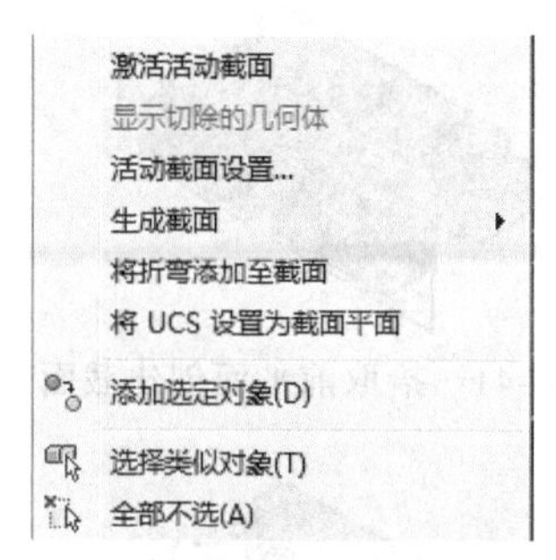


图 11-46 截面对象快捷菜单

（1）激活活动截面：用于打开和关闭选定截面对象的活动截面。激活活动截面后，拖动箭头夹点，可实时观察对象各截面的细部结构。

（2）显示切除几何体：使用“截面设置”对话框中的显示设置来显示已剪切的几何体。只有当活动截面打开时，该选项才可用。

（3）活动截面设置：显示“截面设置”对话框，从中可设置截面的各个参数，如图 11-47 所示。

（4）生成截面｜二维 / 三维块：显示“生成截面 / 立面”对话框，如图 11-48 所示，从中设置相关参数后，单击“创建”按钮，即可创建相应的图块或文件。

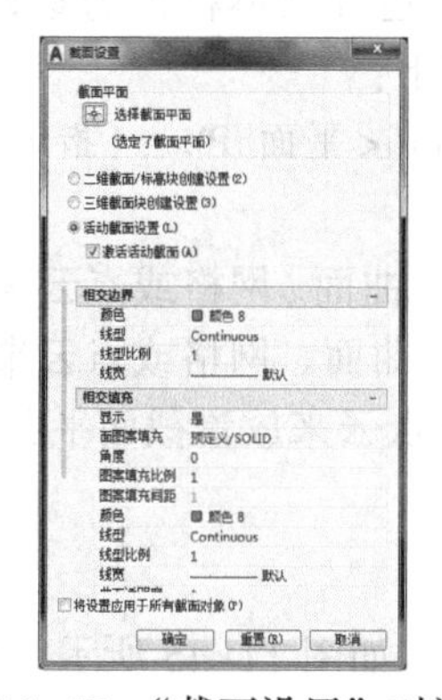

图 11-47 “截面设置”对话框

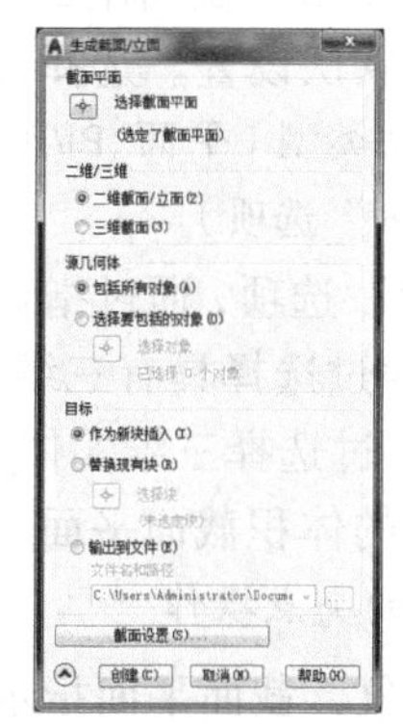

图 11-48 “生成截面 / 立面”对话框

（5）将折弯添加至截面：将其他线段、折弯添加到截面线。将折弯添加至现有截面对象时，将创建垂直于选定线段并处于“方向”夹点的方向上的线段。添加折弯之后，可以使用截面对象的夹点来微调折弯截面。

（6）特性：打开“特性”选项板，从中可以更改截面对象的名称、图层和线型，以及截面平面指示器（截面对象的透明剪切平面）的颜色和透明度。

**技巧**

● 选择截面对象，可以利用功能区的“截面平面”选项卡中的工具，进行上面介绍的相关操作。

● 使用命令 SECTIONPLANE，可以快速地由三维对象创建出所需的二维视图。并且，可以将截面另存为块，以后在布局中即可很方便地使用。

● 在截面对象上双击，可打开或关闭选定截面对象的活动截面。

● 在创建截面块时，UCS 坐标系的方向关系到创建的截面块插入到图形中时的方向。因此在创建截面块时，首先应将 UCS 的 XY 工作平面设置为正确的方向后再创建。

- 默认情况下，创建的截面对象将包围当前图形中的所有三维对象，因此在视口中最好只保留一个需要创建截面对象的三维实体。
- 删除截面对象后，可恢复原来的三维实体。

### 11.3.7 上机实训 3——创建截面块

扫一扫，看视频
※ 20 分钟

利用图 11-49 所示三维实体创建一个主视截面块和一个左视截面块。

（1）在图形中设置“截面 1”“截面 2”“中心线”“粗实线”和“细实线”等图层。其中，“截面 1”和“截面 2”图层的线型、线宽和颜色都使用默认设置；“中心线”图层线型设为 Center，颜色设为红色，线宽使用默认设置；“粗实线”图层的颜色设置为黑色，线宽设置为 0.8；“细实线”图层的颜色设置为“蓝色，线宽使用默认设置。

（2）将“截面 1”图层设置为当前图层，打开“对象捕捉”和“对象追踪”功能。

（3）创建折弯截面对象 1，即作阶梯剖面。

（4）单击“常用”选项卡 |“截面”面板 |“截面平面”按钮，在提示下输入 D 选择“绘制截面”选项；在“指定起点：”的提示下，用鼠标在 2 圆柱孔顶面圆心处引一下，把鼠标向左下拖动，待出现 X 方向的追踪线时沿追踪线将鼠标移动到稍微超出实体轮廓后单击，从而确定 1 点的位置。在“指定下一点：”的提示下，鼠标捕捉到 2 圆柱孔顶面右边的象限点处单击。在“指定下一点：”的提示下，同样利用对象捕捉和追踪功能在 3 点单击。在“指定下一点：”的提示下，用鼠标捕捉到右端圆弧面顶面的圆心 4 处单击。最后“在指定下一点：”的提示下按 Enter 键，在“按截面视图的方向指定点：”的提示下，用鼠标捕捉到实体顶面左上角任意一点即可。这样就创建出了截面对象 1。

（5）选择截面对象 1，单击左下的菜单夹点，从菜单中选择“截面平面”选项，结果如图 11-50 所示。

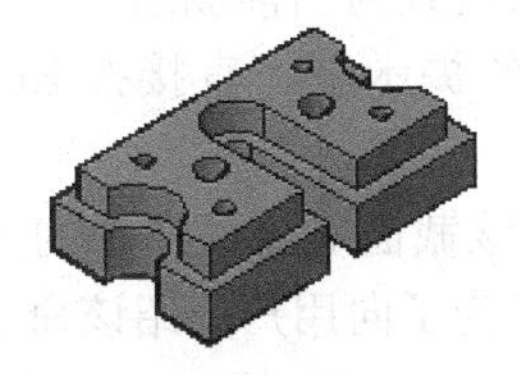

图 11-49 模型

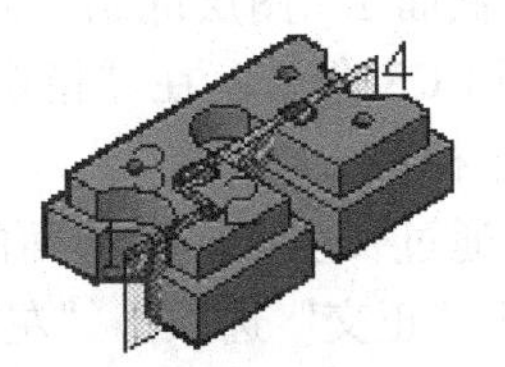


图 11-50 创建折弯截面对象 1

（6）选择截面对象后右击，从弹出的快捷菜单中选择“激活活动截面”选项，结果如图 11-51 所示。

（7）设置 UCS，使其 XY 平面与截面对象 1 平行。调用 UCS 命令，在“指定 UCS 的原点：”的提示下输入 X，选择 X 选项并按 Enter 键；在“指定绕 X 轴的旋转角度 <90>：”的提示下，直接按 Eenter 键，将坐标系绕 X 轴旋转 90°，结果如图 11-52 所示。

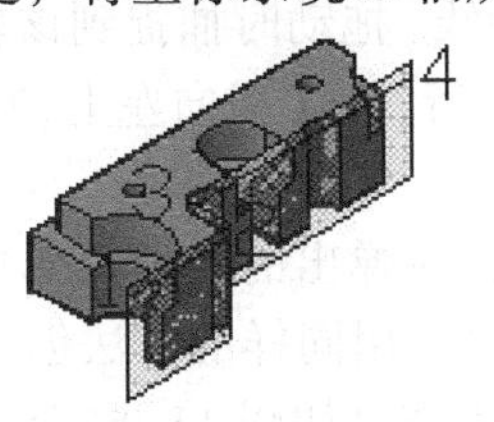


图 11-51 激活截面对象 1

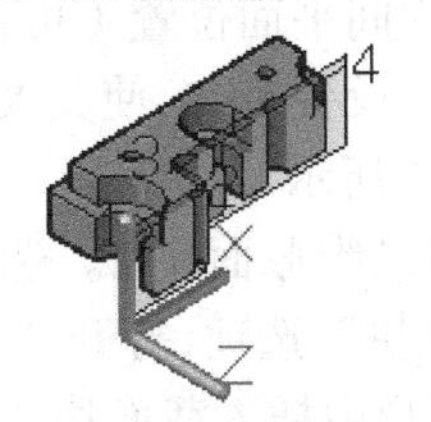


图 11-52 设置截面 1 的 UCS

（8）创建二维截面块 1。选择截面对象 1 后右击，在弹出的菜单中选择“生成截面 | 二维 / 三维块”选项，打开“生成截面 / 立面”对话框。在该对话框中选择“二维截面 / 立面”“包括所有对象”以及“作为新块插入”三个选项。单击“截面设置”按钮，打开“截面设置”对话框。在该对话框中的操作如下：

（9）选择“二维截面 / 标高块创建设置”选项。

（10）“相交边界”选项组：图层设置为“粗实线”；颜色、线型设置为随层 BaLayer。

（11）“相交填充”选项组：显示设置为“是”；在“面图案填充”右边单击，从中选择 ANSI31 填充图案；填充比例设置为 2；图层设置为“细实线”；颜色、线型设置为随层 BaLayer。

（12）“背景线”选项组：显示设置为“是”；隐藏线设为“否”；图层设为“粗实线”；颜色、线型设置为随层 BaLayer。

（13）“切除几何体”选项组：显示设为“否”；隐藏线设为“否”。

（14）“曲线切线”选项组：显示设为“是”；图层设为“粗实线”；颜色、线型设置为随层 BaLayer。

（15）选择“将设置应用于所有截面对象”选项，这样后面再创建截面对象时就可不用再设置。

（16）单击“确定”按钮，返回“生成截面 / 立面”对话框。在该对话框中单击“创建”按钮，在图形中插入该截面块对象，以观察是否正确。插入图形的截面块 1 如图 11-53 所示。

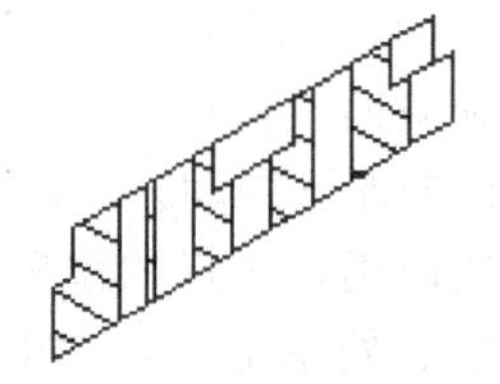

图 11-53　截面块 1

（17）检查截面块 1，如果正确无误，可选择截面对象 1 后右击，在弹出的快捷菜单中选择“二维截面 / 三维截面”选项，再次进入“生成截面 / 立面”对话框。在该对话框中选择“输出到文件”选项，单击右边的按钮指定名称和保存路径，如“E:\ 图形 \ 截面块 1”。最后单击“创建”按钮，即可将其创建到指定位置。

（18）将“截面 1”图层冻结，并将“截面 2”图层设置为当前图层。

（19）调用 UCS 命令，在“指定 UCS 的原点：”的提示下，直接按 Enter 键，将坐标系恢复到世界坐标系。

（20）创建通过长度方向对称面的截面对象 2。创建该截面对象最简单的方法是使用“截面平面”命令 | “正交”选项 | “左”选项，不过这里是为了向用户介绍该命令的使用，因此，采用了如下方法：

1）选择“绘图”菜单 | “建模” | “截面平面”命令，在“选择面或任意点以定位截面线：”的提示下，用鼠标在三维实体的左端面上单击，这样即在该端面上创建了截面对象 2。

2）选择该截面对象，分别拖动截面线上端点夹点和线段端点夹点，以调节截面对象 2 的位置和大小，使其两边的边界超出实体轮廓，如图 11-54 所示。

3）双击截面对象 2，以激活该截面对象。单击并拖动截面线上的箭头夹点，将其拖动到中间槽体的中间平面位置（可预先在此位置做一辅助线，拖动时捕捉到该辅助线的端点）。

（21）同样，设置 UCS，使其 XY 平面与截面对象 2 平行，且 X 指向左上，Y 指向垂直向上，结果如图 11-55 所示。

（22）创建二维截面块 2。选择截面对象 2 后右击，在弹出的快捷菜单中选择“生成截面 | 二维 / 三维块”选项，打开“生成截面 / 立面”对话框。用同样的方法创建创建截面块 2。

（23）在图形中插入截面块 2，以检查是否正确，插入结果如图 11-56 所示。最后在“生

成截面 / 标高”对话框中，将截面块 2 创建到“E:\ 图形 \ 截面块 2”。

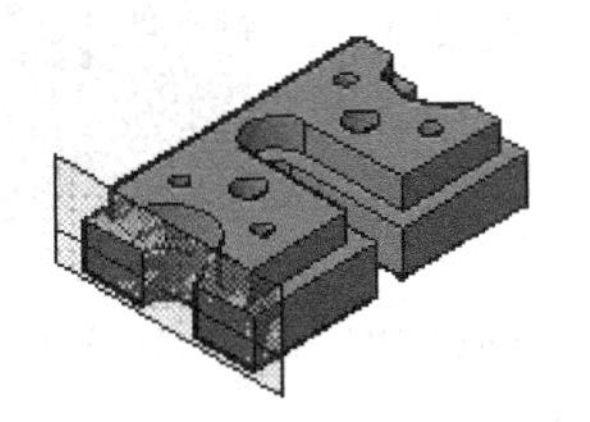

图 11-54 创建截面对象 2

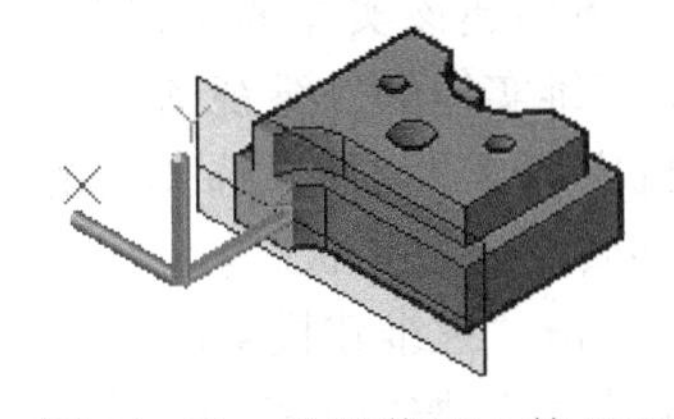

图 11-55 设置截面 2 的 UCS

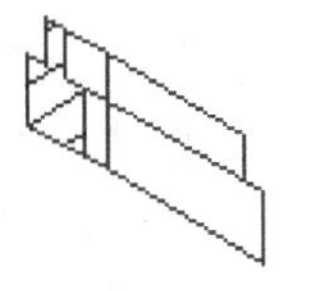

图 11-56 截面块 2

### 11.3.8 平面投影

平面投影命令可用于在当前视图中创建所有三维对象的展平视图（三维对象的二维表示），即创建三维对象投影到某个平面上的投影视图。

1. 调用

◆ 命令行：FLATSHOT。

◆ 三维建模空间：功能区 | 常用 | 截面 | 平面投影，或实体 | 截面 | 平面投影。

2. 操作及说明

使用该命令之前，首先应将视图转到某个需要的视图状态，如俯视图、主视图、西南等轴测视图等，然后才调用该命令创建展平视图。调用命令后将显示“平面摄影”对话框，如图 11-57 所示。

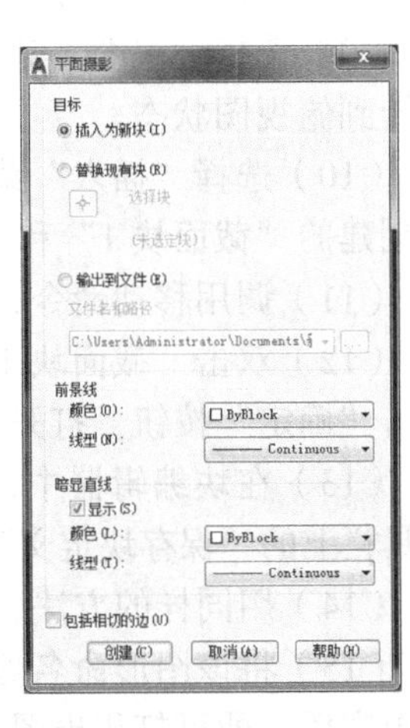


图 11-57 “平面投影”对话框

（1）“目标”选项组：控制展平表示的创建位置。其中，选择“插入为新块”单选按钮，指定将展平表示作为块插入当前图形中；选择“替换现有块”单选按钮，将使用新创建的块替换图形中现有的块；选择“输出到文件”单选按钮，可将块保存到外部文件。

（2）“前景线”选项组：设置投影平面前可见轮廓线的显示特性。

（3）“暗显直线”选项组：设置三维对象中不可见轮廓线是否显示，及其显示特性。

（4）“包括相切的边”复选框：选择该复选框，将为曲面创建轮廓边。

（5）“创建”按钮：按上面的设置创建展平视图。

3. 说明

（1）该命令所生成的视图是一个块，该块是三维模型的展平表示并投影到 XY 平面上的图形。该过程类似于用相机拍摄整个三维模型的“快照”，然后平铺照片。

（2）由于展平视图由二维几何图形组成，因此插入该块后，可以用块编辑器命令 BEDIT 对其进行修改。该功能在创建技术图解时特别有用。

（3）该命令将捕获模型空间视口中的所有三维对象，因此应将不需要捕获的对象放置在已关闭或冻结的图层上。

（4）该命令将整体捕获截面对象已经切割了的三维对象，就如同它们没被切割一样。

### 11.3.9　上机实训 4——创建三维对象的二维视图

利用图 11–49 所示三维实体创建该实体的俯视图（俯视展平视图），并结合“上机实训 3”创建该三维实体的二维视图。

扫一扫，看视频
※ 14 分钟

（1）图层的设置与“上机实训 3”相同。选择“视图”菜单 |“三维视图”|“俯视”命令，将视图转到俯视图状态。

（2）创建俯视展平视图。单击“三维建模空间”|“功能区”|“常用”选项卡 |“截面”面板 |“平面投影”按钮，打开“平面摄影”对话框。

（3）在“平面摄影”对话框的目标选项组中选择“插入为新块”选项。

（4）在“前景线”选项组中，设置颜色和线型都为随层 BaLayer。

（5）在“暗显直线”选项组中，取消选中“显示”复选框，其余选项不用设置。

（6）单击“创建”按钮，按 1 ∶ 1 的比例将该展平视图插入到图形中，如图 11–58 所示。

（7）观察正确无误后，单击“平面投影”按钮，重新打开“平面摄影”对话框。在该对话框中，选择“输出到文件”单选按钮，并单击下边的按钮，设置保存名称和路径，如为“E:\ 图形 \ 俯视图”，单击“创建”按钮，将其创建到指定位置。

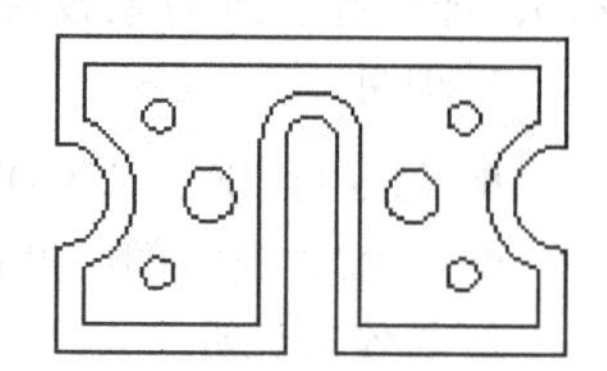

图 11–58　俯视展平视图

（8）新建一幅图形，其中的图层设置与“上机实训 3”相同。

（9）选择“视图”菜单 |“三维视图”|“俯视”命令，将视图转到俯视图状态。

（10）选择“插入”菜单 |“块”命令，在图形中分别插入“俯视图”以及“上机实训 3”中创建的“截面块 1”和“截面块 2”。

（11）调用移动命令，将它们按视图对正关系对正，结果如图 11–59 所示。

（12）双击“截面块 1”，打开“编辑块定义”对话框。在该对话框中选择“截面块 1”，单击“确定”按钮，打开块编辑器。

（13）在块编辑器中，为“截面块 1”图形添加中心线，删除多余线条。单击块编辑器工具栏上的“保存块定义”按钮，单击该工具栏上的“关闭块编辑器”按钮，将块编辑器关闭。

（14）用同样的方法，编辑“截面块 2”和“俯视图”块。

（15）将该图形命名保存，如图 11–60 所示。最后，给图形插入图框、标注尺寸和文字等内容后，即可打印出图。

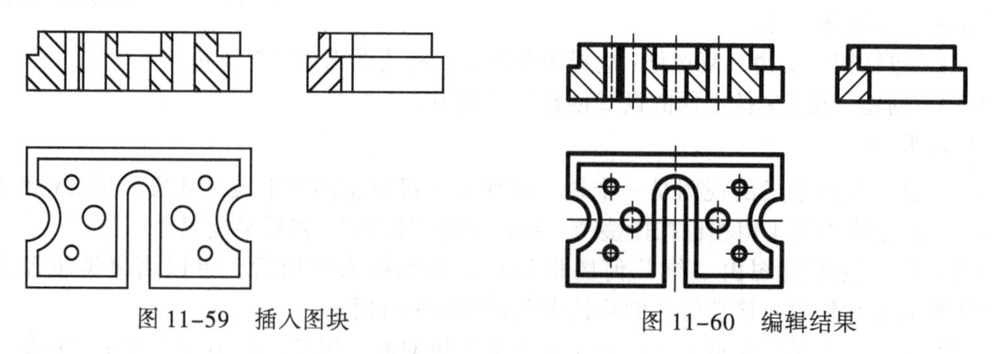

图 11–59　插入图块　　　　图 11–60　编辑结果

## 11.4　编辑三维实体的子对象

三维实体包括面、边、顶点等子对象。用户可选择和修改这些子对象，以及修改实体对象本身，从而达到修改三维实体的目的。

### 11.4.1 选择面的方法

在编辑三维实体的面时，除了可以使用前面介绍的选择实体子对象的方法外，还可以使用下面的方法选择实体上的面。下面的方法需在调用了编辑三维实体面的相应命令后使用，其方法如下：

1. 在面内一点单击

（1）在“选择面：”的提示下，用鼠标在实体上要编辑的面内单击一点将选择该面，并使该面高亮显示，如图 11-61(a) 所示。

（2）再次在面内同一点处单击，将选中包含单击点后面的那个相邻面，并将该面高亮显示，如图 11-61(b) 所示。

（3）按住 Shift 键并再次选择某个面，可以将其从选择集中删除。

2. 用鼠标单击面的一个棱边

（1）在“选择面：”的提示下先用鼠标单击面的某一边，这时将同时选中包含该边的两个面，如图 11-62(a) 所示。

（2）按住 Shift 键，用鼠标单击非选择面的一边将其剔除，如图 11-62(b) 所示。

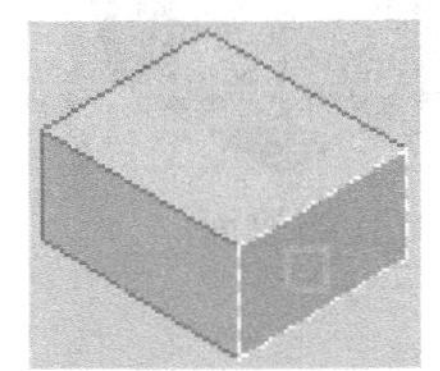

(a) 在面内第一次单击

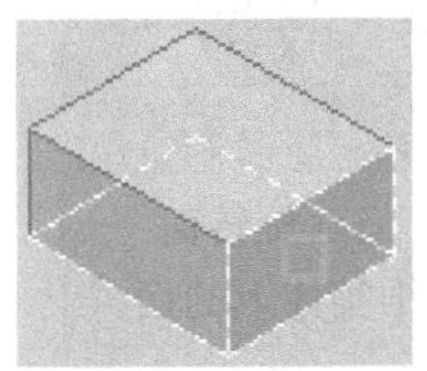

(b) 在面内第二次单击

图 11-61 用鼠标在面内单击选择面

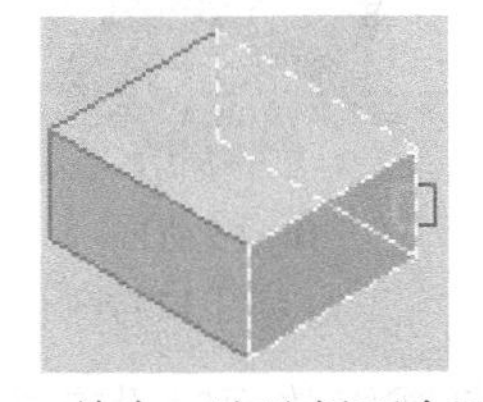

(a) 单击一边选择两个面

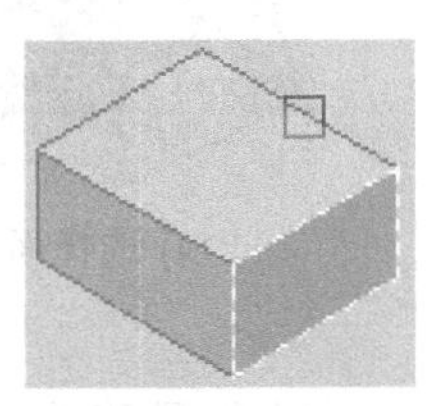

(b) 剔除不要的面

图 11-62 用鼠标单击棱边的选择方法

3. 添加选择面或剔除不需要的选择面

当发现需要选择的面没有选择完，或选择的面不是所希望选择的面时，可以使用该方法。调用编辑面的命令后，提示如下：

选择面或 [ 放弃 (U)/ 删除 (R)/ 全部 (ALL)] :（选择面或指定一个选项）

（1）选择面：用上面介绍的方法选择一个面或多个面，并将所选择的面加到前面所选面的选择集中。

（2）放弃：按选择面的相反顺序依次放弃已经选择的面。

（3）删除：用于从选择集中剔除已经选择的面。

（4）全部：用于选择所有的面。

### 11.4.2 移动、旋转和缩放子对象

选择了三维实体的子对象后，通过单击并拖动子对象的夹点、使用 3DMOVE、3DROTATE、MOVE、ROTATE 和 SCALE 等命令可移动、旋转和缩放三维实体上的单个子对象。

与二维操作时一样，通过夹点移动、旋转或缩放子对象时，在拖动的过程中可以按空格键、Enter 键；或在命令行输入 ST、RO、SC ；或用鼠标右击，从弹出的快捷菜单中选择对应的选项，可在这些修改选项之间进行切换。

对于复合实体，如果其“历史记录”特性设置为“记录”时，则只能选择并移动、旋转及缩放组成复合实体的单个原始实体上的面、边和顶点；如果复合实体的“历史记录”特性设置为“无”时，则只能选择并移动、旋转和缩放整个复合实体的面、边和顶点。当对复合实体的子对象进行了移动、旋转及缩放操作后，将删除其历史记录。这时，将不能通过夹点和“特性”选项板再编辑复合实体的原始实体。

1. 移动、旋转和缩放三维实体的面

（1）修改三维实体的面。

1）移动或延伸面：按住 Ctrl 键选择需修改的面，放开 Ctrl 键，单击并拖动面上的夹点可移动面，或按原来的方向延伸面，如图 11-63(b) 所示。

2）旋转面：按住 Ctrl 键选择需修改的面，放开 Ctrl 键后单击面上的夹点，按 Space 键转换到“旋转”方式，拖动鼠标可旋转选定的面，或输入旋转角度，如图 11-63(c) 所示。

3）缩放面：按住 Ctrl 键选择需修改的面，放开 Ctrl 键后单击面上的夹点，按 Space 键转换到“比例缩放”方式，拖动鼠标可缩放面，或输入一个比例因子，如图 11-63(d) 所示。

（2）操作实体面的过程中 Ctrl 键的使用。

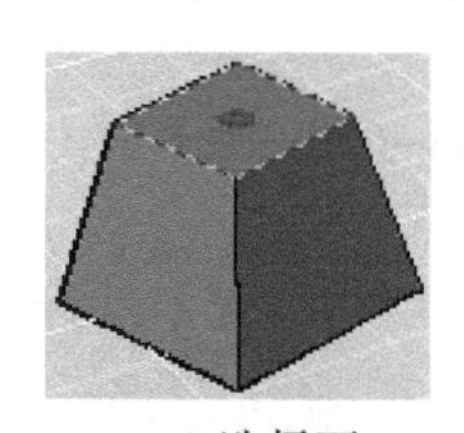
(a) 选择面

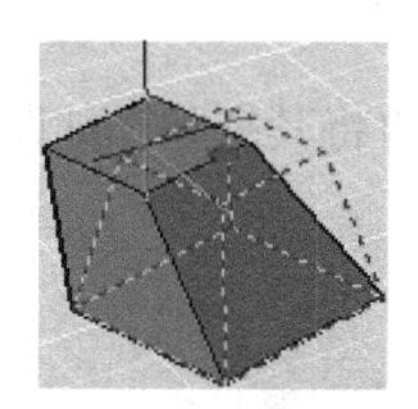
(b) 移动面

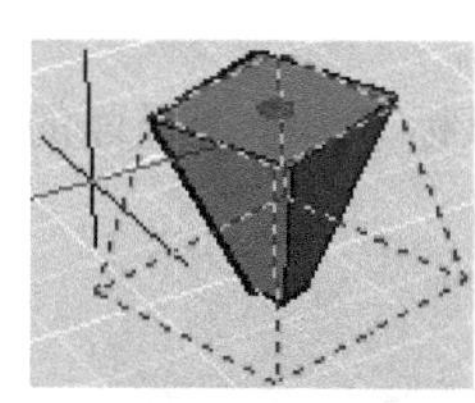
(c) 旋转面

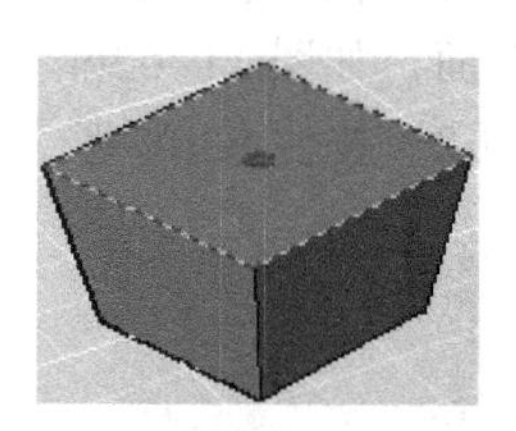
(d) 缩放面

图 11-63　修改三维实体上的面

1）如果移动、旋转或缩放面时没有按 Ctrl 键，将沿其边修改面，从而使面的形状及其边保持不变，但可能会改变与面相邻的平整面所在的平面，如图 11-64(b) 所示。

2）移动、旋转或缩放面时，如果在拖动时按下并松开 Ctrl 键一次，将会修改面而其边保持不变。这将使相邻面的曲面保持不变，但可能会改变已修改的面的形状（边界）。如图 11-64(c) 所示，缩放，移动面时，沿其移动方向不断收缩其尺寸。

3）移动、旋转或缩放面时，如果在拖动时按下并松开 Ctrl 键两次，则面及其边都将被修改。但是，与已修改的面相邻的平整面必要时将被分为多个三角形（分为两个或两个以上三角形平整面），如图 11-64(d) 所示。

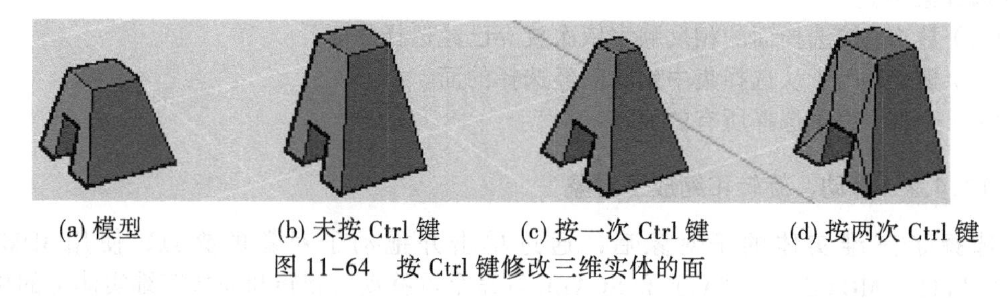
(a) 模型　(b) 未按 Ctrl 键　(c) 按一次 Ctrl 键　(d) 按两次 Ctrl 键

图 11-64　按 Ctrl 键修改三维实体的面

4）移动、旋转或缩放面时，如果第三次按下并松开 Ctrl 键，则修改将返回第一个选项（未按 Ctrl 键的情况）。

2. 移动、旋转和缩放三维实体的边

（1）移动边：按住 Ctrl 键选择需修改的边，放开 Ctrl 键，单击并拖动边上的夹点向需要的方向移动，或输入需要的距离即可，如图 11-65(b) 所示。

（2）旋转边：按住 Ctrl 键选择需修改的边，放开 Ctrl 键后单击边上的夹点，按 Space 键转换到“旋转”方式，拖动鼠标可旋转选定的边，或输入旋转角度，如图 11-65(c) 所示。

（3）缩放边：按住 Ctrl 键选择需修改的边，放开 Ctrl 键后单击边上的夹点，按 Space 键转换到“比例缩放”方式，拖动鼠标以指定一个比例因子，或输入一个比例因子，如图 11-65(d) 所示。

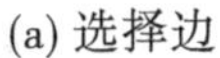
(a) 选择边

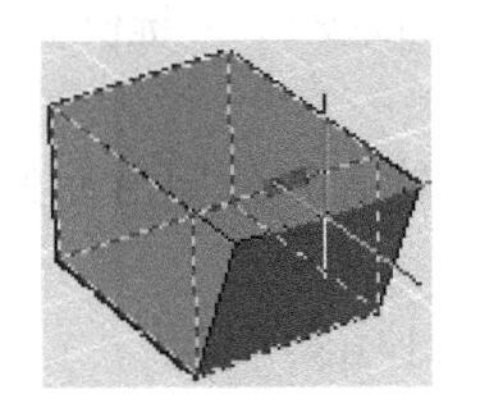
(b) 移动边

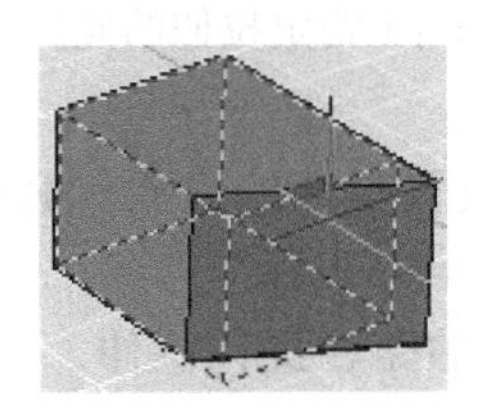
(c) 旋转边

(d) 缩放边

图 11-65　修改三维实体上的边

修改边时 Ctrl 键的使用与修改面时类似。

3. 移动、旋转和缩放三维实体的顶点

（1）移动顶点：按住 Ctrl 键选择需修改的一个顶点，放开 Ctrl 键，单击并拖动该顶点，可拉伸三维实体，如图 11-66(b) 所示。

（2）旋转或缩放顶点：必须选择两个或两个以上的顶点方能旋转或缩放顶点。其操作方法与旋转或缩放边类似，如图 11-66(c) 和图 11-66(d) 所示。

修改顶点时 Ctrl 键的使用与修改面时类似。

(a) 选择顶点

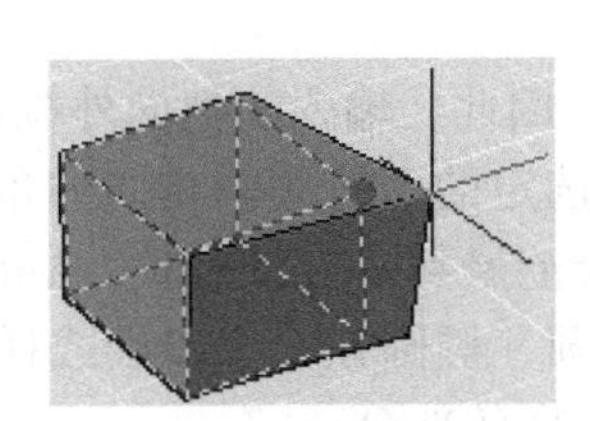
(b) 移动顶点

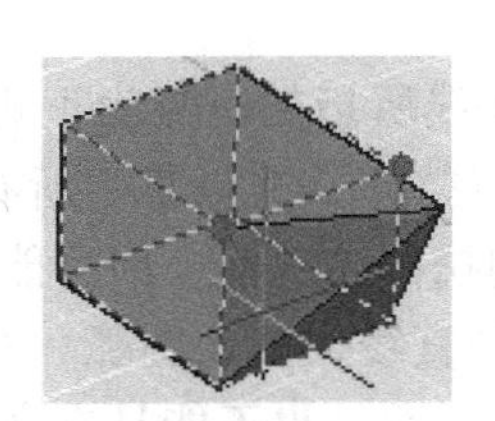
(c) 旋转顶点

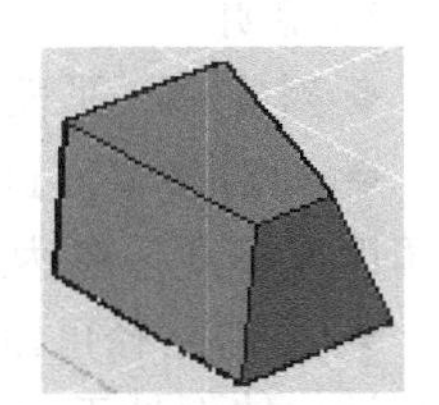
(d) 缩放顶点

图 11-66　修改三维实体上的顶点

### 11.4.3　编辑三维实体的面

除了上面介绍的编辑实体子对象的方法外，编辑实体对象的面、边、体还有专门的编辑命令 SOLIDEDIT。

1. 调用

◆ 菜单：修改｜实体编辑子菜单选择一项。

◆ 命令行：SOLIDEDIT。

◆ 三维建模空间：功能区｜常用｜“实体编辑”面板，或实体｜“实体编辑”面板。

2. 操作方法

如果是通过命令行输入命令，则操作和提示如下：

命令：solidedit（输入命令）

实体编辑自动检查：SOLIDCHECK=1

输入实体编辑选项 [ 面 (F)/ 边 (E)/ 体 (B)/ 放弃 (U)/ 退出 (X)] < 退出 >：f（输入 F 选择“面”选项）

输入面编辑选项 [ 拉伸 (E)/ 移动 (M)/ 旋转 (R)/ 偏移 (O)/ 倾斜 (T)/ 删除 (D)/ 复制 (C)/ 颜色 (L)/ 材质 (A)/ 放弃 (U)/ 退出 (X)] < 退出 > :（指定一个选项，或按 Enter 键使用默认选项“退出”）

3. 面编辑选项说明

（1）拉伸面：将选定的三维实体对象的面，拉伸到指定的高度或沿一路径拉伸。一次可以选择多个面。选择该项及选择面后的操作和提示如下：

指定拉伸高度或 [ 路径 (P)] :（指定拉伸高度，或输入 P 使用“路径”选项进行拉伸）

指定拉伸的倾斜角度 <0> :（指定拉伸的倾斜角度，或按 Enter 键使用当前的拉伸角度 0°）

1）选项说明。

◆ 指定拉伸高度：设置拉伸的方向和高度。输入正值则沿面的法向拉伸；反之，则沿面的反法向拉伸，如图 11-67 所示。

◆ 路径：将面沿指定的路径进行拉伸，如图 11-68 所示。

(a) 模型

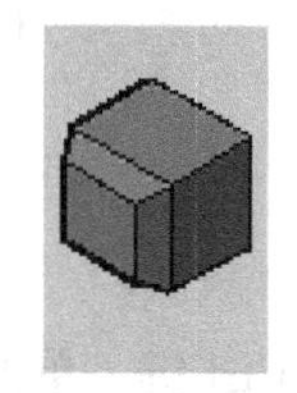
(b) 高度角度为正

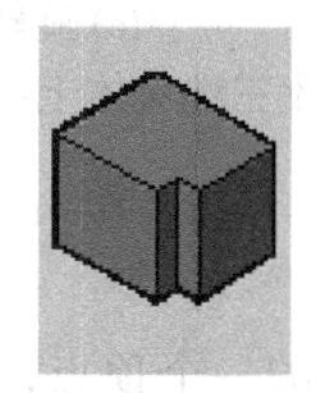
(c) 同时拉伸两个面

图 11-67　按指定的高度和角度拉伸面

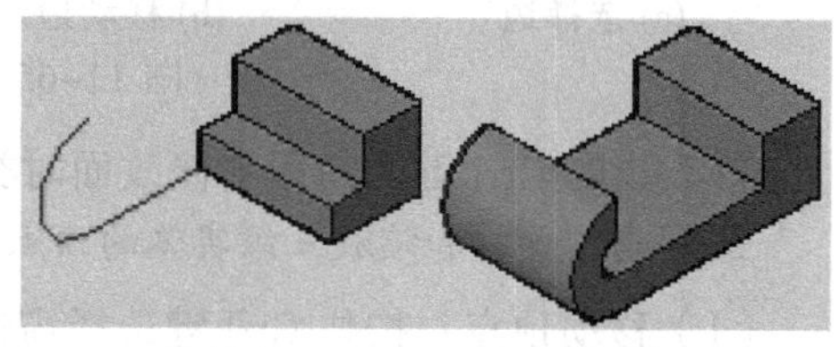
(a) 拉伸前　(b) 拉伸后

图 11-68　沿指定路径拉伸

◆ 指定拉伸的倾斜角度：正角度将向里倾斜选定的面；负角度将向外倾斜面。默认角度为 0，可以垂直于平面拉伸面，拉伸的角度范围是：-90° ~ +90°。

2）说明。

◆ 对实体，平面法线所指的一侧为正侧。因此，输入正值向外拉伸；反之向内拉伸。

◆ 如对多个面进行拉伸，选择集中所有选定的面将倾斜相同的角度。如指定较大的倾斜角度或高度，在达到拉伸高度前，面可能会汇聚到一点。这时，AutoCAD 将拒绝拉伸。

◆ 拉伸路径可以是直线、圆、圆弧、椭圆、椭圆弧、多段线或样条曲线。拉伸路径不能与被拉伸面处于同一平面，也不能具有高曲率的部分。

（2）移动面：沿指定的高度或距离移动选定的三维实体对象的面。一次可以选择多个面进行移动，如图 11-69 所示。该选项的操作和提示类似于移动命令。

操作时，如果选择了三维实体的所有面，则将产生移动对象的效果；如果只选择了实体的部分面，则选中的面进行移动操作，而没选中的面进行相应的缩放操作。

（3）旋转面：绕指定的轴旋转一个或多个选定的面或实体的某些部分。选择该项及选择面后的操作和提示如下：

指定轴点或 [ 经过对象的轴 (A)/ 视图 (V)/X 轴 (X)/Y 轴 (Y)/Z 轴 (Z)] < 两点 > :（指定旋转轴上的第一点，或指定一个选项，或按 Enter 键使用默认的“两点”选项）

其中，各选项说明如下：

1）指定轴点：即默认的两点方式。该项使用两个指定的点定义旋转轴，并将选定的面绕该轴旋转，如图 11-70(b) 所示。指定两点后的操作与旋转命令 ROTATE 类似。在定义旋转轴时，旋转轴的正方向由指定的第一点指向第二点，旋转面时符合右手规则。

2）经过对象的轴：绕由选择的对象所定义的旋转轴进行旋转。如图 11-70(c) 所示，绕圆所定义的旋转轴旋转。

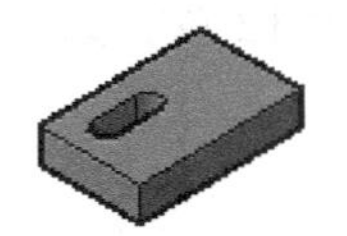

(a) 移动前　(b) 移动后

图 11-69　移动实体内的孔

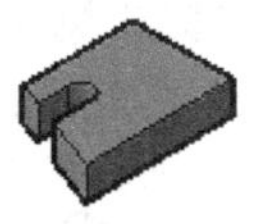
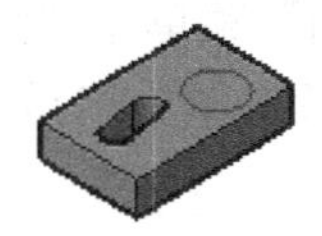

(a) 模型　(b) 绕立棱旋转左前面　(c) 绕圆定义的轴线旋转

图 11-70　旋转实体上的面

3）视图：将选择的面绕通过指定点并垂直于视图平面的轴线旋转。

4）X/Y/Z 轴：将选择的面绕通过指定点并平行于 X、Y 或 Z 轴的轴线旋转。

（4）偏移面：按指定的距离或通过指定的点将选定的面均匀地偏移，如图 11-71 所示。在指定偏移距离时，正值增大实体尺寸或体积（对实体内的孔尺寸将减小），负值减小实体尺寸或体积。也可以使用指定两点来定义偏移距离。

该命令同样可以改变圆柱、圆锥、球体、圆环等实体的尺寸。

（5）倾斜面：将选择的面按指定角度进行倾斜，如图 11-72 所示。选择该项及选择面后的操作和提示如下：

指定基点：（指定倾斜轴上的第一点）

指定沿倾斜轴的另一个点：（指定倾斜轴上的第二点）

指定倾斜角度：（指定倾斜的角度）

(a) 模型　(b) 指定负值偏移孔

图 11-71　偏移孔

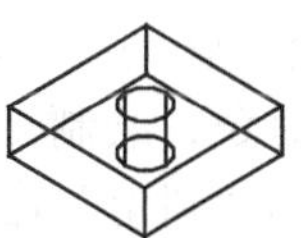
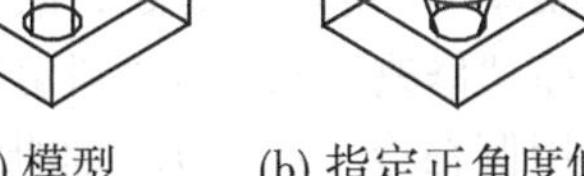

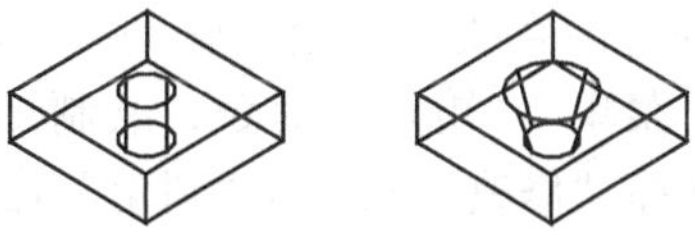

(a) 模型　(b) 指定正角度倾斜孔

图 11-72　倾斜实体上的面

操作时，由指定的第一点和第二点定义倾斜轴，倾斜面将相对于该轴进行倾斜；指定的角度为正，选定面将向实体内倾斜，反之向实体外倾斜。应避免使用过大的倾斜角度。否则，面未到达指定高度时就已经交于一点，这时 AutoCAD 将拒绝操作。

（6）删除面：用于将选定的面删除。该命令常用于删除圆角、倒角和孔等，如图 11-73 所示。不能删除构成基本实体的表面，如长方体和圆柱体的表面不能删除。

（7）复制面：将实体上的面复制为面域或体，如图 11-74 所示。该选项的操作类似于复制命令 COPY。

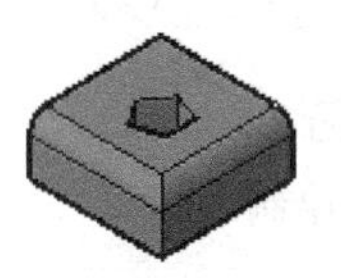

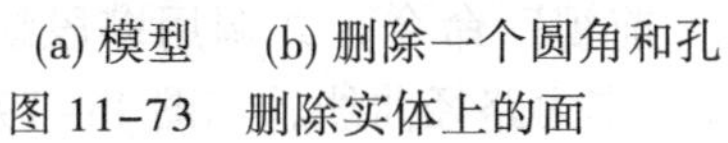

(a) 模型　(b) 删除一个圆角和孔

图 11-73　删除实体上的面

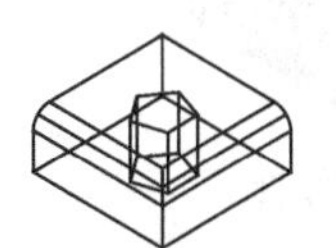
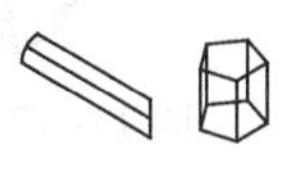

(a) 模型　(b) 复制圆角面和孔表面

图 11-74　复制实体上的面

该命令可将选择的面复制为面域或轮廓。利用复制出的面域，可以用拉伸命令 EXTRUDE 或旋转命令 REVOLVE，拉伸或旋转出其他的实体。

（8）颜色：用于修改选定面的颜色。设置面的颜色时，不考虑实体对象所在图层的颜色，如图 11-75 所示。

（9）材质：给选定面指定材质。需在当前图形中创建了材质，才能使用该项。可通过

“视图”菜单｜“渲染”｜“材质浏览器”命令来创建新材质，其用法详见第 12 章，如图 11-76 所示。选择该项及选择了面后的操作和提示如下：

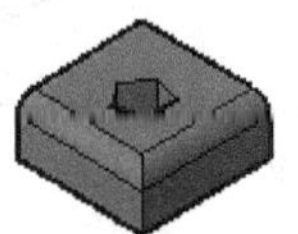
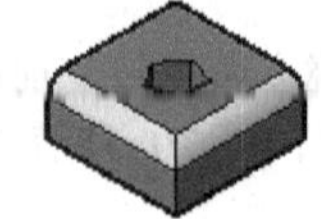

(a) 模型　(b) 着色面后

图 11-75　给实体表面着色

(a) 模型　(b) 给面指定材质

图 11-76　给实体表面指定材质

输入新材质名称 <ByLayer> :（指定当前图形中已经存在的材质名称，或按 Enter 键使用默认名称 ByLayer）

（10）放弃：放弃操作，可一直返回到 SOLIDEDIT 命令的开始状态。

（11）退出：退出面编辑选项并返回到上一级“输入实体编辑选项”的状态。

### 11.4.4　上机实训 5——绘制弯管

扫一扫，看视频
※ 19 分钟

绘制如图 11-77 所示的弯管。其操作和提示如下：

（1）设置一个“中心线”和一个“轮廓”图层，线型、线宽使用默认，颜色自行指定一个。

（2）将“中心线”图层设置为当前图层。调用直线命令 LINE，绘制两条相互垂直的直线作为绘图辅助线。将“轮廓”层设置为当前层，选择“绘图”菜单｜“矩形”命令，绘制 150×150 的矩形。

（3）选择“修改”菜单｜“圆角”命令，设置圆角半径为 20，对矩形的 4 个角进行倒角。

（4）调用圆命令 CIRCLE，捕捉到矩形 4 个角部圆弧的圆心绘制 4 个半径为 7.5 的圆。再调用圆命令，在矩形的正中绘制一个半径为 25 的圆。

（5）选择“视图”菜单｜“三维视图”｜“西南等轴测”命令，将视图转到西南等轴测状态。选择“常用”选项卡｜“建模”面板｜“拉伸”命令，将矩形和 4 个小圆拉伸 10 的高度，结果如图 11-78 所示。

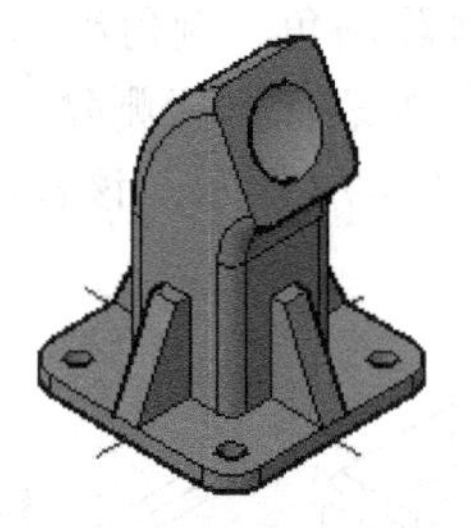

图 11-77　弯管

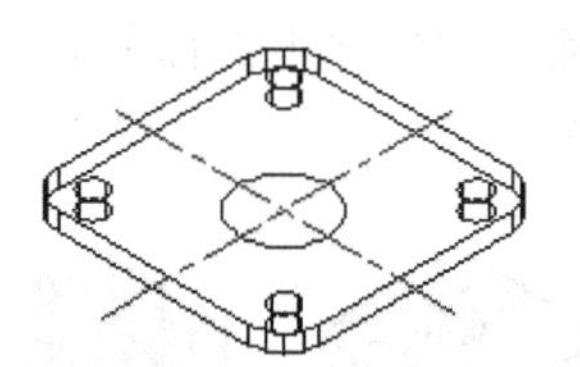

图 11-78　绘制底板

（6）选择“常用”选项卡｜“视图”面板｜“前视”命令，并调用多段线命令 PLINE，捕捉到底板下面的圆心绘制一段直线和一段圆弧，作为路径曲线，如图 11-79 所示。

（7）调用“西南等轴测”命令，将视图转到西南等轴测状态。选择“修改”菜单｜“实体编辑”｜“复制面”命令，并选择底板的下平面，在“指定基点：”的提示下，用鼠标在绘图区随便单击一点；在“指定位移的第二点：”提示下，输入“@0,0,0”并按 Enter 键，将底板下平面原位复制一个出来。

（8）选择“修改”菜单｜“缩放”命令，并选择刚复制出的底板下平面，在“指定基点：”的提示下用鼠标捕捉到底板下平面的大圆圆心，将其缩小 0.5 倍，结果如图 11-80 所示。

（9）选择“绘图”菜单｜“建模”｜“拉伸”命令，并选择底板下平面上的大圆和小矩形，在“指定拉伸的高度：”的提示下，输入P并按Enter键，选择“路径”选项，选择上面绘制的路径曲线，拉伸出弯管，如图11-81所示。

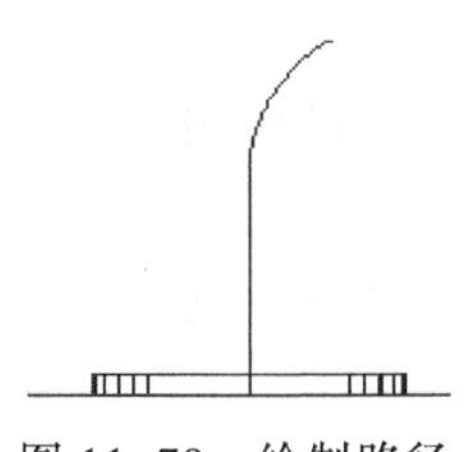

图11-79　绘制路径

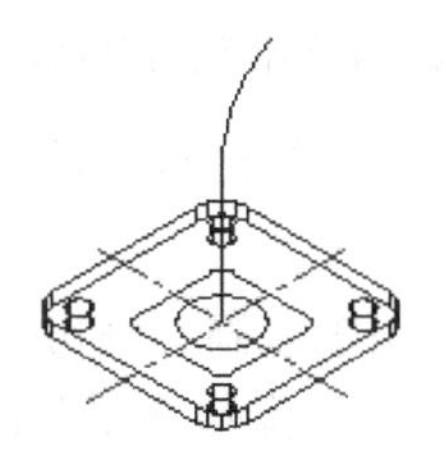

图11-80　复制并缩放底板下平面

（10）将视图转到“俯视”状态。选择“常用”选项卡｜“建模”面板｜“长方体”命令，在“指定第一个角点：”提示下，按住Shift键右击，在弹出的快捷菜单中选择“自”选项，并捕捉到底板长方体左边中点，输入“@0,-8”并按Enter键；在“指定其他角点：”的提示下，输入“@40,16,60”并按Enter键，绘制出左边的长方体。用移动命令MOVE将该长方体向Z轴方向移动10个单位。

（11）将视图转到西南等轴测状态，并选择“常用”选项卡｜“视图”面板｜“视觉样式”｜“概念”命令，对视图着色，结果如图11-82所示。

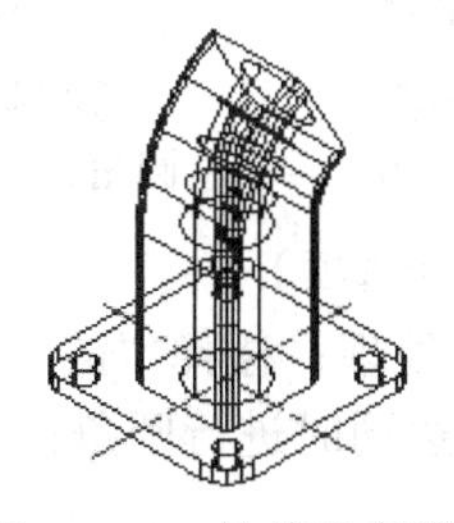

图11-81　拉伸出弯管

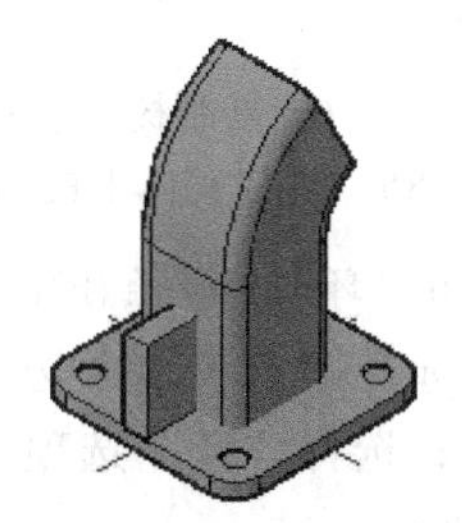

图11-82　绘制左边肋

（12）单击“常用”选项卡｜“实体编辑”面板｜“倾斜面”按钮，并选择肋的左前端面，在“指定基点：”的提示下，用鼠标捕捉到肋前面棱的下端点；在“指定沿倾斜轴的另一个点：”提示下，捕捉到肋前面棱的上端点；指定倾斜角度25°，结果如图11-83所示。

（13）选择“常用”选项卡｜“视图”面板｜“视觉样式”｜“二维线框”命令，将视图转到线框视图状态。选择“修改”菜单｜“阵列”｜“环形阵列”命令，设置“项目”数为4，将肋绕底板下平面中心阵列出4个。使用“概念”着色后的效果如图11-84所示。

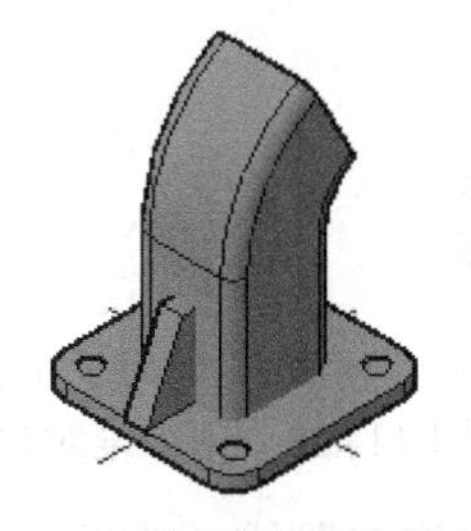

图11-83　倾斜肋的左前端面

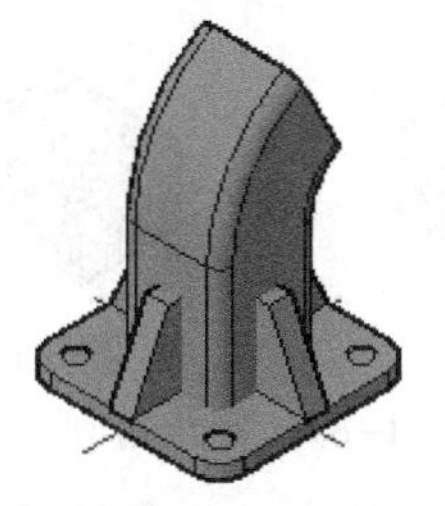

图11-84　阵列肋

（14）选择“常用”选项卡｜“实体编辑”面板｜“并集”命令，选择底板、弯管外形和

4 个肋，将它们并为一体。再选择该面板上的“差集”命令，选择弯管并按 Enter 键，接着选择底板上 4 个小圆柱，以及弯管内的实体，做出各孔。然后选择“常用”选项卡 |“视图”面板 |“东南等轴测”命令，将视图转到东南等轴测状态，结果如图 11–77 所示。

### 11.4.5 编辑三维实体的边

可以编辑三维实体的边，其命令调用方式与编辑三维实体的面相同。

1. 复制边

复制边命令用于复制三维边。可将三维实体的边复制为直线、圆弧、圆、椭圆或样条曲线，如图 11–85 所示。其操作和复制面类似。

2. 着色边

着色边命令用于更改选择边的颜色。其操作与编辑面中的“颜色”选项类似。

3. 圆角边

圆角边命令用于对三维实体的边进行圆角，如图 11–86 所示。调用命令后的操作和提示如下：

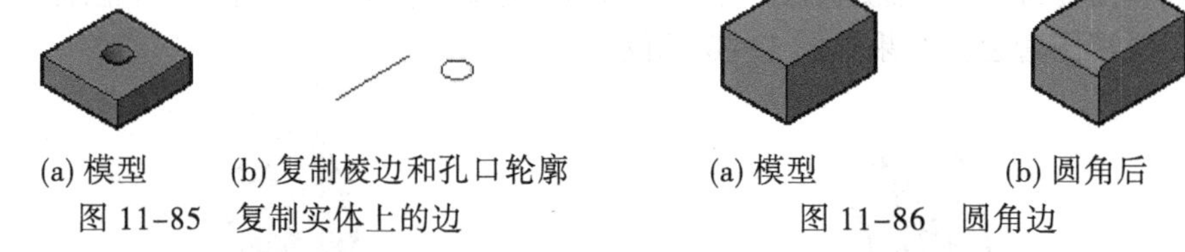

(a) 模型　(b) 复制棱边和孔口轮廓

图 11–85　复制实体上的边

(a) 模型　(b) 圆角后

图 11–86　圆角边

选择边或 [ 链 (C)/ 环 (L)/ 半径 (R)] :( 选择一条边或指定一个选项 )

其中，直接选择一条或多条边，可对它们进行圆角处理；选择“链”选项，可对多条相切边进行圆角；选择“环”选项，可对同一面上的各边同时进行圆角；“半径”选项，用于指定圆角的半径。

4. 倒角边

倒角边命令为三维实体边和曲面边建立倒角，如图 11–87 所示。该命令的操作类似于倒角命令 CHAMFER。

5. 压印边

压印边命令用于在选定的三维实体或曲面上压印一个对象痕迹，类似于在对象上压花，如图 11–88 所示。操作时，首先选择三维实体或曲面，接着选择要压印的对象，而且还可以选择压印后是否删除要压印的对象。

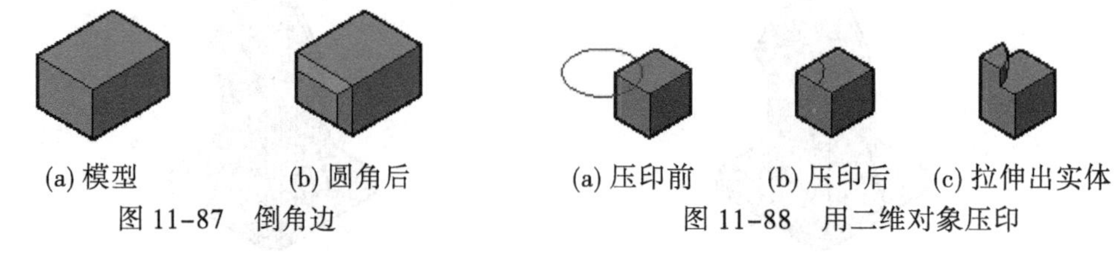

(a) 模型　(b) 圆角后

图 11–87　倒角边

(a) 压印前　(b) 压印后　(c) 拉伸出实体

图 11–88　用二维对象压印

可进行压印操作的对象有圆弧、圆、直线、二维和三维多段线、椭圆、样条曲线、面域、体及三维实体。

**技巧**

- 要压印的对象必须与选定实体或曲面的一个或多个面相交。
- 压印后，可以用“常用”选项卡 | “实体编辑”面板 | “着色面”或“拉伸面”等工具按钮，对压印痕迹进行着色或拉伸出实体，以做出平面彩色印记或立体印记。

### 11.4.6 上机实训6——绘制五角星

扫一扫，看视频
※ 8分钟

绘制如图11-89所示的五角星。其操作和提示如下：

（1）调用圆命令CIRCLE命令，绘制一个半径为50的圆。

（2）调用多边形命令POLYGON，设置边数为5，并捕捉到圆的圆心作为多边形的中心，输入I使用“内接于圆”选项，并指定圆的半径为35，绘制出五边形，如图11-90所示。

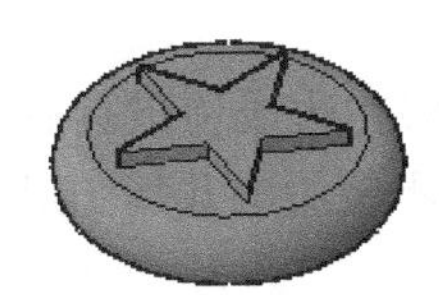

图11-89　五角星模型

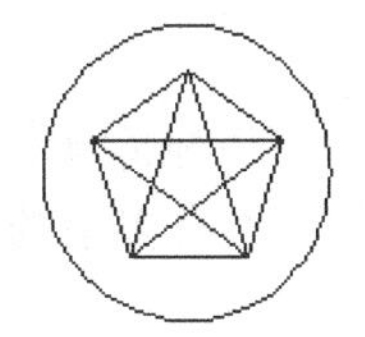

图11-90　绘制五角星

（3）调用直线命令LINE,连接五边形的各顶点,做出五角星。选择“修改”菜单 | “修剪”命令，修剪出五角星图案。再调用删除命令ERASE，将五边形删除，结果如图11-91所示。

（4）选择“修改”菜单 |“对象”|“多段线”命令，并选择其中的“合并”选项，将五角星的各段直线合并为一个整体。选择“常用”选项卡 |“建模”面板 |“拉伸”命令，将圆拉伸 -20 的高度。

（5）单击“常用”选项卡 |“实体编辑”面板 | “压印”按钮，首先选择圆柱体，接着选择五角星图案，在圆柱体的上表面压印出五角星。单击“常用”选项卡 |“建模”面板 |“拉伸面”按钮，并选择五角星，指定拉伸高度为5，倾斜角度为0，拉伸出五角星凸模。

（6）选择“常用”选项卡 | “视图”面板 |“西南等轴测”命令，将视图转到西南等轴测状态。然后选择该面板上的“视觉样式”|“概念”命令,对模型着色,结果如图11-92所示。

（7）单击“修改”菜单 |“实体编辑”|“圆角边”命令，设置圆角半径为10，并对圆柱体的上边倒圆角。用同样的方法对圆柱体的下边倒圆角，结果如图11-89所示。

图11-91　修剪出五角星

图11-92　拉伸出五角星模型

### 11.4.7 编辑三维实体的体

可以编辑三维实体的体，其命令调用方式与编辑三维实体的面相同。

1. 分割实体

调用分割实体命令，用不相连的体将一个三维实体对象分割为几个独立的三维实体对象，如图11-93所示。该命令不能分割体积连续的基本实体和组合实体，但是可将同一实体中体积不相连的各部分分割为独立的实体；不能分割形成单一体积的布尔运算对象。

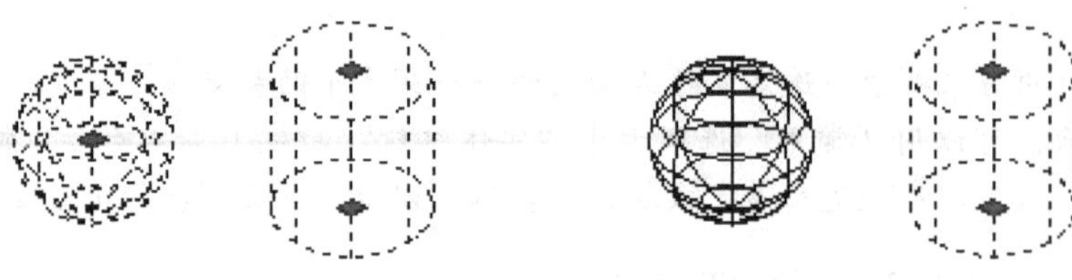

(a) 布尔并运算后　　(b) 分割后

图 11-93　分割布尔求并的实体

2. 抽壳

调用抽壳命令，用指定的厚度创建一个中空的薄壳体，如图 11-94 所示。抽壳时可对多个面抽壳，也可以对所有面抽壳。不抽壳的面应从选择集中剔除。

指定的抽壳偏移距离为正，则向实体内部抽壳；反之向实体外部抽壳。

3. 清除

调用清除命令，可以删除实体上的共享边，以及那些在边或顶点具有相同表面或曲线定义的顶点。删除实体上所有多余的边和顶点、压印的以及不使用的几何图形，如图 11-95 所示。

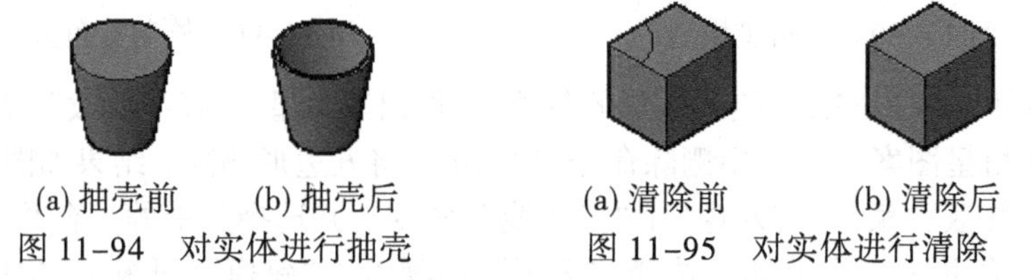

(a) 抽壳前　(b) 抽壳后

图 11-94　对实体进行抽壳

(a) 清除前　(b) 清除后

图 11-95　对实体进行清除

4. 检查

调用检查命令，可以验证三维实体对象是否为有效的 ShapeManager 实体。只有当实体是有效的 ShapeManager 实体时才能进行编辑操作，否则将会报告错误信息。

### 11.4.8　上机实训 7——绘制灯罩

扫一扫，看视频

※ 3 分钟

绘制如图 11-96 所示的灯罩模型。其操作和提示如下：

（1）新建一幅图形。设置系统变量 ISOLINES 的值为 10。

（2）调用多段线命令 PLINE 在绘图区绘制灯罩的截面轮廓，如图 11-97 所示。

（3）选择"常用"选项卡 |"建模"面板 |"旋转"命令，用鼠标捕捉到左边直线的上下两个端点定义旋转轴线，将截面轮廓旋转 360°，创建出灯罩模型。再选择"视图"菜单 |"三维视图"|"东北等轴测"命令，将视图转到东北等轴测状态，结果如图 11-98 所示。

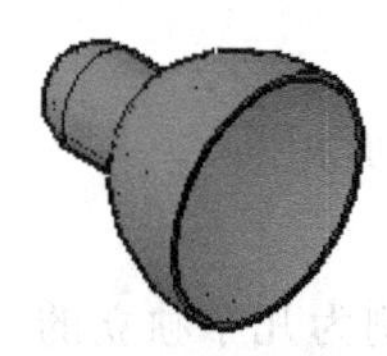

图 11-96　灯罩

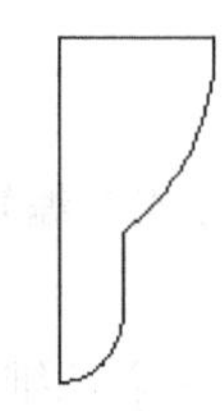

图 11-97　截面轮廓

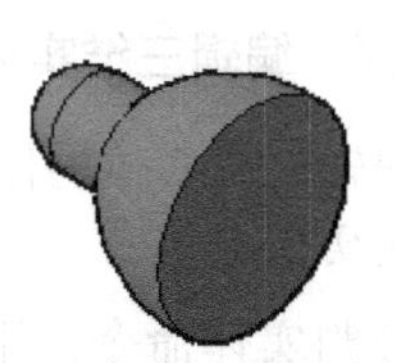

图 11-98　旋转出模型

（4）单击“常用”选项卡｜“实体编辑”面板｜“抽壳”按钮，并选择模型；在“删除面：”的提示下，用鼠标单击前端面并按Enter键，将该面剔除选择集；在“输入抽壳偏移距离：”的提示下，输入2并按Enter键，完成图形绘制。

## 11.5 曲面编辑

在曲面建模过程中，往往需要对曲面进行编辑，以修改曲面的形状和创建更复杂的模型。

### 11.5.1 修剪曲面

修剪曲面命令可用于修剪与其他曲面或其他类型的几何图形相交的曲面部分，如图11-99所示。

1. 调用

- ◆ 菜单：修改｜曲面编辑｜修剪。
- ◆ 命令行：SURFTRIM。
- ◆ 三维建模空间：功能区｜曲面｜编辑｜修剪。

2. 操作及提示

命令：（调用命令）

延伸曲面 = 是，投影 = 自动

选择要修剪的曲面或面域或者[延伸(E)/投影方向(PRO)]:（选择要修剪的曲面，如图11-99(a)的1曲面）

选择要修剪的曲面或面域或者[延伸(E)/投影方向(PRO)]:（继续选择曲面，或按Enter键结束选择）

选择剪切曲线、曲面或面域：（选择剪切的曲线、曲面等，如图11-99(a)的2曲面）

选择剪切曲线、曲面或面域：（继续选择剪切的曲线、曲面等，或按Enter键结束选择）

选择要修剪的区域[放弃(U)]:（选择要修剪的部分区域，如图11-99(a)曲面1的左边）

(a) 修剪前　(b) 修剪后

图11-99　修剪曲面

其中，各选项的操作和说明如下：

（1）选择要修剪的曲面或面域：选择要修剪的一个或多个曲面或面域。

（2）延伸：控制是否修剪剪切曲面以与修剪曲面的边相交。

（3）投影方向：指定修剪对象时使用的投影模式。选择该项后的操作和提示如下：

指定投影方向[自动(A)/视图(V)/UCS(U)/无(N)]<自动>:（指定一个选项）

其中，选择“自动”选项，在平面平行视图（如俯视图、前视图等）中修剪曲面或面域时，剪切几何图形将沿视图方向投影到曲面上；使用平面曲线在角度平行视图或透视视图中修剪曲面或面域时，剪切几何图形将沿与曲线平面垂直的方向投影到曲面上；使用三维曲线在角度平行视图或透视视图（例如，默认的透视视图）中修剪曲面或面域时，剪切几何图形将沿与当前UCS的Z方向平行的方向投影到曲面上。

其余选项与TRIM命令类似。

（4）选择剪切曲线、曲面或面域：选择作为修剪边界的曲线、曲面或面域。

（5）选择要修剪的区域：选择曲面上要删除的一个或多个面域。

**技巧**

单击“修改”菜单｜“曲面编辑”｜“取消修剪”命令，可恢复由命令SURFTRIM修剪掉的区域，不过选择对象时，注意要选择在被修剪掉曲面的边界上。

### 11.5.2 延伸曲面

延伸曲面命令用于延长曲面，以便于与其他对象相交，如图 11-100 所示。

1. 调用

◆ 菜单：修改 | 曲面编辑 | 延伸。

◆ 命令行：SURFEXTEND。

◆ 三维建模空间：功能区 | 曲面 | 编辑 | 延伸。

(a) 延伸前　　(b) 延伸后

图 11-100　延伸曲面

2. 操作及提示

命令：(调用命令)

模式 = 延伸，创建 = 附加

选择要延伸的曲面边：(选择要延伸曲面的边)

选择要延伸的曲面边：(继续选择要延伸曲面的边，或按 Enter 键确认)

指定延伸距离 [模式 (M)]：(指定延伸距离，或使用“模式”选项)

其中，各选项的操作和说明如下：

(1) 选择要延伸的曲面边：在要延伸曲面的边上单击选择该边。

(2) 模式：指定延伸的模式。选择该项后的操作和提示如下：

延伸模式 [延伸 (E)/ 拉伸 (S)] < 拉伸 >：e (指定一个选项)

创建类型 [合并 (M)/ 附加 (A)] < 附加 >：(指定一个选项)

其中，选择“延伸”选项，将以尝试模仿并延续曲面形状的方式拉伸曲面；选择“拉伸”选项，将拉伸曲面，而不尝试模仿并延续曲面形状；选择“合并”选项，将曲面延伸指定的距离，而不创建新曲面；选择“附加”选项，将创建与原始曲面相邻的新延伸曲面。

### 11.5.3 其他曲面编辑命令

其他曲面编辑工具可选择“修改”菜单 |“曲面编辑”子菜单中相应命令；或单击“曲面编辑”工具栏上的相应按钮；或单击“三维建模”空间 |“功能区”|“曲面”面板 |“编辑”或“控制点”面板中的相应按钮。

1. 曲面造型

曲面造型命令用于修剪并合并限制无间隙区域的边界以创建实体的曲面。调用命令后选择所有的对象，得到如图 11-101(b) 所示的封闭对象。

2. 转换为 NURBS 曲面

转换为 NURBS 曲面命令用于将曲面、实体、网格转换为 NURBS 曲面，这样即可使用控制点功能精细编辑曲面的形状。调用命令并选择了右边曲面的前后圆弧面后，将它们转换为 NURBS 曲面，图 11-102(b) 中为显示了控制点的情况。

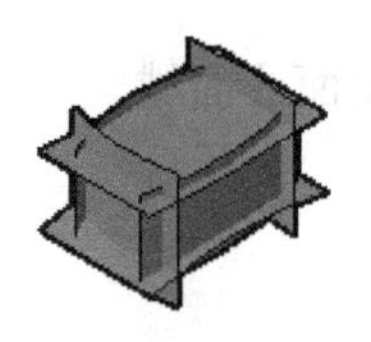
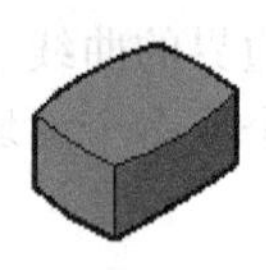

(a) 造型前　　(b) 造型后

图 11-101　造型

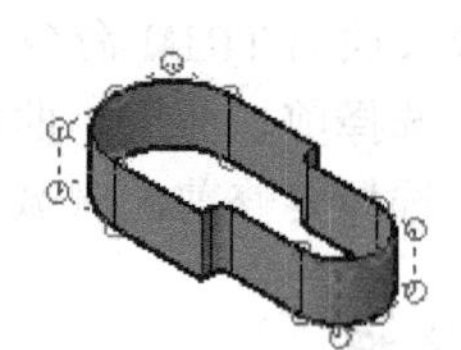

(a) 转换前　　(b) 转换后

图 11-102　转换为 NURBS 曲面

3. 转换为网格

转换为网格命令用于将三维对象（曲面和实体）转换为网格对象，即可利用三维网格的细节建模功能编辑对象的形状。如图 11–103 所示，将左边的三维实体 ( 见图 11–103(a)) 转换为右边的网格对象（见图 11–103(b) )。

4. 显示控制点

显示控制点命令用于显示指定 NURBS 曲面或样条曲线的控制点，选择对象后即可看出，如图 11–102(b) 所示。

5. 隐藏控制点

隐藏控制点命令用于隐藏指定 NURBS 曲面或样条曲线的控制点，选择对象后即可看出。

6. 添加控制点

添加控制点命令用于将控制点添加到 NURBS 曲面和样条曲线上。调用命令后，选择对象拖动光标到合适位置单击即可。图 11–104(a) 为添加前的情况，图 11–104(b) 为添加后的情况。

(a) 转换前

(b) 转换后

图 11–103　转换为网格

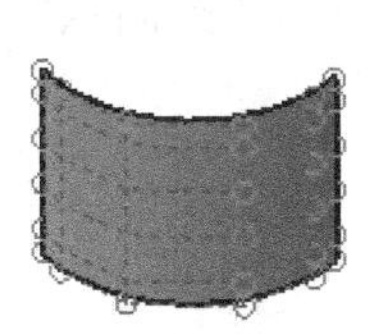
(a) 添加前

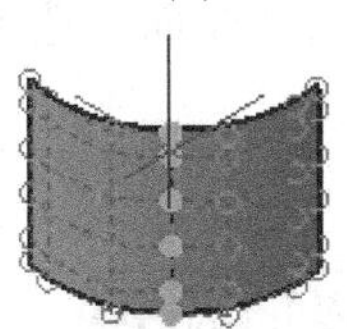
(b) 添加后

图 11–104　添加控制点

7. 删除控制点

删除控制点命令用于删除 NURBS 曲面和样条曲线上的控制点。选择对象控制点后拖动到与其他控制点重合即可将其删除。

8. 重新生成

如果编辑控制点很困难或者控制点过多，则可以重新生成在 U 或 V 方向上具有较少控制点的曲面或曲线。CVREBUILD 命令还允许更改曲面或曲线的阶数。

### 11.5.4　上机实训 8——绘制开口壶

绘制如图 11–105 所示的开口壶，其操作和提示如下：

（1）新建一幅图形，并选择“视图”菜单 |“三维视图”|“西南等轴测”命令，将视图转到西南等轴测状态。单击“常用”选项卡 |“建模”面板 |“圆柱体”按钮，在绘图区绘制一个圆柱体。

（2）选择“曲面”选项卡 |“控制点”面板 |“转换为 NURBS”按钮，并选择该圆柱体，将圆柱体转换为 NURBS 曲面。调用删除命令 ERASE，将圆柱体的顶面删除。

（3）单击“曲面”选项卡 |“控制点”面板 |“显示控制点”按钮，选择圆柱体并按 Enter 键，这时圆柱体的周围将显示控制点，如图 11–106 所示。

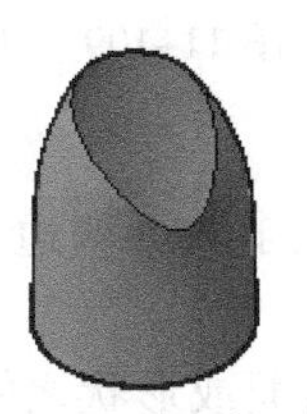
图 11–105　开口壶

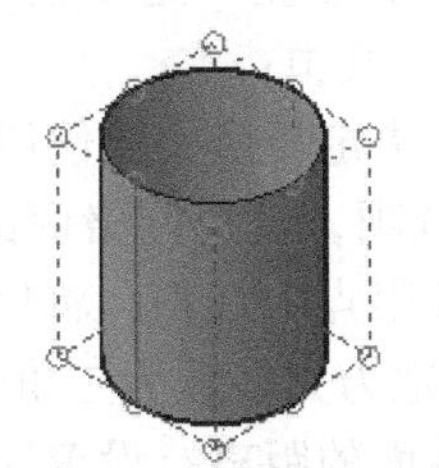
图 11–106　显示控制点

（4）单击“曲面”选项卡 |“控制点”面板 |“重新生成”按钮，并选择圆柱体，这时打开“重生成曲面”对话框，将其中“控制点计数”组件中的U、V方向的数值都设置为5，单击“确定”按钮。这时的控制点显示如图11–107所示。

（5）单击最上面一层的一个夹点，拖动鼠标调整其位置。用同样的方法调整最上面一层各夹点的位置，结果如图11–108所示。

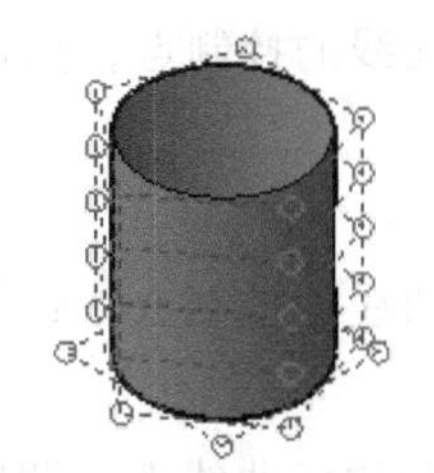

图11–107 设置控制点

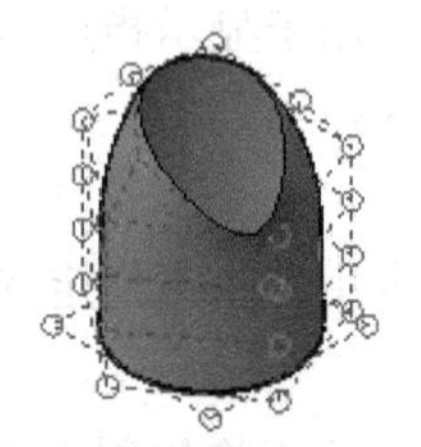

图11–108 调整控制点位置

（6）单击“曲面”选项卡 |“控制点”面板 |“隐藏控制点”按钮，将控制点隐藏，完成图形绘制。

## 11.6 网格编辑

网格编辑命令给用户提供了一种自由设计方法，使创建更复杂的对象更容易。网格对象比对应的实体和曲面对象更容易创建和编辑。

### 11.6.1 网格镶嵌选项设置

可以控制将对象转换为网格对象的默认设置和外观。

1. 调用

◆ 命令行：MESHOPTIONS。

◆ 三维建模空间：功能区 | 常用 | “网格”面板右下角按钮，或功能区 | 网格 | “网格”面板右下角按钮。

调用命令后将显示“网格镶嵌选项”对话框，如图11–109所示。

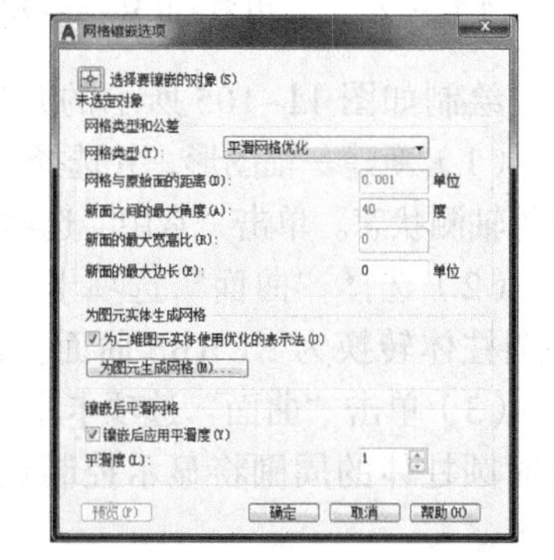


图11–109 “网格镶嵌选项”对话框

2. 对话框说明

（1）选择要镶嵌的对象：单击该按钮将返回绘图区，选择要转换为网格对象的对象。用户可以选择三维实体、三维曲面、三维面、多边形或多面网格、面域以及闭合多段线。

（2）“网格类型和公差”选项组：指定转换为三维网格对象的默认特性。其中：

1）网格类型：指定转换中要使用的网格类型。其中，“平滑网格优化”选项，设置网格面的形状以适应网格对象的形状；“主要象限点”选项，将网格面的形状设定为大多数为四边形；“三角形”选项，将网格面的形状设定为大多数为三角形。

2）网格与原始面的距离：设置网格面与原始对象的曲面或形状之间的最大偏差。值越小，偏差越小，但是会创建更多面，而且可能会影响程序性能。

3）新面之间的最大角度：设置两个相邻面的曲面法线之间的最大角度。增大该值会增加高曲率区域中网格的密度，同时降低较平整区域中的密度。如果“网格与原始面之间的距离”的值很大，则可以增大最大角度值。如果要优化小细节（例如孔或圆角）的外观，则此设置非常有用。

4）新面的最大宽高比：设置新网格面的最大宽高比。使用此值可避免出现狭长的面。其中，该值为0，将忽略宽高比限制；该值为1，将指定高度和宽度必须相同；该值大于1，将设置高度可以超出宽度的最大比例；该值在0到1之间，将设置宽度可以超出高度的最大比例。

5）新面的最大边长：设置在转换为网格对象过程中创建的任意边的最大长度。设置的值越大面越少，且与原始形状之间附着精度越低，但能够提高程序性能。

（3）“为图元实体生成网格”选项组：指定将三维实体图元对象转换为网格对象时要使用的设置。其中：

1）为三维图元实体使用优化的表示法：指定将图元实体对象转换为网格对象时要使用的设置。选择此复选框可使用在“网格图元选项”对话框中指定的网格设置，清除该项则使用在“网格镶嵌选项”对话框中指定的设置。

2）为图元生成网格：单击该按钮，将打开“网格图元选项”对话框，从中可以为每种网格图元的设定新镶嵌值（面数）。

（4）“镶嵌后平滑网格”选项组：指定将对象转换为网格后要应用于该对象的平滑度。

1）镶嵌后应用平滑度：选择该项，转换新网格对象后将对这些对象进行平滑处理。

2）平滑度：为新网格对象设置平滑度。输入0以消除平滑度，输入一个正整数表示增加的平滑度。

### 11.6.2 拉伸网格面

拉伸网格面命令用于将网格面延伸到三维空间。

1. 调用

◆ 菜单：修改｜网格编辑｜拉伸面。

◆ 命令行：MESHEXTRUDE。

◆ 三维建模空间：功能区｜网格｜网格编辑｜拉伸面。

2. 操作及提示

命令：（调用命令）

相邻拉伸面设置为：合并

选择要拉伸的网格面或 [ 设置 (S)] :（选择要拉伸的网格面，或输入“S”使用“设置”选项）

选择要拉伸的网格面或 [ 设置 (S)] :（继续选择要拉伸的网格面，或按 Enter 键确认选择）

指定拉伸的高度或 [ 方向 (D)/ 路径 (P)/ 倾斜角 (T)] <0.5925> :（指定拉伸高度，或指定一个选项）

其中，“设置”选项，可指定是单独拉伸相邻网格面还是作为一个整体拉伸，选择“是”选项，将作为一个整体拉伸所有相邻面，如图 11-110(b) 所示；如果选择“否”选项，将单独拉伸每个相邻面，如图 11-110(c) 所示。需对网格进行平滑处理后才能看出效果。

其余选项的操作与拉伸命令 EXTRUDE 类似，用户可参照操作。

技巧

使用小控件编辑，如果用户选择并拖动一组面，则相邻的面将进行拉伸以适应所做的修改，如图 11-111 所示。如果使用拉伸网格面命令进行拉伸，则会插入其他面以闭合拉伸面与其原始曲面之间的间隙，如图 11-110 所示。

(a) 模型

(b) “是”选项

(c) “否”选项

图 11-110　拉伸网格面

图 11-111　使用小控件拉伸

### 11.6.3　网格子对象的选择与操作

1. 子对象选择和编辑

在“三维建模”空间｜“功能区”|“网格”选项卡|“选择”面板中设置过滤器为“面”“边”“顶点”等，即可选择对象上的面、边、顶点等子对象。还可使用与选择三维实体子对象相同的方法选择面、边和顶点，即按住 Ctrl 键的同时选择子对象，而按住 Ctrl+Shift 组合键并再次单击可从子对象中删除选择。

2. 小控件编辑

选择网格对象或子对象后，会自动显示三维移动、旋转或缩放小控件（也可以在“三维建模”空间｜“功能区”|“网格”选项卡|“选择”面板中设置要使用的小控件。）。用户可以使用这些小控件统一修改选择，也可以沿指定平面或轴修改。

### 11.6.4　其他网格编辑命令

其他网格编辑工具可选择“修改”菜单|“网格编辑”子菜单中相应命令；或单击“三维建模”空间|“功能区”|“网格”选项卡|“网格”或“网格编辑”或“转换网格”面板中的相应按钮。

1. 平滑对象

平滑对象命令用于将三维对象（例如多边形网格、曲面和实体）转换为网格对象，这样可利用三维网格的细节建模。默认网格设置是在“网格镶嵌选项”对话框中进行定义的。转换时的平滑度取决于此对话框中设置的网格类型。图 11-112(a) 和图 11-112(b) 分别为平滑前后的效果对比。

2. 提高（降低）平滑度

提高（降低）平滑度命令用于将网格对象的平滑度提高（降低）一级。图 11-113(a) 和图 11-113(b) 分别为提高前后的效果对比。

(a) 平滑前

(b) 平滑后

图 11-112　平滑对象

(a) 提高前

(b) 提高后

图 11-113　提高平滑度

3. 优化网格

优化网格命令用于成倍增加选定网格对象或面中的面数，从而提供对精细建模细节的附加控制。图 11-114(a) 和图 11-114(b) 分别为优化前后的效果对比。优化对象会将指定给该对象的平滑度重置为 0，即无法再将此平滑度减小到该级别范围之外。优化子对象并不会重置平滑度。

技巧

要优化的网格对象的平滑度必须等于或大于 1。用户可以在“特性”选项板中修改已有对象的平滑度。

4. 增加（删除）锐化

增加（删除）锐化命令用于锐化（或取消锐化）选定网格子对象的边。锐化可使与选定子对象相邻的网格面和边变形。图 11-115(a) 和图 11-115(b) 分别为锐化前后的效果对比。

(a) 优化前

(b) 优化后

图 11-114　优化网格

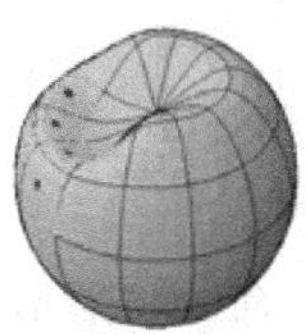

(a) 锐化前

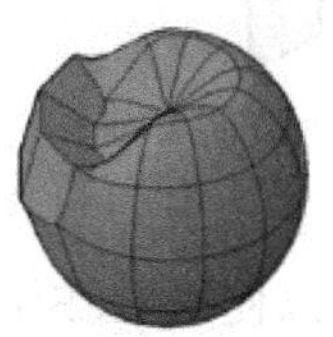

(b) 锐化后

图 11-115　锐化

5. 分割面

分割面命令可以将一个网格面拆分为两个面。调用命令并选择一个网格后的提示如下：

指定面边缘上的第一个分割点或 [ 顶点 (V)]：

其中，选择了一个网格面后，在该网格面的一条边上单击，再在另一条边上单击，即可将该网格面分割为两个网格面，如图 11-116(b) 所示，在 1 点和 2 点单击。选择“顶点”选项，可将分割的第一个端点限制为网格顶点，对于从一个矩形面创建两个三角形面很有用。

技巧

该命令常用于修改网格对象上局部区域的形状。

6. 合并面

合并面命令用于合并两个或多个相邻网格面以形成单个面，图 11-117(a) 和图 11-117(b) 分别为合并前后的效果对比。

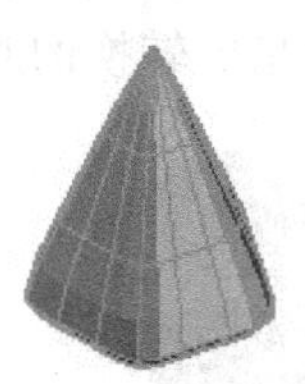

(a) 分割前

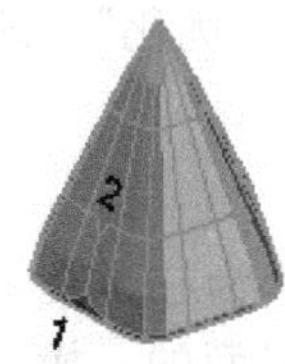


(b) 分割后

图 11-116　分割面

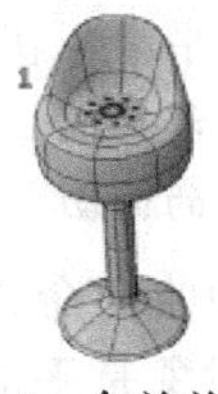


(a) 合并前

(b) 合并后

图 11-117　合并面

7. 闭合孔

调用闭合孔命令，通过选择周围的网格面的边闭合开放的网格面。为获得最佳结果，这些面应位于同一平面上，如图 11-118 所示。调用命令后的操作及提示如下：

命令：(调用命令)

选择边或 [链(CH)]：(选择网格面的边，或输入 CH 使用“链”选项)

其中，“选择边”选项，用于选择网格面的一条或几条边；选择“链”选项，将选择端点相连的网格对象的连续边。

8. 旋转三角面

旋转三角面命令用于旋转两个三角形网格面的相邻边。如图 11-119 所示，首先选择一个三角面，再选择相邻的另一个三角面，可以旋转这两个三角面网格。

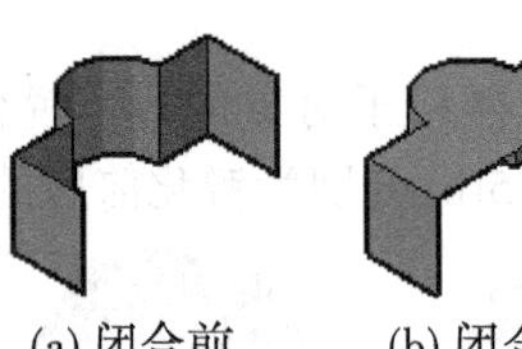

(a) 闭合前　　(b) 闭合后

图 11-118　闭合孔

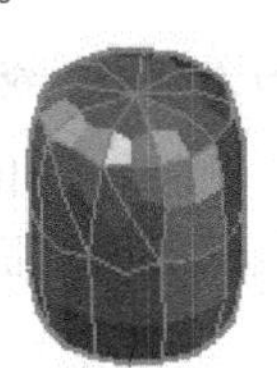

(a) 旋转前　　(b) 旋转后

图 11-119　旋转三角面

用户可以使用 MESHSPLIT 命令将矩形面定数等分为两个三角形面。

9. 收拢面或边

收拢面或边命令用以合并选定网格面或边的顶点，使周围的网格面的顶点在选定边或面的中心收敛。周围的面的形状会更改以适应一个或多个顶点的丢失。如图 11-120(b) 所示为收拢后的情况。

10. 转换为具有镶嵌面的实体

转换为具有镶嵌面的实体命令可以将具有一定厚度的三维网格、多段线和圆转换为三维实体，以利于使用实体建模功能。如图 11-121(b) 为转换后的情况。生成的三维实体的平滑度和面数由 SMOOTHMESHCONVERT 系统变量控制。

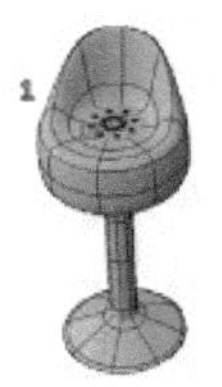

(a) 收拢前　　(b) 收拢后

图 11-120　收拢面或边

(a) 转换前　　(b) 转换后

图 11-121　将网格面转换为具有镶嵌面的实体

转换网格时，首先在“三维建模”空间 | “功能区” | “网格”选项卡 | “转换网格”面板中选择一个工具，如“平滑 - 优化”或“镶嵌面 - 优化”，即可指定转换的对象是平滑的还是镶嵌面的，以及是否合并面。

11. 转换为具有镶嵌面的曲面

转换为具有镶嵌面的曲面命令可以将对象转换为三维曲面，并且可以指定结果对象是平滑的还是具有镶嵌面的。操作类似于“转换为具有镶嵌面的实体”命令。如图 11-122(a)

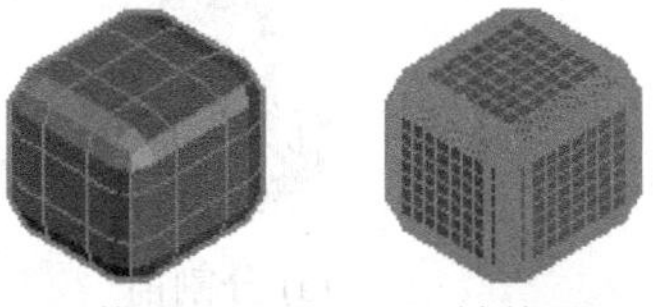

(a) 模型　　(b) 转换后

图 11-122　转换为曲面

为模型，图 11-122(b) 为转换后的情况。

12. 转换为平滑实体

转换为平滑实体命令可以将具有一定厚度的三维网格、多段线和圆转换为平滑的三维实体，如图 11-123 所示。

13. 转换为平滑曲面

转换为平滑曲面命令可以将对象转换为平滑的三维曲面，如图 11-124 所示。

图 11-123 转换为平滑实体

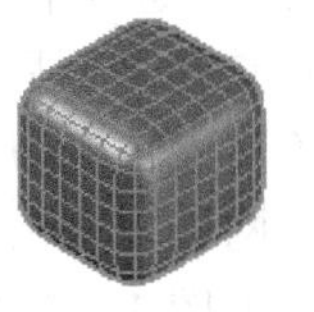

图 11-124 转换为平滑曲面

### 11.6.5 上机实训 9——绘制沙发

扫一扫，看视频
※ 6 分钟

绘制如图 11-125 所示的沙发。其操作和提示如下：

（1）调用 MESH 命令，在提示下输入 SE 并按 Enter 键，选择“设置”选项；在“指定平滑度:”的提示下，输入 T 并按 Enter 键，选择“镶嵌”选项，打开“网格图元选项”对话框。

（2）在“网格图元选项”对话框中，选择“网格”选项组中的“长方体”选项，并设置“镶嵌细分”选项组中的长度、宽度、高度值分别为 4、5、2，如图 11-126 所示。

图 11-125 沙发

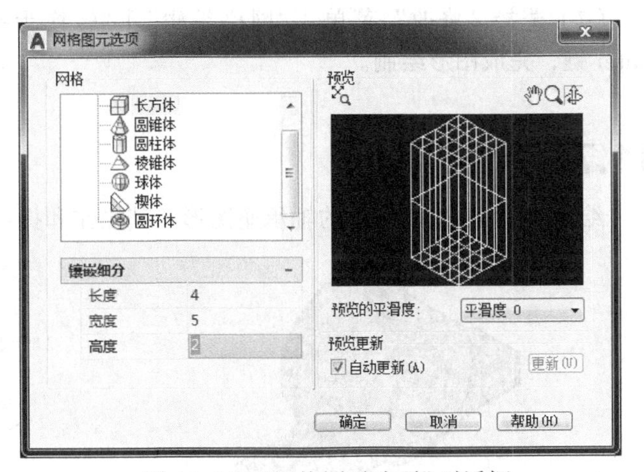


图 11-126 “网格图元选项”对话框

（3）在“网格图元选项”对话框中单击“确定”按钮，在提示下输入 B 并按 Enter 键，选择“长方体”选项，在绘图区绘制一网格长方体，如图 11-127 所示。

（4）在“三维建模”空间 |“功能区”|“网格”选项卡 |“选择”面板中设置过滤器为“面”。单击“网格”选项卡 |“网格编辑”面板 |“拉伸面”按钮，选择长方体顶面的面，如图 11-128 所示，将其向 Z 轴正向拉伸一个距离，结果如图 11-129 所示。

图 11-127　绘制网格长方体

图 11-128　选择网格面

图 11-129　拉伸网格面

（5）在“网格”选项卡 | “选择”面板中设置过滤器为“面”,并选择“移动小控件”选项。用鼠标直接单击选择顶面后排的网格面，如图 11-130 所示。然后用鼠标单击拖动小控件的 Z 轴，将其向 Z 轴正向拖动一个距离，结果如图 11-131 所示。

（6）单击“网格”选项卡 | “网格”面板 | “提高平滑度”按钮,选择模型后按 Enter 键，平滑模型，结果如图 11-132 所示。

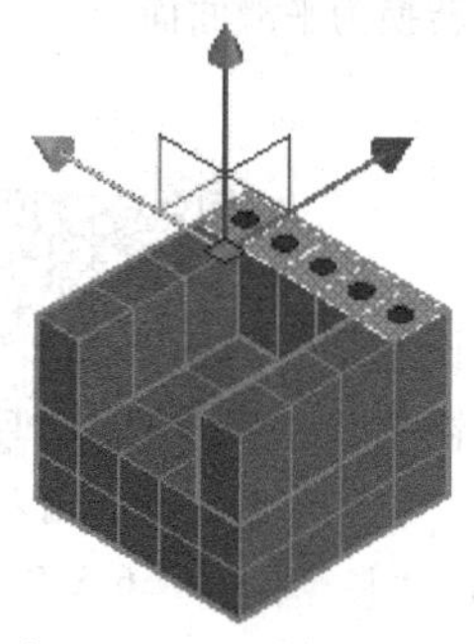
图 11-130　选择顶面后排的网格面

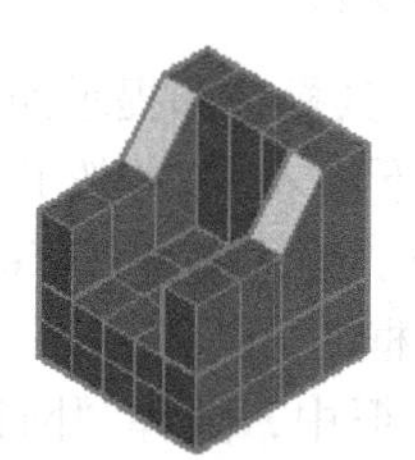
图 11-131　用移动小控件拉伸网格面

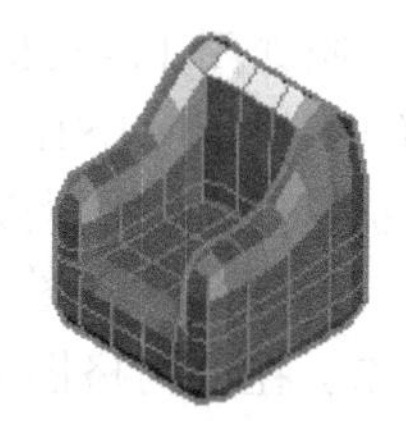
图 11-132　提高模型平滑度

（7）选择“修改”菜单 | “网格编辑” | “转换为平滑曲面”命令，并选择模型后按 Enter 键，完成图形绘制。

## 11.7　综合实训

绘制如图 11-133 所示的轴承座图形。其操作和提示如下：

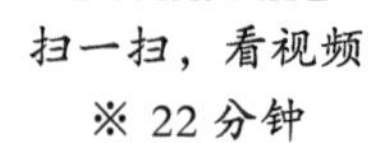
扫一扫，看视频
※ 22 分钟

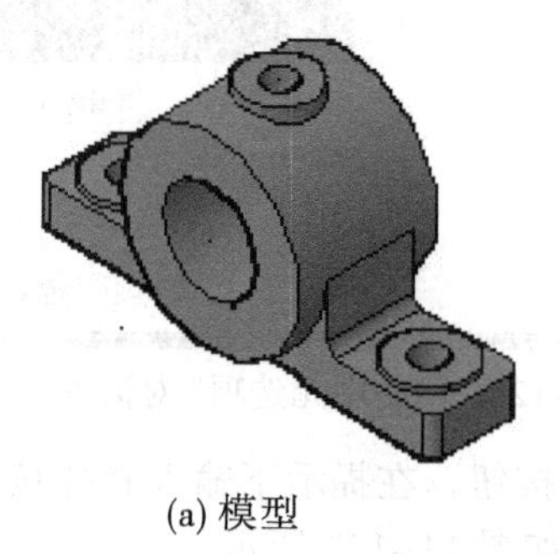
(a) 模型

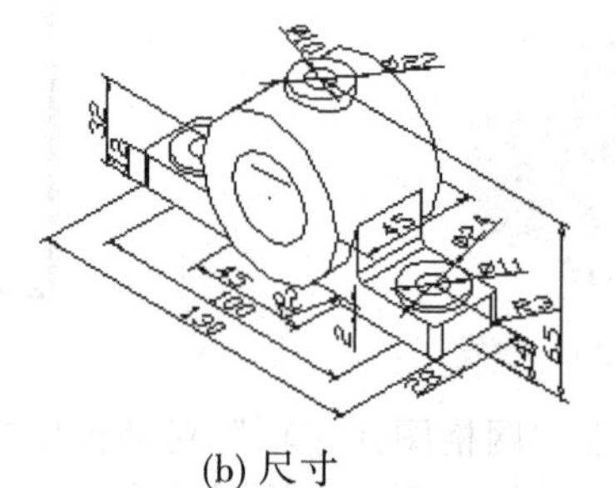
(b) 尺寸

图 11-133　轴承座

（1）选择“常用”选项卡 | “视图”面板 | “西南等轴测”命令，将视图转到“西南等轴测”视图状态。

（2）绘制轴承座底板。

1）调用长方体命令 BOX，绘制长为 130，宽为 28，高为 12 的长方体。绘制时，长方体的第一个角点的坐标为 (-65,0,0)，在“指定其他角点：”的提示下，输入“@130,28,12”并按 Enter 键。

2）单击“常用”选项卡 |“建模”面板 |“圆柱体”按钮，绘制底板上的凸台。绘制时，圆柱体底面中心点的坐标为 (-50,14,0)，圆柱体底面的半径为 12，圆柱体高度为 14。

3）再次调用圆柱体命令 CYLINDER，绘制底板上凸台内的圆柱孔。在指定圆柱体底面的中心点时，用鼠标捕捉到凸台圆柱体底面圆的圆心；圆柱体底面的半径为 5.5，高度为 14，结果如图 11-134 所示。

4）单击“常用”选项卡 | “修改”面板 | “三维镜像”按钮，镜像出另一侧的凸台和圆柱孔模型。镜像时，使用该命令中的“三点”方式进行镜像。其中，第一点捕捉到长方体一条长边的中点，第二点捕捉到长方体第二条长边的中点，第三点捕捉到长方体第三条长边的中点。

5）调用长方体命令 BOX，绘制底板下部槽体长方体。绘制时，指定长方体第一个角点为 (-22.5,0,0)，指定长方体的第二个角点为 (22.5,28,2)，结果如图 11-135 所示。

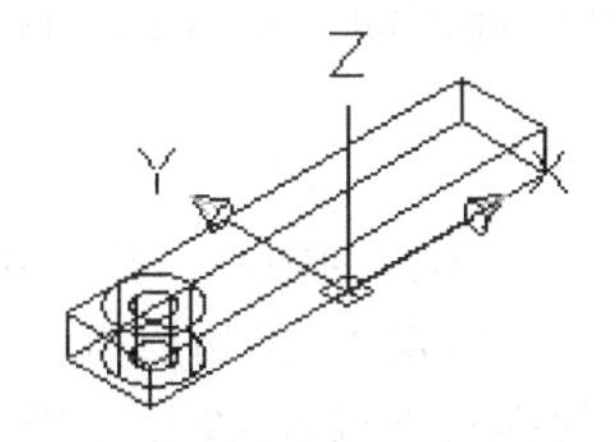


图 11-134　绘制底板及一侧凸台

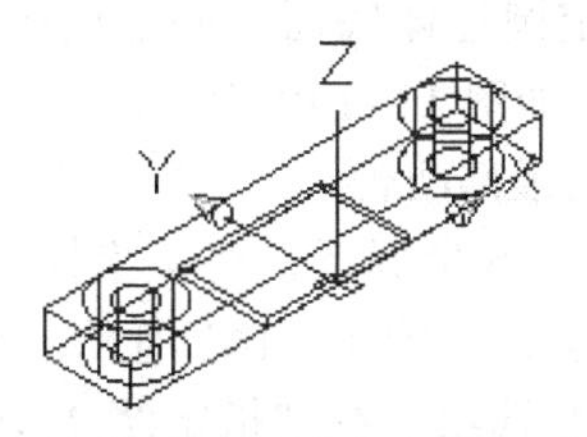


图 11-135　绘制另一侧凸台和底板下部槽体

6）对底板进行布尔运算。首先用布尔并运算命令 UNION，对底板长方体和两个凸台进行并运算。然后，用布尔求差运算命令 SUBTRACT 进行差运算，求差时，先选择作为被减数的底板长方体，按 Enter 键，选择作为减数的两侧凸台孔和底部的槽体，并按 Enter 键，结果如图 11-136 所示。

7）调用圆角命令 FILLET 对底板的四条立棱进行倒圆角，圆角半径为 3。再次调用该命令并设置圆角半径为 2，然后对底板槽体顶部的两条边进行倒圆角，结果如图 11-137 所示。

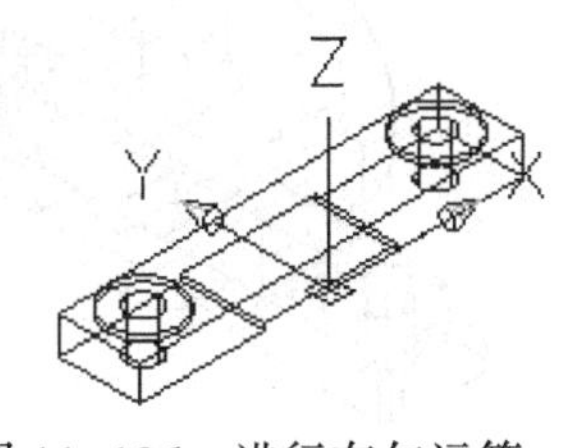


图 11-136　进行布尔运算

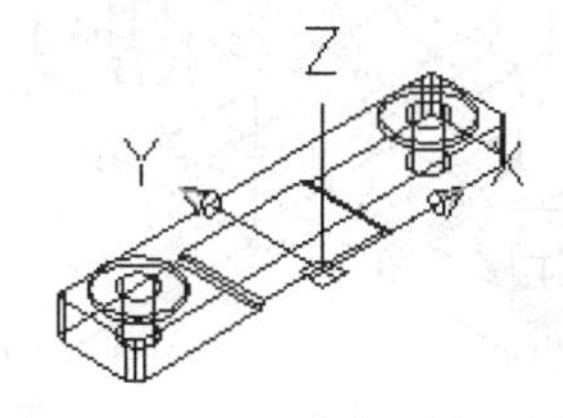


图 11-137　对底板进行圆角

（3）绘制支承板。调用长方体命令 BOX，在绘图区的任意一处绘制一个长 × 宽 × 高为 60 × 28 × 20 的支承板长方体。调用移动命令 MOVE，将长方体放置在底板的顶部。移动时，基点捕捉到长方体右前下边的中点，位移的第二点捕捉到底板前顶面的中点，结果如图 11-138 所示。

（4）绘制水平圆柱体。

1）调用 UCS 命令，在“指定 UCS 的原点：”的提示下，输入坐标“0,-8.5,0”并按 Enter 键；在“指定 X 轴上的点：”的提示下，打开正交，将光标向 X 轴正向拖动到合适位置单击，确定 X 的方向；在“指定 XY 平面上的点：”的提示下，将光标沿铅垂方向拖动，待光标旁的工具栏提示中显示为“正交：…<+Z”方向时单击，确定 UCS 的 Y 方向。这样将使新建的坐标系的 XY 平面成为铅垂状态，并将该坐标系的坐标原点移到与轴承座大圆柱前端面在同一平面，如图 11-139 所示。

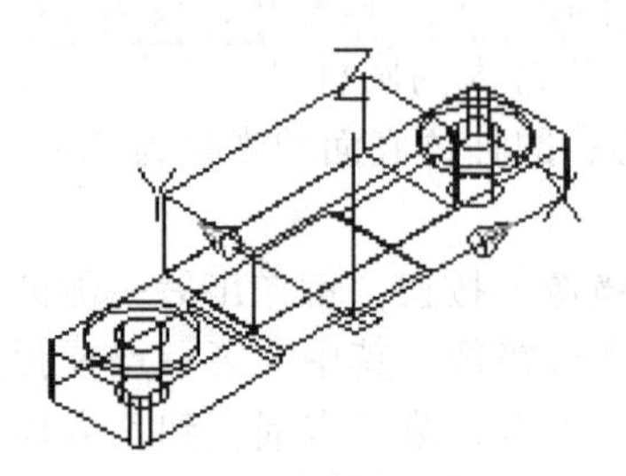


图 11-138　绘制支承板

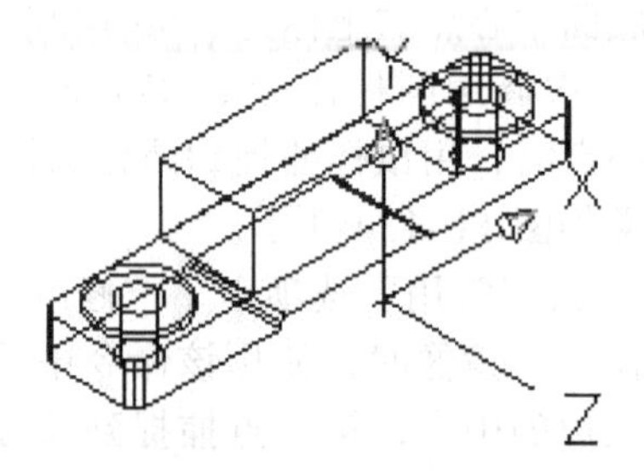


图 11-139　新建 UCS 坐标系

2）再次调用“圆柱体”命令，绘制水平大圆柱。绘制时指定圆柱体底面中心点的坐标为 (0,32)，圆柱体底面的半径为 30，圆柱体的高度为 -45。用同样的方法绘制水平孔的圆柱体，绘制时，指定圆柱体底面中心点的坐标为 (0,32)，圆柱体底面的半径为 16，圆柱体的高度为 -45，结果如图 11-140 所示。

（5）绘制顶部凸台。

1）新建 UCS 坐标系，将该坐标系的坐标原点移到凸台顶面的圆心，并将其 XY 平面设置为水平状态，如图 11-141 所示。调用 UCS 命令，在“指定 UCS 的原点：”的提示下，输入 X 选择 X 选项；在“指定绕 X 轴的旋转角度：”的提示下输入 -90，将坐标系绕 X 轴旋转 -90°。再次调用 UCS 命令，在“指定 UCS 的原点：”的提示下，输入坐标系新原点的坐标“0,22.5,65”；在“指定 X 轴上的点：”的提示下，直接按 Enter 键结束命令，并将 UCS 坐标系的原点移动到凸台顶面的圆心。

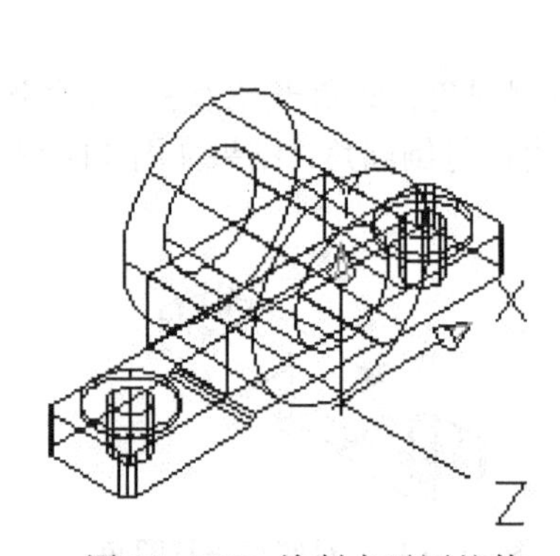


图 11-140　绘制水平圆柱体

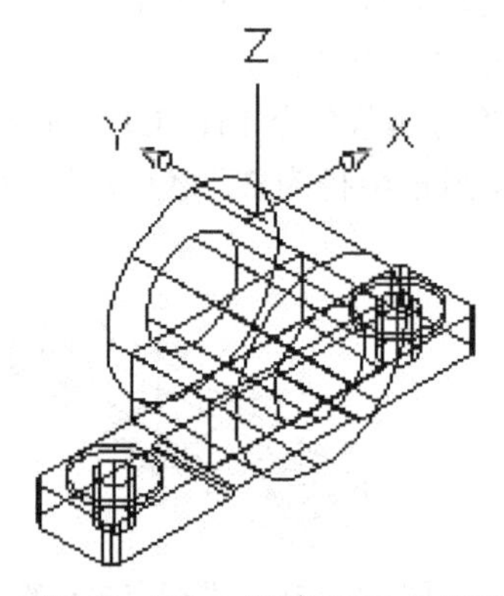


图 11-141　新建 UCS 坐标系

2）调用圆命令 CIRCLE，绘制凸台顶部孔口的两个圆。两圆的圆心均在坐标原点 (0,0)，两圆的半径分别为 11 和 5，如图 11-142 所示。注意：这时，坐标系的原点已经在凸台顶部圆的圆心处了。

3）调用拉伸命令 EXTRUDE，由于拉伸方向与坐标系的 Z 轴方向相反，因此将大圆向下拉伸 8（即拉伸高度为 -8），将小圆向下拉伸 25（即拉伸高度为 -25），得到凸台圆柱体模型，结果如图 11-143 所示。

（6）对图形进行布尔运算。先调用并集命令 UNION，对底板、支承板、水平大圆柱和凸台大圆柱进行布尔并运算；再调用差集命令 SUBTRACT 进行布尔差运算，操作时用底板整体减去水平小圆柱孔实体和顶部凸台小圆柱孔实体，结果如图 11-143 所示。

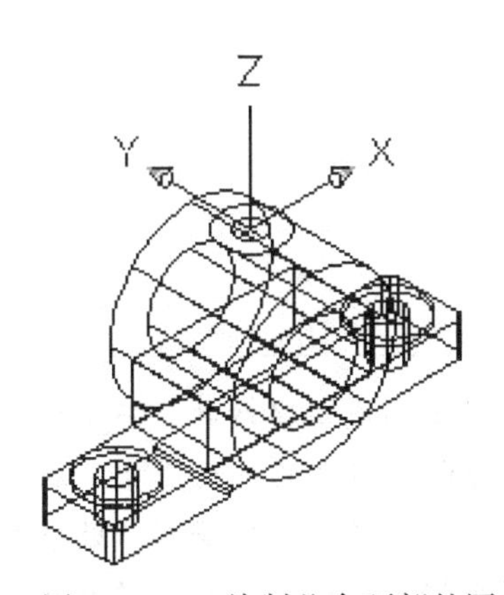

图 11-142　绘制凸台顶部的圆

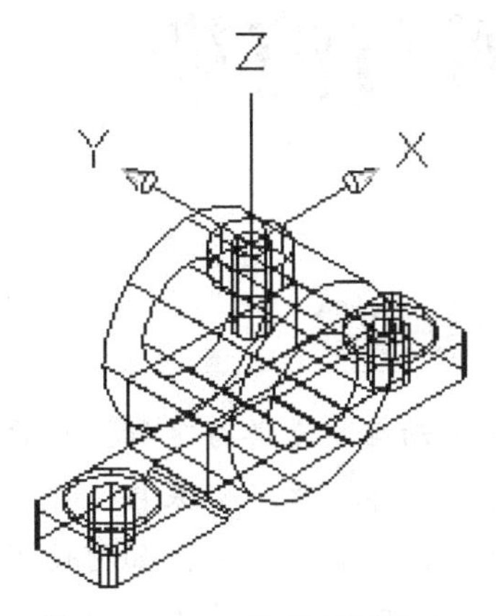

图 11-143　绘制顶部凸台

# 第 12 章 动画与渲染

本章导读

使用动画、漫游与飞行，用户可以直观、全面、动态地观察对象。而制作漂亮逼真的三维渲染图像（效果图）则是学习 AutoCAD 的广大用户的迫切愿望。本章将详细介绍动画的制作方法；如何使用灯光、材质、贴图、背景、环境等制作效果图；以及渲染图形时如何在渲染速度和渲染质量之间得到很好的平衡。本章的操作是一种经验的积累，没有绝对的正确与不正确，只有通过不断地实践和体会，才能逐渐掌握其使用技巧和提高渲染图像的制作水平。

本章要点

◎ 相机视图与动画
◎ 创建点光源、聚光灯和平行光，以及阳光特性的使用
◎ 创建与设置材质
◎ 设置与调整贴图
◎ 设置渲染环境与背景
◎ 高级渲染设置

## 12.1 相机视图与动画

用户可在模型空间中创建一台或多台相机来定义对象的三维透视图，使用相机视图常用于观察建筑对象和动画效果的表现。

### 12.1.1 创建相机

设置相机位置和目标位置，以创建并保存对象的三维透视图。

1. 调用

◆ 菜单：视图 | 创建相机。
◆ 命令行：CAMERA 或命令别名 CAM。
◆ 三维建模空间：功能区 | 可视化 | 相机 | 创建相机。

2. 操作及说明

命令：（调用命令）
当前相机设置：高度 =0 焦距 =50 mm（提示相机的当前设置）

指定相机位置：（在图形中用鼠标单击，或用键盘指定一点以确定相机的位置）

指定目标位置：（在图形中用鼠标单击，或用键盘指定一点以确定相机目标点的位置）

输入选项 [?/ 名称 (N)/ 位置 (LO)/ 高度 (H)/ 坐标 (T)/ 镜头 (LE)/ 剪裁 (C)/ 视图 (V)/ 退出 (X)] < 退出 > :（指定一个选项，或按 Enter 键使用默认选项“退出”）

其中，各选项的说明如下：

（1）？ ：用于显示当前已定义相机的列表。

（2）名称：给创建的新相机指定一个名称。

（3）位置：更改相机的位置。

（4）高度：更改相机的高度。

（5）坐标：更改相机目标的位置。

（6）镜头：更改相机的焦距。焦距越大，视野越窄。其中，相机标准镜头的长度为 50mm，观察效果最接近于人眼观察的情况；相机广角镜头长度为 35mm，其观察时视野开阔，适合表现有很多对象的场景；超广角镜头的长度为 6mm（又叫鱼眼镜头），视角接近 180°，因此可观察非常广阔范围内的场景。

（7）剪裁：输入值以确定前后剪裁平面的位置。剪裁平面是定义（或剪裁）视图的边界。当指定了前后剪裁平面的位置后，在相机视图中，将隐藏相机与前向剪裁平面之间的所有对象，同样也将隐藏后向剪裁平面与目标之间的所有对象。选择该项后的操作和提示如下：

是否启用前向剪裁平面？ [是 (Y)/ 否 (N)] < 否 > :（输入 Y 将启用前向剪裁，输入 N 将关闭前向剪裁）

指定从坐标平面的前向剪裁平面偏移 <0> :（输入一个值以确定前向剪裁平面的位置）

是否启用后向剪裁平面？ [是 (Y)/ 否 (N)] < 否 > :（输入 Y 将启用后向剪裁，输入 N 将关闭后向剪裁）

指定从坐标平面的后向剪裁平面偏移 <0> :（输入一个值以确定后向剪裁平面的位置）

（8）视图：选择该项，可选择是否将当前视图切换到相机视图。其中，选择“是”选项将切换到相机视图，选择“否”选项则不切换到相机视图。

（9）退出：取消该命令。

3. 说明

（1）打开工具选项板后，在选项板的标题栏上右击，从弹出的快捷菜单中选择“相机”选项打开“相机”选项板。根据需要，将选项板中的某个相机工具拖动到绘图区即可创建相机。

（2）在图形中创建了相机后，选择“可视化”选项卡 |“视图”面板 | 视图下拉列表中的某个相机的名称，即可将当前视图转到该相机的相机视图。

- 在制作室内效果图时，使用剪裁平面非常有用。如创建相机时，可以把相机的位置放置在室外，然后调节相机前剪裁平面的位置，使其位于相机所正对的墙之后，当打开前向剪裁后，视线就可穿透正面墙壁直接观察到室内的效果，而不受正面墙壁的影响。
- 如果图形中尚未显示相机，可选择“可视化”选项卡 |“相机”面板 |“显示相机”命令来打开相机的显示。

### 12.1.2 编辑相机

创建了相机后，移动光标靠近相机，将显示相机的锥形框和前后剪裁平面。用鼠标单击相机，将显示“相机预览”窗口（如未显示，在选中相机的快捷菜单中可打开），如图

12-1 所示。利用该窗口，当调节和编辑相机时，可实时观察到修改的视图效果。在该窗口的“视觉样式”下拉列表中，可通过选择三维线框、概念等视觉样式来显示相机视图。

用鼠标单击相机，将显示各种相机夹点。将鼠标悬停在某个夹点上，将显示该夹点的提示。用鼠标在这些夹点上单击并拖动，可以调节相机位置、目标位置、镜头长度、前后剪裁平面的位置等，如图 12-2 所示。

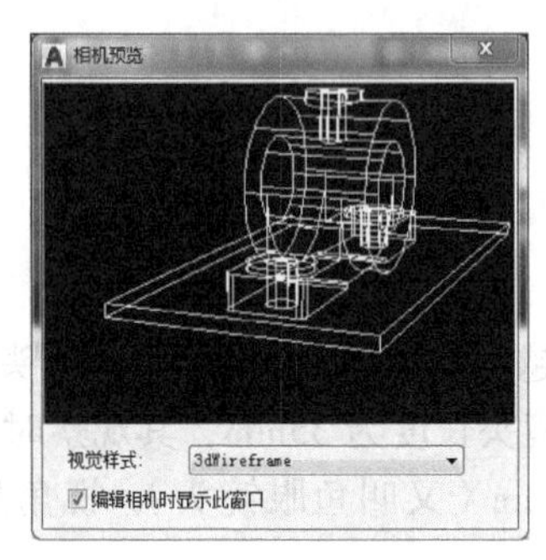


图 12-1 “相机预览”窗口

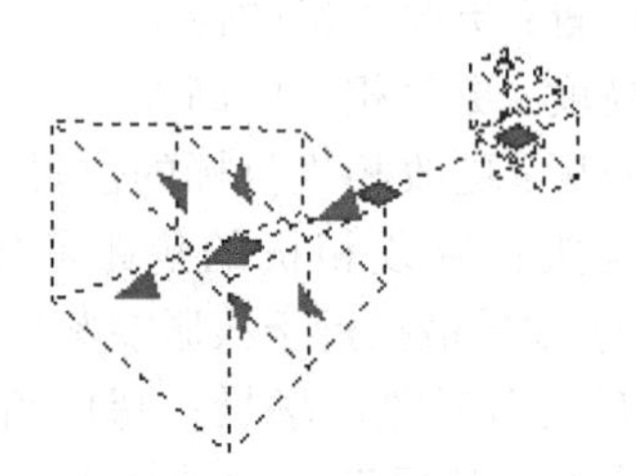

图 12-2 相机夹点

选择“视图”菜单｜“相机”｜“调整视距”或“回旋”命令，或使用三维动态观察中的这两个命令，可在视图中直接调整相机以观察图形。用户还可以使用“特性”选项板来编辑相机特性。

### 12.1.3 创建运动路径动画

可以将相机及其目标链接到某个点或某条路径，以约束相机的运动，并创建动画文件。

1. 调用

◆ 菜单：视图｜运动路径动画。

◆ 命令行：ANIPATH。

◆ 三维建模空间：功能区｜可视化｜动画｜运动路径动画（动画面板默认未显示，需在“可视化”选项卡的面板上右击，在弹出的快捷菜单中选择“动画”选项，方可显示）。

2. 操作及说明

调用命令后，将显示“运动路径动画”对话框，如图 12-3 所示。

（1）“相机”选项组：可在选择“点”或“路径”单选按钮后，单击右边的“选择路径”按钮，并在绘图区选择某个点或路径曲线后，即可将相机的位置链接至图形中指定的点或运动路径，使相机位于指定点观察图形或沿路径观察图形。而在“路径”下拉列表中，显示可以链接相机的命名点或路径列表。

（2）“目标”选项组：将相机的目标位置链接至图形中指定的点或运动路径，使相机正对该点或该路径进行观察。其设置方法同“相机”。

（3）“动画设置”选项组：控制动画文件的输出。其中：

1）帧率：设置动画运行的速度为每秒多少帧数。其范围为 1 ~ 60，默认值为 30。

2）帧数：指定动画中的总帧数。该值与帧率共同确定动画的长度，更改该数值，将自动重新计算“持续时间”值。

3）持续时间：指定动画（片断中）的持续播放时间。更改该数值，将自动重新计算“帧数”的值。

4）视觉样式：选择应用于动画文件的视觉样式和渲染预设的列表。

5）格式：指定动画的文件格式，可以将动画保存为AVI、MPG和WMV文件格式。

6）分辨率：以屏幕显示单位定义生成的动画的宽度和高度。默认值为320×240，分辨率越高，动画质量越好。

7）角减速：选择该项，相机转弯时，将以较低的速率移动相机；反之，则按指定的速率移动相机。

8）反转：选择该项，可反转相机的运动方向来制作动画。

（4）预览时显示相机预览：选择该项，单击“预览”按钮时，将显示“动画预览”对话框，从而可以在保存动画之前进行预览。

（5）预览：单击该按钮，将显示“动画预览”对话框。在该对话框中，可播放、录制或保存动画预览等，如图12-4所示。

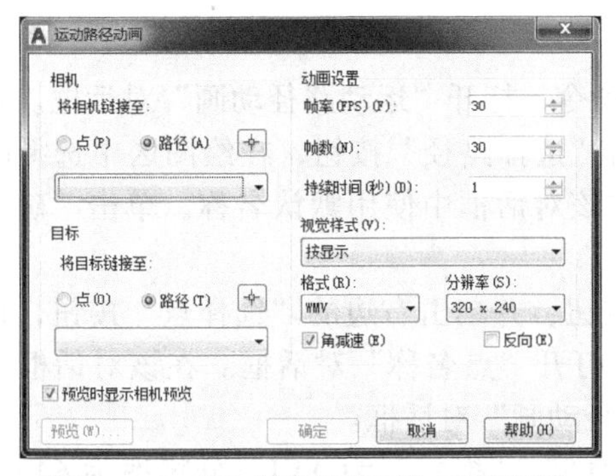

图12-3 “运动路径动画”对话框图

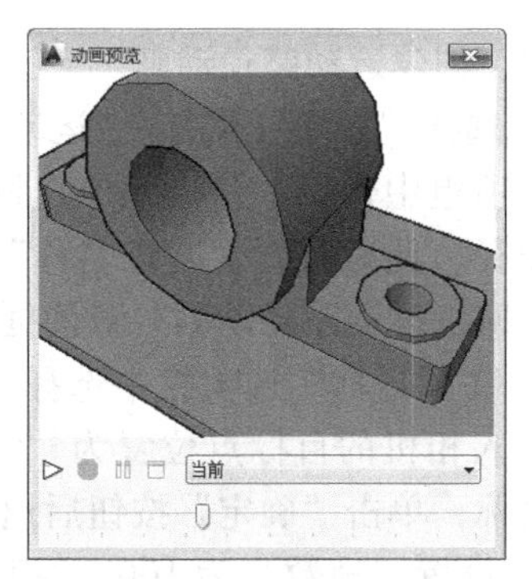

图12-4 “动画预览”对话框

3. 说明

（1）创建运动路径时，将自动创建相机。如果删除指定为运动路径的对象，也将同时删除命名的运动路径。

（2）如果将相机链接至点，则必须将目标链接至路径。如果将相机链接至路径，可以将目标链接至点或路径。

（3）如果要使动画视图与相机路径一致，应使用同一路径。可在“运动路径动画”对话框中，将目标路径设置为“无”方式（默认设置）。

（4）要将相机或目标链接到某条路径，必须在创建运动路径动画之前创建路径对象。路径可以是直线、圆弧、椭圆弧、圆、多段线、三维多段线或样条曲线。

“动画”和“相机”面板在默认情况下是隐藏的。要显示它们，可在“三维建模”工作空间中，用鼠标在“可视化”选项卡的面板上右击，在弹出的快捷菜单中选择“显示面板”|“动画”或“相机”选项，方可显示。

### 12.1.4 上机实训1——创建运动路径动画

扫一扫，看视频
※6分钟

利用图12-5所示图形，创建相机并制作运动路径动画。

（1）调用圆命令CIRCLE在XY平面上绘制一个圆，用移动命令MOVE将该圆向Z轴的正向移动130，得到如图12-6所示图形。

（2）选择“视图”菜单|“创建相机”命令，在“指定相机位置：”

的提示下，用鼠标在模型的左下方单击以确定相机位置；在“指定目标位置：”的提示下，输入相机的目标点“0,0”，按 Enter 键结束命令。

（3）单击相机，同时显示“相机预览”窗口以及相机夹点。单击并拖动各相机夹点，使“相机预览”窗口能够完全观察到整个模型，结果如图 12-7 所示。

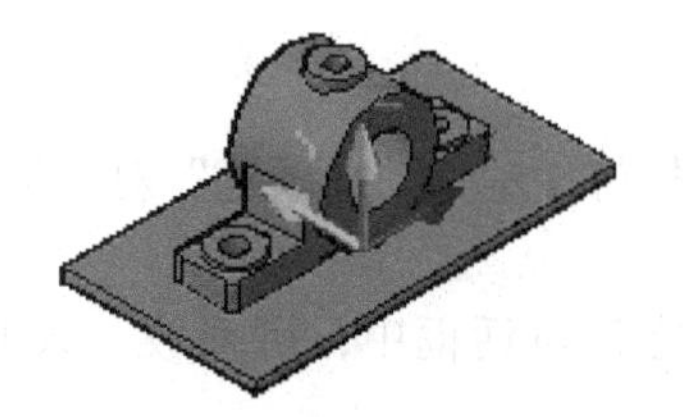
图 12-5　模型

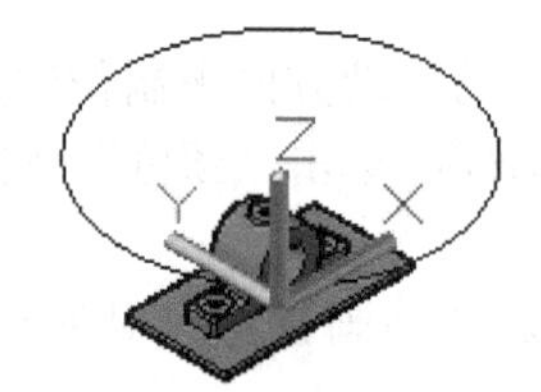

图 12-6　绘制路径曲线

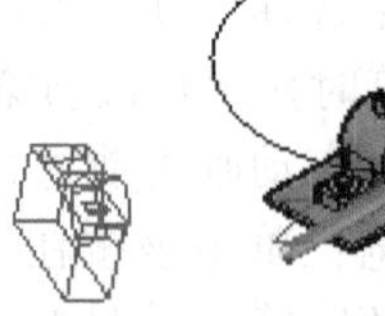

图 12-7　创建相机

（4）创建运动路径动画。

1）选择“视图”菜单 |“运动路径动画”命令，打开“运动路径动画”对话框。在“相机”选项组中选择“路径”单选按钮，并单击“选择路径”按钮，在绘图区中选择圆作为运动路径，此时打开“路径名称”对话框。在该对话框中使用默认名称，单击“确定”按钮后返回“运动路径动画”对话框。

2）在“目标”选项组中选择“点”单选按钮，并单击右边的“选择点”按钮，在绘图区中输入相机的目标点位置为“0,0”。此时，打开“点名称”对话框。在该对话框中使用默认名称，单击“确定”按钮后返回“运动路径动画”对话框。

3）设置“帧数”为 100，“视觉样式”为真实，“格式”为 AVI，分辨率为 640 × 480。其余使用默认设置。

4）单击“预览”按钮观察动画预览效果。如果满意，关闭“动画预览”窗口，返回“运动路径动画”对话框。

5）单击“确定”按钮，打开“另存为”对话框，从中指定动画的名称和保存位置后单击“保存”按钮，即可将制作的动画保存到指定位置。以后即可选择一个播放器来观看制作的动画效果。

### 12.1.5　漫游与飞行

使用漫游与飞行功能，可以很方便地模拟人在三维图形中自由穿行，特别适合于大型建筑类场景的浏览。

1. 漫游与飞行命令

漫游与飞行命令用于交互式更改三维图形的视图。其中，漫游功能主要是沿 XY 平面进行穿越浏览；而飞行功能可离开 XY 平面进行浏览，以模拟在模型中飞越或环绕模型飞行观察。

（1）调用。

◆ 菜单：视图 | 漫游和飞行 | 漫游或飞行。

◆ 命令行：3DWALK（命令别名 3DW）、3DFLY。

◆ 三维建模空间：功能区 | 可视化 | 动画 | 漫游或飞行。

（2）操作说明。漫游和飞行命令只能在透视图状态才能使用。如果在其他视图状态调用命令后，将显示一个警告窗口。在该窗口中单击“修改”按钮后，将把当前视图自动切换到透视图状态，并打开“定位器”选项板窗口，如图 12-8 所示。

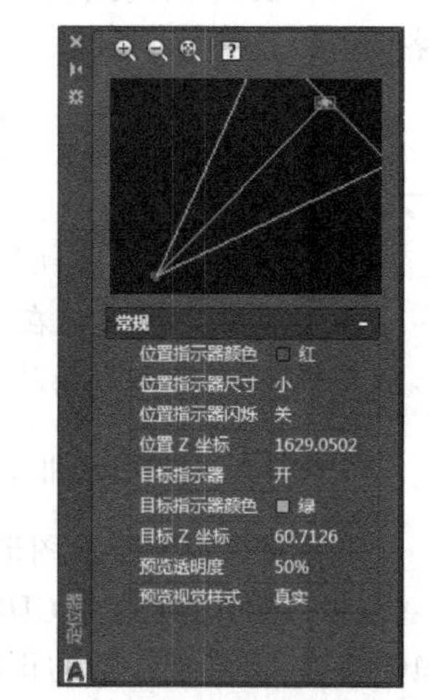

图 12-8　“定位器”选项板

（3）漫游和飞行基本操作。在漫游和飞行状态下，用户可使用鼠标和键盘上的指定键来穿越观察模型。

1）通过键盘上的指定键控制漫游和飞行：在键盘上，使用 4 个箭头键或 W（向前）、A（向左）、S（向后）和 D（向右）键。

2）通过鼠标控制漫游和飞行：用鼠标在视图中拖动，可设置相机目标来进行观察。

3）漫游和飞行的切换：按 F 键，可在飞行 (3DFLY) 和漫游 (3DWALK) 模式之间切换。

当观察完毕后，按 Esc 键或 Enter 键，可退出漫游或飞行状态。

（4）“定位器”选项板。刚打开“定位器”选项板窗口时，默认情况下，将以俯视图形式显示用户在图形中的位置。该窗口的说明如下：

1）放大、缩小、范围：这三个工具按钮位于窗口的顶部。使用这三个工具按钮，可放大、缩小或最大范围显示定位器预览窗口中的图形。

2）预览窗口：显示用户在模型中的当前位置。按住鼠标拖动位置指示器（锥形的尖端，代表人所在的位置）可改变观察的方位；按住鼠标拖动目标指示器（锥形的底端中点，代表目标点）可改变观察的目标点位置；按住鼠标拖动锥形的中部，可平移锥形，从而平移视图。这些操作会实时显示在视图中。

3）“基本”参数：可设置位置指示器和目标指示器的颜色，以及预览窗口的视觉样式等。

在任意三维动态观察视图的状态下右击，从弹出的快捷菜单中选择“透视模式”或“平行模式”选项，可将视图切换到透视投影视图状态，或平行投影视图状态。

2. 漫游与飞行设置

可以指定漫游和飞行设置的效果。其调用如下：

◆ 菜单：视图 | 漫游和飞行 | 漫游和飞行设置。

◆ 命令行：WALKFLYSETTINGS。

◆ 三维建模空间：功能区 | 可视化 | 动画 | 漫游或飞行设置。

调用命令后，将显示“漫游和飞行设置”对话框，如图 12-9 所示。在该对话框的“设置”选项组中，可设置如何“显示指令气泡”（即“进入漫游和飞行模式时”“每个任务显示一次”和“从不”）以及是否“显示定位器窗口”；在“当前图形设置”选项组中，可设置“漫游 / 飞行步长”以及“每秒步数”等。

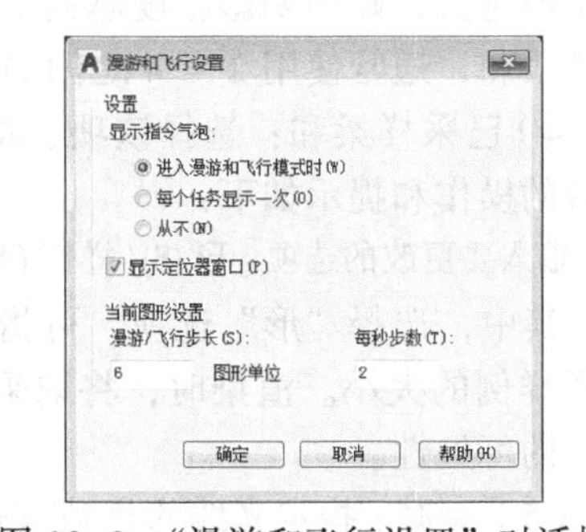


图 12-9 “漫游和飞行设置”对话框

## 12.2 光源

添加光源可为场景提供真实外观，并可增强场景的清晰度和三维性。通常，光源需与材质共同作用，才能产生丰富的色彩和明暗对比。这样的渲染图像也才具有强烈的真实感。

### 12.2.1 点光源

点光源是常用的一般性光源，它发出的光是向四周发散的光线，可用于模拟日常生活中白炽灯泡发出的光，其光的强度随距离的增大而衰减。使用点光源，可以达到基本的照明效果。点光源常与聚光灯组合起来使用，以达到较好的“光效果”。

1. 调用

◆ 菜单：视图 | 渲染 | 光源 | 新建点光源。

◆ 命令行：POINTLIGHT。

◆ 三维建模空间：功能区 | 可视化 | 光源 | 点。

2. 操作方法

命令：(调用命令)

指定源位置 <0,0,0> :(指定光源所在位置，或按 Enter 键使用默认位置“0,0,0”)

这时，如果将系统变量 LIGHTINGUNITS 设置为 0，则将显示如下提示：

输入要更改的选项 [ 名称 (N)/ 强度 (I)/ 状态 (S)/ 阴影 (W)/ 衰减 (A)/ 颜色 (C)/ 退出 (X)] < 退出 > :(指定一个选项，或按 Enter 键使用“退出”选项)

而如果将系统变量 LIGHTINGUNITS 设置为 1 或 2，则将显示如下提示：

输入要更改的选项 [ 名称 (N)/ 强度因子 (I)/ 状态 (S)/ 光度 (P)/ 阴影 (W)/ 衰减 (A)/ 过滤颜色 (C)/ 退出 (X)] < 退出 > :(指定一个选项，或按 Enter 键使用“退出”选项)

3. 选项说明

(1) 名称：指定光源名称。最大长度为 256 个字符。

(2) 强度 / 强度因子：设置光源的强度或亮度。取值范围为 0.00 到系统支持的最大值。

(3) 状态：用于打开和关闭光源。

(4) 阴影：控制使光源投射阴影的方式。选择该项后的操作和提示如下：

输入 [ 关 (O)/ 锐化 (S)/ 已映射柔和 (F)/ 已采样柔和 (A)] < 锐化 > :(指定一个选项)

1) 关 / 打开：关闭或打开光源阴影的显示和计算，关闭阴影可以提高系统性能。

2) 锐化：选择该项，将显示带有强烈边界的阴影，使用该选项提高性能。

3) 已映射柔和：选择该项，将显示带有柔和边界的真实阴影，用户可输入一个贴图尺寸(值越大，贴图阴影精度越高)和一个柔和度值(在 1 ~ 10 之间取值，值越大，阴影边缘越柔和，通常使用 2 ~ 4 之间的值就能得到较好的效果)。

4) 已采样柔和：选择该项，将显示真实阴影和基于扩展光源的较柔和的阴影。选择该项后的操作和提示如下：

输入要更改的选项 [ 形 (S)/ 样例 (A)/ 可见 (V)/ 退出 (X)] < 退出 > :(指定一个选项)

其中，选择“形”选项，可指定阴影的形状和尺寸；选择“样例”选项，可指定阴影采样样例的大小。渲染时，将取采样尺寸内像素的平均值；选择“可见”选项，可指定阴影形的可见性。

(5) 衰减：指定光线的衰减方式和衰减界限。选择该项后的操作和提示如下：

输入要更改的选项 [ 衰减类型 (T)/ 使用界限 (U)/ 衰减起始界限 (L)/ 衰减结束界限 (E)/ 退出 (X)] < 退出 > :(指定一个选项，或按 Enter 键使用默认选项“退出”返回上一级)

1) 衰减类型：控制光线如何随着距离的增加而衰减。使用衰减，对象距点光源越远，光线就越暗。其中，选择“无”选项，将不设置衰减，此时对象不论距离点光源远或近，明暗程度都将一样；选择“线性反比”选项，将衰减设置为与距离点光源的线性距离成反比。例如，距离点光源 2 个单位时，光线强度是点光源的一半，线性反比的默认值是最大强度的一半；选择“平方反比”选项,将衰减设置为与距离点光源距离的平方成反比。例如，距离点光源 2 个单位时，光线强度是点光源的 1/4。

2）使用界限：打开和关闭衰减界限。

3）衰减起始界限：指定一个点，光线的亮度相对于光源中心的衰减于该点开始。默认值为0。

4）衰减结束界限：指定一个点，光线的亮度相对于光源中心的衰减于该点结束。在此点之外将没有光线投射。对于没必要表现的区域，设置结束界限将提高系统性能。

（6）颜色 / 过滤颜色：控制光源的颜色。可以是 RGB 真彩色系统、HSL（色调、饱和度、亮度）系统颜色、索引颜色或配色系统颜色。

（7）光度：指定光源的光度。光度是指测量可见光源的照度。而照度是指对光源沿特定方向发出的可感知能量（光通量）的测量。一盏灯的总光通量为沿所有方向发射的可感知的能量。亮度是指入射到每单位面积表面上的总光通量。选择该项的操作和提示如下：

输入要更改的光度选项 [ 强度 (I)/ 颜色 (C)/ 退出 (X)] < 强度 > :（指定一个选项）

1）强度：用于指定光的强度。可输入以烛光（符号：cd）表示的强度值，或指定以光通量值表示的可感知能量（符号：Lm），或指定入射到表面上的总光通量的照度值（符号：(Lx|Fc）。

2）颜色：指定光源颜色。可基于颜色名称或开氏温度指定光源颜色。如果输入“?”将显示颜色名称列表。

4. 编辑光源

对于场景中的光源，用户可修改其位置、目标（点光源无目标）及其特性。

选择光源后，直接用鼠标拖动夹点，可移动光源位置和目标位置。也可使用三维移动、三维旋转工具（或使用 MOVE、ROTATE 命令）更改光源位置和光源方向。

单击“可视化”选项卡｜“光源”面板｜右下角按钮，打开“模型中的光源”选项板，如图 12-10 所示。在其中单击某个光源，可在图形中选择该光源；在该选项板中双击某个光源，将弹出该光源的“特性”选项板，如图 12-11 所示。用户也可以在图形中选择光源后右击，从弹出的快捷菜单中选择“特性”选项，打开“特性”选项板。使用“特性”选项板，用户也可以编辑光源的特性。

图 12-10 “模型中的光源”选项板

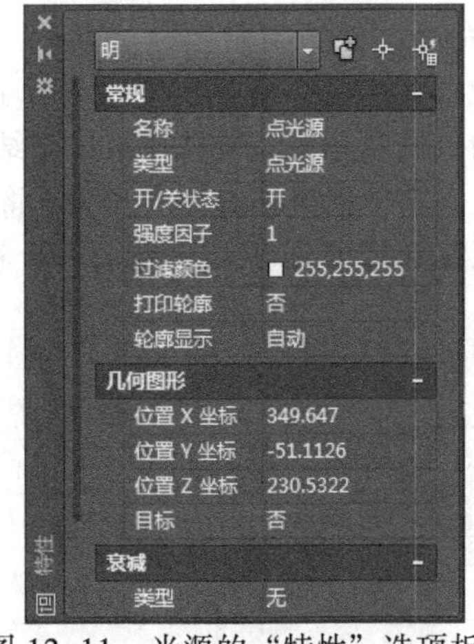


图 12-11 光源的“特性”选项板

5. 说明

（1）也可通过命令 LIGHT 来创建点光源、聚光灯、平行光、光域灯光等。

（2）系统变量 LIGHTINGUNITS 控制使用常规光源还是使用光度控制光源，并指示当前光学单位。当该变量值为 0 时，启用标准光源；当值为 1 时，使用美制光源单位并启用光度控制光源；当值为 2 时，使用国际光源单位并启用光度控制光源。

（3）选择“工具”菜单 |“选项板”|“工具选项板”命令，打开工具选项板。在工具选项板的标题栏上右击，从弹出的快捷菜单中选择“光度控制光源”选项，将显示光度控制光源的常用灯的值，用户可使用这些工具直接创建光度控制光源。

- 要精确控制光源，可以使用光度控制光源照亮模型。这种光源是真实准确的光源，它按距离的平方衰减。光度控制光源使用光度（光能量）值，光度值使用户能够按光源将在现实中显示的样子更精确地对其进行定义。可以创建具有各种分布和颜色特征，或输入光源制造商提供的特定光度控制文件。
- 使用命令 TARGETPOINT 可以创建指向一个对象的目标点光源，其操作和提示类似于新建点光源命令 POINTLIGHT。
- 选择“视图”菜单 |“渲染”|“光源”|“光线轮廓”命令，可打开或关闭光源轮廓。

### 12.2.2 上机实训 2——创建点光源

扫一扫，看视频
※ 9 分钟

打开“图形”文件夹 | dwg | Sample | CH12 | 上机实训 2 |“模型”，如图 12-12 所示，场景中已经绘制了沙发、茶几和灯具。创建点光源并进行渲染，其操作和提示如下：

（1）选择“可视化”选项卡 |“模型视口”|“视口配置”|“三个：右”命令，将模型空间分割为三个视口状态。

（2）用鼠标单击左上的视口，并选择“可视化”选项卡 |“视图”面板 |“前视”命令，将当前视口转到主视图状态。用同样的方法，将左下的视口转到俯视图状态。然后调整各视口中图形的大小和位置。

（3）单击左上的视口，将其设置为当前视口。选择“可视化”选项卡 |“光源”面板 |“点”命令，在“指定光源位置：”的提示下，用鼠标在主视图灯罩下方一点单击以确定光源的位置。在命令行提示下输入 N 选择“名称”选项，并输入光源名称为“点光源”。最后，在命令行提示下直接按 Enter 键结束命令。

（4）在左下视口中选择点光源，将鼠标在三维移动工具的一个坐标轴上单击并拖动鼠标，将点光源移到灯罩的下方，并结合三个视口观察点光源的位置是否正确，结果如图 12-13 所示。

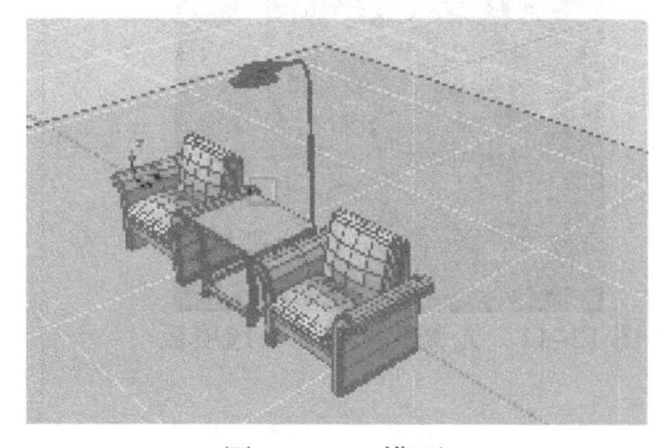

图 12-12 模型

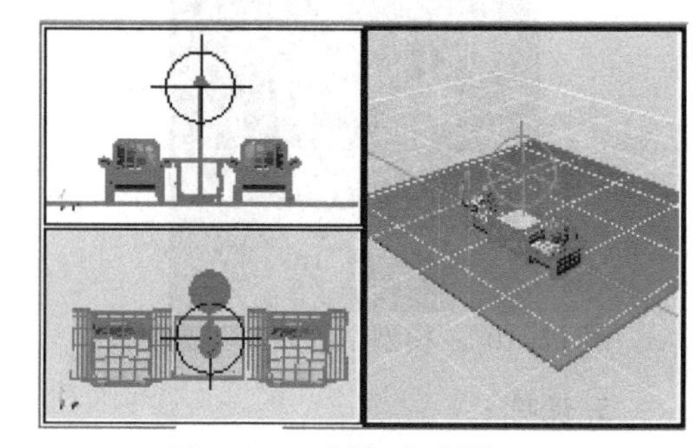

图 12-13 添加点光源

（5）选择“三维建模”空间 |“功能区”|“可视化”选项卡 |“渲染”面板 |“渲染预设”下拉列表中的“中”选项。在该面板中选择 320×240（如没有，可设置）的渲染输出尺寸。

（6）单击右边的视口将其设置为当前视口。单击“可视化”选项卡 |“渲染”面板

|“渲染到尺寸”按钮，对模型进行渲染。这时，发现灯光效果过亮。

（7）在图形中选择点光源图标后右击，从弹出的快捷菜单中选择“特性”选项，打开“特性”选项板。在“常规”选项组中，将“强度因子”的值设置为 0.1。

（8）再次单击“渲染到尺寸”按钮，对图形进行渲染。这时，渲染窗口中的效果基本合适，用户还可以进一步设置并渲染，结果如图 12-14 所示。

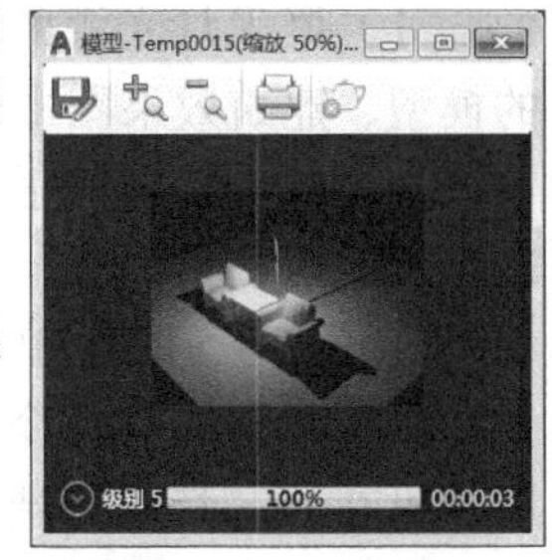

图 12-14　渲染结果

**技巧**

在“三维建模”空间|“功能区”|“可视化”选项卡|“光源”面板中，可直接用鼠标拖动“曝光”滑块，以调节渲染图形的亮度。

### 12.2.3　聚光灯

聚光灯的光源产生有方向的圆锥形光，其光的强度随距离的增大而衰减。聚光灯常用于对各种模型和产品的渲染，它与点光源组合使用，可以产生非常好的光效果。

1. 调用

- 菜单：视图 | 渲染 | 光源 | 新键聚光灯。
- 命令行：SPOTLIGHT。
- 三维建模空间：功能区 | 可视化 | 光源 | 聚光灯。

2. 操作及说明

命令：（调用命令）

指定源位置 <0,0,0> :（指定光源所在位置，或按 Enter 键使用默认位置“0,0,0”）

指定目标位置 <0,0,-10> :（指定光源目标的位置，或按 Enter 键使用当前位置“0,0,-10”）

这时，如果将系统变量 LIGHTINGUNITS 设置为 0，则将显示如下提示：

输入要更改的选项 [ 名称 (N)/ 强度 (I)/ 状态 (S)/ 聚光角 (H)/ 照射角 (F)/ 阴影 (W)/ 衰减 (A)/ 颜色 (C)/ 退出 (X)] < 退出 > :（指定一个选项，或按 Enter 键使用“退出”选项）

而如果将系统变量 LIGHTINGUNITS 设置为 1 或 2，则将显示如下提示：

输入要更改的选项 [ 名称 (N)/ 强度因子 (I)/ 状态 (S)/ 光度 (P)/ 聚光角 (H)/ 照射角 (F)/ 阴影 (W)/ 衰减 (A)/ 过滤颜色 (C)/ 退出 (X)] < 退出 > :（指定一个选项，或按 Enter 键使用“退出”选项）

提示中的许多选项与点光源命令 POINTLIGHT 相同。下面，主要介绍不同的选项。

（1）聚光角：指定定义最亮光锥的角度，也称为光束角。聚光角的取值范围为 0° ~ 160°，如图 12-15 所示。

（2）照射角：指定定义完整光锥的角度，也称为现场角。照射角的取值范围为 0° ~ 160°。默认值为 50°。照射角角度必须大于或等于聚光角角度。

3. 编辑光源

选择聚光灯后将显示各种夹点。用鼠标拖动这些夹点，可以调整光源位置、目标位置、聚光角和照射角的大小，如图 12-15 所示。其余编辑方法与点光源命令 POINTLIGHT 相同。

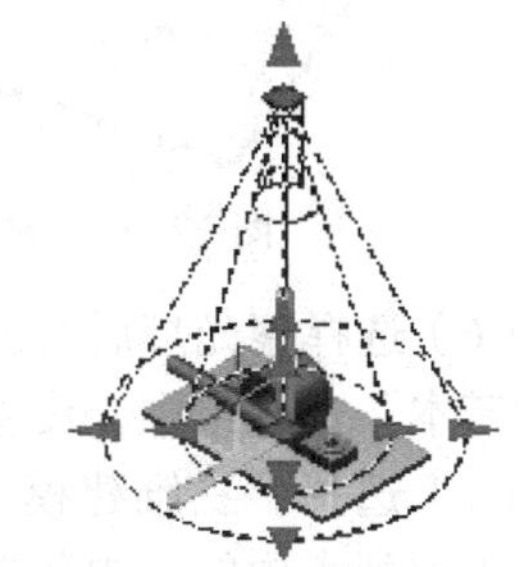

图 12-15　聚光角和照射角

4. 说明

（1）聚光灯光源的轮廓为手电筒状。聚光灯具有强烈的舞台效果，常用于表现展示中的模型、建筑效果图中的壁灯、射灯、车灯、舞台追踪灯以及台灯等对象。

（2）聚光角与照射角之间的区域为光线衰减区。这两个角度之间的差值越大，光束的边缘就越柔和；反之，光束边缘越尖锐。

（3）命令 FREESPOT，可创建与未指定目标的聚光灯相似的自由聚光灯。该命令的操作和提示与聚光灯命令 SPOTLIGHT 相同。不过，自由聚光灯不需要指定光源的目标位置。用户可在其“特性”选项板中，将其修改为具有目标的聚光灯。自由聚光灯在视图中不会改变投射范围，因而特别适合制作动画的灯光，如舞台上的射灯。

### 12.2.4 上机实训 3——创建聚光灯

扫一扫，看视频
※ 6 分钟

打开“图形”文件夹 | dwg | Sample | CH12 | 上机实训 3 | “模型”，如图 12–16 所示。创建聚光灯并进行渲染，其操作和提示如下：

（1）选择“可视化”选项卡 |“模型视口”|“视口配置”|“三个：右”命令，将模型空间分割为三个视口状态。

（2）用鼠标单击左上的视口，并选择“可视化”选项卡 |“视图”面板 |“前视”命令，将当前视口转到主视图状态。用同样方法，将左下的视口转到俯视图状态，调整各视口中图形的大小和位置。

（3）单击左上的视口，将其设置为当前视口。选择“可视化”选项卡 |“光源”面板 |“聚光灯”命令，将显示“视口光源模式”对话框。在该对话框中单击“关闭默认光源”选项。

（4）在“指定源位置：”的提示下，用鼠标在主视图聚光灯灯罩下方一点单击，以确定光源的位置。在“指定目标位置：”的提示下，将鼠标垂直向下拖动到地面单击，以确定聚光灯的目标位置。在命令行提示下输入 N 选择“名称”选项，并输入光源名称为“聚光灯”。最后，在命令行提示下直接按 Enter 键结束命令。

（5）选择聚光灯，分别在左下和左上视口中用鼠标单击并拖动聚光灯的位置夹点，使其刚好放置在聚光灯灯具下面。同样的方法，用鼠标拖动聚光灯的目标夹点使其刚好在茶几底面的中部。操作时，结合三个视口观察聚光灯的位置是否正确，结果如图 12–17 所示。

图 12–16 模型

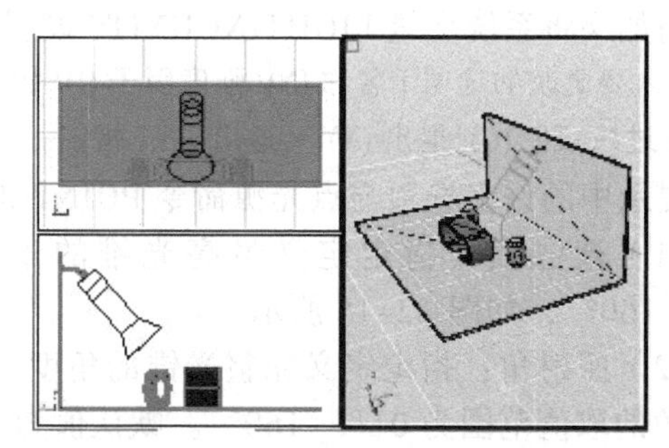

图 12–17 设置视口并添加聚光灯

（6）选择聚光灯后右击，从弹出的快捷菜单中选择“特性”选项，打开“特性”选项板。在“基本”选项组中，设置“聚光角角度”为 40° ；设置“衰减角度”为 70° 。

（7）选择“三维建模”空间 |“功能区”|“可视化”选项卡 |“渲染”面板 |“渲染预设”下拉列表中的“中”选项。然后在该面板中选择 320 × 240 的渲染输出尺寸。

（8）单击右边的视口将其设置为当前视口。单击“可视化”选项卡 |“渲染”面板

|“渲染到尺寸”按钮，对模型进行渲染。这时，发现灯光效果过暗。

（9）在图形中选择聚光灯图标后右击，从弹出的快捷菜单中选择“特性”选项，打开“特性”选项板。在“常规”选项组中，将“强度因子”的值设置为 5，并再次渲染，结果如图 12-18 所示。

（10）用户还可以在聚光灯的“特性”选项板中先修改“聚光角角度”和“衰减角度”，再渲染，以观察它们对渲染结果的影响。如将这两个角度都修改为 40°，再进行渲染。

图 12-18 渲染结果

### 12.2.5 平行光

平行光是仅向一个方向发射统一的平行光光线。平行光的强度并不随着距离的增加而衰减。可以用平行光统一照亮对象或背景。

1. 调用

- ◆ 菜单：视图｜渲染｜光源｜新键平行光。
- ◆ 命令行：DISTANTLIGHT。
- ◆ 三维建模空间：功能区｜可视化｜光源｜平行光。

2. 操作及说明

命令：（调用命令）

指定光源来向 <0,0,0> 或 [ 矢量 (V)] ：（指定光线来向上的一点，或按 Enter 键使用默认点“0,0,0”，或输入 V 使用“矢量”选项）

指定光源去向 <1,1,1> ：（指定光线去向上的一点，或按 Enter 键使用点“1,1,1”）

这时，如果将系统变量 LIGHTINGUNITS 设置为 0，则将显示如下提示：

输入要更改的选项 [ 名称 (N)/ 强度 (I)/ 状态 (S)/ 阴影 (W)/ 颜色 (C)/ 退出 (X)] < 退出 > ：（指定一个选项，或按 Enter 键使用“退出”选项）

而如果将系统变量 LIGHTINGUNITS 设置为 1 或 2，则将显示如下提示：

输入要更改的选项 [名称 (N)/强度因子 (I)/状态 (S)/光度 (P)/阴影 (W)/过滤颜色 (C)/退出 (X)] <退出> ：（指定一个选项，或按 Enter 键使用“退出”选项）

在提示下，用户指定了光线来向上的一点和去向上的一点，即可决定平行光光线的方向；如果选择“矢量”选项，则将显示“指定矢量方向 <0.0000,-0.0100,1.0000>:”提示。用户可指定一点，由该点（光线去向上的点）与坐标原点（光线来向上的点）的连线作为光线矢量的方向。其后的操作和提示，与点光源命令 POINTLIGHT 相同。

### 12.2.6 上机实训 4——创建平行光

扫一扫，看视频
※ 3 分钟

打开“图形”文件夹 ｜ dwg ｜ Sample ｜ CH12 ｜上机实训 4 ｜“模型”，如图 12-19 所示。创建聚光灯并进行渲染，其操作和提示如下：

（1）选择“可视化”选项卡｜“光源”面板｜“平行光”命令，将显示“视口光源模式”对话框。在该对话框中单击“关闭默认光源”选项。

（2）在“指定光源来向：”的提示下，输入光源来向上的一点“-1,-1,2”并按 Enter 键。在“指定光源去向：”的提示下，输入光源去向上的一点“0,0,0”。在提示下输入 N 选择“名称”选项，并输入光源名称为“平行光”。最后，在提示下直接按 Enter 键结束命令。

（3）单击“可视化”选项卡｜“光源”面板｜右下角的“模型中的光源”按钮，打开“模型中的光源”选项板。在窗口中双击名称“平行光”，打开该平行光的“特性”选项板。在“特性”选项板的“常规”选项组中，将“强度因子”设置为 0.7。

（4）用“上机实训 2”中相同的渲染设置进行渲染，其结果如图 12-20 所示。

图 12-19　模型

图 12-20　渲染结果

### 12.2.7　阳光与天光

阳光用于模拟太阳照射的效果。阳光光线相互平行、无衰减，无论照射多远，光的强度都不会减弱。用户为模型指定的地理位置以及指定的日期和时间定义了阳光的角度。可以更改阳光的强度及其光源的颜色。阳光与天光是自然照明的主要来源，常用于室外场景的渲染。

在光度控制流程中，阳光在视口和渲染输出中均遵循物理上更加精确的光源模型。在光度控制流程中，还可以启用天空照明（通过天光背景功能）。这样，会添加由于阳光和大气之间的相互作用而产生的柔和、微薄的光源效果。

1. 调用

◆ 菜单：视图 | 渲染 | 光源 | 阳光特性。

◆ 命令行：SUNPROPERTIES。

◆ 三维建模空间：功能区 | 可视化 | “阳光和位置”面板右下角。

2. 操作及说明

调用命令后将显示“阳光特性”选项板，如图 12-21 所示。

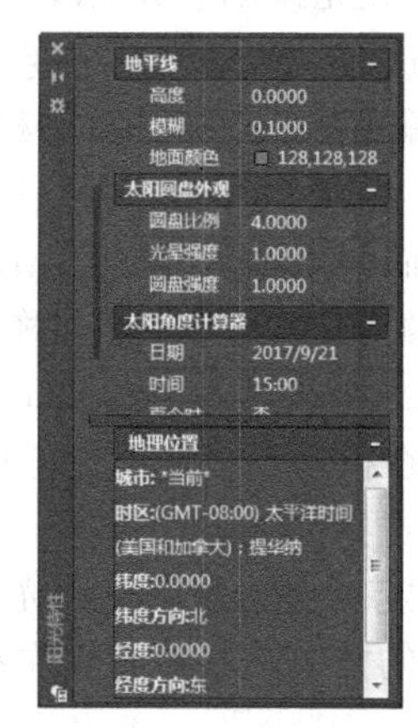

图 12-21　“阳光特性”选项板

（1）基本：设置阳光的基本特性。各选项说明如下。

1）状态：用于打开或关闭阳光。

2）强度因子：设置阳光的强度或亮度。数值越大，光源越亮。

3）颜色：设置阳光的颜色。阳光光线的颜色为淡黄色。

（2）天光特性：设置自然光的常规特性。其中各选项的说明如下。

1）状态：决定渲染时是否计算天空照明。此选项对视口照明或视口背景没有影响。它仅使自然光可作为渲染时的收集光源。

2）强度因子：提供放大天光的强度比例，值为 0.0 至最大，1.0 为默认值。

3）雾化：确定大气中散射效果的幅值，值为 0.0~15.0，0.0 为默认值。

4）夜间颜色：指定夜空的颜色。

（3）地平线：此特性类别适用于地平面的外观和位置。其中：

1）高度：确定相对于零海拔的地平面的绝对位置。此参数表示世界坐标空间长度并且应以当前长度单位对其进行格式设置，值的范围为 -10.0~+10.0，默认值为 0.0。

2）模糊：确定地平面和天空之间的模糊量，值为 0~10，默认值为 0.1。

3）地面颜色：确定地平面的颜色。

（4）太阳圆盘外观：此特性仅适合背景。它们控制太阳圆盘的外观。其中各选项的说明如上

1）圆盘比例：指定太阳圆盘的比例（正确尺寸为 1.0）。

2）光晕强度：指定太阳光晕的强度，值为 0.0~25.0。

3）圆盘强度：指定太阳圆盘的强度，值为 0.0~25.0。

（5）太阳角度计算器：设置当前的日期和时间，以及是否使用夏令时。日期和时间设置定后，方位角、仰角和源矢量的值将自动确定。方位角指阳光沿地平线绕正北方向顺时针转过的角度（太阳在圆周上，目标点在圆心）；仰角指阳光与地平线垂线的夹角；源矢量指阳光方向的坐标（矢量方向即为该坐标与目标点的连线）。

**技巧**

在图形中使用地理位置的方法：

- 在程序界面的右上角 Autodesk A360 注册一个账号，并登录。
- 单击“可视化”选项卡|“阳光和位置”面板|“设置位置”|“从地图”按钮，这时，将显示“联机地图数据”对话框，在该对话框中单击“是”按钮。这时，将显示“地理位置”对话框。
- 在“地理位置”对话框中，可在上面的搜索栏中输入所在城市的名称，如“成都”，并单击搜索；对话框左边将显示搜索结果，单击“在此处放置标记”，即可在右边的地图中放置一个标记（也可以在地图中的相应位置右击，来放置标记）。
- 在“时区”中，选择所属地的时区（我国一般选择 GMT+08:00）。设置后，所属地的经度和纬度的值，将自动显示在“经度”和“纬度”中。
- 在对话框的右边选择相应的图形单位。设置完成的对话框如图 12–22 所示。
- 单击“继续”按钮，在“选择位置所在的点：”提示下，用鼠标和键盘指定一个地图插入点的位置；在“指定北向：”的提示下，指定地图的正北方向（默认情况下，北方是世界坐标系中的 Y 轴的正方向）。这时即可把地图插入到图形中。

图 12–22 “地理位置”对话框

3. 使用天光

阳光与天光是 AutoCAD 中自然照明的主要来源。阳光的光线是平行的，且为淡黄色；而大气投射的光线（天光）来自所有方向且颜色为明显的蓝色。

将系统变量 LIGHTINGUNITS 设置为 1 或 2 时（即光度控制光源），可在阳光系统中使用天光背景。这样，会添加由于阳光和大气之间的相互作用而产生的柔和、微薄的光源效果。

命令 VIEW（参看 9.5 节），可以将“阳光与天光”背景指定给“背景”下的新命名视图。天光背景依靠命名图中的阳光数据。

将阳光与天光设置为视口背景的步骤如下：

（1）更改背景之前，首先应启用光度控制光源。首先调用命令 UNITS，打开“图形单位”对话框。在“光源”选项组中选择“国际”或“美国”选项，将光源设置为国际光源或美制光源。或将系统变量 LIGHTINGUNITS 的值设置为 1 或 2。

（2）调用命令 VIEW，打开“视图管理器”对话框。在该对话框的“查看”列表框中，选择要更改的视图名称。在中间的“特性”面板的“常规”选项组中，单击“背景替代”选项，从中选择“阳光与天光”选项。打开“调整阳光与天光背景”对话框，如图 12-23 所示，从中进行必要的设置（也可在“阳光特性”选项板中设置），最后单击“确定”按钮。

（3）在“视图管理器”对话框中，将该视图用“置为当前”按钮将其设置为当前视图。

图 12-23 “调整阳光与天光背景”对话框

4. 说明

如果要使用月光效果的天光背景，应在“阳光特性”选项板的“天光特性”选项组中，将“强度因子”的值设置得大一些；在“太阳角度计算器”选项组中，将“时间”选项改为晚上的时间。

### 12.2.8 上机实训 5——设置阳光

打开“图形”文件夹 | dwg | Sample | CH12 | 上机实训 5 | “模型”。设置阳光并进行渲染，其操作和提示如下：

（1）打开“上机实训 5”的模型。将右边的视口设当前视口。

（2）单击“可视化”选项卡 |“阳光和位置”面板 |“设置位置”|“从地图”按钮，打开“地理位置”对话框。在搜索栏中输入“北京”并单击搜索；在对话框左边的搜索结果中单击“在此处放置标记”按钮，即可在右边的地图中放置一个标记；在“时区”中选择“GMT+08 ： 00”；其余使用默认设置。单击“继续”按钮，在“选择位置所在点：”的提示下，直接按 Enter 键，使用默认的坐标原点；在“指定北向：”的提示下，打开正交，将光标沿 Y 轴正向拖动到合适位置单击，这时地图将插入到图形中。

（3）单击“可视化”选项卡 |“阳光和位置”面板右下角按钮，打开“阳光特性”选项板。

（4）在“阳光特性”选项板的“常规”组件中，将“状态”设置为“开”。

（5）在“太阳角度计算器”选项组中，单击“日期”选项右边的按钮，在显示的对话框中双击选定的日期，将其设置为 2017 年 4 月 8 日；将“时间”选项设置为 15 ： 00。

（6）其余使用默认值。

（7）用“上机实训 2”中相同的渲染设置进行渲染，其结果如图 12-24 所示。

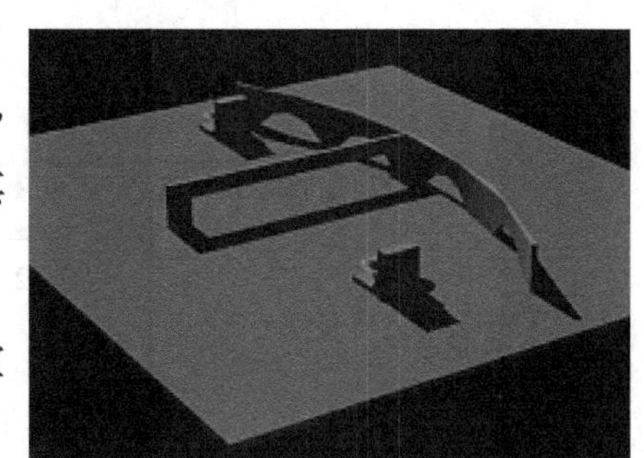

图 12-24 渲染结果

### 12.2.9 上机实训6——使用天光

打开“图形”文件夹 | dwg | Sample | CH12 | 上机实训6 | “模型”。设置天光并进行渲染，其操作和提示如下：

（1）选择“视图”菜单|“创建相机”命令，在“指定相机位置：”的提示下，用鼠标在左下视口的右下角单击一点以确定相机位置。在“指定目标位置：”的提示下，在该视口的左上角点单击。在提示下按Enter键结束命令。

（2）选择相机，在左上和左下的视口中，用鼠标拖动相机的位置夹点和目标夹点，以调整相机的位置。单击右边的视口，将其设置为当前视口。在“可视化”选项卡|“视图”面板的视图下拉列表中选择该相机，将右边视口中的视图，设置为该相机的相机视图，结果如图12-25所示。

（3）调用命令UNITS，打开“图形单位”对话框。在“光源”选项组中选择“国际”选项，将光源设置为国际光源。或在命令行输入系统变量LIGHTINGUNITS，将其值更改为2，光度控制光源。

（4）调用命令VIEW,打开“视图管理器”对话框。在该对话框的“查看”列表框中,选择“相机1”视图。在中间的“常规”选项组中，单击“背景替代”选项，从中选择“阳光与天光”选项，单击“确定”按钮。

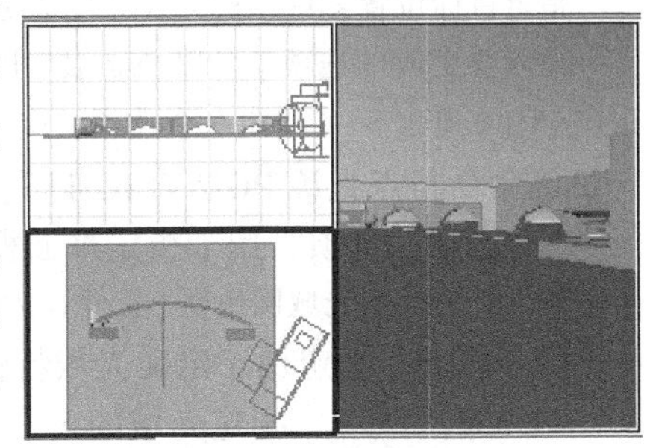

图12-25 创建相机视图

（5）将右边的视口设置为当前视口。单击“可视化”选项卡|“阳光和位置”面板右下角按钮，打开“阳光特性”选项板。其阳光特性的一般特性设置与“上机实训5”相同。

（6）在“阳光特性”选项板的“天光特性”选项组中，将“状态”选项设置为“天光背景和照明”选项；将“强度因子”的值设置为0.8。其余选项使用默认值。

（7）用“上机实训2”中相同的渲染设置进行渲染，其结果如图12-26所示。

（8）还可将“天光特性”选项组中的“强度因子”的值更改为0.1、0.5、1.0后再次进行渲染以观察天光的影响。

（9）调用三维动态观察命令3DORBIT调整右边视口的视图，再次渲染，天空中显示了太阳背景，如图12-27所示。

（10）在“阳光特性”选项板的“天光特性”选项组中，将“强度因子”设置为150；在“太阳角度计算器”选项组中，将“时间”选项改为晚上23:30，再次渲染得到夜晚效果的天光图像，如图12-28所示。

图12-26 渲染结果

图12-27 显示太阳的天光背景

图12-28 使用夜晚效果的天光背景

### 12.2.10 光域灯光

光域灯光又叫光度控制光域灯光。光度控制光域灯光是光源的光强度分布的三维表示。

光度控制光域灯光可用于表示各向异性（非统一）光源分布，与聚光灯和点光源相比，提供了更加精确的渲染光源。光域灯光以一个对象为目标。

1. 调用

◆ 命令行：WEBLIGHT。

◆ 三维建模空间：功能区 | 可视化 | 光源 | 光域网灯光。

2. 操作及说明

首先将系统变量 LIGHTINGUNITS 的值设置为 1 或 2，方能创建和使用光域灯光。

命令：（调用命令）

指定源位置 <0,0,0> :（指定光域灯光光源的位置）

指定目标位置 <0,0,-10> :（指定光域灯光的目标位置）

输入要更改的选项 [ 名称 (N)/ 强度因子 (I)/ 状态 (S)/ 光度 (P)/ 光域网 (B)/ 阴影 (W)/ 过滤颜色 (C)/ 退出 (X)] < 退出 > :（指定一个选项，或按 Enter 键使用“退出”选项）

该命令与点光源 POINTLIGHT 等命令类似。下面主要介绍不同的选项。

“光源网”选项，用于指定球面栅格上点的光源强度。选择该项的操作和提示如下：

输入要更改的光域网选项 [ 文件 (F)/X/Y/Z/ 退出 (E)] < 退出 > :（指定一个选项，或按 Enter 键退出）

（1）文件：指定用于定义光域特性的光域文件，扩展名为 .ies。

（2）X、Y、Z：指定光域的 X、Y、Z 旋转。

3. 编辑光源

与点光源命令 POINTLIGHT 相同，可使用光源夹点、三维移动、三维旋转等工具，以及选择光域网光源后的特性选项板来编辑光域灯光，如图 12-29 所示。

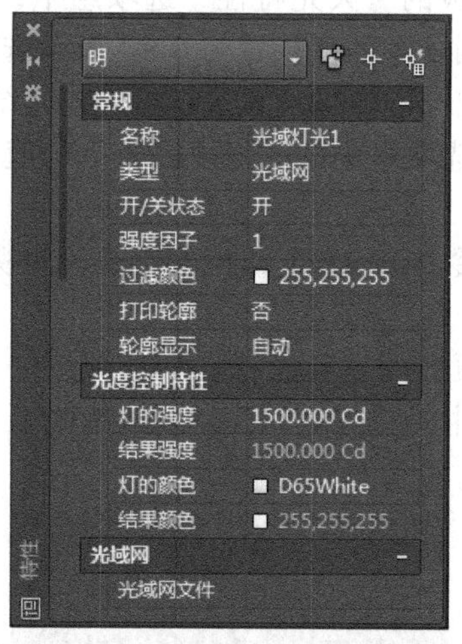


图 12-29 光域灯光的特性选项板

### 12.2.11 灯具对象

灯具对象是将一组对象合并到一个灯具中并做成了一个整体块的辅助对象，它将光源的部件作为一个整体来进行编组和管理。使用时，插入灯具对象块即可。灯具对象中的光源需是光度控制光源。其创建和使用灯对象的方法如下：

（1）在“可视化”选项卡 |“光源”面板中，将光源的单位设置为“国际光源单位”或“美制光源单位”（或设置系统变量 LIGHTINGUNITS 的值为 1 或 2），以使用光度控制光源。

（2）选择“工具”菜单 |“选项板”|“工具选项板”命令，打开工具选项板。

（3）在“工具选项板”的标题栏上右击，从弹出的快捷菜单中选择“常见光源”或“光度控制光源”选项，打开这两种工具选项板。

（4）将选择的光源从工具选项板拖到图形中灯具的各个模型上，以创建光度控制光源，也可以用前面介绍的各种光源命令创建光度控制光源。

（5）用写块命令 WBLOCK 或创建块命令 BLOCK，将灯具模型和创建的各个光源定义成块。

（6）在图形中插入灯具对象。

### 12.2.12 上机实训 7——使用灯具对象

打开“图形”文件夹 | dwg | Sample | CH12 | 上机实训 7 |“吊灯模型”，如图 12-30 所示，创建并使用灯具对象。其操作和提示如下：

（1）选择“工具”菜单 |“选项板”|“工具选项板”命令，打开工具选项板。在“工具选项板”的标题栏上右击，从弹出的快捷菜单中选择“常规光源”选项，打开“常规光源”工具选项板。

（2）在“可视化”选项卡 |“光源”面板中，将光源的单位设置为“国际光源单位”，以使用光度控制光源。

（3）在工具选项板上，用鼠标将“默认点光源”拖到绘图区。在指定“指定源位置 <0,0,0>：”的提示下，用鼠标在灯筒下面一点单击以放置光源。用同样的方法，在另外 4 个灯筒下面插入光源。

（4）选择光源，用鼠标拖动光源夹点调整其位置，使其每个光源刚好在对应灯筒的下面一点，如 2-31 所示。

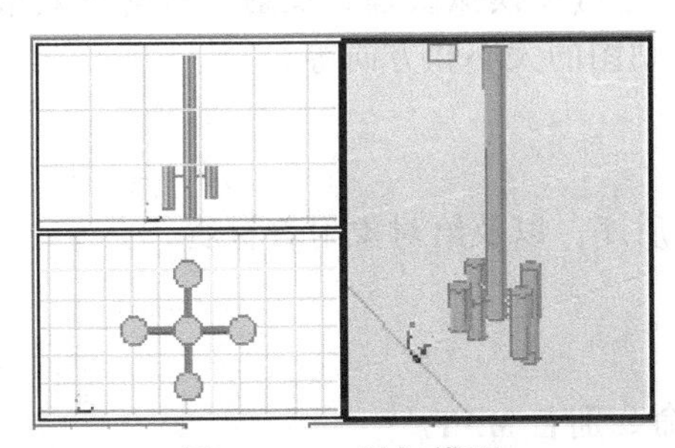
图 12-30 吊灯模型

图 12-31 插入光源

（5）单击“可视化”选项卡 |“光源”面板右下角按钮，打开“模型中的光源”选项板，在其中双击“点光源 1”，打开它的“特性”选项板，将“常规”选项组中的“强度因子”设置为 0.5。用同样的方法设置其他几个点光源。

（6）调用写块命令 WBOLCK，将整个灯具和各个光源定义成一个灯具对象块。

（7）打开“上机实训 7”|“客厅模型”图形文件。单击左下的视口，将其设置为当前视口。

（8）选择“视图”菜单 |“创建相机”命令，在“指定相机位置：”的提示下，用鼠标在该视口的右下角单击。在“指定目标位置：”的提示下，将鼠标向左上拖动到合适位置单击。在提示下输入 C 选择“剪裁”选项。在“是否启用前向剪裁平面？”的提示下，输入 Y 选择“是”选项，打开前向剪裁。在“指定从目标平面的前向剪裁平面偏移 <0>：”的提示下，输入距离 4000。用同样的方法打开后向剪裁，且后向剪裁平面的距离为 -4000。

（9）单击右边的视口，将其设置为当前视口。选择“可视化”选项卡 |“视图”面板的

视图下拉列表中的“相机 1”(即刚创建的相机)选项,将右边的视口设置为“相机 1”视图。

(10)在左下的视口中选择“相机 1”,用鼠标拖动其位置夹点和目标夹点以调整相机位置。再用鼠标拖动该相机的“前向剪裁夹点”(鼠标放在该夹点上会显示该夹点的类型提示),使前向剪裁平面刚好在前面墙壁之后。这样,用户在右边的视口中即可看见室内的场景。同样,调整“后向剪裁平面”夹点,使后向剪裁平面位于后面墙壁之后,结果如图 12-32 所示。

(11)在图形中插入灯具对象块。

(12)单击右边的视口,将其设置为当前视口。

(13)用“上机实训 2”中相同的渲染设置进行渲染,其结果如图 12-33 所示。

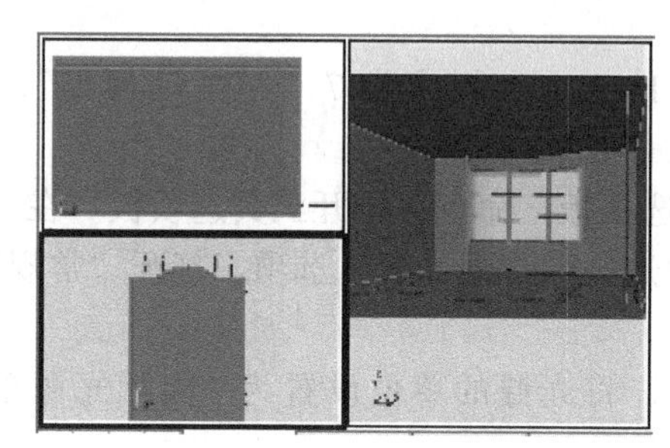

图 12-32 设置相机视图

图 12-33 渲染结果

## 12.3 设置材质与贴图

将材质添加到图形中的对象上,可以提供真实的效果,使渲染图像更逼真。而贴图则是将二维的图像投影到三维对象的表面,它可以模拟纹理、反射、折射等效果,使对象具有强烈的真实感,用户还可以调整对象上贴图的大小和方向等。

### 12.3.1 材质浏览器

材质浏览器用于创建、分类、管理材质库,以及给对象附着材质。

1. 调用

◆ 菜单:视图|渲染|材质浏览器。

◆ 命令行:MATBROWSEROPEN 或命令别名 MAT。

◆ 三维建模空间:功能区|可视化|材质|材质浏览器。

2. 操作及说明

调用命令后,将显示“材质浏览器”选项板,如图 12-34 所示,用户单击右上的按钮,可以显示或隐藏库面板,也可以显示或隐藏库树状图,还可以设置浏览器材质视图的外观。其中,主要选项说明如下:

(1)搜索:在多个库中搜索材质外观。

(2)“文档材质”面板:显示当前图形中所有已保存的材质。

(3)“库”面板:列出当前可用的“材质”库中的类别。单击下箭头键,从中选择一种类别,该类别中的材质将显示在库的右侧。将鼠标悬停在材质样例上时,该样例下面的两个按钮,如图 12-35 所示。其中:

1)按钮:在图形中选择某个对象,单击该按钮,可将选定的材质应用到该对象上,同时将该材质添加到文列表。

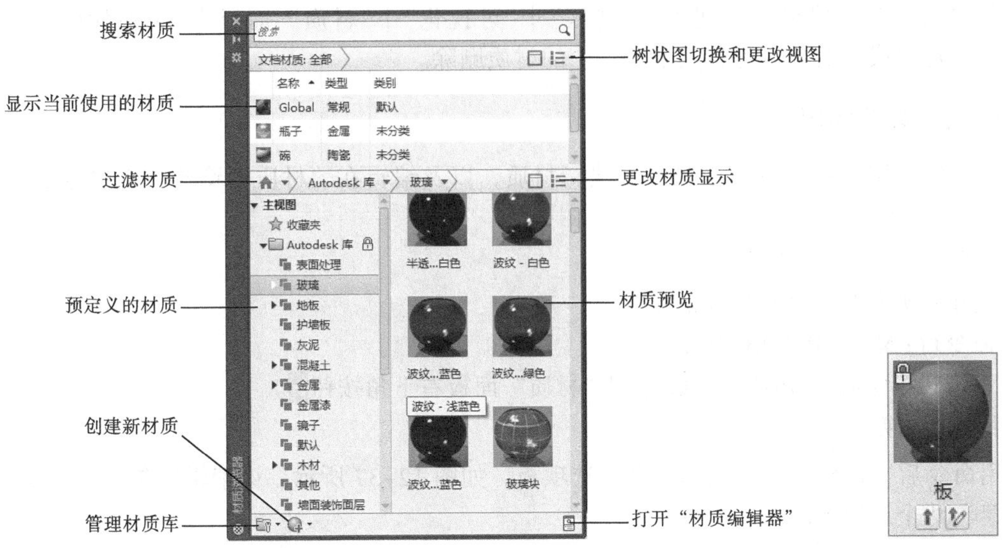


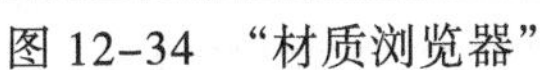

图 12-34 “材质浏览器”　　图 12-35 材质样例图标

2）按钮：在图形中选择某个对象，单击该按钮，可将选定的材质应用到该对象上，并且将该材质添加到文档材质列表，还可以打开该材质的副本进行编辑。

（4）管理材质库：在该按钮的下拉列表中，用户可进行“打开现有材质库”“创建新材质库”“删除材质库”和“创建新类别”等操作。

（5）创建新材质：用于创建新的材质。在该下拉列表中，用户还可以选择所创建材质的类型。

（6）材质编辑器：单击该按钮，将显示“材质编辑器”选项板。

3. 将材质应用于对象和删除对象上的材质

使用“材质浏览器”选项板，用户可以很方便地将材质附着给对象、对象上的面，还可以按图层附着材质。

（1）在“文档材质”面板或“库”面板的材质预览窗口中直接将某种材质用鼠标拖动到图形中的对象上，即可将该材质附着到对象上。

（2）首先在图形窗口中选择要应用材质的对象，然后在材质预览窗口中某个材质样例上右击，从弹出的快捷菜单中选择“指定给当前选择”选项，可将材质附着给选定的对象。

（3）按住 Ctrl 键选择对象的面子对象，在材质预览窗口中某个材质样例上右击，从弹出的快捷菜单中选择“指定给当前选择”选项，可将材质附着给选定对象的面子对象。

（4）按图层附着材质：首先在材质预览窗口中某个材质样例上右击，从弹出的快捷菜单中选择“添加到”|“文档材质”选项，将材质加载到当前图形中；单击“三维建模”空间|“功能区”|“可视化”|“材质”面板|“随层附着”选项，打开“材质附着选项”对话框，如图 12-36 所示。在该对话框中，直接用鼠标将左边材质列表框中的某种材质拖到右边的某个图层上，即可将该材质附着该图层。

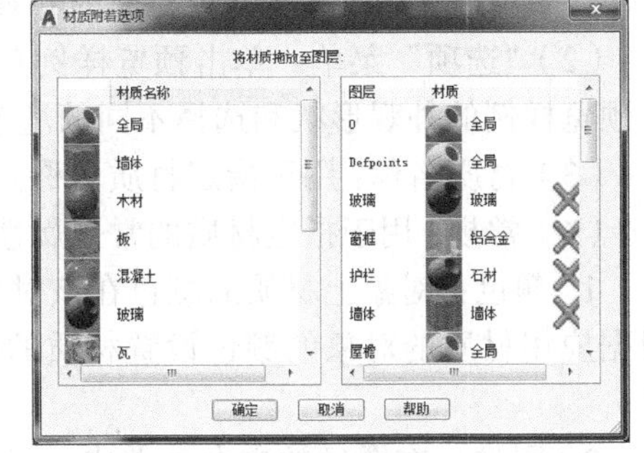


图 12-36 “材质附着选项”对话框

（5）单击“三维建模”空间|“功能区”|“可视化”|“材质”面板|“删除材质”选项，并选择对象或子对象，可将其附着其上的材质删除。

### 12.3.2 材质编辑器

材质编辑器用于查看材质信息，创建新材质，以及编辑在“材质浏览器”中选定的材质特性。

1. 调用

◆ 菜单：视图|渲染|材质编辑器。

◆ 命令行：MATEDITOROPEN。

◆ 三维建模空间：功能区|可视化|“材质”面板右下角按钮。

2. 操作及说明

调用命令后，将显示“材质编辑器”选项板，如图12-37所示。该编辑器包括“外观”和“信息”两个选项卡。

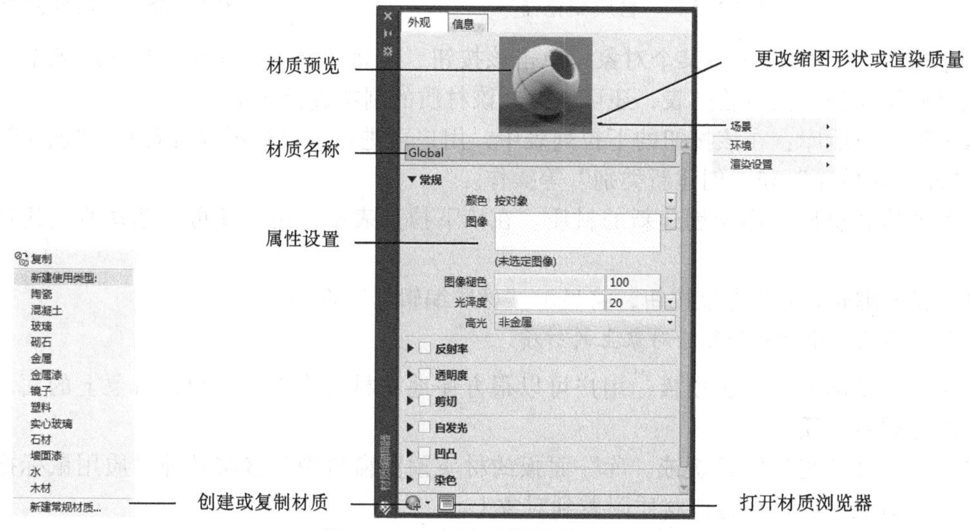

图12-37 “材质编辑器”选项板

3. “外观”选项卡

“外观”选项卡用于编辑材质特性。

（1）材质预览：预览设置材质的外观效果。

（2）“选项”菜单：单击预览样例右下角的三角形，将显示一个选项菜单。在其中可更改预览样例的外观形状和选择不同的渲染质量。

（3）材质名称：用于指定材质名称。

（4）常规：用于指定材质的常规属性。其中各选项说明如下。

1）颜色：对象上材质的颜色在该对象的不同区域各不相同。选择“按对象”着色选项，根据应用材质的对象的颜色设置材质的颜色；选择“颜色”选项，用于指定材质的漫射颜色。

2）图像：在图像的空白处单击，可以为材质设置贴图图像。控制材质的基础漫射颜色贴图。漫射颜色是指直射日光或人造光源照射下对象反射的颜色。单击右边的按钮，还可以使用棋盘、噪波等程序贴图。

3）图像褪色：控制基础颜色和漫射图像之间的混合。仅在使用图像时才可编辑。

4）光泽度：材质的反射质量定义光泽度或粗糙度。若要模拟有光泽的曲面，材质应具有较小的高亮区域（即高光区），并且其镜面颜色较浅，甚至可能是白色。较粗糙的材质具有较大的高亮区域（漫射区），并且高亮区域的颜色更接近材质的主色，如图 12–38 所示。单击右边的按钮，同样可以使用各种程序贴图。

5）高光：控制用于获取材质的镜面高光的方法。金属高光根据灯光在对象上的角度发散光线（各向异性），金属高光是指材质的颜色。非金属高光是指照射在材质上的灯光的颜色。

（5）反射率：模拟在有光泽对象的表面上反射的场景。单击右边按钮，可使用反射率贴图，为获较好的渲染效果，材质应有光泽，而且反射图像本身应具有较高的分辨率（至少 512 像素 ×480 像素）。“直接”和“倾斜”滑块控制反射的级别以及曲面上镜面高光的强度，如图 12–39 所示。

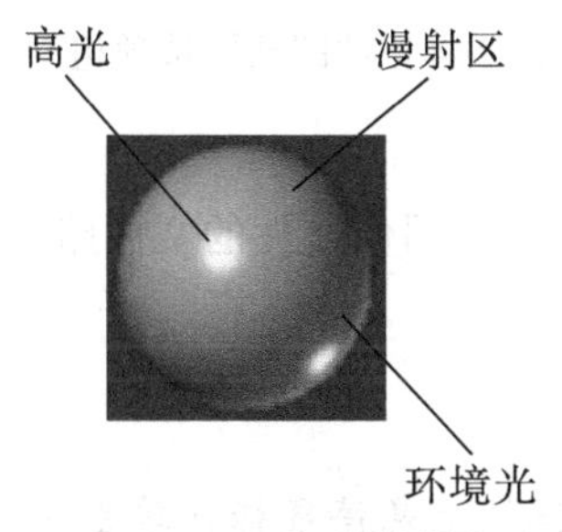


图 12–38　环境光漫射高光

图 12–39　“反射率”选项组

（6）透明度：完全透明的对象允许灯光穿过对象。值为 1.0 时，材质完全透明；值为 0.0 时，材质完全不透明。在图案背景下预览透明效果最佳，如图 12–40 所示。该项同样可以使用贴图。

1）半透明：允许部分灯光穿过并散射对象内的某些光线，例如磨砂玻璃。

2）折射率：控制在光线穿过材质，并因此扭曲对象另一侧上的对象外观时的折弯度数。折射率为 1.0 时，透明对象后面的对象不失真；折射率为 1.5 时，透明对象后面的对象将严重失真。

（7）剪切：使用裁切贴图可以使材质部分透明，从而提供基于纹理灰度转换的穿孔效果。将浅色区域渲染为不透明，深色区域渲染为透明，如图 12–41 所示。

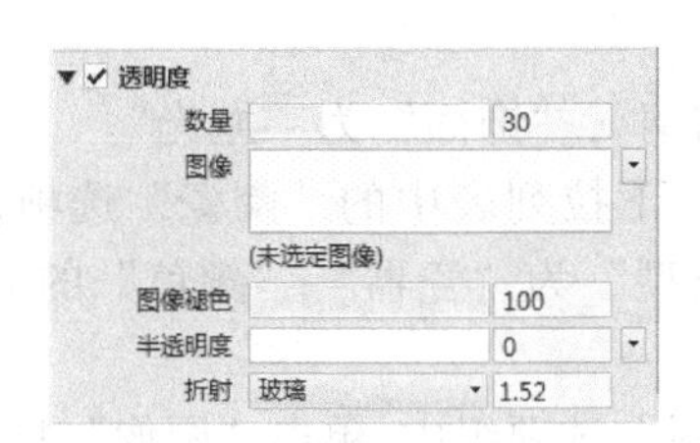


图 12–40　“透明度”选项组

图 12–41　“剪切”选项组

（8）自发光：当设置为大于 0 的值时，可以使用颜色或贴图使对象具有自身发光效果，如模拟霓虹灯。贴图的白色区域渲染为完全自发光，黑色区域不使用自发光进行渲染，灰色区域将渲染为部分自发光，具体取决于灰度值，如图 12–42 所示。

1）过滤颜色：创建在发光的曲面上颜色过滤器的效果。

2）亮度：可使材质模拟在光度控制光源中被照亮的效果。

3）色温：设置自发光的颜色。

（9）凹凸：使用凹凸贴图使对象看起来具有起伏的或不规则的表面。使用凹凸贴图材质渲染对象时，贴图的较浅（较白）区域看起来升高，而较深（较黑）区域看起来降低。如果图像是彩色图像，将使用每种颜色的灰度值。凹凸贴图会显著增加渲染时间，但会增加真实感。凹凸贴图滑块可以调整凹凸的程度，值越高，则凸度越高，使用负值则会使对象凹下；使用“数量”来调整凹凸的高度，较高的值渲染时凸出得越高，较低的值渲染时凸出得越低。灰度图像可生成有效的凹凸贴图，如图 12-43 所示。

（10）染色：设置与白色混合的颜色的色调和饱和度值。

自发光
过滤颜色 RGB 255 255 255
亮度 暗发光 10.00
色温 自定义 6,500.00

图 12-42 “自发光”选项组

图 12-43 “凹凸”选项组

4. “信息”选项卡

“信息”选项卡用于显示材质的名称、类型、说明以及纹理图像文件的文件路径。

**技巧**

创建新材质的最快捷方法：在材质浏览器某个材质样例上悬停鼠标，单击按钮，将该材质添加到文档材质列表，同时打开该材质编辑器，重命名，并设置材质的相关特性以及添加贴图等即可。

### 12.3.3 上机实训 8——创建材质

扫一扫，看视频
※ 7 分钟

打开“图形”文件夹 | dwg | Sample | CH12 | 上机实训 8 |“模型”，如图 12-44 所示，图形中已绘制了模型和创建了一个点光源。设置材质并渲染。其操作和提示如下：

（1）单击“可视化”选项卡 |“材质”面板 |“材质浏览器”按钮，打开“材质浏览器”选项板。

（2）选择左下角“创建新材质”下拉列表中的“金属”选项，打开“材质编辑器”选项板，在其中输入材质名称“瓶子”。

（3）在“金属”选项组中，设置“类型”为“不锈钢”，“饰面”为“抛光”。

（4）在“材质编辑器”中，单击左下“创建材质”下拉列表中的“陶瓷”选项，并命名材质名称为“碗”。在“陶瓷”选项组中，设置“类型”为“瓷器”；“颜色”的 RGB 值分别为 128、201 和 250；“饰面”为“强光泽 / 玻璃”。

（5）同样，创建一个名为“桌子”的新材质。在“木材”选项组中，单击“图像”，打开“纹理编辑器”选项板，在“图像”选项组的“源”中，选择“图形”文件夹 |“位图”|“木纹.jpg”图像；在“材质编辑器”的“木材”选项组中，选择“着色”选项，并设置 RGB 值分别为 201、128 和 54；“饰面”为“有光泽的清漆”；“用途”为“家具”。

（6）在图形中选择瓶子，在“材质浏览器”的“文档材质”面板中的“瓶子”材质上右击，在弹出的快捷菜单中选择“指定给当前选择”选项，即可将该材质附着给了瓶子。

（7）在“文档材质”面板中，用鼠标拖动“碗”材质到视口中的碗对象上释放鼠标，即可将该材质附着给碗。同样，将“桌子”材质附着给桌子对象。

（8）单击右边的视口，将其设为当前视口。用“上机实训 2”中相同的渲染设置进行渲染，其结果如图 12-45 所示。此时我们可以看见，金属瓶子上面，已经反射出碗和桌子的图像。

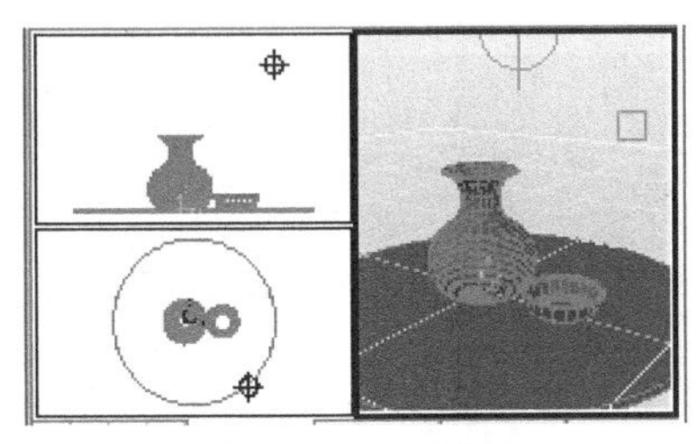

图 12-44　模型

图 12-45　渲染结果

### 12.3.4　设置贴图

1. 贴图

贴图是将二维的图像投影到三维对象的表面，使对象具有强烈的真实感。材质的各种纹理效果都是通过贴图产生的。每种纹理类型都具有一组特有的控件或通道，能够用于调整特性，例如，反射率、透明度和自发光。在这些通道中，可以指定、隐藏或删除纹理。将纹理指定给材质颜色时，纹理颜色将替换材质的漫射颜色。应用纹理后，可以通过调整材质贴图重新将它与面或形状对齐。用户可以为同一材质使用一个贴图或多个贴图。

贴图有两种类型的纹理：图像和程序。

◆ 纹理贴图：使用图像来表示纹理。例如，可以使用木材、混凝土砾岩、金属、地毯或篮筐的图像。用户可编辑纹理比例和其他特性来自定义图像然后用于模型。可用的图像格式包括 TGA、TIFF、BMP (.bmp, .rle, .dib)、PNG、JFIF (.jpg, .jpeg)、GIF、PCX。

◆ 程序贴图：使用由数学算法生成的程序纹理（例如，砖块或木材）来表示重复纹理。可以调整纹理特性以获得想要的效果。例如，可以调整砖块材质的砖块大小和砂浆间距或更改木材材质中木纹的间距。包括“棋盘”“大理石”“噪波”等类型的贴图。

2. 设置贴图及说明

设置贴图的方法为在“材质编辑器”的“属性设置”的各个选项组中，单击“图像”或每个选项组右边的下拉按钮，从打开的下拉列表中选择一个程序贴图，或从打开的对话框中选择一个需要的图像作为贴图图像。在图像上单击，将打开“纹理编辑器”选项板，如图 12-46 所示，从中可修改纹理特性来调整图案比例和创建复杂的图案。

（1）图像：单击“源”，可以选择作为纹理贴图的图像文件；“亮度”选项，可设置图像的明暗程度；选择“反转图像”复选框，可得到反转片的效果。

（2）变换：设置图像在对象面上的位置、大小和平铺。

1）连接纹理变换：选择该项，将对当前纹理所做的定位、缩放和重复特性更改应用到相同材质中的其他纹理。

2）位置：贴图时，AutoCAD 使用 UVW 贴图坐标，如图 12-47 所示。U、V 和 W 坐标与 X、Y 和 Z 坐标中相对应的方向平行。使用时，用户可调整偏移值以调整图像在对象面上的位置，调整旋转可调整图像在对象面上的角度。

3）比例：用于缩放图像在对象面上的大小。

4）重复：选择“无”选项，图像在对象的面上不进行平铺，即只有一个图像应用到对象的面上，如图 12-48 所示；选择“平铺”（即瓷砖选项）选项，图像将在对象面上不断重复，直到布满对象的面，适合于制作砖墙和瓷砖地面等，如图 12-49 所示。

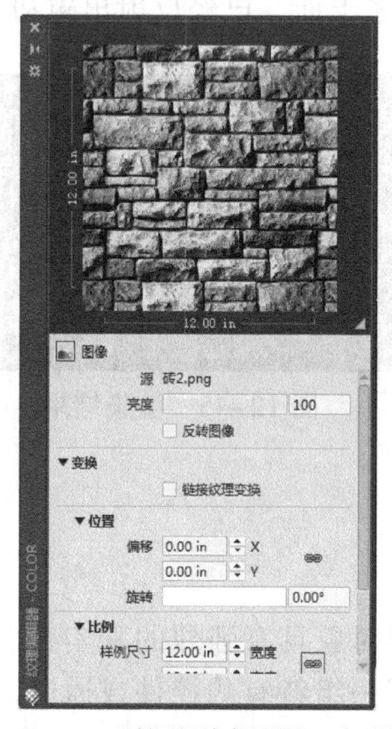


图 12-46 “纹理编辑器”选项板

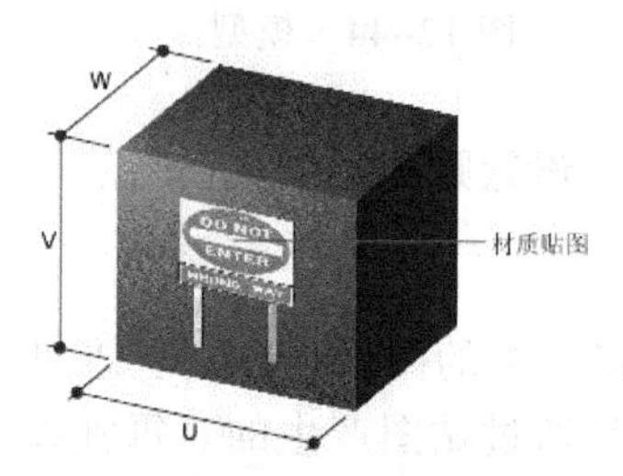


图 12-47 UVW 贴图坐标

图 12-48 平铺为“无”方式

图 12-49 平铺为“瓷砖”方式

### 12.3.5 调整贴图

贴图命令用于调整对象和面上的贴图。

1. 调用

◆ 菜单：视图｜渲染｜贴图子菜单，如图 12-50 所示。

◆ 命令行：MATERIALMAP。

◆ 三维建模空间：功能区｜可视化｜材质｜材质贴图。

2. 操作及说明

命令：MATERIALMAP（调用命令）

选择选项 [ 长方体 (B)/ 平面 (P)/ 球面 (S)/ 柱面 (C)/ 复制贴图至 (Y)/ 重置贴图 (R)] < 长方体 >：（指定一个选项，或按 Enter 键使用当前选项“长方体”）

（1）长方体：用于调整类似于长方体的面或长方体对象上的贴图。选择了对象或对象的面（按住 Ctrl 键选择子对象）后，操作和提示如下：

接受贴图或 [ 移动 (M)/ 旋转 (R)/ 重置 (T)/ 切换贴图模式 (W)]：（按 Enter 键将接受贴图

的当前位置，或指定一个选项）

1）选项说明。

◆ 移动：显示“移动”夹点工具以移动贴图，如图 12-51 所示。

◆ 旋转：显示“旋转”夹点工具以旋转贴图，如图 12-52 所示。

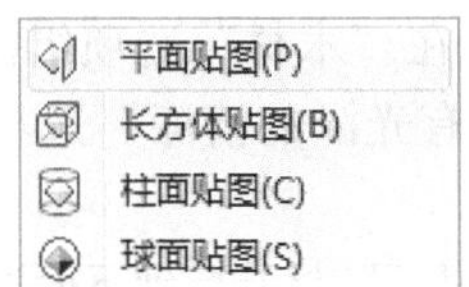


图 12-50　贴图子菜单

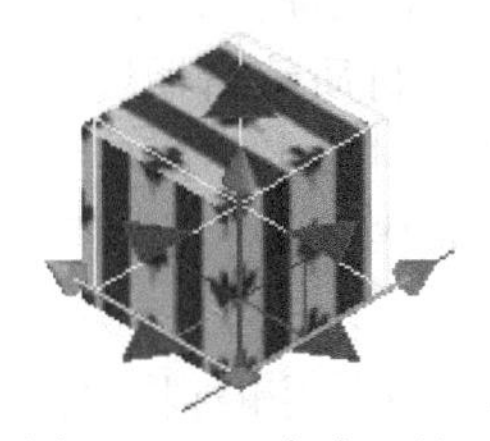

图 12-51　移动工具

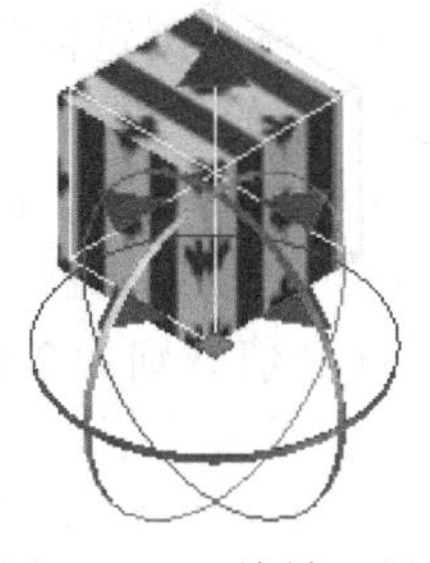

图 12-52　旋转工具

◆ 重置：将 UV 坐标重置为贴图的默认坐标。

◆ 切换贴图模式：选择该项，将重新显示主命令提示。

2）操作方法：首先选择某种工具；直接用鼠标拖动三个方向的夹点，可调整贴图在对应面上的平铺次数；用鼠标在移动小控件的某轴上单击并拖动，可移动贴图在对象面上的位置；用旋转小控件，可旋转贴图在对象面上的位置。

（2）平面：用于调整平面上的贴图位置。其操作方法和选项说明与长方体方式类似。

（3）球面：用于调整球面上的贴图位置。其操作方法和选项说明与长方体方式类似。

（4）柱面：用于调整圆柱面上的贴图位置。其操作方法和选项说明与长方体方式类似。

（5）复制贴图至：将贴图从原始对象或面应用到选定对象。使用时，首先选择具有贴图的原始对象，再选择要应用贴图的对象即可。

（6）重置贴图：选择该项，可将 UV 坐标重置为贴图的默认坐标。

在调整贴图时，可选择“可视化”选项卡 | “材质”面板 | “材质纹理开”或“材质纹理关”按钮，以打开或关闭材质和纹理在对象上的显示，从而观察调整效果。

### 12.3.6　上机实训 9——不透明贴图

不透明贴图是利用贴图图案的明亮关系来控制对象表面的透明度的。其中，纯白区域为完全不透明，纯黑区域则是透明的，有颜色的区域为半透明状态。

扫一扫，看视频
※ 12 分钟

打开“图形”文件夹 | dwg | Sample | CH12 | 上机实训 9 | “模型”，设置并使用不透明贴图。其操作和提示如下。

（1）单击“可视化”选项卡 | “材质”面板 | “材质浏览器”按钮，打开“材质浏览器”选项板。单击左下角“管理材质库”中的“创建新库”选项，创建一个名为“自定义”的材质库。

（2）选择左下角“创建新材质”下拉列表中的“新建常规材质”选项，打开“材质编辑器”选项板，在其中输入材质名称“花瓶”。

（3）在“材质编辑器”面板的“常规”选项组中，设置 RGB 值分别为 20、235 和 38；单击“图像”,在打开的“材质编辑器打开文件”对话框中,选择“图形”文件夹 | “位图” | “木纹 01.jpg”木纹图像；设置“光泽度”值为 10；“高光”为“非金属”。

（4）在“常规”选项组的“图像”样例上单击,打开“纹理编辑器”选项板,在其中的“重复”选项组中选择“平铺”选项。

（5）在“材质浏览器”的“Autodesk 库”的预定义材质中选择“木材”，将鼠标在右边“材质预览”中的“桦木 – 浅色着色中光泽”材质样例上悬停，用鼠标单击按钮，将该材质添加到文档材质列表，同时打开“材质编辑器”。

（6）在“材质编辑器”中，将该材质名称命名为“桌子”；在“木材”选项组的“着色”中，设置 RGB 值分别为 236、164 和 19；在“饰面”中选择“有光泽的清漆”选项；在“用途”中选择“家具”选项。

（7）在“材质浏览器”的文档面板中,用鼠标将“花瓶”和“桌子”材质拖到下面过滤器“预定义的材质”中的“自定义”材质库中,并单击“自定义”材质库,右边将显示这两种材质的样例。

（8）在“材质浏览器”的“材质预览”中，将“花瓶”材质直接拖到图形中的花瓶上，将该材质附着给花瓶；同样，将“桌子”材质附着给桌子对象。

（9）用与“上机实训 2”相同的渲染设置进行渲染，结果如图 12–53 所示。

（10）在“材质浏览器”的“文档材质”面板中双击“花瓶”材质上单击，打开“材质编辑器”选项板。选择“透明度”选项，并单击“图像”右边的下拉按钮，从下拉菜单中选择“棋盘”选项；将“数量”设置为 100；将“半透明度”设置为 0。单击“图像”，打开“纹理编辑器”选项板，在“比例”的“样例尺寸”中都设置为 130，在“重复”选项组中都设置为“平铺”。

（11）再次渲染，结果如图 12–54 所示。

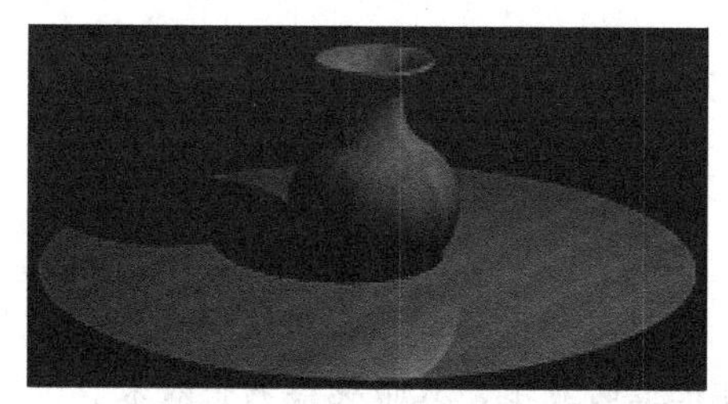

图 12–53　使用漫射贴图

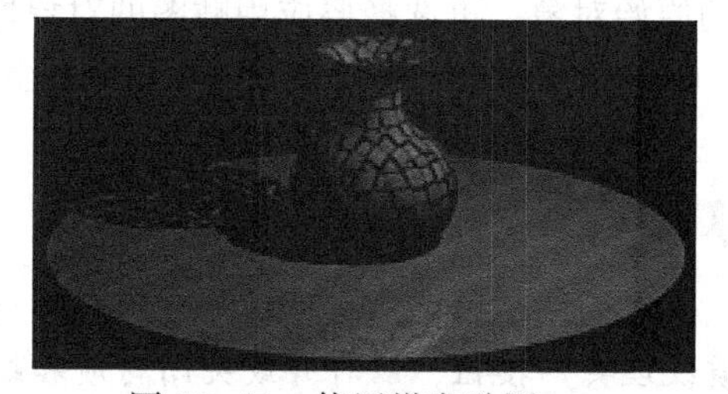

图 12–54　使用棋盘贴图

### 12.3.7　上机实训 10——凹凸贴图

扫一扫，看视频

※ 4 分钟

打开“图形”文件夹 | dwg | Sample | CH12 | 上机实训 10 | “模型”，设置并使用凹凸贴图。其操作和提示如下：

（1）创建一个名为“花瓶”的材质，其材质类型、颜色、纹理贴图的设置与“上机实训 9”相同。

（2）在“材质浏览器”的“文档材质”面板中，双击“花瓶”材质，打开“材质编辑器”选项板。在“凹凸”组件中，选择“凹凸”选项，单击“图像”右边的下拉按钮，从显示的下拉菜单中选择“斑点”选项，并将“数量”的值调节到 30 以下，这样凹凸贴图的效果比较好。

（3）用与“上机实训 2”相同的渲染设置进行渲染，结果如图 12–55 所示。可见，花瓶表面产生了比较明显的颗粒效果。

（4）还可单击“贴图”面板中“凹凸贴图”选项组的“贴图类型”右边的“单击以获得斑点设置”按钮，在“斑点”面板中进行一定的设置（如斑点的大小更改到5）后，再渲染以观察效果。

图12-55 凹凸贴图

技巧

将纹理贴图设置为“噪波”，将凹凸贴图设置为“斑点”，也可以得到非常好的凹凸贴图效果。

## 12.4 渲染环境和曝光

使用环境功能来设置基于图像的照明(IBL)、光源曝光或背景图像。可以通过环境效果（例如，基于图像的照明）或通过将位图图像作为背景添加到场景中来增强渲染图像。

### 12.4.1 渲染环境和曝光

渲染环境和曝光命令用于定义基于图像照明的使用并控制要在渲染时应用的曝光设置，以及设置场景的全局照明。

1. 调用

◆ 命令行：RENDERENVIRONMENT。

◆ 三维建模空间：功能区｜可视化｜渲染｜渲染环境和曝光。

2. 操作及说明

调用命令后，将显示“渲染环境和曝光”选项板，如图12-56所示。

（1）环境：控制渲染时基于图像照明的使用及设置。其中各项说明如下。

1）环境：打开和关闭基于图像的照明。

2）基于图像的照明：可以在下拉列表里面选择一个要应用的图像照明贴图。

3）旋转：指定图像照明贴图的旋转角度。

4）使用IBL图像作为背景：选择该单选按钮，指定的图像照明贴图将影响场景的亮度和背景。

5）使用自定义背景：选择该单选按钮，并单击右边的“背景”按钮，将打开“基于图像的照明背景”对话框，如图12-57所示。利用该对话框，可以为模型指定“纯色”“渐变色”和“图像”等作为背景。使用自选的图像照明贴图仅影响场景的亮度。

（2）曝光：控制渲染时要应用的摄影曝光设置。其中各项说明如下。

1）曝光（亮度）：设置渲染的全局亮度级别，类似于摄影的光圈设置。减小该值可使渲染的图像变亮，增加该值可使渲染的图像变暗。

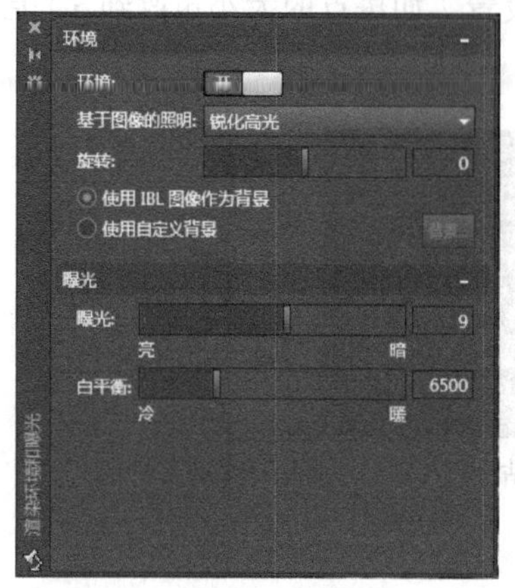


图 12-56 “渲染环境和曝光”选项板

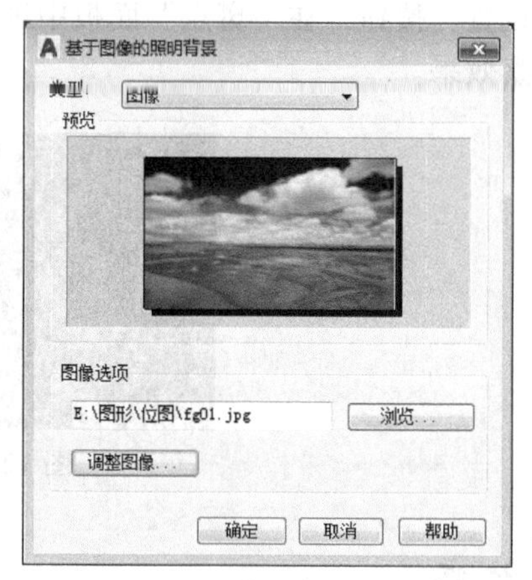


图 12-57 “基于图像的照明背景”对话框

2）白平衡：设置渲染时全局照明的开尔文色温值。设置渲染时全局照明的开尔文色温值。该项也类似于摄影的白平衡设置。

 **注意**

AutoCAD 2018 中，如果使用命令 VIEW 为渲染图像添加背景，即在“视图管理器”对话框的“视图”列表框中，选择要设置的视图，在中间“特性”面板的“背景替代”中设置所需的背景，作为视口和渲染的背景，而没使用“渲染环境和曝光”选项板添加背景，则渲染图像将没有在“视图管理器”中设置的背景显示。

### 12.4.2 上机实训 11——设置渲染环境

打开“图形”文件夹 | dwg | Sample | CH12 | 上机实训 11 | “模型”，图形中已设置了阳光和材质，并创建了一个名为“相机 1”的相机。设置渲染环境和曝光，并渲染图形。其操作和提示如下。

扫一扫，看视频
※ 7 分钟

（1）选择“三维建模”空间 | “功能区” | “可视化”选项卡 | “视图”面板 | “相机 1”，将视口中的视图转到该相机的相机视图中。

（2）在“可视化”选项卡 | “渲染”面板中，选择“中”渲染质量，并选择 800 × 600 的输出尺寸。然后单击该面板上的“渲染”按钮进行渲染，结果如图 12-58 所示。这时的渲染图像没有背景和环境显示。

（3）选择“可视化”选项卡 | “渲染”面板 | “渲染环境和曝光”选项，打开“渲染环境和曝光”选项板。设置“环境”为“开”状态，“基于图像的照明”选项为“乡村”，并选择“使用 IBL 图像作为背景”选项。再次用上面的设置进行渲染，结果如图 12-59 所示。

（4）在“渲染环境和曝光”选项板中，调整“曝光”选项组中，将“白平衡”的值为 3500 左右，再次用上面的设置值进行渲染，结果如图 12-60 所示，这时的画面明显呈冷色调。

（5）在“渲染环境和曝光”选项板 | “环境”选项组中，选择“使用自定义背景”选项，单击右边的“背景”按钮，打开“基于图像的照明背景”对话框。在该对话框的“类型”下拉列表中选择“图像”选项；在“图像”选项中单击“浏览”按钮，从打开的“选择文

件”对话框中，选择“图形”文件夹｜“位图”文件夹｜“fg01.jpg”风景图像。单击“调整图像”按钮，打开“调整背景图像”对话框，在“图像位置”下拉列表中选择“拉伸”选项。

图 12-58　模型渲染

图 12-59　设置“环境”

（6）在“调整背景图像”对话框中单击“确定”按钮，在“基于图像的照明背景”对话框中单击“确定”按钮。

（7）将“渲染环境和曝光”选项板中的“白平衡”值调整为 6500，再次用上面的渲染设置进行渲染，结果如图 12-61 所示。

图 12-60　调整“白平衡”

图 12-61　设置自定义图像背景

## 12.5　渲染

当在图形中创建了灯光，给对象附着了材质，添加了背景和环境后，总希望看到最终的效果。利用渲染功能，可以得到渲染后的彩色图像，即所谓的效果图，它可以真实再现现实生活中的场景。

基本渲染工作流程是将材质附着到三维模型上，在场景中设置光源，添加背景，然后使用 RENDER 命令进行渲染。

渲染预设管理器用于控制渲染的所有主设置。用户也可以使用功能区上“渲染”面板的控件来更改一些常规渲染设置或将命名渲染预设置为当前。

1. 调用

◆ 菜单：视图｜渲染｜高级渲染设置。

◆ 命令行：RPREF 或命令别名 RPR。

◆ 三维建模空间：功能区｜可视化｜渲染｜右下角按钮。

2. 操作及说明

调用命令后将显示“渲染预设管理器”选项板，如图 12-62 所示。

（1）渲染位置：设置渲染器显示渲染图像的位置。其中，选择“窗口”选项，将把渲染的结果输出到渲染窗口，如图 12-63 所示，该窗口显示了渲染结果和渲染相关信息，利用该窗口还可保存渲染图像；选择“视口”选项，将把渲染结果输出到当前的视口中选择“面域”选项，将在当前视口中渲染指定区域。

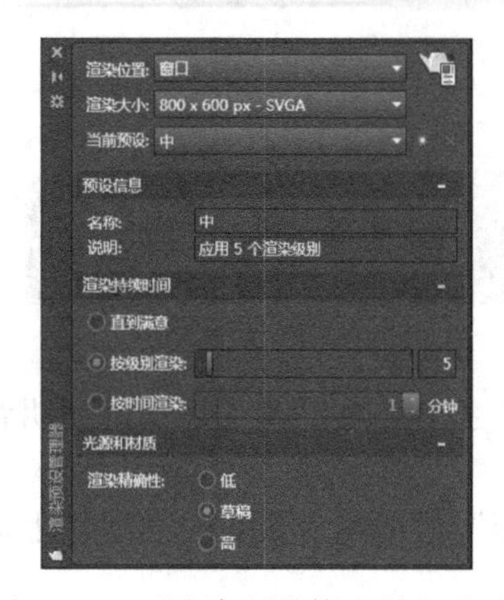


图 12-62 “渲染预设管理器”选项板

图 12-63 “渲染”窗口

（2）渲染：单击该按钮，将创建三维实体或曲面模型的真实照片级图像或真实着色图像。

（3）渲染大小：可从下拉列表中指定渲染图像的输出尺寸和分辨率。选择其中的“更多输出设置”选项，可以自定义输出尺寸。

（4）当前预设：用于指定渲染视图或区域时要使用的渲染预设。当修改了标准渲染预设的设置时将会创建新的自定义渲染预设。其中各项说明如下。

1）创建副本：用于复制选定的渲染预设。

2）删除：从图形的“当前预设”下拉列表中，删除选定的自定义渲染预设。

（5）预设信息：显示选定渲染预设的名称和说明。可以重命名自定义渲染预设。

（6）渲染持续时间：控制渲染器为创建最终渲染输出而执行的迭代时间或层级数。增加时间或层级数可提高渲染图像的质量。其中各项说明如下。

1）直到满意：渲染将继续，直到取消为止。

2）按级别渲染：指定渲染引擎为创建渲染图像而执行的层级数或迭代数。增加级别，将增加渲染时间，但可以提高渲染质量。

3）按时间渲染：指定渲染引擎用于反复细化渲染图像的分钟数。

（7）光源和材质：控制用于渲染图像的光源和材质计算的准确度。其中各项说明如下。

1）渲染精确性 - 低：简化光源模型；最快但最不真实。全局照明、反射和折射处于禁用状态。

2）渲染精确性 - 草稿：基本光源模型；平衡性能和真实感。全局照明处于启用状态，反射和折射处于禁用状态。

3）渲染精确性 - 高：高级光源模型；较慢但更真实。全局照明、反射和折射处于启用状态。

**技巧**

- AutoCAD 2016 支持两个渲染引擎：mental ray 和 Rapid RT – 使用“Rapid RT”

在默认情况下处于启用状态。AutoCAD 2017 及以上版本仅支持 Rapid RT 渲染引擎。而 AutoCAD 2015 及以下版本，仅使用 mental ray 渲染引擎。渲染引擎不同，渲染方式也不同。AutoCAD 2016 及以上版本，“渲染阴影细节”部分将不显示在所选光源对象的“特性”选项板中；而 AutoCAD 2015 及以下版本，“渲染阴影细节”部分在所选光源对象的“特性”选项板中则会显示。

- 为使渲染后的图像打印质量较好，推荐对于 A4 的纸，打印图像时的分辨率应设置在 1024×768 以上；对于 A3 的图纸，其分辨率在此基础上加倍，其余依此类推。但是，过高分辨率输出，将耗费较多渲染时间。
- 如果需要调整表面平滑度，可设置系统变量 FACETRES 的值。
- 如果图形中的圆看起来像多边形，那么渲染后看起来也像多边形。在绘图时，为了改善性能，用 VIEWRES 命令设置的值可以低一些。然而，为了获得高质量的渲染图形，在渲染包含圆弧或圆的图形之前，应提高 VIEWRES 的值。

## 12.6 综合实训

打开“图形”文件夹 | dwg | Sample | CH12 | 综合实训 | “模型”，图形中已绘制了模型。设置材质并进行渲染。其操作和提示如下：

1. 设置相机

（1）选择“可视化”选项卡 |“模型视口”|“视口配置”|“三个：右”命令，将模型空间分割为三个视口状态。然后单击左上的视口，选择“可视化”选项卡 | “视图”面板 |“前视”命令，将该视口修改为主视图；同样，设置左下视口为“俯视”；设置右边视口为东南等轴测。

（2）选择“视图”菜单 |“创建相机”命令，用鼠标在左下视口的左下角单击一点作为相机位置，向该视口的右上角拖动到合适位置单击以确定相机的目标位置。按 Enter 键结束命令，这样就创建了一个使用默认名称“相机 1”的相机。用鼠标在视图中选择相机，拖动夹点以调整相机位置和相机目标等，在打开的“相机预览”视图中观察视图位置合适为止。

（3）单击右边的视口，使其成为当前视口。选择“三维建模”空间 |“功能区”|“可视化”选项卡 | “视图”面板 | “相机 1”，将视口中的视图转到该相机的相机视图，如图 12-64 所示。

（4）同样，还可在图形中设置几个相机，以备以后观察和渲染使用。

2. 设置灯光

由于是室外模型，因此主要应使用阳光（还可在阳光系统中使用天光）、平行光，当然也可以使用点光源和聚光灯等作为辅助光源。如果使用多个光源，应将一个作为主光源，其余的作为辅助光源。渲染时，主光源应打开阴影，而辅助光源则不应打开阴影，以免造成假象。

（1）单击“可视化”选项卡 |“阳光和位置”面板右下角按钮，打开“阳光特性”选项板。在“常规”选项组中，将“状态”设置为“开”。

（2）在“太阳角度计算器”选项组中，单击“日期”选项右边的按钮，在显示的对话框中双击选定的日期，将其设置为 9 月 20 日；将“时间”选项设置为 15 ：00。

（3）单击“可视化”选项卡 |“光源”面板 |“创建光源”|“点”按钮，在别墅的右前方创建一个点光源作为辅助光源。用鼠标选择点光源后，调整其位置为右前上方。

（4）选择点光源后右击，从弹出的快捷菜单中选择“特性”命令，打开“特性”选项板，在“常规”选项组中将“强度因子”选项设置为 0.3。

（5）选择“可视化”选项卡|“视图”面板|“相机2”，将视图转到相机2视图上。单击“三维建模”空间|“功能区”|“可视化”选项卡|“渲染”面板|“渲染”按钮，用800×600的渲染尺寸进行渲染，其结果如图12-65所示。

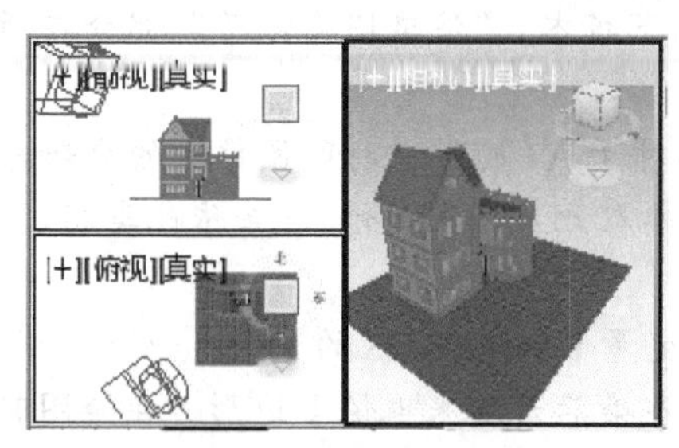


图12-64 设置相机视图

图12-65 设置灯光

3. 设置材质

设置材质时，可一边设置材质，一边附着材质，随即用较低渲染设置（如默认渲染设置）进行渲染。同时，观察材质的效果，以便及时调整。

（1）制作类似于砖墙的“墙体”材质。

1）单击“三维建模”空间|“功能区”|“可视化”选项卡|“材质”面板|“材质浏览器”按钮，打开“材质浏览器”选项板。单击左下角“创建新材质”下拉列表中的“新建常规材质”选项，打开“材质编辑器”选项板，将其命名为“墙体”。

2）在“材质编辑器”|“常规”选项组中，单击“图像”框，在打开的“材质编辑器打开文件”对话框中，选择素材中“图形”文件夹|“位图”文件夹下的“砖2.png”图像文件。

3）再次在“常规”选项组中单击“图像”框，打开“纹理编辑器”选项板，将“重复”选项组都设置为“平铺”方式。

4）单击“材质”面板|“随层附着”按钮，打开“材质附着选项”对话框，将“墙体”材质从对话框的左边拖到右边的“墙体”和“顶层墙体”图层上。单击“渲染”面板|“渲染”按钮，用上面的设置进行渲染，以观察设置的效果。这时砖的材质显示太密，需调整。

5）双击“材质浏览器”|“文档材质”面板|“墙体”材质，打开“材质编辑器”选项板，在“图像”上单击，打开“纹理编辑器”选项板，将“比例”选项组中的“样例尺寸”修改为2500。再次渲染，这时砖的材质显示正常。

（2）同样，创建名为“瓦”的材质。在“材质编辑器”选项板|“常规”选项组中，单击“图像”按钮，选择素材中“图形”文件夹|“位图”文件夹下的“瓦1.tga”图像。在“纹理编辑器”选项板中，将“重复”选项组都设置为“平铺”方式；将“比例”选项组中的“样例尺寸”修改为2000。将该材质附着给“瓦面”图层。

（3）同样，创建名为“草地”的材质。选择“位图”文件夹下的“草地7.jpg”图像，在“纹理编辑器”选项板中，将“重复”选项组都设置为“平铺”方式；将“比例”选项组中的“样例尺寸”修改为300。然后，将该材质附着给“地面”图层。

（4）在“材质浏览器”左边的“预定义的材质”中选择“Autodesk库”中的“木材”，用鼠标在右边的“桦木－深色着色抛光实心”材质样例上悬停，用鼠标单击按钮，将该材质添加到文档材质列表，同时打开“材质编辑器”。在“材质编辑器”中，将该材质名称命名为“木材”，其余使用默认设置。将该材质附着给“窗套”“门套”“拉手”和“门框”等图层。

（5）同样，以“Autodesk库”|“石料”|“大理石”中的“粗糙抛光-白色”材质为样板，创建一个名为“石材”的材质。然后将该材质附着给“护栏”“柱子”等图层。

（6）同样，以“Autodesk库”|“混凝土”中的“喷砂”材质为样板，创建一个名为“混凝土”的材质。将该材质附着给“底层”“楼板”和“门前屋面”等图层。

（7）同样，以“Autodesk库” | “玻璃”中的“清晰-绿色”材质为样板，创建一个名为“玻璃”的材质，并在“材质编辑器”选项板中，调整“反射”值为15。将该材质附着给“玻璃”和“玻璃1”图层。

（8）同样，以“Autodesk库”|“金属”|“铝”中的“缎光-拉丝”材质为样板，创建一个名为“铝合金”的材质。将该材质附着给“窗框”图层。

（9）材质的设置基本完成。要得到满意的效果，用户应对材质进行仔细调整。单击“可视化”选项卡|“渲染”按钮，用上面的渲染设置进染，其结果如图12-66所示。

4. 设置背景和配景

背景既可在AutoCAD中添加，也可在Photoshop等后期处理软件中添加。而为渲染图像添加树木、灌木、人物等配景，可最后在Photoshop等后期处理软件中添加。

（1）选择“可视化”选项卡|“渲染”面板|“渲染环境和曝光”选项，打开“渲染环境和曝光”选项板。设置“环境”为“开”状态。

（2）在“环境”选项组中，选择“使用自定义背景”选项，单击右边的“背景”按钮，打开“基于图像的照明背景”对话框。在该对话框的“类型”下拉列表中选择“图像”选项；在“图像”选项中单击“浏览”按钮，从打开的“选择文件”对话框中，选择“图形”文件夹|“位图”文件夹|“风景1.jpg”风景图像。单击“调整图像”按钮，打开“调整背景图像”对话框，在“图像位置”下拉列表中选择“拉伸”选项。

（3）在“调整背景图像”对话框中单击“确定”按钮，再在“基于图像的照明背景”对话框中单击“确定”按钮，完成背景的设置。用上面的渲染设置进行渲染，结果如图12-67所示。

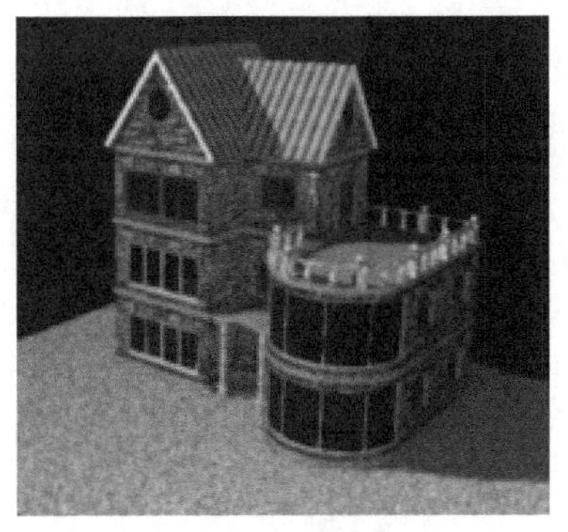
图12-66 设置材质

图12-67 设置背景

（4）用户同样可给其他相机视图设置此背景图像，然后渲染以观察效果。

5. 渲染

（1）渲染前，设置VIEWRES系统变量以减少圆和圆弧的多边形现象，可将其值设置为5000；设置FACETRES系统变量以增加曲面镶嵌面的面数，将其值设置为6；设置系统变量ISOLINES的值为20，以增加实体对象上每个曲面的线框网格密度。设置后，用重生成命令 REGEN 刷新图形。

（2）在“可视化”选项卡 |“渲染”面板中，设置输出尺寸为800×600，选择“渲染预设”为“中”，单击该面板上的“渲染到尺寸”按钮，进行渲染，结果如图 12-68 所示。这时，阴影不明显。

（3）单击“可视化”选项卡 |“阳光和位置”面板右下角的按钮，打开“阳光特性”选项板。在“常规”选项组中，将强度因子提高，设置为 2，再次渲染，阴影效果已经不错，但画面还偏亮。

（4）单击“可视化”选项卡 |“渲染”面板 |“渲染环境和曝光”按钮，打开“渲染环境和曝光”选项板，将“曝光”值提高，设置为 10，以降低画面亮度。

（5）在“可视化”选项卡 |“渲染”面板中，设置输出尺寸为1600×1200，选择“渲染预设”为“高”，以提高渲染质量，单击该面板上的“渲染到尺寸”按钮进行，结果如图 12-69 所示。

图 12-68　初步渲染

图 12-69　最终渲染

（6）用户可单击“渲染”窗口 |“保存”按钮，将渲染图像保存下来，以供 Photoshop 等图像处理软件进行后期处理和打印。

# 第 13 章
# 图形输出

项目设计完成后，总希望将其打印出来，而在打印之前，首先应规划图形在图纸上的布局。本章将主要介绍模型空间与图纸空间的基本功能和作用；打印输出的基本方法和步骤；颜色相关和命名打印样式的设置和使用；页面设置与布局设置的基本方法；浮动视口、浮动模型空间、模型空间的使用与区别；浮动视口中的比例控制、显示控制与图层控制；注释性对象的使用；图纸集的创建和使用等内容。

本章要点

◎ 颜色相关和命名打印样式的创建和使用
◎ 页面设置和打印的设置
◎ 创建布局和使用布局样板
◎ 设置浮动视口及控制浮动视口中的比例
◎ 使用注释性对象
◎ 创建图纸集、子集和图纸清单

## 13.1 打印样式

### 13.1.1 打印样式概念

打印样式是一种对象特性，是一个打印特性设置的集合，这些特性定义在一个打印样式表中，在打印图形时应用。打印样式用于修改打印图形的外观，包括对象的颜色、线型和线宽等。AutoCAD 中有两种类型的打印样式：颜色相关打印样式和命名打印样式。

1. 颜色相关打印样式

颜色相关打印样式是基于对象的颜色进行打印的，即用对象的颜色来控制打印特征，图形中所有相同颜色的对象都以相同的方式进行打印。例如，在打印样式表中，用户可以设置“红色”的线型为 Center，线宽为 0.25，这样在打印时，AutoCAD 将把图形中所有“红色”的对象打印为 Center 线型，并且图线的宽度为 0.25。AutoCAD 的每个颜色相关打印样式表中共有 255 种打印样式，每种打印样式对应一种索引颜色。

使用颜色相关打印样式表，用户不能随意添加、删除或重命名颜色相关打印样式。但是，用户可以调整与某一颜色相对应的打印样式，从而控制当前图形中所有使用该颜色的对象的打印效果；用户也可以通过改变对象的颜色来改变对象的打印样式，从而改变打印效果。颜色相关打印样式不能直接指定给对象。

颜色相关打印样式表的扩展名为 .ctb。默认情况下，AutoCAD 创建的图形都是使用颜色相关打印样式表。颜色相关打印样式是最常用的打印样式，但是，如要使用相同的颜色打印不同的线型和线宽等效果时，此种打印样式将无能为力。

2. 命名打印样式

命名打印样式表的使用与对象的颜色无关。用户可以将任何命名打印样式指定给一个对象，而不必管对象的颜色。命名打印样式表的扩展名为 .stb。

绘图时，如果要求相同的颜色打印不同的线型和线宽，可以使用命名打印样式；同样，如果要使图形中的某一部分指定区域（这部分区域可能包含多种颜色），或图形中的某些对象按指定的效果打印时，如按某种指定的线型和线宽进行打印，也可以使用命名打印样式。用户可以根据需要创建多种命名打印样式，并将其指定给需要的对象。创建的命名打印样式的数量将不受限制，每个命名打印样式对应一个名称。

技巧

新建一幅图形的默认打印样式为颜色相关打印样式。用户可在“选项”对话框中将其更改为命名打印样式。（请参看第 3 章 3.2.4 节）

### 13.1.2 创建打印样式表

创建新打印样式表的方法有两种：一种是利用添加打印样式表向导创建；另一种是在原有打印样式表（.ctb 或 stb 打印样式表）的基础上进行修改，然后另存为另外的打印样式表文件。

1. 打印样式管理器

◆ 菜单：文件 | 打印样式管理器。

◆ 命令行：STYLESMANAGER。

调用命令后，将显示 Plot Styles 窗口。从中，用户可以创建新的打印样式表文件，也可以编辑已有的打印样式表文件。

2. 创建新的打印样式表

（1）在 Plot Styles 窗口中，双击“添加打印样式表向导”图标，将显示“添加打印样式表”对话框。单击“下一步”按钮，将显示“添加打印样式表 - 开始”对话框，如图 13-1 所示。选择“创建新打印样式表”单选按钮，然后单击“下一步”按钮。

（2）将显示“选择打印样式表”对话框，如图 13-2 所示。从中，用户可以选择是创建颜色相关打印样式表，还是创建命名打印样式表。选择一项，单击“下一步”按钮。

（3）将显示“文件名”对话框，如图 13-3 所示。在其中输入一个名称，如“简单建筑平面图”作为新打印样式表的名称，单击“下一步”按钮。

（4）将显示“完成”对话框，如图 13-4 所示。在该对话框中，如果单击“打印样式表编辑器”按钮，将打开“打印样式表编辑器”对话框；单击“完成”按钮，这时 Plot Styles 窗口中将增加一个“简单建筑平面图 .ctb”的打印样式表文件。

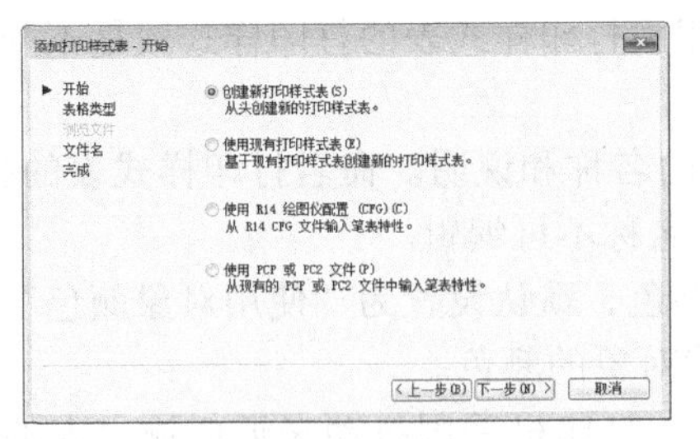


图 13-1 “添加打印样式表 - 开始”对话框

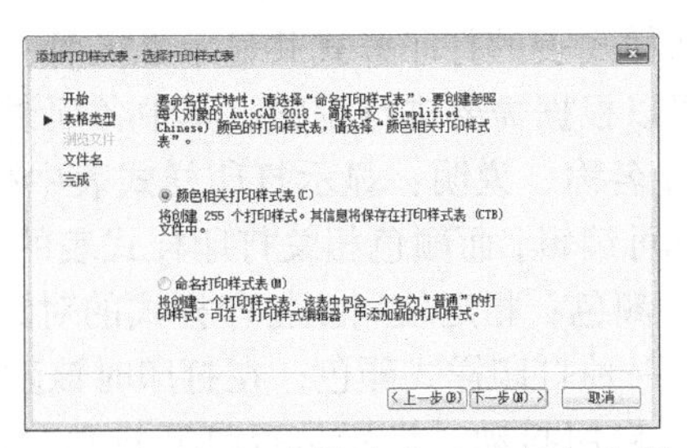


图 13-2 “添加打印样式表 - 选择打印样式表”对话框

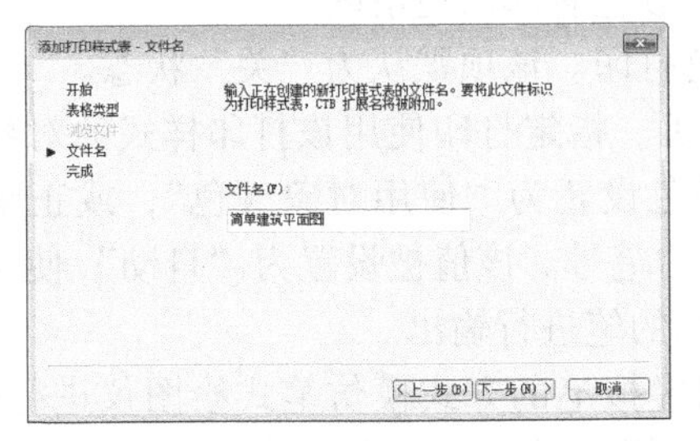


图 13-3 “文件名”对话框

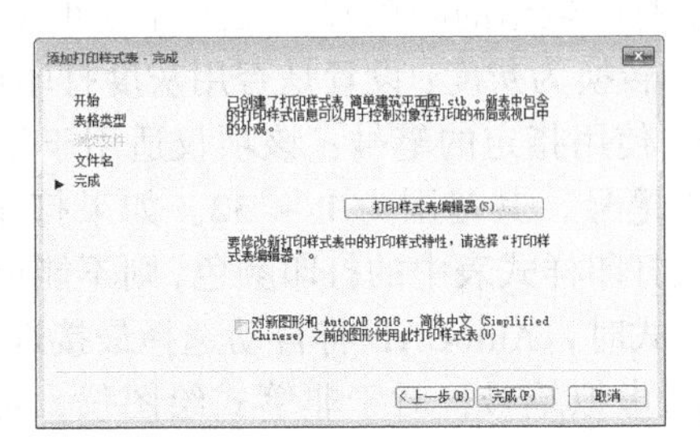


图 13-4 “完成”对话框

## 13.1.3 编辑打印样式表

可以对已有的打印样式表进行编辑，或创建新的打印样式表。

1. 调用

◆ 在“打印样式表管理器”窗口中双击任何一个打印样式表文件。

◆ 在“打印样式表管理器”窗口中的任一打印样式表文件上右击，从弹出的快捷菜单中选择“打开”选项。

调用命令，将打开“打印样式表编辑器”对话框，CTB 打印样式表如图 13-5 所示，STB 打印样式表如图 13-6 所示。

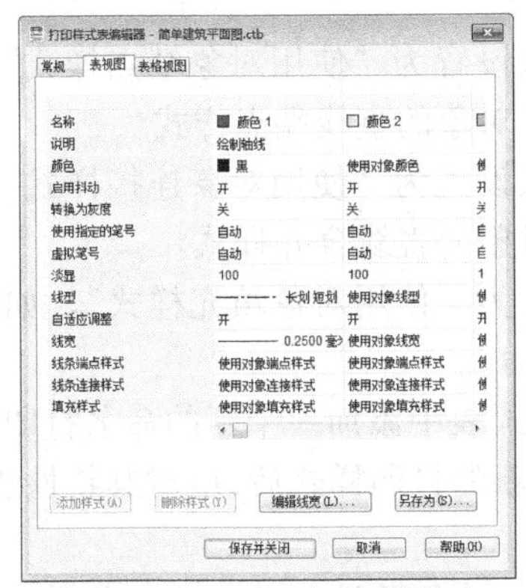


图 13-5 CTB 打印样式表

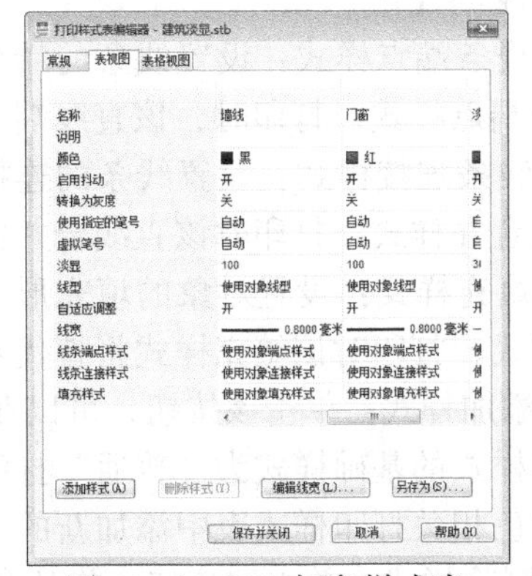


图 13-6 STB 打印样式表

2. 对话框说明

（1）“常规”选项卡：列出所编辑的打印样式表的基本信息，如文件名和说明等。如果选择“向非 ISO 线型应用全局比例因子”选项，那么打印时将按下面“比例因子”文本框中指定的比例值，缩放使用该打印样式表的对象中所有非 ISO 线型和填充图案。

（2）“表视图”选项卡：列出打印样式表中的所有打印样式及其参数设置。对于颜色相关打印样式表的打印样式共显示255种；而命名相关打印样式表的打印样式数量不受限制，用户可以根据需要进行设置。其中各项说明如下。

1）名称、说明：显示打印样式表中打印样式的名称和说明。命名打印样式表的打印样式名称可编辑；而颜色相关打印样式表的打印样式名称不可编辑。

2）颜色：指定使用该打印样式的对象的打印颜色，默认设置为“使用对象颜色”。如果指定了一种打印样式颜色，在打印时该颜色将替代对象的颜色。

3）启用抖动：设置是否打开抖动。使用抖动，打印机采用抖动来近似输出点的颜色，使打印颜色更丰富、色彩变化更平缓和逼真。但是，如果绘图仪不支持抖动，将忽略抖动设置。打印较暗的颜色时，关闭抖动可以使较暗的颜色看起来更清晰。

4）转换为灰度：设置是否用灰度打印代替彩色打印。该项默认为“关”状态。

5）使用指定的笔号：该项仅适用于笔式绘图机。指定打印使用该打印样式的对象时要使用的笔号，其范围为1～32。如果打印样式颜色设置为“使用对象颜色”，或正编辑颜色相关打印样式表中的打印颜色，则不能更改指定的笔号。该值被设置为“自动”，使用“自动”方式时，AutoCAD将自动选择最接近对象颜色的笔进行输出。

6）虚拟笔号：对于非笔式绘图仪，可以使用虚拟笔的方式模仿笔式绘图仪进行输出。可在1～255之间指定一个虚拟笔号。当设置了虚拟笔号后，笔宽、填充方式和连接方式等特性就已经定义在笔的特性中了。

7）淡显：控制打印颜色的强度，即打印的墨水浓度，其有效值范围为0～100。选择0，打印出的颜色将退化为白色（即无墨水）；选择100，将以最大的浓度显示颜色。要启用淡显，则必须选择“启用抖动”选项。

8）线型：默认设置为“使用对象线型”。如果指定一种打印样式线型，打印时该线型将替代对象的线型。

9）自适应调整：打开该项，在绘制线型时将自动调整线型的比例，即线型中短划和空格的比例，以使线段的端点不位于线型的空格处结束。

10）线宽：默认设置为“使用对象线宽”。如果指定一种打印样式线宽，打印时该线宽将替代对象的线宽。

11）线条端点样式：设置线条的端点形式，默认设置为“使用对象端点样式”。如指定一种直线端点样式，打印时，该直线端点样式将替代对象的直线端点样式。

12）线条连接样式：设置线条的连接形式，默认设置为“使用对象连接样式”。如指定一种直线合并样式，打印时该直线合并样式将替代对象的直线合并样式。

13）填充样式：设置对象的填充形式，默认设置为“使用对象填充样式”。如果指定一种填充样式，打印时该填充样式将替代对象的填充样式。

14）添加样式：单击该按钮，可以在命名打印样式表中添加一个新的命名打印样式。新命名打印样式的基础样式为“普通”打印样式。创建新的打印样式后，应对其特性进行修改。不能向颜色相关打印样式表中添加新的打印样式。

15）删除样式：单击该按钮，将从命名打印样式表中删除选定的命名打印样式，但“普通”打印样式不能删除。删除了某个命名打印样式后，所有使用该打印样式的对象仍然保留该打印样式的名称，但将使用“普通”样式中的设置进行打印。

16）编辑线宽：单击该按钮，将显示“编辑线宽”对话框。从中，用户可以根据需要编辑修改线宽值，但是不能添加或删除线宽值。

17）另存为：单击该按钮，可以将编辑好的打印样式表文件以新的文件命名保存。使用该按钮，利用系统提供的打印样式表文件，可以很方便地创建出新的打印样式表文件。

（3）“表格视图”选项卡：该选项卡的内容与“表视图”选项卡中的内容完全一样，只是显示的形式不同而已。当打印样式的数目较多，使用“表格视图”会比较方便。

### 13.1.4 上机实训 1——使用颜色相关打印样式

扫一扫，看视频
※ 9 分钟

打开“图形”文件夹 | dwg | Sample | CH13 | 上机实训 1 | “平面图 .dwg”，设置一个名为“简单建筑平面图”的颜色相关打印样式，来打印如图 13-7 所示图形，将其打印成黑白色，该图形的图层设置如表 13-1 所示。其操作和提示如下：

表 13-1 图层设置

| 图层名称 | 颜色 | 线型 | 线宽 |
|---|---|---|---|
| 轴线 | 红色 | Continuous | 默认 |
| 门 | 13 | Continuous | 默认 |
| 填充 | 蓝色 | Continuous | 默认 |
| 窗 | 洋红 | Continuous | 默认 |
| 墙线 | 白色 | Continuous | 默认 |

（1）选择“文件”菜单 |“打印样式管理器”命令，打开“打印样式表管理器”窗口。

（2）在“打印样式表管理器”窗口中双击“添加打印样式表向导”图标，打开“添加打印样式表”对话框。在该对话框中单击“下一步”按钮，打开“开始”对话框，从中选择“创建新打印样式表”选项。

（3）单击“下一步”按钮,打开“选择打印样式表”对话框,选择“颜色相关打印样式表”选项。

（4）单击“下一步”按钮，打开“文件名”对话框，在其中输入创建的颜色相关打印样式表的名称为“简单建筑平面图”。

（5）单击“下一步”按钮，打开“完成”对话框，在其中单击“完成”按钮，完成“简单建筑平面图”颜色相关打印样式的创建。

（6）在“打印样式表管理器”窗口中双击“简单建筑平面图 .ctb”图标，打开“打印样式表编辑器”对话框。并在“打印样式表编辑器”对话框中选择“表视图”选项卡。

（7）选择“颜色 1”打印样式（即红色打印样式）。在“说明”文本框中单击并输入“绘制轴线”。设置“颜色”选项为“黑色;“线型”选项为“长划 短划”;“线宽”选项为“0.25 毫米”。其余使用默认设置。

（8）用同样的方法设置“颜色 5”打印样式（即蓝色打印样式）。在“说明”中输入“绘制填充图案”; 设置“颜色”选项为“黑色;“线宽”选项为“0.25 毫米”。其余使用默认设置。

（9）同样,设置“颜色 6”打印样式（即品红打印样式）,“说明”为“绘制窗子”; 设置“颜色 7”打印样式（即白色打印样式）,“说明”为“绘制墙线”; 设置“颜色 13”打印样式,“说明”为“绘制门”。这几种颜色打印样式的“颜色”选项都设置为“黑色”,“线宽”选项都设置为 0.8mm。其余使用默认设置。设置完成的“表视图”选项卡如图 13-5 所示。

（10）单击“保存并关闭”按钮，完成“简单建筑平面图”颜色相关打印样式的编辑。

（11）对图形进行“页面设置”。在“页面设置”对话框的“打印样式”选项组中，选择上面设置的“简单建筑平面图 .ctb”打印样式。有关页面设置的内容将在下一节中介绍。

（12）选择“文件”菜单 |“打印预览”命令，结果如图 13-8 所示。

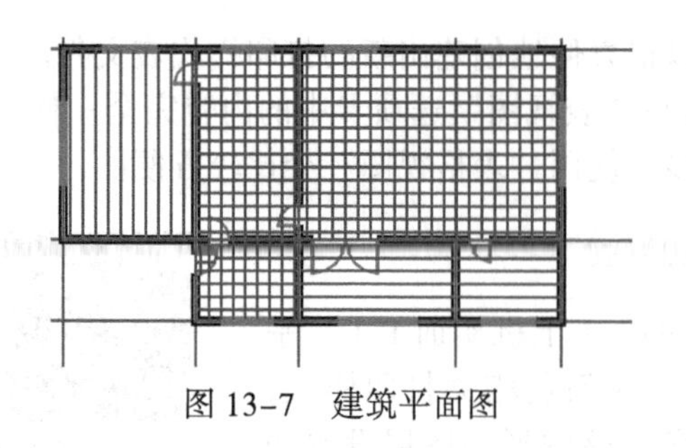

图 13-7　建筑平面图

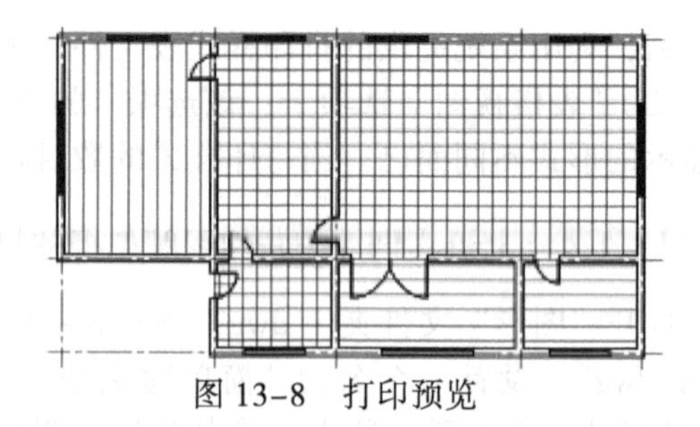

图 13-8　打印预览

**技巧**

● 使用颜色相关打印样式进行打印，如果要修改对象的打印效果，一个方法是修改对象的颜色；另一个方法是利用“打印样式表编辑器”来修改对应的颜色相关打印样式。

● 使用颜色相关打印样式时，如果在“图层特性管理器”对话框中，详细的设置了各个图层的颜色、线型和线宽等。那么，如果需打印彩色图形，可选择 acad.ctb 颜色相关打印样式；如需将图形打印成黑白两色，则选择 monochrome.ctb 颜色相关打印样式。

● 如果在“图层特性管理器”对话框中只设置了各图层的颜色，而未对各图层进行详细设置，那么，打印时就需要针对各图层使用的颜色设置相应的颜色相关打印样式，如“上机实训 1“。

### 13.1.5　使用命名打印样式

命名打印样式的使用与图形实体本身的颜色无关，用户可以给相同颜色的不同实体对象应用不同的打印样式。用户可以根据图层来附着命名打印样式；也可以直接给图形对象指定命名打印样式；还可以使用“特性”选项板来修改对象的命名打印样式。

1. 设置当前命名打印样式

选择“格式”菜单 | “打印样式”命令，或输入命令 PLOTSTYLE，可以设置新创建对象的当前命名打印样式或给选定的对象指定命名打印样式。

调用该命令之前如果未选择任何对象，则调用命令时将显示“当前打印样式”对话框，如图 13-9 所示。选择了某些对象，再调用该命令后将显示“选择打印样式”对话框，如图 13-10 所示。利用这两个对话框，用户可以设置当前打印样式，以及为选择的对象指定命名打印样式。在“活动打印样式表”下拉列表中选择一个要使用的打印样式表，该打印样式表中的所有打印样式，将显示在“当前打印样式”列表框中，在其中选择一个，即可将其设置为当前打印样式。单击“编辑器”按钮，打开“打印样式表编辑器”对话框可进行编辑。

图 13-9　“当前打印样式”对话框

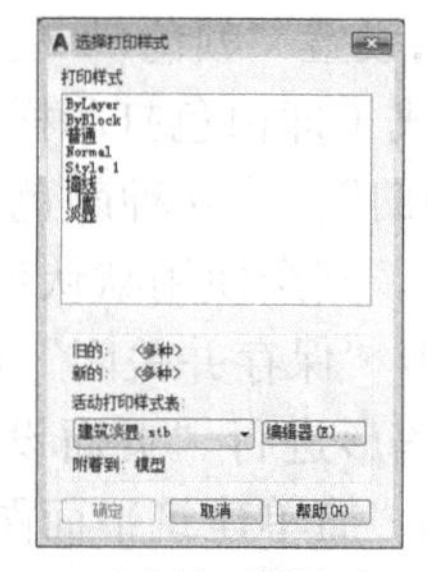


图 13-10　“选择打印样式”对话框

2. 使用打印样式

（1）给图层指定命名打印样式：打开“图层特性管理器”对话框，如图 13-11 所示。如果要改变某个图层的打印样式，可在图层列表框中该图层的“打印样式”列单击，这时将显示“选择打印样式”对话框，从中可选择该图层要使用的命名打印样式。

（2）给对象指定命名打印样式：在功能区｜“默认”选项卡｜“特性”面板｜“打印样式”下拉列表中选择一个要使用的命名打印样式，即可指定此后绘制对象的打印样式，如图 13-12 所示。或者选择某些对象后，在该下拉列表中选择一个命名打印样式，即可修改对象的打印样式。

| 状.. | 名称 | 开 | 冻结 | 锁... | 颜色 | 线型 | 线宽 | 透明度 | 打印... | 打.. | 新.. | 说明 |
|---|---|---|---|---|---|---|---|---|---|---|---|---|
| | 0 | | | | 白 | Continu... | —— 默认 | 0 | Normal | | | |
| | Defpoints | | | | 白 | Continu... | —— 默认 | 0 | Normal | | | |
| | 窗 | | | | 洋红 | Continu... | —— 默认 | 0 | 门窗 | | | |
| | 门 | | | | 13 | Continu... | —— 默认 | 0 | 门窗 | | | |
| ✓ | 墙线 | | | | 白 | Continu... | —— 默认 | 0 | 墙线 | | | |
| | 设备 | | | | 223 | Continu... | —— 默认 | 0 | 淡显 | | | |
| | 填充 | | | | 蓝 | Continu... | —— 默认 | 0 | 淡显 | | | |

图 13-11 “图层特性管理器”对话框

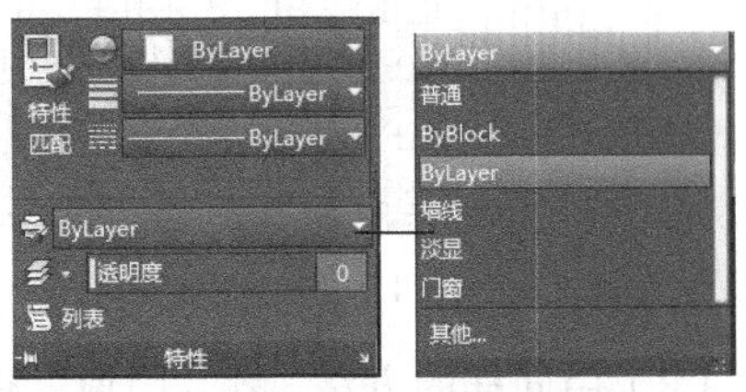


图 13-12 “打印样式”下拉列表

（3）使用“特性”选项板修改对象的打印样式：选择要修改打印样式的对象后右击，从弹出的快捷菜单中选择“特性”选项，在“特性”选项板｜“打印样式”选项中，选择一个命名打印样式，然后按 Enter 键即可。

### 13.1.6 上机实训 2——设置“建筑淡显”命名打印样式

扫一扫，看视频
※ 9 分钟

打开“图形”文件夹 ǀ dwg ǀ Sample ǀ CH13 ǀ 上机实训 2 ǀ “平面图”，设置一个名为“建筑淡显”的命名打印样式来打印如图 13-13 所示图形。使打印时，墙线、门和窗等对象突出显示；而设备和填充等退色显示。该图形的图层设置如图 13-11 所示。其操作如下：

（1）选择“文件”菜单｜“打印样式表管理器”命令，打开“打印样式表管理器”对话框。在其中双击 acad.stb 命名打印样式表图标，打开“打印样式表编辑器”对话框。在该对话框中选择“表格视图”选项卡，单击“另存为”按钮，将其命名为“建筑淡显”并保存。

（2）单击“添加样式”按钮，打开“添加打印样式”对话框。在该对话框中输入打印样式的名称为“墙线”。在“打印样式”列表中选中“墙线”命名打印样式。在“特性”选项组中将颜色设置为“黑色”；“线宽”选项设置为 0.8 毫米。其余使用默认设置。

（3）同样,创建一个名为“门窗”的命名打印样式。在“特性”选项组中将颜色设置为“红色”；“线宽”选项设置为 0.8 毫米。其余使用默认设置。

（4）同样，创建一个名为“淡显”的命名打印样式。在“特性”选项组中将颜色设置为“蓝色”；“淡显”选项设置为 30；“线宽”选项设置为 0.25 毫米。其余使用默认设置。设置完成的“表格视图”选项卡如图 13-14 所示。

（5）单击“保存并关闭”按钮，完成“建筑淡显”命名打印样式表的设置。

（6）选择“格式”菜单｜“图层”命令，打开“图层特性管理器”对话框。

（7）在图层列表框的“墙线”层的“打印样式”列单击，打开“选择打印样式”对话框。在“活动打印样式表”下拉列表框中，选择上面创建的“建筑淡显 .stb”命名打印样式表。在“打印样式”列表框中选择“墙线”打印样式，单击“确定”按钮，即可将该命名打印样式指定给“墙线”图层。

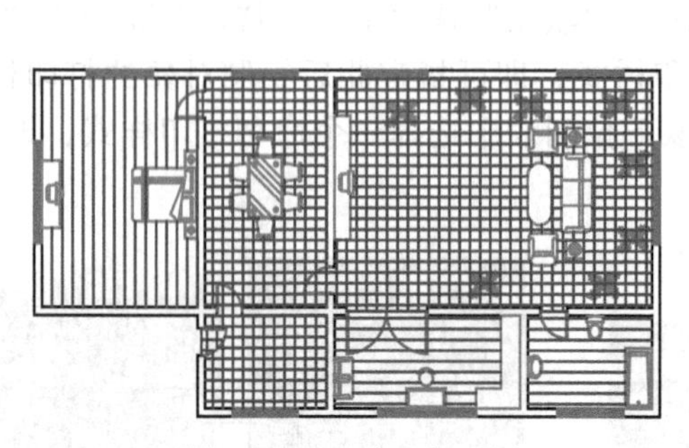

图 13–13　平面布置图

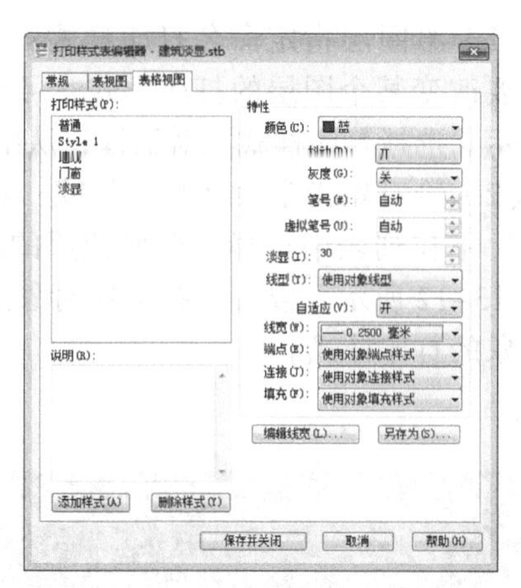


图 13–14　“表格视图”选项卡

（8）用同样的方法，将“门窗”命名打印样式指定给“门”图层和“窗”图层。将“淡显”命名打印样式指定给“设备”图层和“填充”图层。设置完毕的“图层特性管理器”对话框如图 13–11 所示。

（9）对图形进行“页面设置”。在“页面设置”对话框的“打印样式表”选项组中，选择上面设置的“建筑淡显 .stb”命名打印样式。有关页面设置的内容将在下一节中介绍。

（10）选择“文件”菜单｜“打印预览”命令，结果如图 13–15 所示。从打印预览可以看出门、窗和墙线用加粗的线条突出显示；而设备（如床、沙发等）和填充图案用蓝色线条退色显示。

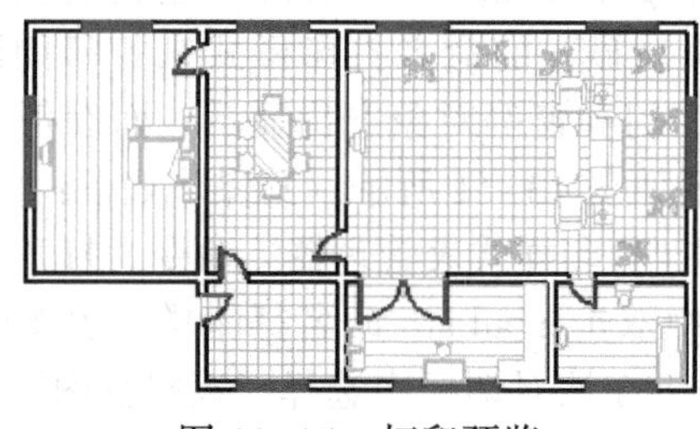

图 13–15　打印预览

**技巧**

● 与使用颜色相关打印样式类似，如果在“图层特性管理器”对话框中，详细地设置了各个图层的颜色、线型和线宽等。那么，如果需打印彩色图形，可选择 acad.stb 颜色相关打印样式；如需将图形打印成黑白两色，则选择 monochrome.stb 颜色相关打印样式。

● 在“页面设置”对话框中，用户可以更改图形所使用的同类打印样式表。

## 13.2　打印与设置

图形绘制完成以后，需要进行相应的页面设置和打印设置，方能进行打印。用户既可以在模型空间打印，也可以在图纸空间（布局选项卡）打印。对于简单的图形，可以直接在模型空间打印。但对于复杂图形，或者是同一幅模型空间的图形要求按不同的比例、输出不同的内容时，最好使用图纸空间打印。

### 13.2.1 页面设置

可以指定模型空间或图纸空间打印时所用的页面设置。

1. 调用

- ◆ 菜单：文件 | 页面设置管理器。
- ◆ 命令行：PAGESETUP。
- ◆ 草图与注释、三维基础或三维建模空间：功能区 | 输出 | 打印 | 页面设置管理器。
- ◆ 快捷菜单：在“模型”选项卡或某个“布局”选项卡上右击，从弹出的快捷菜单中选择“页面设置管理器”选项。

2. 操作及说明

调用命令后，将显示“页面设置管理器”对话框，如图 13-16 所示。其中，在“当前页面设置”列表框中选择一个页面设置，并单击“置为当前”按钮，可将其设置为当前页面设置；单击“新建”按钮，可以创建新的页面设置；单击“修改”按钮，可修改页面设置列表框中所选择的页面设置；单击“输入”按钮，可把保存在 DWG、DWT 或 DXF 文件中的页面设置输入到当前图形中；而选择“创建新布局时显示”选项，则每次切换到新的布局选项卡或创建新的布局时，都将显示“页面设置管理器”对话框。

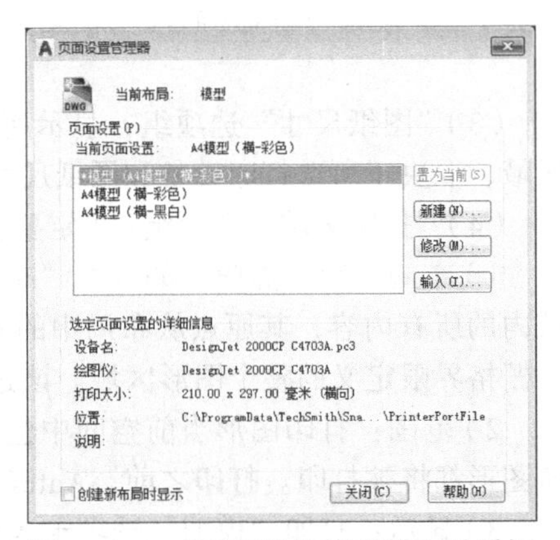


图 13-16 “页面设置管理器”对话框

3. “新建页面设置”对话框

在“页面设置管理器”对话框中单击“新建”按钮，将显示“新建页面设置”对话框，如图 13-17 所示。在该对话框的“新页面设置名”文本框中输入一个名称，在“基础样式”列表框中，选择一个已有的页面设置作为新创建页面设置的基础样式，单击“确定”按钮，将显示“页面设置 - 模型”对话框，如图 13-18 所示。选择“默认输出设备”选项，指定将“选项”对话框 |“打印与发布”选项卡中指定的默认输出设备设置为新建页面设置的绘图机。选择“上一次打印”选项，将指定新建页面设置使用上一个打印作业中指定的设置，当用户正确打印过图形后将存在此项。

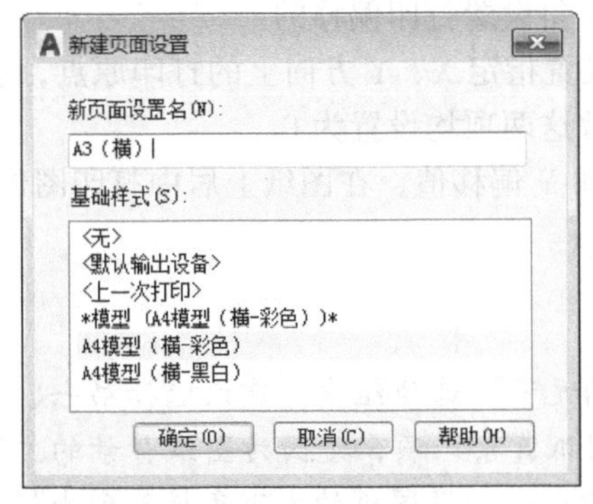


图 13-17 “新建页面设置”对话框

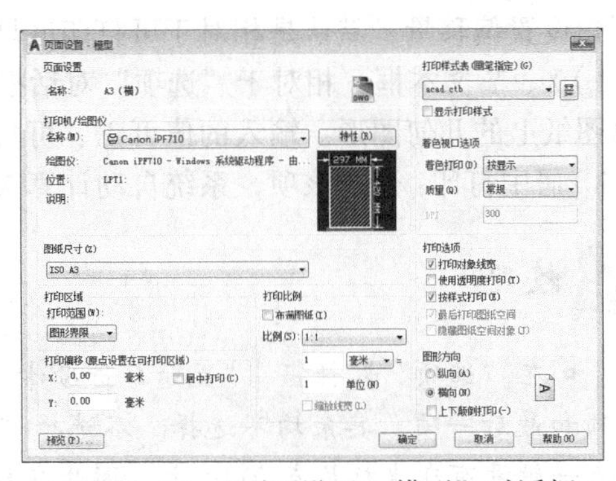


图 13-18 “页面设置 - 模型”对话框

4. “页面设置”对话框

（1）“页面设置”选项组：显示当前页面设置的名称。

（2）“打印机/绘图仪”选项组：在“名称”下拉列表中可选择要使用的打印配置文件（即PC3文件）或系统打印机（有打印机符号的）。单击“特性”按钮，可修改指定打印设备的配置，如自定义特性、自定义图纸尺寸等。“局部预览图”精确显示相对于图纸尺寸和可打印区域的有效打印区域。

技巧

用户可在 Windows 的“控制面板”|“硬件和声音”中单击“添加打印机”来安装工程打印机，Windows 安装的打印机属于系统打印机；也可以在 AutoCAD 中，双击“文件”菜单|“绘图仪管理器”|“添加绘图仪向导”来安装工程打印机，安装完成，将产生一个扩展名为 .PC3 的绘图机配置文件。

（3）“图纸尺寸”选项组：显示所选打印设备可用的标准图纸尺寸。页面的实际可打印区域，取决于所选打印设备和图纸尺寸，在布局中由虚线表示。

（4）“打印区域”选项组：指定要打印的图形区域。其中：

1）布局/图形界限：如果在“布局”选项卡中打印，将打印指定图纸尺寸的可打印区域内的所有内容，其原点从布局中的 (0,0) 点计算得出；如果在“模型”选项卡打印，将打印栅格界限定义的整个图形区域。该选项常用于精确打印图形。

2）范围：打印图形当前空间中包含所有对象的区域。选择该项，当前空间内的所有几何图形都将被打印。打印之前，AutoCAD 会重生成图形以重新计算图形范围。

3）显示：打印“模型”选项卡当前视口中的视图，或“布局”选项卡上当前图纸空间视图中的视图。用户可以用 ZOOM 命令调整打印范围。

4）视图：打印以前使用 VIEW 命令保存的命名视图。如果图形中没有已保存的命名视图，则此选项不可用。

5）窗口：打印指定拾取窗口中的图形。选择该项并单击“窗口”按钮，将切换到图形画面，用户可以用光标指定两点以确定要打印的矩形区域。使用该选项确定打印区域很方便，常用于不需精确确定打印比例和打印尺寸时。

（5）“打印偏移”选项组：根据“选项”对话框|“打印和发布”选项卡|“指定打印偏移时相对于”选项组中的设置，指定打印区域是相对于可打印区域左下角，还是图纸边缘左下角设置偏移量，默认是相对于可打印区域的左下角设置打印偏移的。

1）X、Y 文本框：相对于“选项”对话框中的设置指定 X、Y 方向上的打印原点，从而偏移图纸上的几何图形。输入的值可正、可负。通常这两项均设置为 0。

2）居中打印：选择该项，系统自动计算 X 偏移和 Y 偏移值，在图纸上居中打印图形。

技巧

● 在“选项”对话框|“显示”选项卡|“布局元素”选项组中，建议选择第一、第二项和最后一项，其余均不选择。不选择“显示图纸背景”项，是因为图纸背景的左下角点一般没有在坐标原点 (0,0) 上，因此在插入图框时，如果图框的左下角插入到坐标原

点，将未与图纸背景的左下角重合，看上去就像图框插入位置不正确，如图 13-19 所示。

- 选择“选项”对话框 |“打印和发布”选项卡，在“指定打印偏移时相对于”选项组中选择“图纸边缘”选项，将设置“打印偏移”的基点设为图纸的左下角点。这与图框的插入点相一致，打印时将非常方便，如图 13-20 所示。

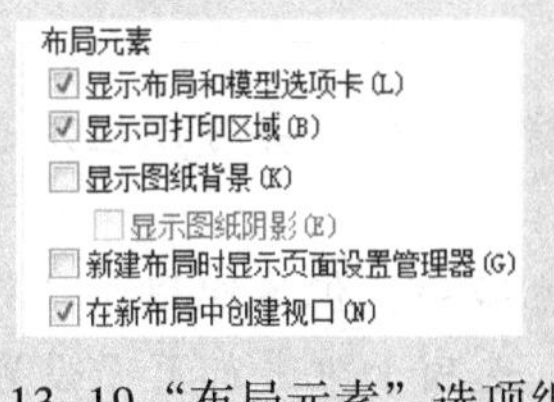


图 13-19“布局元素”选项组

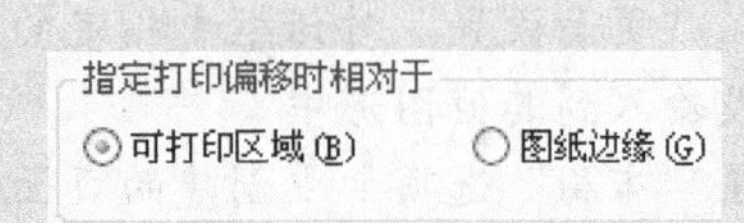


图 13-20“指定打印偏移相对于”选项组

（6）打印比例：控制图形单位与打印单位之间的相对尺寸，即打印比例。建议在布局中打印时使用 1 ∶ 1 的打印比例。如果在“打印区域”中指定了“布局”选项，则无论在“比例”中指定了何种设置，都将以 1 ∶ 1 的比例打印布局。

1）布满图纸：缩放打印图形以布满所选图纸尺寸。

2）比例：定义打印的精确比例，用户可以在列表中选择。如果选择的是“自定义”选项，则可以在下面的文本框中，输入图纸上的 1 毫米相当于多少个图形单位。

3）缩放线宽：选择该项，将与打印比例成正比缩放线宽，布局空间可用。

（7）“打印样式表（笔指定）”：设置、编辑打印时所用的打印样式表。用户可以在列表中选择一个要使用的打印样式表。单击“编辑”按钮，可以对选定的打印样式表进行编辑。如果选择“显示打印样式”复选框，则在屏幕上显示指定给对象的打印样式的特性。

（8）着色视口选项：指定着色和渲染视口的打印方式，并确定它们的分辨率级别和每英寸点数（DPI）。

1）着色打印：指定视图的打印方式。对于“模型”选项卡，可以直接从列表中选择一个选项；如果要为布局选项卡上的视口指定着色打印，首先在选择视口后右击，从弹出的快捷菜单中选择“特性”选项，打开“特性”选项板，然后在“着色打印”项中指定。

2）质量：指定着色和渲染视口的打印分辨率。

3）DPI：指定渲染和着色视图的每英寸点数，最大可为当前打印设备的最大分辨率。只有在“质量”框中选择了“自定义”后，此选项才可用。

（9）打印选项：指定线宽、打印样式、着色打印和对象的打印次序等选项。

1）打印对象线宽：指定是否按对象或图层指定的线宽打印。如果选定“按样式打印”，则该选项不可用。

2）使用透明度打印：指定是否打印对象透明度。仅当打印具有透明对象的图形时，才使用此选项。

3）按样式打印：指定是否按对象和图层指定的打印样式表进行打印。

4）最后打印图纸空间：选择该项，将首先打印模型空间几何图形。通常是先打印图纸空间几何图形，再打印模型空间几何图形。

5）隐藏图纸空间对象：指定消隐命令 HIDE 的操作是否应用于图纸空间视口中的对象。此选项仅在布局选项卡中可用。此设置的效果反映在打印预览中，而不反映在布局中。

（10）图形方向：指定图形在图纸上的打印方向。若选择“纵向”，则图形以垂直方向放置在图纸上；若选择“横向”，则图形以水平方向放置在图纸上；若选择“反向打印”选项，则图形将旋转 180° 后再进行打印。

（11）预览：单击该按钮，将按在图纸上打印时的方式显示图形。要退出预览并返回“页面设置”对话框，可按 Esc 键、Enter 键，或右击并在弹出的快捷菜单上选择“退出”选项。

技巧

● 在“页面设置”对话框中指定的设置将与布局存储在一起，并可以应用于其他布局中，或输入到其他图形中。

● 在“布局”选项卡中创建的页面设置可以用于其他布局，但不能用于“模型”选项卡。要在“模型”选项卡中打印图形，需要在“模型”选项卡中进行页面设置。

● 通常按 1 ∶ 1 的比例在模型空间绘制图形，然后在图纸空间中布局时，用 ZOOM 命令设置各个视口相对于模型空间的比例。因此，打印时就不用再按其他的打印比例进行打印，而直接按 1 ∶ 1 的比例进行打印，就可以得到指定比例的图纸。

### 13.2.2 打印

打印设置好的图形，用户既可以在模型空间打印，也可以在图纸空间打印。

1. 调用

◆ 菜单：文件 | 打印。

◆ 命令行：PLOT，或命令别名 PRINT。

◆ 组合键：Ctrl+P。

◆ 草图与注释、三维基础或三维建模空间：功能区 | 输出 | 打印 | 打印。

◆ 快捷菜单：在“模型”选项卡或“布局”选项卡上右击，从弹出的快捷菜单中选择“打印”选项。

2. 操作及说明

调用命令后将显示“打印 – 模型”对话框，如图 13–21 所示。该对话框的许多选项与“页面设置”对话框相同，因此下面主要介绍不同的部分。

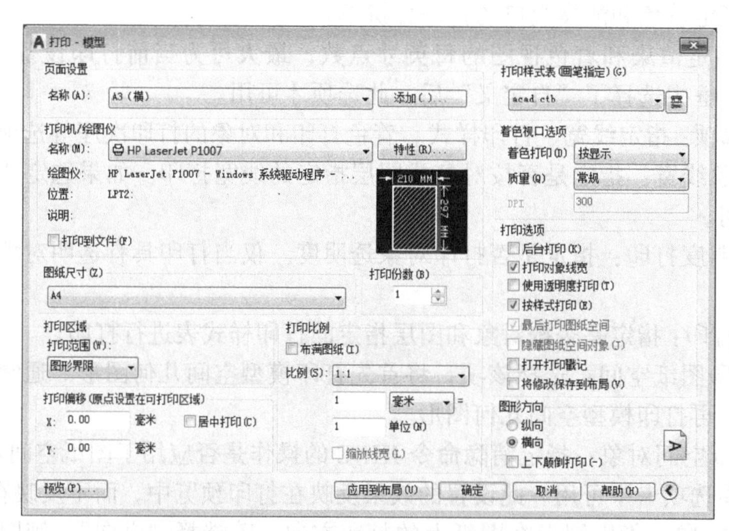

图 13–21 “打印 – 模型”对话框

（1）页面设置：列出图形中已命名或已保存的页面设置。可以将图形中保存的某个命名页面设置作为当前页面设置；也可以单击“添加”按钮，创建一个新的命名页面设置。如果在列表中选择“上一次打印”选项，将使用上一次正确打印时的页面设置；如果选择“输入”选项，则可以选择一个以前保存的页面设置作为当前页面设置。

（2）打印到文件：选择该复选框，图形将打印输出到文件而不是绘图仪或打印机。选择该项并单击“打印”对话框中的“确定”按钮，将显示“打印到文件”对话框，从中可以指定打印到文件的位置和名称。

（3）打印份数：指定要打印的份数。打印到文件时，此选项不可用。

（4）打印选项：指定线宽、打印样式、着色打印和对象的打印次序等选项。

1）后台打印：选择该复选框，将指定在后台处理打印。

2）打开打印戳记：选择该复选框，单击右侧的“打印戳记设置”按钮，在打开的“打印戳记”对话框中设置打印戳记的信息，例如图形名称、日期和时间和打印比例等。可在每个图形的指定角点放置打印戳记。

3）将修改保存到布局：选择该复选框，可把“打印”对话框中所做的修改保存到布局。

（5）应用到布局：单击该按钮，可将当前“打印”对话框设置保存到当前布局。

设置完所需选项后，单击“确定”按钮即可进行打印。

### 13.2.3 打印预览

打印预览命令用于显示当前图形的打印预览图形，以观察“页面设置”或“打印”对话框中设置的效果。

1. 调用

◆ 菜单：文件 | 打印预览。

◆ 命令行：PREVIEW 或命令别名 PRE。

◆ 草图与注释、三维基础或三维建模空间：功能区 | 输出 | 打印 | 预览。

2. 操作方法

调用命令后，将根据当前的打印设置生成所在工作空间的打印预览图形。此时光标变成实时缩放状态，用户可以对预览图形进行实时缩放观察。使用快捷菜单，还可以对预览图形进行实时平移、窗口缩放、缩放为原窗口等操作。按 Esc 键、Enter 键或右击选择快捷菜单中的“退出”选项，可结束预览状态并返回到图形状态。

用户也可以在“页面设置”对话框和“打印”对话框中，单击“预览”按钮进行预览。

### 13.2.4 上机实训 3——创建 A4 页面设置

扫一扫，看视频
※ 8 分钟

在模型空间设置名为“A4 模型（横 - 彩色）”和“A4 模型（横 - 黑白）”的两个页面设置，用于打印模型空间 A4 横向布置的彩色图和 A4 横向布置的黑白图。在布局空间中设置名为“A4 布局（横 - 彩色）”和“A4 布局（横 - 黑白）”的两个页面设置用于打印图纸空间的 A4 横向布置的彩色图和 A4 横向布置的黑白图。其操作和提示如下：

（1）新建一幅图形。在“模型”选择卡上右击，在弹出的快捷菜单中选择“页面设置管理器”选项，打开“页面设置管理器”对话框。

（2）在“页面设置管理器”对话框中单击“新建”按钮，打开“新建页面设置”对话框。在该对话框中输入名称“A4模型（横 - 彩色）”，单击“确定”按钮，打开“页面设置”对话框。

（3）在“打印机 / 绘图仪”中选择“Canon iPF710”绘图仪（用户也可以根据自己的情况选择）。

（4）在“图纸尺寸”选项组中选择“ISO =A4”图纸尺寸。

（5）在“打印范围”下拉列表中选择“图形界限”选项。

（6）在“打印偏移”选项组中，将 X、Y 文本框中的值设置为 0。

（7）在“打印比例”选项组中将打印比例设置为 1 ：1。

（8）在“打印样式表”中选择 acad.ctb 颜色相关打印颜色，用于打印彩色图形。

（9）在“图形方向”选项组中选择“横向”。单击“确定”按钮，完成该“页面设置”的设置。

（10）同样，设置“A4 模型（横 - 黑白）”的页面设置。该页面设置除在“打印样式表”选项组中选择 monochrome.ctb 颜色相关打印样式外，其余与“A4 模型（横 - 彩色）”页面设置相同。

（11）单击绘图区下面的“布局 1”选项卡，切换到图纸空间。用鼠标在“布局 1”选项卡上右击，在弹出的快捷菜单中选择“页面设置管理器”选项，打开“页面设置管理器”对话框。

（12）同样，设置“A4 布局（横 - 彩色）”页面设置。该页面设置除在“打印范围”中选择“布局”外，其余与“A4 模型（横 - 彩色）”页面设置相同。

（13）同样，设置“A4 布局（横 - 黑白）”页面设置。该页面设置除在“打印样式表”选项组中选择 monochrome.ctb 颜色相关打印样式外，其余与“A4 布局（横 - 彩色）”页面设置相同。

（14）将该图形命名为“页面设置”并保存。

用户可以用同样的方法设置 A3、A2、A1、A0 等常用图幅的页面设置。

## 13.3 创建与管理布局

布局相当于一张手工绘图时候的图纸，布局里面的空间叫图纸空间（请参看 9.5 节）。通常，在模型空间绘制完图形后，切换到布局进行图形的布局与打印。

### 13.3.1 绘图与打印步骤

在 AutoCAD 中，模型空间通常用于绘制与编辑图形，以及打印草图或打印简单的图形；而图纸空间（即“布局”选项卡）由于有许多专用的布局和打印功能，因此，通常用于大多数图形的打印输出。常用的绘图与打印步骤如下：

（1）按 1 ：1 的比例在模型空间绘制和编辑图形。

（2）进行图案填充，标注尺寸和文字。

（3）设置一个“视口”图层，并将该图层设置为当前图层。

（4）单击“布局”选项卡，切换到图纸空间。用户可以创建一个或多个布局，以在不同的布局中显示图形的不同部分，使同一幅图形可以输出不同的内容。

（5）按 1 ：1 的比例插入图框和标题栏。

（6）根据图形要求设置多个“浮动视口”，使每个“浮动视口”显示图形的不同部分。

（7）设置各浮动视口的比例，以及图层的可见性。

（8）添加必要的标注和注释。

（9）冻结或关闭“视口”图层，以隐藏视口边框的显示。

（10）进行“页面设置”。如果有多个布局，每个布局可分别进行各自的“页面设置”。

（11）打印输出。如有多个布局，则可给不同的布局设置不同的打印样式进行打印输出。

### 13.3.2 认识布局

单击绘图区左下角的“布局”选项卡即可进入布局，即图纸空间，如图 13-22 所示。最外面的图纸背景表示当前设置的图纸尺寸；虚线内的区域为图纸的可打印区域；中间矩形的实线边框代表浮动视口。图纸空间的坐标系图标显示为左下角的一个三角形图标。

可以在布局中创建一个或多个视口。用户在模型空间中的所有修改，都将反映到所有图纸空间视口中。但是图纸空间中添加的对象却不会反映到模型空间。在同一图形中，用户可以设置一个或多个布局，每个布局代表一张单独打印的图纸。在每个布局中，用户可以让其反映不同对象或使用不同的打印样式进行打印。

在布局中的任何一个浮动视口内双击或单击状态栏上的“图纸”按钮，该浮动视口的边框将变粗，该视口内的坐标系图标也将显示为模型空间的坐标系图标，表示该浮动视口这时进入了模型空间。我们把从布局中某个视口进入的模型空间叫做浮动模型空间，如图 13-23 所示。在浮动模型空间中所进行的操作与模型空间的操作完全相同。如果用户在浮动视口外的布局区域双击，或单击状态栏上的“图纸”模型按钮，则回到图纸空间。

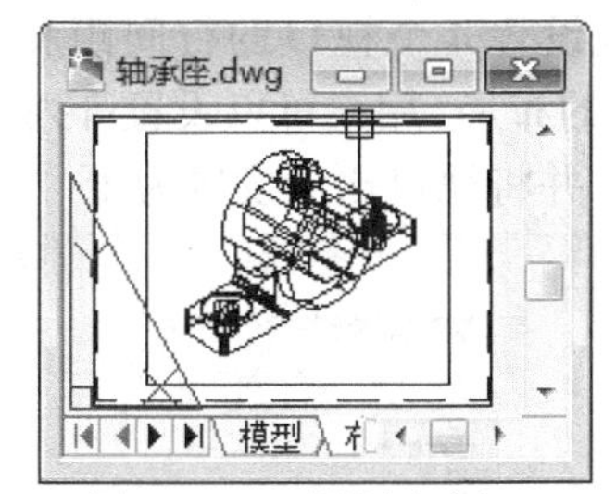

图 13-22 图纸空间

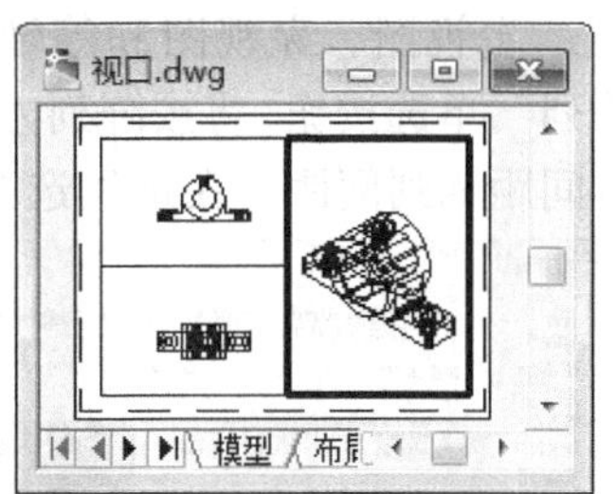

图 13-23 浮动模型空间

### 13.3.3 使用布局向导

使用向导方式可以创建新的布局选项卡，并指定页面和打印设置。

1. 调用

◆ 菜单：插入 | 布局 | 创建布局向导，或工具 | 向导 | 创建布局。

◆ 命令行：LAYOUTWIZARD。

2. 操作方法

（1）调用命令后将显示“创建布局 - 开始”对话框，如图 13-24 所示。在该对话框中，用户可以输入一个新布局的名称，如输入“A4 横向”。

（2）单击“下一步”按钮，打开“创建布局 - 打印机”对话框，如图 13-25 所示。在该对话框中选择“Canon iPF710”绘图仪（用户可根据自己的情况选择其他打印机）。

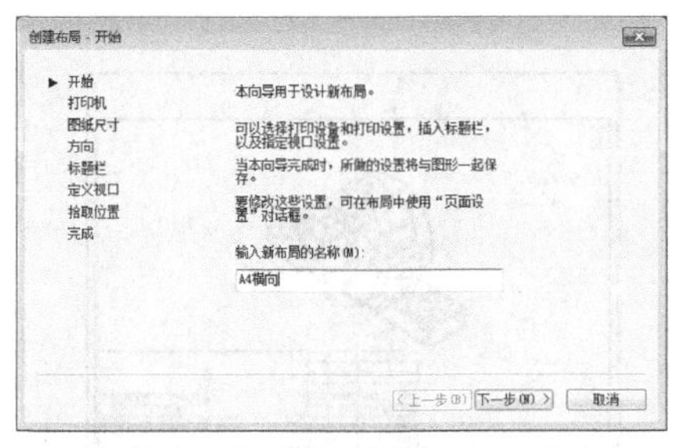

图 13-24 “创建布局 - 开始”对话框

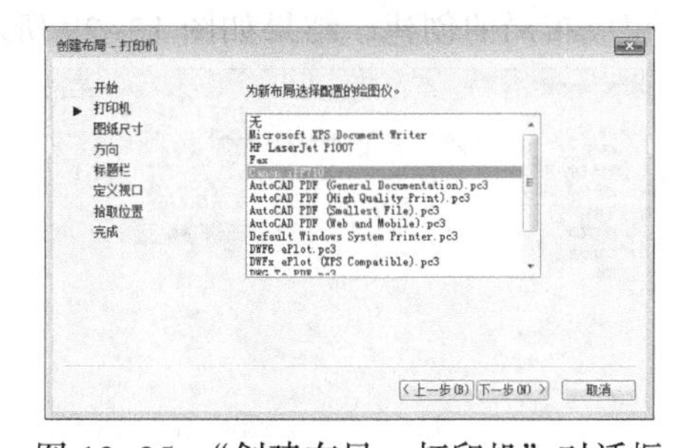

图 13-25 “创建布局 - 打印机”对话框

（3）单击“下一步”按钮，打开“创建布局 - 图纸尺寸”对话框。在该对话框中可以选择图纸的大小和图形单位。例如，选择 A4 图纸，单位为毫米。

（4）单击“下一步”按钮，打开“创建布局 - 方向”对话框。在该对话框中选择打印图纸的方向，例如选择“横向”打印。

（5）单击“下一步”按钮，打开“创建布局－标题栏”对话框，如图 13-26 所示。在列表框中，可以选择一个图框和标题栏样式，如自建的“A4（横）.dwg”，并选择以“块”还是“外部参照”的形式把标题栏插入到布局中。自建的图框和标题栏可用写块命令 WBLOCK，将其保存到 AutoCAD 的样板文件夹 Template 中即可使用（如路径：C:\Users\Administrator\AppData\Local\Autodesk\AutoCAD 2018\R22\chs\Template）。

（6）单击“下一步”按钮，打开“创建布局－定义视口”对话框，如图 13-27 所示。在该对话框中可以指定新建布局的视口设置和比例。其中，选择“无”单选按钮，新创建的布局中不设置视口；选择“单个”单选按钮，新创建的布局中设置单个视口；选择“标准三维工程视图”单选按钮，创建的布局包含有 4 个相同大小的视口，分别显示三维图形的俯视图、主视图、左视图和等轴测视图，用户还可以设置 4 个视口的行间距和列间距；选择“阵列”单选按钮，将按阵列方式创建具有多个视口的布局，用户可以设置阵列的行数、列数、行间距和列间距。在这里选择“单个”视口设置，并将视口比例设置为 1 ∶ 1。

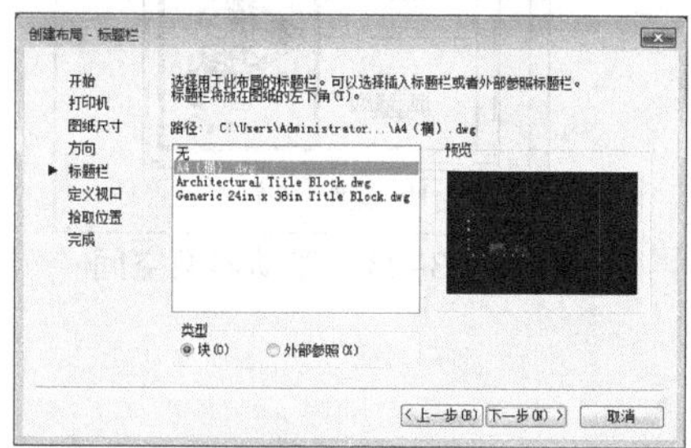


图 13-26 “创建布局－标题栏”对话框

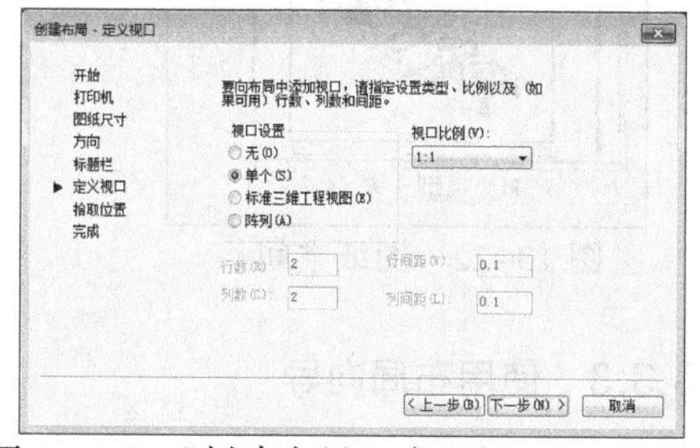


图 13-27 “创建布局－定义视口”对话框

（7）单击“下一步”按钮，打开“创建布局－拾取位置”对话框，如图 13-28 所示。单击其中的“选择位置”按钮，切换到绘图窗口，用鼠标或键盘在布局中指定两点以确定视口大小和位置。

**技巧**

对于单个视口，通常指定的视口大小应比图框的内框略大一些。

（8）单击“下一步”按钮，打开“创建布局－完成”对话框。在该对话框中单击“完成”按钮，完成布局的创建，结果如图 13-29 所示。

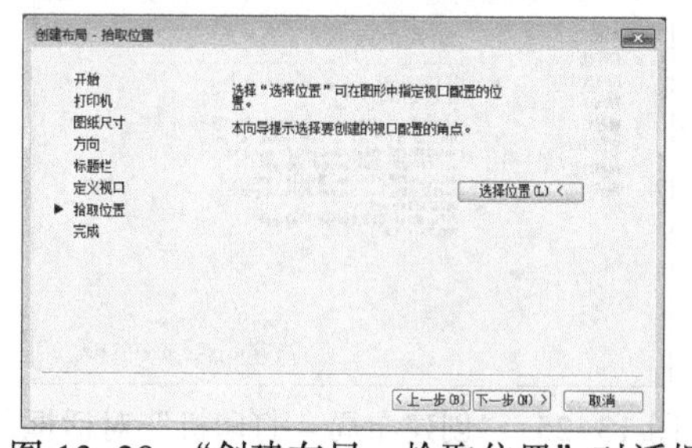


图 13-28 “创建布局－拾取位置”对话框

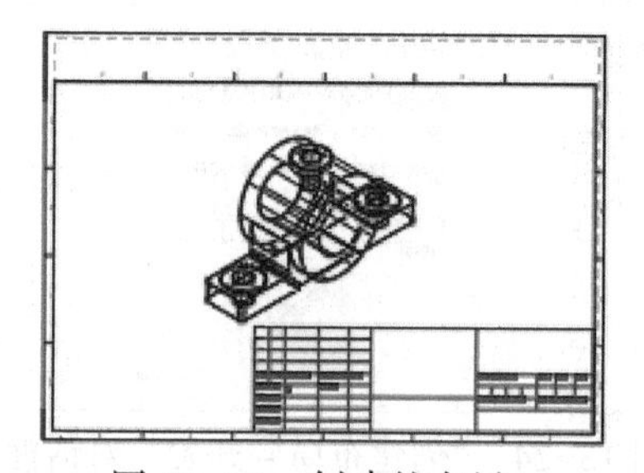

图 13-29 创建的布局

## 13.3.4 管理布局

利用“布局”选项卡的快捷菜单，还可以进行管理布局的相关操作，如图 13-30 所示。

下面介绍主要的选项。

（1）新建布局：用于创建新布局。还可以选择“插入”菜单｜“布局”｜“新建布局”命令，或“布局”选项卡（切换到“布局”才会显示该选项卡）｜“布局”面板｜“新建布局”工具按钮创建新布局。

（2）从样板：选择该项，将显示“从文件选择样板”对话框，从中选择了包含布局的样板后，将显示“插入布局”对话框，如图 13-31 所示。在该对话框中，选择需要的布局并单击“确定”按钮即可。用户还可以选择“插入”菜单｜“布局”｜“来自样板的布局”命令，或“布局”选项卡｜“布局”面板｜“从样板”工具按钮进行操作。

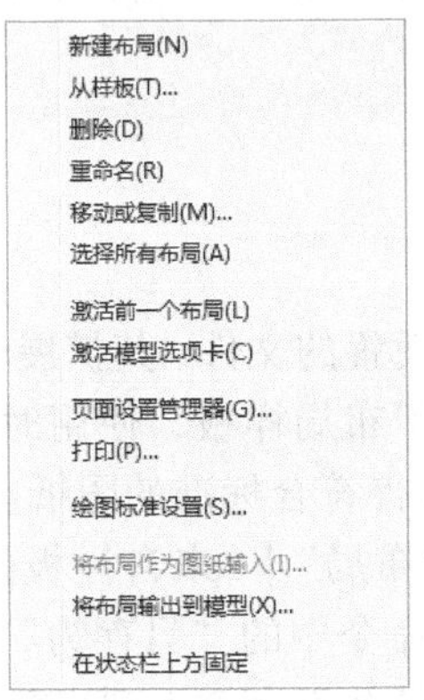


图 13-30 “布局”快捷菜单

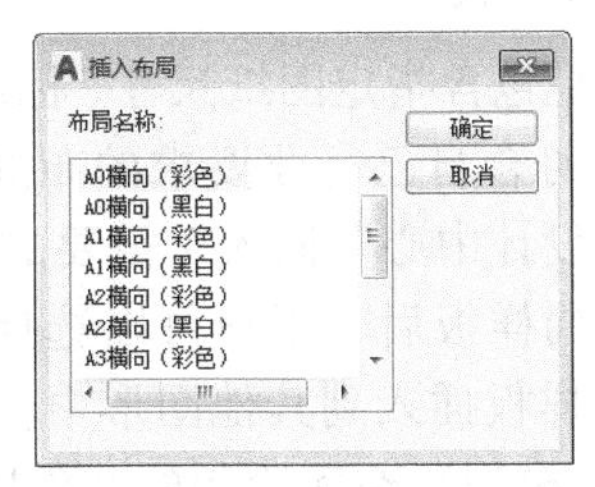


图 13-31 “插入布局”对话框

（3）移动或复制：用于移动布局的位置或复制出一个布局。选择该项后，将显示“移动和复制”对话框，如图 13-32 所示。用户可从中进行相应操作。

（4）选择所有布局：将所有布局选项卡全部选中。

（5）激活前一个布局：将上一次使用的布局选项卡设置为当前布局。

（6）激活模型选项卡：将模型空间设置为当前工作空间。

（7）绘图标准设置：为新工程视图定义默认设置。

（8）将布局作为图纸输入：选择该项，将显示“按图纸输入布局”对话框，如图 13-33 所示。从中单击“浏览图形”按钮，并选择一个包含布局设置的图形，在该对话框的列表框中选择某个需要的布局，即可快速将布局输入图纸集。一个布局只能属于一个图纸集。该项只对图纸集或图纸集中的图形可用。

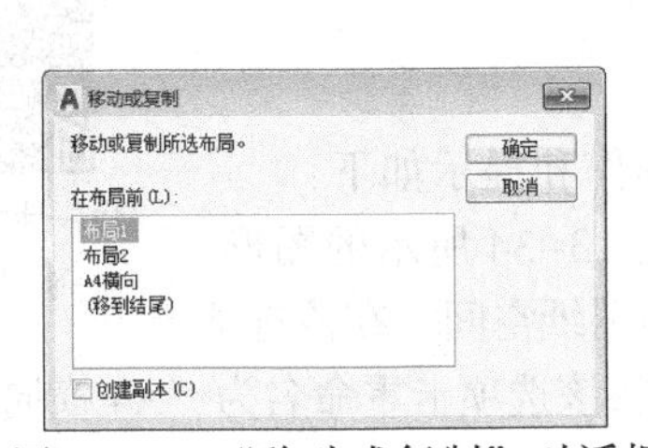


图 13-32 “移动或复制”对话框

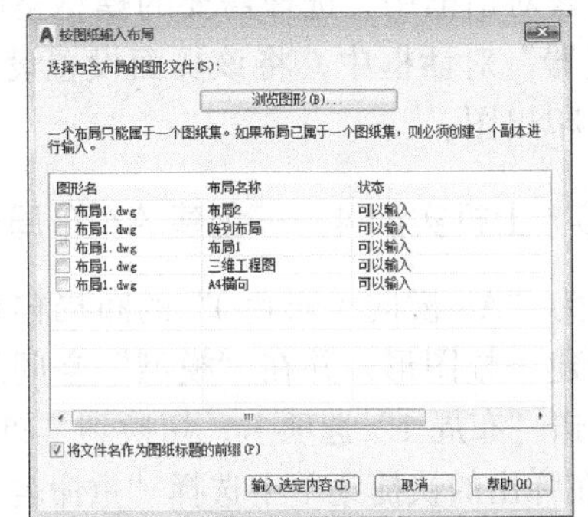


图 13-33 “按图纸输入布局”对话框

（9）将布局输出到模型：用于将当前布局中的所有可见对象输出到新图形中的模型空间。

技巧

● 用户还可以利用设计中心，将某个图形中的布局插入到当前图形中。其插入的方法与向当前图形插入块、图层等对象的方法类似。

● 使用命令 LAYOUT，同样可进行管理布局的相关操作。调用命令后的提示如下：

输入布局选项 [ 复制 (C)/ 删除 (D)/ 新建 (N)/ 样板 (T)/ 重命名 (R)/ 另存为 (SA)/ 设置 (S)/?] < 设置 >:

使用其中的“另存为”选项，可将布局另存为图形样板（.DWT）文件，而不保存任何未参照的符号表和块定义信息。用户即可使用该样板在图形中创建新的布局，而不必删除不必要的信息。

### 13.3.5 创建和使用布局样板

1. 在图纸空间设置

布局样板是包含指定图纸尺寸、标题栏、视口和页面设置的文件，其扩展名同样是 .dwt。用户可以创建符合自己行业要求的布局样板。一旦创建了布局样板，使用时只需简单的插入（如使用“设计中心”插入）需要的布局样板，即可获得符合标准的图纸。

保存了布局样板后，用户可以选择“插入”菜单 |“布局”|“来自样板的布局”命令，将保存的布局样板插入到其他图形中使用。用 LAYOUT 命令中的“另存为”选项保存的布局在插入后，“模型”空间绘制的对象以及未使用的图层等并不会插入到当前图形中。

2. 在模型空间设置

如果用户希望在模型空间按比例设置并打印，最常用的是按如下方法进行：

（1）按标准图纸尺寸用 LIMITS 命令设置图形界限。

（2）按 1 ：1 的比例绘制并编辑图形。

（3）标注尺寸和文字。

（4）将图形按比例缩放后放入图形界限内。

（5）按 1 ：1 的比例插入图框，使图框的左下角点在图形界限的左下角点。

（6）在“模型”选项卡上右击，从弹出的快捷菜单中选择“页面设置管理器”选项，打开“页面设置管理器”对话框。在该对话框中单击“输入”按钮，打开“从文件选择页面设置”对话框，从中选择保存有页面设置的图形文件。单击“打开”按钮，打开“输入页面设置”对话框，在该对话框中，选择需要的模型空间用的页面设置，并单击“确定”按钮。在“页面设置管理器”对话框中，将该页面设置设置为当前即可。

（7）打印出图。

### 13.3.6 上机实训 4——创建 A4 布局样板

扫一扫，看视频
※ 13 分钟

创建名为“A4 横向（彩色）”的布局样板。其操作和提示如下：

（1）新建一幅图形。并在“模型”空间绘制如图 13-34 所示的图形。

（2）单击“布局 1”选项卡，切换到“布局 1”的图纸空间。在该选项卡上右击，在弹出的快捷菜单中选择“重命名”选项，将该选项卡重命名为“A4 横向（彩色）”。如果显示了一个默认视口，可将其边框选中后删除。

（3）选择“插入”菜单 |“块”命令，打开“插入”对话框。在该对话框中单击“浏览“按钮，从打开的“选择图形文件”对话框中，选择“上机实训 4”中的“A4（横）”图框

及标题栏块。在“插入点”选项组中，指定插入点为(0,0,0)，比例设置为1，旋转角度设置0°。单击“确定”按钮，将其插入到该布局中。

（4）在“A4横向（彩色）”布局选项卡上右击，从弹出的快捷菜单中选择“页面设置管理器”选项，打开“页面设置管理器”对话框。在该对话框中单击“输入”按钮，打开“从文件选择页面设置”对话框。从中选择“上机实训3”中保存的“页面设置”图形文件，并单击“打开”按钮，打开“输入页面设置”对话框。

（5）在“输入页面设置”对话框中，选择“页面设置”图形中保存的“A4布局（横-彩色）”页面设置，单击“确定”按钮，返回“页面设置管理器”对话框。

（6）在“页面设置管理器”对话框中选择“A4布局（横-彩色）”页面设置，单击“修改”按钮，打开“页面设置”对话框。在该对话框中单击“预览”按钮，观察打印预览图形是否合适。如果图纸的内框未打印完整（图纸的外框可以不打印），可在“打印机/绘图仪”选项组中单击“特性”按钮，打开“绘图仪配置编辑器”对话框，设置可打印区域的范围，以及调整“打印偏移”中的设置。

（7）在“绘图仪配置编辑器”对话框的“设备和文档设置”选项卡中，选择“修改标准图纸尺寸”选项。在“修改标准图纸尺寸”列表框中，选择使用的图纸尺寸“ISO A4 210×297”。然后单击“修改”按钮，打开“自定义图纸尺寸-可打印区域”对话框，如图13-35所示。在该对话框中，用户可以调整图纸非打印区域的尺寸，如将上、下、左、右都设置为0（需选择的打印机支持才能设置）。

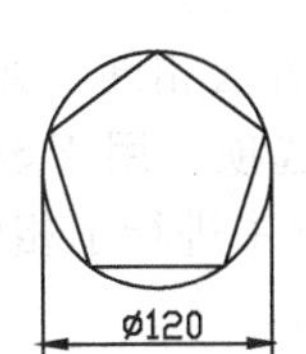


图13-34　绘制的图形

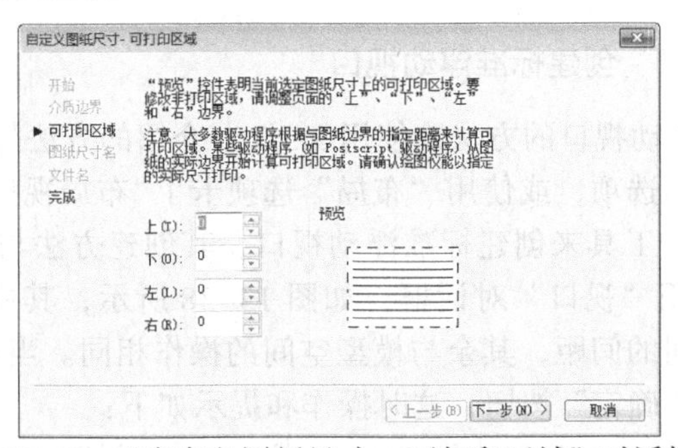


图13-35　“自定义图纸尺寸-可打印区域”对话框

（8）在“页面设置”对话框中单击“预览”按钮，待预览合适后，单击“确定”按钮返回“页面设置管理器”对话框。在该对话框的列表框中选择“A4布局（横-彩色）”页面设置，并单击“置为当前”按钮，将其设置为当前页面设置。单击“关闭”按钮关闭“页面设置管理器”对话框，完成页面设置。设置完页面后可以看出，图纸内框已经在可打印区域（虚线表示）以内，如图13-36所示。

（9）在图形中建立一个“视口”图层，并将其设置为当前图层。单击“布局”选项卡|“布局视口”面板|“矩形”按钮，用鼠标在布局中拖出一个比图纸内框略大的视口。

（10）在视口内双击，将该视口转换到浮动模型空间，并在状态栏上的“选定视口的比例”单击，从显示的菜单中选择1：2的比例（用户也可以在“视口”工具栏的比例下拉列表中选择1：2的比例）。然后按住鼠标滚轮，将图形移动到合适位置。

（11）在视口外的布局区域双击，将其转换到图纸空间，并将“视口”图层关闭或冻结，即可打印出图，如图13-37所示。

（12）调用LAYOUT命令的“另存为”选项，将该布局命名为“A4横向（彩色）.dwt”并保存在AutoCAD的样板文件夹Template中。

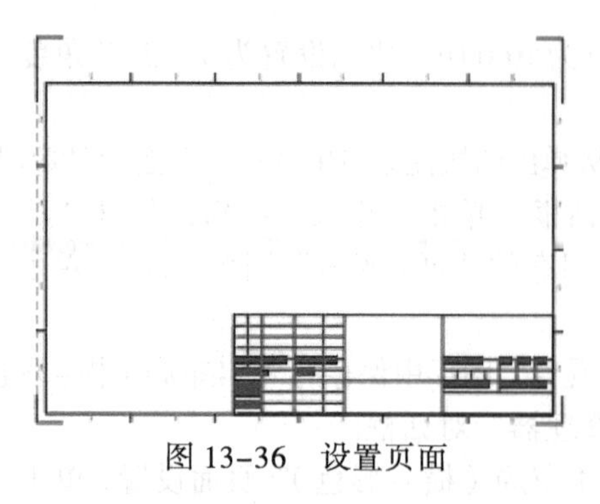
图 13-36　设置页面

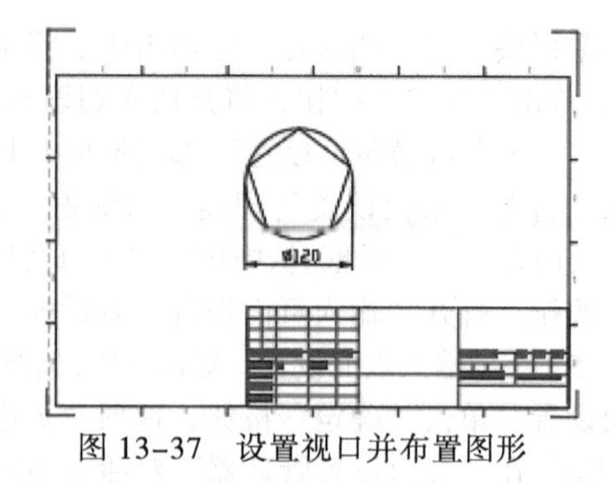

图 13-37　设置视口并布置图形

（13）将该图形命名为“布局设置 .dwt”并保存。

用同样的方法，用户可以设置并保存其他各种图纸尺寸的布局。

## 13.4　浮动视口

创建了布局后，即可在布局中设置浮动视口，并在每个视口中选择性地冻结图层，控制每个视口中显示不同的对象，以规划图形在布局中的显示。同时还可以完善视图、添加必要的注释等。默认情况下，创建布局时系统会自动在布局中创建一个浮动视口，但是，默认的浮动视口往往不合适。一个方法就是选择浮动视口，利用夹点调整浮动视口的大小；另一个方法是将默认的浮动视口删除，重新创建视口（请参看 9.5 节）。

### 13.4.1　创建标准浮动视口

创建浮动视口的方法除使用 9.5.3 节介绍的方法外，还可以使用“视图”菜单 |“视口”子菜单中的选项，或使用“布局”选项卡 |“布局视口”面板上的工具，以及“视口”工具栏上的对应工具来创建标准浮动视口，其创建方法与创建平铺视口的方法相同。如果在图纸空间使用“视口”对话框，如图 13-38 所示，其中，“视口间距”选项，用于设置各浮动视口之间的间距，其余与模型空间的操作相同。当在“视口”对话框中进行了相应设置，然后单击“确定”按钮，这时操作和提示如下：

指定第一个角点或 [ 布满 (F)] < 布满 > :（指定视口区域的第一个角点，或回车使用“布满”选项）

指定对角点 :（指定视口区域的第二个角点）

在提示下指定两点，则所定义的矩形区域为确定指定视口配置的布置区域。如果选择“布满”选项，则指定的视口配置将布满整个图纸。如图 13-39 所示，选择“三个：右”视口配置，并且将视口间距设置为 5 的情况。

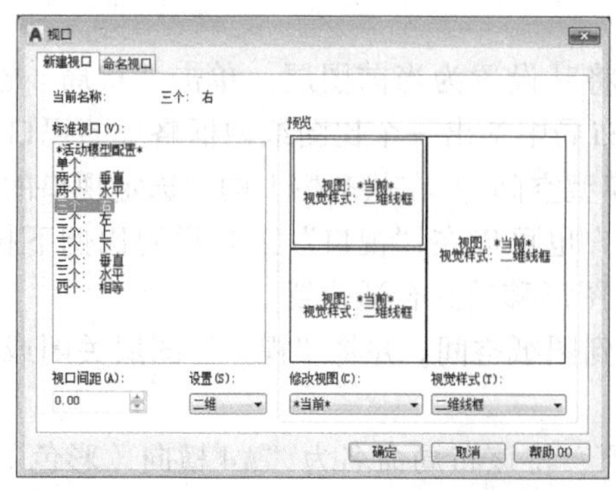

图 13-38　“视口”对话框

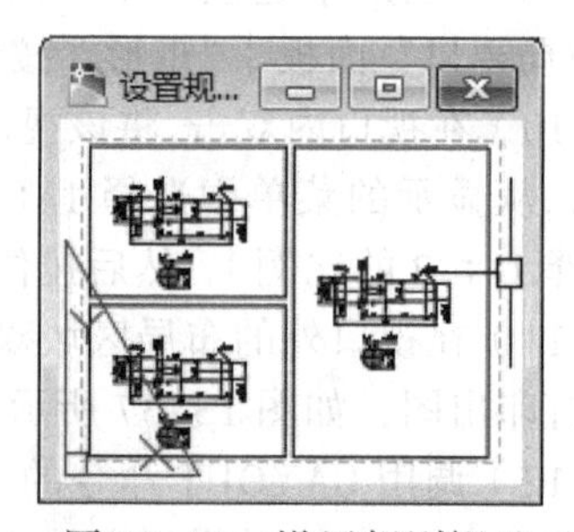

图 13-39　设置规则视口

如果在图形中用 VIEW 命令保存有命名视图，则可以给不同的视口设置不同的视图。

### 13.4.2 设置非规则视口

选择“视图”菜单 |“视口”|“多边形视口”选项，或单击“布局”选项卡 |“布局视口”面板 | “多边形”按钮，可创建由直线或圆弧组成的多边形浮动视口，如图 13-40 左图所示。

选择“视图”菜单 |“视口”|“对象”选项，或单击“布局”选项卡 |“布局视口”面板 |“对象”按钮，可将选定的多段线、椭圆、样条曲线、面域或圆等的封闭对象转换为视口，如图 13-40 右图所示。

视口.dwg

图 13-40 非规则浮动视口

### 13.4.3 剪裁视口

可以剪裁已有的视口对象，重新调整视口边界形状，使之与用户绘制的边界一致。

1. 调用

◆ 菜单：修改 | 剪裁 | 视口。
◆ 命令行：VPCLIP。
◆ 草图与注释或三维建模空间：功能区 | 布局 | 布局视口 | 剪裁。
◆ 快捷菜单：选择要剪裁的浮动视口后右击，从弹出的快捷菜单中选择“视口剪裁”选项。

2. 操作及说明

命令：（调用命令）

选择要剪裁的视口：（选择要剪裁的浮动视口）

选择剪裁对象或 [ 多边形 (P)/ 删除 (D)] < 多边形 > ：（选择已有的封闭对象，或指定一个选项，或按 Enter 键使用“多边形”选项）

其中，“选择剪裁对象”选项，用于选择作为剪裁边界的对象，可以是闭合的多段线、圆、椭圆、样条曲线和面域等；选择“多边形”选项，将通过绘制首尾相连的直线段或弧线段组成的封闭多边形作为剪裁边界来剪裁视口；选择“删除”选项，可删除选定视口的剪裁边界，仅当选定的视口已被剪裁时此选项才可用，如图 13-41 所示。

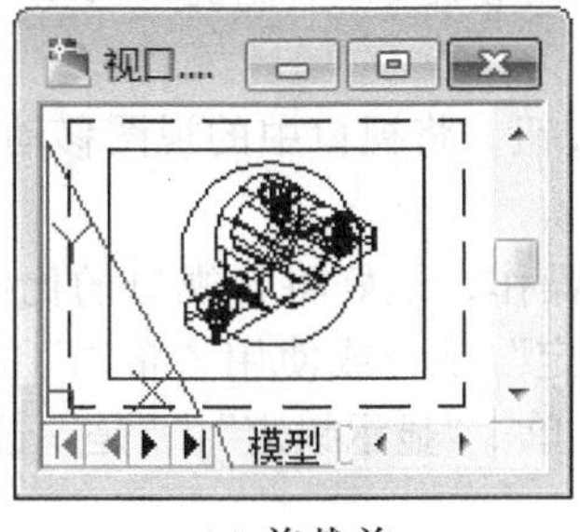


(a) 剪裁前

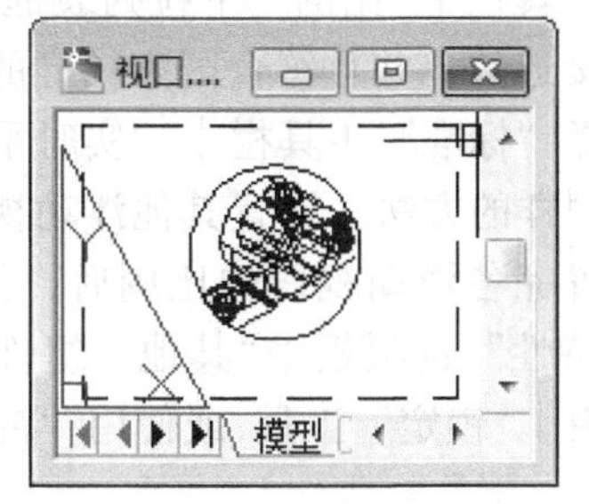


(b) 剪裁后

图 13-41 剪裁视口

### 13.4.4 设置浮动视口比例

打印图形时，往往要求将不同的视图按不同的比例进行打印。利用布局中的浮动视口，用户可以轻松地将不同视口中的视图设置成不同的比例。

在图纸空间的布局中工作时，比例因子代表显示在浮动视口中的模型的实际尺寸与布局尺寸的比值，即图纸空间单位与模型空间单位的比值。例如，如果希望某个视口中的图形按1 ∶ 5的比例输出,则可以指定该视口的比例因子为1 ∶ 5,即一个图纸空间单位相当于5个模型空间单位。

1. 设置方法

（1）使用“特性”选项板设置：首先选择要设置的浮动视口边框，在“特性”选项板 | “其他”组件 | “标准比例”下拉列表中选择一个比例，如图13-42所示。

（2）使用“视口”工具栏设置：选择要设置的浮动视口边框，或在要设置的浮动视口内双击，进入浮动模型空间，从“比例”下拉列表中选择一个比例，如图13-43所示。

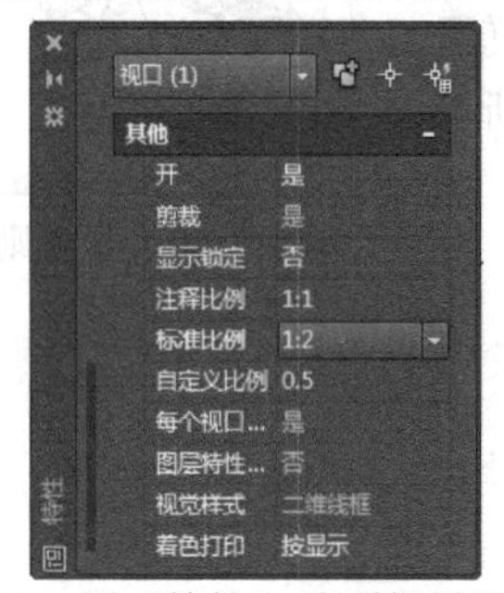


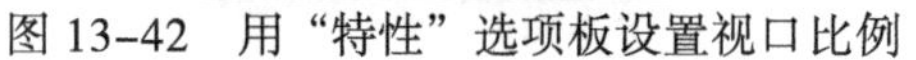
图13-42 用“特性”选项板设置视口比例

图13-43 用“视口”工具栏设置视口比例

（3）使用状态栏上的“选定视口的比例”设置。

（4）使用ZOOM命令的XP选项设置：在要设置的浮动视口内双击，进入浮动模型空间。调用ZOOM命令，这时的操作和提示如下：

指定窗口的角点，输入比例因子 (nX 或 nXP)：（输入相对于模型空间图形的缩放比例因子nXP）

由于模型空间的图形一般是按1 ∶ 1的比例绘制的，因此在提示下输入2XP，表示将浮动视口中的图形准确放大两倍；输入0.5XP，表示将浮动视口中的图形准确缩小为原来的一半。

2. 设置浮动视口中的视图

（1）将某个浮动视口转换到浮动模型空间，或选择该浮动视口的边框。

（2）选择“视图”菜单 | “缩放” | “实时缩放”工具，将视口中的视图调整到合适大小，这时状态栏上的“选定视口的比例”中，或“视口”工具栏的“比例”下拉列表中将显示一个比例值。

（3）在“特性”选项板 | “标准比例”下拉列表框中,或状态栏上的“选定视口的比例”中，或“视口”工具栏 | “比例”下拉列表框中，或用ZOOM命令 | “比例”选项 | “nXP”选项指定一个最接近的，并且符合国家标准的比例值。

（4）选择“标准”工具栏 | “实时平移”工具按钮，将视口中的视图移动到合适位置。

（5）用同样的方法，设置其他浮动视口的比例。

（6）设置完各浮动视口的比例后，为了防止误操作，最好将各视口的比例锁定。用户可以使用“特性”选项板 | “其他”组件 | “显示锁定”项，或使用“布局”选项卡 | “布局视口”面板 | “锁定”工具,或使用“视口”快捷菜单 | “显示锁定” | “是”选项进行操作。

**技巧**

● 在模型空间中，通常是按1 ∶ 1的比例绘制图形，并且由于已经设置了浮动视口中的图形相对于模型空间中图形的比例，因此，打印时应按1 ∶ 1的比例进行打印。可见，浮动视口中设置的比例，即是对象的最终缩放比例。

● 用ZOOM中的“比例”选项设置浮动视口的比例时，输入nX和nXP所代表的含义不同。输入 nX 表示将浮动视口中的图形放大为模型空间图形显示大小的 n 倍；而输入 nXP 表示将浮动视口中的图形放大为模型空间绘制尺寸的 n 倍，由于模型空间通常按 1 ：1 的比例绘制图形，因此即表示按模型空间图形的真实大小放大 n 倍。这里应使用 nXP 方式。

### 13.4.5 控制浮动视口显示

在打印时，浮动视口的边框通常不希望打印，因此，用户可以创建一个单独放置视口的图层，如“视口”层，然后选择视口的边框，在“图层”面板或“特性”选项板中，将其图层修改为“视口”图层。打印前，在“图层特性管理器”对话框中或“图层”面板上，将该图层设置为“关闭”“冻结”或“不打印”状态即可。

默认情况下，模型空间中的图形将全部映射到布局中的各个浮动视口中，在浮动模型空间中绘制的图形，也会显示在每个浮动视口中。利用“图层特性管理器”中的“视口冻结”（用于控制某个图层在某个视口中的显示）和“新视口冻结”（用于控制某个图层在新建的视口中的显示）功能，用户可以单独控制各浮动视口中图层的显示，从而控制各浮动视口中视图的显示。利用这个特点，用户可设置各浮动视口专用的图层，并用这些图层在对应的浮动视口中添加对象（如尺寸标注、图形），将这些图层在其他视口中用“视口冻结”功能将其冻结，即可使这些对象不在其他浮动视口中显示。

### 13.4.6 添加对象和注释

用户同样可以在图纸空间添加对象和注释，如绘制图形、插入块和外部参照、标注尺寸、添加注释文字、创建表格等内容。其添加方法与在模型空间添加这些对象完全相同。不过，图纸空间的主要任务是布局和打印，因此添加这些内容主要是对模型空间的一种补充。用户图纸空间创建的对象不会反映到模型空间中。

最好直接在布局的图纸空间标注尺寸和文字。因为在模型空间常按 1 ：1 的比例来绘制图形，图纸空间进行布局打印时，通常会设置多个视口，且每个视口的比例常不相同。这样，在各浮动模型空间中标注的尺寸和文字，会因视口比例的不同而造成外观大小的不一致。因此，要在图纸空间打印图形，为使同一张图纸的标注相同，最好不要在模型空间或浮动模型空间中标注尺寸和文字，除非各个视口的比例一致或视口的比例为 1 ：1。

在“选项”对话框 |“用户系统配置”选项卡 |“关联标注”中，选择“使新标注可关联”选项，则在图纸空间中标注模型空间的对象时，将与模型空间的对象相关联。这样，用户可直接在布局的图纸空间标注各个视口中视图的尺寸，而不管各个视口的比例是多少，都会得到相同的尺寸。并且，用同一尺寸标注样式标注出的尺寸，在外观上都显示为同样大小，即便用户更改了视口的比例。

### 13.4.7 上机实训 5——布置图形

扫一扫，看视频
※ 12 分钟

打开“图形”文件 | dwg | Sample | CH13 | 上机实训 5 |“轴承座”图形，用该图形进行布局设置，在图纸上布置一个主视图、一个俯视图和一个立体图。其操作和提示如下：

（1）选择“插入”菜单 |“布局”|“来自样板的布局”命令，打开“从文件选择样板”对话框。在该对话框中，选择用“上机实训 4”创建的“布局样板 .dwg”文件“打开”，在“插入布局”对话框中选择“A4 横向（黑白）”布局，单击“确定”按钮，即可在图形中插入该布局样板。

（2）单击绘图区下面的“A4 横向（黑白）”布局选项卡，切换到该布局。选择“格式”菜单|“图层”命令，打开“图层特性管理器”对话框。在该对话框中设置一个“视口”图层，其颜色、线型、线宽均为默认。

（3）将“视口”层设置为当前图层。单击“布局”选项卡|“布局视口”面板|“矩形”工具按钮，在图纸内框的左上部，绘制一个矩形视口。

（4）在该矩形视口内双击，进入浮动模型空间，选择“视图”菜单|“三维视图”|“前视”命令，将该视口中的视图转到主视图状态。在状态栏上的“选定视口的比例”中设置比例为 1 ∶ 1。按住鼠标滚轮，用“实时平移”方式，调整图形在视口中的位置。最后，在视口外双击，退出浮动模型空间，如图 13-44 所示。

（5）同样，在图纸内框的左下角创建一个矩形视口，用于布置俯视图，视口比例也是 1 ∶ 1。

（6）调用命令 MVSETUP，在提示下输入 A 并按 Enter 键，选择“对齐”选项；在“输入选项……：”的提示下，输入 V 并按 Enter 键，选择“垂直对齐”选项；在“指定基点：”的提示下，单击左上视口，用鼠标捕捉到该视口中大圆的圆心；在“指定视口中平移的目标点：”的提示下，单击左下视口，用鼠标捕捉到该视口中俯视图中上面孔的圆心，这样，即可将主视图和俯视图对正，如图 13-45 所示。

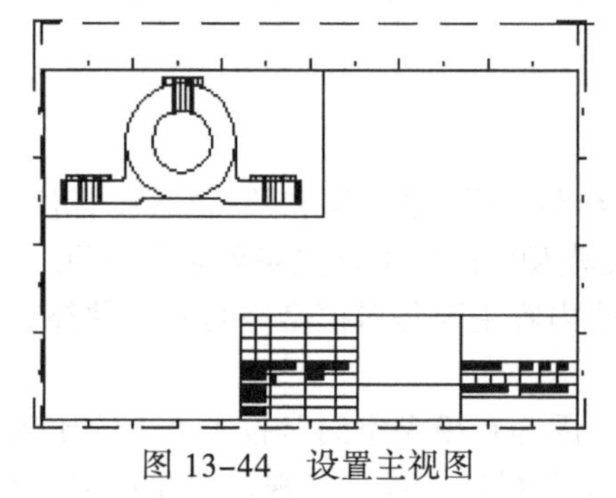

图 13-44　设置主视图

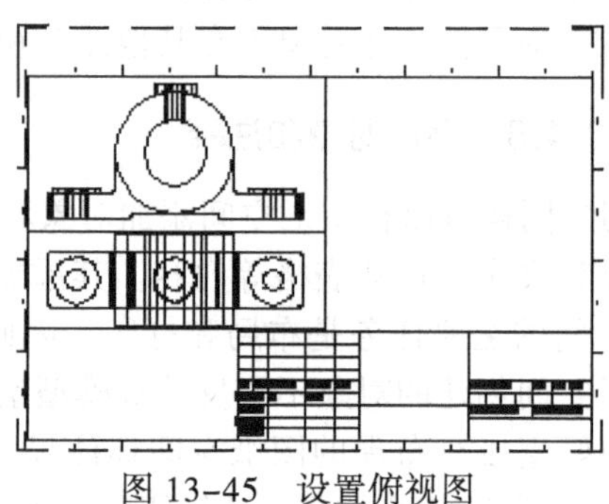

图 13-45　设置俯视图

（7）调用圆命令 CIRCLE，在图纸内框的右边绘制一个圆。单击“布局”选项卡|“布局视口”面板|“对象”按钮，并选择该圆，将其转换为视口。

（8）在圆视口内双击，进入浮动模型空间，选择“视图”菜单|“三维视图”|“西南等轴测”命令，将该视口中的视图转到西南等轴测视图状态。在状态栏上的“选定视口的比例”中设置比例为 1 ∶ 2。按住鼠标滚轮，用“实时平移”方式调整图形在视口中的位置。再选择“视图”菜单|“视觉样式”|“概念”命令，对模型着色。在视口外双击，退出浮动模型空间，结果如图 13-46 所示。

（9）在“默认”选项卡|“图层”面板|“图层”下拉列表中将“视口”图层冻结，选择“文件”菜单|“打印预览”命令，结果如图 13-47 所示。这时即可打印出图。

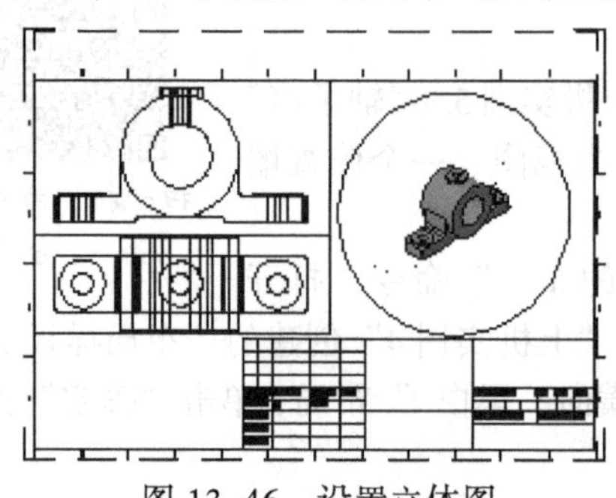

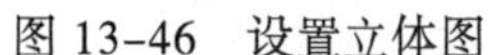

图 13-46　设置立体图

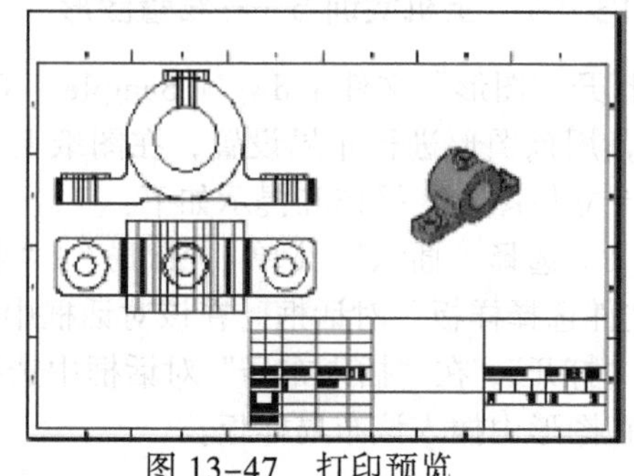

图 13-47　打印预览

命令 MVSETUP 用于设置图形规格，在图纸空间中插入标题栏，以及在视口之间对齐对象。在布局中调用命令后的提示如下：

输入选项 [对齐(A)/创建(C)/缩放视口(S)/选项(O)/标题栏(T)/放弃(U)]: a（选择"对齐"选项）

输入选项 [角度(A)/水平(H)/垂直对齐(V)/旋转视图(R)/放弃(U)]:

其中，"对齐"选项用于将一个视口中的图形与另一个视口中的图形对齐。选择"角度"选项，可在视口中沿指定的角度方向平移视图；选择"水平"或"垂直"选项，可将一个视口中的图形与另一个视口中的图形沿水平或垂直方向对齐；选择"旋转"选项，可在视口中围绕基点旋转视图。

# 13.5 注释性对象

## 13.5.1 使用注释性对象

注释是用户向图形添加的文字、符号或对象等信息，如用户可以使用文字、尺寸标注、图案填充、多重引线、块、属性等对象来创建注释信息。当这些对象的注释性处于开启状态，则称为注释性对象。

注释比例，用于控制注释对象在模型空间或布局中显示的尺寸和比例。当使用注释性对象时，将根据设置的注释比例自动缩放注释性对象。

在 AutoCAD 中，用户可以通过两种方式来创建注释性对象。一种是在设置这些对象的相应对话框，如"文字样式"对话框、"创建新标注样式"对话框等中选择"注释性"选项，则设置的相应样式即为注释性样式（样式前有一个▲图标），用这些样式创建的相应对象即为注释性对象；另一种是通过选择对象后的"特性"选项板，来修改对象为注释性对象，如修改文字为注释性对象的"特性"选项板如图 13-48 所示。

可以在各个布局视口和模型空间中使用注释性对象。利用这些对象的"注释性"特性，可以非常方便地缩放注释，使注释在图纸上以正确的大小打印。在布局视口和模型空间中，用户可以很方便地控制是显示所有注释性对象还是仅显示支持当前注释比例的注释性对象。从而减少了对使用多个图层来管理模型空间和布局视口中注释的可见性的需要。

设置和使用注释性对象的方法和步骤如下：

（1）首先创建需要的注释性样式。在"文字样式""创建新标注样式""修改多重引线样式"等对话框中选择"注释性"选项，使其创建的样式为注释性样式。

（2）在模型空间或布局的浮动模型空间中，单击状态栏右边的"当前视图的注释比例"或"选定视口的比例"，从下拉列表中选择一个注释比例。对于每个视口，注释比例和视口比例应该相同。为布局视口和模型空间设置的注释比例，将确定这些空间中注释性对象的大小。如某布局视口的比例为 1 ∶ 2，则可将注释对象的比例也设置为此比例。

（3）创建注释性对象，如创建注释性的文字、尺寸标注、多重引线等。这时，创建的对象将具有了上面设置的注释比例。

（4）可以为同一注释性对象设置多个注释比例。其方法有：

1）第一个方法是，单击状态栏上的"在注释比例发生变化时，将比例添加至注释性对象"按钮，以打开自动添加功能，这样从状态栏上的"当前视图的注释比例"或"选定视口的比例”列表中每选择一个比例，将自动给已有的注释性对象添加一个注释比例。

2）第二个方法是，首先从状态栏的“当前视图的注释比例”或“选定视口的比例”列表中选择一个比例，选择“修改”菜单｜“注释性对象比例”子菜单｜“添加当前比例”选项，如图 13-48 所示即可为选择的注释性对象添加此比例（也可在选择注释性对象后，用快捷菜单中的相同选项操作）。

3）第三个方法是，选择某个需添加注释比例的对象，在“特性”选项板｜“注释比例”选项中，单击右边的按钮来添加新的注释比例，如图 13-49 所示。

（5）单击状态栏上的“当前视图的注释比例”或“选定视口的比例”按钮，将某个注释比例设置为当前注释比例。单击状态栏上的“显示注释对象”按钮，即可使模型空间或布局视口只显示当前比例的注释性对象，或显示所有的注释性对象。

（6）选择非注释性对象后，通过“特性”选项板｜“注释性”选项，可将现有非注释性对象更改为注释性对象。

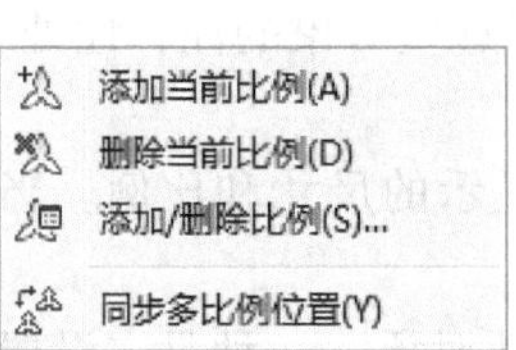

图 13-48 “注释性对象比例”子菜单

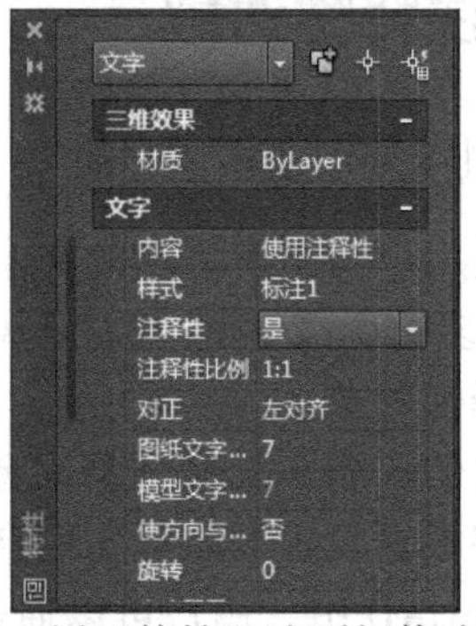

图 13-49 用“特性”选项板修改的注释性

**技巧**

- 将注释性对象添加到模型中之前，应先将注释比例设置为与希望从中显示这些对象的视口的比例相同。这样，注释比例将自动以正确的大小显示模型中的对象。
- 用户也可以使用夹点来编辑注释性对象，如编辑注释性对象的位置。

### 13.5.2 上机实训 6——用注释性对象进行布局设置

打开“图形”文件夹｜dwg｜Sample｜CH13｜上机实训 6｜“原图”图形，如图 13-50 所示，该图已基本绘制完成，并标注了注释性的尺寸（也可以标注完尺寸后，选择这些尺寸后右击，在弹出的快捷菜单中选择“特性”选项，在“特性”选项板里面修改它们为注释性对象），使用注释性对象对其进行布局设置，添加需要的局部视图。其操作和提示如下：

扫一扫，看视频
※ 42 分钟

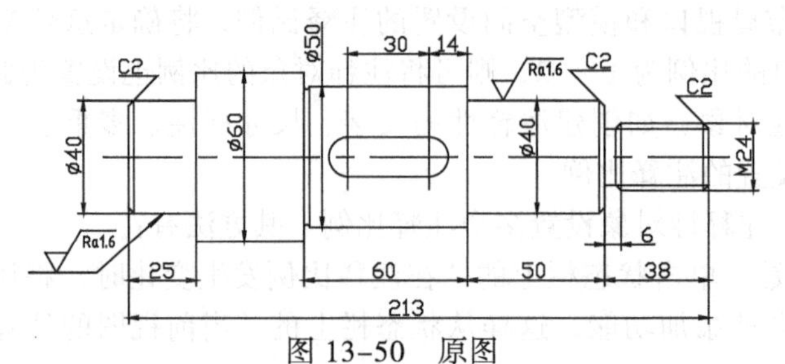

图 13-50 原图

（1）用“上机实训 5”相同的方法插入“A3 横向（黑白）”布局样板，并在图形中同样创建一个“视口”图层。

（2）设置注释性。

1）单击“视图”选项卡 |“选项板”面板 |“设计中心”按钮，将需要的图层、文字样式、多线样式和尺寸标注样式插入到当前图形中。

2）设置注释性文字样式。选择“格式”菜单 |“文字样式”命令，在打开的“文字样式”对话框的“样式”列表框中选择“标注”文字样式，在中间选择“注释性”选项，将该文字样式设置为当前样式。

3）设置注释性尺寸标注样式。单击“注释”选项卡 |“标注”面板右下角的按钮，打开“标注样式管理器”对话框，在其中选择某个标注样式后单击“修改”按钮，在“修改标注样式”对话框 |“调整”选项卡中选择“注释性”选项。用同样方法修改其他标注样式。

4）设置注释性多重引线样式。单击“注释”选项卡 |“引线”面板右下角的按钮，打开“多重引线样式管理器”对话框，在其中选择“倒角”样式后单击“修改”按钮，在“修改多重引线样式”对话框 | “引线结构”选项卡中选择“注释性”选项。

（3）单击状态栏上的“显示注释性对象”按钮，将其设置为“显示注释性对象 – 处于当前比例”状态。再单击该按钮右边的按钮，使其处于“在注释比例发生变化时 – 将比例添加到注释性对象 – 关”状态。

（4）设置视口 1。

1）将“视口”层设置为当前层。单击“布局”选项卡 |“布局视口”|“矩形”工具按钮，在图纸内框的上部绘制一个矩形视口。

2）双击该矩形视口，进入浮动模型空间。在状态栏上“选定视口的比例”中设置比例为 1 ：1；单击“选定视口的比例”右边的按钮，使其为“视口比例是使之等于注释比例”状态，这样使注释比例等于视口比例。按住鼠标中键，使用“实时平移”方式，调整图形在视口中的位置。

3）在视口 1 外的图纸空间双击，回到图纸空间，结果如图 13–51 所示。

（5）设置视口 2，绘制图形，标注尺寸和文字。

1）将“视口”层设置为当前图层。单击“布局”选项卡 | “布局视口” | “矩形”工具按钮，在轴键槽的下方创建一个矩形视口 2，并在状态栏上“选定视口的比例”中设置比例为 1 ：1。单击“选定视口的比例”右边的按钮，使其为“视口比例是使之等于注释比例”状态。

2）在视口 2 内双击，进入浮动模型空间。按住鼠标中键，用“实时平移”方式向上移动视口内图形，使视口 1 中的图形不显示在视口 2 中。

3）在该视口的浮动模型空间中用“中心线”“粗实线”等图层绘制图形。

4）将“细实线”层设置为当前图层。单击“默认”选项卡 | “绘图”面板 | “图案填充”命令，在显示的“图案填充创建”选项卡 | “图案”面板中选择 ANSI31 图案，在“特性”面板设置“比例”为 2.5，在“选项”面板选择“注释性”选项后进行填充。

5）将“尺寸”层和“文字”层分别设置为当前图层。标注该浮动视口的尺寸和文字。

6）在视口外的图纸空间双击，回到图纸空间，结果如图 13–52 所示。

（6）设置视口 3，并标注尺寸。

1）将“视口”层设置为当前图层，在视口 2 的左边绘制一个圆，单击“布局”选项卡 |“布局视口”面板 |“对象”按钮，将该圆转换为圆视口。

2）在视口 3 内双击，进入浮动模型空间。在状态栏上“选定视口的比例”中设置该视口的比例为 4 ∶ 1。单击“选定视口的比例”右边的按钮，使其为“视口比例是使之等于注释比例”状态。

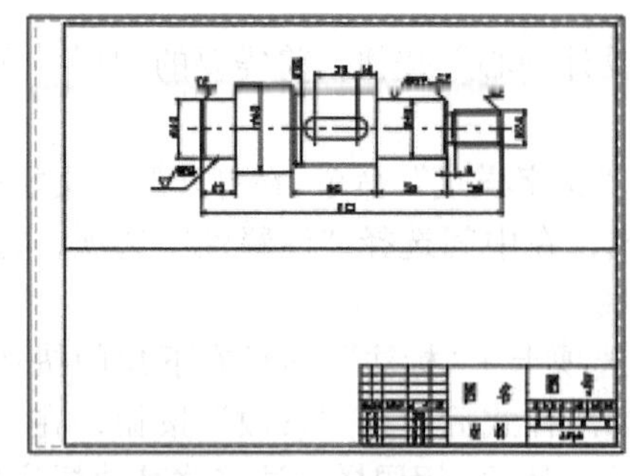

图 13-51 设置视口 1

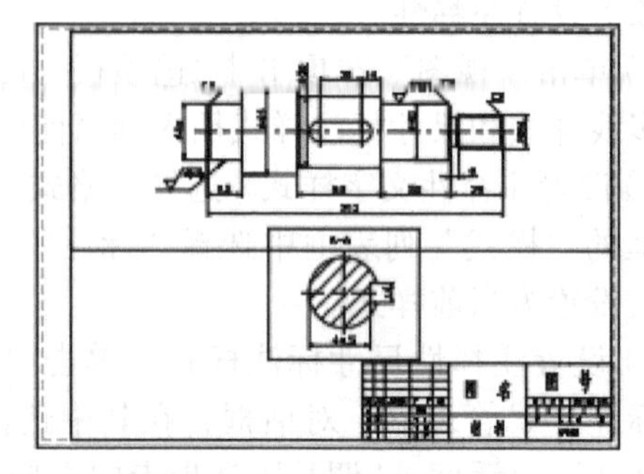

图 13-52 设置视口 2

3）调用实时平移命令 PAN，用鼠标拖动调整使该视口只显示键槽左侧要放大部分的凹槽图案。这时可以看见，由于使用了注释性对象后（如注释性标注），视口 1 中标注的尺寸并不会显示在视口 3 中。

4）将“尺寸”层设置为当前图层，标注凹槽圆角尺寸。同样，该视口标注的尺寸也不会显示在视口 1 中。

5）在视口外的图纸空间双击，回到图纸空间，结果如图 13-53 所示。

（7）设置视口 4，并标注尺寸。

1）同样，设置一个圆型的视口 4，该视口的比例为 2 ∶ 1。单击“选定视口的比例”右边的按钮，使其为“视口比例是使之等于注释比例”状态。按住鼠标中键，用“实时平移”方式，使该视口显示右边螺纹处的凹槽。

2）将“尺寸”层设置为当前图层，在该视口的浮动模型空间标注尺寸。同样，该视口中标注的尺寸也不会显示在视口 1 中。

在视口外的图纸空间双击，回到图纸空间，结果如图 13-54 所示。

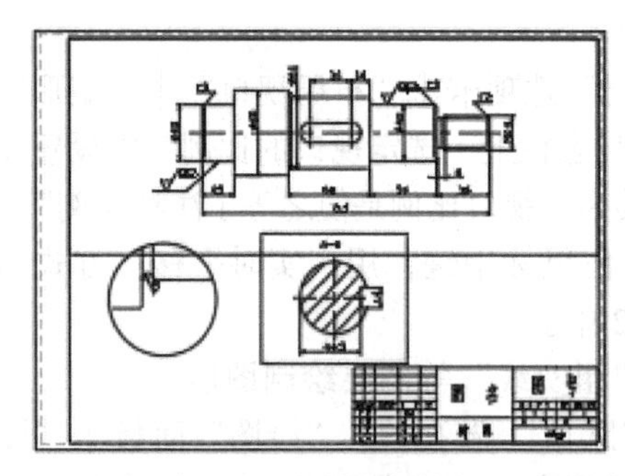

图 13-53 设置视口 3

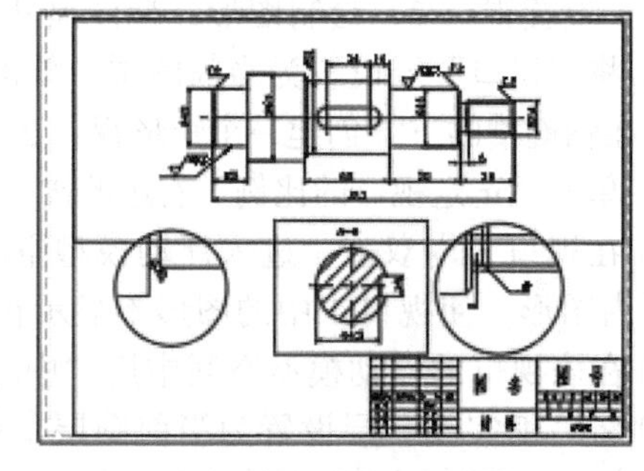

图 13-54 设置视口 4

（8）在布局中添加对象、标注文字。

1）移动命令 MOVE 调整各视口的位置。在“图层特性管理器”中将“视口”图层冻结。

2）将“细实线”层设置为当前图层，在图形中用圆命令 CIRCLE 绘制代表放大范围的圆，以及用样条曲线命令 SPLINE 绘制放大图的折断线。

3）将“粗实线”设置为当前图层，用直线命令 LINE 在主视图的键槽处绘制剖切位置符号。

4）将“文字”层设置为当前图层，直接按需要的高度值标注放大图和剖面图的代号和名称，以及标注技术要求等其他文字。

5）单击状态栏上的“显示注释对象”按钮使其成打开状态，可以看见各视口中添加的注释性对象将显示在其他视口中。再次单击该按钮使其成关闭状态，各视口将只显示本视口添加的注释性对象。

6）选择“文件”菜单 | “打印预览”命令，结果如图 13-55 所示。

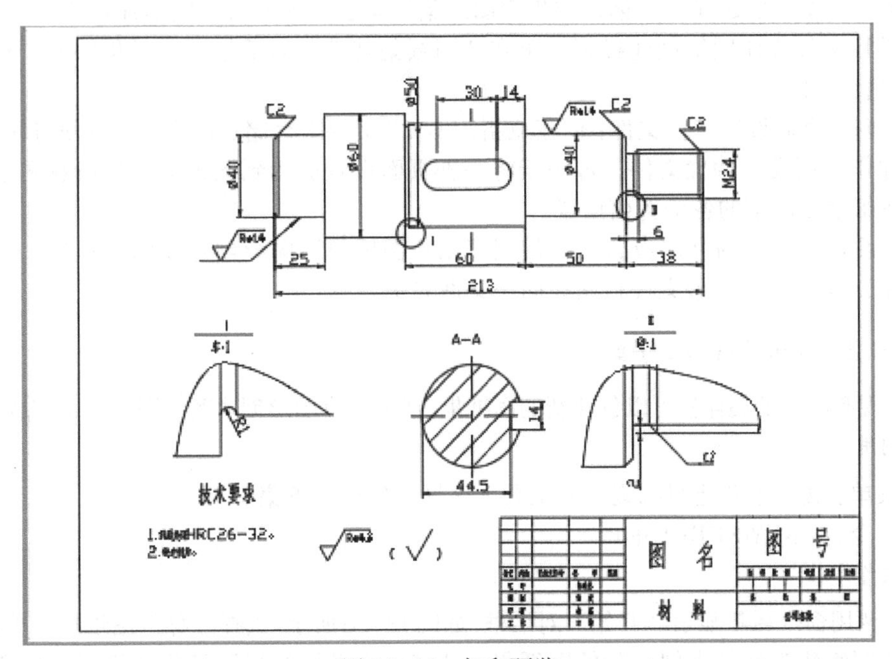


图 13-55 打印预览

**技巧**

● 在布局的各视口中添加对象时，如果使用图层进行管理，则必须给各个视口设置单独的图层，以便使某视口中添加的对象不显示在其他视口中（使用冻结视口功能）。

● 在布局的各视口中添加对象时，如果使用注释性对象，则各视口和布局的图纸空间可以共用各个图层，这样大大减少了图层的设置和管理。同时，使用注释性对象可以很方便地在各个具有不同比例的视口中直接标注尺寸和文字，即可得到外观一致的尺寸和文字对象。

## 13.6 图纸集

任何一个大型的项目往往是多人合作，共同设计，并包含有许多图纸。如何保持众多图纸的统一，这时就变得非常重要。使用图纸集，可以方便地进行组织和管理图纸。图纸集是由多个图形文件的图纸所组成的有序集合，图纸是从图形文件中选定的布局。用户可以从任意图形将布局作为编号图纸输入到图纸集中；可以给图纸集生成一个标题图纸的图纸清单，当删除、添加或重新编号图纸时，可以很方便地更新清单。

### 13.6.1 准备工作

用户在创建图纸集之前，首先应完成如下的准备工作。

（1）设置文件夹：根据图纸分类，创建几个文件夹，并将要在图纸集中使用的图形文件移动到对应文件夹中。如设置名为装配图、部件图等的文件夹，然后按其类别归类图纸。

（2）避免多个布局选项卡：要在图纸集中使用的每个图形只应包含一个布局（用作图纸集中的图纸）。

（3）创建图纸创建样板：创建或指定图纸集用来创建新图纸的图形样板（DWT）文件。此图形样板文件称作图纸创建样板。可在“图纸集特性”对话框或“子集特性”对话框中指定此样板文件。

（4）创建页面设置替代文件：创建或指定 DWT 文件来存储页面设置，以便打印和发布。此文件称作页面设置替代文件，可用于将一种页面设置应用到图纸集中的所有图纸，并替代存储在每个图形中的各个页面设置。

（5）设置图纸集的存储位置：在使用“创建图纸集”向导创建新图纸集时，建议将图纸集文件 DST 与项目图形文件存储在同一文件夹中。

### 13.6.2 创建图纸集及子集

基于现有的图纸集样板可以创建新的图纸集，或从现有图形创建新的图纸集（扩展名 .dst）。

1. 调用

◆ 菜单：文件 | 新建图纸集，或工具 | 向导 | 新建图纸集。

◆ 命令行：NEWSHEETSET。

2. 操作方法

（1）调用命令后将显示“开始”对话框，如图 13-56 所示。选择“样例图纸集”单选按钮，将以现有图纸集为样板来创建新的图纸集，新图纸集继承样板图纸集的组织结构和默认设置，用此选项创建图纸集后需一个个地输入布局或创建图纸；选择“现有图形”单选按钮，将以指定的一个或多个包含图形文件的文件夹来创建图纸集，并将这些文件夹中图形的布局自动输入到图纸集中。

（2）选择“现有图形”选项并单击“下一步”按钮，打开“图纸集详细信息”对话框，如图 13-57 所示。从中，用户可指定一个图纸集的名称，添加必要的说明，以及指定新创建的图纸集的保存位置。如果单击“图纸集特性”按钮，可查看和修改图纸集的详细信息。

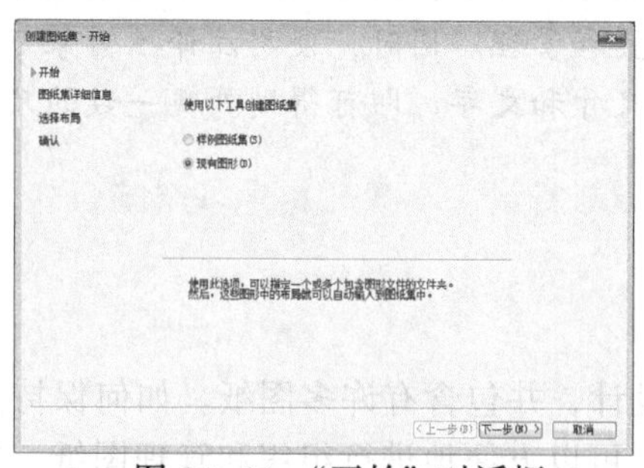

图 13-56 “开始”对话框

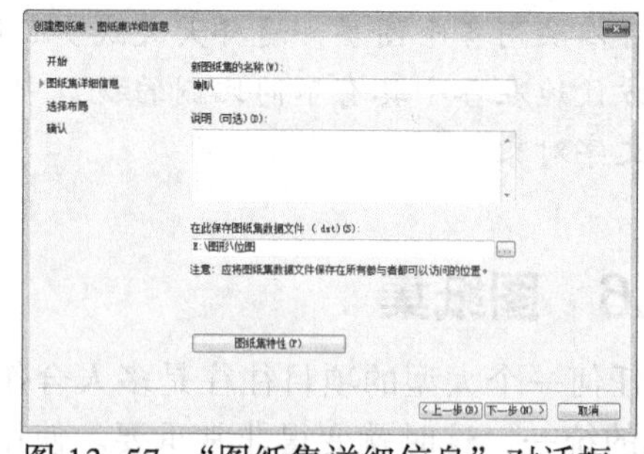

图 13-57 “图纸集详细信息”对话框

（3）单击“下一步”按钮，打开“选择布局”对话框，如图 13-58 所示。其中：

1）浏览：单击该按钮，将显示“浏览文件夹”对话框，从中可选择用于创建图纸集的文件夹。选择后，文件夹中的图形文件及其包含的布局将显示在“选择布局”对话框中。

2）输入选项：单击该按钮，将显示“输入选项”对话框，如图 13-59 所示。其中，选择“将文件名作为图纸标题的前缀”复选框，将以图形文件的名称作为所创建的图纸集中图纸的前缀；选择“根据文件夹结构创建子集”复选框，将根据文件夹的层次关系创建包含子集的图纸集；选择“忽略顶层文件夹”复选框，在创建包含子集的图纸集时，将忽略顶层文件夹。

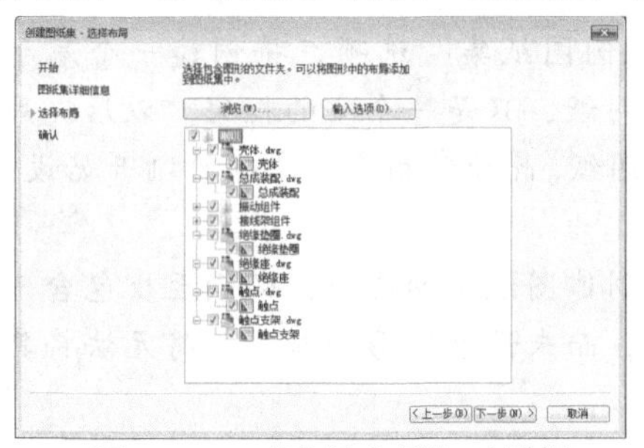

图 13-58 “选择布局”对话框

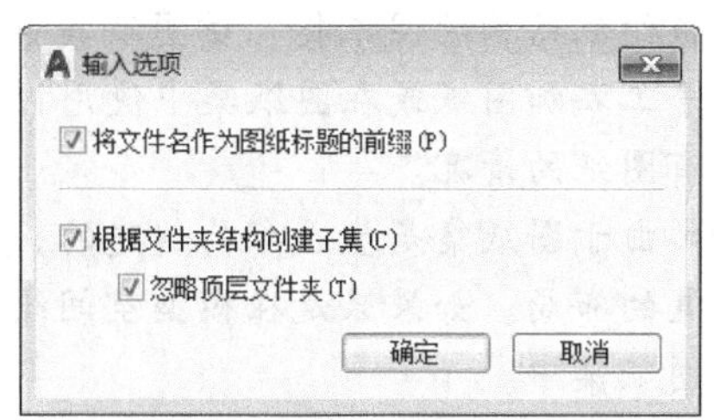


图 13-59 “输入选项”对话框

（4）单击“下一步”按钮，将打开“确认”对话框，如图 13-60 所示。在该对话框中单击“确定”按钮，完成图纸集的创建。创建的图纸集将显示在“图纸集管理器”中，如图 13-61 所示。

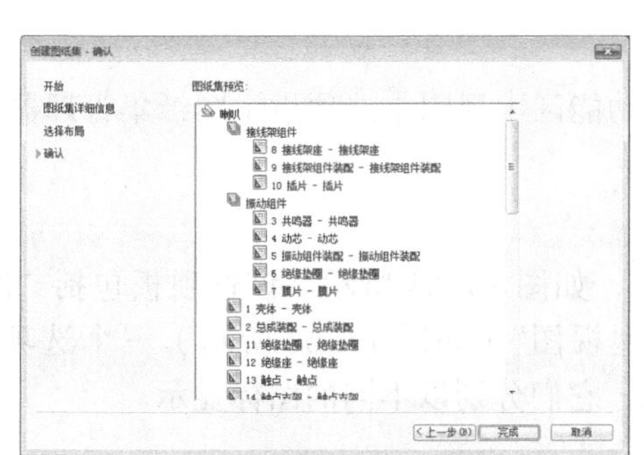

图 13-60 “确认”对话框

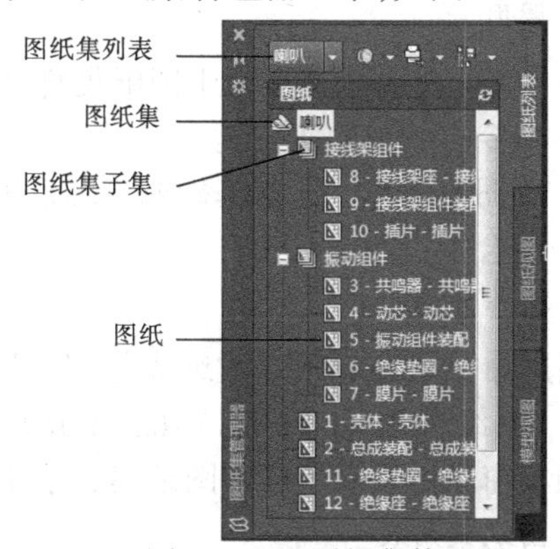


图 13-61 图纸集管理器

### 13.6.3 上机实训 7——创建喇叭图纸集

利用“图形”文件夹 | dwg | Sample | CH13 | 上机实训 7 |“喇叭”文件夹中素材，创建图纸集及其子集。该文件夹中包括“接线架组件”文件夹、“振动组件”文件夹和 6 个图形文件。而“接线架组件”和“振动组件”文件夹中又分别包括有 3 个和 5 个图形文件。其操作和提示如下：

扫一扫，看视频
※ 8 分钟

（1）选择“文件”菜单 |“新建图纸集”命令，打开“开始”对话框。在该对话框中选择“现有图形”选项，如图 13-56 所示。

（2）单击“下一步”按钮，打开“图纸集详细信息”对话框。在该对话框中输入图纸集的名称为“喇叭”，单击对话框中部的按钮，设置图纸集数据文件的存储位置，如“E :\ 图形 \ 喇叭”，如图 13-57 所示。

（3）单击“下一步”按钮，打开“选择布局”对话框。在该对话框中，单击“输入选项”按钮，打开“输入选项”对话框，在其中将三个复选框都选中，如图 13-59 所示。单击“浏览”按钮，打开“浏览文件夹”对话框，从中选择素材中的“喇叭”文件夹，结果如图 13-58 所示。

（4）单击“下一步”按钮，打开“确认”对话框，在其中单击“确定”按钮，完成该图纸集的创建，结果如图 13-60 所示。

从图 13-60 可以看出，喇叭图纸集中包括“接线架组件”和“振动组件”子图纸集和 6 个图纸。而“接线架组件”和“振动组件”子集中又分别包含有 3 个和 5 个图纸。

● 在图 13-56 的“开始”对话框中选择“样例图纸集”选项，将创建一个基于所选样板组织结构的图纸集。该图纸集中没有任何图纸，只是一个空的框架。以后，用户需要手工添加图纸或在图纸集中使用样板图新建图纸。此项常用于一个项目刚开始设计，还没有图纸的情况。

● 由于图纸集是基于布局创建的，因此用于创建图纸集的图形，必须至少包含一个已设置的布局。如果只是在模型空间绘制了图形，而未设置图形的布局，将无法将其导入到图纸集中。

### 13.6.4 图纸集管理器

图纸集管理器用于组织、显示和管理图纸集，并提供直接打开图形文件的快捷方法。

1. 调用

◆ 菜单：工具 | 选项板 | 图纸集管理器。

◆ 命令行：SHEETSET。

◆ 草图与注释、三维基础或三维建模空间：功能区 | 视图 | 选项板 | 图纸集管理器。

◆ 组合键：Ctrl+4。

2. 操作方法

调用命令后将显示“图纸集管理器”选项板，如图 13-61 所示。该选项板包括“图纸列表”“图纸视图”（如图 13-62 所示）和“模型视图”（如图 13-63 所示）三个选项卡。在选项板窗口中显示了当前图纸集、子集和图纸，它们分别以不同的图标显示。

3. 图纸集列表

“图纸集”下拉列表中显示当前已打开图纸集的名称和最近打开过的图纸集。其中，选择“新建图纸集”选项，可使用“创建图纸集”向导来创建新的图纸集；选择“打开”选项，可打开已有的图纸集。

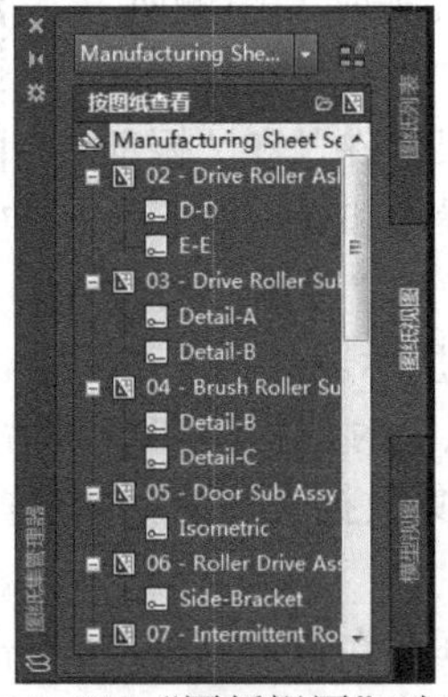

图 13-62 “图纸视图”选项卡

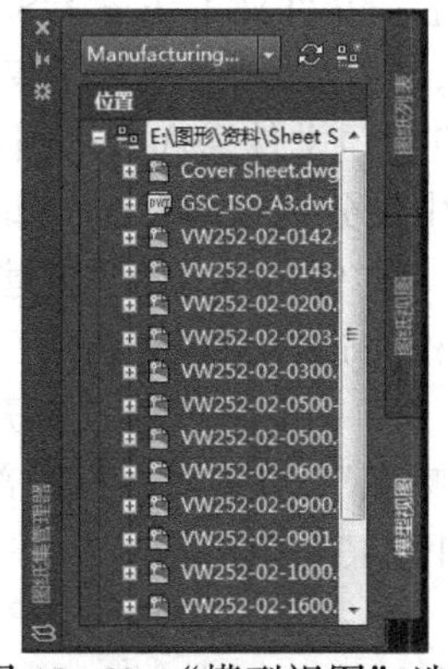

图 13-63 “模型视图”选项卡

4. “图纸列表”选项卡

“图纸列表”选项卡显示了所选图纸集按顺序排列的图纸列表。图纸集中的每一张图纸，都是图形文件的对应布局，双击可打开该图形文件。可以将这些图纸组织到用户创建的某个子集下，也可以对其重新编号。利用该选项卡上的各工具按钮，或在列表框中的图纸集、子集和图纸上右击所显示的快捷菜单（如图 13-64 所示），可以进行很多操作。下面介绍主要选项。

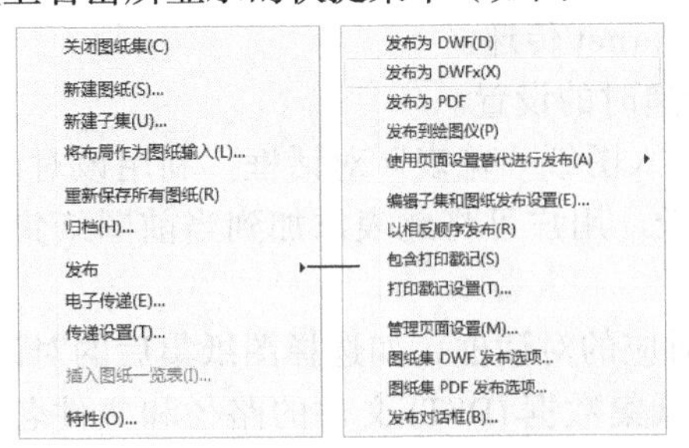


(a) 图纸集的快捷菜单

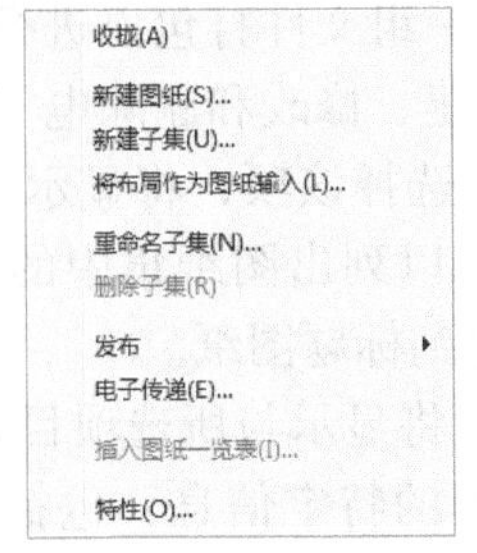


(b) 子集的快捷菜单

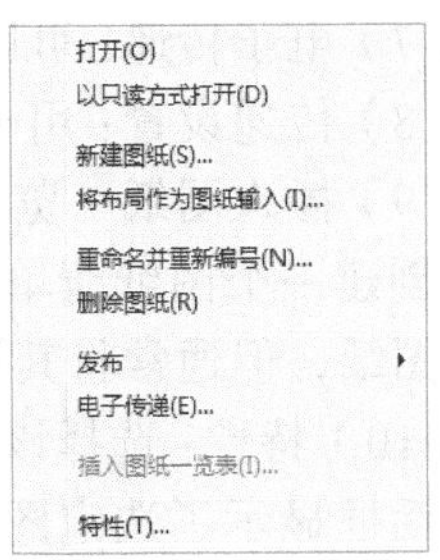


(c) 图纸的快捷菜

图 13-64　快捷菜单

（1）新建图纸：利用图纸集设定的样板，通过创建新的图形文件（包含一个与图形同名的布局选项卡），在当前图纸集中创建新图纸。用户可以指定“图纸编号”，默认新图纸的图形名称和布局名称将为图纸标题和图纸编号的组合；指定“图纸标题”，该标题与新图形中具有相同名称的布局选项卡相对应；指定“文件名”，默认由图纸编号和图纸标题组成；以及指定“文件夹路径”和用于创建新图形文件的默认图纸样板文件。

（2）新建子集：在当前图纸集中创建一个子集。子集相当于子文件夹的作用。新建了子集后，用户可以将图纸拖动到不同子集，从而组织图纸。

（3）将布局作为图纸输入：创建了图纸集后，选择该项，将显示“按图纸输入布局”对话框，如图 13-65 所示，从中可以将不属于图纸集的另外图形的图纸（已经包含布局的已有图形）添加到图纸集。

（4）重新保存所有图纸：更新当前图纸集中每张图纸保存的图纸集信息。

（5）归档：将当前图纸集关联的文件打包以便进行归档。选择该项将显示“归档图纸集”对话框，如图 13-66 所示。要将某个图纸归档到归档软件包中，可在下面的列表中选中该图纸前的复选框。

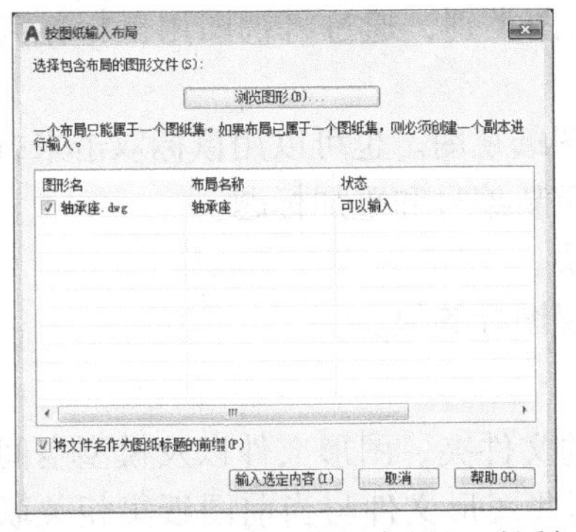


图 13-65　“按图纸输入布局”对话框

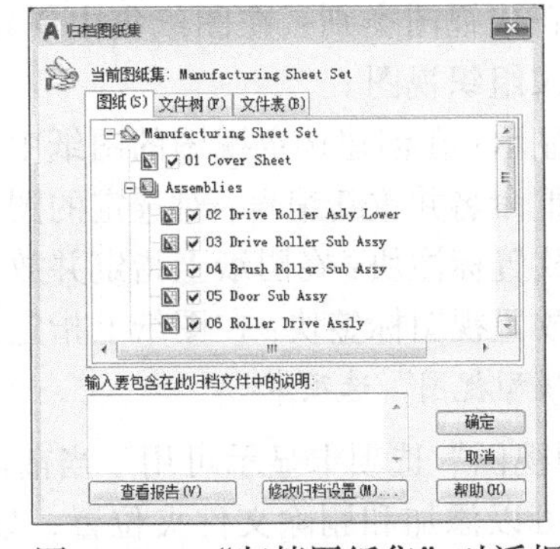


图 13-66　“归档图纸集”对话框

（6）发布：将图纸集、子集或图纸以指定的形式进行发布。用户可以选择发布为 DWF、或 PDF 等文件；如果选择“发布到绘图仪”选项，可将选定的图纸集、子集或图纸发布到默认绘图仪或打印机打印，然后将它们一次性地按顺序打印出来，避免了一张一张地打印图纸；选择“使用页面设置替代进行发布”选项，使用选定的页面设置替代而不是在每个图形中指定的页面设置自动发布选定图纸；选择“图纸集发布选项”选项，将显示“图纸集发布选项”对话框，用户可以指定发布图纸集时的相关设置；选择“发布对话框”选项，将显示“发布”对话框，用户可以指定发布图纸时的相关设置，如对图纸进行组合、重排序、重命名、复制和保存等。

（7）电子传递：可以将一组文件打包以进行 Internet 传递。

（8）传递设置：用于创建、修改和删除电子传递时的设置。

（9）插入图纸一览表：选择该项，将显示“插入图纸一览表”对话框。利用该对话框，可以创建一个图纸清单表，以列出图纸集中的图纸。用户可将此表添加到当前图纸集中的任何图纸，但通常将其添加到标题图纸。

（10）特性：选择该项，将显示与所选项目相对应的对话框，如选择图纸集后的对话框。该对话框显示了选定图纸集的特定信息，包括图纸集数据 (DST) 文件的路径和文件名、与图纸集相关联的图形文件的文件夹路径，以及与图纸集相关联的自定义特性等信息。

（11）重命名子集：选择该项，将显示“子集特性”对话框，用户可以对该子集重命名。

（12）删除子集：用于从图纸集的组织中删除当前选定的子集。

（13）打开：打开选定图纸的图形文件并显示布局。用户也可以用鼠标在要打开的图纸上双击来将其打开。

（14）重命名并重新编号：重新指定图纸集中的图纸编号、图纸标题和其他特性。

（15）删除图纸：从图纸集中删除当前选定的图纸。

5. “图纸视图”选项卡

“图纸视图”选项卡显示当前图纸集中布局上使用的、按顺序排列的命名视图列表。这些命名视图称为图纸视图。用户可以在布局中创建一些图纸视图，以及创建一些视图类别（相当于视图子集），然后将具有相同特点的图纸视图组织到创建的各个视图类别下，以便于分类管理和查看。在该选项卡中，双击某一图纸视图即可在图形窗口中将其打开。

利用该选项卡的各个工具按钮，或在列表框中的图纸集、视图类别和视图上右击所显示的快捷菜单，可以进行如下操作（下面主要介绍与前面不同的选项）：

（1）按类别查看：单击该按钮，列表框中将按类别显示当前图纸集中的视图。

（2）按图纸查看：单击该按钮，列表框中按其所在图纸显示当前图纸集中的视图列表。

（3）新建视图类别：在图纸集中创建新的视图类别，通过将视图用鼠标拖到不同的视图类别下来组织视图。

（4）显示：在创建选定视图的图纸中显示该图纸视图。也可以用鼠标双击来打开视图。

（5）重命名并重新编号：对选定的图纸视图重新编号和重加标题。

（6）放置标注块：在图纸上指定并放置标注块。

（7）放置视图标签块：在图纸上指定并放置视图标签块。

6. “模型视图”选项卡

“模型视图”选项卡显示可用于当前图纸集的文件夹、图形文件以及模型空间视图的列表。用户可以添加和删除文件夹位置，以控制哪些图形文件与当前图纸集相关联。利用该选项卡，可以查看图形文件的模型空间视图，在某一图形文件上双击，即可在图形窗口中将其打开；用鼠标将某个图形或命名视图拖入布局中，即可创建它们的图纸视图。

利用该选项卡的各个工具按钮，或在列表框中的图纸集文件夹和文件夹中的图形上右击所显示的快捷菜单，可以进行如下操作（下面主要介绍与前面不同的选项）：

（1）添加新位置：选择该项，可以将新的文件夹及路径添加到图纸集中。

（2）删除位置：从图纸集中删除当前选定的文件夹位置。

（3）打开：将选定的图形文件打开。用户也可以在图形文件上双击来打开该图形文件。

（4）放置到图纸上：将选定的图形或模型空间的命名视图放置到当前图形的当前布局

上。用户也可以用鼠标左键将命名视图拖放到布局中。

（5）查看模型空间视图：用于展开命名模型空间的视图列表。

7. 将视图放置在图纸上

使用“图纸集管理器”，可以很方便地将视图放置在图纸上以创建图纸视图。将视图放置在图纸上的方法和步骤如下：

（1）用“图纸集管理器”打开要在其中放置视图的图纸，如在该图纸上双击打开。

（2）如要将某个图形的模型空间视图放置在图纸上，可先用“图纸集管理器”|“模型视图”选项卡显示出该图形文件，在该选项卡中用鼠标左键将其拖入当前图纸即可。

（3）如果要将某个图形的一部分视图放置在图纸上，首先用“图纸列表”选项卡或“模型视图”选项卡打开该图形，在该图形的模型空间中用 VIEW 命令定义一些命名视图。这时，即可使用“图纸集管理器”|“模型视图”选项卡将命名视图直接拖放到当前图纸上。

### 13.6.5 上机实训 8——创建喇叭 1 图纸清单

扫一扫，看视频
※ 25 分钟

利用“图形”文件夹 | dwg | Sample | CH13 | 上机实训 8 | “喇叭 1”文件夹中素材，创建图纸清单、子集、新图纸，并组织图纸集。其操作和提示如下：

（1）单击“视图”选项卡 |“选项板”面板 |“图纸集管理器”按钮，打开“图纸集管理器”选项板。在该选项板的图纸集下拉列表中选择“打开”选项，从素材中找到“喇叭 1.dst”图纸集文件并打开，该图纸集将显示在“图纸集管理器”选项板中，如图 13-67 所示。

（2）在“图纸集管理器”选项板的“喇叭 1”图纸集名称上右击，从快捷菜单中选择“特性”选项，打开“图纸集特性”对话框。单击该对话框的“模型视图”项右边的按钮，打开“模型视图”对话框。从中单击“添加”按钮，设置图纸集中图纸的存储位置和新创建的图纸的存储位置，如“E：\ 图形 \ 喇叭 1”。同样，单击“用于创建图纸的样板”选项处右边的按钮，从打开的“选择布局作为图纸样板”对话框中选择创建新图纸时的默认样板文件，如选择“E:\ 图形 \ 喇叭 1\A3 样板 .dwt”（用户也可以选择素材中的该文件）。单击“编辑自定义特性”按钮，打开“自定义特性”对话框，在该对话框中单击“添加”按钮，添加“材料”特性（名称为“材料”，“默认值”为 Q235，“所有者”为“图纸”）和“数量”特性（名称为“数量”，“默认值”为 1，“所有者”为“图纸”）。设置完成的“图纸集特性”对话框如图 13-68 所示，在该对话框中单击“确定”按钮，关闭对话框。

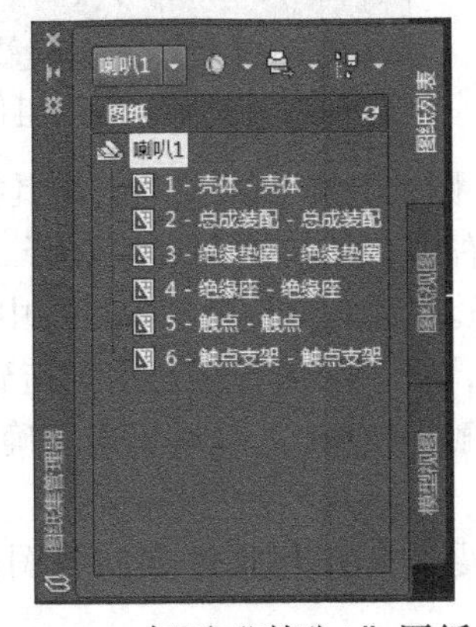


图 13-67 打开“喇叭 1”图纸集

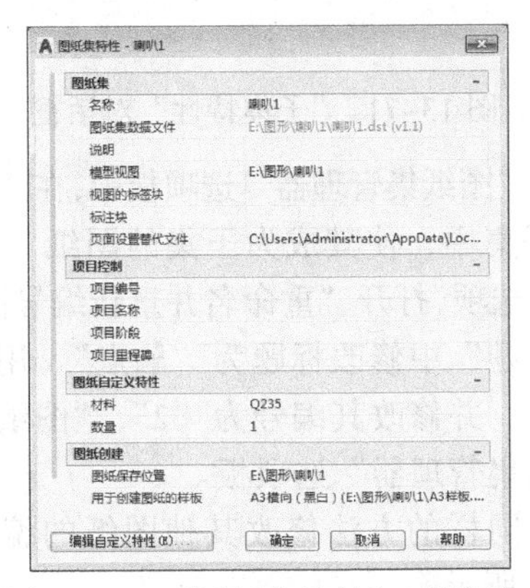


图 13-68 “图纸集特性”对话框

（3）在“图纸集管理器”选项板的“喇叭1”图纸集名称上右击,从快捷菜单中选择“新建图纸”选项,打开“新建图纸”对话框。在该对话框的“编号”中输入“1”,在“图纸标题”和“文件名”中都输入“图纸清单”。设置完成的“新建图纸”对话框如图13-69所示。单击“确定”按钮，返回“图纸集管理器”选项板，结果如图13-70所示。

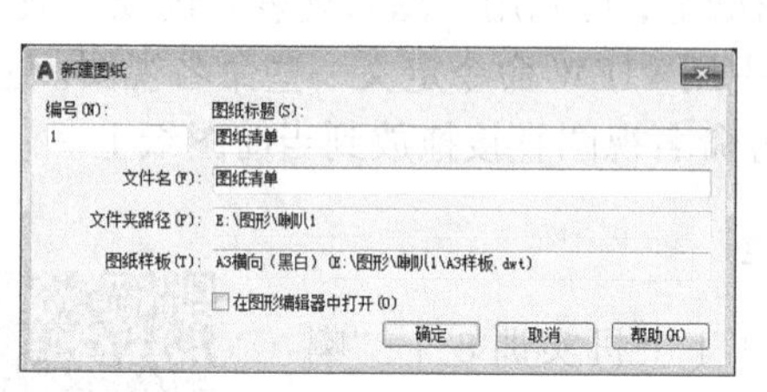


图13-69 “新建图纸”对话框

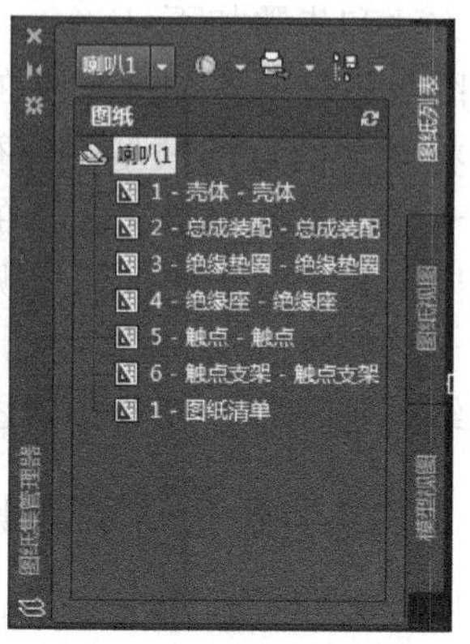


图13-70 创建新图纸

（4）在“图纸集管理器”选项板的“喇叭1”图纸集名称上右击，从快捷菜单中选择“新建子集”选项，打开“子集特性”对话框。在该对话框的“子集名称”中输入“触点组件”；设置“创建文件夹层次结构”为“是”选项；设置“提示使用样板”为“是”选项。设置完成的“子集特性”对话框如图13-71所示。单击“确定”按钮,这时“图纸集管理器”选项板中将显示“触点组件”子集，如图13-72所示，并且在图纸集的存储位置中将出现一个“触点组件”子文件夹。

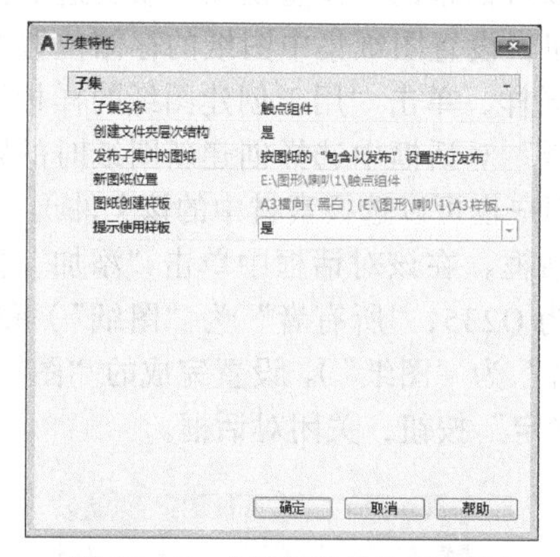


图13-71 “子集特性”对话框

图13-72 显示“触点组件”

（5）在“图纸集管理器”选项板中,在“触点-触点”图纸上按下鼠标左键,将其拖动到“触点组件”子集中，使其成为子集的图纸。在该图纸上右击，从快捷菜单中选择“重命名并重新编号”选项,打开“重命名并重新编号图纸”对话框。在该对话框的“编号”中输入“1”,在“图纸标题”中修改标题为“触点”。用同样的方法，将“触点支架”图纸拖到“触点组件”子集中，并修改其编号为“2”,“图纸标题”为“触点支架”。最后单击“确定”按钮，返回“图纸集管理器”选项板。

（6）用同样的方法修改其他图纸的编号和图纸标题。用鼠标拖动调整各图纸的位置，如图13-73所示。

（7）在“图纸集管理器”选项板中双击“图纸清单”，以在布局中打开该图纸。

（8）在“图纸集管理器”中的“绝缘垫圈”图纸上右击，从快捷菜单中选择“特性”选项，打开“图纸特性”对话框。在该对话框的“图纸自定义特性”中，修改材料为“橡胶”；在“数量”项单击，修改数量为 2。单击“确定”按钮，返回“图纸集管理器”。

（9）用同样的方法，修改“绝缘座”的材料为“尼龙 6”，数量为 2；修改“触点”的材料为 Cu，数量为 2；修改“触点支架”的数量为 2，材料使用默认的图纸集材料 Q235。而“壳体”的材料和数量都使用图纸集的默认材料 Q235 和数量 1。

（10）在“图纸集管理器”选项板的“喇叭 1”图纸集名称上右击，从快捷菜单中选择“插入图纸一览表”选项，打开“图纸一览表”对话框。在该对话框的“表格样式设置”中单击右边的按钮，设置一个有“表头”和“标题”的“数据”表格样式，并将该表格样式设置为当前样式。选择“显示小标题”复选框。

（11）在“图纸一览表”对话框的“标题文字”文本框中输入名称“图纸清单”，在“分栏设置”列表框的“图纸编号”行的右边单击，将其修改为“序号”。同样，修改“图纸标题”为“名称”。

（12）在“图纸一览表”对话框中，单击“添加”按钮，在“分栏设置”列表框中将添加一个新项目“图纸编号”。在“数据类型”列的“图纸编号”上单击，从下拉列表中选择“材料”选项。同样，再添加一个项目为“数量”。设置完成的“插入图纸一览表”对话框如图 13-74 所示。

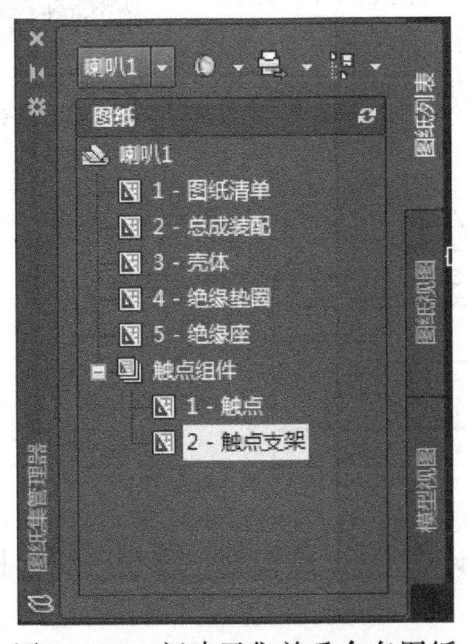


图 13-73　新建子集并重命名图纸

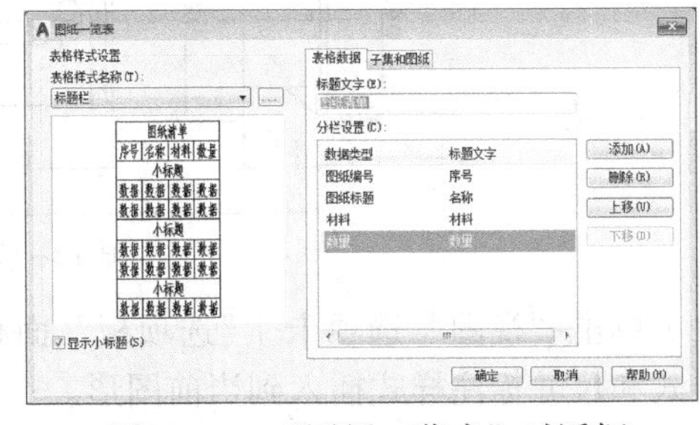


图 13-74　“图纸一览表”对话框

（13）在“图纸一览表”对话框中单击“确定”按钮，用鼠标在已打开的“图纸清单”图纸的布局中插入图纸清单表格，如图 13-75 所示。

（14）由于“图纸清单”和“总成装配”这两张图纸不应该有材料和数量，因此在“图纸集管理器”中，用鼠标在“图纸清单”图纸上右击，在快捷菜单中选择“特性”选项，打开“图纸特性”对话框。在该对话框的“图纸自定义特性”中，将材料 Q235 和数量 1 删除。同样，将“总成装配”图纸的材料“Q235”和数量“1”删除。

（15）在“图纸清单”图纸的布局中选择“图纸清单”表格的边框后右击，在快捷菜单中选择“更新表格数据链接”选项，结果如图 13-76 所示。

（16）如果用户在“图纸集管理器”中删除了某个图纸，更新图纸清单后会显示删除后的变化。

| 图纸清单 | | | |
|---|---|---|---|
| 序号 | 名称 | 材料 | 数量 |
| 1 | 图纸清单 | Q235 | 1 |
| 2 | 总成装配 | Q235 | 1 |
| 3 | 壳体 | Q235 | 1 |
| 4 | 绝缘垫圈 | 橡胶 | 2 |
| 5 | 绝缘座 | 尼龙6 | 2 |
| 触点组件 | | | |
| 1 | 触点 | Cu | 2 |
| 2 | 触点支架 | Q235 | 2 |

图 13-75 插入“图纸清单”表格

| 图纸清单 | | | |
|---|---|---|---|
| 序号 | 名称 | 材料 | 数量 |
| 1 | 图纸清单 | | |
| 2 | 总成装配 | | |
| 3 | 壳体 | Q235 | 1 |
| 4 | 绝缘垫圈 | 橡胶 | 2 |
| 5 | 绝缘座 | 尼龙6 | 2 |
| 触点组件 | | | |
| 1 | 触点 | Cu | 2 |
| 2 | 触点支架 | Q235 | 2 |

图 13-76 修改“图纸清单”表格

**技巧**

在布局中插入图纸一览表后，将光标移到图纸编号或图纸名称上时，会显示超级链接图标，按住 Ctrl 建单击，可打开相应的图形文件。

## 13.7 综合实训

扫一扫，看视频
※ 38 分钟

打开“图形”文件夹 | dwg | Sample | CH13 | 综合实训 | “原图”图形，如图 13-77 所示，该图已基本绘制完成，并标注了尺寸（但该图的尺寸未使用注释性）。现不使用注释性，直接用布局功能添加局部视图。其操作和提示如下：

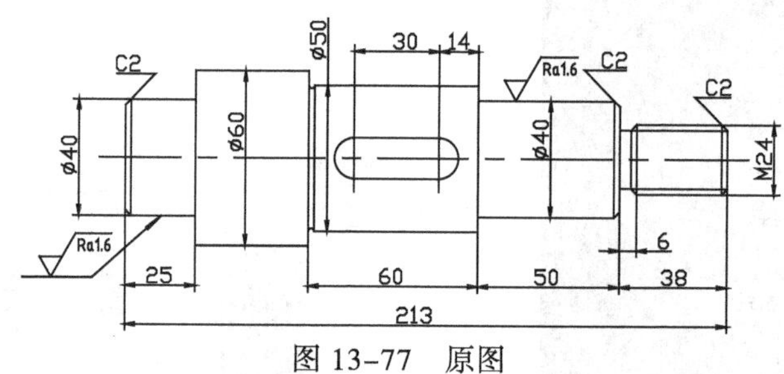


图 13-77 原图

（1）单击“视图”选项卡 |“选项板”面板 |“设计中心”，将需要的图层、文字样式、多线样式和尺寸标注样式插入到当前图形。

（2）选择“插入”菜单 |“布局”|“来自样板的布局”命令，打开“从文件选择样板”对话框。在该对话框中，选择用“上机实训 4”创建的“布局样板 .dwg”文件“打开”，在“插入布局”对话框中选择“A3 横向（黑白）”布局，单击“确定”按钮，即可在图形中插入该布局样板。

（3）单击绘图区左下方“A3 横向（黑白）”布局选项卡，切换到该布局。单击“默认”选项卡 |“图层”面板 |“图层特性”按钮，打开“图层特性管理器”对话框。在该对话框中设置一个“视口”图层，其颜色、线型为和线宽都使用默认。

（4）设置视口 1。

1）将“视口”图层设置为当前图层。单击“布局”选项卡 | “布局视口”面板 | “矩形”工具按钮，然后在图纸内框的上部，绘制一个矩形视口。

2）双击该矩形视口进入浮动模型空间，在状态栏上“选定视口的比例”中设置比例为 1 ∶ 1。然后，按住鼠标中键，用“实时平移”方式调整图形在视口中的位置。

3）在视口外的图纸空间中双击，回到图纸空间，如图 13-78 所示。

（5）设置视口 2，绘制图形，标注尺寸和文字。

1）单击“默认”选项卡｜“图层”面板｜“图层特性”按钮，打开“图层特性管理器”对话框。在该对话框中，将“尺寸”“文字”“虚线”“中心线”等图层用“新视口冻结”功能，将其冻结，使这些图层的对象不在新建的视口中显示。同时，设置“视口 2- 中心线”“视口 2- 细实线”“视口 2- 粗实线”“视口 2- 标注”“视口 2- 文字”等图层。

2）将“视口”层设置为当前图层。单击“布局”选项卡｜“布局视口”面板｜“矩形”工具按钮，在主视图键槽的下部绘制一个矩形视口。双击该矩形视口，进入浮动模型空间，在状态栏上“选定视口的比例”中设置比例为 1 ∶ 1。按住鼠标中键，用“实时平移”方式，调整图形在视口中的位置，使其该视口中不显示图形。

3）用视口 2 的图层绘制图形、标注尺寸和文字。

4）由于视口 2 中绘制的图形已显示在视口 1 中，因此，在视口 1 中双击，进入浮动模型空间，然后在“图层特性管理器”对话框中，将“视口 2”的相关图层用“视口冻结”功能将其冻结，使“视口 2”的对象不显示在“视口 1”中。同时，在“图层特性管理器”中，将“视口 2”的相关图层用“新视口冻结”功能将其冻结，使这些图层上的对象，不在随后新建的视口中显示。

5）在视口外的图纸空间中双击，回到图纸空间，如图 13–79 所示。

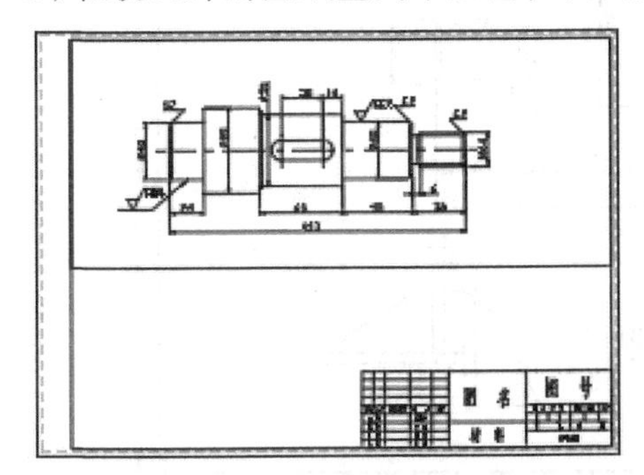

图 13–78　设置视口 1

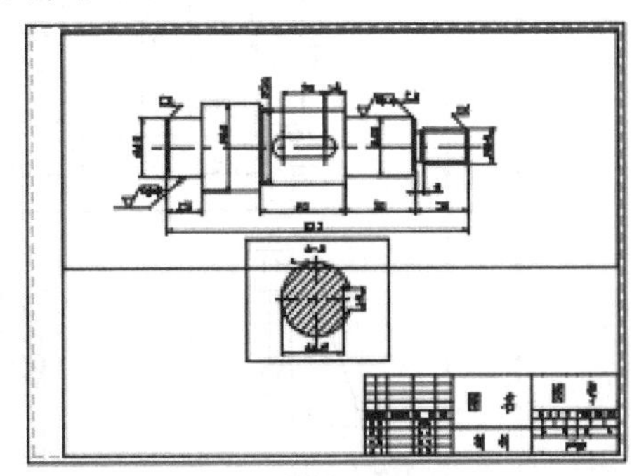

图 13–79　设置视口 2

（6）设置视口 3。

1）将“视口”层设置为当前图层，并调用圆命令 CIRCLE，在主视图的下方绘制一个圆。单击“布局”选项卡｜“布局视口”面板｜“对象”工具按钮，然后选择该圆，将其转换为视口。

2）在该视口内双击，进入该视口的浮动模型空间。在状态栏上“选定视口的比例”中设置比例为 4 ∶ 1。按住鼠标中键，用“实时平移”方式，用鼠标拖动调整使该视口只显示键槽左侧要放大部分的凹槽图案，如图 13–80 所示。

（7）用同样方法设置视口 4，使其显示右边螺纹处的凹槽。该视口的比例设置为 2 ∶ 1，如图 13–81 所示。

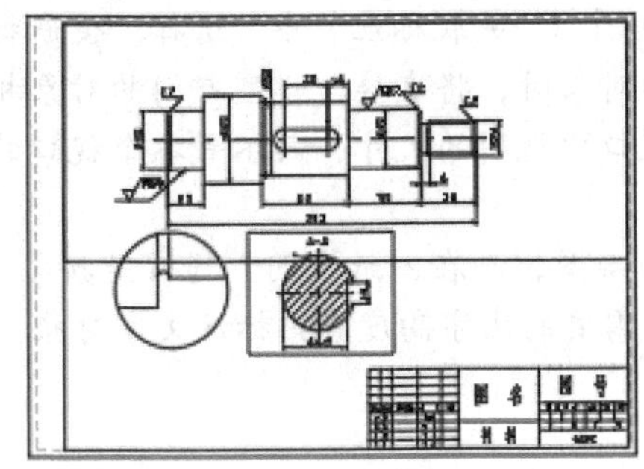

图 13–80　设置视口 3

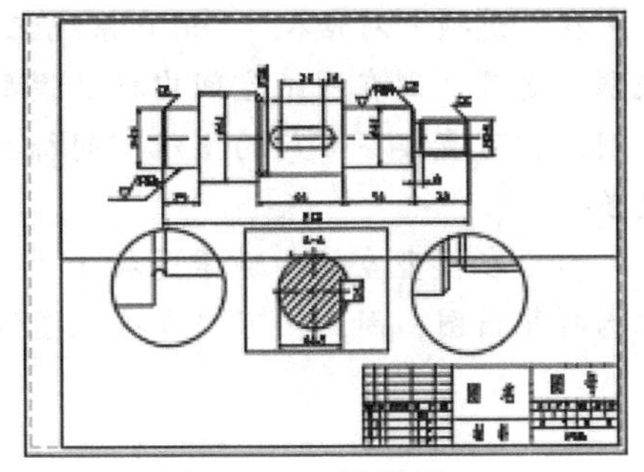

图 13–81　设置视口 4

（8）在布局中添加对象，标注尺寸和文字。

1）调用移动命令 MOVE，选择视口 2、视口 3、视口 4 的边框，将它们移动到合适位置。

2）将“尺寸”层设置为当前图层，然后直接在布局的图纸空间用“5（线性）”尺寸标注样式标注视口 3，视口 4 局部视图的尺寸。

3）将“文字”图层设置为当前图层，用“标注 1”文字样式直接在布局的图纸空间中按需要的高度标注各文字对象。

4）将“细实线”层设置为当前图层，在主视图的键槽旁凹槽和螺纹旁凹槽处，绘制代表放大范围的圆。在视口 3 和视口 4 处，用样条曲线命令 SPLINE 绘制折断线。

5）将“粗实线”层设置为当前图层，用直线命令 LINE 在主视图的键槽处绘制剖切位置符号。

（9）在“图层特性管理器”对话框中将“视口”图层冻结，然后选择“文件”菜单|“打印预览”命令，其结果如图 13-82 所示。随即可打印出图。

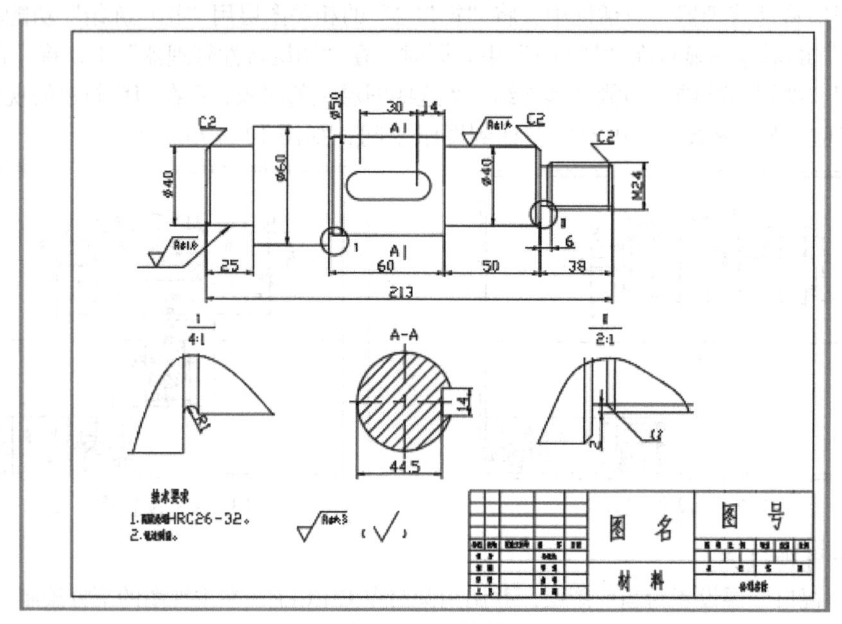


图 13-82 结果

从该例可以看出，模型空间绘制了主要视图并标注了主要尺寸后，在布局中可以很方便地添加辅助视图，添加文字和尺寸。

● 在“选项”对话框|“用户系统配置”选项卡|“关联标注”中，选择“使新标注可关联”选项，则在图纸空间中标注模型空间的对象时，将直接与模型空间的对象相关联。因此，可直接在布局的图纸空间标注各个视口中视图的尺寸，而不管各个视口的比例是多少。

● 由于在模型空间，通常是按 1 ：1 的比例绘图，而在图纸空间，通常是按 1 ：1 的比例打印出图，因此，可以直接在图纸空间按需要的文字高度直接标注文字对象。

# 参考文献


[1] 廖念禾 .AutoCAD 2014 入门进阶实战［M］. 北京：中国水利水电出版社 ,2014.

[2] 廖念禾 .AutoCAD 与计算机辅助设计上机实训[M]. 北京：中国水利水电出版社 ,2017.

[3] 何培伟 , 张希可 , 高飞 .AutoCAD 2017 中文版基础教程［M］. 北京：中国青年出版社 ,2016.

[4] 钟日铭 .AutoCAD 2017 完全自学手册［M］.2 版 . 北京：机械工业出版社 ,2016.

[5] 钟日铭 .AutoCAD 2017 机械设计完全自学手册［M］.3 版 . 北京：机械工业出版社 ,2016.

[6] 龙马高新教育 . 新编 AutoCAD 2017 从入门到精通[M]. 北京：人民邮电出版社 ,2017.

[7] 王征 , 陕华 . 中文版 AutoCAD 2017 实用教程［M］. 北京：清华大学出版社 ,2016.

[8] 龙马高新教育 .2017 AutoCAD 从新手到高手［M］. 北京：人民邮电出版社 ,2017.

[9] 龙马高新教育 .AutoCAD 2017 入门与提高［M］. 北京：人民邮电出版社 ,2017.

[10] 李娇 .AutoCAD 2017 中文版从入门到精通［M］. 北京：中国青年出版社 ,2017.

[11] 王建华 .AutoCAD 2017 官方标注教程［M］. 北京：电子工业出版社 ,2017.

[12] 郭静 .AutoCAD 2017 基础教程［M］. 北京：清华大学出版社 ,2017.

[13] 龙马高新教育 .AutoCAD 2017 中文版完全自学手册［M］. 北京：人民邮电出版社 ,2017.

[14] 徐文胜 .AutoCAD 2017 实训教程［M］. 北京：机械工业出版社 ,2017.

[15] 匡成宝 , 陈贻品 . 中文版 AutoCAD 2017 从入门到精通［M］. 北京：中国铁道出版社 ,2017.